21 世纪普通高等教育基础课系列教材

大学物理学

（少课时）

第 2 版

主　编　邹　艳　王红梅
副主编　荆　莉　李海彦
参　编　刘辉兰　杨海莲　宋国华　刘建成
李明真　刘汉平　栗　军

机械工业出版社

本书依据教育部高等学校物理基础课程教学指导分委会所制订的《理工科类大学物理课程教学基本要求》编写而成，涵盖了其中所有核心内容，并选取了一定数量的扩展内容，供不同专业选用。本书按照普通本科院校理工类专业大学物理课程少课时教学要求编写，尽量做到选材精当，论述严谨，行文简明，加强基础，适当介绍物理学对工程技术发展的影响，以及新时代10年我国科技重大成就。

全书内容包括力学、热学、电磁学、波动光学与近代物理基础，共4部分。本书配有多媒体电子课件，教师可在机械工业出版社教育服务网（www.cmpedu.com）自行注册下载；部分重点、难点内容的讲解视频以二维码的形式呈现，读者可扫码观看学习。本书可作为普通本科院校理工类专业大学物理（少课时）教材，也可供相关专业学生选用和社会读者阅读。

图书在版编目（CIP）数据

大学物理学：少课时/邹艳，王红梅主编. —2版. —北京：机械工业出版社，2023.8（2025.1重印）

21世纪普通高等教育基础课系列教材

ISBN 978-7-111-73110-8

Ⅰ.①大…　Ⅱ.①邹…②王…　Ⅲ.①物理学-高等学校-教材　Ⅳ.①O4

中国国家版本馆CIP数据核字（2023）第075564号

机械工业出版社（北京市百万庄大街22号　邮政编码100037）

策划编辑：张金奎　　　　责任编辑：张金奎　汤　嘉

责任校对：张晓蓉　陈　越　　封面设计：王　旭

责任印制：张　博

北京中科印刷有限公司印刷

2025年1月第2版第2次印刷

184mm×260mm・21.75印张・537千字

标准书号：ISBN 978-7-111-73110-8

定价：65.00元

电话服务　　　　　　　　　网络服务

客服电话：010-88361066　　机　工　官　网：www.cmpbook.com

　　　　　010-88379833　　机　工　官　博：weibo.com/cmp1952

　　　　　010-68326294　　金　书　网：www.golden-book.com

封底无防伪标均为盗版　　　机工教育服务网：www.cmpedu.com

第2版前言

PREFACE

本书是《大学物理学》(少课时)的修订版。本次修订以《理工科类大学物理课程教学基本要求》为依据，按照我国现行的《工程教育认证标准》对大学物理课程提出的要求，主要目标是适应新工科建设需要，落实党的二十大精神主题，充分发挥铸魂育人功能。

本书具有以下特点：

(1) 以继承与发展、与时俱进为理念，更正了原书中的一些不妥之处，论述更加严谨。

(2) 注重理论联系实际，融入新时代10年我国伟大变革的新成就。本书更新了原书中一些物理成果的数据，例如：目前能获得的磁场强度。

(3) 着眼于培养学生的批判思维和创新意识，对例题和习题进行了调整，有利于学生巩固所学和深入思考。

(4) 呈现方式更加丰富，将重要知识的讲解视频、物理知识的应用，以扫描二维码的方式呈现，能够帮助学生更好地自学和复习。

本书是山东省本科教学改革重点研究项目“工程教育专业认证背景下大学物理教学改革研究”(Z2021073)的研究成果，得到了德州学院和机械工业出版社的关心和支持，在此谨致以衷心的感谢！

本书的编写得到了许多使用者的鼓励，收到了很多宝贵意见和建议，编者对此表示衷心的感谢！限于编者水平，书中难免有不妥之处，恳请广大读者指正。

编　者

第1版前言
PREFACE

本书依据教育部高等学校物理基础课程教学指导分委会所制订的《理工科类大学物理课程教学基本要求》，从现代科学技术的发展及理工科对人才培养的要求出发，着眼于普通高等院校人才培养模式改革过程中大学物理课程学时大幅压缩的实际，以及应用型人才培养的需求，根据编者近年来的教学实践编写而成。本书主要用作高等院校理工科非物理类专业本科生使用的基础物理教材，共四篇十四章，计划课时数为72～108。本书具有如下特点：

1. 以“必需、够用”为原则，着重阐述物理学的基本规律，注意知识的覆盖面。

2. 对重点和难点内容的阐述力求清晰、透彻，不追求缜密的推导和论证，着重讲清物理概念、物理结论，有利于帮助学生建立形象的物理图像。

3. 加强理论联系实际，强化应用，重视物理学理论在生产技术中的应用，在知识讲述和拓展阅读材料中都有一定量的应用实例。

4. 把知识、方法、思想放在同等重要的地位，以方法带动知识点的学习，提高学生处理实际问题的能力；用思想加深对知识点的理解，并把握知识的整体结构；最后，通过思想方法的教学达到对学生逻辑思维的培养与训练。此外，本书注重学法指导，知识讲解中注重物理学研究方法的运用，例题解答中给出了解题指导和方法总结，有利于学生逻辑思维的培养与训练。

5. 书中设有一定量的“拓展阅读”，主要是物理学史中的一些重要事件、现实生活和工程技术中物理学原理的应用、物理学新成就等内容，有利于培养学生的科学素质。

本书是德州学院物理学省级特色专业、省教育科学“十二五”规划课题“非物理类专业大学物理教学内容和课程体系改革的研究与实践”的研究成果。本书由邹艳、王红梅任主编，荆莉任副主编。参加编写的有朱占收、宋国华、刘建成、王吉华、刘汉平。本书的编写得到了德州学院和机械工业出版社的关心和支持，在此谨致以衷心的感谢。

由于编者水平有限，书中难免有疏漏不妥之处，恳请广大读者指正。

编　者

目　录
CONTENTS

第二篇 热 学

第三篇 电 磁 学

第四篇 波动光学与近代物理基础

绪 论

物理学与物质世界

物理学是探索万“物”之“理”的科学，也可以简单地理解为物理学是研究物质、能量和它们之间相互作用的学科，它对人类未来的进步起着关键作用。

自然界无限广阔，丰富多彩，形形色色的物质在其中不断地运动变化着。在物理学中，大至地球、太阳、星系，小至分子、原子、电子，都是物质。固体、液体、气体和等离子体是物质；电场、磁场、引力场也是物质。总之，自然界包含运动着的物质的不同形态。

一切物质都在不断地运动着、变化着，绝对不动的物质是不存在的。日月的运行、江河的奔流、生物的代谢，都是物质变化的实例。物质的运动形式是多种多样的，它们既遵从共同的普遍规律，又各自有其独特的规律，对它们的研究，已形成了自然科学的众多学科。

物理学是研究物质、能量和它们之间相互作用的学科，而物质、能量的研究必然涉及物质运动的普遍形式，这些普遍的运动形式包括机械运动、分子热运动、电磁运动、原子和原子核内的运动等，它们普遍地存在于其他高级的、复杂的物质运动形式之中。因此，物理学所研究的规律具有极大的普遍性。

物理学所研究的物质空间尺度，从宇观的 10^{27} m 到微观的 10^{-15} m；时间尺度从宇宙年龄 10^{8} s 到 γ 射线的周期 10^{-27} s；速率范围从 0 到光速 3×10^{8} m/s，这些尺度范围十分广泛。

物理学与科学技术

物理学是自然科学的基础，也是当代工程技术的重大支柱，是人类认识自然、优化自然、造福人类的最有活力的带头学科。回顾物理学发展的全过程，可以加深我们对物理学重要性的认识。

物理学的发展已经经历了三次大的突破。在 17、18 世纪，牛顿力学的建立和热力学的发展，不仅有力地推动了其他学科的发展，而且为研制蒸汽机和发展机械工业创造了条件，机械能和热能的有效应用引起了第一次工业革命。19 世纪电磁理论的发展，使人们成功地制造了电机、电器和电信设备，引起了工业电气化，使人们进入了应用电能的时代，这就是第二次工业革命。20 世纪以来，相对论和量子力学的建立，使人们对原子、原子核结构的认识日益深入。在此基础上，人类实现了原子核能、人工放射性同位素的利用，促成了半导体、核磁共振、激光、超导、红外遥感、信息技术等新兴技术的发明，许多边缘学科也发展起来，新兴工业如雨后春笋，现代科学技术正在经历一场伟大的革命，人类进入了原子能、电子计算机、自动化、半导体、激光、空间技术等高新技术的时代。

第二次世界大战以来，一些物理学家将物理学原理、研究方法和实验手段应用于自然科学的其他领域，形成了许多交叉学科，如量子化学、量子生物学、宇宙学、天体物理学、地球物理学、物理仿生学、遗传工程学等。物理学向其他学科的渗透，开拓了横向研究的新领域，推动了自然科学的发展。

物理学与人才培养

高等学校肩负着培养国家各类高级工程技术专门人才的重任，要使我们培养的工程技术人才能在飞速发展的科学技术面前有所创新、有所前进，就必须加强基础理论特别是物理学的学习。学生通过学习，对物质最普遍、最基本的运动形式和规律能有比较全面而系统的认识，掌握物理学中的基本概念、基本原理和基本研究方法，同时在科学实验能力、计算能力以及创新思维和探索精神等方面受到严格的训练，培养分析问题和解决问题的能力，提高科学素质，努力实现知识、能力、素质的协调发展。

第一篇
力　　学

第一章 质点运动学

自然界中，物质的运动形式是多种多样的，最简单而又最基本的运动是机械运动。宏观物体之间或物体各部分之间相对位置发生变化的运动称为机械运动。如江河湖海的奔流、宇宙飞船的航行、机器的运转等，都是机械运动。力学是研究机械运动规律的科学，在经典力学中，通常将力学分为运动学、动力学和静力学。运动学是从几何的观点来描述物体的运动，即研究物体位置随时间变化的规律，不涉及引发物体运动和改变运动状态的原因。

本章引入理想化模型——质点，以质点为研究对象，讨论质点的运动规律。

第一节 参考系 坐标系 质点

一、参考系和坐标系

世界是物质的，物质是运动的，运动是物质的根本属性和存在形式。物质的运动是绝对的，自然界中所有的物体都在不停地运动，绝对静止的物体是没有的，这称为运动的绝对性。描述物体的运动或静止总是相对于某个或几个互相保持静止的物体而言的，所以在描述物体的运动时，必须指明参考物体。**这种为描述物体的运动而选择的标准物（或物体组）称为参考系**。同一个物体的运动，选择的参考系不同，运动的描述就会不同，因此物体运动的描述具有相对性。例如，坐在行驶的汽车座位上的乘客，选择汽车为参考系，乘客是静止的；选择地面为参考系，乘客和汽车是一起向前运动的。

参考系的选择是任意的，但应以观察方便和使运动的描述尽可能简单为原则，研究地面上物体的运动常选择地面为参考系；研究地球和各行星围绕太阳的运动时，一般选择太阳为参考系。在本书中，若未做特别说明，通常都是选择地球或相对于地球静止的物体作为参考系。

选定参考系后，只能对物体的机械运动做定性的描述，要具体研究物体的运动，需要将反映该运动的各种物理量定量地表示出来，这就需要在参考系的基础上建立适当的坐标系。坐标系是由参考系抽象而成的数学框架，它的原点一般选在参考系上，并取通过原点标有单位、刻度的有向直线作为坐标轴。在参考系中建立适当的坐标系后，就可以用物体在这个坐标系中的坐标来表示该物体在空间中的位置。最常用的坐标系是直角坐标系，根据需要也可以选择其他坐标系，比如极坐标系、自然坐标系、柱坐标系和球坐标系等。坐标系的选择是任意的，主要由研究问题的方便而定。坐标系的选择不同，表示物体位置的物理量就不一样。物体运动的数学表述形式与坐标系的选择密切相关，但物体运动的规律是相同的。

二、质点

物体都有大小和形状，运动形式又都各不相同。例如，太阳系中，行星除绕自身的轴线自转外，还绕太阳公转；抛出的飞碟，它在空中向前飞行的同时，还绕自身的轴转动；有些双原子分子，除了分子的平动、转动外，分子内各个原子还在振动。这些事实都说明，物体的运动情况是十分复杂的。物体的大小、形状、质量也都是千差万别。

在描述物体的运动时，如果连同物体本身的大小、形状及形状变化都考虑在内，对物体运动的描述是很困难的。如果物体本身的大小和形状对运动没有影响或影响很小可以忽略，对物体运动的描述就可以得到简化。例如，一列火车从广州开往北京，在地图上就可以把火车看成一个点，火车的形状和大小对运动的描述没有影响；地球在绕太阳公转的同时又在自转，地球的各部分距离太阳的远近不断变化，由于地球至太阳的平均距离约为地球半径的10^4倍，因此，在研究地球的公转时，由地球的大小而引起的地球上各部分的运动差异就可以忽略不计了。像这样，在研究的问题中，若物体的大小和形状可以忽略，物体上的任何一个点的运动，就可以代表整个物体的运动。这时，突出物体具有质量和占有位置这两个要素，把它简化为一个有空间位置和质量的点，称为质点。于是，对实际物体运动的描述，就转化成对质点运动的描述。

质点是经过科学抽象而形成的物理模型。把物体当作质点是有条件的，要看研究问题的性质。在前面的例子中，研究火车从广州到北京的运动速度时，可以把火车看作质点，而如果研究整列火车通过某一路标所用的时间，显然不能忽略火车的长度，这时火车就不能被看作质点。研究地球的公转，可以把地球看作质点，但在研究地球的自转时，其大小、形状就不能忽略。

在物理学中，忽略次要因素，建立理想化的“物理模型”，并将其作为研究对象，是经常采用的一种科学研究方法，在实践上和理论上都具有非常重要的意义。当我们所研究的运动物体不能视为质点时，质点的概念仍然十分有用。因为可以把物体视为由许多小体积元组成，每个体积元都小到可以按质点来处理，则整个物体可以看成是由若干质点组成的系统，即质点系。这样，以对质点运动的研究为基础，就可以研究任意物体的运动了。所以，研究质点的运动是研究物体运动的基础。

第二节　质点运动的描述

描述质点的运动，就是要描述质点的空间位置随时间变化的规律，通常用位置矢量、位移、速度、加速度等物理量来描述质点的运动。

一、位置矢量　运动方程　位移

1. 位置矢量

要描述质点的运动，首要问题是如何确定质点相对于参考系的位置。运动学中，为了定量地研究质点的运动，必须对质点的位置做定量的描述。为此，我们引入位置矢量。首先选好参考系，再在参考系上建立一个固定的坐标系。

在如图1-2-1所示的直角坐标系中，设在t时刻有一质点位于A点，其位置可用位置矢量$\boldsymbol{r}$来表示。位置矢量简称位矢，它是一个有向线段，其始端位于坐标系的原点O，末端则与质点在时刻t的位置重合。从图中可以看出，位矢$\boldsymbol{r}$在Ox轴、Oy轴和Oz轴上的投影（即质点的坐标）分别为x、y和z。直角坐标系中Ox、Oy、Oz三轴正方向的单位矢量用$\boldsymbol{i}$、$\boldsymbol{j}$、$\boldsymbol{k}$表示。t时刻位于A处质点的位矢$\boldsymbol{r}$可表示成

$$\boldsymbol{r}=\boldsymbol{r}(x, y, z)=x\boldsymbol{i}+y\boldsymbol{j}+z\boldsymbol{k} \tag{1-1}$$

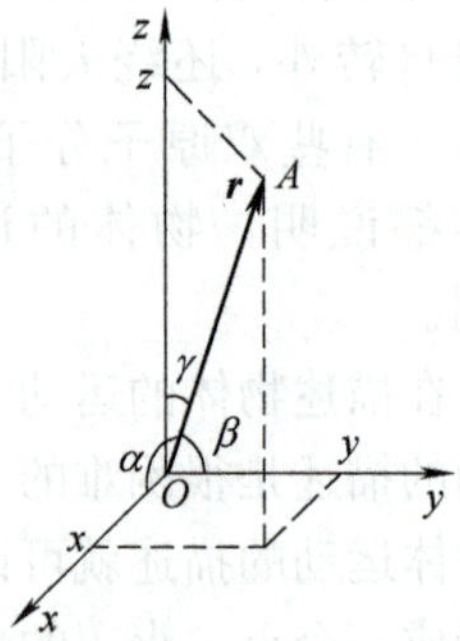

图 1-2-1

位矢$\boldsymbol{r}$的大小由式（1-2）确定，即

$$|\boldsymbol{r}|=\sqrt{x^2+y^2+z^2} \tag{1-2}$$

位矢$\boldsymbol{r}$的方向余弦由式（1-3）确定，即

$$\cos\alpha=\frac{x}{r}, \quad \cos\beta=\frac{y}{r}, \quad \cos\gamma=\frac{z}{r} \tag{1-3}$$

式中，α、β、γ分别是位置矢量$\boldsymbol{r}$与Ox、Oy和Oz三个坐标轴的正方向的夹角。由于方向余弦满足以下关系式：

$$\cos^2\alpha+\cos^2\beta+\cos^2\gamma=1$$

所以α、β、γ只有两个是独立的。

2. 运动方程

当质点运动时，它相对坐标原点O的位矢$\boldsymbol{r}$是随时间而变化的。因此，$\boldsymbol{r}$是时间的函数，即

$$\boldsymbol{r}(t)=x(t)\boldsymbol{i}+y(t)\boldsymbol{j}+z(t)\boldsymbol{k} \tag{1-4}$$

式（1-4）叫作质点的运动方程，它包含了质点运动的全部信息，在直角坐标系中的投影式为

$$x=x(t), \quad y=y(t), \quad z=z(t) \tag{1-5}$$

运动学的重要任务之一就是找出各种具体运动所遵循的运动方程，知道了运动方程，就能确定任一时刻质点的位置，从而确定质点的运动。

质点在空间的运动路径称为轨道，质点的运动轨道为直线时，质点做直线运动；质点的运动轨道为曲线时，做曲线运动。从式（1-5）中消去参数t便得到了质点运动的轨道方程，式（1-5）是轨道的参数方程。

如已知某质点的运动方程为$x=2\sin\frac{\pi}{3}t$，$y=2\cos\frac{\pi}{3}t$，$z=0$，消t得轨道方程为

$$x^2+y^2=4, \quad z=0$$

该式表明质点是在$z=0$的平面内，做以原点为圆心、半径为2m的圆周运动。

3. 位移

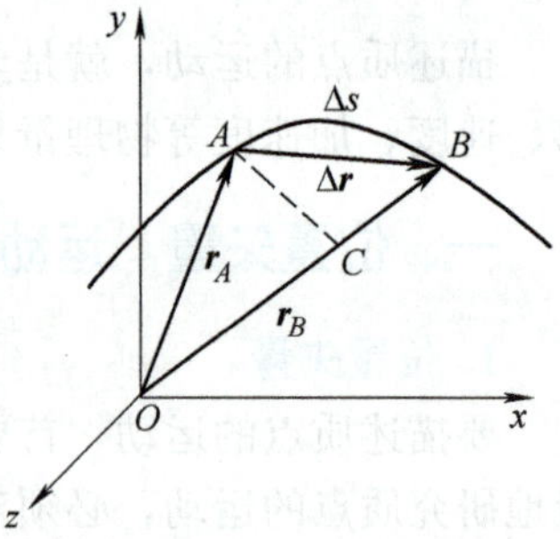

图 1-2-2

如图1-2-2所示，在直角坐标系中，质点沿曲线$\overset{\frown}{AB}$运动，t时刻质点在A处，在Δt的时间运动到B处，质点相对原点O的位矢由$\boldsymbol{r}_A$变化到$\boldsymbol{r}_B$。显然，在时间间隔Δt内，位矢的长度和方向都发生了变化。我们将由起始点A指向终点B的有向线段$\overrightarrow{AB}$称为点A到点B的位移。位移$\overrightarrow{AB}$等于质点位矢

的增量。用 $\Delta\boldsymbol{r}$ 表示，则质点从 A 点到 B 点的位移为

$$\begin{aligned}\Delta\boldsymbol{r}&=\boldsymbol{r}_B-\boldsymbol{r}_A\\&=(x_B-x_A)\boldsymbol{i}+(y_B-y_A)\boldsymbol{j}+(z_B-z_A)\boldsymbol{k}\end{aligned}\tag{1-6}$$

位移既反映了质点移动的远近，又反映了质点移动的方向。尽管位置矢量与坐标原点的选择有关，但位移与坐标原点的选择无关。位移遵从矢量相加的平行四边形法则或三角形法则。

应当注意，位移是描述质点位置变化的物理量，并非质点所经历的路程。例如在图 1-2-2 中，路程为质点实际运动的轨迹的长度，通常记作 Δs。位移是矢量，路程是标量，位移的大小与路程一般不等，例如质点沿圆周绕行一周回到起点，相应的位移等于零，而路程等于圆的周长。所以，质点的位移和路程是两个完全不同的概念。只有在 Δt 趋于零时，位移的大小 $|\Delta\boldsymbol{r}|$ 才可视为与路程 Δs 相等，即

$$\lim_{\Delta t\to 0}|\Delta\boldsymbol{r}|=\Delta s\tag{1-7}$$

二、瞬时速度

研究质点的运动，不仅要知道质点在各个时刻的位置，而且要知道质点运动的快慢和方向，为此还应引入一物理量来**描述位置矢量随时间的变化程度，称为瞬时速度**。

设在 Δt 时间内，质点从 A 点运动到 B 点（见图 1-2-2）。质点运动的快慢和方向可用质点的位移 $\Delta\boldsymbol{r}$ 和相应时间 Δt 的比表示，即

$$\overline{\boldsymbol{v}}=\frac{\Delta\boldsymbol{r}}{\Delta t}\tag{1-8}$$

称 $\overline{\boldsymbol{v}}$ 为 Δt 时间间隔内质点的**平均速度**。平均速度是矢量，它的方向与位移 $\Delta\boldsymbol{r}$ 的方向相同。

平均速度可写成

$$\overline{\boldsymbol{v}}=\frac{\Delta\boldsymbol{r}}{\Delta t}=\frac{\Delta x}{\Delta t}\boldsymbol{i}+\frac{\Delta y}{\Delta t}\boldsymbol{j}+\frac{\Delta z}{\Delta t}\boldsymbol{k}=\overline{v}_x\boldsymbol{i}+\overline{v}_y\boldsymbol{j}+\overline{v}_z\boldsymbol{k}\tag{1-9}$$

式中，$\overline{v}_x$、$\overline{v}_y$ 和 $\overline{v}_z$ 是平均速度 $\overline{\boldsymbol{v}}$ 在 Ox 轴、Oy 轴和 Oz 轴上的投影。平均速度的大小为

$$|\overline{\boldsymbol{v}}|=\sqrt{\overline{v}_x^2+\overline{v}_y^2+\overline{v}_z^2}\tag{1-10}$$

通常，质点运动的平均速度是随着时间间隔的不同而有所差别的，所以在研究平均速度时，必须指明是哪一段时间或哪一段位移内的平均速度。

平均速度只能粗略地描述质点在 Δt 时间内的平均快慢程度。为了精确地描述质点在时刻 t 的运动快慢，令 $\Delta t\to 0$，这样平均速度就会趋近于一个确定的极限矢量，这个极限矢量称为质点在时刻 t 的瞬时速度，简称速度，用 $\boldsymbol{v}$ 表示，即

$$\boldsymbol{v}=\lim_{\Delta t\to 0}\frac{\Delta\boldsymbol{r}}{\Delta t}=\frac{\mathrm{d}\boldsymbol{r}}{\mathrm{d}t}\tag{1-11}$$

可见**速度等于位矢对时间的一阶导数**。速度是矢量，方向为当 $\Delta t\to 0$ 时，$\Delta\boldsymbol{r}$ 的极限方向，即沿质点所在处轨道的切线方向（见图 1-2-3）。

速度的大小为瞬时速度的模，称为瞬时速率：

$$|\boldsymbol{v}|=\left|\lim_{\Delta t\to 0}\frac{\Delta\boldsymbol{r}}{\Delta t}\right|=\frac{\mathrm{d}s}{\mathrm{d}t}\tag{1-12}$$

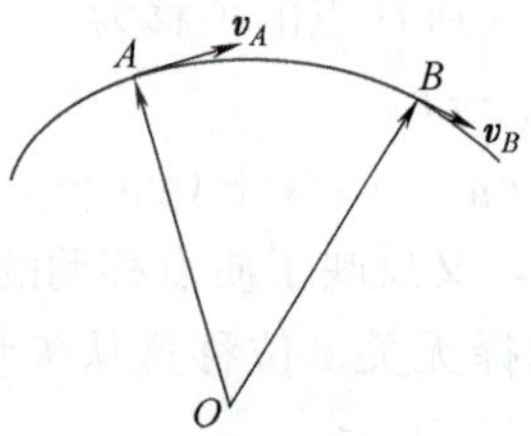

图 1-2-3

在直角坐标系中，速度可表示为

$$\boldsymbol{v}=\frac{\mathrm{d}\boldsymbol{r}}{\mathrm{d}t}=\frac{\mathrm{d}x}{\mathrm{d}t}\boldsymbol{i}+\frac{\mathrm{d}y}{\mathrm{d}t}\boldsymbol{j}+\frac{\mathrm{d}z}{\mathrm{d}t}\boldsymbol{k}=v_x\boldsymbol{i}+v_y\boldsymbol{j}+v_z\boldsymbol{k} \tag{1-13}$$

式中，$v_x=\frac{\mathrm{d}x}{\mathrm{d}t}$，$v_y=\frac{\mathrm{d}y}{\mathrm{d}t}$，$v_z=\frac{\mathrm{d}z}{\mathrm{d}t}$为 $\boldsymbol{v}$ 在 Ox、Oy、Oz 轴方向的速度投影，速度的大小和方向余弦可由下式给出：

$$|\boldsymbol{v}|=\left|\frac{\mathrm{d}\boldsymbol{r}}{\mathrm{d}t}\right|=\sqrt{v_x^2+v_y^2+v_z^2}$$

$$\cos\alpha=\frac{v_x}{v},\cos\beta=\frac{v_y}{v},\cos\gamma=\frac{v_z}{v}$$

三、瞬时加速度

质点在运动过程中，瞬时速度的大小和方向都可能变化，为衡量速度的变化，我们将从曲线运动出发引出加速度的概念。

如图 1-2-4 所示，设在时刻 t，质点位于 A 处，其速度为 $\boldsymbol{v}(t)$，在时刻 $t+\Delta t$，质点位于 B 处，其速度为 $\boldsymbol{v}(t+\Delta t)$，则在时间间隔 Δt 内，质点的速度增量为 $\Delta\boldsymbol{v}=\boldsymbol{v}(t+\Delta t)-\boldsymbol{v}(t)$，它在单位时间内的速度增量即平均加速度 $\overline{\boldsymbol{a}}$ 为

$$\overline{\boldsymbol{a}}=\frac{\boldsymbol{v}(t+\Delta t)-\boldsymbol{v}(t)}{\Delta t} \tag{1-14}$$

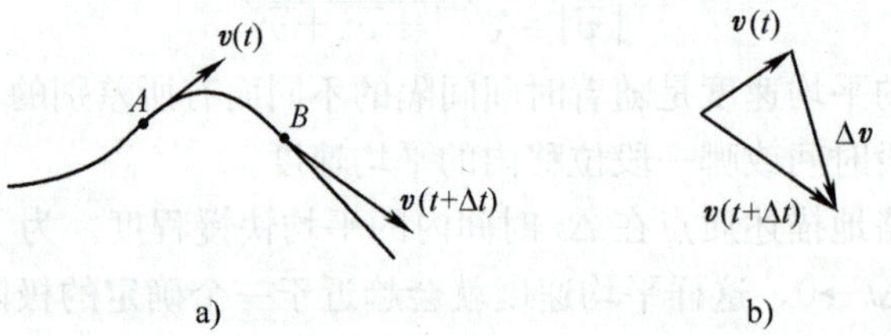

图 1-2-4

平均加速度与一定时间间隔相对应矢量，其大小反映此时间内速度的平均变化，其方向沿速度增量的方向。

当 $\Delta t\to0$ 时，平均加速度的极限值可以描述 t 时刻速度的瞬时变化，称为瞬时加速度，用 $\boldsymbol{a}$ 表示，有

$$\boldsymbol{a}=\lim_{\Delta t\to0}\frac{\Delta\boldsymbol{v}}{\Delta t}=\frac{\mathrm{d}\boldsymbol{v}}{\mathrm{d}t} \tag{1-15}$$

称 $\boldsymbol{a}$ 为质点在 t 时刻的瞬时加速度，简称加速度，还有

$$\boldsymbol{a}=\lim_{\Delta t\to 0}\frac{\Delta \boldsymbol{v}}{\Delta t}=\frac{\mathrm{d}\boldsymbol{v}}{\mathrm{d}t}=\frac{\mathrm{d}^2\boldsymbol{r}}{\mathrm{d}t^2} \tag{1-16}$$

即加速度等于速度对时间的一阶导数或运动方程对时间的二阶导数。

在直角坐标系中，

$$\boldsymbol{a}=\frac{\mathrm{d}\boldsymbol{v}}{\mathrm{d}t}=\frac{\mathrm{d}v_x}{\mathrm{d}t}\boldsymbol{i}+\frac{\mathrm{d}v_y}{\mathrm{d}t}\boldsymbol{j}+\frac{\mathrm{d}v_z}{\mathrm{d}t}\boldsymbol{k}=\frac{\mathrm{d}^2x}{\mathrm{d}t^2}\boldsymbol{i}+\frac{\mathrm{d}^2y}{\mathrm{d}t^2}\boldsymbol{j}+\frac{\mathrm{d}^2z}{\mathrm{d}t^2}\boldsymbol{k} \tag{1-17}$$

式中，$a_x=\frac{\mathrm{d}v_x}{\mathrm{d}t}=\frac{\mathrm{d}^2x}{\mathrm{d}t^2}$；$a_y=\frac{\mathrm{d}v_y}{\mathrm{d}t}=\frac{\mathrm{d}^2y}{\mathrm{d}t^2}$；$a_z=\frac{\mathrm{d}v_z}{\mathrm{d}t}=\frac{\mathrm{d}^2z}{\mathrm{d}t^2}$。$a_x$、$a_y$、$a_z$ 分别称为 a 在 Ox、Oy、Oz 轴上的加速度投影。

加速度的大小和方向余弦可由式（1-18）给出：

$$|\boldsymbol{a}|=\sqrt{a_x^2+a_y^2+a_z^2} \tag{1-18}$$

$$\cos\alpha=\frac{a_x}{a},\quad \cos\beta=\frac{a_y}{a},\quad \cos\gamma=\frac{a_z}{a}$$

加速度的单位是 $\mathrm{m/s^2}$。

应当注意，加速度 $\boldsymbol{a}$ 既反映了速度方向的变化，也反映了速度大小的变化。所以质点做曲线运动时，任一时刻质点的加速度方向并不与速度方向相同，即加速度方向不沿着曲线的切线方向。在曲线运动中，加速度的方向指向曲线的凹侧。

四、质点运动学的两类问题

1. 质点运动学的第一类问题

已知质点的运动方程，用求导的方法求质点在任意时刻的速度和加速度。

【例题 1-1】 一质点在平面上运动，已知质点运动方程为 $\boldsymbol{r}=at^2\boldsymbol{i}+bt^2\boldsymbol{j}$（其中 a、b 为常量），求：

（1）质点运动的轨道方程。

（2）速度和加速度的矢量表达式。

解：（1）由质点的位置矢量 $\boldsymbol{r}=at^2\boldsymbol{i}+bt^2\boldsymbol{j}$

可知其运动方程的投影式为

$$\begin{cases}x=at^2\\ y=bt^2\end{cases}$$

轨道方程为 $y=\frac{b}{a}x$（过原点的直线）

（2）质点的速度 $\boldsymbol{v}=\frac{\mathrm{d}\boldsymbol{r}}{\mathrm{d}t}=2at\boldsymbol{i}+2bt\boldsymbol{j}$

质点的加速度 $\boldsymbol{a}=\frac{\mathrm{d}\boldsymbol{v}}{\mathrm{d}t}=2a\boldsymbol{i}+2b\boldsymbol{j}$

可见，质点的加速度为非零恒量，故该质点在 xy 平面内做匀变速直线运动。

【例题 1-2】 一质点沿 x 轴做直线运动，t 时刻的坐标为 $x=4.5t^2-2t^3$(SI)。试求：（1）第 2s 内的平均速度。（2）第 2s 末的瞬时速度。（3）第 3s 末的加速度。

解：（1）由平均速度的定义：

$$\bar{v}=\frac{\Delta x}{\Delta t}=\frac{x(2)-x(1)}{\Delta t}=\frac{(4.5\times2^2-2\times2^3)-(4.5\times1^2-2\times1^3)}{2-1}\text{m/s}=-0.5\text{m/s}$$

（2）由速度的定义：

$$v=\frac{\mathrm{d}x}{\mathrm{d}t}=9t-6t^2$$

当 $t=2$s 时，有 $v=(9\times2-6\times2^2)\text{m/s}=-6\text{m/s}$

（3）由加速度的定义：

$$a=\frac{\mathrm{d}v}{\mathrm{d}t}=9-12t$$

当 $t=3$s 时，有 $a=(9-12\times3)\text{m/s}^2=-27\text{m/s}^2$

加速度为负，说明加速度的方向为 x 轴负方向。

★**解题指导**：将运动方程 $\boldsymbol{r}=\boldsymbol{r}(t)$ 对时间求一阶导数，即 $\boldsymbol{v}=\frac{\mathrm{d}\boldsymbol{r}}{\mathrm{d}t}$，可求得速度；对运动方程求二阶导数，即 $\boldsymbol{a}=\frac{\mathrm{d}^2\boldsymbol{r}}{\mathrm{d}t^2}$，可求得加速度。

2. 质点运动学的第二类问题

已知速度和加速度及初始条件（初始时刻质点的位置和速度），求质点的运动方程。

【例题 1-3】 一质点沿 x 轴运动，其加速度为 $a=4t$(SI)，已知 $t=0$ 时，质点位于 $x_0=10$m处，初速度 $v_0=0$。试求其位置与时间的关系式。

解：由题意

$$a=\frac{\mathrm{d}v}{\mathrm{d}t}=4t$$

则

$$\mathrm{d}v=4t\,\mathrm{d}t$$

等式两边积分：

$$\int_0^v \mathrm{d}v=\int_0^t 4t\,\mathrm{d}t$$

得

$$v=2t^2$$

又因

$$v=\frac{\mathrm{d}x}{\mathrm{d}t}=2t^2$$

得

$$\int_{10}^x \mathrm{d}x=\int_0^t 2t^2\,\mathrm{d}t$$

则质点位置和时间的关系式为

$$x=\frac{2}{3}t^3+10\ \text{(SI)}$$

【例题 1-4】 一质点沿 x 轴运动，其加速度 a 与位置坐标的关系为 $a=3+6x^2$ (SI)。如果质点在原点处的速度为零，试求其在任意位置处的速度。

解：设质点在任意位置 x 处的速度为 v，则

$$a=\frac{\mathrm{d}v}{\mathrm{d}t}=\frac{\mathrm{d}v}{\mathrm{d}x}\frac{\mathrm{d}x}{\mathrm{d}t}=v\frac{\mathrm{d}v}{\mathrm{d}x}=3+6x^2$$

分离变量，两边积分：

$$\int_0^v v\,\mathrm{d}v=\int_0^x(3+6x^2)\,\mathrm{d}x$$

得

$$v=\sqrt{6x+4x^3}$$

【例题 1-5】 一质点沿 x 轴运动，其加速度 a 与位置坐标的关系为 $a=\dfrac{1}{2v}$ (SI)。已知 $t=0$ 时，质点速度为 $-2\mathrm{m/s}$，试求质点在任意时刻的速度。

解：设质点在任意时刻的速度为 v，则

$$a=\frac{\mathrm{d}v}{\mathrm{d}t}=\frac{1}{2v}$$

分离变量，两边积分：

$$\int_{-2}^{v}2v\mathrm{d}v=\int_{0}^{t}\mathrm{d}t$$

得

$$v=\sqrt{t+4}$$

★解题指导：根据速度和加速度的定义式，写出方程；然后分离变量，运用初始条件并积分，可求得相应的物理量（对有关变量的函数关系）。

第三节　平面自然坐标系和圆周运动

质点在平面上做一般曲线运动时，其速度的大小和方向时刻改变，速度和加速度的矢量性比直线运动更为突出。如果质点在平面上沿曲线运动的轨道已知，那么采用平面自然坐标系（简称自然坐标系）描述质点的运动比较方便。

一、平面自然坐标系

如图 1-3-1 所示，设质点做平面曲线运动，t 时刻质点到达 A 处，O 为坐标原点，$\boldsymbol{r}$ 为位置矢量，沿质点的轨迹建立一弯曲的坐标轴，选择轨迹上一点 O' 为原点，并用原点 O' 至质点位置 A 的弧长 s 作为质点的位置坐标，弧长 s 可正可负，规定坐标 s 增加的方向为正方向。若质点的运动轨迹仅限于平面内，弧长 s 叫作平面自然坐标。s 是 t 的函数，因此在自然坐标系中质点的运动学方程可写作

$$s=s(t) \tag{1-19}$$

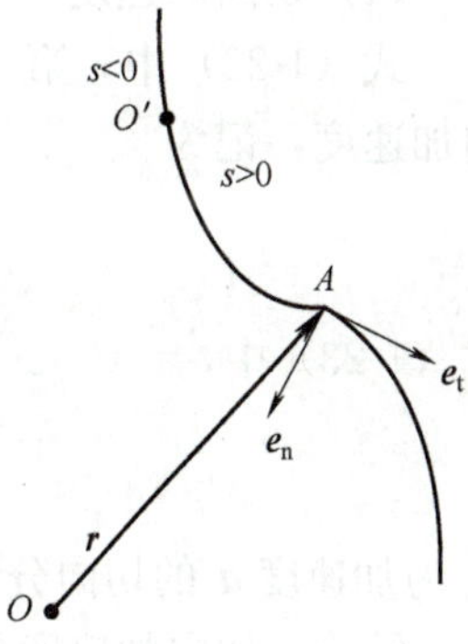

图　1-3-1

在自然坐标系下也可以对矢量进行正交分解，沿轨道的切线且指向自然坐标增加的方向，称为切向单位矢量，用 $\boldsymbol{e}_t$ 表示；另取一单位矢量沿曲线法线且指向曲线的凹侧，称为法向单位矢量，用 $\boldsymbol{e}_n$ 表示，如图 1-31 所示。任何矢量都可以向 $\boldsymbol{e}_t$ 和 $\boldsymbol{e}_n$ 的方向作正交分解。注意：$\boldsymbol{e}_t$ 和 $\boldsymbol{e}_n$ 不是恒矢量。

二、圆周运动

圆周运动是一种最常见的平面曲线运动，也是研究物体一般曲线运动和转动的基础。一般圆周运动的特点是：轨道是圆周，且绕圆心转动，因此圆周运动既可以用线量描述，又可以用角量描述。根据圆周运动的特点，利用自然坐标系进行线量描述更为方便。

（一）圆周运动的线量描述

1. 线速度

如图1-3-2所示，设质点做半径为 r 的圆周运动，质点在 t 到 $t+\Delta t$ 时间内从 A 运动到 B，所经历的路程（即圆弧长）为 Δs，对应的圆心角为 $\Delta\theta$，A、B 处的切向单位矢量分别用 $\boldsymbol{e}_t$ 和 $\boldsymbol{e}_t'$ 表示（见图1-3-2），根据速度的定义式 $\boldsymbol{v}=\lim\limits_{\Delta t\to 0}\dfrac{\Delta \boldsymbol{r}}{\Delta t}$。当 $\Delta t\to 0$ 时，$\Delta\boldsymbol{r}$ 的方向趋向于位移起点处的切线方向，大小趋于对应的弧长 $|\Delta s|$，因此当 $\Delta t\to 0$ 时，$\Delta\boldsymbol{r}\to\Delta s\boldsymbol{e}_t$，因此质点的速度表示为

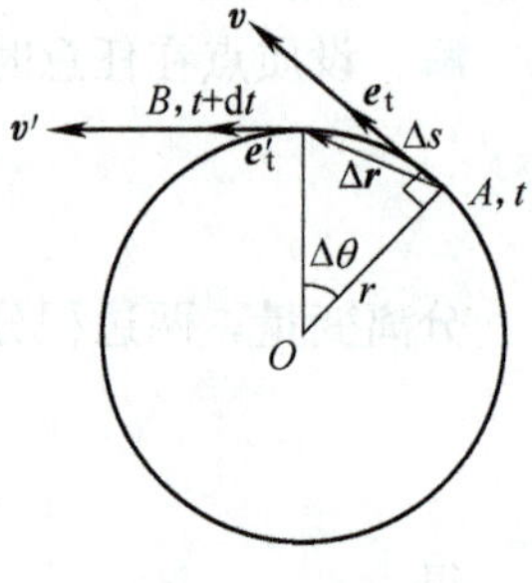

图 1-3-2

$$\boldsymbol{v}=\lim_{\Delta t\to 0}\frac{\Delta \boldsymbol{r}}{\Delta t}=\lim_{\Delta t\to 0}\frac{\Delta s}{\Delta t}\boldsymbol{e}_t=\frac{\mathrm{d}s}{\mathrm{d}t}\boldsymbol{e}_t \tag{1-20}$$

即速度的方向沿切线。

由于速率 $v=\dfrac{\mathrm{d}s}{\mathrm{d}t}$，故速度可表示为

$$\boldsymbol{v}=v\boldsymbol{e}_t \tag{1-21}$$

速率 $v\neq$ 常量的圆周运动称为变速圆周运动，$v=$ 常量的圆周运动称为**匀速圆周运动**。

2. 加速度

由加速度的定义式可得

$$\boldsymbol{a}=\frac{\mathrm{d}\boldsymbol{v}}{\mathrm{d}t}=\frac{\mathrm{d}v}{\mathrm{d}t}\boldsymbol{e}_t+v\frac{\mathrm{d}\boldsymbol{e}_t}{\mathrm{d}t} \tag{1-22}$$

（1）切向加速度

式（1-22）中，第一项是由质点运动速率的变化引起的，方向与 $\boldsymbol{e}_t$ 共线，称该项为切向加速度，记为

$$\boldsymbol{a}_t=\frac{\mathrm{d}v}{\mathrm{d}t}\boldsymbol{e}_t=a_t\boldsymbol{e}_t \tag{1-23}$$

式（1-23）中，

$$a_t=\frac{\mathrm{d}v}{\mathrm{d}t} \tag{1-24}$$

a_t 为加速度 $\boldsymbol{a}$ 的切向分量。

结论：切向加速度分量等于速率对时间的一阶导数，切向加速度改变速度的大小。

（2）法向加速度

式（1-22）中，第二项是由质点运动方向改变引起的。质点运动速度的方向就是该点运动轨道的切线方向，所以，$\boldsymbol{e}_t$ 和 $\boldsymbol{e}'_t$ 的方向分别沿着运动轨道上 A、B 点的切线方向，切向单位矢量的变化用 $\Delta\boldsymbol{e}_t=\boldsymbol{e}_t'-\boldsymbol{e}_t$ 表示。用根据几何关系可知图1-3-2中三角形 OAB 和 $\Delta\boldsymbol{e}_t$、$\boldsymbol{e}_t'$ 和 $\boldsymbol{e}_t$ 构成的三角形（见图1-3-3）为相似三角形，且都是等腰三角形，有

$$\frac{|\Delta\boldsymbol{r}|}{r}=\frac{|\Delta\boldsymbol{e}_t|}{|\boldsymbol{e}_t|}$$

当 A 和 B 无限靠近，即 $\Delta\theta\to 0$ 时，上式两边同时除 Δt，且令 $\Delta t\to 0$，即

$$\lim_{\Delta t\to 0}\frac{|\Delta\boldsymbol{r}|}{r\,|\Delta t|}=\lim_{\Delta t\to 0}\frac{|\Delta\boldsymbol{e}_t|}{|\Delta t|}$$

根据位移和路程的关系以及导数的定义得

$$\frac{|\mathrm{d}\boldsymbol{e}_{\mathrm{t}}|}{\mathrm{d}t}=\frac{v}{r}$$

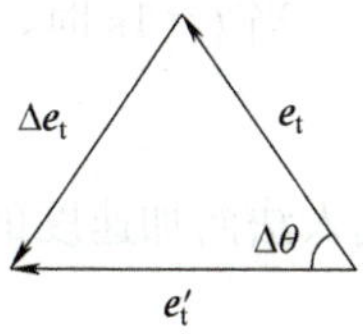

图　1-3-3

因为 $\mathrm{d}\boldsymbol{e}_{\mathrm{t}}\perp\boldsymbol{e}_{\mathrm{t}}$，所以 $\mathrm{d}\boldsymbol{e}_{\mathrm{t}}$由 A 点指向圆心 O，即沿运动轨道法线方向指向圆心，即沿法线方向，有$\frac{\mathrm{d}\boldsymbol{e}_{\mathrm{t}}}{\mathrm{d}t}=\frac{v}{r}\boldsymbol{e}_{\mathrm{n}}$，则式（1-22）第二项为

$$v\frac{\mathrm{d}\boldsymbol{e}_{\mathrm{t}}}{\mathrm{d}t}=\frac{v^2}{r}\boldsymbol{e}_{\mathrm{n}}$$

该项为矢量，方向沿半径指向圆心，称为法向加速度，记作

$$\boldsymbol{a}_{\mathrm{n}}=\frac{v^2}{r}\boldsymbol{e}_{\mathrm{n}} \tag{1-25}$$

大小为

$$a_{\mathrm{n}}=\frac{v^2}{r} \tag{1-26}$$

a_{n} 是加速度的法向分量的大小。

结论：法向加速度分量等于速率二次方除以半径，法向加速度改变速度的方向。

（3）总加速度

总加速度为

$$\boldsymbol{a}=\boldsymbol{a}_{\mathrm{t}}+\boldsymbol{a}_{\mathrm{n}}=a_{\mathrm{t}}\boldsymbol{e}_{\mathrm{t}}+a_{\mathrm{n}}\boldsymbol{e}_{\mathrm{n}}=\frac{\mathrm{d}v}{\mathrm{d}t}\boldsymbol{e}_{\mathrm{t}}+\frac{v^2}{r}\boldsymbol{e}_{\mathrm{n}} \tag{1-27}$$

大小为

$$a=\sqrt{a_{\mathrm{t}}^2+a_{\mathrm{n}}^2}=\sqrt{\left(\frac{\mathrm{d}v}{\mathrm{d}t}\right)^2+\left(\frac{v^2}{r}\right)^2} \tag{1-28}$$

加速度 $\boldsymbol{a}$ 的方向可用$\boldsymbol{a}$ 的方向与此时此质点速度 $\boldsymbol{v}$ 的方向的夹角 φ 来表示，如图 1-3-4 所示，有

$$\varphi=\arctan\frac{a_{\mathrm{n}}}{a_{\mathrm{t}}} \tag{1-29}$$

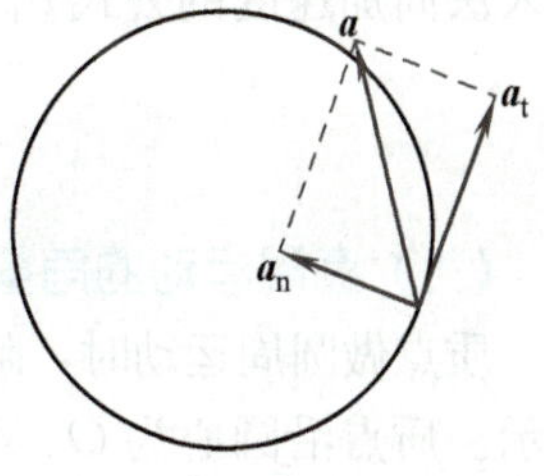

图　1-3-4

以上的分析也适用于一般的曲线运动，在一般的曲线运动中，法向加速度表达式（1-26）中的 r 用曲线的曲率半径 ρ 来代替，因此一般的曲线运动，加速度表示为

$$\boldsymbol{a}=\boldsymbol{a}_{\mathrm{t}}+\boldsymbol{a}_{\mathrm{n}}=\boldsymbol{a}_{\mathrm{t}}\boldsymbol{e}_{\mathrm{t}}+\boldsymbol{a}_{\mathrm{n}}\boldsymbol{e}_{\mathrm{n}}=\frac{\mathrm{d}v}{\mathrm{d}t}\boldsymbol{e}_{\mathrm{t}}+\frac{v^2}{\rho}\boldsymbol{e}_{\mathrm{n}} \tag{1-30}$$

【例题 1-6】　汽车在半径为 200m 的圆弧形公路上刹车，刹车开始阶段的运动学方程为 $s=20.6t-0.2t^3$（SI）。求汽车在 $t=1$s 时加速度的大小。

解： 汽车的运动方程为

$$s=20.6t-0.2t^3$$

根据速度和运动方程的关系可得

$$v=20.6-0.6t^2$$

根据切向加速度和速度的关系可得

$$a_{\mathrm{t}}=\frac{\mathrm{d}v}{\mathrm{d}t}=-1.2t$$

当 $t=1\text{s}$ 时，

$$a_t=\frac{dv}{dt}=-1.2\text{m/s}^2$$

$$v=(20.6-0.6)\text{m/s}=20\text{m/s}$$

代入法向加速度的公式，可得

$$a_n=\frac{v^2}{r}=\frac{20^2}{200}\text{m/s}^2=2\text{m/s}^2$$

加速度的大小为

$$a=\sqrt{1.2^2+2^2}\ \text{m/s}^2=2.33\text{m/s}^2$$

【例题 1-7】 一质点沿半径为 r 的圆做圆周运动，其初速度为 $\boldsymbol{v}_0$，切向加速度为 $-b$。求：

（1）t 时刻质点的速率；

（2）t 时刻质点的切向加速度和法向加速度的大小。

解：（1）切向加速度与速度的关系为

$$a_t=\frac{dv}{dt}=-b$$

将上式分离变量得

$$\int_{v_0}^{v}dv=\int_0^{t_1}-b\,dt$$

积分得

$$v=v_0-bt$$

（2）根据切向加速度与速度的关系可得

$$a_t=\frac{dv}{dt}=-b$$

代入法向加速度的公式 $a_n=\frac{v^2}{r}$，可得

$$a_n=\frac{(v_0-bt)^2}{r}$$

（二）圆周运动的角量描述

质点做圆周运动时，除了用前面所讲的线量来描述外，还可以用角量来描述，如图 1-3-5 所示。质点沿圆心为 O、半径为 r 的圆做圆周运动。任选一参考线 OM，时刻 t 质点位于 A 处，质点的位置可用 OA 与 OM 的夹角 φ 来表示，φ 称为质点的角坐标。φ 是标量，通常规定从 OM 起沿逆时针方向为正，反之为负。

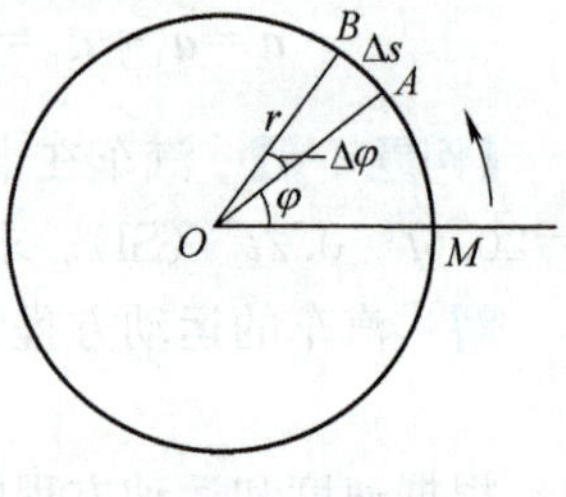

图 1-3-5

当质点沿着圆周运动时，φ 随时间变化，因此质点的运动还可以用函数

$$\varphi=\varphi(t) \tag{1-31}$$

来描述。t 时刻质点位于 A 处，角坐标为 φ，经时间 Δt 后，质点位于 B 处，角坐标为 φ'，则质点位置的变化为

$$\Delta\varphi=\varphi'-\varphi$$

$\Delta\varphi$ 称为质点在 Δt 时间内的**角位移**。角位移也是标量。

角位移 $\Delta\varphi$ 与发生这一角位移所经历的时间 Δt 的比值，用 $\overline{\omega}$ 表示，即

$$\bar{\omega}=\frac{\Delta\varphi}{\Delta t} \tag{1-32}$$

$\bar{\omega}$ 称质点在 Δt 时间内的平均角速度，它粗略反映了质点转动的快慢。

当 $\Delta t\to 0$ 时，$\bar{\omega}$ 趋于一个确定的极限 ω，即

$$\omega=\lim_{\Delta t\to 0}\frac{\Delta\varphi}{\Delta t}=\frac{\mathrm{d}\varphi}{\mathrm{d}t} \tag{1-33}$$

ω 称为质点在时刻 t 的瞬时角速度，简称**角速度**，它等于角坐标对时间的一阶导数。

质点的角速度也可能发生变化。设时刻 t 质点的角速度为 ω，经时间 Δt 后，角速度变为 ω'，在这一段时间内角速度的增量为

$$\Delta\omega=\omega'-\omega$$

角速度增量 $\Delta\omega$ 与发生这一增量所经历的时间 Δt 的比值，用 $\bar{\alpha}$ 表示，则

$$\bar{\alpha}=\frac{\Delta\omega}{\Delta t} \tag{1-34}$$

$\bar{\alpha}$ 称为质点在时间 Δt 内的平均角加速度。

当 $\Delta t\to 0$ 时，$\bar{\alpha}$ 趋于一个确定的极限 α，即

$$\alpha=\lim_{\Delta t\to 0}\frac{\Delta\omega}{\Delta t}=\frac{\mathrm{d}\omega}{\mathrm{d}t}=\frac{\mathrm{d}^2\varphi}{\mathrm{d}t^2} \tag{1-35}$$

α 称为质点在时刻 t 的瞬时角加速度，简称**角加速度**。它等于角速度对时间的一阶导数，也等于角坐标对时间的二阶导数。

在国际单位制中，角坐标的单位为 rad，角速度的单位为 rad/s，角加速度的单位为 $\mathrm{rad/s^2}$。

对于匀速圆周运动，ω 是常量，角加速度 $\alpha=0$。

(三）线量和角量之间的关系

线量和角量都能描述质点圆周运动的状态，因此它们之间必然存在一定的关系。如图 1-3-4 所示，由几何知识可得到圆周运动的角量和线量之间存在如下关系：

1. 圆周运动的路程与角位移

$$\Delta s=r\Delta\varphi \tag{1-36}$$

2. 圆周运动的线速度大小与角速度

$$v=\lim_{\Delta t\to 0}\frac{\Delta s}{\Delta t}=\frac{r\mathrm{d}\varphi}{\mathrm{d}t}=r\omega \tag{1-37}$$

3. 圆周运动的加速度与角速度、角加速度

$$a_{\mathrm{t}}=\frac{\mathrm{d}v}{\mathrm{d}t}=r\frac{\mathrm{d}\omega}{\mathrm{d}t}=r\alpha \tag{1-38}$$

$$a_{\mathrm{n}}=\frac{v^2}{r}=\frac{r^2\omega^2}{r}=r\omega^2 \tag{1-39}$$

【例题 1-8】 在 Oxy 坐标平面内，质点沿着圆心为 O、半径为 r 的圆周运动，其运动学方程为 $\varphi=5+3t^3$。求：(1) 角速度 ω、角加速度 α、线速度 v、切向加速度 a_{t}、法向加速度 a_{n} 各量对时间 t 的函数关系式。(2) 当圆周的半径为 r'（$r'\neq r$）时，再次求出这五个物理量对时间 t 的函数关系式。

解：(1) 由题意，质点的运动学方程为

$$\varphi=5+3t^3$$

运用 $\omega=\frac{d\varphi}{dt}$ 和 $\alpha=\frac{d\omega}{dt}$ 分别可得

$$\omega=\frac{d\varphi}{dt}=\frac{d}{dt}(5+3t^3)=9t^2$$

$$\alpha=\frac{d\omega}{dt}=\frac{d}{dt}(9t^2)=18t$$

运用线量和角量之间的关系可得

$$v=r\omega=9rt^2$$

$$a_t=r\alpha=18rt$$

$$a_n=r\omega^2=81rt^4$$

（2）运用 $\omega=\frac{d\varphi}{dt}$ 和 $\alpha=\frac{d\omega}{dt}$ 分别可得

$$\omega=9t^2$$

$$\alpha=18t$$

运用线量和角量之间的关系可得

$$v=r'\omega=9r't^2$$

$$a_t=r'\alpha=18r't$$

$$a_n=r'\omega^2=81r't^4$$

思考：将上述两种情形的角量与线量相对比，可以得到什么结论？

结论：① 在两种情形下，所有角量均对应相同，与半径无关；

② 在两种情形下，所有线量则不相同，均与半径的大小有关。

可见，在研究圆周运动时，采用角量比线量要方便得多。

【例题 1-9】 设电风扇叶片尖端的切向加速度为法向加速度的 3 倍，问：电风扇的转动速度大小由 ω_0 增大到 ω_1 时，所需要的时间 Δt 是多少？

解： 设 $t=0$ 时，$\omega=\omega_0$；$t=t_1$ 时，$\omega=\omega_1$，则 $\Delta t=t_1$。

因为 $a_t=3a_n$，由公式 $a_t=r\alpha=r\frac{d\omega}{dt}$，$a_n=r\omega^2$ 可得

$$r\frac{d\omega}{dt}=3r\omega^2$$

即

$$\frac{d\omega}{dt}=3\omega^2$$

分离变量得

$$\frac{d\omega}{\omega^2}=3dt \quad 或 \quad dt=\frac{1}{3\omega^2}d\omega$$

两边积分

$$\int_0^{t_1}dt=\frac{1}{3}\int_{\omega_0}^{\omega_1}\frac{1}{\omega^2}d\omega$$

得

$$\Delta t = t_1 = \frac{1}{3}\left(\frac{1}{\omega_0} - \frac{1}{\omega_1}\right)$$

★解题指导：例题 1-8 属于运动学中的第一类问题，例题 1-9 属于运动学中的第二类问题。

第四节 伽利略变换

物体的运动是绝对的，而运动的描述是相对的。因此，同一质点的运动，在不同的参考系中有不同的描述。例如一个人站在做匀速直线运动的车上，竖直向上抛出一个石子，车上的观察者看到石子的运动轨迹为直线。但是，站在地面上的人却看到石子的运动轨迹为抛物线。本节讨论在两个做相对运动的坐标系中，质点的位移、速度与坐标系的关系。

一、经典力学时空观

在牛顿力学范围内，“时间”是绝对的，“空间”也是绝对的。“时间”和“空间”彼此独立，没有任何联系；“绝对时间”是指时间的测量与参考系无关；“绝对空间”是指长度的测量与参考系无关；空间两点之间的距离或两个事件的时间间隔无论在哪个惯性系中测量，都是一样的，因此“同时”也是绝对的。

经典力学的时空观是和大量日常生活经验相符合的。

二、伽利略变换

伽利略变换成立的前提是经典时空观。选择某物体为基本参考系，如图 1-4-1 中的 $Oxyz$，称为 S 系，选择另一相对 S 系运动的参考系 $O'x'y'z'$，称为 S′系，且 S′系 在 $Oxyz$ 中以速度 $\boldsymbol{u}$ 做匀速直线运动，两坐标系各对应的坐标轴始终保持平行。质点 P 相对于参考系 S 和 S′的位置，可分别用位矢 $\boldsymbol{r}$ 和 $\boldsymbol{r}'$ 表示，$\boldsymbol{r}_{O'}$ 表示运动参考系坐标原点对基本参考系的位置。在两个参考系中，测量长度的尺子和测量时间的时钟都在同一参考系中校对，并选择原点 O 和 O' 重合时作为计时起点，用 t 和 t' 分别表示自 S 系和 S′系观测同一事件发生的时刻，相对论提出之前，认为 $t'=t$，因而有 $r_{O'}=ut'=ut$，根据矢量三角形关系可知

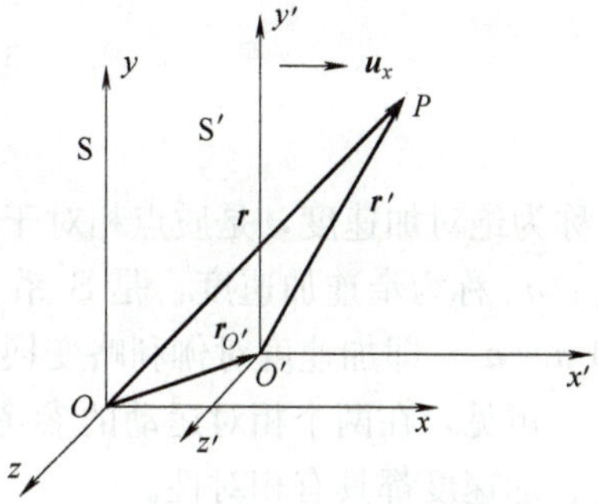

图 1-4-1

$$\boldsymbol{r} = \boldsymbol{r}' + \boldsymbol{r}_{O'} \tag{1-40}$$

还可以写作

$$\boldsymbol{r}' = \boldsymbol{r} - \boldsymbol{r}_{O'},\ t' = t \tag{1-41}$$

坐标形式为

$$\begin{cases} x' = x - u_x t \\ y' = y - u_y t \\ z' = z - u_z t \\ t' = t \end{cases} \tag{1-42}$$

自参考系 S 向参考系 S′中的时空变化关系称为伽利略正变换，伽利略逆变换为

$$\boldsymbol{r}=\boldsymbol{r}'+\boldsymbol{r}_{O'},\ t=t' \tag{1-43}$$

坐标形式为
$$\begin{cases}x=x'+u_x t\\ y=y'+u_y t\\ z=z'+u_z t\\ t=t'\end{cases} \tag{1-44}$$

三、伽利略速度变换和加速度变换

将式（1-40）对时间 t 求导，得

$$\frac{\mathrm{d}\boldsymbol{r}}{\mathrm{d}t}=\frac{\mathrm{d}\boldsymbol{r}'}{\mathrm{d}t}+\frac{\mathrm{d}\boldsymbol{r}_{O'}}{\mathrm{d}t}$$

$\frac{\mathrm{d}\boldsymbol{r}}{\mathrm{d}t}$：质点相对S系的速度，称为绝对速度，用 $\boldsymbol{v}$ 表示；

$\frac{\mathrm{d}\boldsymbol{r}'}{\mathrm{d}t}$：质点相对S′的速度，称为相对速度，用 $\boldsymbol{v}'$表示；

$\frac{\mathrm{d}\boldsymbol{r}_{O'}}{\mathrm{d}t}$：是S′系相对S系的速度，称为牵连速度，用 $\boldsymbol{u}$ 表示。

于是，上式可以写成

$$\boldsymbol{v}=\boldsymbol{v}'+\boldsymbol{u} \tag{1-45}$$

即绝对速度等于相对速度与牵连速度的矢量和，表述了不同参考系之间的速度变换关系。质点的绝对速度、相对速度与牵连速度的关系也称为相对运动问题。

将式（1-45）对时间求一阶导数，即

$$\frac{\mathrm{d}\boldsymbol{v}}{\mathrm{d}t}=\frac{\mathrm{d}\boldsymbol{v}'}{\mathrm{d}t}+\frac{\mathrm{d}\boldsymbol{u}}{\mathrm{d}t}$$

得

$$\boldsymbol{a}=\boldsymbol{a}'+\boldsymbol{a}_0 \tag{1-46}$$

$\boldsymbol{a}$ 称为绝对加速度，是质点相对于S系的加速度；$\boldsymbol{a}'$为相对加速度，是质点相对S′系的加速度；a_0 称为牵连加速度，是S′系相对于S系的加速度。由于牵连速度为恒量，故 $\boldsymbol{a}_0=0$，即 $\boldsymbol{a}=\boldsymbol{a}'$，即加速度对伽利略变换保持不变。

可见，在两个相对运动的参考系中，伽利略变换中描述质点运动状态的位置矢量、速度、加速度都具有相对性。

【例题1-10】 东流的江水，流速为 $v_1=4\mathrm{m/s}$，一船在江中以航速 $v_2=3\mathrm{m/s}$ 向正北行驶（见例题1-10图）。试求：岸上的人将看到船以多大的速率 v，向什么方向航行？

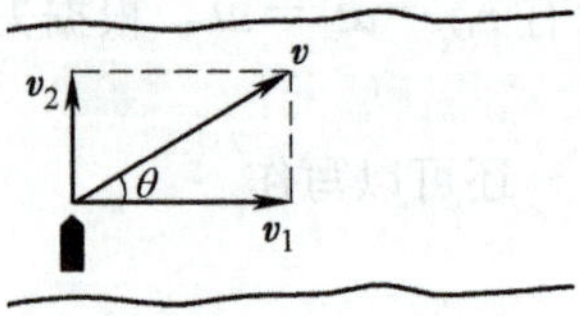

例题1-10图

解： 以岸为S系，江水为S′系。$\boldsymbol{v}_1$ 为牵连速度，$\boldsymbol{v}_2$ 为相对速度，船相岸的速度$\boldsymbol{v}$ 为绝对速度，三者的关系为

$$\boldsymbol{v}=\boldsymbol{v}_1+\boldsymbol{v}_2$$

根据几何关系可知
$$\begin{aligned}v&=\sqrt{v_1^2+v_2^2}\\&=\sqrt{3^2+4^2}\ \mathrm{m/s}\\&=5\mathrm{m/s}\end{aligned}$$

方向为

$$\theta=\arctan\frac{v_2}{v_1}=\arctan\frac{3}{4}=36.87°$$

【例题 1-11】 如例题 1-11 图所示，在一光滑平面上，物体 A 沿斜面 B 下滑，当 A 到达某位置时，其相对斜面 B 的速度大小为 $v'=10\sqrt{3}\,\text{m/s}$，斜面 B 相对地面的速度大小为 $u_B=2\text{m/s}$，求 A 对地面的速度。已知斜面的倾角 $\theta=30°$。

解：以地面为基本参考系，斜面 B 为运动参考系，A 为研究对象，设 $\boldsymbol{u}_B$ 为牵连速度，$\boldsymbol{v}'$为相对速度，则绝对速度 $\boldsymbol{v}$ 为

$$\boldsymbol{v}=\boldsymbol{v}'+\boldsymbol{u}_B$$

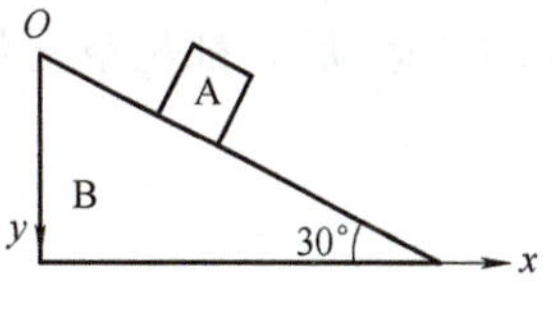

例题 1-11 图

如图建坐标系，可得投影式

$$v_x=v'\cos30°-u_B=13\text{m/s}$$

$$v_y=-v'\sin30°=-5\sqrt{3}\,\text{m/s}$$

$$v=\sqrt{v_x^2+v_y^2}=15.6\text{m/s}$$

$$\tan\theta=\frac{v_y}{v_x}\approx-0.7$$

$$\theta\approx-35°$$

★解题指导：解决相对运动的关键是分清基本参考系和运动参考系，找出三种速度的三角形关系，然后利用速度的分解式来解决问题。

拓展阅读 运动与静止

运动是物质的存在形式和固有属性。它包括宇宙间的一切变化和过程。辩证唯物主义认为，世界是物质的，物质是永恒运动着的。物质和运动是不可分的，世界上没有不运动的物质，也没有离开物质的运动。

从最一般的意义上说，运动是指宇宙中发生的一切变化和过程，既包括保持客体性质、结构和功能的量变，也包括改变客体性质、结构和功能的质变。运动不是以物质外部附加给物质的可有可无的性质，而是物质本身固有的内在矛盾决定的不可缺少的性质和存在方式。运动和物质不可分离。“没有运动的物质和没有物质的运动是同样不可想象的”。

1. 不可能有不运动的物质

从宇宙天体到微观粒子，从无机界到有机界，从自然界到人类社会，一切领域中的一切形态的物质客体无一例外地处在永恒的、不停息的运动之中。世界上的事物千姿百态，有同有异，正是因为它们有相同或相异的运动形式。人们认识物质，就是认识物质的运动形式。这是哲学和科学的发展证明了的事实。设想不运动的物质，是形而上学唯物主义的基本错误之一。有些形而上学唯物主义者，如 J. 托兰德、P. H. D. 霍尔巴赫、D. 狄德罗，虽然肯定运动是物质的属性，但是由于他们把运动仅仅归结为机械运动，无法科学地解释宇宙中更高级形式的运动，结果还是不得不承认有些形态的物质是不运动的。有些形而上学唯物主义者不仅把运动归结为机械运动，而且认为机械运动的原因不在物体自身而在物体外部，用这种观点说明整个宇宙，就不能不得出神是推动宇宙运动的终极原因的结论。

2. 也不可能有离开物质的运动

物质是一切形式运动的主体。机械的、物理的、化学的、生物的、社会的运动都有它的物质主体。信息的传递也离不开物质的载体。即使是“纯粹”的思维运动也离不开人脑这一物质器官及反映在人脑中的种种物质现象。脱离了任何物质主体的“运动”，只能是一种荒唐的虚构，这也是哲学和科学长期发展证明了的事实。设想离开物质的运动，是唯心主义的基本错误之一。客观唯心主义所谓的在物质世界“产生”之前就独立存在的“绝对精神”“理”“太极”等的“运动”，主观唯心主义所谓的没有物质基础的“感觉”“观念”“意志”等的“运动”，都是空洞荒唐的观念。

本章内容小结

1. 参考系

在观察一个物体的位置及位置的变化时，总要选取其他物体作为参考。这个被选作参考的物体称为参考系。

2. 质点

质点是经过科学抽象而形成的物理模型，它突出了物体具有质量和占有位置这两个要素。

3. 质点运动的描述

（1）位置矢量（位矢）$\boldsymbol{r}$

$$\boldsymbol{r}=\boldsymbol{r}(x,y,z)=x\boldsymbol{i}+y\boldsymbol{j}+z\boldsymbol{k}$$

位矢 $\boldsymbol{r}$ 的大小：
$$r=|\boldsymbol{r}|=\sqrt{x^2+y^2+z^2}$$

位矢 $\boldsymbol{r}$ 的方向余弦：
$$\cos\alpha=\frac{x}{r},\quad \cos\beta=\frac{y}{r},\quad \cos\gamma=\frac{z}{r}$$

（2）运动方程

$$\boldsymbol{r}(t)=x(t)\boldsymbol{i}+y(t)\boldsymbol{j}+z(t)\boldsymbol{k}$$

在直角坐标系中的投影式：$x=x(t)$，$y=y(t)$，$z=z(t)$

消去参数 t 便得到了质点运动的轨迹方程。

（3）位移

$$\Delta\boldsymbol{r}=\boldsymbol{r}_B-\boldsymbol{r}_A=(x_B-x_A)\boldsymbol{i}+(y_B-y_A)\boldsymbol{j}+(z_B-z_A)\boldsymbol{k}$$

位移和路程是两个不同的概念，切不可混淆。

（4）速度

平均速度：
$$\overline{\boldsymbol{v}}=\frac{\Delta\boldsymbol{r}}{\Delta t}$$

瞬时速度（速度）：
$$\boldsymbol{v}=\lim_{\Delta t\to 0}\frac{\Delta\boldsymbol{r}}{\Delta t}=\frac{\mathrm{d}\boldsymbol{r}}{\mathrm{d}t}$$

速度是矢量，是描述质点运动快慢和运动方向的物理量，它的方向始终在轨迹的切线方向并指向质点的运动方向。

（5）加速度

$$\boldsymbol{a}=\lim_{\Delta t\to 0}\frac{\Delta\boldsymbol{v}}{\Delta t}=\frac{\mathrm{d}\boldsymbol{v}}{\mathrm{d}t}=\frac{\mathrm{d}^2\boldsymbol{r}}{\mathrm{d}t^2}$$

加速度是矢量，是描述质点速度变化的物理量。速度的变化包括大小和方向。在曲线运动中，加速度指向曲线的凹侧。

4. 质点运动学的两类问题

（1）质点运动学的第一类问题

已知质点的运动方程，求质点在任意时刻的速度和加速度。

基本解题方法：将运动方程 $\boldsymbol{r}=\boldsymbol{r}(t)$ 对时间求一阶导数，即 $\frac{\mathrm{d}\boldsymbol{r}}{\mathrm{d}t}=\boldsymbol{v}$，可求得速度；对时间求二阶导数，即 $\frac{\mathrm{d}^2\boldsymbol{r}}{\mathrm{d}t^2}=\boldsymbol{a}$，可求得加速度。

（2）质点运动学的第二类问题

已知速度和加速度及初始条件（初始时刻质点的位置和速度），求质点的运动方程。

基本解题方法：按有关物理量的定义式，写出有关物理量的微分方程；分离变量，运用初始条件并积分，可求得相应的物理量（对有关变量的函数关系）。

5. 圆周运动的线量描述

1）线速度：
$$\boldsymbol{v}=v\boldsymbol{e}_\mathrm{t},\quad v=\lim_{\Delta t\to 0}\frac{\Delta s}{\Delta t}=\frac{\mathrm{d}s}{\mathrm{d}t}$$

2）加速度：

a. 切向加速度：
$$\boldsymbol{a}_\mathrm{t}=\frac{\mathrm{d}v}{\mathrm{d}t}\boldsymbol{e}_\mathrm{t}=a_\mathrm{t}\boldsymbol{e}_\mathrm{t}$$

b. 法向加速度：
$$\boldsymbol{a}_\mathrm{n}=\frac{v^2}{r}\boldsymbol{e}_\mathrm{n}$$

3）总加速度：
$$\boldsymbol{a}=\boldsymbol{a}_\mathrm{t}+\boldsymbol{a}_\mathrm{n}=a_\mathrm{t}\boldsymbol{e}_\mathrm{t}+a_\mathrm{n}\boldsymbol{e}_\mathrm{n}=\frac{\mathrm{d}v}{\mathrm{d}t}\boldsymbol{e}_\mathrm{t}+\frac{v^2}{r}\boldsymbol{e}_\mathrm{n}$$

大小：
$$a=\sqrt{a_\mathrm{t}^2+a_\mathrm{n}^2}=\sqrt{\left(\frac{\mathrm{d}v}{\mathrm{d}t}\right)^2+\left(\frac{v^2}{r}\right)^2}$$

方向：
$$\varphi=\arctan\frac{a_\mathrm{n}}{a_\mathrm{t}}$$

6. 圆周运动的角量描述

1）角位移：$\Delta\varphi=\varphi'-\varphi$。角位移是标量。

2）角速度：
$$\omega=\lim_{\Delta t\to 0}\frac{\Delta\varphi}{\Delta t}=\frac{\mathrm{d}\varphi}{\mathrm{d}t}$$

3）角加速度：
$$\alpha=\frac{\mathrm{d}\omega}{\mathrm{d}t}=\frac{\mathrm{d}^2\varphi}{\mathrm{d}t^2}$$

7. 线量和角量之间的关系

1）$\Delta s=r\Delta\varphi$

2）$v=\frac{\mathrm{d}s}{\mathrm{d}t}=\frac{r\mathrm{d}\varphi}{\mathrm{d}t}=r\omega$

3）$a_\mathrm{t}=\frac{\mathrm{d}v}{\mathrm{d}t}=r\frac{\mathrm{d}\omega}{\mathrm{d}t}=r\alpha$，　$a_\mathrm{n}=\frac{v^2}{r}=\frac{r^2\omega^2}{r}=r\omega^2$

8. 伽利略变换

1）伽利略时空正变换

$$\begin{cases} x'=x-u_x t \\ y'=y-u_y t \\ z'=z-u_z t \\ t'=t \end{cases}$$

2）经典时空观

在牛顿力学范围内，“时间”是绝对的，“空间”是绝对的，“时间”和“空间”彼此独立，没有任何联系；“同时”也是绝对的。

3）伽利略速度变换

$$\boldsymbol{v}=\boldsymbol{v}'+\boldsymbol{u}$$

绝对速度等于相对速度和牵连速度的矢量和。

4）伽利略加速度变换

$$\boldsymbol{a}=\boldsymbol{a}'+\boldsymbol{a}_O$$

在伽利略变换中由于牵连速度为恒量，故 $\boldsymbol{a}_O=0$。即

$$\boldsymbol{a}=\boldsymbol{a}'$$

即加速度对伽利略变换保持不变，或者说加速度对伽利略变换为一不变量。

习 题

1-1 路程和位移有什么区别？在什么情况下它们的数值相等？

1-2 分析以下三种说法是否正确：(1) 运动物体的加速度越大，物体的速度也必定越大；(2) 物体做直线运动时，若物体向前的加速度减小了，则物体前进的速度也随之减小；(3) 物体的加速度很大时，物体的速度大小必定改变。

1-3 若质点速度矢量的方向不变，仅大小改变，则质点做何运动？若速度矢量的大小不变而方向改变，则质点做何运动？

1-4 抛体运动的轨迹如题 1-4 图所示，试在图中画出它在 A、B、C、D、E 各点的速度和加速度的方向。

题 1-4 图

1-5 一人自原点出发，20s 内向东走 40m，又在 10s 内向南走 30m。试求：(1) 合位移的大小和方向；(2) 每一段位移中的平均速度；(3) 合位移中的平均速度，全路程中的平均速率。

1-6 某质点的运动方程为 $x=2t-7t^3+3$ (SI)，则该质点做何种形式的运动？并确定加速度的方向。

1-7 一质点沿 x 轴做直线运动，t 时刻的坐标为 $x=5t^2-3t^3$ (SI)。试求：(1) 在第 2s 内的平均速度；(2) 第 2s 末的瞬时速度；(3) 第 2s 末的加速度。

1-8 一质点在 xy 平面上运动，运动方程为 $x=3t+5$，$y=\frac{1}{2}t^2+3t-4$，其中时间 t 的单位用 s，坐标 x、y 的单位用 m。求：(1) 质点运动的轨迹方程；(2) 质点位置矢量的表达式；(3) 从 $t=1$s 到 $t=2$s 的位移；(4) 速度矢量的表达式；(5) 加速度矢量的表达式。

1-9 已知质点的运动方程为 $\boldsymbol{r}=(2+2t)\boldsymbol{i}+(5-2t^2)\boldsymbol{j}$ (SI)。求 $t=1$s 时质点的速度和加速度。

1-10 椭圆规尺 AB 的两个端点可沿导轨槽 Ox 和 Oy 滑动，已知 A 点以速度 $\boldsymbol{v}$ 滑动，求题 1-10 图中 M 点的轨迹，以及速度与 θ 角的函数关系。设 $MB=b$，$MA=a$。

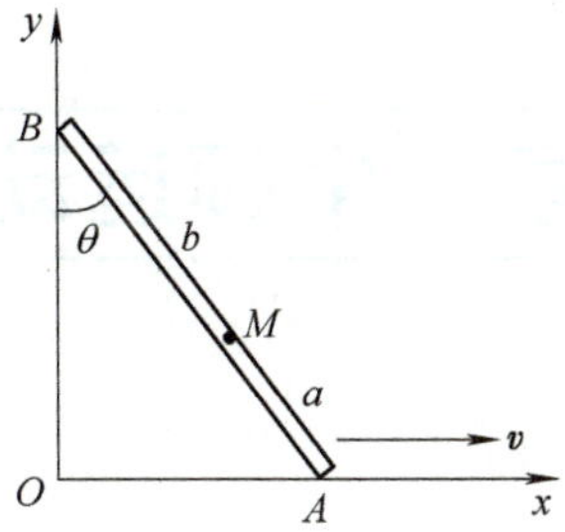

题 1-10 图

1-11　一质点由静止从原点出发，它的加速度在 x、y 轴上的分量分别是 $a_x=12t$ 和 $a_y=6t^2$，加速度的单位是 m/s^2，试求第 5s 时质点的速度和位置。

1-12　求做抛体运动物体的运动方程和速度。（已知 $t=0$ 时 $r_0=0$，且 $\boldsymbol{v}_0=v_0\cos\alpha\boldsymbol{i}+v_0\sin\alpha\boldsymbol{j}$，$\boldsymbol{a}=-g\boldsymbol{j}$）

1-13　质量为 m 的子弹以速度 $\boldsymbol{v}_0$ 水平射入沙土中，设子弹的加速度与速度的关系为 $a=-kv$，k 为比例系数，求：(1) 子弹射入沙土后，速度随时间变化的函数式；(2) 子弹进入沙土的最大深度。

1-14　一物体悬挂在弹簧上做竖直振动，其加速度为 $a=-ky$，其中 k 为常量，y 是以平衡位置为原点所测得的坐标，假定振动物体在坐标 y_0 处的速度为 v_0，试求速度与坐标 y 的函数关系式。

1-15　如题 1-15 图所示，一质点沿圆心为 O、半径为 R 的圆周运动。设 P 点为计时、计程（自然坐标）起点，运动函数为 $s=v_0t-\frac{1}{2}bt^2$，其中 v_0、b 为正常数。求：(1) t 时刻质点的加速度的大小；(2) t 为何值时，加速度的大小等于 b；(3) 加速度大小达到 b 时，质点从 $t=0$ 算起，沿圆周运动了几圈？

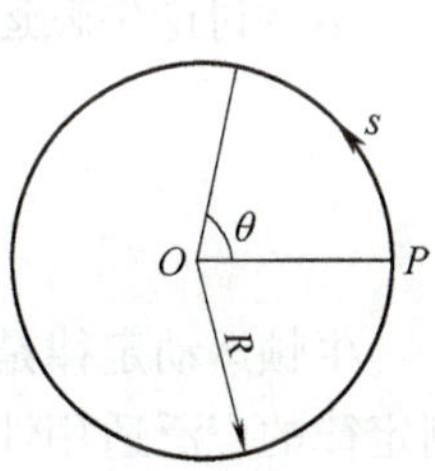

题 1-15 图

1-16　某发动机飞轮在时间间隔 t 内的角位移为 $\varphi=at+bt^3-ct^4$，φ 单位为 rad，t 单位为 s，求 t 时刻的角速度和角加速度。

1-17　一质点沿半径为 0.10m 的圆周运动，其角坐标可表示为 $\varphi=2+4t^3$，其中 φ 以 rad 计，t 以 s 计。试求：$t=1$s 时质点的法向加速度和切向加速度。

1-18　质点 P 在水平面内沿一半径为 $R=1$m 的圆轨道转动，转动的角速度 ω 与时间 t 的函数关系为 $\omega=kt^2$，已知 $t=2$s 时，质点 P 的速率为 16m/s，试求 $t=1$s 时质点 P 的速率与加速度的大小。

1-19　一无风的下雨天，一车以 30km/h 的速度匀速向东前进，在车内的旅客看见玻璃窗外的雨滴向后飘并与竖直方向成 60°角下降，求当车停下来，雨滴竖直下落的速度。（设下降的雨滴做匀速运动。）

1-20　一架飞机 A 相对于地面以 300km/h 的速度向北飞行，另一架飞机 B 以相对于地面 200km/h 的速度向北偏西 60°的方向飞行。求 A 相对于 B 和 B 相对于 A 的速度。

1-21　如题 1-21 图所示，一人乘坐一铁路平板车，在平直铁路上匀速行驶，其加速度为 $\boldsymbol{a}$，他沿车前进的斜上方（相对车的角度为 θ）抛出一球，设抛球时对车的加速度的影响可以忽略，如果使他不必移动自己在车中的位置就能接住球，则抛出方向与竖直方向的夹角 θ 应为多大？

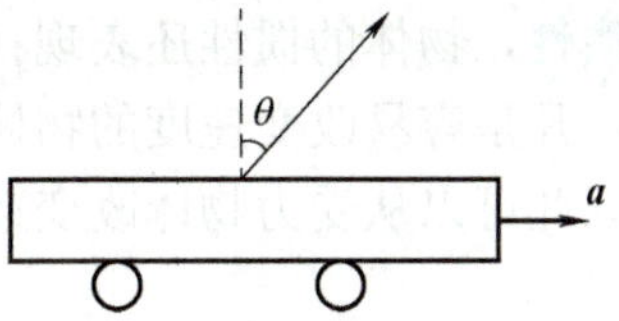

题 1-21 图

第二章 牛顿运动定律

第一章讨论了质点运动学，介绍了描述质点运动的四个物理量：位置矢量、位移、速度和加速度，并且讨论了直线运动与圆周运动的一般规律，但是没有涉及质点运动状态发生变化的原因。

本章讨论物体之间的相互作用，以及这种相互作用引起的物体的运动状态发生变化的规律，即动力学。动力学的任务是研究物体之间的相互作用，以及这种相互作用引起的物体运动状态变化的规律。

牛顿运动定律是质点动力学的基础，也是研究一般物体做机械运动的基础。

本章讨论牛顿运动定律的内容及其对质点运动的初步应用。

第一节 牛顿运动定律的内容

牛顿运动定律是经典力学的基础，虽然牛顿运动定律一般是对质点而言的，但这并不限制定律的广泛适用性。因为复杂的物体在原则上可看作是质点的组合。从牛顿运动定律出发可以导出刚体、流体、弹性体等的运动规律，从而建立起整个经典力学的体系。牛顿(I. Newton)集前人有关力学研究之大成，特别是吸取了伽利略的研究成果，在1687年出版了他的名著《自然哲学的数学原理》。它的出版标志着经典力学体系的确立，牛顿在书中概括的基本定律有三条，就是通常所说的牛顿运动三定律。

一、牛顿第一定律

任何物体都保持静止或匀速直线运动状态，直到其他物体的作用迫使它改变这种运动状态为止，这一规律称为牛顿第一定律。物体在不受外力作用时保持静止或匀速直线运动状态不变的属性，称为惯性。因此，牛顿第一定律有时也称为惯性定律，对于牛顿第一定律，需要说明的有以下几点：

1）牛顿第一定律肯定了力的意义，即一个物体的运动状态发生变化，必须受到其他物体对它的作用，即受到外力的作用，力是物体获得加速度并改变物体运动状态的原因。牛顿第一定律还指出任何物体都具有**惯性**，物体的惯性还表现在物体受到外力时，速度改变难易这一事实上。在同样力的作用下，凡是容易改变速度的物体，我们说它惯性小，不易改变速度的物体，我们说它的惯性大。因此可以从受力物体改变速度的难易程度来判断物体惯性的大小。

2）牛顿第一定律确立了惯性参考系。牛顿第一定律需要对应一个特定的参考系才成立，这个参考系称为惯性参考系。实验发现，如果我们能够判定一个物体不受其他物体的作用，则该物体就是惯性参考系，同时相对该惯性参考系静止或做匀速直线运动的其他参考系也被验证是惯性参考系。地球既自转又公转，不是孤立的系统，不是惯性参考系，但是在大多数情况下，地球的公转和自转对研究对象的影响很小时，在地球表面小范围内，地球可以近似视为惯性参考系，相对地球静止或做匀速运动的参考系也近似视为惯性参考系，牛顿第一定律成立。

3）惯性参考系是理想模型。历史上物理学家曾试图找到一个绝对的惯性参考系——“以太”，但是经过一番努力后，证明“以太”是不存在的，即绝对的惯性参考系是不存在的，惯性参考系是理想模型。

二、牛顿第二定律

物体受到外力作用时，获得的加速度的大小与合外力的大小成正比，与物体的质量成反比；加速度的方向与合外力的方向相同，这一规律称为牛顿第二定律。数学表达式为

$$\boldsymbol{F}=km\boldsymbol{a} \tag{2-1}$$

式中，比例系数 k 由单位制决定。在国际单位制中，质量单位是 kg，加速度单位是 $\mathrm{m/s^2}$；力的单位是 N，则 $k=1$，于是式（2-1）简化为

$$\boldsymbol{F}=m\boldsymbol{a} \tag{2-2}$$

牛顿第二定律在牛顿第一定律的基础上，确立了力、质量和加速度之间的关系。定律中的质量是一个量度惯性大小的物理量。惯性大的物体质量大，惯性小的物体质量小。若 $\boldsymbol{F}=\mathbf{0}$，则 $\boldsymbol{a}=\mathbf{0}$，即物体的速度不变，也就是说牛顿第一定律是牛顿第二定律的一个特例。牛顿第二定律指出了不同物体惯性大小可能不同，物体的质量是惯性大小的量度，因此牛顿第二定律中的质量为惯性质量。

应用牛顿第二定律时必须注意：

1）牛顿第二定律只适用于质点的运动，而且只适用于惯性系。

2）若作用在物体上的外力有若干个，则式中的 $\boldsymbol{F}$ 指的是所有作用力的合力，并且满足力的叠加原理。在求解具体的力学问题时，我们常用分量式：

$$F_x=ma_x,\quad F_y=ma_y,\quad F_z=ma_z \tag{2-3}$$

牛顿第二定律指的是力与加速度的瞬时关系，力改变时，加速度也改变。只有在力对物体作用时，物体才获得加速度，并不是物体获得加速度后就永远保持这个加速度。

三、牛顿第三定律

当一个物体对另一物体有力的作用时，另一物体对这个物体也有力的作用，这一对相互作用力称为作用力和反作用力，其大小相等，方向相反，且作用在同一条直线上，这一规律称为牛顿第三定律。

牛顿第三定律说明了力具有物体间相互作用的性质。如果甲物体对乙物体施以力的作用，则乙物体对甲物体也施以力的作用，为了便于区分，常将物体间相互作用的一个力叫作作用力，另一个力叫作反作用力。

牛顿指出：两个物体之间的作用力 $\boldsymbol{F}$ 和反作用力 $\boldsymbol{F}'$，作用在同一直线上，大小相等，方向相反，分别作用在两个物体上。其数学表达式为

$$\boldsymbol{F}=-\boldsymbol{F}' \tag{2-4}$$

牛顿第三定律更进一步阐明了力的意义，力是物体间的相互作用，物体受到的任何一个力，必然来自另一个物体对它的作用，没有作用物体的力是不存在的。任何一个作用力必有它的反作用力，这一对力同时存在，同时消失，但作用在不同物体上。必须注意的是，我们在对一个物体应用牛顿运动定律时，只能对作用在该物体上的所有力求合力，不能把这个物体作用在其他物体上的作用力也计算在内。这一定律着重说明的是，引起物体运动状态变化的力具有相互作用的特性，并指出相互作用力之间的定量关系。

牛顿运动定律是一个整体，惯性定律和动力学基本方程是解决质点动力学问题的基础，牛顿第三定律是由质点力学向质点系力学过渡的桥梁，它保证了牛顿力学的普适性。这三条定律在分析各种力学系统（质点系、刚体和流体等）的外部环境和内部结构以及解决动力学问题上有着广泛的作用。因此，它们构成了经典力学的基础。需要注意的是，牛顿运动定律只适用于宏观、低速领域，当物体的运动速度接近光速或研究微观物体的运动时，需要分别应用相对论力学和量子力学规律。并且，牛顿运动定律只适用于惯性系。

第二节　主动力和被动力

自然界常见的力有万有引力、重力、弹性力、摩擦力、电磁力等，从力的分析角度又可以进一步将其分为两类，即主动力和被动力。

一、主动力

重力、弹簧弹性力等有“独立自主”的大小和方向，不受质点所受的其他力的影响，处于“主动”地位，称为“**主动力**”。

1. 重力

由于地球的吸引而使物体受到的力，叫作重力，方向竖直向下。地面上同一点处物体受到的重力的大小跟物体的质量 m 成正比，数学表达式为 $\boldsymbol{G}=m\boldsymbol{g}$。通常在地球表面附近，$g$ 值约为 9.8N/kg，表示质量是 1kg 的物体受到的重力是 9.8N（9.8N 是一个平均值）。

物体的各个部分都受重力的作用。但是，从效果上看，我们可以认为各部分受到的重力作用都集中于一点，这个点就是重力的等效作用点，叫作物体的重心。重心的位置与物体的几何形状及质量分布有关。形状规则、质量分布均匀的物体，其重心在它的几何中心，但是重心的位置不一定在物体上。

重力并不等于地球对物体的引力。当把地球视作惯性系时，可以近似认为物体的重力大小等于万有引力的大小，即在一般情况下可以略去地球自转的影响。其中引力的分量重力提供重力加速度，引力的向心力分量提供保持物体随地球自转的向心加速度。

重力大小可以用测力计测量。

2. 弹簧弹性力

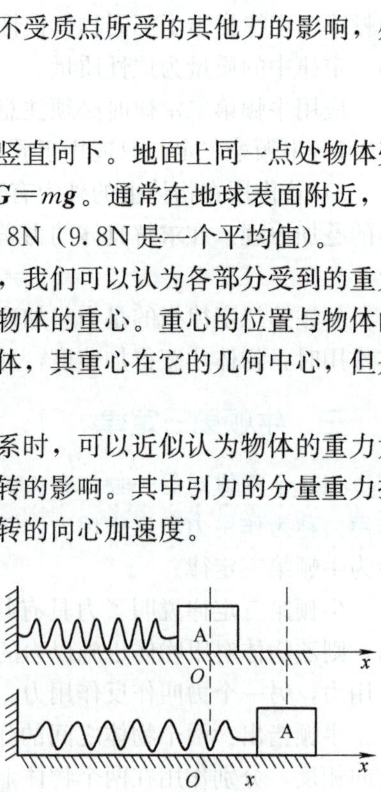

图 2-2-1

弹簧水平放置，如图 2-2-1 所示，一端固定，另一端与质点相连，处于自由伸展状态，以弹簧自由伸展时质点的位置为坐标原点，沿弹簧轴线建立 Ox 轴，x 表示质点坐标相对于原点的位移，F_x 表示弹性力在轴线上的投影，在弹性限度内，由胡克定律：弹簧弹性力的大

小与物体相对于坐标原点的位移成正比，即

$$F_x = -kx \tag{2-5}$$

式中，负号表示弹性力方向与位移相反；k 是弹簧的劲度系数，与弹簧的匝数、直径、线径和材料等因素有关。

二、被动力

对于物体间的挤压力、绳内张力和摩擦力，由于没有自己独立自主的方向和大小，因此要根据质点受到的主动力和运动状态而定，处于“被动地位”，称为“**被动力**”。被动力常常作为未知力出现。

1. 绳内的张力

在张紧的绳索上某位置作与绳垂直的假想截面，将绳分成两部分，这两部分的相互作用力即为该处绳的张力。

张力是由于绳索的拉伸形变而产生的，但形变量与原长相比很小，处理问题时绳的伸长量可忽略不计。

2. 支持面的支撑力

两物体接触并压紧，双方均因挤压而形变，变形后的物体企图恢复原状而相互施于挤压弹性力。（形变往往微乎其微，常忽略不计。）

对于相互挤压的物体，可将相互作用力分为两个分力，一个分力沿接触面切线方向，另一分力与接触面垂直。前者属于摩擦力，后者属于压力。如果两物体以理想光滑面接触，则仅有与接触面垂直的压力或支持力。

3. 摩擦力

固体间的摩擦力叫作干摩擦力，包含静摩擦力和滑动摩擦力。其中静摩擦力用 $F_{静}$ 表示，最大静摩擦力表示为 $F_{静max}$，数学表达式为

$$F_{静} \leqslant F_{静max} = \mu_0 F_N \tag{2-6}$$

静摩擦力没有“独立自主”的大小和方向，处于被动地位，受其他“主动力”的制约。当静摩擦力增至最大静摩擦力 $F_{静max}$ 时，静摩擦力转变为滑动摩擦力，其数学表达式为

$$F = \mu F_N \tag{2-7}$$

上两式中，F_N 表示正压力；μ_0、μ 分别表示静摩擦因数和滑动摩擦因数，并且 μ_0 和 μ 与物体的材料、表面光滑程度、干湿程度及温度等多种因素有关。一般的计算中，视 μ_0 和 μ 为常量，且 $\mu_0 > \mu$。

第三节　牛顿运动定律的应用

应用牛顿运动定律求解问题一般有两种类型：一种是已知物体的受力情况，求物体的加速度和运动状态；另一种是已知物体的运动状态和加速度，求物体之间的相互作用力。

应用牛顿运动定律求解动力学问题时，一般有如下例题所列的几个步骤。

【例题 2-1】 表面粗糙的固定斜面，倾角为 α，现将一质量为 m 的物体置于斜面上，如例题图 2-1 所示。物体和斜面间的最大静摩擦因数为 μ_0。试问：（1）当物体静止于斜面上时，物体和斜面之间的静摩擦力 $F_{静}$ 为多大？物体对斜面的压力多大？（2）当物体和斜面间

的静摩擦因数 μ_0 和斜面倾角 α 满足什么关系时，物体将会沿斜面下滑？

解：（1）选地面为参考系，斜面上的物体为研究对象。当物体静止于斜面上时，其受重力 $m\boldsymbol{g}$、斜面对其支持力 $\boldsymbol{F}_\mathrm{N}$（$\boldsymbol{F}_\mathrm{N}$ 和物体对斜面的压力 $\boldsymbol{F}'_\mathrm{N}$是一对作用力和反作用力）、斜面对它的静摩擦力 $\boldsymbol{F}_{静}$，由牛顿第二定律得

$$m\boldsymbol{g}+\boldsymbol{F}_\mathrm{N}+\boldsymbol{F}_{静}=\boldsymbol{0}$$

如例题 2-1 图所示，建立沿斜面和垂直斜面的坐标系，则有

$$mg\sin\alpha-F_{静}=0,\quad F_\mathrm{N}-mg\cos\alpha=0$$

所以

$$F_{静}=mg\sin\alpha,\quad F_\mathrm{N}=mg\cos\alpha$$

值得注意的是，该情况下的 $F_{静}$不能按 $F_{静}=\mu_0F_\mathrm{N}$ 来计算。

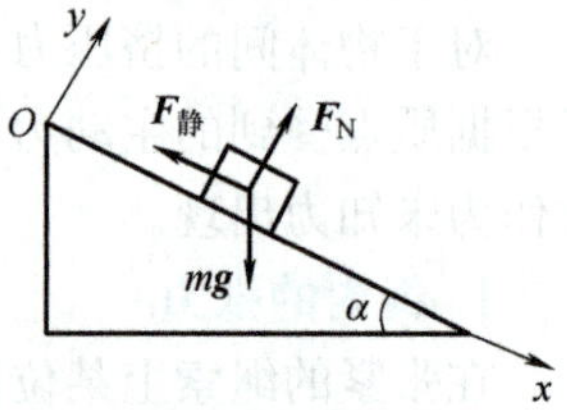

例题 2-1 图

斜面对物体的支持力与物体对斜面的压力为作用力和反作用力，根据牛顿第三定律，$F'_\mathrm{N}=F_\mathrm{N}=mg\cos\alpha$，方向垂直斜面向下。

（2）当物体沿斜面下滑时，则由牛顿第二定律可得

$$m\boldsymbol{g}+\boldsymbol{F}_\mathrm{N}+\boldsymbol{F}_0=m\boldsymbol{a}\quad（\boldsymbol{F}_0 为最大静摩擦力）$$

在 x 方向：$mg\sin\alpha-F_0=ma>0,\quad F_0=\mu_0F_\mathrm{N}$

在 y 方向：$F_\mathrm{N}-mg\cos\alpha=0$

将上面三式联立可得

$$mg\sin\alpha>F_0=\mu_0mg\cos\alpha$$

所以 $\mu_0<\tan\alpha,\quad a=g(\sin\alpha-\mu_0\cos\alpha)$

即，当 $\mu_0<\tan\alpha$ 时，物体将沿斜面下滑，下滑的加速度为 $a=g(\sin\alpha-\mu_0\cos\alpha)$。

【例题 2-2】 如例题 2-2 图所示，一根轻绳穿过定滑轮，轻绳两端各系一质量为 m_1 和 m_2 的物体，设滑轮的质量不计，滑轮与绳及轴间摩擦不计，试求物体释放后的加速度及绳中张力。

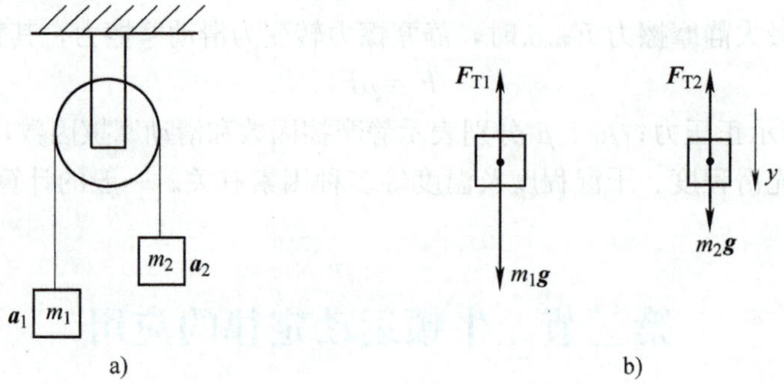

例题 2-2 图

解：（1）研究对象：m_1、m_2。

（2）受力分析：m_1、m_2 各受两个力，即重力及绳拉力，如例题 2-2 图所示。

（3）牛顿第二定律分析：

设 m_1 相对地面的加速度为 $\boldsymbol{a}_1$，m_2 相对地面的加速度为 $\boldsymbol{a}_2$，则

对 m_1：　　　　　　$m_1\boldsymbol{g}+\boldsymbol{F}_{T1}=m_1\boldsymbol{a}_1$

对 m_2：　　　　　　$m_2\boldsymbol{g}+\boldsymbol{F}_{T2}=m_2\boldsymbol{a}_2$

如例题 2-2 图所示建立坐标系，滑轮两侧张力相等，$F_{T1}=F_{T2}=F_T$，m_1 和 m_2 的加速度在 y 轴投影为 a_1 和 a_2，得

$$\begin{cases}m_1g-F_T=m_1a_1\\m_2g-F_T=-m_2a_2\end{cases}$$

根据约束关系 $a_2=-a_1$ 解得

$$a_1=-a_2=\frac{m_1-m_2}{m_1+m_2}g$$

$$F_T=\frac{2m_1m_2}{m_1+m_2}g$$

讨论：若 $m_1>m_2$，a_1 为正，a_2 为负，表明 m_1 的加速度与 y 轴正向相同；若 $m_1<m_2$，则 a_1 为负，表明 m_1 的加速度沿 y 轴负方向；若 $m_1=m_2$，加速度为零，即加速度的方向大小取决于 m_1 和 m_2。

【例题 2-3】 如例题 2-3 图 a 所示，天平左端挂一定滑轮，一轻绳跨过定滑轮，绳的两端分别系上质量为 m_1、m_2 的物体（$m_2>m_1$），天平右端的托盘上放有砝码，问：天平托盘和砝码共重多少，天平才能保持平衡？不计滑轮和绳的质量及轴承摩擦，绳不可伸长。

解：（1）研究对象：m_1、m_2 和定滑轮。

（2）受力分析：隔离 m_1 和 m_2，对其分别受力分析，并对定滑轮受力分析（见例题 2-3 图 b）。

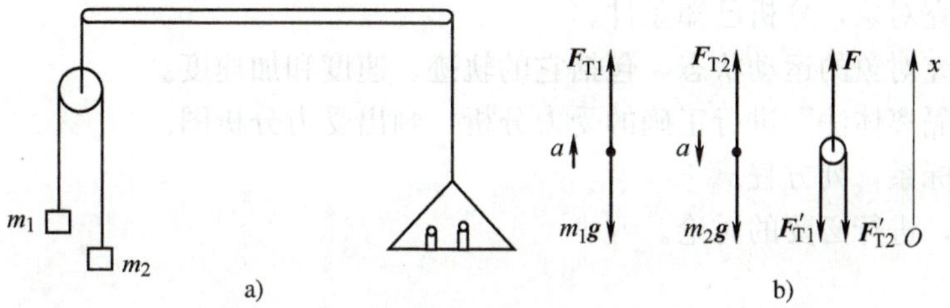

例题 2-3 图

（3）如例题 2-3 图所示建立坐标系，应用牛顿第二定律列方程（投影式），注意到绳中张力 $F_{T1}=F_{T2}=F_T$，两物体加速度关系为 $a_2=-a_1=-a$，有

$$F_T-m_1g=m_1a \qquad ①$$

$$m_2g-F_T=-m_2a \qquad ②$$

定滑轮受到力满足　　　　$F=F'_{T1}+F'_{T2}$　　　　③

根据牛顿第三定律　　　　$F_{T1}=F'_{T1}\quad F_{T2}=F'_{T2}$　　　　④

联立式①～式④，解得

$$F=\frac{4m_1m_2g}{m_1+m_2}$$

所以，根据平衡关系，天平右端的重力应该等于$\dfrac{4m_1m_2g}{m_1+m_2}$，才能保持平衡。

【例题 2-4】 如例题 2-4 图所示，质量为 m 的物体被竖直上抛，初速度大小为 v_0，物体受到的空气阻力大小为 $F=Kv$，K 为常量。求物体的速度与时间的关系。

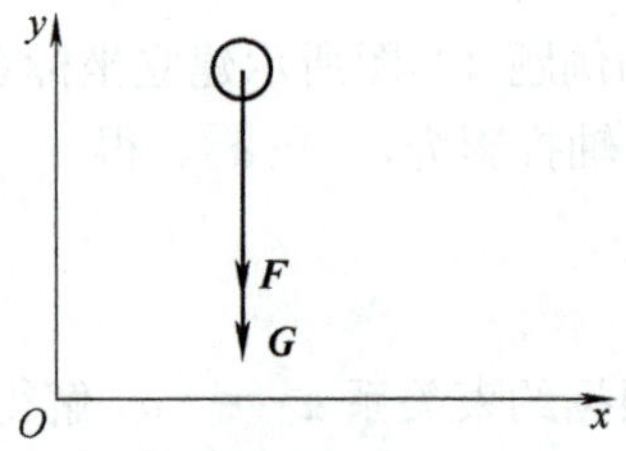

例题 2-4 图

解：（1）研究对象：m。

（2）受力分析：m 受两个力，重力 $\boldsymbol{G}$ 及空气阻力 $\boldsymbol{F}$。

（3）列方程为

$$\boldsymbol{G}+\boldsymbol{F}=m\boldsymbol{a}$$

如例题 2-4 图建坐标系，向 y 方向投影：

$$-mg-Kv=m\frac{\mathrm{d}v}{\mathrm{d}t}$$

得

$$\frac{\mathrm{d}v}{mg+Kv}=-\frac{1}{m}\mathrm{d}t$$

$$\int_{v_0}^{v}\frac{\mathrm{d}v}{mg+Kv}=\int_0^t-\frac{1}{m}\mathrm{d}t$$

$$\frac{1}{K}\ln\frac{mg+Kv}{mg+Kv_0}=-\frac{1}{m}\mathrm{d}t$$

$$mg+Kv=\mathrm{e}^{-\frac{K}{m}t}\cdot(mg+Kv_0)$$

从而有

$$v=\frac{1}{K}\ (mg+Kv_0)\ \mathrm{e}^{-\frac{K}{m}t}-\frac{1}{K}mg$$

讨论：由结果可知，当 t 足够大时，物体的速度为一恒定值。

★解题指导： 运用牛顿第二定律解题应按以下步骤。

1）选定研究对象，分析已知条件。

2）分析研究对象的运动状态，包括它的轨迹、速度和加速度。

3）采用“隔离体法”进行正确的受力分析，画出受力分析图。

4）选好坐标系，列方程。

5）解方程，进行必要的讨论。

*第四节　非惯性系动力学

牛顿第二定律的适用范围是惯性系，本节将讨论如何在非惯性系中保持质点动力学方程的形式不变。

一、惯性系　力学的相对性原理

牛顿运动定律能够成立的参考系称为惯性系，相对于惯性系做匀速直线运动的参考系也是惯性系。实验证明，对于描述力学规律来说，一切惯性系都是等价的。此结论称为力学相对性原理。其另一种表述为：在一切惯性系中，牛顿第二定律具有完全相同的形式。即表明，在一切惯性系中观察到的物体的加速度均相同。

二、非惯性系　惯性力

牛顿运动定律不能成立的参考系称为非惯性参考系，简称**非惯性系**。由于在非惯性系中，牛顿运动定律不再适用，就使得牛顿运动定律的应用受到很大的限制。为了使牛顿运动定律的形式在非惯性系中仍能使用，我们引入惯性力的概念。所谓惯性力，是在非惯性系中为了使牛顿运动定律形式上能成立而引入的一个假想力。下面分别就匀变速直线运动参考系和匀角速转动参考系进行讨论。

1. 匀变速直线运动参考系中的惯性力

在一相对于地面以加速度 $\boldsymbol{a}$ 行驶的列车上，装有如图 2-4-1a 所示的系统，分别在地面参考系和列车参考系中分析小球 m 的运动情况。设小球与桌面间无摩擦。

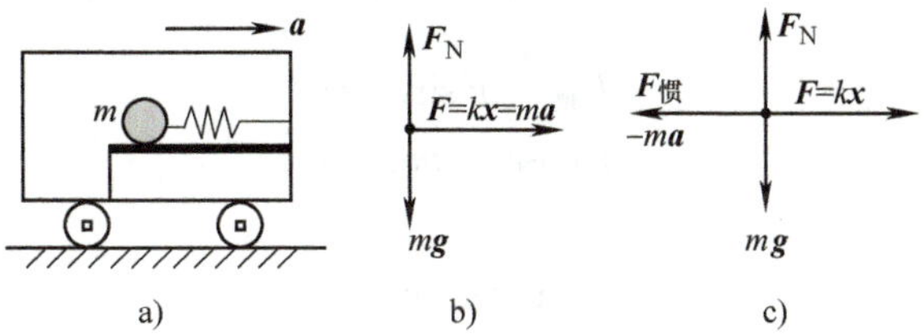

图 2-4-1

1）以地面为参考系，则小球受重力、桌面支持力及弹簧的弹力 $F=kx$，x 为弹簧伸长量，其受力分析如图 2-4-1b 所示，由于支持力 $\boldsymbol{F}_N$ 和重力 $m\boldsymbol{g}$ 平衡，故小球只受沿水平方向的弹簧弹力的作用，该力使小球和列车以相同的加速度相对地面运动，满足牛顿第二定律，即

$$\boldsymbol{F}=m\boldsymbol{a} \tag{2-8}$$

2）以列车为参考系，其受力情况与上相同，根据牛顿第二定律，小球在弹力作用下应沿弹力方向加速运动，但在列车上看来，小球是静止的。这违反了牛顿运动定律。为了使牛顿运动定律成立，假设此时小球还受到一个与列车加速度方向相反的力的作用，此力即称为惯性力，记作 $\boldsymbol{F}_{惯}$，表达式为

$$\boldsymbol{F}_{惯}=-m\boldsymbol{a} \tag{2-9}$$

式中，$\boldsymbol{a}$ 为非惯性系的加速度；m 为小球的质量。在列车参考系中，若加上惯性力，则小球的运动情况又符合“牛顿第二定律”的形式。即，小球在弹簧弹力、重力和桌面支持力以及惯性力作用下，处于静止状态，其受力分析如图 2-4-1c 所示。在非惯性系中，牛顿第二定律可写为

$$\boldsymbol{F}+\boldsymbol{F}_{惯}=\boldsymbol{0} \tag{2-10}$$

式中，$\boldsymbol{F}$ 为物体所受的真实作用力；而 $\boldsymbol{F}_{惯}$ 为假想力。

在运用惯性力解决问题时，我们应该注意到：①惯性力不是相互作用力，不存在反作用力；②惯性力的存在反映了所选择的参考系是非惯性系。

【例题 2-5】 如例题 2-5 图所示，小车以加速度 $\boldsymbol{a}$ 沿水平方向运动，小车的木架上悬挂一小球，小球相对于木架静止，且悬线与竖铅直方向的夹角为 α，求小车的加速度。

解： 以小车为参考系，以小球为研究对象，受力分析如例题 2-5 图 b 所示，在这些力作用下，小球相对于车静止，即由牛顿第二定律得

$$\boldsymbol{F}+m\boldsymbol{g}+\boldsymbol{F}_{惯}=\boldsymbol{0}$$

建立如图所示的坐标系，则

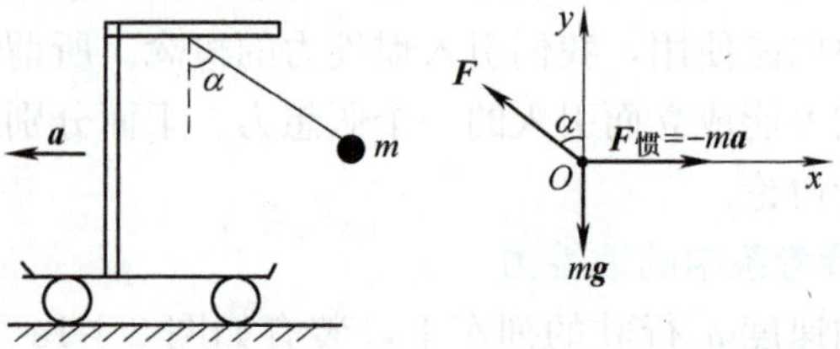

例题 2-5 图

$$F_{惯} - F\sin\alpha = 0$$
$$F\cos\alpha - mg = 0$$

又由 $F_{惯} = ma$，则有

$$a = g\tan\alpha$$

由上式可见，当 a 增大时，悬线与竖直方向的夹角 α 随之增大。绳的张力大小为

$$F = mg/\cos\alpha$$

★解题指导： 解关于非惯性系动力学的问题，关键是明确非惯性系的定义，掌握惯性力的大小和方向。

2. 匀角速转动参考系中的惯性力

设有一转盘以角速度 ω 相对于地面做匀角速转动。有一质量为 m 的小球用一轻质弹簧与转盘的转轴相连，小球相对于转盘静止，如图 2-4-2 所示。

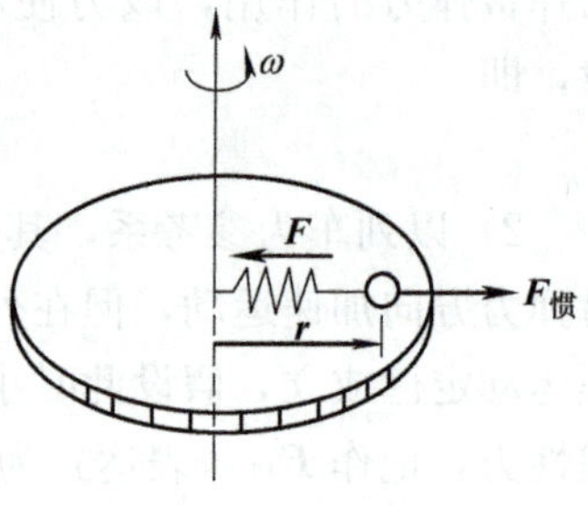

图 2-4-2

1）在地面参考系中，观察者看到小球随转盘以匀角速度 ω 转动，弹簧的弹力提供小球做圆周运动的向心力，即

$$\boldsymbol{F} = -k\Delta \boldsymbol{r} = -m\omega^2 \boldsymbol{r}$$

式中，$\boldsymbol{r}$ 为径向单位矢量；负号表示力的方向与径向单位矢量方向相反。小球的运动符合牛顿运动定律。

2）在以转盘为参考系时，观察者仍旧看到小球受到弹簧的弹力，但小球并没有向轴心处运动，而是相对转盘静止，牛顿第二定律不成立。为使牛顿第二定律在转盘参考系中仍能成立，转盘上的观察者设想除了弹簧的弹力外，小球还受到一个惯性力的作用，此二力平衡，即

$$\boldsymbol{F} + \boldsymbol{F}_{惯} = \boldsymbol{0}$$

即

$$\boldsymbol{F}_{惯} = -\boldsymbol{F} = m\omega^2 \boldsymbol{r} \tag{2-11}$$

此时，小球所受合力为零，小球静止，牛顿第二定律成立。在匀角速转动的参考系中，相对于参考系静止的物体都受到惯性力的作用，由于此时 $\boldsymbol{F}_{惯}$ 的方向沿径向向外，故称此种惯性力为惯性离心力。

拓展阅读 艾萨克·牛顿对力学的贡献

牛顿（1643 年 1 月 4 日—1727 年 3 月 31 日）爵士，英国皇家学会会员，是一位物理学

家、数学家、天文学家、自然哲学家和炼金术士，著有《自然哲学的数学原理》《光学》《二项式定理》和《微积分》。他在 1687 年出版的著作《自然哲学的数学原理》中，对万有引力和三大运动定律进行了描述。这些描述奠定了此后三个世纪里物理世界的科学观点，并成为现代工程学的基础。

牛顿在伽利略等人工作的基础上进行深入研究，总结出了物体运动的三个基本定律（牛顿运动三定律）。这三个非常简单的物体运动定律，为力学奠定了坚实的基础，并对其他学科的发展产生了巨大影响。第一定律的内容伽利略曾提出过，后来 R. 笛卡儿做过形式上的改进。伽利略也曾非正式地提到第二定律的内容。第三定律的内容则是牛顿在总结 C. 雷恩、J. 沃利斯和 C. 惠更斯等人的结果之后得出的。

牛顿是万有引力定律的发现者。他在 1665—1666 年开始考虑这个问题。1679 年，R. 胡克在写给他的信中提出，引力应与距离的二次方成反比；地球高处抛体的轨迹为椭圆，假设地球有缝，抛体将回到原处，而不是像牛顿所设想的轨迹是趋向地心的螺旋线。牛顿没有回信，但采用了胡克的见解。在开普勒行星运动定律以及其他人的研究成果上，他用数学方法导出了万有引力定律。

牛顿把地球上物体的力学和天体力学统一到一个基本的力学体系中，创立了经典力学理论体系，正确地反映了宏观物体低速运动的运动规律，实现了自然科学的第一次大统一。这是人类对自然界认识的一次飞跃。

牛顿指出流体黏滞阻力与剪切速率（流体的流动速度相对圆流道半径的变化速率）成正比。他说："流体部分之间由于缺乏润滑性而引起的阻力，如果其他都相同，则与流体各部分之间的分离速度成比例。"现在，把符合这一规律的流体称为牛顿流体，其中包括最常见的水和空气，不符合这一规律的称为非牛顿流体。

在给出平板在气流中所受的阻力时，牛顿对气体采用粒子模型，得到阻力与攻角正弦二次方成正比的结论。这个结论一般来说并不正确，但由于牛顿的权威地位，后人曾长期奉为信条。20 世纪，T. 卡门在总结空气动力学的发展时曾风趣地说："牛顿使飞机晚了一个世纪上天。"

关于声的速度，牛顿正确地指出，声速与大气压力的平方根成正比，与密度的平方根成反比。但由于他把声传播当作等温过程，因此结果与实际不符。后来，P. S. 拉普拉斯从绝热过程考虑，修正了牛顿的声速公式。

本章内容小结

1. 牛顿第一定律

任何物体都保持静止或匀速直线运动状态，直到其他物体的作用迫使它改变这种运动状态为止。

2. 牛顿第二定律

物体受到外力作用时，所获得的加速度的大小与合外力的大小成正比，与物体的质量成反比；加速度的方向与合外力的方向相同。

数学表达式：　$\boldsymbol{F}=m\boldsymbol{a}$

3. 牛顿第三定律

当一个物体对另一物体有力的作用时，另一物体对这个物体也有力的作用，这一对相互作用力称为作用力和反作用力，其大小相等，方向相反，且作用在同一条直线上。

数学表达式： $\boldsymbol{F}=-\boldsymbol{F}'$

4. 主动力

重力 $\boldsymbol{G}=m\boldsymbol{g}$

弹簧弹性力 $\boldsymbol{F}_x=-k\boldsymbol{x}$

5. 被动力

挤压力：绳内张力和摩擦力

静摩擦力：数学表达式为

$$F_{静}\leqslant F_{静\max}=\mu_0 F_{\rm N}$$

滑动摩擦力：数学表达式为

$$F=\mu F_{\rm N}$$

6. 惯性系

牛顿运动定律能够成立的参考系称为惯性系，相对于惯性系做匀速直线运动或静止的参考系也是惯性系。

7. 非惯性系

牛顿运动定律不能成立的参考系称为非惯性参考系，简称非惯性系。

8. 惯性力

数学表达式： $\boldsymbol{F}_{惯}=-m\boldsymbol{a}$

9. 惯性离心力

数学表达式： $\boldsymbol{F}_{惯}=-m\omega^2\boldsymbol{r}$

习　题

2-1 物体所获得的加速度取决于哪些因素？

2-2 回答下列问题：(1) 物体的运动方向和合外力方向是否一定相同？(2) 物体的运动速度越大，所受合外力是否也很大？(3) 物体所受摩擦力的方向是否一定和它的运动方向相反？

2-3 一物体静止于固定斜面上，可将物体所受重力分解为沿斜面的下滑力和作用于斜面的正压力，这样说对吗？为什么？

2-4 马拉车时，马和车的相互作用力大小相等而方向相反，为什么车能被拉动？

2-5 质量为 m 的物体放在倾角为 α 的固定斜面上，将匀速下滑。如果斜面的倾角改为 β，物体从 h 高处由静止滑下需要多少时间？

2-6 已知水星的半径是地球半径的 0.4 倍，质量为地球的 0.04 倍。设在地球上的重力加速度为 g，求水星表面的重力加速度。

2-7 如题 2-7 图所示，在光滑水平桌面上，有两个物体 A 和 B 紧靠在一起。它们的质量分别为 $m_{\rm A}=2{\rm kg}$ 和 $m_{\rm B}=1{\rm kg}$。今用一水平力 $F=3{\rm N}$ 推物体 B，则 B 推 A 的力等于多少？如用同样大小的水平力从右边推 A，则 A 推 B 的力等于多少？

2-8 质量 m 为 10kg 的木箱放在地面上，在水平拉力 F 的作用下由静止开始沿直线运动，其拉力随时间的变化关系如题 2-8 图所示。若已知木箱与地面间的摩擦因数 μ 为 0.2，那么在 $t=4{\rm s}$ 时，求木箱的速度大小。在 $t=7\text{s}$ 时，求木箱的速度大小。($g=10\text{m/s}^2$。)

2-9　如题 2-9 图所示，用一斜向上的力 $\boldsymbol{F}$（与水平方向成 $30°$），将一受重力 $\boldsymbol{G}$ 的木块压靠在竖直壁面上，如果不论用多大的力 $\boldsymbol{F}$，都不能使木块向上滑动，求木块与壁面间的静摩擦因数 μ。

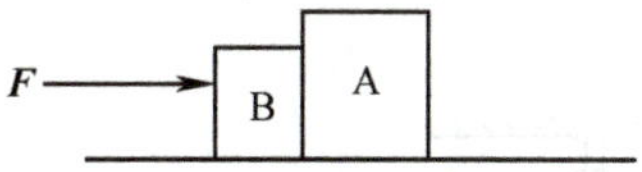

题 2-7 图

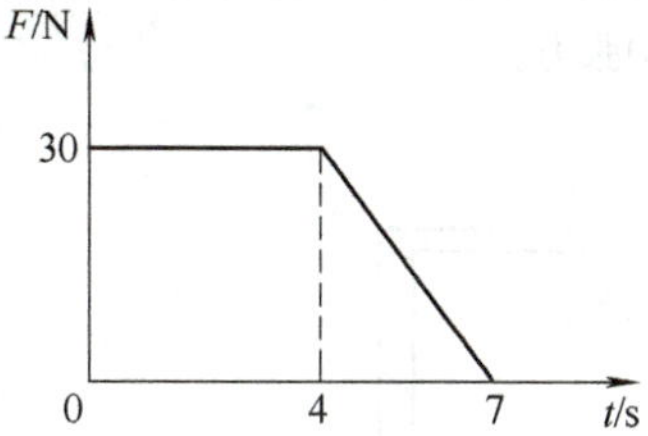

题 2-8 图

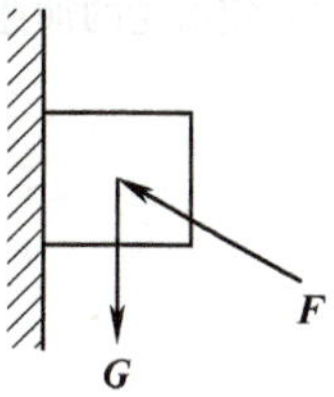

题 2-9 图

2-10　质量为 10kg 的小车沿半径为 8m 的弯道做圆周运动，运动方程为 $s=3+2t^2$(SI)，当 $t=1\text{s}$ 时求小车所受的切向力和法向力大小。

2-11　质量为 m 的物体，在力 $F_x=A+Bt$（SI）作用下沿 x 方向运动（A、B 为常量），已知 $t=0$ 时 $x_0=0$，$v_0=0$，求任一时刻物体的速度、位移。

2-12　一物体质量 $m=2\text{kg}$，在合外力 $\boldsymbol{F}=(3+2t)\boldsymbol{i}$（SI）的作用下，从静止出发沿水平 x 轴做直线运动，则当 $t=1\text{s}$ 时物体的速度多大？

2-13　如题 2-13 图所示，一质量为 m 的小球自静止沿半径为 R 的光滑固定半圆轨迹下滑，求小球到达 A 点时的速度和对圆轨道的作用力（假设小球到达 A 时，OA 与竖直方向夹角为 θ）。

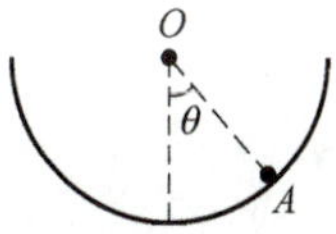

题 2-13 图

2-14　质量为 m 的子弹以速度 $\boldsymbol{v}_0$ 水平射入沙土中，设子弹所受阻力与速度反向，大小与速度大小成正比，比例系数为 k，忽略子弹的重力，求：(1) 子弹射入沙土后，速度的大小随时间变化的函数式；(2) 子弹进入沙土的最大深度。

2-15　质量为 2kg 的质点的运动学方程为

$$\boldsymbol{r}=(6t^2-1)\boldsymbol{i}+(3t^2+3t+1)\boldsymbol{j}\quad \text{(SI)}$$

求证质点受恒力而运动，并求力的方向、大小。

2-16　质量为 m 的质点在 Oxy 平面内运动，质点的运动学方程为

$$\boldsymbol{r}=a\cos\omega t\boldsymbol{i}+b\sin\omega t\boldsymbol{j}$$

式中，a、b、ω 为正常量，证明作用于质点的合力总指向原点。

2-17　质量为 m 的雨滴下降时，因受空气阻力，在落地前已是匀速运动，其速率为 5.0m/s。设空气阻力大小与雨滴速率的平方成正比，问：当雨滴下降速率为 4.0m/s 时，其加速度 a 多大？

2-18　在惯性系中测得的质点的加速度是由相互作用力产生的，在非惯性系测得的加速度是由惯性力产生的，这样表述对吗？

2-19　如题 2-19 图所示，小车以匀加速度 $\boldsymbol{a}$ 沿倾角为 α 的斜面向下运动，摆锤相对小车保持静止，求悬线与竖直方向的夹角（分别自惯性系和非惯性系求解）。

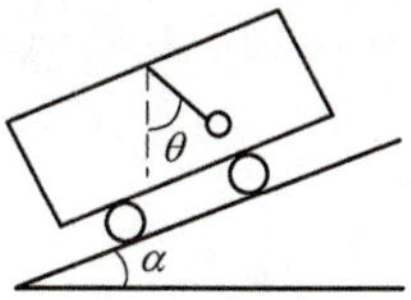

题 2-19 图

2-20　如题 2-20 图所示，质量为 m 的摆球 A 悬挂在车架上，求在下述各种情况下，摆线与竖直方向的夹角 α

和线中的张力 $\boldsymbol{F}_T$：

（1）小车沿水平方向做匀速运动；（2）小车沿水平方向做加速度为 $\boldsymbol{a}$ 的运动。

2-21 如题 2-21 图所示，一根轻绳穿过定滑轮，轻绳两端各系一质量为 m_1 和 m_2 的物体，且 $m_1 > m_2$，设滑轮质量不计，滑轮与绳及轴间摩擦不计，定滑轮以加速度 a_0 相对地面向上运动；试求两物体释放后相对定滑轮的加速度及绳中张力。

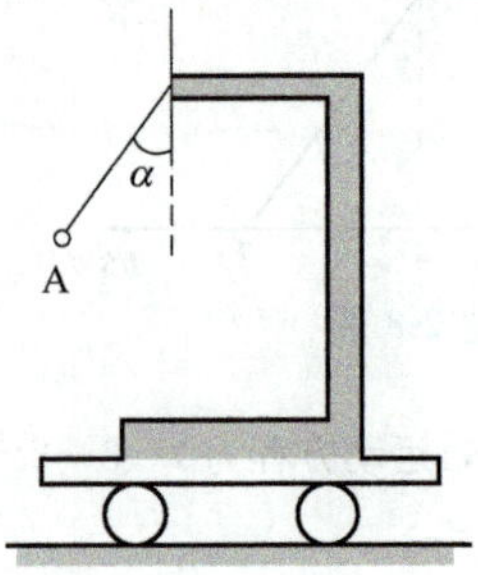

题 2-20 图

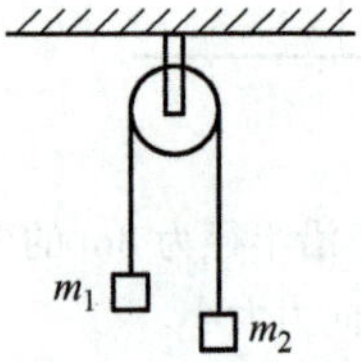

题 2-21 图

第三章　运动中的守恒定律

人们在研究机械运动及它与其他运动形式之间的相互联系和相互转化过程中，逐步形成了一些物理概念，并得出了重要的力学规律，其中特别重要的是能量、动量和角动量三个基本概念及相应的三个守恒定律。这些守恒定律可以从牛顿运动定律推导出来。但是，它们在理论和实践上比牛顿运动定律用得更为普遍。

本章首先引出动量、动能、势能、角动量等基本概念及其所遵从的规律：动量定理和动量守恒定律、动能定理和机械能守恒定律、角动量定理和角动量守恒定律，然后通过实例说明这些定理或守恒定律可以直接作为解题的依据，使问题的解决变得简便和直接。因此，这些定理及其相应的守恒定律为解决质点和质点系动力学问题开辟了另一条途径。

第一节　质点的动量　动量定理

前一章运用牛顿运动定律研究了质点的运动规律，讨论了质点运动状态的变化与它所受合外力之间的瞬时关系。对于一些力学问题，除分析力的瞬时效应外，还必须研究力的累积效应，也就要研究运动的过程。实际上，力对物体的作用总要延续一段时间，在这段时间内，力的作用将累积起来产生一个总效果。下面我们从力对时间的累积效应出发，介绍冲量、动量的概念以及有关的定律。

一、质点的动量和冲量

1. 动量

如果一个质点在运动过程中受到力 $\boldsymbol{F}$ 的作用，那么根据牛顿第二定律，速度 $\boldsymbol{v}$ 的变化率与力 $\boldsymbol{F}$ 之间的关系为

$$\boldsymbol{F}=m\boldsymbol{a}=m\frac{\mathrm{d}\boldsymbol{v}}{\mathrm{d}t}$$

m 一定时牛顿第二定律也可表示为

$$\boldsymbol{F}=\frac{\mathrm{d}(m\boldsymbol{v})}{\mathrm{d}t}=\frac{\mathrm{d}\boldsymbol{p}}{\mathrm{d}t} \tag{3-1}$$

式中，物体的质量 m 与速度 $\boldsymbol{v}$ 的乘积叫作物体的动量，用 $\boldsymbol{p}$ 来表示，即

$$\boldsymbol{p}=m\boldsymbol{v}$$

动量是矢量，大小为 mv，与速度同方向；动量表征了物体的运动状态。动量的单位是 kg·m/s。式（3-1）也被称为牛顿第二定律的另外一种表示方法。

2. 冲量

物体间的相互作用总有一定的作用时间，尽管在碰撞和冲击过程中力的作用时间很短暂，但还是经历了一段时间间隔。力和力的作用时间是不可分的；力的时间累积效应不仅与力的大小有关，而且与力的作用时间有关。把物体外力$\boldsymbol{F}$与力作用的时间间隔Δt的乘积称作力的冲量，简称冲量，用$\boldsymbol{I}$表示，则

$$\boldsymbol{I}=\boldsymbol{F}\Delta t \tag{3-2}$$

在一般情况下，力的大小和方向都随时间变化，从t_0到t的时间间隔内，变力的冲量可写为

$$\boldsymbol{I}=\int_{t_0}^{t}\boldsymbol{F}\mathrm{d}t \tag{3-3}$$

冲量是矢量，表征力持续作用一段时间的累积效应；其单位是N·s，与动量的单位是相同的。

二、动量定理

设作用在质点上的力为$\boldsymbol{F}$，在Δt时间内，质点的速度由$\boldsymbol{v}_0$变成$\boldsymbol{v}$，根据牛顿第二定律

$$\boldsymbol{F}=m\boldsymbol{a}=m\frac{\mathrm{d}\boldsymbol{v}}{\mathrm{d}t}$$

可得

$$\boldsymbol{F}\mathrm{d}t=m\mathrm{d}\boldsymbol{v}$$

积分

$$\int_{t_0}^{t}\boldsymbol{F}\mathrm{d}t=\int_{\boldsymbol{v}_0}^{\boldsymbol{v}}m\mathrm{d}\boldsymbol{v}$$

即

$$\boldsymbol{I}=m\boldsymbol{v}-m\boldsymbol{v}_0 \tag{3-4}$$

式（3-4）就是质点的动量定理：在给定时间间隔内，外力作用在质点上的冲量，等于此质点在此时间内动量的增量，表明力对质点持续作用一段时间的累积效应是使质点的动量发生变化。根据力的冲量可以确定质点动量的变化，由质点动量的变化也可以确定力的冲量。质点动量定理的优点是在时间间隔内不论力$\boldsymbol{F}$的大小和方向怎样变化，也不论质点速度的大小和方向怎样变化，冲量总是等于质点在这段时间始、末两时刻的动量之差，而与运动过程中质点在某时刻的动量无关。

冲量的方向并不与动量的方向相同，而是与动量增量的方向相同。

动量定理在直角坐标系中的分量式是

$$\begin{aligned}I_x&=\int_{t_0}^{t}F_x\mathrm{d}t=mv_x-mv_{0x}\\I_y&=\int_{t_0}^{t}F_y\mathrm{d}t=mv_y-mv_{0y}\\I_z&=\int_{t_0}^{t}F_z\mathrm{d}t=mv_z-mv_{0z}\end{aligned} \tag{3-5}$$

式（3-5）表明，冲量的分量只等于同方向上动量分量的增量，而对与它垂直方向上的动量分量并不发生影响。

动量定理表明：力在一段时间内的累积效果，是使物体动量发生变化。要产生同样的效果，即同样的动量变化，力如果不同，相应作用时间也就不同，力大时所需时间短些，力小时所需时间长些。只要力的时间累积量即冲量一样，就能产生同样的动量变化。

动量定理常用于碰撞和冲击过程。在这一过程中，相互作用力往往很大而且随时间改变，即在极短的时间内，作用力迅速达到很大的量值，然后又急剧地下降为零，这种量值很大、变化很快、作用时间又很短的力通常叫作冲力。因为冲力是变力，它随时间变化的关系又比较难确定，所以冲力的瞬时值很难测定，但过程的始、末状态的动量却较易测定，如果还能测定碰撞所经历的时间，就可以估算冲力的平均值：

$$\overline{\boldsymbol{F}}=\frac{1}{\Delta t}\int_{t_0}^{t}\boldsymbol{F}\mathrm{d}t=\frac{1}{\Delta t}(m\boldsymbol{v}-m\boldsymbol{v}_0),\quad \Delta t=t-t_0 \tag{3-6}$$

现实生活中人们常常为利用冲力而增大冲力，有时又为避免冲力造成损害而减小冲力。如利用压力机冲压钢板，由于冲头受到钢板给它的冲量的作用，冲头的动量很快地减为零，相应的冲力很大，因此钢板所受的反作用冲力也同样很大，所以钢板就被冲断了；当人们用手去接对方抛来的篮球时，手要往后缩一缩，以延长作用时间从而缓冲篮球对手的冲力。

【例题 3-1】 有一冲力作用在质量为 0.3kg 的物体上，物体最初处于静止状态，已知力大小与时间 t 的数值关系为

$$F=\begin{cases}2.5t\times10^4, & 0\leqslant t\leqslant0.02\\ 2.0\times10^5(t-0.07)^2, & 0.02\leqslant t\leqslant0.07\end{cases}$$

式中，F 的单位为 N；t 的单位为 s。求：

（1）上述时间内的冲量、平均力大小。

（2）物体末速度的大小。

解：（1）由冲量的定义式有

$$I=\int_{t_0}^{t}F\mathrm{d}t=\int_{0}^{0.02}2.5\times10^4t\mathrm{d}t+\int_{0.02}^{0.07}2.0\times10^5(t-0.07)^2\mathrm{d}t=13.3\mathrm{N\cdot s}$$

平均冲力的大小为

$$\overline{F}=\frac{1}{\Delta t}\int_{t_0}^{t}F\mathrm{d}t=\left(\frac{1}{0.07-0}\times13.3\right)\mathrm{N}=190\mathrm{N}$$

（2）由动量定理 $I=mv-mv_0$ 得物体末速度大小为

$$v=\frac{I}{m}=\frac{13.3}{0.3}\mathrm{m/s}=44.3\mathrm{m/s}$$

【例题 3-2】 一弹性球，质量 $m=0.2\mathrm{kg}$，速度为 $v=6\mathrm{m/s}$，与墙壁碰撞后跳回，设跳回时速度的大小不变，碰撞前后的方向与墙壁的法线的夹角都是 $\alpha=60°$，碰撞的时间为 $\Delta t=0.03\mathrm{s}$。求在碰撞时间内，球对墙壁的平均作用力。

解：以球为研究对象，设墙壁对球的平均作用力为 $\overline{\boldsymbol{F}}$，球在碰撞过程前后的速度为 $\boldsymbol{v}_1$ 和 $\boldsymbol{v}_2$，由动量定理得

$$\overline{\boldsymbol{F}}\Delta t=m\boldsymbol{v}_2-m\boldsymbol{v}_1$$

建立如例题 3-2 图所示的坐标系，则上式写成标量形式为

$$\overline{F}_x\Delta t=mv_{2x}-mv_{1x}$$

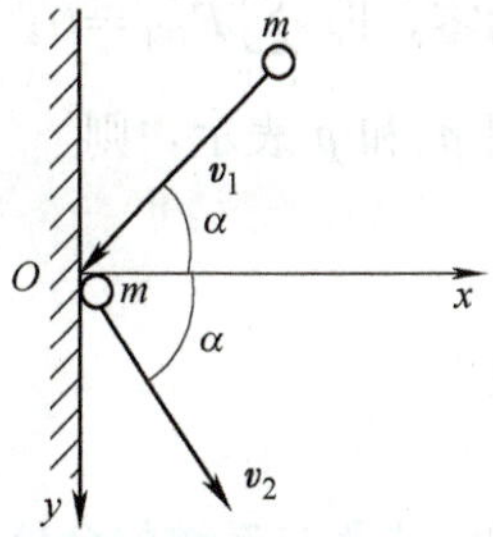

例题 3-2 图

$$\overline{F}_y \Delta t = mv_{2y} - mv_{1y}$$

即

$$\overline{F}_x \Delta t = mv\cos\alpha - (-mv\cos\alpha) = 2mv\cos\alpha$$

$$\overline{F}_y \Delta t = mv\sin\alpha - mv\sin\alpha = 0$$

因而

$$\overline{F}_x = 2mv\cos\alpha / \Delta t$$

$$\overline{F}_y = 0$$

代入数据，得

$$\overline{F}_x = (2\times 0.2\times 6\times \cos 60^\circ/0.03)\text{N} = 40\text{N}$$

根据牛顿第三定律，球对墙壁的平均作用力为 40N，方向向左。

★**解题指导：**运用动量定理解题时要注意不用考虑中间过程，仅考虑初末状态；再者，一定要用分量式来解题。

第二节 质点系的动量定理、质心运动定理和动量守恒定律

上一节讨论了质点动量的变化规律，本节将研究质点系受周围物体作用时动量的变化规律，即质点系动量定理和质心运动定理。

一、质点系的动量定理

质点系是由多个相互联系的质点组成的，质点系以外的物体称外界，外界对质点系内质点的作用称外力，质点系内诸质点间的相互作用力称内力。研究质点系问题，区分质点系和外界、内力和外力非常重要。质点系诸质点动量的矢量和即为质点系的动量。如图 3-2-1 所示，质点系由 n 个质点组成，第 i 个质点受到外界的作用力（外力）为 $\boldsymbol{F}_{i外}$，受到的内力为 $\boldsymbol{F}_{i内}$。根据质点的动量定理有

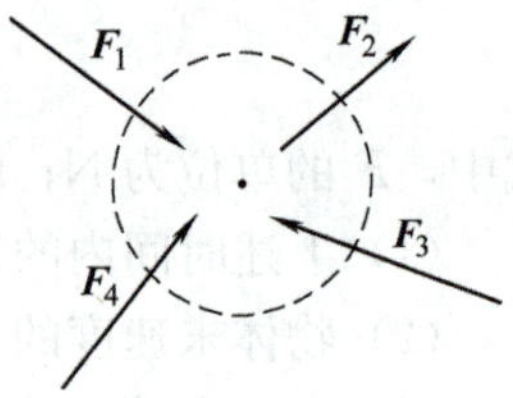

图 3-2-1

$$\int_{t_0}^{t} (\boldsymbol{F}_{i外} + \boldsymbol{F}_{i内})\mathrm{d}t = m_i \boldsymbol{v}_i - m_i \boldsymbol{v}_{i0}$$

对整个质点系来说，对上式求和：

$$\int_{t_0}^{t} \left(\sum_{i=1}^{n} \boldsymbol{F}_{i外}\right)\mathrm{d}t + \int_{t_0}^{t} \left(\sum_{i=1}^{n} \boldsymbol{F}_{i内}\right)\mathrm{d}t = \sum_{i=1}^{n} m_i \boldsymbol{v}_i - \sum_{i=1}^{n} m_i \boldsymbol{v}_{i0} \qquad (3\text{-}7)$$

由牛顿第三定律，考虑到内力总是成对出现的，且大小相等、方向相反，故其矢量和必为零，即 $\sum_{i=1}^{n} \boldsymbol{F}_{i内} = 0$。设作用在系统上的合外力用 $\boldsymbol{F}_外$ 表示，且系统的初动量和末动量分别用 $\boldsymbol{p}_0$ 和 $\boldsymbol{p}$ 表示，则

$$\int_{t_0}^{t} \boldsymbol{F}_外 \mathrm{d}t = \sum_{i=1}^{n} m_i \boldsymbol{v}_i - \sum_{i=1}^{n} m_i \boldsymbol{v}_{i0} \qquad (3\text{-}8)$$

或

$$\boldsymbol{I} = \boldsymbol{p} - \boldsymbol{p}_0$$

即，作用在系统的合外力的冲量等于系统动量的增量，这就是质点系的动量定理。

在直角坐标系中的分量形式

$$I_x = p_x - p_{x0}$$
$$I_y = p_y - p_{y0}$$
$$I_z = p_z - p_{z0}$$

即某一方向上作用于系统的所有外力的冲量的代数和，等于在同一时间内该方向系统的动量的增量。

对于无限小的时间间隔的质点系的动量定理，有

$$\boldsymbol{F}_{外} = \frac{\mathrm{d}\boldsymbol{p}}{\mathrm{d}t} \tag{3-9}$$

式（3-9）表明，作用于系统的合外力是作用于系统内每一质点的外力的矢量和，只有外力才对系统的动量变化有贡献，而系统的内力不改变整个系统的动量。

牛顿第二定律与动量定理是用来描述力的作用效果的两个重要定理，它们之间有联系也有区别，见表 3-2-1。

表 3-2-1　牛顿第二定律和动量定理的区别与联系

	牛顿第二定律	动量定理
力的效果	力的瞬时效果	力对时间的累积效果
关系	牛顿第二定律是动量定理的微分形式	动量定理是牛顿第二定律的积分形式
适用对象	质点	质点、质点系
适用范围	惯性系	惯性系
解题分析	必须研究质点在每时每刻的运动情况	只需研究质点（系）始、末两状态的变化

【例题 3-3】 如例题 3-3 图所示炮车在水平光滑轨道上发射炮弹，炮弹离开炮口时对地的速率为 v_0，仰角为 θ，炮弹质量为 m_1，炮身质量为 m_2，若发射时间（从击发到炮弹离开炮筒）为 Δt，求发射过程中炮车对轨道的压力。

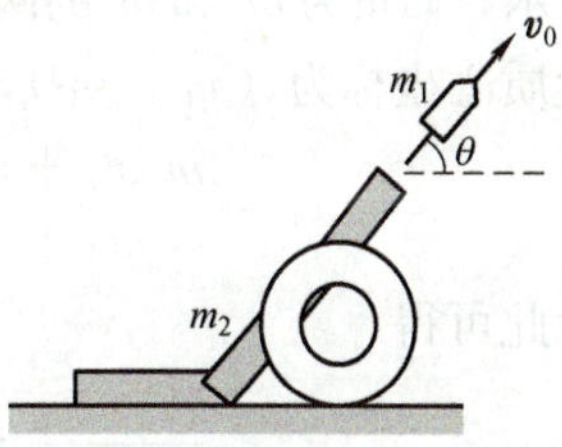

例题 3-3 图

解： 以炮弹和炮身组成的系统为研究对象，在发射过程中系统受到的外力有炮弹的重力 m_1g 和炮身的重力 m_2g，方向竖直向下；轨道对炮车的力，假设该力的平均值为 $\boldsymbol{F}_N$，方向竖直向上。应用质点系的动量定理，沿竖直方向的投影式得

$$(F_N - m_1g - m_2g)\Delta t = m_1v_0\sin\theta$$

由此得

$$F_N = \frac{m_1v_0\sin\theta}{\Delta t} + (m_1+m_2)g$$

炮车对轨道的压力 $\boldsymbol{F}_N'$是 $\boldsymbol{F}_N$ 的反作用力，大小等于$\frac{m_1v_0\sin\theta}{\Delta t} + (m_1+m_2)g$，方向向下。

★解题指导： 炮车可看成是质点系，因此它的动量变化只考虑外力，内力不影响质点系动量的变化。

二、质心运动定理

进一步研究质点系动量定理，便会涉及“质心”的概念。根据质点系动量定理 $\boldsymbol{F}_{外} = \frac{\mathrm{d}\boldsymbol{p}}{\mathrm{d}t} =$

$\dfrac{\mathrm{d}\sum m_i \boldsymbol{v}_i}{\mathrm{d}t}$，用 $\boldsymbol{r}_i$ 表示各质点的位置矢量，$\boldsymbol{v}_i = \dfrac{\mathrm{d}\boldsymbol{r}_i}{\mathrm{d}t}$，有

$$\boldsymbol{F}_{外} = \frac{\mathrm{d}^2}{\mathrm{d}t^2}\left(\sum m_i \boldsymbol{r}_i\right)$$

用 m 表示质点系的总质量，此式又可表示为

$$\boldsymbol{F}_{外} = m\frac{\mathrm{d}^2}{\mathrm{d}t^2}\left(\frac{\sum m_i \boldsymbol{r}_i}{m}\right) \tag{3-10}$$

导数运算符号后面的量 $\dfrac{\sum m_i \boldsymbol{r}_i}{m}$ 具有长度的量纲，用于描述与质点系相关的某一空间点的位置，用 $\boldsymbol{r}_C$ 表示，即

$$\boldsymbol{r}_C = \frac{\sum m_i \boldsymbol{r}_i}{m} \tag{3-11}$$

取 $\boldsymbol{r}_C$ 在直角坐标系的投影，则

$$x_C = \frac{\sum m_i x_i}{m},\quad y_C = \frac{\sum m_i y_i}{m},\quad z_C = \frac{\sum m_i z_i}{m} \tag{3-12}$$

式（3-11）或式（3-12）所确定的空间点和质点系密切关联，叫作质点系的质量中心，简称质心，$\boldsymbol{r}_C$ 和 x_C、y_C、z_C 分别表示质心的位置矢量和质心坐标，它实际上是质点系质量分布的平均坐标。

计算一个由两质点组成的最简单的质点系的质心。如图 3-2-2 所示，质量为 m_1 和 m_2 的两质点的坐标为（x_1，y_1）和（x_2，y_2），设质心坐标为（x_C，y_C），根据质心定义，有

$$x_C = \frac{m_1 x_1 + m_2 x_2}{m_1 + m_2},\quad y_C = \frac{m_1 y_1 + m_2 y_2}{m_1 + m_2}$$

由此可得

$$\frac{x_2 - x_C}{x_C - x_1} = \frac{m_1}{m_2},\quad \frac{y_2 - y_C}{y_C - y_1} = \frac{m_1}{m_2}$$

由此可知，质心必位于 m_1 和 m_2 的连线上，且质心与各质点的距离与质点质量成反比。

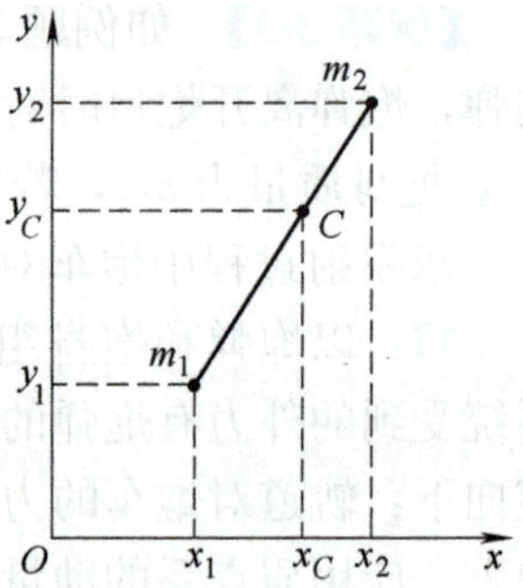

图 3-2-2

引入质心的概念后式（3-10）变成

$$\boldsymbol{F}_{外} = m\frac{\mathrm{d}^2 \boldsymbol{r}_C}{\mathrm{d}t^2} = m\boldsymbol{a}_C \tag{3-13}$$

$\boldsymbol{a}_C$ 称为质心加速度，上式在直角坐标系中的投影为

$$F_x = ma_{Cx},\quad F_y = ma_{Cy},\quad F_z = ma_{Cz} \tag{3-14}$$

它们具有与牛顿第二定律相同的形式，表明无论质点系怎样运动，**质点系质量与质心加速度的乘积等于质点系所受一切外力的矢量和，这叫作质点系质心运动定理**。

应注意，内力不会影响质心的运动状态。若质点系所受外力矢量和为零，则质心静止或做匀速直线运动。飞船靠惯性飞行时，若宇航员们突然向后舱移动，则飞船速度增加；若宇航员离开飞船，不受外力，则不论做什么动作，其质心总做匀速直线运动。

【例题 3-4】 如例题 3-4 图所示，三名质量相等的运动员手拉手脱离飞机做花样跳伞。由于做了某种运动，运动员 D 质心的加速度大小为$\frac{4}{5}g$，竖直向下；运动员 A 质心的加速度大小为$\frac{6}{5}g$，与竖直方向成$\alpha=30°$，加速度均以地球为参考系。求运动员 B 的质心加速度。运动员所在高度的重力加速度大小为 g。设运动员出机舱后很长时间才张开伞，不计空气阻力。

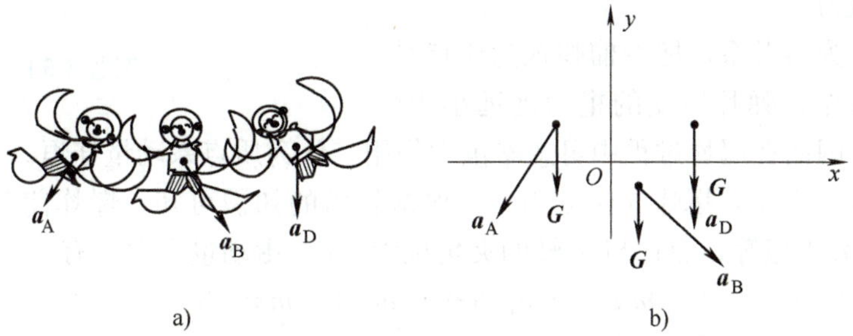

例题 3-4 图

解：根据质心运动定理，三个运动员受的外力为 $3\boldsymbol{G}$：

$$3\boldsymbol{G}=3m\frac{\mathrm{d}^2\boldsymbol{r}_C}{\mathrm{d}t^2}=3m\frac{\mathrm{d}^2}{\mathrm{d}t^2}\frac{m\boldsymbol{r}_A+m\boldsymbol{r}_B+m\boldsymbol{r}_D}{3m}$$

可得出

$$\boldsymbol{a}_A+\boldsymbol{a}_B+\boldsymbol{a}_D=3\boldsymbol{g}$$

$\boldsymbol{a}_A$、$\boldsymbol{a}_B$和 $\boldsymbol{a}_D$表示各运动员质心的加速度，将上式投影，

x：
$$a_{Bx}-a_{Ax}=a_{Bx}-\frac{6}{5}g\sin30°=0 \quad ①$$

y：
$$a_{By}-\frac{4}{5}g-\frac{6}{5}g\cos30°=-3g \quad ②$$

由式①、式②得

$$a_{Bx}=\frac{6}{5}g\sin30°=\frac{3}{5}g,\quad a_{By}=-\frac{1}{5}(11-3\sqrt{3})g$$

$$a_B=\sqrt{a_{Bx}^2+a_{By}^2}=1.31g,\quad \alpha=\arctan\left|\frac{a_{Bx}}{a_{By}}\right|\approx27°33'$$

★解题指导：将三名运动员视为一质点系，运用质心运动定理，问题便容易解决。

三、质点系的动量守恒定律

由式（3-9）可以看出，当系统所受合外力为零，即 $F_{外}=0$ 时，系统的动量的增量为零，这时系统的总动量保持不变，即

$$\boldsymbol{p}=\sum m_i\boldsymbol{v}_i=\text{恒矢量} \quad (3\text{-}15)$$

即动量守恒定律为：当系统受合外力为零时，系统的总动量保持不变。其分量式可表示为

$$p_x=\sum m_iv_{ix}=C_x \quad (\text{合外力 } F_x=0)$$
$$p_y=\sum m_iv_{iy}=C_y \quad (\text{合外力 } F_y=0) \quad (3\text{-}16)$$

$$p_z=\Sigma m_i v_{iz}=C_z \quad (\text{合外力 } F_z=0)$$

式中，C_x、C_y 和 C_z 均为恒量。

【例题 3-5】 一枚手榴弹投出方向与水平面成 45°，投出的速率为 25m/s，在刚要接触与发射点在同一水平面的目标时爆炸，设分裂成质量相等的三块，一块速度为 $\boldsymbol{v}_3$，方向竖直朝下；一块顺爆炸处切线方向以 $\boldsymbol{v}_2=15\text{m/s}$ 飞出；一块沿法线方向以 $\boldsymbol{v}_1$ 飞出（见例题 3-5 图），求 v_1 和 v_3，不计空气阻力。

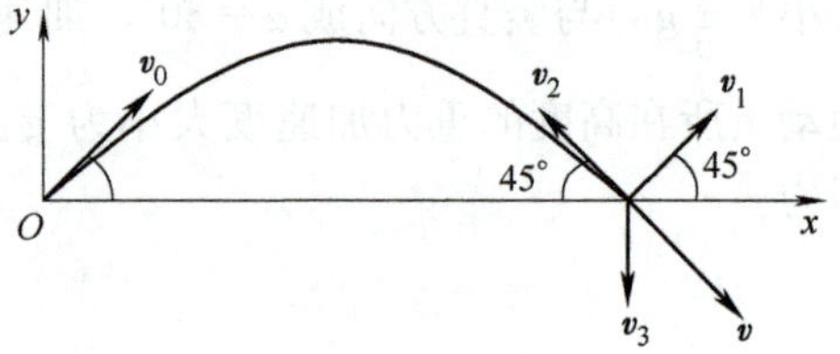

例题 3-5 图

解： 以地面为参考系，把手榴弹视为质点系，由于在爆炸过程中，弹片所受的重力远远小于弹片之间的冲力，因而在爆炸过程中可忽略重力作用，认为质点系动量守恒。

设手榴弹质量为 m，爆炸前速度为 $\boldsymbol{v}$。根据斜抛的知识可知，爆炸前速度 $\boldsymbol{v}$ 的大小和投出速度 $\boldsymbol{v}_0$ 的大小相等，而且与 x 轴的夹角也为 45°。由动量守恒，有

$$m\boldsymbol{v}=m\boldsymbol{v}_1/3+m\boldsymbol{v}_2/3+m\boldsymbol{v}_3/3$$

所以

$$3\boldsymbol{v}=\boldsymbol{v}_1+\boldsymbol{v}_2+\boldsymbol{v}_3$$

投影方程：

$$\begin{cases}3v\cos45^\circ=v_1\cos45^\circ-v_2\cos45^\circ\\-3v\sin45^\circ=v_1\sin45^\circ+v_2\sin45^\circ-v_3\end{cases}$$

$$3v=v_1-v_2 \qquad ①$$

$$-3v=v_1+v_2-v_3/\sin45^\circ \qquad ②$$

解得

$$\begin{cases}v_1=3v+v_2=(3\times25\times15)\text{m/s}=90\text{m/s}\\v_3=(3v+v_1+v_2)\sin45^\circ=90\sqrt{2}\,\text{m/s}\approx127\text{m/s}\end{cases}$$

★解题指导： 应用动量守恒定律时应该注意以下几点。

1）在动量守恒定律中，系统的总动量不变，是指系统内各物体动量的矢量和不变，而不是指其中某一个物体的动量不变。此外，各质点的动量必须都相对于同一惯性参考系。

2）系统动量守恒的条件是合外力为零。但在外力比内力小得多的情况下，外力对质点系的总动量变化影响甚小，这时可以认为近似满足守恒条件。如碰撞、打击、爆炸等问题，因为参与碰撞的物体的相互作用时间很短，相互作用内力很大，而一般的外力（如空气阻力、摩擦力或重力）与内力比较可忽略不计，近似认为物体系统的总动量守恒。

3）如果系统所受外力的矢量和并不为零，但合外力在某个坐标轴上的分量为零，那么，系统的总动量虽不守恒，但在该坐标轴的分动量是守恒的，这对处理某些问题是很有用的。

总之，动量守恒定律是物理学最普遍、最基本的定律之一。虽然动量守恒定律是由牛顿运动定律导出的，但它并不依靠牛顿运动定律。近代的科学实验和理论分析都表明：在自然界中，大到天体间的相互作用，小到质子、中子、电子等微观粒子间的相互作用，都遵守动量守恒定律；而在原子、原子核等微观领域中，牛顿运动定律却是不适用的。因此，动量守恒定律比牛顿运动定律更加基本，是物理学中最基本的普适定律之一。例如在航天技术中，火箭飞行的依据是动量守恒定律。火箭发射和飞行时，火箭内部的推进剂（燃料和氧化剂）

在极短时间里发生爆炸性燃烧，产生大量高温、高压的气体并从尾部喷出。喷出的气体具有很大的动量，根据动量守恒定律可知，火箭必获得数值相等、方向相反的动量，因而出现连续的反冲运动，快速前进。随着燃料的减少，火箭的速度越来越快，当燃料燃尽时，火箭就以最后获得的速度继续飞行。

第三节　变力做功

一、功

功是表示力对空间累积的物理量。功的概念是人们在长期的生产实践和科学研究中建立起来的。力做功是改变能量的手段，我们可从恒力做功入手。

1. 恒力的功

如图 3-3-1 所示，质点在恒力 $\boldsymbol{F}$ 的作用下，沿直线运动，位移为 $\Delta \boldsymbol{r}$，并且与力 $\boldsymbol{F}$ 成 θ 角，则力 $\boldsymbol{F}$ 对物体所做的功 A 为

$$A = F\cos\theta\,|\Delta \boldsymbol{r}|$$

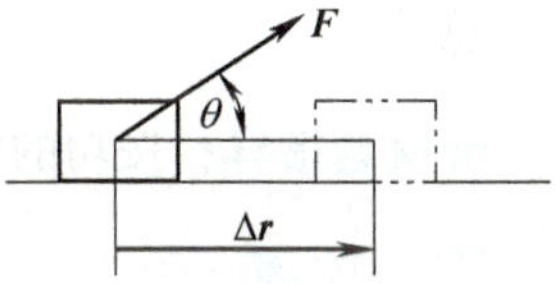

图　3-3-1

即作用在沿直线运动质点上的力 $\boldsymbol{F}$，在力作用点的位移 $\Delta \boldsymbol{r}$ 上所做的功，等于该力沿运动方向的分量与物体位移大小的乘积。写成矢量式为

$$A = \boldsymbol{F} \cdot \Delta \boldsymbol{r} \tag{3-17}$$

功是标量，没有方向，只有大小和正负。功的单位是 J（焦耳）。

2. 变力的功

如图 3-3-2 所示，作用有变力 $\boldsymbol{F}$ 的质点由 a 到 b 做曲线运动，沿曲线把物体运动的轨迹分成许多微小的位移元，在每一个位移元内，力可视为不变，则在每一个位移元内，力所做的功为

$$\mathrm{d}A = \boldsymbol{F} \cdot \mathrm{d}\boldsymbol{r} = F\cos\theta\,|\mathrm{d}\boldsymbol{r}| \tag{3-18}$$

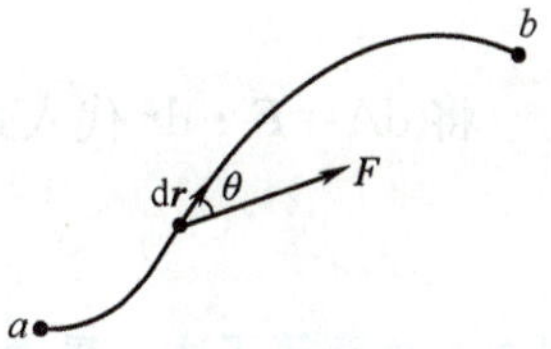

图　3-3-2

式（3-18）中，θ 为 $\boldsymbol{F}$ 和 $\mathrm{d}\boldsymbol{r}$ 之间的夹角。

总功为

$$A = \int_a^b \mathrm{d}A = \int_a^b \boldsymbol{F} \cdot \mathrm{d}\boldsymbol{r} \tag{3-19}$$

在直角坐标系中，

$$\boldsymbol{F} = F_x \boldsymbol{i} + F_y \boldsymbol{j} + F_z \boldsymbol{k}$$

$$\mathrm{d}\boldsymbol{r} = \mathrm{d}x\boldsymbol{i} + \mathrm{d}y\boldsymbol{j} + \mathrm{d}z\boldsymbol{k}$$

则

$$A = \int_{r_a}^{r_b} \boldsymbol{F} \cdot \mathrm{d}\boldsymbol{r} = \int_{x_a}^{x_b} F_x \mathrm{d}x + \int_{y_a}^{y_b} F_y \mathrm{d}y + \int_{z_a}^{z_b} F_z \mathrm{d}z \tag{3-20}$$

即在直角坐标系中，力的功等于力沿 x 轴、y 轴、z 轴做功的代数和。

在自然坐标系中，

$$\boldsymbol{F} = F_t \boldsymbol{e}_t + F_n \boldsymbol{e}_n,\quad \mathrm{d}\boldsymbol{r} = \mathrm{d}s\boldsymbol{e}_t$$

则

$$A = \int_{r_a}^{r_b} \boldsymbol{F} \cdot \mathrm{d}\boldsymbol{r} = \int (\boldsymbol{F}_t \boldsymbol{e}_t + \boldsymbol{F}_n \boldsymbol{e}_n) \cdot \mathrm{d}s\boldsymbol{e}_t = \int_{sa}^{s_b} F_t \mathrm{d}s \tag{3-21}$$

即在自然坐标系中力对质点所做的功等于力的切线分力对路径的线积分，由于法向分力与路径垂直，因而它始终不做功。

【例题 3-6】 设作用在物体上的力 $F=(y^2-x^2)\boldsymbol{i}+3xy\boldsymbol{j}$，物体先沿 x 轴由点（0，0）运动到点（2，0），再平行 y 轴由点（2，0）运动到点（2，4），求该过程中力做的功。

解：应用 $A=\int \boldsymbol{F}\mathrm{d}\boldsymbol{r}$ 式求解。

由点（0，0）沿轴到点（2，0），此过程 $y=0$，$\mathrm{d}y=0$，因此

$$A_1=\int_0^2 -x^2\mathrm{d}x=-\frac{8}{3}\mathrm{J}$$

由点（2，0）平行 y 轴到点（2，4），此时 $x=2$，$\mathrm{d}x=0$，因此

$$A_2=\int_0^4 3xy\mathrm{d}y=\int_0^4 6y\mathrm{d}s=48\mathrm{J}$$

总功

$$A=A_1+A_2=45\frac{1}{3}\mathrm{J}$$

★解题指导：按功的定义式计算功，必须首先求出力和位移的关系式。

二、功率

在功的概念中，没有考虑时间因素。有些实际问题，不仅要计算做了多少功，而且要考虑做功的快慢。为此我们引入了功率的概念。

力在单位时间内完成的功，叫作平均功率。记为

$$\overline{P}=\frac{\Delta A}{\Delta t} \tag{3-22}$$

当时间 Δt 趋于零时，力的平均功率的极限称为力的瞬时功率：

$$P=\frac{\mathrm{d}A}{\mathrm{d}t} \tag{3-23}$$

将 $\mathrm{d}A=\boldsymbol{F}\cdot\mathrm{d}\boldsymbol{r}$ 代入式（3-23），得

$$P=\frac{\mathrm{d}A}{\mathrm{d}t}=\frac{\boldsymbol{F}\cdot\mathrm{d}\boldsymbol{r}}{\mathrm{d}t}=\boldsymbol{F}\cdot\boldsymbol{v} \tag{3-24}$$

即力的功率等于力与受力点速度的点积。

功率的单位由功和时间的单位或由力与速度的单位来决定。国际单位制规定：若在 1s 内做功 1J，则功率为 1W（瓦特）。

第四节 质点和质点系的动能定理

一、质点的动能定理

瀑布自崖顶落下，重力对水流做功，使水流的速率增加；水流冲击水轮机，冲击力对叶片做功，使叶片转动起来；子弹穿过钢板，阻力对子弹做负功，使子弹速度减小。可见，力做功可以改变物体的运动状态。可以设想，必定相应地存在某种描述运动状态的物理量，它的改变正好由力对物体所做的功来决定。质点的动力学方程 $\sum \boldsymbol{F}_i=m\boldsymbol{a}$ 反映质点运动状态

的变化与合力的关系，以此为线索，可能找到所求物理量及其与功的定量关系。

设质量为 m 的质点在合力 $\boldsymbol{F}_{合}$ 的作用下沿某一曲线运动，沿质点轨迹取自然坐标，质点的加速度可写作 $\boldsymbol{a}=\frac{v^2}{\rho}\boldsymbol{e}_n+\frac{dv}{dt}\boldsymbol{e}_t$（$\rho$ 为轨道曲率半径），质点动力学方程式可写作

$$\boldsymbol{F}_{合}=m\left(\frac{v^2}{\rho}\boldsymbol{e}_n+\frac{dv}{dt}\boldsymbol{e}_t\right)$$

设质点发生位移 $d\boldsymbol{r}$，以 $d\boldsymbol{r}$ 标乘上式两端，得

$$\boldsymbol{F}_{合}\cdot d\boldsymbol{r}=m\left(\frac{v^2}{\rho}\boldsymbol{e}_n+\frac{dv}{dt}\boldsymbol{e}_t\right)\cdot d\boldsymbol{r}$$

等式左端是合力做的元功 $đA$，而 $d\boldsymbol{r}=ds\boldsymbol{e}_t$，故上式为

$$đA=m\left(\frac{v^2}{\rho}\boldsymbol{e}_n+\frac{dv}{dt}\boldsymbol{e}_t\right)\cdot(ds\boldsymbol{e}_t)$$

由于 $\boldsymbol{e}_n\cdot\boldsymbol{e}_t=0$，$\boldsymbol{e}_t\cdot\boldsymbol{e}_t=1$，所以，上式简化为

$$đA=m\frac{dv}{dt}\cdot ds$$

m 为恒量，可移到微分符号后，上式变为

$$đA=d\left(\frac{1}{2}mv^2\right) \tag{3-25}$$

上式左边是合外力所做的元功，右侧出现了一个新的物理量 $\frac{1}{2}mv^2$，它决定于质点的质量和速率，它的微分决定于合力的功，这正是我们所要寻求的物理量，我们把 $\frac{1}{2}mv^2$ 叫作质点的动能，用 E_k 表示：

$$E_k=\frac{1}{2}mv^2 \tag{3-26}$$

动能由质点的质量和运动速度所决定，是状态量，它与功和能量具有相同的量纲。式（3-25）表明：**质点动能的微分等于作用于质点的合外力做的元功，叫作质点的动能定理。**

式（3-25）为质点动能定理的微分形式，将它积分即得质点动能定理的积分形式：

$$\int_{r_1}^{r_2}\boldsymbol{F}\cdot d\boldsymbol{r}=\int_{v_0}^{v}m\boldsymbol{v}\cdot d\boldsymbol{v} \tag{3-27}$$

或

$$A=\frac{1}{2}mv^2-\frac{1}{2}mv_0^2 \tag{3-28}$$

式（3-28）为**质点的动能定理：质点动能的增量等于作用于质点的合外力做功之和。**

动能与功的概念不能混淆，质点的运动状态一旦确定，动能就唯一地确定了，动能是运动状态的函数，是反映质点运动状态的物理量。而功是和质点受力并经历位移这个过程相联系的，“过程”意味着“状态的变化”，所以功不是描写状态的物理量，它是过程的函数。可以说处于一定运动状态的质点具有多少动能，而不能说该质点具有多少功。

【例题 3-7】 质量 $m=2$kg 的物体沿 x 轴做直线运动，所受合外力 $F=10+6x^2$(SI)。如果在 $x=0$ 处时速度的大小 $v_0=0$，试求该物体运动到 $x=4$m 处时速度的大小。

解： 根据动能定理可得

$$\frac{1}{2}mv^2-0=\int_0^4 F\mathrm{d}x=\int_0^4 (10+6x^2)\mathrm{d}x$$
$$=10x+2x^3$$
$$=168\mathrm{J}$$

物体的速度大小为

$$v=\sqrt{168}\,\mathrm{m/s}=12.96\mathrm{m/s}$$

二、质点系内力的功

研究质点系内力的功，由于内力是成对出现的，需要研究两质点间作用力与反作用力的功，如图 3-4-1 所示，两质点沿曲线轨迹运动。它们相对于参考点 O 的位置矢量各为 $\boldsymbol{r}_1$ 和 $\boldsymbol{r}_2$，$\boldsymbol{F}$ 和 $-\boldsymbol{F}$ 分别表示质点 1 对 2 和质点 2 对 1 的作用力，$\mathrm{d}\boldsymbol{r}_1$ 和 $\mathrm{d}\boldsymbol{r}_2$ 为两质点的元位移，这对相互作用力的元功之和为

$$\mathrm{d}A=\boldsymbol{F}\cdot\mathrm{d}\boldsymbol{r}_2-\boldsymbol{F}\cdot\mathrm{d}\boldsymbol{r}_1=\boldsymbol{F}\cdot(\mathrm{d}\boldsymbol{r}_2-\mathrm{d}\boldsymbol{r}_1)$$

$\mathrm{d}\boldsymbol{r}_2-\mathrm{d}\boldsymbol{r}_1$ 为质点 2 对质点 1 的元位移，用 $\boldsymbol{r}$ 表示质点 2 相对于质点 1 的位置矢量，则

$$\mathrm{d}\boldsymbol{r}=\mathrm{d}\boldsymbol{r}_2-\mathrm{d}\boldsymbol{r}_1$$

因此，元功可表示为

$$\mathrm{d}A=\boldsymbol{F}\cdot\mathrm{d}\boldsymbol{r} \tag{3-29}$$

即**两质点间相互作用力所做的元功的代数和等于作用于其中一质点的力与该质点相对于另一质点元位移的标积**。即这一对力的功仅决定于力和质点间的相对位移，将 $\mathrm{d}\boldsymbol{r}$ 分解为与 $\boldsymbol{r}$ 垂直和平行的两分位移 $\mathrm{d}_1\boldsymbol{r}$ 和 $\mathrm{d}_2\boldsymbol{r}$（见图 3-4-1），力 $\boldsymbol{F}$ 只在分位移 $\mathrm{d}_2\boldsymbol{r}=\mathrm{d}r\hat{\boldsymbol{r}}^0$ 上做功，这里 $\hat{\boldsymbol{r}}^0$ 表示沿 $\boldsymbol{r}$ 方向的单位矢量，力 $\boldsymbol{F}$ 可表示为 $F_r\hat{\boldsymbol{r}}^0$，其中 F_r 为力 $\boldsymbol{F}$ 在 $\boldsymbol{r}$ 方向上的投影，且 $|F_r|=F$，于是

$$\mathrm{d}A=F\hat{\boldsymbol{r}}^0\cdot(\mathrm{d}r\hat{\boldsymbol{r}}^0)=F_r\mathrm{d}r \tag{3-30}$$

此式进一步表明，两质点间**作用力和反作用力所做功的代数和取决于力和质点间相对距离的改变**。可以看出仅当两质点沿力的方向无相对运动时，作用力与反作用力之功的代数和等于零。**因此一般情况下，质点系内力功不等于 0。**

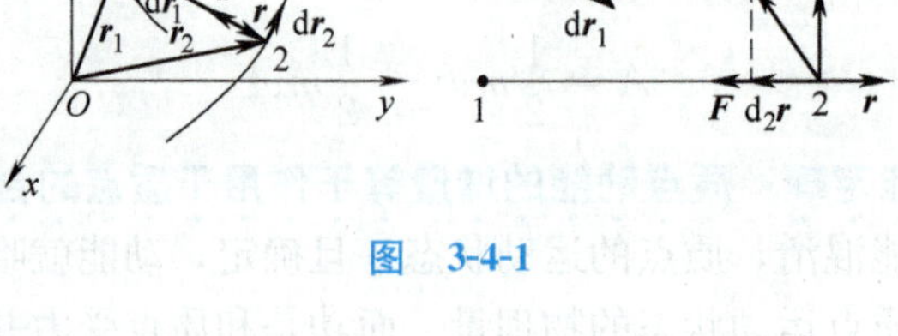

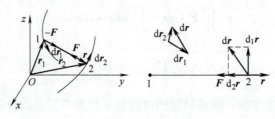

图 3-4-1

三、质点系的动能定理

质点系由 n 个质点组成，对于质点系中的任一个质点 m_i，动能定理都可以表示为

$$A_i=E_{ki}-E_{ki0}$$

式中，A_i 是质点 i 受到的质点系外和质点系内所有力所做的功，因此可以分成外力的功和

内力的功两部分，即

$$A_i = A_i^{(e)} + A_i^{(i)}$$

对 n 个质点组成的质点系，将上式求和，得

$$\sum A_i = \sum A_i^{(e)} + \sum A_i^{(i)} = \sum E_{ki} - \sum E_{ki0}$$

上式可写为

$$A = A^{(e)} + A^{(i)} = \sum E_{ki} - \sum E_{ki0} \tag{3-31}$$

把质点系内各质点动能之和叫作质点系的动能，则上式右边是质点系动能的增量，左边是作用于质点系一切力所做功的和。注意，内力的功不等于零，因此式（3-31）为质点系动能定理的表达式，它表明：质点系所有外力和内力功的总和等于质点系动能的增量。

【例题 3-8】 力 $\boldsymbol{F}$ 作用在质量为 1.0kg 的质点上，已知在此力作用下质点的运动方程为 $x=3t-4t^2+t^3$（SI），求在 0 到 4s 内，力 $\boldsymbol{F}$ 对质点所做的功。

解：由运动方程可得质点的速度为

$$v = \frac{\mathrm{d}x}{\mathrm{d}t} = \frac{\mathrm{d}}{\mathrm{d}t}(3t - 4t^2 + t^3) = 3 - 8t + 3t^2$$

当 $t=0$ 时，　　$v_0=(3-8\times0+3\times0^2)\mathrm{m/s}=3\mathrm{m/s}$

当 $t=4\mathrm{s}$ 时，　　$v=(3-8\times4+3\times4^2)\mathrm{m/s}=19\mathrm{m/s}$

因而质点始末状态的动能分别为

$$E_{k0}=\frac{1}{2}mv_0^2=\left(\frac{1}{2}\times1\times3^2\right)\mathrm{J}=4.5\mathrm{J}$$

$$E_k=\frac{1}{2}mv^2=\left(\frac{1}{2}\times1\times19^2\right)\mathrm{J}=180.5\mathrm{J}$$

根据质点的动能定理，可知力对质点所做的功为

$$A = E_k - E_{k0} = (180.5 - 4.5)\mathrm{J} = 176\mathrm{J}$$

★解题指导：动能定理既可以求质点（质点系）的速度，又可以求力做的功。求速度时，只要知道该过程力的功和初速度就能求出速度；求力的功时，无论多么复杂的力，运动路径多么复杂，只要知道初、末状态动能的变化，就可求出功。

【例题 3-9】 质量为 m_0 的货车载着质量为 m 的木箱，以速率 v 沿平直公路行驶，因故突然紧急制动，车轮立即停止转动，货车滑行 L 距离后停止，木箱在货车上相对货车滑行了 l 距离（见例题 3-9 图 a），求 L 和 l。已知木箱和货车之间的滑动摩擦因数为 μ_1，货车车轮与地面的滑动摩擦因数为 μ_2。

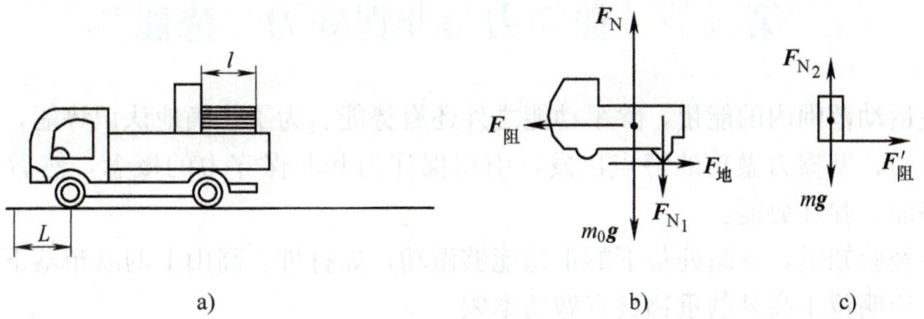

例题 3-9 图

解：解法一：质点的动能定理

如例题 3-9 图 b、c 所示，对车和木箱分别进行受力分析，其中 $\boldsymbol{F}_{阻}$ 是木箱作用于货车的力，与货车作用于木箱的力 $\boldsymbol{F}'_{阻}$ 互为作用力与反作用力，大小等于 $\mu_1 mg$；$\boldsymbol{F}_{地}$ 是地面作用于货车的摩擦力，大小等于 $\mu_2(m_0 g+mg)$。注意，货车与木箱的位移分别为 L 和 $L+l$，根据质点动能定理得

货车：$-F_{地}L+F_{阻}L=E_{车末}-E_{车初}$，$-\mu_2(m_0 g+mg)L+\mu_1 mgL=0-\dfrac{1}{2}m_0 v^2$

木箱：$-F'_{阻}(L+l)=E_{木末}-E_{木初}$，$-\mu_1 mg(L+l)=0-\dfrac{1}{2}mv^2$

解之得

$$L=\frac{m_0 v^2}{2[\mu_2(m_0+m)-\mu_1 m]g}$$

$$l=\frac{v^2}{2\mu_1 g}-L$$

解法二：质点系的动能定理

以货车和木箱为质点系，外力只有地面的摩擦力做功，内力是货车和木箱之间的摩擦力，内力功等于力与相对位移的标积，按照质点系的动能定理，有

$$-\mu_2(m_0 g+mg)L-\mu_1 mgl=0-\frac{1}{2}(m_0+m)v^2$$

以木箱为质点，有

$$-\mu_1 mg(L+l)=0-\frac{1}{2}mv^2$$

联立，可解得结果

$$L=\frac{m_0 v^2}{2[\mu_2(m_0+m)-\mu_1 m]g}$$

$$l=\frac{v^2}{2\mu_1 g}-L$$

讨论：1）该题以具体例子再一次证明，内力做功之和不一定等于零。

2）摩擦力不一定做负功。我们不应主观地认为某些力一定做正功或负功，考虑力做功问题必须在搞清力和相对于一定参考系的受力点位移的基础上做具体分析。

3）一对滑动摩擦力所做功的代数和总是负的。

第五节　保守力与非保守力　势能

在机械运动范围内的能量，除了动能之外还有势能。为了正确地认识势能，我们首先从重力、弹性力、摩擦力做功的特点出发，引出保守力和非保守力的概念，然后介绍引力势能、重力势能、弹性势能。

由生活经验知道，从高处落下的重物能够做功，如打桩、高山上的瀑布落下带动发电机发电，这都说明位于高处的重物具有做功本领。

本节将从几种常见力的做功特点出发，引出保守力和非保守力概念，然后介绍势能概念。

一、保守力和非保守力

通过分析万有引力、重力和弹簧弹性力做功的特点，引入保守力的概念。

1. 万有引力做功

如图 3-5-1 所示，有两个质量分别为 m 和 m' 的质点，其中质点 m' 不动，质点 m 在引力的作用下，从点 a 沿 acb 路径运动到点 b，取质点 m' 所在位置为坐标原点 O，m' 指向 m 的方向为矢径的正方向，$\boldsymbol{e}_r$ 为正方向的单位矢量。点 a 和点 b 到坐标原点的距离分别为 r_a 和 r_b，求质量为 m 的质点从 a 运动到 b 引力做的功。

将质点的运动路径分成许多位移元 $\mathrm{d}\boldsymbol{r}$，则引力所做的元功为

$$đA=\boldsymbol{F}\cdot\mathrm{d}\boldsymbol{r}=-G\frac{mm'}{r^2}\boldsymbol{e}_r\cdot\mathrm{d}\boldsymbol{r}=-G\frac{mm'}{r^2}\mid\boldsymbol{e}_r\mid\cdot\mid\mathrm{d}\boldsymbol{r}\mid\cos\theta=-G\frac{mm'}{r^2}\mathrm{d}r$$

从点 a 沿 acb 路径运动到点 b，引力所做的功为

$$A=\int_{r_a}^{r_b}-G\frac{mm'}{r^2}\mathrm{d}r=Gm'm\left(\frac{1}{r_b}-\frac{1}{r_a}\right)$$

即

$$A=-Gm'm\left[\left(-\frac{1}{r_b}\right)-\left(-\frac{1}{r_a}\right)\right] \tag{3-32}$$

由上式可以看出，**引力做功只与质点的起始和终了位置有关，而与质点经过的路径无关。**

2. 重力做功

质量为 m 的质点，在重力的作用下，从点 a 沿 acb 路径运动到点 b，点 a 和点 b 到地面的距离分别为 z_a 和 z_b，如图 3-5-2 所示，求重力所做的功。

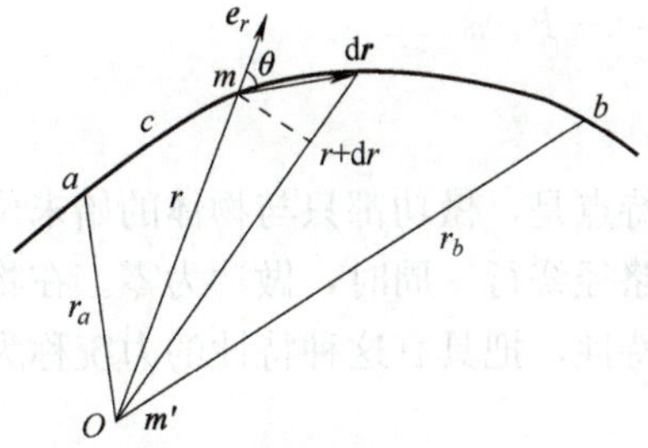

图 3-5-1

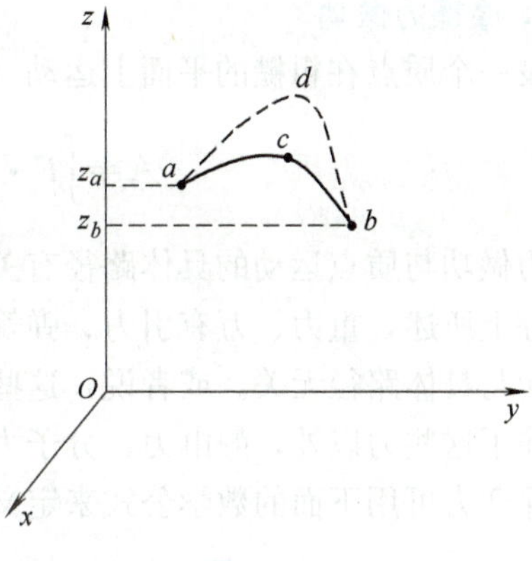

图 3-5-2

将质点的运动路径分成许多位移元：

$$\mathrm{d}\boldsymbol{r}=\mathrm{d}x\boldsymbol{i}+\mathrm{d}y\boldsymbol{j}+\mathrm{d}z\boldsymbol{k}$$

则重力所做的元功为

$$đA=m\boldsymbol{g}\cdot\mathrm{d}\boldsymbol{r}=-mg\boldsymbol{k}\cdot(\mathrm{d}x\boldsymbol{i}+\mathrm{d}y\boldsymbol{j}+\mathrm{d}z\boldsymbol{k})=-mg\,\mathrm{d}z$$

从 a 处沿 $\overset{\frown}{acb}$ 路径运动到 b 处，重力做的功为

$$A=\int_{z_a}^{z_b}-mg\,\mathrm{d}z=-mg(z_b-z_a)$$

同理可推出质点沿$\widehat{adb}$路径运动到b处过程中，重力做功为

$$A=\int_{z_a}^{z_b}-mg\,\mathrm{d}z=-mg(z_b-z_a)$$

即质点从a运动到b

$$A=-(mgz_b-mgz_a) \tag{3-33}$$

由上式可以看出，重力做功只与质点的起始和终了位置有关，而与质点所经过的路径无关。

3. 弹簧弹性力做功

在光滑水平面上放置一个弹簧，弹簧一端固定，另一端与一个质量为m的质点相连。弹簧在水平方向不受外力作用时，它将不发生形变，此时质点位于O点，这个位置称为平衡位置，如图3-5-3所示。若在外力的作用下，质点从a位置被拉到b位置，点a和点b到平衡位置的距离分别为x_a和x_b，求弹性力做的功。

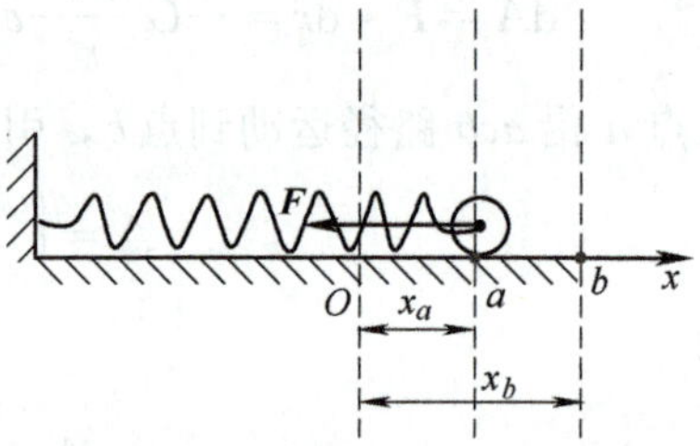

图 3-5-3

将质点的运动路径分成许多位移元$\mathrm{d}x$，在位移元$\mathrm{d}x$内，弹性力可近似看成不变，由胡克定律得弹性力为

$$\boldsymbol{F}=-kx\boldsymbol{i}$$

弹性力的元功为

$$\mathrm{d}A=\boldsymbol{F}\cdot\mathrm{d}\boldsymbol{x}=(-kx\boldsymbol{i})\cdot(\mathrm{d}x\boldsymbol{i})=-kx\,\mathrm{d}x$$

弹簧从点a到点b，弹性力所做的功为

$$A=\int_{x_a}^{x_b}-kx\,\mathrm{d}x=-\left(\frac{1}{2}kx_b^2-\frac{1}{2}kx_a^2\right) \tag{3-34}$$

由上式可以看出，**弹性力做功只与质点的起始和终了位置有关，而与质点所经过的路径无关。**

4. 摩擦力做功

设一个质点在粗糙的平面上运动（假设摩擦力为常量），则摩擦力做的功为

$$A=\int\boldsymbol{F}\cdot\mathrm{d}s\boldsymbol{\tau}=\int-F_\mathrm{t}\mathrm{d}s=-F_\mathrm{t}\Delta s$$

摩擦力做功与质点运动的具体路径有关。

综上所述，重力、万有引力、弹簧弹性力做功的特点是，做功都只与物体的始末位置有关，而与具体路径无关。或者说，这些力沿任意闭合路径绕行一周时，做功为零。在物理学中，除了这些力以外，静电力、分子力等也具有这种特性，把具有这种特性的力统称为保守力。保守力可用下面的数学公式来定义，即

$$\oint_l \boldsymbol{F}_{保}\cdot\mathrm{d}\boldsymbol{r}=0 \tag{3-35}$$

而摩擦力做功与具体路径有关，在物理学中把做功与路径有关的力称为非保守力。除了摩擦力以外，爆炸力、黏滞力都具有这种特性。

二、势能

势能的概念是在保守力的基础上提出的，对于保守力，受力质点始末位置一定，力的功便确定了，因此，存在一个位置函数，并使这个函数在始末位置的变化量恰好等于受力质点自初始位置通过任何路径达到终点位置保守力做的功，该函数称为势能。

用 E_{p0} 和 E_p 分别表示质点在始、末位置的势能，用 $A_{保}$ 表示自始位置到末位置保守力的功，则

$$E_p - E_{p0} = -A_{保} \tag{3-36}$$

式（3-36）表明，与一定保守力相对应的势能的增量等于保守力做功的负值。

保守力做功只给出了势能之差。要确定势能还必须选择一个参考位置，规定质点在该位置的势能为零，通常称这一位置为势能零点，终止位置的势能为

$$E_p = -A_{保} \tag{3-37}$$

即质点在某一位置的势能在数值上等于把质点从势能零点到此位置保守力做功的负值。

因势能是由系统内各物体间相互作用的保守力和相对位置决定的能量，因而它是属于系统的。单独谈单个物体的势能是没有意义的。例如，重力势能就是属于地球和物体所组成的系统的。同样，弹性势能和引力势能也是属于有弹性力和引力作用的系统的，习惯上称某物体的势能，这只是叙述上的简便而已。因势能与质点间的保守力相联系，故势能是状态的函数，因为在保守力作用下，只要物体的起始和终了位置确定了，保守力所做的功也就确定了，而与所经过的路径无关，所以说，势能是坐标的函数，亦即是状态的函数。某点处系统的势能只有相对意义，势能的值与势能零点的选取有关。势能零点也可以任意选取，但以简便为原则，选取不同的势能零点，物体的势能就具有不同的值。但两点间的势能差则是绝对的，与势能零点的选取无关。只有保守力场才能引入势能的概念。

第六节　功能原理　机械能守恒定律

质点系的动能与势能之和称为质点系的机械能，功能原理和机械能守恒定律都是反映质点系机械能变化规律的定律。

一、质点系的功能原理

作用于系统的力可以分为内力和外力，内力的功又可分为保守内力的功和非保守内力的功：

$$A = A_{外力} + A_{内力} = A_{外力} + A_{保守内力} + A_{非保守内力}$$

而保守内力所做的功等于势能增量的负值，即

$$A_{保守内力} = -\left(\sum_{i=1}^{n} E_{pi} - \sum_{i=1}^{n} E_{pi0}\right)$$

所以

$$\begin{aligned} A_{外力} + A_{非保守内力} &= \left(\sum_{i=1}^{n} E_{ki} - \sum_{i=1}^{n} E_{ki0}\right) + \left(\sum_{i=1}^{n} E_{pi} - \sum_{i=1}^{n} E_{pi0}\right) \\ &= \left(\sum_{i=1}^{n} E_{ki} + \sum_{i=1}^{n} E_{pi}\right) - \left(\sum_{i=1}^{n} E_{ki0} + \sum_{i=1}^{n} E_{pi0}\right) \end{aligned}$$

系统的动能与势能之和为系统的机械能 E：

$$E = E_k + E_p$$

则

$$A_{外力} + A_{非保守内力} = E - E_0 \tag{3-38}$$

式中，$E=\sum_{i=1}^{n}E_{ki}+\sum_{i=1}^{n}E_{pi}$ 为系统的末态的机械能；$E_0=\sum_{i=1}^{n}E_{ki0}+\sum_{i=1}^{n}E_{pi0}$ 为系统的初态的机械能。

式（3-38）是质点系的功能原理，即质点系机械能的增量等于外力和非保守内力对系统做功之和。

若外力不做功，只有非保守内力做功才能使机械能发生变化。例如，起重机提升重物，非保守内力做了正功，重物的机械能增加；若重物上升一定高度又逐步匀速下降，则拉力对重物做负功，重物势能减少。又如，将电动机视作一质点系，通电后使它转起来，这是由于作用于转子的磁场力这一非保守内力做了正功。再如，切断电源，电动机慢慢停下来，这是非保守力做负功的结果。

功能原理与质点系动能定理的不同之处是，功能原理将保守内力做的功用势能的减少量（增量的负值）来代替。因此，在用功能原理解题的过程中，计算功时，要注意将保守内力的功除外。

二、机械能守恒定律

在一定过程中，若质点系机械能始终保持恒定，且只有该质点系内部发生动能和势能的相互转换，就说该质点系机械能守恒。机械能守恒的系统称为保守系统。

根据机械能守恒的含义和功能原理，可写出机械能守恒定律：如果一个系统内只有保守内力做功，其他内力和一切外力都不做功，则系统内各物体的动能和势能可以互相转换，但机械能的总和不变。即

$$\sum E_k+\sum E_p=常量 \tag{3-39}$$

在满足机械能守恒定律的条件下，质点系的动能和势能是相互转换的，且转换的量值是相等的，动能的增加量等于势能的减少量，势能的增加量等于动能的减少量，二者的转换是通过质点系内部保守内力做功来实现的。

【例题 3-10】 一物体与斜面间的摩擦因数 $\mu=0.20$，斜面固定，倾角 $\alpha=45°$。现给予物体以初速率 $v_0=10\text{m/s}$，使它沿斜面向上滑，如例题 3-10 图所示。求：(1) 物体能够上升的最大高度 h；(2) 该物体达到最高点后，沿斜面返回到原出发点时的速率 v；(3) 若斜面光滑，则物体能够上升的最大高度为多少？

解：(1) 把物体、斜面、地球作为质点系，则物体与斜面间的摩擦力为非保守内力，假设斜面最低处为重力势能零点，则初位置的机械能为物体的动能 $\frac{1}{2}mv_0^2$，物体上升到最大高度 h 处为末位置，该处物体的机械能为 mgh，该过程中非保守内力摩擦力做负功。

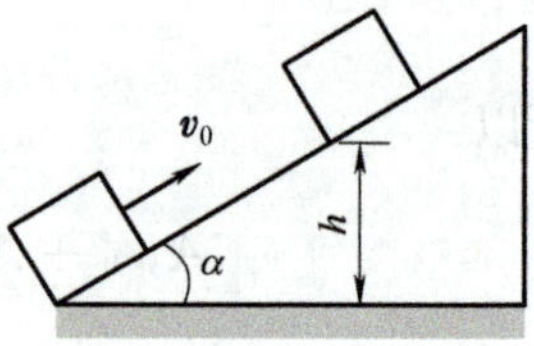

例题 3-10 图

根据功能原理，有

$$-fs=mgh-\frac{1}{2}mv_0^2$$

又 $s=\dfrac{h}{\sin\alpha}$，$f=\mu mg\cos\alpha$，则

$$h=\frac{v_0^2}{2g(1+\mu\mathrm{ctan}\alpha)}=4.17\mathrm{m}$$

（2）同理，该物体达到最高点后，沿斜面返回到原出发点时，根据功能原理有

$$-fs=\frac{1}{2}mv^2-mgh$$

$$\frac{1}{2}mv^2=mgh-\mu mgh\,\mathrm{ctan}\alpha$$

$$v=[2gh(1-\mu\mathrm{ctan}\alpha)]^{1/2}=8.14\mathrm{m/s}$$

（3）若斜面光滑，物体在上升过程中只有重力做功，重力为保守力，因此符合机械能守恒的条件。假设斜面最低处为重力势能零点，则初位置的机械能为物体的动能$\frac{1}{2}mv_0^2$，物体上升到最大高度 h 处为末位置，该处物体的机械能为 mgh，根据机械能守恒得

$$\frac{1}{2}mv_0^2=mgh，\text{则 } h=\frac{v_0^2}{2g}=5\mathrm{m}$$

★解题指导：在满足机械能守恒定律的条件下，质点系的动能和势能是相互转换的，且转换的量值是相等的，动能的增加量等于势能的减少量，势能的增加量等于动能的减少量，二者的转换是通过质点系的保守内力做功来实现的。

第七节　角动量　角动量守恒定律

物理学中经常会遇到质点围绕一点转动的情况，例如行星绕太阳的运动、原子中电子绕原子核的转动等。在这类转动问题中，如果用动量来描述质点的转动问题，则会很不方便，因为动量的方向时刻不断变化，为此引入角动量的概念，并讨论角动量所遵循的规律。

一、质点对参考点的角动量和力矩

1. 质点对参考点的角动量

如图 3-7-1 所示，一质量为 m 的质点，以速度 $\boldsymbol{v}$ 运动，相对于坐标原点 O 的位置矢量为 $\boldsymbol{r}$，定义质点对坐标原点 O 的角动量为该质点的位置矢量与动量的矢量积，即

$$\boldsymbol{L}=\boldsymbol{r}\times\boldsymbol{p}=\boldsymbol{r}\times m\boldsymbol{v}\qquad(3\text{-}40)$$

角动量是矢量，大小为

$$L=rmv\sin\alpha$$

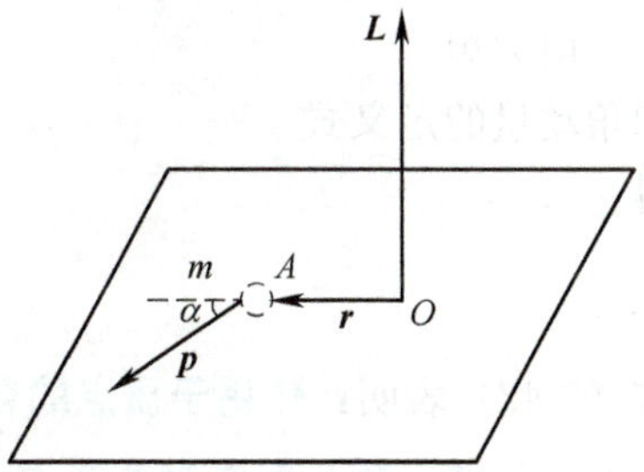

图　3-7-1

式中，α 为质点动量与质点位置矢量的夹角。角动量的方向可以用右手螺旋法则来确定。在国际单位制中，角动量的单位是 $\mathrm{kg\cdot m^2\cdot s^{-1}}$。大到天体，小到基本粒子，都具有转动的特征。18 世纪定义角动量后，直到 20 世纪人们才开始认识到角动量是自然界最基本、最重要的概念之一，它不仅在经典力学中很重要，而且在近代物理中的运用更为广泛。例如，电子绕核运动具有轨道角动量，电子本身还有自旋运动，具有自旋角动量等。原子、分子和原子核系统的基本性质之一，是它们的角动量具有一定的不连续

的量值，称角动量的量子化。因此，在这种系统的性质的描述中，角动量起着主要的作用。角动量不仅与质点的运动有关，还与参考点有关。对于不同的参考点，同一质点有不同的位置矢量，因而角动量也不相同。因此，描述质点的角动量时，必须指明是相对于哪一个参考点而言的。

2. 质点对参考点的力矩

如图 3-7-2 所示，一质量为 m 的质点，在力 $\boldsymbol{F}$ 的作用下运动，相对于坐标原点 O 的位置矢量为 $\boldsymbol{r}$，定义力对坐标原点 O 的力矩为该质点的位置矢量与力的矢量积，即

$$\boldsymbol{M}=\boldsymbol{r}\times\boldsymbol{F} \tag{3-41}$$

力矩是矢量，大小为

$$M=rF\sin\alpha$$

式中，α 为作用于质点的力与质点位置矢量的夹角。力矩的方向可以用右手螺旋法则来确定。在国际单位制中，力矩的单位是 N・m。

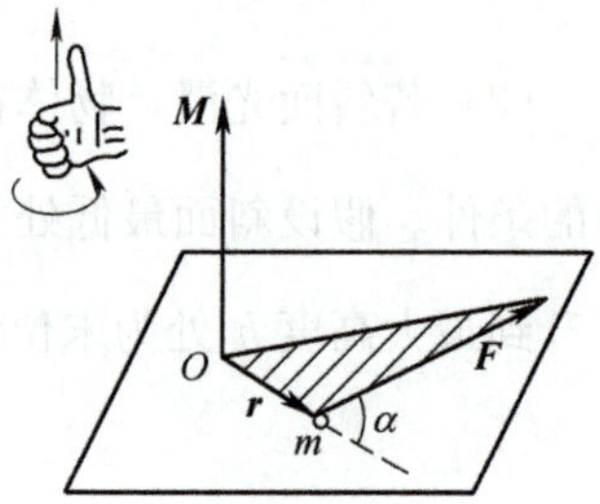

图 3-7-2

二、质点对参考点的角动量定理

设质点的质量为 m，在合力 $\boldsymbol{F}$ 的作用下，运动方程为

$$\boldsymbol{F}=m\boldsymbol{a}=\frac{\mathrm{d}(m\boldsymbol{v})}{\mathrm{d}t}$$

用位置矢量 $\boldsymbol{r}$ 叉乘上式，得

$$\boldsymbol{r}\times\boldsymbol{F}=\boldsymbol{r}\times\frac{\mathrm{d}(m\boldsymbol{v})}{\mathrm{d}t}$$

考虑到

$$\frac{\mathrm{d}}{\mathrm{d}t}(\boldsymbol{r}\times m\boldsymbol{v})=\boldsymbol{r}\times\frac{\mathrm{d}}{\mathrm{d}t}(m\boldsymbol{v})+\frac{\mathrm{d}\boldsymbol{r}}{\mathrm{d}t}\times m\boldsymbol{v}$$

和

$$\frac{\mathrm{d}\boldsymbol{r}}{\mathrm{d}t}\times\boldsymbol{v}=\boldsymbol{v}\times\boldsymbol{v}=0$$

得

$$\boldsymbol{r}\times\boldsymbol{F}=\frac{\mathrm{d}}{\mathrm{d}t}(\boldsymbol{r}\times m\boldsymbol{v})$$

由力矩

$$\boldsymbol{M}=\boldsymbol{r}\times\boldsymbol{F}$$

和角动量的定义式

$$\boldsymbol{L}=\boldsymbol{r}\times\boldsymbol{p}=\boldsymbol{r}\times m\boldsymbol{v}$$

得

$$\boldsymbol{M}=\frac{\mathrm{d}\boldsymbol{L}}{\mathrm{d}t} \tag{3-42}$$

式（3-42）表明：作用于质点的合力对参考点 O 的力矩，等于质点对该点 O 的角动量随时间的变化率，称为质点对参考点的角动量定理。

这与牛顿第二定律 $\boldsymbol{F}=\mathrm{d}\boldsymbol{p}/\mathrm{d}t$ 在形式上是相似的，其中 $\boldsymbol{M}$ 对应着 $\boldsymbol{F}$，$\boldsymbol{L}$ 对应着 $\boldsymbol{p}$。

三、质点对参考点的角动量守恒定律

若质点所受的合外力矩为零，即 $\boldsymbol{M}=0$，则

$$\boldsymbol{L}=\boldsymbol{r}\times\boldsymbol{p}=\boldsymbol{r}\times m\boldsymbol{v}=\text{恒矢量} \tag{3-43}$$

即当作用于质点的力对参考点的合外力矩为零时，质点对该参考点的角动量为一恒矢量，称作质点对参考点的角动量守恒定律。

质点对参考点角动量守恒定律的条件是 $\boldsymbol{M}=0$，当质点受的力与质点的位矢共线时，$\boldsymbol{M}=\boldsymbol{r}\times\boldsymbol{F}=0$，该质点对参考点角动量守恒。例如：质点做匀速圆周运动时，作用于质点的合力与质点相对圆心的位矢反方向，其力矩为零，所以质点做匀速圆周运动时，它对圆心的角动量是守恒的。再如质点做匀速直线运动，质点受力为 0，对任一参考点的力矩都为 0，所以对任意参考点角动量守恒。

角动量守恒定律是物理学的重要规律，在研究天体运动和微观粒子运动时，角动量守恒定律都起着重要作用。

拓展阅读　能量守恒

能量在量方面的变化，遵循自然界最普遍、最基本的规律，即能量守恒定律。

能量守恒定律是在五个国家、由各种不同职业的十余位科学家从不同侧面各自独立发现的。其中迈尔、焦耳、亥姆霍兹是主要贡献者。迈尔是德国医生，从新陈代谢的研究中得出该规律。1842 年，迈尔发表了题为《论无机界的力》的论文，进一步表达了物理化学过程中能量守恒的思想。焦耳是英国物理学家，1843 年，他钻研并测定了热能和机械功之间的当量关系。1847 年，他做了迄今认为确定热功当量的最好实验。此后实验方法不断被改进，直到 1878 年还有测量结果的报告，精确的实验结果为能量守恒定律的确立提供了无可置疑的实验证据。亥姆霍兹是德国物理学家、生理学家，于 1847 年出版了《论力的守恒》一书，给出了对不同形式的能的数学表示式，并研究了它们之间相互转化的情况，从而这部著作成为能量守恒定律论证方面影响力较大的一篇历史性文献。该定律发现的过程中，除了上述 3 位外，还有法国的卡诺、塞甘和伊伦，德国的莫尔和霍耳兹曼，瑞士的赫斯，英国的格罗夫，丹麦的柯耳丁，他们都曾独立地发表过有关能量守恒方面的论文，对能量守恒定律的发现做出了贡献。

能量既不会消灭，也不会创生，它只会从一种形式转化为其他形式，或者从一个物体转移到另一个物体，而在转化和转移的过程中，能量的总量保持不变。这就是能量守恒定律。

能源在一定条件下可以转换成人们所需要的各种形式的能量。例如，煤燃烧后放出热量，可以用来取暖；可以用来产生蒸汽，推动蒸汽机转换为机械能，或推动汽轮发电机转变为电能。电能又可以通过电动机、电灯或其他用电器转换为机械能、光能或热能等。又如太阳能，可以通过聚热器加热水，也可以产生蒸汽用以发电，还可以通过太阳电池直接将太阳能转换为电能。当然，这些转换都遵循能量守恒定律。

能量守恒的具体表达形式有以下几种：

1）保守力学系统：在只有保守力做功的情况下，系统能量表现为机械能（动能和势能），能量守恒具体表达为机械能守恒定律。

2）热力学系统：能量表达为内能、热量和功，能量守恒的表达形式是热力学第一定律。

3）相对论力学：在相对论里，质量和能量可以相互转变。计及质量改变带来的能量变化，能量守恒定律依然成立。历史上也称这种情况下的能量守恒定律为质能守恒定律。

能量守恒是符合时间平移对称性的，这也就是说能量守恒定律的适用是不受时间限制的。举个例子，切割磁感线的闭合线圈在动能损失时增加了焦耳内能，这是符合能量守恒定律的，而这个过程即使推后几天也是成立的。

本章内容小结

1. 质点的动量定理

在给定时间间隔内，外力作用在质点上的冲量，等于此质点在此时间内动量的增量。

动量定理在直角坐标系中的分量式是

$$I_x=\int_{t_1}^{t_2}F_x\mathrm{d}t=mv_{2x}-mv_{1x}$$

$$I_y=\int_{t_1}^{t_2}F_y\mathrm{d}t=mv_{2y}-mv_{1y}$$

$$I_z=\int_{t_1}^{t_2}F_z\mathrm{d}t=mv_{2z}-mv_{1z}$$

2. 质点系的动量定理

在直角坐标系中的分量形式为

$$I_x=p_x-p_{x0}$$

$$I_y=p_y-p_{y0}$$

$$I_z=p_z-p_{z0}$$

作用于系统的合外力的冲量等于系统动量的增量。

3. 质心运动定理

质点系质量与质心加速度的乘积等于质点系所受一切外力的矢量和，这叫作质点系质心运动定理。

$$\boldsymbol{F}_{外}=m\frac{\mathrm{d}^2\boldsymbol{r}_C}{\mathrm{d}t^2}=m\boldsymbol{a}_C$$

4. 质点系动量守恒定律

当系统所受合外力为零时，系统的总动量保持不变。该定律适用于惯性系、质点、质点系（注意分量式的运用）。

5. 变力做功

力在路程 ab 上的功 A 等于力 F 在路程 ab 的各段上所有元功之和。

$$A=\int_a^b\boldsymbol{F}\cdot\mathrm{d}\boldsymbol{r}$$

6. 质点的动能定理

质点动能的增量等于作用于质点的合外力所做的功，叫作质点的动能定理，表达式如下：

$$A=\frac{1}{2}mv^2-\frac{1}{2}mv_0^2$$

7. 质点系的动能定理

质点系所有外力和内力功的总和等于质点系动能的增加：

$$A^{(e)}+A^{(i)}=\sum E_{ki}-\sum E_{ki0}$$

8. 保守力

物理学上把做功只与初始和终了位置有关而与路径无关的力称为保守力。重力、万有引力和弹性力等都是保守力。

物理学上把做功与路径有关的力称为非保守力。摩擦力等就是非保守力。

9. 势能

质点在某一位置所具有的势能等于把质点从该位置沿任意路径移到势能为零的点时保守力所做的功：

$$E_p = \int_P^{\text{“0”}} \boldsymbol{F}_{\text{保}} \cdot \mathrm{d}\boldsymbol{r}$$

10. 质点系的功能原理

质点系的机械能的增量等于外力和非保守内力对系统做功之和：

$$A_{\text{外力}} + A_{\text{非保守外力}} = E - E_0$$

11. 机械能守恒定律

在一过程中，若外力不做功，并且每一对非保守内力不做功，则质点系机械能守恒：

$$\sum E_k + \sum E_p = \text{常量}$$

12. 质点的角动量

质点对坐标原点 O 的角动量为该质点的位置矢量与动量的矢量积：

$$\boldsymbol{L} = \boldsymbol{r} \times \boldsymbol{p} = \boldsymbol{r} \times m\boldsymbol{v}$$

13. 质点的力矩

质点对坐标原点 O 的力矩为该质点的位置矢量与力的矢量积，即

$$\boldsymbol{M} = \boldsymbol{r} \times \boldsymbol{F}$$

14. 质点的角动量定理

作用于质点的合力对参考点 O 的力矩，等于质点对该点 O 的角动量随时间的变化率，有些教科书中将下式称为质点的转动定律（或角动量定理的微分形式）：

$$\boldsymbol{M} = \frac{\mathrm{d}\boldsymbol{L}}{\mathrm{d}t}$$

15. 质点的角动量守恒定律

当质点所受的对参考点的合外力矩为零时，质点对该参考点的角动量为一恒矢量，即

$$\boldsymbol{L} = \boldsymbol{r} \times \boldsymbol{p} = \boldsymbol{r} \times m\boldsymbol{v} = \text{恒矢量}$$

习 题

3-1 在什么情况下，力的冲量和力的方向相同？

3-2 棒球运动员在接球时为何要戴厚而软的手套？篮球运动员接球时往往会缩手，这是为什么？

3-3 力冲量的方向与动量方向相同，对吗？为什么？

3-4 质点系动量守恒的条件是什么？在何种情况下，即使外力不为零，也可用动量守恒方程求近似解。

3-5 起重机提升重物。问：在加速上升、匀速上升、减速上升以及加速下降、匀速下降、减速下降六种情况下合力之功的正负如何？

3-6 摩擦力一定做负功吗？一对滑动摩擦力所做功的代数和一定是负的吗？

3-7 力的功是否与参考系有关？一对作用力和反作用力所做功的代数和是否与参考系有关？

3-8 弹簧A和B，劲度系数$k_A > k_B$。(1) 将弹簧拉长同样的距离；(2) 拉长两个弹簧到某个长度时，所用的力相同。在这两种拉伸弹簧的过程中，对哪个弹簧做的功更多？

3-9 若掌握了质点系质心的运动，质点系的运动就一目了然了，对吗？

3-10 "弹簧拉伸或压缩时，弹性势能总是正的。"这一论断是否正确？如果不正确，在什么情况下，弹性势能会是负的？

3-11 "跳伞员张伞后匀速下降，重力与空气阻力相等，合力所做的功为零，因此机械能守恒。"对吗？

3-12 下面的叙述是否正确，试做分析，并把错误的改正过来。

(1) 一定质量的质点在运动中某时刻的加速度一经确定，则质点所受的合力就可以确定了，同时，作用于质点的力矩也就被确定了。

(2) 质点做圆周运动时必定受到力矩作用；质点做直线运动必定不受力矩作用。

3-13 一质量为m的质点在Oxy平面上运动，其位置矢量为：$\boldsymbol{r} = a\cos\omega t\boldsymbol{i} + b\sin\omega t\boldsymbol{j}$，求质点的动量。

3-14 自动步枪连发时每分钟可射出120发子弹，每颗子弹质量为7.9g，出口速率为735m/s，求射击时所需的平均力大小。

3-15 质量$m_1 = 1\text{kg}$，$m_2 = 2\text{kg}$，$m_3 = 3\text{kg}$，$m_4 = 4\text{kg}$，m_1、m_2和m_4三个质点的位置坐标顺次是：$(x, y) = (-1, 1), (-2, 0), (3, -2)$，四个质点的质心坐标是：$(x, y) = (1, -1)$，求$m_3$的位置坐标。

3-16 设有一静止的原子核，衰变辐射出一个电子和一个中微子后成为一个新的原子核。已知电子和中微子的运动方向互相垂直，且电子动量p_e大小为$1.2 \times 10^{-22}\text{kg}\cdot\text{m/s}$，中微子的动量$p_\nu$大小为$6.4 \times 10^{-23}\text{kg}\cdot\text{m/s}$。求新的原子核的动量的值和方向如何？

3-17 一炮弹，竖直向上发射，初速度为$\boldsymbol{v}_0$，在发射后经时间t在空中自动爆炸，假定分成质量相同的A、B、C三块碎片。其中A块的速度为零；B、C两块的速度大小相同，且B块速度方向与水平成α角（见题3-17图），求B、C两碎块的速度（大小和方向）。

3-18 如题3-18图所示，质量为m的物体与轻弹簧相连，最初m处于使弹簧既未压缩也未伸长的位置，并以速度$\boldsymbol{v}_0$向右运动，弹簧的劲度系数为k，物体与支撑面间的滑动摩擦因数为μ。求证物体能达到的最远距离为$l = \dfrac{\mu mg}{k}\left(\sqrt{1 + \dfrac{kv_0^2}{\mu^2 mg^2}} - 1\right)$。

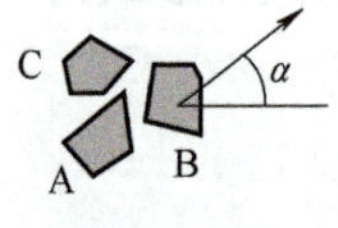

题3-17图

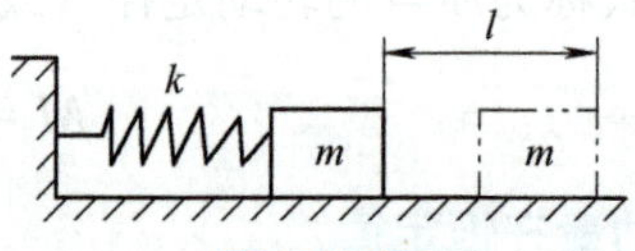

题3-18图

3-19 一质量为m的质点拴在细绳的一端，绳的另一端固定，此质点在粗糙水平面上做半径为r的圆周运动。设质点最初的速率是v_0，当它运动一周时，其速率变为$v_0/2$，求：(1) 摩擦力所做的功；(2) 滑动摩擦因数；(3) 在静止以前质点运动了多少圈？

3-20 如题3-20图所示，物体Q与一劲度系数为24N/m的橡皮筋连接，并在一水平（光滑）圆环轨道上运动，物体Q在A处的速度为1.0m/s，已知圆环的半径为0.24m，物体Q的质量为5kg，由橡皮筋固定端至B为0.16m，恰等于橡皮筋的自由长度。

(1) 求物体Q的最大速度。

(2) 物体Q能否到达D点？并求出在此点的速度。

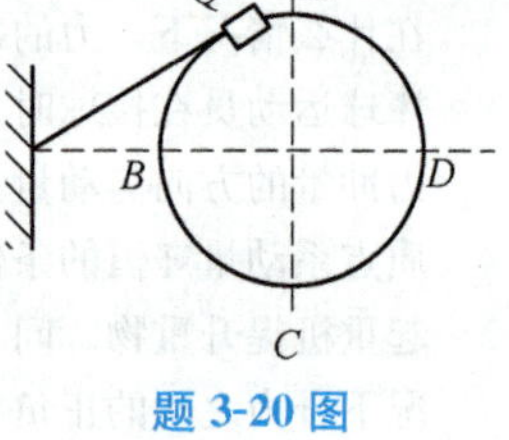

题3-20图

3-21 如题3-21图所示，质量为2g的子弹以500m/s的速度射向质量为1kg、用1m长的绳子悬挂着的摆球，子弹穿过摆球后仍然有100m/s的速度，问：摆球沿竖直方向升起多高？

3-22　如题 3-22 图所示，质量为 $m_1=0.79\text{kg}$ 和 $m_2=0.80\text{kg}$ 的物体与劲度系数为 10N/m 的轻弹簧相连，置于光滑水平桌面上，最初弹簧自由伸展。质量为 $m_0=0.01\text{kg}$ 的子弹以速率 $v_0=100\text{m/s}$ 沿水平方向射于 m_1 内，问：弹簧最多压缩了多少？

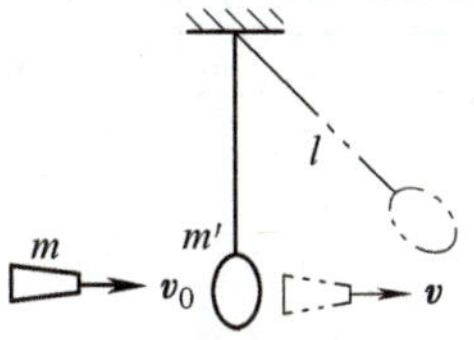

题 3-21 图

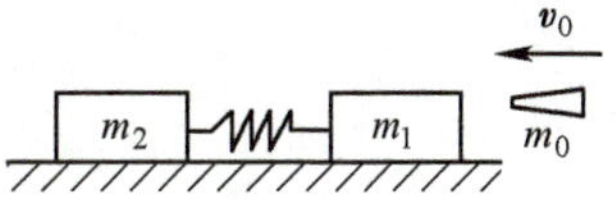

题 3-22 图

3-23　我国发射的第一颗人造地球卫星近地点高度 $d_{近}=439\text{km}$，远地点高度 $d_{远}=2384\text{km}$，地球半径 $R_{地}=6370\text{km}$，求卫星在近地点和远地点的速度之比。

3-24　一个具有单位质量的质点在力场 $\boldsymbol{F}=(3t^2-4t)\boldsymbol{i}+(12t-6)\boldsymbol{j}$ 中运动，其中 t 是时间。该质点在 $t=0$ 时位于原点，且速度为零。求 $t=2$ 时该质点所受的对原点的力矩。

3-25　质量为 200g 的小球 B 以弹性绳在光滑水平面上与固定点 A 相连。弹性绳的劲度系数为 8N/m，其自由伸展长度为 600mm。最初小球的位置及速度 $\boldsymbol{v}_0$ 如题 3-25 图所示。当小球的速率变为 v 时，它与 A 点的距离最大，且等于 800mm，求此时的速率 v 及初速率 v_0。

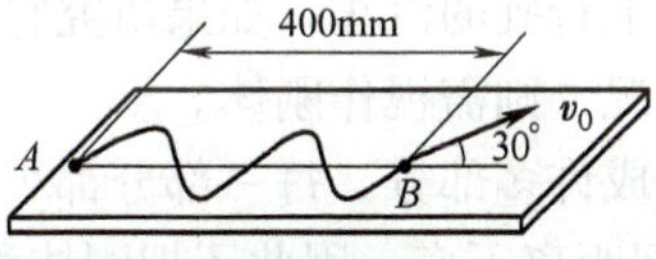

题 3-25 图

第四章　刚体的定轴转动

前面几章，我们研究了质点和质点系的运动学和动力学规律，重点研究的是它们的平动问题，但是对于机械运动的研究，只局限于物体的平动情况是远远不够的，物体有形状、有大小，它可以平动、转动，甚至有更复杂的运动，而且在运动过程中，物体的形状、大小也可能发生变化。研究比较复杂的运动，如果把形状、大小及它们的形状变化都考虑在内，会使问题变得相当复杂。但是一般固体在外力的作用下，虽有形变但是形变很小，对研究结果无明显影响，于是在此基础上提出了一个非常重要的理想化力学模型——“刚体”。**刚体是指在任何情况下形状、大小都不发生变化的力学研究对象**。

在力学部分已经有“质点”和“刚体”两种力学理想模型，将研究对象视为哪种理想模型，视问题的性质而定。例如路上行驶的汽车，如果研究它整体的运动趋势，则可把车看作质点；如果研究其轮子的转动情况，则需视作刚体。

研究刚体力学时，把刚体分成许多部分，每一部分都小到可看作质点，叫作刚体的“质元”，由于刚体不变形，各质元间距离不变，因此还把刚体称为“**不变质点系**”。把刚体看作不变质点系并运用已知的质点和质点系的运动规律去研究，这是刚体力学的研究方法。

本章主要学习刚体的定轴转动，包括其运动学和动力学规律。本章的每一个概念和定理、定律，都和质点力学的内容是相对应的，在学习时，应该注意使用类比的方法，联想记忆。

第一节　刚体运动的描述

刚体的运动形式有多种，从简单到复杂依次是刚体的平动、定轴转动、平面运动、定点转动和一般运动，本节主要学习刚体的平动和定轴转动。

一、刚体的平动

如果刚体上任意两点间的连线，在运动过程中始终保持平行，称刚体做平动，如图 4-1-1 所示。常见的气缸中活塞的往复运动、厢式电梯的上下运动、摩天轮每一个轿厢的运动都是刚体的平动。

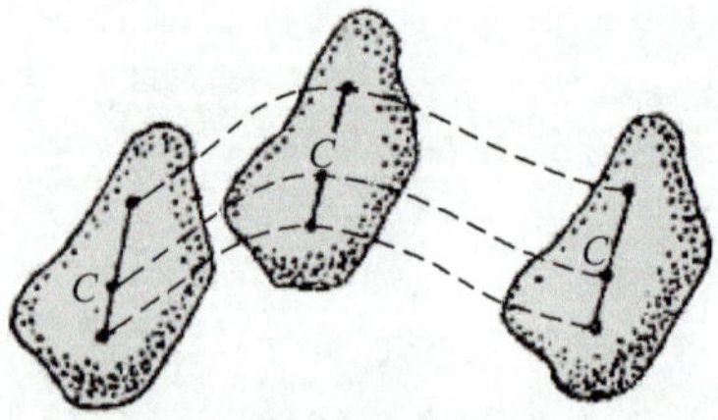

图　4-1-1

对于刚体的平动，可以证明各个质元在同一时间内的位移、速度和加速度都相同，因而刚体的平动情况可以用一个点（通常用质心）的运动来代表，即将刚体视为质量集中在质心处的质点，用质心运动定理求得质心的运动情况，整个刚体的运动情况就掌握了。

二、刚体的定轴转动

若刚体运动时，所有质元都在与某一固定直线垂直的诸平面上做圆周运动，且圆心都在该直线上，则称刚体绕固定轴转动，简称刚体的定轴转动，该直线称为转轴。如图 4-1-2 所示，摩天轮轮盘绕主轴的转动、门绕门轴的转动都可看作定轴转动。定轴转动的特征是：刚体上各质元均绕转轴做圆周运动，圆心在轴线上；与转轴平行的线上各质元具有相同的运动状态；各质元的径矢在相同的时间内转过相同的角度。

图 4-1-2

三、刚体定轴转动的运动学规律

根据刚体定轴转动的特征，在刚体内选取一个垂直于转轴的平面 S 作为参考平面（见图 4-1-3a），简称转动平面。刚体上各点的速度和加速度都是不同的，用线量描述不太方便。但是由于刚体上各个质点之间的相对位置不变，因而绕定轴转动的刚体上所有点在同一时间内都具有相同的角位移，在同一时刻都具有相同的角速度和角加速度，故采用角量描述比较方便。为此引入角量：角坐标、角位移、角速度、角加速度。角位移、角速度、角加速度均为矢量，但是对于定轴转动的刚体来说，它们只有两个可能的方向，与 z 轴的方向相同或相反。这一点与质点做直线运动的情况极为相似，因此，类比于直线运动的处理方式，在处理刚体定轴转动问题时，首先选定转动的正方向。用右手螺旋法则确定角位移、角速度、角加速度等角量的正负，即角位移、角速度、角加速度的方向与所选定的正方向相同时取+号，反之取−号。一刚体绕 z 轴做定轴转动，取转动平面如图 4-1-3b 所示，z 轴的指向为正方向，在此平面内取一个坐标系，并把平面与转轴的交点作为坐标系的原点。

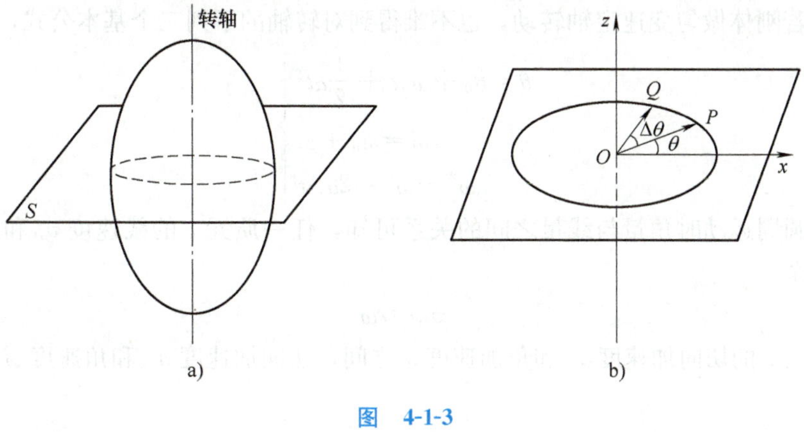

图 4-1-3

1. 角坐标

在转动平面上，任一点的位置矢量与坐标轴（Ox 轴）的夹角，称为该点对转轴的角坐标，用θ表示，根据右手螺旋法则，对z轴，刚体逆时针转向θ为正。显然，刚体绕Oz轴做定轴转动时，角坐标θ是时间t的函数，即

$$\theta=\theta(t) \tag{4-1}$$

式（4-1）是刚体定轴转动的运动学方程。

2. 角位移

设t时刻某质元位于P点，角坐标为θ，经过Δt时间到达Q点，此时角坐标为$\theta(t+\Delta t)$，Δt时间内角坐标的增量叫作刚体对转轴的角位移，用$\Delta\theta$表示，即

$$\Delta\theta=\theta(t+\Delta t)-\theta(t) \tag{4-2}$$

顺着z轴，沿逆时针方向转动的角位移取正值，沿顺时针方向转动的角位移取负值。

3. 角速度

Δt时间内的角位移与时间的比值称为Δt时间内的平均角速度，以$\overline{\omega}$表示，即

$$\overline{\omega}=\frac{\Delta\theta}{\Delta t} \tag{4-3}$$

当$\Delta t\to 0$时，平均角速度的极限称为刚体对转轴的瞬时角速度，用ω表示，即

$$\omega=\lim_{\Delta t\to 0}\frac{\Delta\theta}{\Delta t}=\frac{\mathrm{d}\theta}{\mathrm{d}t} \tag{4-4}$$

顺着z轴，逆时针转动时ω为正，顺时针转动时ω为负。

4. 角加速度

Δt时间内的角速度与时间Δt的比值，称为Δt时间内的平均角加速度，以$\overline{\alpha}$表示，即

$$\overline{\alpha}=\frac{\Delta\omega}{\Delta t} \tag{4-5}$$

当$\Delta t\to 0$时，平均角加速度的极限称为刚体对转轴的瞬时角加速度，用α表示，即

$$\alpha=\lim_{\Delta t\to 0}\frac{\Delta\omega}{\Delta t}=\frac{\mathrm{d}\omega}{\mathrm{d}t}=\frac{\mathrm{d}^2\theta}{\mathrm{d}t^2} \tag{4-6}$$

α与ω同号，则刚体做加速转动；α与ω异号，则刚体做减速转动。

同样，若刚体做匀变速定轴转动，也不难得到对转轴的下列三个基本公式，即

$$\left.\begin{aligned}\theta&=\theta_0+\omega_0 t+\frac{1}{2}\alpha t^2\\ \omega&=\omega_0+\alpha t\\ \omega^2-\omega_0^2&=2\alpha\Delta\theta\end{aligned}\right\} \tag{4-7}$$

根据质点做圆周运动时角量与线量之间的关系可知，任一质元i的线速度v_{it}和角速度ω之间有如下关系：

$$v_{it}=r\omega \tag{4-8}$$

任一质元i的切向加速度a_{it}和角加速度α之间，法向加速度a_{in}和角速度ω之间有如下关系：

$$a_{it}=r\alpha \tag{4-9}$$

$$a_{in}=r\omega^2 \tag{4-10}$$

【例题4-1】 一转动的轮子由于摩擦力矩的作用，在5s内角速度由15rad/s匀减速地降

到 10rad/s 。求：(1) 角加速度；(2) 在此 5s 内转过的圈数；(3) 还需要多少时间轮子停止转动。

解：(1) 根据题意，角加速度为恒量，由式 (4-5) 得

$$\alpha=\frac{\omega-\omega_0}{t}=\frac{10-15}{5}\mathrm{rad/s^2}=-1\mathrm{rad/s^2}$$

(2) 根据式 (4-7) 可求得 5s 内转过的角位移为

$$\theta-\theta_0=\frac{\omega^2-\omega_0^2}{2\alpha}=\frac{10^2-15^2}{2\times(-1)}\mathrm{rad}=62.5\mathrm{rad}$$

转过的圈数

$$N=\frac{\theta-\theta_0}{2\pi}=\frac{62.5}{2\pi}=9.95\text{ 圈}$$

(3) 已知 $\omega_0=10\mathrm{rad/s}$，$\omega=0$，则

$$t=\frac{\omega-\omega_0}{\alpha}=\frac{0-10}{-1}\mathrm{s}=10\mathrm{s}$$

【例题 4-2】 一飞轮在时间 t 内转过角度 $\theta=at+bt^3-ct^4$，其中 a、b、c 都是常量。求它的角加速度。

解：飞轮上某点的角坐标可表示为 $\theta=at+bt^3-ct^4$，根据式 (4-4)，将此式对 t 求导数，即得飞轮角速度的表达式为

$$\omega=\frac{\mathrm{d}}{\mathrm{d}t}(at+bt^3-ct^4)=a+3bt^2-4ct^3$$

根据式 (4-6) 角加速度是角速度对 t 的导数，因此得

$$\alpha=\frac{\mathrm{d}\omega}{\mathrm{d}t}=\frac{\mathrm{d}}{\mathrm{d}t}(a+3bt^2-4ct^3)=6bt-12ct^2$$

由此可见，飞轮做的是变加速转动。

★解题指导：刚体运动学有两类问题，第一类问题，已知刚体对定轴的运动学方程 $\theta=\theta(t)$，通过求导得出对轴的角速度和角加速度；第二类问题，已知刚体对定轴的角加速度及初始条件，通过积分可求得任一时刻的角速度和角坐标。

第二节 刚体定轴转动的转动定律

这一节，讨论刚体定轴转动的动力学问题，研究刚体获得角加速度的原因，定量描述刚体做定轴转动时遵从的动力学规律。

一、力对轴的力矩

如图 4-2-1 所示，刚体在力 $\boldsymbol{F}$ 的作用下绕 Oz 轴做定轴转动。经验告诉我们，力的作用效果一方面与力的作用点到轴的垂直距离有关，另一方面与力的方向有关，比如当刚体所受的力与 Oz 轴平行时，不能改变刚体对 Oz 轴的转动效果。为了描述力对刚体的转动效果，引入力对轴的力矩的概念。定义力对 O 点的力矩在轴上的投影叫作力对轴的力矩。为简单起见，假定刚体所受的力 $\boldsymbol{F}$ 在垂直于 Oz 轴的平面内，力 $\boldsymbol{F}$ 的作用点相对 O 点的位矢为 $\boldsymbol{r}$，顺着 Oz 轴由 $\boldsymbol{r}$ 转向 $\boldsymbol{F}$ 的角度为 θ。则力 $\boldsymbol{F}$ 对 Oz 轴的力矩 M_z 为

$$M_z=Fr\sin\theta$$

式中，$r\sin\theta$ 是 O 点到力 $\boldsymbol{F}$ 作用线的垂直距离，叫作力臂，用 d 表示，即 $d=|r\sin\theta|$。显然，如果 θ 小于 180°，力矩为正；θ 大于 180°，力矩为负。

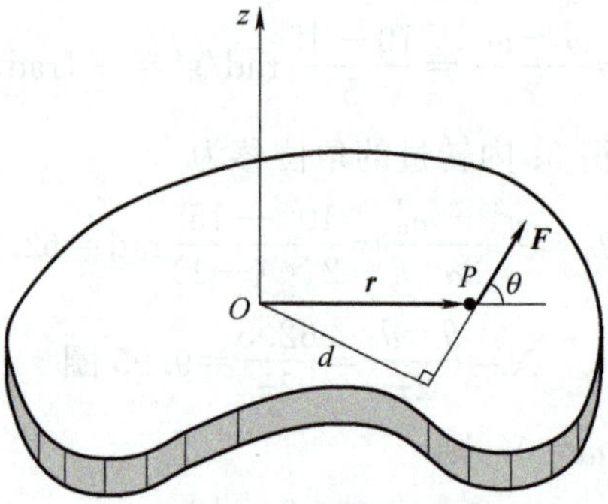

图 4-2-1

二、刚体定轴转动的转动定律

如图 4-2-2 所示，刚体绕过 O 点的固定轴转动，假设刚体由 N 个质元组成，在刚体上任取质元 i，其质量为 Δm_i，质元 i 绕轴做半径为 r_i 的圆周运动。假设质元受外力 $\boldsymbol{F}_{外i}$，受内力 $\boldsymbol{F}_{内i}$，并设内力和外力均在与轴垂直的平面内。对质元 i 应用牛顿第二定律得

$$\boldsymbol{F}_{外i}+\boldsymbol{F}_{内i}=\Delta m_i\boldsymbol{a}_i$$

$\boldsymbol{F}_{外i}$ 与径向的夹角为 φ_i，$\boldsymbol{F}_{内i}$ 与径向的夹角为 θ_i，则质元 i 在切向的动力学方程为

$$F_{外i}\sin\varphi_i+F_{内i}\sin\theta_i=\Delta m_i a_{it}=\Delta m_i r_i\alpha$$

用 r_i 乘以上式左右两端，得

$$F_{外i}r_i\sin\varphi_i+F_{内i}r_i\sin\theta_i=\Delta m_i r_i^2\alpha$$

$F_{外i}r_i\sin\varphi_i$ 和 $F_{内i}r_i\sin\theta_i$ 分别为质元所受外力和内力对固定轴的力矩，上式对构成刚体的 N 个质元求和得

$$\sum_i F_{外i}r_i\sin\varphi_i+\sum_i F_{内i}r_i\sin\theta_i=\sum_i(\Delta m_i r_i^2)\alpha \tag{4-11a}$$

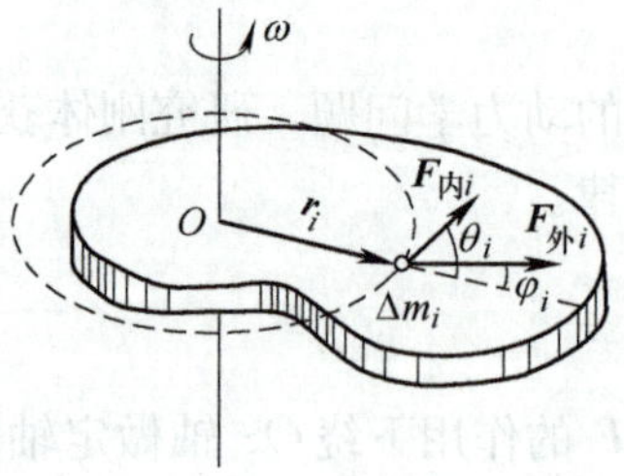

图 4-2-2

由于每一对内力等值、反向、共线，可以证明一对内力对同一轴力矩的代数和为零，即，$\sum\limits_i F_{内i}r_i\sin\theta_i=0$，$\sum\limits_i F_{外i}r_i\sin\varphi_i$ 为刚体内所有质元所受外力对转轴力矩的代数和，称为刚体受到的对固定轴的合外力矩，用 M 表示，式（4-11a）可以写成

$$M=\sum(\Delta m_i r_i^2)\alpha \tag{4-11b}$$

式（4-11b）中 $\sum\limits_i(\Delta m_i r_i^2)$ 只与刚体的形状、质量分布以及转轴的位置有关，叫作刚体的转动惯量，用 J 表示，即

$$J=\sum_i(\Delta m_i r_i^2) \tag{4-12}$$

对于绕定轴转动的刚体，转动惯量为一常量。

将式（4-12）代入式（4-11b）得

$$M=J\alpha \tag{4-13}$$

式（4-13）说明，刚体绕某定轴转动时，作用于刚体的合外力矩等于刚体绕此定轴的转动惯量与角加速度的乘积，这称为刚体定轴转动的转动定律。

三、转动惯量

由式（4-12）可以看出，刚体的转动惯量等于刚体上各质元的质量与各质元到转轴距离平方的乘积之和。如果刚体的质量是连续分布的，可以采用积分形式计算转动惯量，即

$$J=\int r^2\mathrm{d}m \tag{4-14}$$

式中，$\mathrm{d}m$ 是任意质元的质量；r 是质元到轴的垂直距离。在国际单位制中，转动惯量的单位是 $\mathrm{kg\cdot m^2}$。

由式（4-13）可以看出，当合外力矩 M 一定时，转动惯量 J 越大，角加速度 α 越小，转动状态越不容易改变；反之转动惯量 J 越小，角加速度 α 越大，转动状态越容易改变。所以，转动惯量是刚体转动惯性大小的量度。

在刚体的转动问题中，转动惯量 J 的作用与质点运动中的质量 m 相对应，但是两者有着本质的区别。质量是物体的固有属性，不管物体是静止的还是运动的，也不管是平动还是转动，质量总是存在的，并且在经典力学中认为质量是不变的。而转动惯量只有在物体转动时才有意义，并且同一物体相对于不同的转轴，转动惯量不同。所以必须建立起这样的概念：一提到转动惯量，马上应想到它是对哪个转轴而言的。

从理论上讲，式（4-14）适用于计算所有刚体的转动惯量。实际上，只有形状规则的刚体对某些转轴的转动惯量才能用该式计算，另外规则形状刚体对其他转轴的转动惯量往往需要在式（4-14）的基础上结合平行轴定理或垂直轴定理来计算；如果一个刚体由几个部分组成，刚体对轴的转动惯量等于各部分对同一轴的转动惯量之和。对于那些不规则形状的刚体，转动惯量往往要通过实验方法进行测定。

如图 4-2-3 所示，若刚体有两个平行转轴，其中一个转轴过质心 C，两转轴之间的距离为 d，则刚体对两转轴的转动惯量有下列关系：

$$J_A=J_C+md^2 \tag{4-15}$$

式中，m 是刚体质量；J_C 是刚体对过质心轴的转动惯量；J_A 是对另一平行轴的转动惯量，此关系称为平行轴定理。

如图 4-2-4 所示，若刚体为厚度无穷小的薄板，且 z 轴与板垂直，x 轴、y 轴在薄板平面内，则刚体对三个坐标轴的转动惯量满足以下关系：

$$J_z=J_x+J_y \tag{4-16}$$

此关系称为**垂直轴定理**。

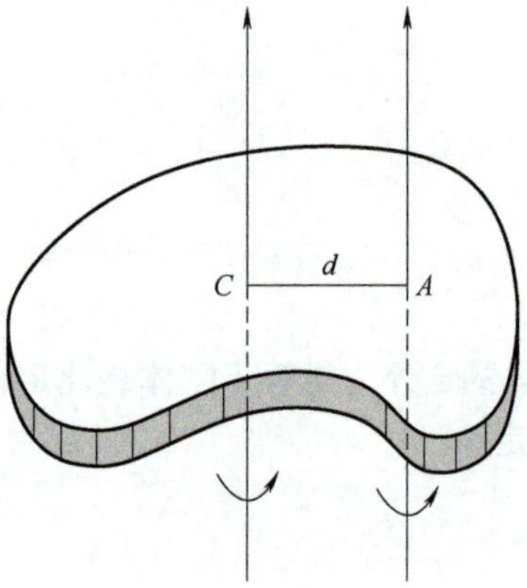

图 4-2-3

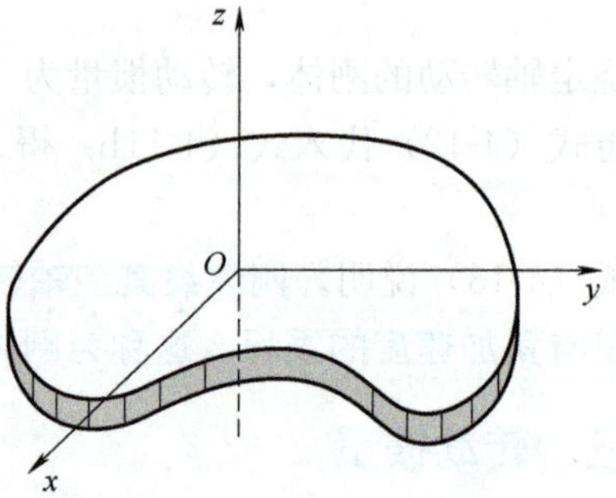

图 4-2-4

【例题 4-3】 例题 4-3 图所示为一个质量为 m、长为 l 的均质细棒。求：

(1) 细棒对通过棒中心 C 并与棒垂直的轴 OO' 的转动惯量。

(2) 细棒对通过棒端点并与棒垂直的轴 AA' 的转动惯量。

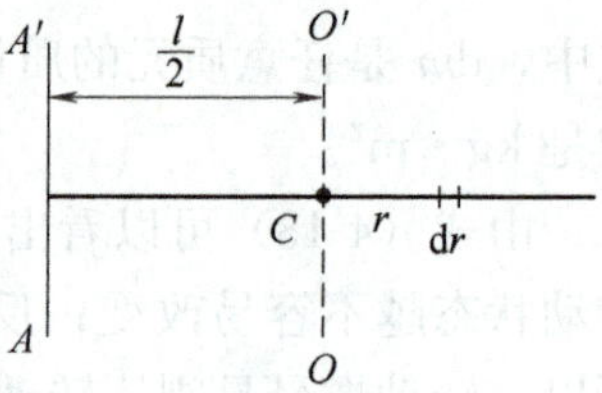

例题 4-3 图

解：(1) 设细棒的线密度为 λ，如例题 4-3 图所示，取一距离转轴为 r 的质元 $\mathrm{d}r$，其质量为

$$\mathrm{d}m=\lambda\,\mathrm{d}r$$

则此质元对转轴 OO' 的转动惯量为

$$\mathrm{d}J_C=r^2\,\mathrm{d}m=\lambda r^2\,\mathrm{d}r$$

对整根细棒积分得到细棒对转轴 OO' 的转动惯量

$$J_C=\int_{-l/2}^{l/2}\lambda r^2\,\mathrm{d}r=\frac{1}{12}\lambda l^3=\frac{1}{12}ml^2$$

(2) 根据平行轴定理可以得到细棒对于 AA' 轴的转动惯量

$$J_{AA'}=J_C+m\left(\frac{l}{2}\right)^2=\frac{1}{12}ml^2+m\left(\frac{l}{2}\right)^2=\frac{1}{3}ml^2$$

【例题 4-4】 例题 4-4 图所示为一个质量为 m、半径为 R 的均匀圆盘。求圆盘对通过圆盘中心并与圆盘垂直的 z 轴的转动惯量。

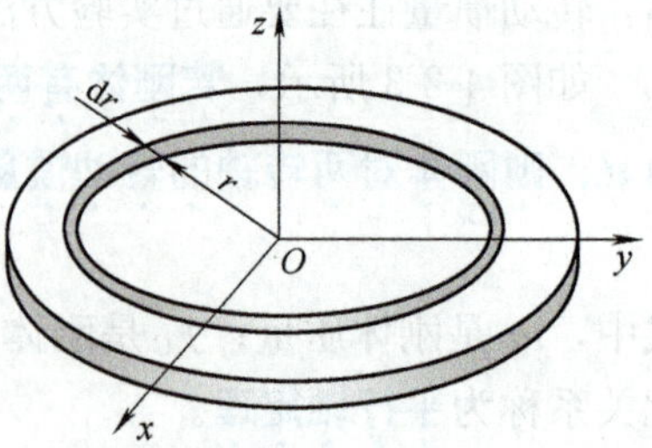

例题 4-4 图

解：设圆盘的面密度为 σ，如例题 4-4 图所示，在距离圆盘中心 r 处，取一宽为 $\mathrm{d}r$ 的细圆环，此圆环的质量为

$$\mathrm{d}m=2\pi r\,\mathrm{d}r\cdot\sigma$$

此圆环对 z 轴的转动惯量为

$$\mathrm{d}J=r^2\,\mathrm{d}m=r^2\cdot 2\pi r\sigma\,\mathrm{d}r=2\pi r^3\sigma\,\mathrm{d}r$$

对整个圆盘积分得

$$J=\int_0^R 2\pi r^3\sigma \mathrm{d}r=\frac{1}{4}\times 2\pi R^4\sigma=\frac{1}{2}mR^2$$

若圆盘为厚度无穷小的薄板，还可以根据垂直轴定理求得圆盘对 Ox、Oy 坐标轴的转动惯量。因为

$$J_z=J_x+J_y$$

所以

$$J_x=J_y=\frac{1}{2}J_z=\frac{1}{4}mR^2$$

★解题指导：在求转动惯量时，关键是找到有代表性的微元，写出微元的转动惯量，然后选择合适的积分变量，对整个刚体积分得到刚体的转动惯量。当适用于平行轴定理和垂直轴定理时，可利用这两个定理简便求出。表 4-2-1 列出了部分常见刚体的转动惯量。

表 4-2-1 部分常见刚体的转动惯量

刚体	转轴	转动惯量
细棒 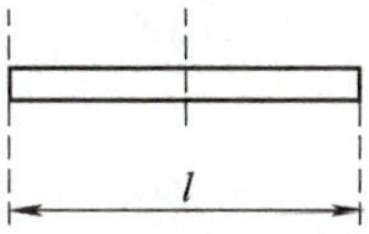	通过中心与棒垂直	$\frac{1}{12}ml^2$
	通过端点与棒垂直	$\frac{1}{3}ml^2$
细圆环 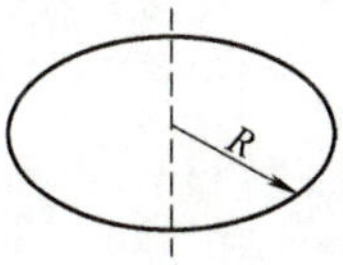	通过中心与环面垂直	mR^2
薄圆盘 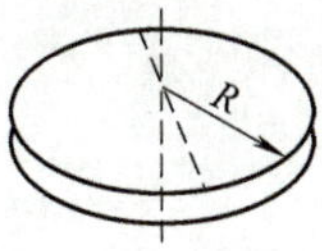	通过中心与盘面垂直	$\frac{1}{2}mR^2$
	直径	$\frac{1}{4}mR^2$
圆柱体 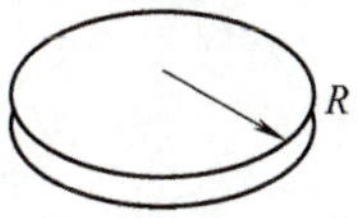	中心轴	$\frac{1}{2}mR^2$
球壳 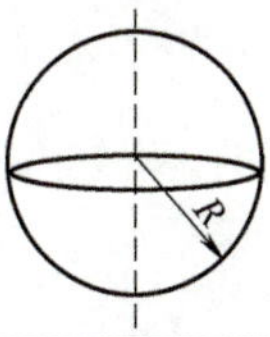	中心轴	$\frac{2}{3}mR^2$

（续）

刚　体	转　轴	转动惯量
球体 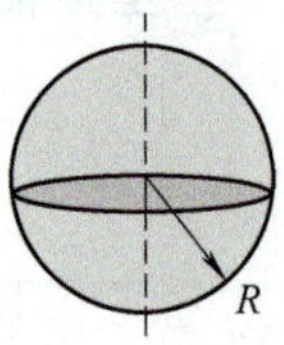	中心轴	$\frac{2}{5}mR^2$

【例题 4-5】 两物体质量分别为 m_1、m_2（$m_2>m_1$），滑轮质量和半径分别为 m、R，滑轮可看成质量均匀的圆盘，轴上的摩擦力矩为 M_f（设绳轻，且不可伸长，与滑轮无相对滑动）。求：物体的加速度及绳中张力。

解： 分别以 m_1、m_2和 m 为研究对象，分析它们的受力情况，如例题图 4-5 所示。$\boldsymbol{F}_{T1}$、$\boldsymbol{F}_{T2}$分别为绳子对 m_1 和 m_2 的拉力，$\boldsymbol{F}'_{T1}$、$\boldsymbol{F}'_{T2}$是绳子作用在滑轮两侧的力，$m_1\boldsymbol{g}$ 和 $m_2\boldsymbol{g}$ 分别是 m_1 和 m_2 所受的重力。对两物体应用牛顿第二定律得

$$F_{T1}-m_1g=m_1a_1 \tag{1}$$

$$F_{T2}-m_2g=-m_2a_2 \tag{2}$$

对滑轮应用转动定律得

$$F'_{T2}R-F'_{T1}R-M_f=J\alpha \tag{3}$$

由于绳不可伸长，故

$$a_1=a_2=a=R\alpha \tag{4}$$

由于不计绳子质量，故

$$F_{T2}=F'_{T2},\quad F_{T1}=F'_{T1} \tag{5}$$

由以上各方程解出

$$a=\frac{(m_2-m_1)g-\frac{M_f}{R}}{m_1+m_2+\frac{1}{2}m}$$

$$F_{T1}=m_1(g+a)=\frac{\left(2m_2+\frac{m}{2}\right)m_1g-\frac{m_1M_f}{R}}{m_1+m_2+\frac{m}{2}}$$

$$F_{T2}=m_2(g-a)=\frac{\left(2m_1+\frac{m}{2}\right)m_2g+\frac{m_2M_f}{R}}{m_1+m_2+\frac{m}{2}}$$

讨论：当不计滑轮质量和摩擦力矩，即 $m=0$，$M_f=0$ 时，有

$$a=\frac{m_2-m_1}{m_2+m_1}g,\quad F_{T1}=F_{T2}=\frac{2m_1m_2}{m_1+m_2}g$$

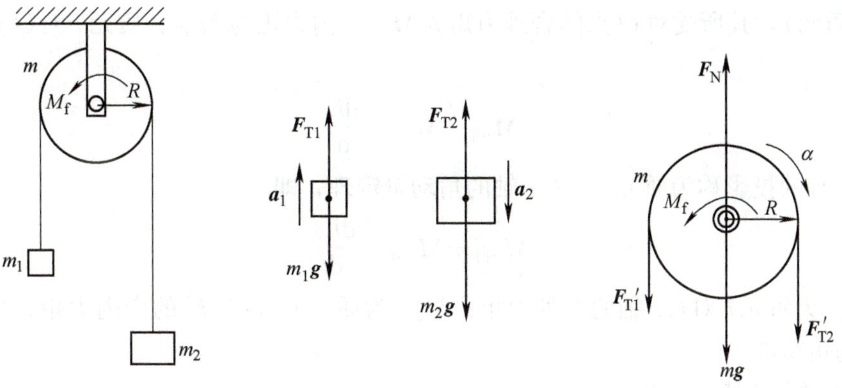

例题 4-5 图

★**解题指导**：解题时注意刚体与质点的区别，该题中给出了滑轮的质量和半径，就必须考虑它的转动问题，利用转动定律来解决。

第三节 刚体定轴转动的角动量定理 角动量守恒定律

一、刚体定轴转动的角动量

如图 4-3-1 所示，当刚体以角速度 ω 绕 Oz 轴转动时，刚体上每个质元都以相同的角速度绕 Oz 轴转动。在刚体上任取质元 i，其质量为 Δm_i，质元 i 在垂直 Oz 轴的平面内围绕 O 点做半径为 r_i 的圆周运动，线速度为 $\boldsymbol{v}_i$，对 O 点的角动量为

$$\boldsymbol{L}_i = \boldsymbol{r}_i \times \Delta m_i \boldsymbol{v}_i$$

质元 i 对 O 点的角动量方向与 Oz 轴平行，用 L_{iz} 表示质元 i 对 z 轴的角动量，即

$$L_{iz} = r_i \Delta m_i v_i = r_i^2 \Delta m_i \omega$$

规定顺着 z 轴，逆时针转动时，ω 为正，L_{iz} 为正；顺时针转动时，ω 为负，L_{iz} 为负。

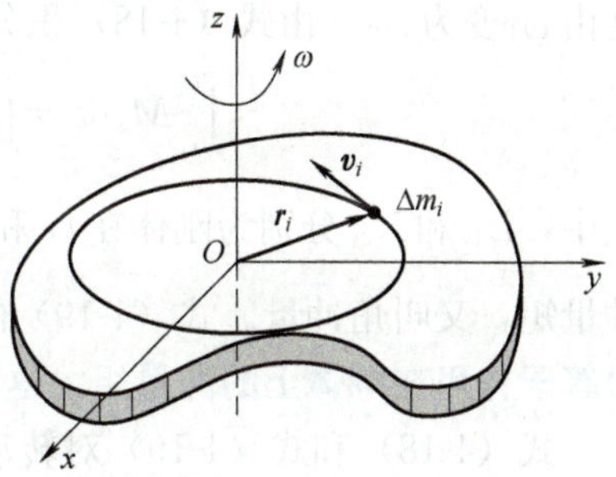

图 4-3-1

刚体对 z 轴的角动量等于刚体上所有质元对 z 轴角动量的代数和，即

$$L_z = \sum_{i=1}^{n} r_i \Delta m_i v_i = \sum_{i=1}^{n} \Delta m_i r_i^2 \omega = \left(\sum_{i=1}^{n} \Delta m_i r_i^2\right)\omega$$

$J_z = \sum_{i=1}^{n} \Delta m_i r_i^2$ 为转动惯量，则刚体对 Oz 轴的角动量为

$$L_z = J_z \omega \tag{4-17}$$

角动量的方向与角速度的方向一致，与转轴平行。

二、刚体定轴转动的角动量定理

刚体以角速度 ω 绕 Oz 轴转动时，刚体上每个质元都以相同的角速度绕转轴转动。在刚

体上任取质元 i，其所受对 O 点的合外力矩为 $\boldsymbol{M}_{i外}$，内力矩为 $\boldsymbol{M}_{i内}$。质元 i 对 O 点的角动量定理为

$$\boldsymbol{M}_{i内}+\boldsymbol{M}_{i外}=\frac{\mathrm{d}\boldsymbol{L}_i}{\mathrm{d}t}$$

上式在 Oz 轴的投影称为质元 i 对 Oz 轴的角动量定理，即

$$M_{iz内}+M_{iz外}=\frac{\mathrm{d}L_{iz}}{\mathrm{d}t}$$

式中，$M_{iz外}$ 为质元 i 对 Oz 轴的合外力矩；$M_{iz内}$ 为质元 i 对 Oz 轴的合内力矩；L_{iz} 为质元 i 对 Oz 轴的角动量。

将上式对所有质元求和得

$$\sum_i M_{iz内}+\sum_i M_{iz外}=\frac{\mathrm{d}}{\mathrm{d}t}(\sum_i L_{iz})$$

当刚体绕固定轴 Oz 转动时，刚体内各质元对 Oz 轴的内力矩之和为零，即 $\sum\limits_i M_{iz内}=0$，令 $M_z=\sum\limits_i M_{iz外}$，$L_z=\sum\limits_i L_{iz}=(\sum\limits_i \Delta m_i r_i^2\omega)=J_z\omega$，上式可写作

$$M_z=\frac{\mathrm{d}L_z}{\mathrm{d}t}=\frac{\mathrm{d}}{\mathrm{d}t}(J_z\omega) \tag{4-18}$$

式（4-18）表明，**刚体绕某固定轴转动时，其受到的对固定轴的合外力矩等于刚体绕此定轴的角动量对时间的变化率，称为刚体对定轴的角动量定理。**

设刚体对 Oz 轴的转动惯量为 J_z，在合外力矩 M_z 的作用下，在时间 $t_1\sim t_2$ 内，其角速度由 ω_1 变为 ω_2，由式（4-18）积分得

$$\int_{t_1}^{t_2} M_z\,\mathrm{d}t=\int_{L_{1z}}^{L_{2z}}\mathrm{d}L_z=L_{2z}-L_{1z}=J_z\omega_2-J_z\omega_1 \tag{4-19}$$

式中，L_{1z} 和 L_{2z} 分别为刚体在 t_1 和 t_2 时刻的角动量；$\int_{t_1}^{t_2} M_z\,\mathrm{d}t$ 为刚体在时间 $t_1\sim t_2$ 内所受的冲量矩，又叫角冲量。式（4-19）的物理含义为：**当转轴给定时，刚体对定轴的角动量的增量等于作用在刚体上的冲量矩，这称为刚体对固定轴的角动量定理的积分形式。**

式（4-18）和式（4-19）对转动惯量能够发生变化的其他物体的定轴转动也是成立的。若在时间 $t_1\sim t_2$ 内，物体的转动惯量由 J_{1z} 变为 J_{2z}，角速度由 ω_1 变为 ω_2，则式（4-19）可以写作

$$\int_{t_1}^{t_2} M_z\,\mathrm{d}t=J_{2z}\omega_2-J_{1z}\omega_1 \tag{4-20}$$

三、转动系统对轴的角动量守恒定律

若刚体和其他物体组成的系统所受对轴的合外力矩为零，则角动量不变。即

$$M_z=0\text{ 时，}J_z\omega_z=\text{恒量} \tag{4-21}$$

亦即，**当刚体和其他物体组成的系统所受对轴的合外力矩为零时，系统对轴的角动量保持不变，称为该系统对轴的角动量守恒定律。**

转动系统的角动量守恒有着许多实际应用，下面介绍两种情况。第一种情况转动惯量不变时，由于角动量为恒量，则角速度为恒量，即系统做匀速转动，比如常平架回转仪（见

图 4-3-2)。第二种情况转动惯量改变时，由于角动量为恒量，即 $J\omega=J_0\omega_0$，此时，刚体的角速度随转动惯量的变化而变化。当转动惯量变大时，角速度变小；当转动惯量变小时，角速度变大。例如滑冰运动员做旋转动作时，先将两臂与腿伸开，绕通过足尖的竖直轴以一定的角速度旋转，然后将两臂与腿迅速收拢，由于转动惯量减小而使旋转明显加快（见图 4-3-3）；再如双旋翼直升机在启动过程中，系统对竖直轴的总角动量守恒，启动前总角动量为零，为了平稳起飞，两个螺旋桨必须沿相反的方向旋转，否则机身就会原地打转，造成事故（见图 4-3-4）。

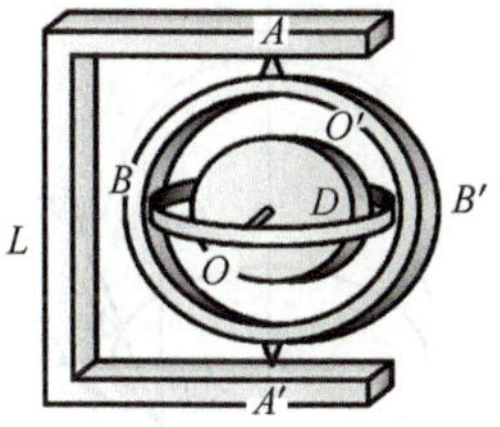

图　4-3-2

图　4-3-3

图　4-3-4

角动量守恒定律是在不同的理想条件下，用经典牛顿力学原理推导出来的，但它们的使用范围却远远超出原有条件的限制。它们不仅适用于牛顿力学有效的所有经典物理范围，也适用于牛顿力学失效的近代物理理论——量子力学和相对论。它不但比牛顿力学更基本、更普遍，而且也是近代物理理论的基础，成为更普适的物理定律。

【例题 4-6】 如例题 4-6 图所示，长为 L、质量为 m_1 的均匀细棒能绕其上端的光滑水平轴在竖直平面内转动。开始时，细棒静止于竖直位置。现有一质量为 m_2 的子弹，以水平速度 v_0 射入细棒下端而不射出。求细棒和子弹开始一起运动时的角速度。

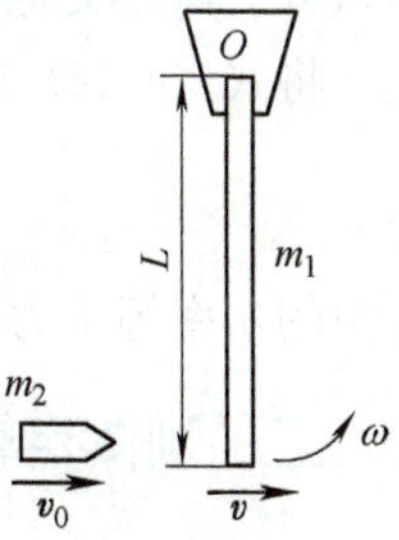

例题 4-6 图

题意分析：由于子弹射入细棒的时间极短，可以近似地认为在这一过程中，细棒仍然静止于竖直位置。因此，对于子弹和细棒所组成的系统（也就是研究对象），在子弹射入细棒的过程中，系统所受的合外力（重力和轴的支持力等）对水平轴的合力矩为零。根据角动量守恒定律，系统对于水平轴的角动量守恒。

★解题思路： 根据上述分析，对系统应用角动量守恒定律，可解此题。

解： 设 ω 为子弹射入后和细棒一起摆动的角速度，且已知子弹和细棒对于水平轴的转动惯量分别为

$$J_2=m_2L^2 \quad ①$$

$$J_1=\frac{1}{3}m_1L^2 \quad ②$$

根据角动量守恒定律，当力矩 $M=0$ 时，有

$$L_{子弹}=J_{总}\,\omega \quad ③$$

所以

$$m_2v_0L=(J_1+J_2)\omega \quad ④$$

联立式①、式②和式④，可得

$$\omega=\frac{3m_2v_0}{(3m_2+m_1)L}$$

第四节 刚体定轴转动的动能定理和机械能守恒定律

一、力矩的功

设刚体绕 z 轴做定轴转动，如图 4-4-1 所示。力 $\boldsymbol{F}$ 作用在刚体上的 P 点，过 P 点取一转动平面，质元 P 在转动平面内绕 z 轴做半径为 r 的圆周运动，$\boldsymbol{F}_z$ 为力 $\boldsymbol{F}$ 沿 z 轴方向上的分力，$\boldsymbol{F}_t$ 和 $\boldsymbol{F}_r$ 为力 $\boldsymbol{F}$ 在转动平面上沿切向和径向的分力。当刚体发生元角位移 $d\theta$ 时，P 点的元位移为 $d\boldsymbol{r}$，力 $\boldsymbol{F}$ 对刚体所做的元功为

$$dA=\boldsymbol{F}\cdot d\boldsymbol{r}=F_t|d\boldsymbol{r}|=F_t r d\theta$$

$F_t r$ 即为力 $\boldsymbol{F}$ 对 z 轴的力矩 M_z，故

$$dA=M_z d\theta \tag{4-22}$$

由于力 $\boldsymbol{F}$ 对刚体所做的元功可以写成力 $\boldsymbol{F}$ 对 z 轴的力矩与元角位移的乘积，所以又叫作力矩的元功。

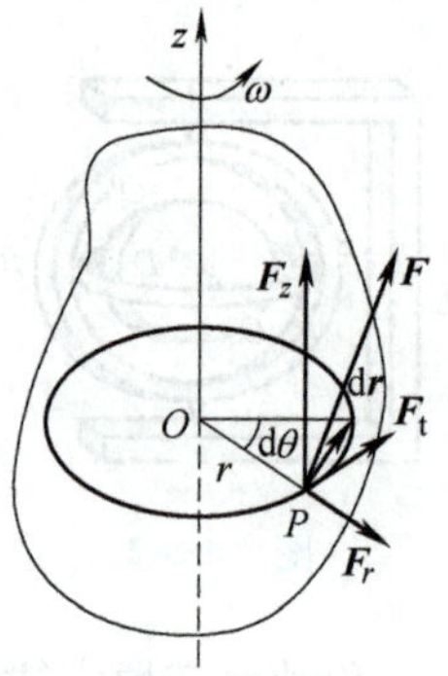

图 4-4-1

刚体在力矩 M_z 的作用下，角坐标由 θ_0 变化到 θ 时力矩做的总功为

$$A=\int_{\theta_0}^{\theta}M_z d\theta \tag{4-23}$$

式（4-23）说明，当刚体转动时，力对刚体所做的功可以表示成力对轴的力矩对角坐标的积分，所以又称为力矩的功，本质仍是力的功。

将式（4-22）左右两端均除以 dt，即得力矩的功率

$$P=\frac{dA}{dt}=\frac{M_z d\theta}{dt}=M_z\omega \tag{4-24}$$

力矩的功率等于力矩与角速度的乘积。

二、刚体定轴转动的动能定理

由刚体定轴转动的特点知道，当刚体绕 Oz 轴以角速度 ω 转动时，刚体中的每个质元都绕 Oz 轴以相同的角速度 ω 做半径不同的圆周运动。在刚体中任取质元 i，其质量为 Δm_i，做半径为 r_i 的圆周运动，速率为 v_i。质元 i 的动能为

$$E_{ki}=\frac{1}{2}\Delta m_i v_i^2=\frac{1}{2}\Delta m_i r_i^2\omega^2$$

刚体绕 Oz 轴转动的动能等于所有质元动能之和，即

$$E_k=\sum\frac{1}{2}\Delta m_i r_i^2\omega^2=\frac{1}{2}\left(\sum\Delta m_i r_i^2\right)\omega^2=\frac{1}{2}J_z\omega^2 \tag{4-25}$$

由式（4-25）可以看出，定轴转动刚体的转动动能等于刚体对固定轴的转动惯量与角速度平方乘积的一半。

由于刚体是不变质元系，所以任何一对内力做功的代数和为零，因此刚体内所有内力做功的代数和为零。合外力矩对刚体所做的功等于

$$A_{外}=\int_{\theta_0}^{\theta}M_{外}d\theta=\int J_z\frac{d\omega}{dt}d\theta=\int_{\omega_0}^{\omega}J_z\omega d\omega$$

即
$$A_{外}=\frac{1}{2}J_z\omega^2-\frac{1}{2}J_z\omega_0{}^2 \tag{4-26}$$
即刚体做定轴转动时，**转动动能的增量等于作用于刚体的合外力矩所做的功，这就是刚体定轴转动的动能定理。**

三、重力势能

如图 4-4-2 所示，被悬挂刚体处于静止，各质元均受重力，它们的总效果必定和悬线的拉力大小相等，方向相反，沿同一直线，该线称作重力的作用线。改变悬挂方位又可以得到重力的其他作用线。刚体处于不同方位时重力作用线都要通过的那一点叫作重心，用 C 表示。如果将重力加速度视作常量，刚体的重心和质心重合。可以证明刚体的重力势能等于全部质量集中到重心 C 时的势能，即
$$E_p=mgh_C \tag{4-27}$$
式中，m 是刚体质量；h_C 为刚体重心距离零势能面的高度。

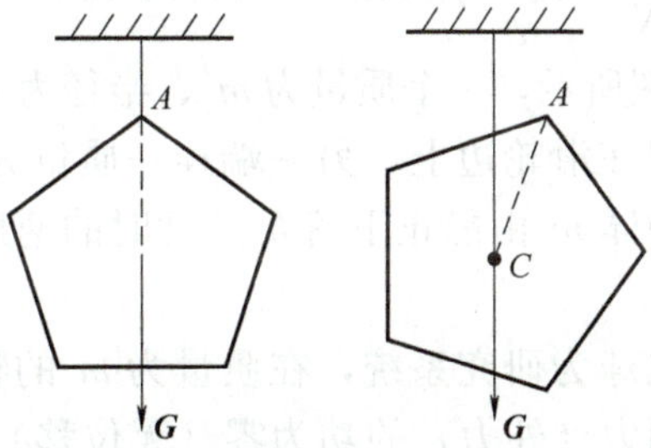

图 4-4-2

四、刚体定轴转动的机械能守恒定律

刚体在做定轴转动的过程中，如果只有保守力矩做功，刚体的机械能守恒。即
$$E=E_k+E_p=常量 \tag{4-28}$$
式（4-28）称为**刚体定轴转动的机械能守恒定律**。

【例题 4-7】 如例题 4-7 图所示，均质杆的质量为 m，长为 l，一端为光滑的支点。最初处于水平位置，释放后杆向下摆动。求杆在图示的竖直位置时，其下端点的线速度。

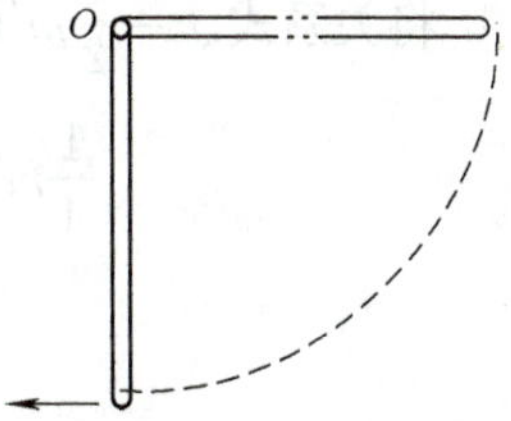

例题 4-7 图

解：由于该系统处于重力场中，且非保守力不做功，因此机械能守恒，取杆在竖直位置时重力势能为 0，由机械能守恒得
$$mgh_C=\frac{1}{2}J\omega^2$$
因为
$$h_C=\frac{1}{2}l,\quad J=\frac{1}{3}ml^2$$
代入解得
$$\omega=\sqrt{\frac{3g}{l}}$$
根据线速度与角速度的关系得
$$v=\sqrt{3gl}$$

【例题 4-8】 如例题 4-8 图所示，一长为 l、质量为 m' 的杆可绕支点 O 自由转动。一质量为 m、速度为 v 的子弹射入距支点为 a 的杆内。若杆的最大偏转角为 30°，问：子弹的初速为多少？

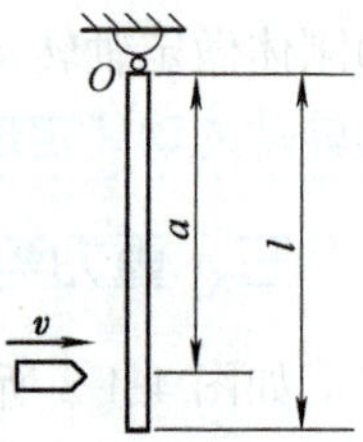

例题 4-8 图

解： 把子弹和杆看作一个系统。系统所受的力有重力和轴对杆的支撑力。在子弹射入杆的极短时间内，重力和支撑力均通过轴，因而它们对轴的力矩均为零，系统的角动量守恒，于是有

$$mva=\left(\frac{1}{3}m'l^2+ma^2\right)\omega$$

子弹射入杆内后随杆一起摆动，在摆动过程中只有重力做功，故以子弹、杆和地球为系统，系统的机械能守恒。取杆竖直位置时系统重力势能为零，于是有

$$\frac{1}{2}\left(\frac{1}{3}m'l^2+ma^2\right)\omega^2=mga(1-\cos30°)+m'g\,\frac{1}{2}l(1-\cos30°)$$

解上述方程，得

$$v=\frac{1}{ma}\sqrt{\frac{g}{6}(2-\sqrt{3})(m'l+2ma)(m'l^2+3ma^2)}$$

【例题 4-9】 如例题 4-9 图所示，一个质量为 m'、半径为 R 的定滑轮上面绕有细绳。绳的一端固定在滑轮边上，另一端挂一质量为 m 的物体而下垂。忽略轴处摩擦，求物体 m 由静止下落 h 高度时的速度和此刻滑轮的角速度。

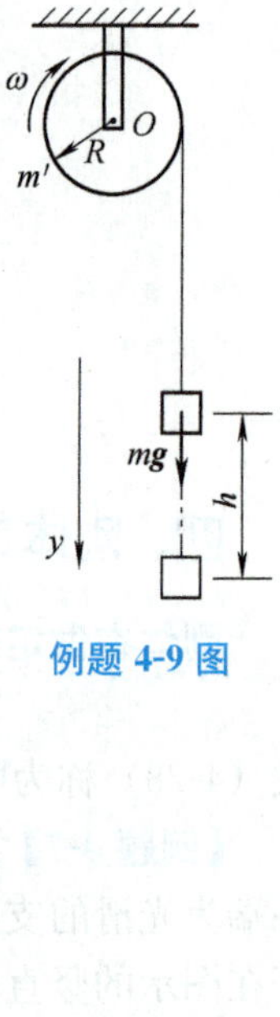

例题 4-9 图

解： 选取滑轮、物体和地球为研究系统，在质量为 m 的物体下降的过程中，滑轮轴对滑轮的作用力（外力）的功为零（无位移）。因此，系统只有重力（保守力）做功，所以机械能守恒。

滑轮的重力势能不变，可以不考虑；取物体的初始位置为零势能点，则系统初态的机械能为零，末态的机械能为

$$\frac{1}{2}J\omega^2+\frac{1}{2}mv^2+mg(-h)$$

机械能守恒： $$\frac{1}{2}J\omega^2+\frac{1}{2}mv^2+mg(-h)=0$$

将关系式 $J=\frac{1}{2}m'R^2$ 和 $\omega=\frac{v}{R}$ 代入上式，可得

$$\frac{1}{4}m'R^2\left(\frac{v}{R}\right)^2+\frac{1}{2}mv^2=mgh,\quad v^2\left(\frac{m'+2m}{4}\right)=mgh$$

$$v=\sqrt{\frac{4mgh}{2m+m'}}$$

滑轮的角速度为

$$\omega=\frac{v}{R}=\sqrt{\frac{4mgh}{(2m+m')R^2}}$$

★解题指导： 在质点力学中，利用机械能守恒是求速度比较简单的方法。同样，在刚体的定轴转动中求角速度时，如果符合机械能守恒的条件，则可以较简单地求出角速度，求出角速度后就可以很简单地求出各质元的线速度。

拓展阅读 陀螺仪简介

绕一个支点高速转动的刚体称为陀螺。通常所说的陀螺是特指对称陀螺，它是一个质量均匀分布的、具有轴对称形状的刚体，其几何对称轴就是它的自转轴。它由苍蝇后翅（特化为平衡棒）仿生得来。

在一定的初始条件和一定的外在力矩作用下，陀螺会在不停自转的同时，还绕着另一个固定的转轴不停地旋转，这就是陀螺的旋进，又称为回转效应。陀螺旋进是日常生活中常见的现象，许多人小时候都玩过的地陀螺就是一例。

人们利用陀螺的力学性质所制成的各种功能的陀螺装置称为陀螺仪（见附图 4-1），它在科学、技术、军事等各个领域有着广泛的应用，如回转罗盘、定向指示仪、炮弹的翻转、陀螺的章动、地球在太阳（月球）引力矩作用下的旋进（岁差）等。

附图 4-1

陀螺仪的种类很多，按用途可以分为传感陀螺仪和指示陀螺仪。传感陀螺仪用于飞行体运动的自动控制系统中，作为水平、竖直、俯仰、航向和角速度传感器。指示陀螺仪主要用于飞行状态的指示，作为驾驶和领航仪表使用。

现在的陀螺仪分为压电陀螺仪、微机械陀螺仪、光纤陀螺仪和激光陀螺仪等，都是电子式的，它们可以和加速度计、磁阻芯片、GPS 结合，做成惯性导航控制系统。

陀螺仪的原理就是，一个旋转物体的旋转轴所指的方向在不受外力影响时，是不会改变的。人们根据这个道理，用它来保持方向，制造出来的仪器就叫陀螺仪。我们骑自行车时其实也利用了这个原理。轮子转得越快越不容易倒，因为车轮轴有一股保持水平的力量。陀螺仪在工作时要给它一个力，使它快速旋转起来，一般能达到每分钟几十万转，可以工作很长时间。然后用多种方法读取轴所指示的方向，并自动将数据信号传给控制系统。

在现实生活中，陀螺仪的进给运动是在重力力矩的作用下发生的。现代陀螺仪是一种能够精确地确定运动物体方位的仪器，它是现代航空、航海、航天和国防工业中广泛使用的一种惯性导航仪器，它的发展对一个国家的工业、国防和其他高科技的发展具有十分重要的战略意义。传统的惯性陀螺仪主要是指机械式的陀螺仪，机械式的陀螺仪对工艺结构的要求很高，结构复杂，它的精度受到了很多方面的制约。自从 20 世纪 70 年代以来，现代陀螺仪的发展已经进入了一个全新的阶段。1976 年，现代光纤陀螺仪的基本设想被提出，到 80 年代以后，现代光纤陀螺仪就得到了非常迅速的发展，与此同时激光谐振陀螺仪也有了很大的发展。由于光纤陀螺仪具有结构紧凑、灵敏度高、工作可靠等优点，所以目前在很多的领域已经完全取代了机械式的传统的陀螺仪，成为现代导航仪器中的关键部件。和光纤陀螺仪同时发展的除了环式激光陀螺仪外，还有现代集成式的振动陀螺仪，集成式的振动陀螺仪具有更高的集成度，体积更小，也是现代陀螺仪的一个重要的发展方向。

现代光纤陀螺仪包括干涉式陀螺仪和谐振式陀螺仪两种，它们都是根据塞格尼克的理论发展起来的。塞格尼克理论的要点是：当光束在一个环形的通道中前进时，如果环形通道本身具有一个转动速度，那么光线沿着通道转动的方向前进所需要的时间，要比沿着这个通道转动相反的方向前进所需要的时间多。也就是说，当光学环路转动时，在不同的前进方向上，光学环路的光程相对于环路在静止时的光程都会产生变化。利用这种光程的变化，如果使不同方向上前进的光之间产生干涉来测量环路的转动速度，就可以制造出干涉式光纤陀螺仪；如果利用这种环路光程的变化，来实现在环路中不断循环的光之间的干涉，也就是通过调整光纤环路的光的谐振频率进而测量环路的转动速度，就可以制造出谐振式的光纤陀螺仪。从这个简单的介绍可以看出，干涉式陀螺仪在实现干涉时的光程差小，所以它所要求的光源可以有较大的频谱宽度，而谐振式的陀螺仪在实现干涉时，它的光程差较大，所以它所要求的光源必须有很好的单色性。

陀螺仪是一种既古老而又很有生命力的仪器，从第一台真正实用的陀螺仪问世以来已有大半个世纪，但直到现在，陀螺仪仍在吸引着人们对它进行研究，这是由它本身具有的特性所决定的。陀螺仪最主要的基本特性是它的稳定性和进动性。人们从儿童玩的地陀螺中早就发现高速旋转的陀螺可以竖直不倒，这就反映了陀螺的稳定性。研究陀螺仪运动特性的理论是绕定点运动刚体动力学的一个分支，它以物体的惯性为基础，研究旋转物体的动力学特性。

陀螺仪最早是用于航海导航，但随着科学技术的发展，它在航空和航天事业中也得到广泛的应用。陀螺仪不仅可以作为指示仪表，更重要的是它可以作为自动控制系统中的一个敏感元件，即可作为信号传感器。根据需要，陀螺仪能提供准确的方位、水平、位置、速度和加速度等信号，以便驾驶人使用自动导航仪来控制飞机、舰船或航天飞机等航行体按一定的航线飞行，而在导弹、卫星运载器或空间探测火箭等航行体的制导中，则直接利用这些信号完成航行体的姿态控制和轨道控制。作为稳定器，陀螺仪能使列车在单轨上行驶，能减小船舶在风浪中的摇摆，能使安装在飞机或卫星上的照相机相对地面稳定等。作为精密测试仪器，陀螺仪能够为地面设施、矿山隧道、地下铁路、石油钻探以及导弹发射井等提供准确的方位基准。由此可见，陀螺仪的应用范围是相当广泛的，它在现代化的国防建设和国民经济建设中均占重要的地位。

现在广泛使用的微机械（MEMS）陀螺仪可应用于航空、航天、航海、兵器、汽车、生物医学、环境监控等领域。并且MEMS陀螺仪相比传统的陀螺仪有明显的优势：

1）体积小、重量轻。适合于对安装空间和重量要求苛刻的场合，例如弹载测量等。

2）低成本。

3）高可靠性。内部无转动部件，全固态装置，抗大过载冲击，工作寿命长。

4）低功耗。

5）大量程。适于高转速大 g 值的场合。

6）易于数字化、智能化。可数字输出、温度补偿、零位校正等。

本章内容小结

1. 刚体的概念

刚体是一种理想模型，是一个有一定形状和大小，即有一定质量分布，且在外力作用下不发生形变的质点系。

刚体做定轴转动时，各质元均绕同一转轴以各自的半径做圆周运动，因此，用角量来描述其运动规律最为简单。

2. 刚体的转动惯量

刚体对定轴的转动惯量为刚体转动惯性大小的量度。其一般表达式为

$$J=\int r^2\mathrm{d}m$$

它取决于刚体的总质量、质量分布和转轴位置等因素。

3. 描述刚体的物理量

用角量描述刚体定轴转动规律时，角位移 $\mathrm{d}\theta$、角速度 ω、角加速度 α、力矩 M、和角动量 L 等矢量的方向，均与固定轴平行，这一点与一维直线运动的情况非常相似。因此，实际应用时，在选定正方向后，就可把这些物理量以及相关的转动定律、角动量定理等用代数方法处理，并用“±”号表示它们的方向。

4. 刚体（质点）平动与定轴转动规律类比

项　　目	刚体（质点）	刚体定轴转动
模型	质点（质心为代表）	刚体
位置，位移	位置矢量 $\boldsymbol{r}$，位移 $\mathrm{d}\boldsymbol{r}$	角坐标 θ，角位移 $\mathrm{d}\theta$
速度	线速度 $\boldsymbol{v}=\dfrac{\mathrm{d}\boldsymbol{r}}{\mathrm{d}t}$	角速度 $\omega=\dfrac{\mathrm{d}\theta}{\mathrm{d}t}$
加速度	线加速度 $\boldsymbol{a}=\dfrac{\mathrm{d}\boldsymbol{v}}{\mathrm{d}t}=\dfrac{\mathrm{d}^2\boldsymbol{r}}{\mathrm{d}t^2}$	角加速度 $\alpha=\dfrac{\mathrm{d}\omega}{\mathrm{d}t}=\dfrac{\mathrm{d}^2\theta}{\mathrm{d}t^2}$
运动方程	$\boldsymbol{r}=\boldsymbol{r}(t)$	$\theta=\theta(t)$
运动惯性	m	J
运动规律	$\boldsymbol{F}=m\boldsymbol{a}$	$\boldsymbol{M}=J\boldsymbol{\alpha}$
时间累积	动量定理 $\int\boldsymbol{F}\mathrm{d}t=\Delta\boldsymbol{p}$ 动量守恒定律 $\boldsymbol{p}=$常矢量	角动量定理 $\int\boldsymbol{M}\mathrm{d}t=\Delta\boldsymbol{L}$ 角动量守恒定律 $\boldsymbol{L}=$常矢量
空间累积	动能 $E_\mathrm{k}=\dfrac{1}{2}mv^2$ 外力的功 $A=\int\boldsymbol{F}\cdot\mathrm{d}\boldsymbol{r}$ 动能定理 $\int\boldsymbol{F}\cdot\mathrm{d}\boldsymbol{r}=\Delta E_\mathrm{k}$ 重力势能 $E_\mathrm{p}=mgh$	转动动能 $E_\mathrm{k}=\dfrac{1}{2}J\omega^2$ 外力矩的功 $A=\int M\mathrm{d}\theta$ 动能定理 $\int M\mathrm{d}\theta=\Delta E_\mathrm{k}$ 重力势能 $E_\mathrm{p}=mgh_C$

习　题

4-1　判断正误

(1) 一个绕定轴转动的刚体所受合外力为零，其合外力矩也一定为零。

(2) 一个绕定轴转动的刚体所受合外力矩为零，其合外力也一定为零。

(3) 刚体绕定轴做匀角速转动时，其线速度不变。

(4) 质量固定的一个刚体，可能有许多个转动惯量。

4-2 圆盘在水平面内绕光滑竖直轴匀速转动，圆盘上的 A 点到轴的距离为 r，B 点到轴的距离为 $0.5r$。试问：在相同的时间内，A、B 两点哪一个点运动的路程较长？哪一个点转过的角度较大？哪一个点具有较大的角速度、线速度、角加速度、线加速度？

4-3 有两个圆盘是用密度不同的金属制成的，它们的重量和厚度都相同，问：哪个圆盘具有较大的转动惯量？

4-4 为什么质点系动能的改变不仅与外力有关，而且也与内力有关，而刚体绕定轴转动动能的改变只与外力矩有关，而与内力矩无关呢？

4-5 圆桶内装有厚薄均匀的冰，绕其中心轴线旋转，不受任何力矩，冰融化后，桶的角速度如何变化？

4-6 一圆盘可绕着通过其中心并与盘面垂直的光滑竖直轴转动。设圆盘原来是静止的，盘上站着一人，当人沿着某一圆周匀速走动时，试问以人和盘为系统，其角动量是否守恒？单就圆盘来说，其角动量是否守恒？

4-7 汽车发动机的转速在12s内由1200rev/min增加到3000rev/min。(1) 假设转动是匀加速转动，求角加速度；(2) 在此时间内，发动机转了多少转？

4-8 一飞轮半径为0.2m、转速为150r/min，因受制动而均匀减速，经30s停止转动。求 (1) 角加速度和在此时间内飞轮转过的圈数；(2) 制动开始后 $t=6\text{s}$ 时飞轮的角速度；(3) $t=6\text{s}$ 时飞轮边缘上一点的线速度、切向加速度和法向加速度。

4-9 一转动惯量为 J 的圆盘，绕一固定轴转动，起初角速度为 ω_0，设它所受阻力矩为 $M=-k\omega$（k 为常量），求圆盘的角速度从 ω_0 变为 $\omega_0/2$ 所需的时间。

4-10 如题4-10图所示，一转动系统的转动惯量为 $J=8.0\text{kg}\cdot\text{m}^2$，转速为 $\omega=41.9\text{rad/s}$，两制动闸瓦对轮的压力都为392N，闸瓦与轮缘间的摩擦因数为 $\mu=0.4$，轮半径为 $r=0.4\text{m}$，问：从开始制动到静止需多长时间？

4-11 如题4-11图所示，斜面倾角为 θ，位于斜面顶端的卷扬机鼓轮半径为 R，转动惯量为 J，受到的驱动力矩为 M，通过绳牵动斜面上质量为 m 的物体，物体与斜面间的摩擦因数为 μ，求重物上滑的加速度，绳与斜面平行，不计绳质量。

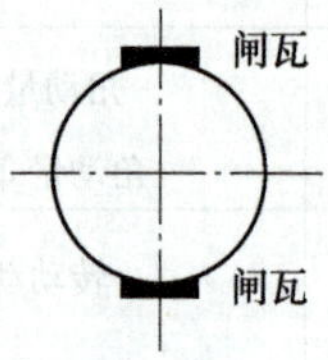

题4-10图

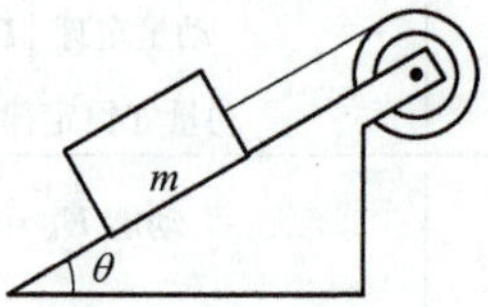

题4-11图

4-12 均质圆盘的质量为 m，半径为 R，在水平桌面上绕其中心旋转，如题4-12图所示。设圆盘与桌面之间的摩擦因数为 μ，求圆盘从以角速度 ω_0 旋转到静止需要多少时间？

4-13 如题4-13图所示，质量为 $m_1=16\text{kg}$ 的实心圆柱体A，其半径为 $r=15\text{cm}$，可以绕其固定水平轴转动，阻力忽略不计。一条轻柔的绳绕在圆柱体上，其另一端系一个质量为 $m_2=8.0\text{kg}$ 的物体B，求：(1) 物体B由静止开始下降1.0s后的距离；(2) 绳的张力。

4-14 如题4-14图所示，质量为2.97kg、长为1.0m的匀质等截面细杆可绕水平光滑的轴线 O 转动，最初杆静止于竖直方向。一弹片质量为10g，以水平速度200m/s射出并嵌入杆的下端，和杆一起运动，求杆的最大摆角 θ。

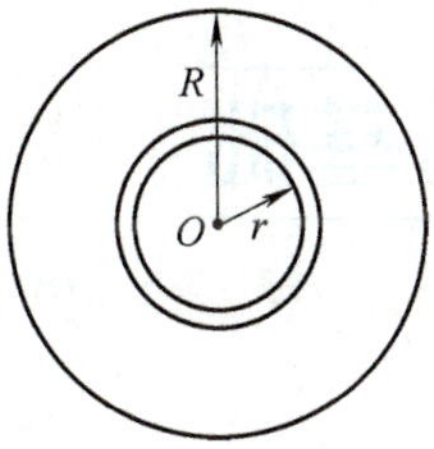

题 4-12 图

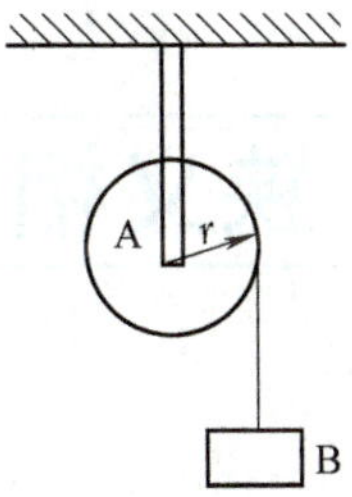

题 4-13 图

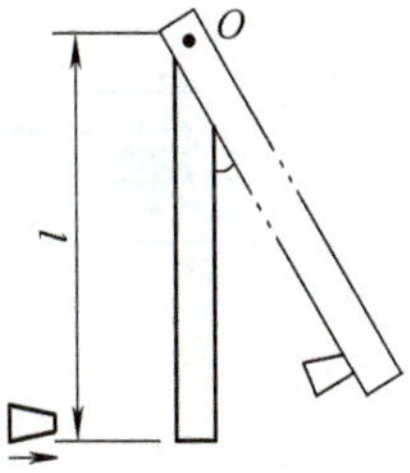

题 4-14 图

4-15 均质细杆长为 $2l$，质量为 m'，起初以角速度 ω_0 绕过中点与杆垂直的竖直轴在光滑水平面内转动。杆上穿有两个质量都是 m 的小球（视作质点），它们由静止于杆的中点滑到杆的两端。问：这时杆的角速度多大？

4-16 扇形装置如题 4-16 图所示，放在光滑的水平面内，可绕光滑的竖直轴线 O 转动，其转动惯量为 J。装置的一端有槽，槽内有弹簧，槽的中心轴线与转轴的垂直距离为 r。在槽内装有一小球，质量为 m，开始时用细线固定，使弹簧处于压缩状态。现在点燃火柴烧断细线，小球以速度 $\boldsymbol{v}_0$ 弹出。求转动装置的反冲角速度。在弹射过程中，由小球和转动装置构成的系统动能守恒否？总机械能守恒否？为什么？

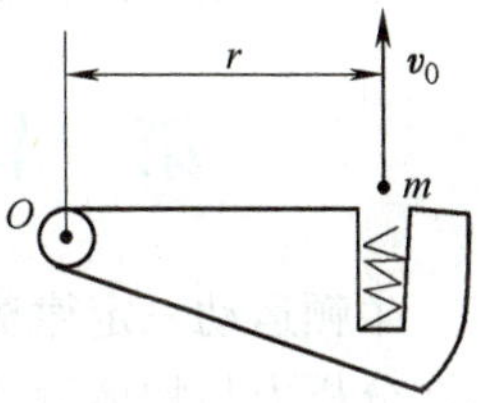

题 4-16 图

4-17 10m 高的烟囱因底部损坏而倒下来，求其上端到达地面时的线速度，设倾倒时，底部未移动，可近似认为烟囱为均质杆。

第五章　狭义相对论基础

19 世纪末，经典物理学已发展到相当完善的阶段，但在所取得的成就中仍然包含一些未加认真评判就接受的观点，其中之一就是关于空间和时间的绝对概念。狭义相对论从根本上推翻了传统的绝对时空观，提出了崭新的时空观，给出了高速运动物体的力学规律，揭示了质量与能量的内在联系，使物理学发生了一次革命。

第一节　伽利略变换　经典力学的相对性原理

牛顿运动三定律奠定了经典力学的基础，加上牛顿提供的微积分方法，使得经典力学不但在分析力与物体运动的关系及其实际应用上取得了巨大的成功，而且在物理学界形成了一种决定论的思想方法，即只要给出物体所受的合外力，以及该物体初始时刻的位置和速度——初始条件，就可写出该物体的运动方程，因此在 1900 年前后，在经典力学的基础上，相继建立了热力学、统计物理学和电磁学理论，整个经典物理学取得了辉煌的成就。

但是，正当人们相互庆贺的时候，物理学的晴朗天空远处却出现了“两朵令人不安的乌云”，这就是指 19 世纪后期经典物理学无法解释的两个实验：一个是与光速有关的迈克耳孙-莫雷实验，另一个是被称为“紫外灾难”的热辐射实验。这两个实验事实曾导致 20 世纪物理学革命，诞生了爱因斯坦的相对论和普朗克的量子论及其后的量子力学。相对论是关于时间、空间和高速运动物体的运动的理论，它合理地改造了牛顿力学，创立了研究高速物体运动规律的相对论力学；量子力学是讨论质量很小的微观粒子运动规律的力学。从这两门新力学的角度看，经典力学只是新力学在低速和宏观条件下的特例。换句话说，经典力学的局限就是它只适用于宏观、低速的情况，也即经典力学的适用范围受到了质量和速度两个方面的限制，超出这个范围就必须由上述的新力学所取代。

尽管在微观、高速范围经典力学已无能为力，但由牛顿运动定律推导出的动量守恒定律、能量守恒定律、角动量守恒定律却超出原有的局限而适用于量子力学和相对论力学研究的领域，成为自然界的普遍规律。而且在相当广阔的生产、生活和科学研究领域中，即当质量较大的宏观物体运动速度远小于光速时，经典力学仍然是解决各种实际问题的理论基础。

一、绝对时空观和伽利略变换

牛顿力学以及狭义相对论建立以前的整个物理学，都是建立在绝对时空观的基础之上的。这种观念认为空间和时间与物质一样是可以独立存在的东西，它们与物体本身的运动方式无关。牛顿把空间和时间比作一种属性不变的框架，任何物理事件都在这个独立于物体存在和运动的时空框架中进行。按照这个绝对时空观，可用固定不变的普适尺子来量度任何参考系中的空间大小；在不同参考系中也会有完全相同的时间流逝，这种观点在当时并未得到认真的批评。正是这一绝对时空观才引起物理学理论中的矛盾，直到爱因斯坦提出了崭新的时空观，即建立了相对论，才克服了这个矛盾。

伽利略变换是以绝对时空观为前提得出来的。在前面的学习中已经知道，要描述物体的运动必须选择参考系并建立坐标系，物体的运动就是它的空间坐标随时间的变动。把物体在某一时刻处于某一位置称为一事件，描述一事件需用四个独立的参数，即三个空间坐标（x，y，z）和一个时间坐标 t，所以一事件可用时空坐标（x，y，z，t）来描述。显然，同一事件在不同参考系中有不同的时空坐标，它们之间有什么关系是伽利略变换所要解决的问题。为做具体讨论，考虑两个坐标系 S 与 S′，如图 5-1-1 所示，在 $t=0$ 时，两坐标系的原点 O 与 O' 重合。假设 S′系相对于 S 系以速度 $\boldsymbol{v}$ 沿 x 轴匀速运动，则 P 点在两个坐标系中的坐标分别为（x，y，z，t）和（x'，y'，z'，t'）。按照经典力学中的绝对时空观念，在所有参考系中的时间流逝完全相同，即 $t=t'$；而且可用统一的尺子测量空间距离，从此出发，可得变换式为

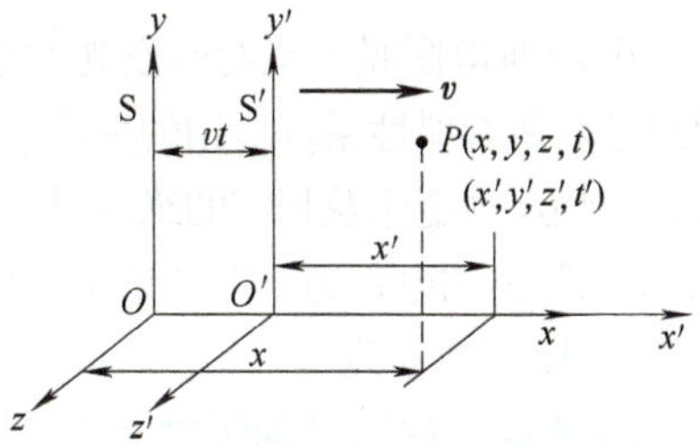

图 5-1-1

$$\begin{cases} x'=x-vt \\ y'=y \\ z'=z \\ t'=t \end{cases} \tag{5-1}$$

以上称为伽利略变换式。对时间求导得速度的变换式为

$$\begin{cases} u'_x=u_x-v \\ u'_y=u_y \\ u'_z=u_z \end{cases} \tag{5-2}$$

以上称为伽利略速度变换式。对时间求导得加速度的变换式为

$$\begin{cases} a'_x=a_x \\ a'_y=a_y \\ a'_z=a_z \end{cases} \tag{5-3}$$

上式表明，**同一质点在不同惯性系中的加速度矢量总是相同的，这也常说成伽利略变换下加速度保持不变。**

二、力学相对性原理

式（5-2）和式（5-3）所示结果是在伽利略变换下得到的。如果在 S 与 S′中考查质点受力的情况，则根据牛顿运动定律有

$$\boldsymbol{F}=m\boldsymbol{a} \quad （对 S 系）$$
$$\boldsymbol{F}'=m\boldsymbol{a}' \quad （对 S′系）$$

绝对时空观：　$\boldsymbol{a}'=\boldsymbol{a}$

绝对质量：　$m'=m$

即质点的质量与速度无关，因而有

$$\boldsymbol{F}'=m\boldsymbol{a}'=m\boldsymbol{a}=\boldsymbol{F} \tag{5-4}$$

这就表明，**力学定律在所有的惯性系中都是相同的，因此各个惯性系都是等价的，不存在特殊的、绝对的惯性系，这就是力学相对性原理。**

第二节 狭义相对论的基本假设 洛伦兹变换

一、狭义相对论的基本原理

爱因斯坦摆脱了绝对时空观的束缚，坚信相对性原理是正确的。同时，他认为麦克斯韦方程组是对所有惯性系都适用的理论。于是，这就必须承认光速的不变性，这样一来，自然就要求修正牛顿运动定律及相应的绝对时空观。1905 年，爱因斯坦在德国《物理年鉴》上发表了题目为“论运动物体的电动力学”的论文，从全新的角度提出两条基本假设，创立了狭义相对论。

1. 相对性原理

物理定律在所有的惯性系中都是相同的，即所有惯性系是等价的，不存在特殊的绝对的惯性系。

这样，描述物理现象的物理定律对所有惯性参考系都应取相同的数学形式。不论在哪一个惯性系中做实验，都不能确定该惯性系的绝对运动。即对运动的描述只有相对意义，绝对静止的参考系是不存在的。这条原理是力学相对性原理的推广。

2. 光速不变原理

光在真空中的速度与发射体的运动状态无关，即在彼此做匀速直线运动的任一惯性系中，所测得的光在真空中沿各个方向的速率是相等的。

这意味着对电磁波的传播来说，真空是各向同性的。这条原理与伽利略变换（速度变换）不相容，但与实验结果一致（能解释迈克耳孙-莫雷实验）。

假设是否正确，要看它导出的结果是否经得起实验的检验。爱因斯坦提出的这两条假设成为狭义相对论的基础。

二、洛伦兹变换

爱因斯坦根据两个基本假设，他认为要建立新的时空变换关系，必须用坐标变换公式——洛伦兹变换式，此变换式是洛伦兹为了弥补经典理论的缺陷而提出，但他不具有相对论思想。爱因斯坦是给予它正确解释的第一人。

仍参考图 5-1-1，假设当两惯性系 S 与 S′的坐标系的原点 O 与 O' 重合时，位于原点 O 处的点光源发出一光信号，并将此时刻看作在 S 与 S′系中的计时起点。在 S 系中，光信号以速率 c 向各方向传播，波前到达（x，y，z）各点所需的时间间隔为

$$t=\frac{\sqrt{x^2+y^2+z^2}}{c}$$

此式可写作

$$x^2+y^2+z^2-c^2t^2=0 \tag{5-5}$$

实际上，这正是描写光信号波前的球面方程。根据爱因斯坦的基本假设，在 S′系中亦观察到光信号以速率 c 自 O' 点向各方向传播。用（x'，y'，z'）表示在 S′系中波前于时刻

t'所到达的各点，得 S′系中光信号波前的球面方程为

$$x'^2+y'^2+z'^2-c^2t'^2=0 \tag{5-6}$$

分别用（x，y，z，t）和（x'，y'，z'，t'）表示同一事件发生在 S 和 S′系中的时空坐标；为简单计，假设图 5-1-1 中 S 和 S′系的 x 和 x'完全重合。现在，将伽利略变换式（5-1）代入式（5-6），得

$$x^2-2xvt+v^2t^2+y^2+z^2=c^2t^2 \tag{5-7}$$

令 $t'=t-fx$，将

$$\begin{cases}x'=x-vt\\ y'=y\\ z'=z\\ t'=t-fx\end{cases}$$

代入式（5-6）得

$$x^2-2xvt+v^2t^2+y^2+z^2=c^2(t^2-2tfx+f^2x^2) \tag{5-8}$$

要消去 x 的一次项，必须使 $f=\frac{v}{c^2}$，将其代入式（5-8）得

$$x^2\left(1-\frac{v^2}{c^2}\right)+y^2+z^2=c^2t^2\left(1-\frac{v^2}{c^2}\right) \tag{5-9}$$

只要把$\begin{cases}x'=x-vt\\ y'=y\\ z'=z\\ t'=t-fx\end{cases}$的第一和第四两式各乘以因子$\frac{1}{\sqrt{1-\frac{v^2}{c^2}}}$，则式（5-9）就能变成式（5-5）。

所以，我们要找的新变换是

$$\begin{cases}x'=\dfrac{1}{\sqrt{1-\beta^2}}(x-vt)\\ y'=y\\ z'=z\\ t'=\dfrac{1}{\sqrt{1-\beta^2}}\left(t-\dfrac{v}{c^2}x\right)\end{cases} \tag{5-10}$$

式中，$\beta=\frac{v}{c}$，这就是洛伦兹变换式。上述变换的逆变换是

$$\begin{cases}x=\dfrac{1}{\sqrt{1-\beta^2}}(x'+vt')\\ y=y'\\ z=z'\\ t=\dfrac{1}{\sqrt{1-\beta^2}}\left(t'+\dfrac{v}{c^2}x'\right)\end{cases} \tag{5-11}$$

洛伦兹变换是爱因斯坦的两个基本假设的直接结果。因此，**在洛伦兹变换下各种物理规律的不变性，就具体表达了爱因斯坦相对性原理。**

可以明显地看出，当 $v\ll c$ 时，洛伦兹变换式又回到伽利略变换式。所以，牛顿的绝对时空概念是相对论时空概念在参考系相对速度很小时的近似。

在洛伦兹变换中，时间明显地决定于空间坐标。这说明在相对论中，时间和空间不再相互独立，而是作为时空统一地进行变换。

从洛伦兹变换还可以看出，为使 x' 和 t' 保持为实数，v 必须小于 c。这表明任何物体都不能做超光速运动，真空中光速 c 是一切物体运动的极限速度。

三、洛伦兹速度变换式

利用洛伦兹坐标变换式，可以得到洛伦兹速度变换式。对于 S、S′系，S′系以速度 v 相对 S 系沿 xx' 轴运动，考虑质点 P 的运动。在 S 系中，其速度为

$$u_x=\frac{\mathrm{d}x}{\mathrm{d}t},\quad u_y=\frac{\mathrm{d}y}{\mathrm{d}t},\quad u_z=\frac{\mathrm{d}z}{\mathrm{d}t}$$

在 S′系中，质点的速度为

$$u'_x=\frac{\mathrm{d}x'}{\mathrm{d}t},\quad u'_y=\frac{\mathrm{d}y'}{\mathrm{d}t},\quad u'_z=\frac{\mathrm{d}z'}{\mathrm{d}t}$$

由洛伦兹变换式有

$$\begin{aligned}\mathrm{d}x'&=\frac{1}{\sqrt{1-\beta^2}}(\mathrm{d}x-v\mathrm{d}t)\\ \mathrm{d}y'&=\mathrm{d}y\\ \mathrm{d}z'&=\mathrm{d}z\\ \mathrm{d}t'&=\frac{1}{\sqrt{1-\beta^2}}\left(\mathrm{d}t-\frac{v}{c^2}\mathrm{d}x\right)\end{aligned}$$

故有

$$\begin{cases}u'_x=\dfrac{\mathrm{d}x'}{\mathrm{d}t'}=\dfrac{u_x-v}{1-\dfrac{v}{c^2}u_x}\\ u'_y=\dfrac{\mathrm{d}y'}{\mathrm{d}t'}=\dfrac{\sqrt{1-\beta^2}\,u_y}{1-\dfrac{v}{c^2}u_x}\\ u'_z=\dfrac{\mathrm{d}z'}{\mathrm{d}t'}=\dfrac{\sqrt{1-\beta^2}\,u_z}{1-\dfrac{v}{c^2}u_x}\end{cases}\tag{5-12}$$

式（5-12）叫作洛伦兹速度变换式，同样，上式的逆变换是

$$\begin{cases}u_x=\dfrac{u'_x+v}{1+\dfrac{v}{c^2}u'_x}\\ u_y=\dfrac{\sqrt{1-\beta^2}\,u'_y}{1+\dfrac{v}{c^2}u'_x}\\ u_z=\dfrac{\sqrt{1-\beta^2}\,u'_z}{1+\dfrac{v}{c^2}u'_x}\end{cases}\tag{5-13}$$

上面两式和伽利略速度变换式不同，**但在$v \ll c$ 时，洛伦兹速度变换式变成伽利略速度变换式，所以伽利略速度变换式是洛伦兹速度变换式的一个特例。**

例如，S′系相对于 S 系的运动速度为 $v=0.9c$，而在 S′系中运动的粒子的速度为 $u'_x=0.9c$，则在 S 系中的观察者看来，该粒子的运动速度不是

$$u'_x+v=0.9c+0.9c=1.8c$$

而是

$$v_x=\frac{v'_x+v}{1+\frac{v}{c^2}v'_x}=\frac{0.9c+0.9c}{1+\frac{0.9c}{c^2}0.9c}=0.994c$$

相对论的速度加法公式保证了合成速度不会超过光速。

第三节　狭义相对论的时空观

在经典力学中长度和时间具有绝对的意义，这种绝对时空观是经典力学的基本前提，但相对论完全否定了凭直觉做出的这一断言。与牛顿的不依赖于任何物体的绝对时空概念不同，爱因斯坦的空间概念是与具体的物体不可分割地联系在一起的。在相对论的时空观念下，尺子的长度不再绝对不变，而与参考系有关；时间的流逝也不再适用于所有惯性系，而与在哪个参考系中进行观测有关。长度和时间的相对性集中体现在洛伦兹变换式中。

一、同时的相对性

由洛伦兹变换，两个事件在不同惯性系中的时间与空间间隔的变换关系为

S 系：　$\Delta x=x_2-x_1$，　$\Delta t=t_2-t_1$

S′系：　$\Delta x'=x'_2-x'_1=\dfrac{\Delta x-v\Delta t}{\sqrt{1-\beta^2}}$

$$\Delta t'=t'_2-t'_1=\frac{\Delta t-\frac{v}{c^2}\Delta x}{\sqrt{1-\beta^2}}$$

两个事件中的时间间隔和空间间隔在不同惯性系中观测，所得结果一般并不相同。设在惯性系 S 中，不同地点 x_1和 x_2同时发生两个事件，$\Delta t=t_2-t_1=0$，$\Delta x=x_2-x_1\neq 0$，则

$$x'_2-x'_1=\frac{(x_2-x_1)-v(t_2-t_1)}{\sqrt{1-\beta^2}}$$

$$t'_2-t'_1=\frac{(t_2-t_1)-\frac{v}{c^2}(x_2-x_1)}{\sqrt{1-\beta^2}} \tag{5-14}$$

可见，$\Delta t'=t'_2-t'_1\neq 0$，**即在洛伦兹变换下，同时是相对的，每个参考系都有各自的同时标准，其实这一结论乃是信号速度不可能无限大这一事实的必然结果，当 v 接近光速 c 时，因子$\dfrac{1}{\sqrt{1-\beta^2}}$很大，同时的相对性就明显地表现出来了。**

二、运动的时钟变慢（时间膨胀）

如图5-3-1所示，在S′系中的A'处有一静止的时钟，有一事件于t_1'时刻于此地发生，而于t_2'时刻终止于此地，则从S′系来看，该事件在A'处所经历的时间为$\Delta t'=t_2'-t_1'$。

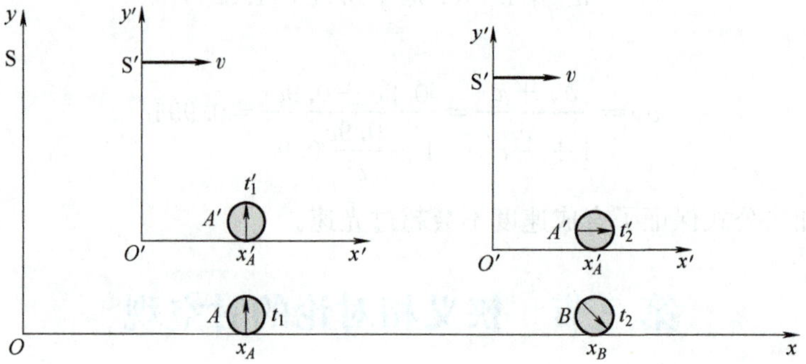

图 5-3-1

设S′系以速度$\boldsymbol{v}$相对于S系沿x-x'轴方向向右运动，事件发生时，A'点位于S系的A处，而静止于S系上的时钟指示t_1时刻；事件终止时，A'点位于S系的B处，而此处静止于S系上的时钟指示t_2时刻。考虑到S系上的时钟都是统一对准的，则该事件的发生在S系上来看，它所经历的时间为$\Delta t=t_2-t_1$。根据洛伦兹变换式有

$$t_1=\frac{t_1'+\dfrac{v}{c^2}x_A'}{\sqrt{1-v^2/c^2}}$$

$$t_2=\frac{t_2'+\dfrac{v}{c^2}x_A'}{\sqrt{1-v^2/c^2}}$$

上两式相减，则有

$$\Delta t=t_2-t_1=\frac{t_2'-t_1'}{\sqrt{1-v^2/c^2}}=\frac{\Delta t'}{\sqrt{1-v^2/c^2}}$$

或

$$\Delta t=\frac{\Delta t'}{\sqrt{1-v^2/c^2}} \tag{5-15}$$

由式（5-15）可见，由于$\sqrt{1-v^2/c^2}<1$，故$\Delta t>\Delta t'$，即在S系中所记录的该事件发生所经历的时间要大于在S′系中所记录的该事件发生所经历的时间。换句话说，S系的时钟记录S′系内某一地点发生的事件所经历的时间，比S′系的时钟所记录的时间要长一些。由于S′系是以速度$\boldsymbol{v}$沿x-x'轴方向相对于S系运动的，因此可以说，运动着的时钟走慢了。

必须指出，运动时钟的变慢并非由于时钟的任何机械原因所造成，而是纯属时间的一种特性，相当于运动坐标系中的时间坐标的标度拉长了。所以，运动时钟走慢也称为运动坐标系中的时间膨胀。

【例题5-1】 设想有一光子火箭以$v=0.95c$的速率相对地球做直线运动，若火箭上宇航员的计时器记录他观测星云用去10min，则地球上的观察者测得此事用去了多少时间？

解：

$$\Delta t=\frac{\Delta t'}{\sqrt{1-\beta^2}}=\frac{10}{\sqrt{1-0.95^2}}\text{min}=32.01\text{min}$$

即地球上的计时器记录宇航员观测星云用去了 32.01min，似乎是运动的钟走得慢了。

【例题 5-2】 π^+ 介子静止时平均寿命 $\overline{\tau}=2.6\times10^{-8}$s（衰变为 μ^+ 子与中微子）。若使用高能加速器把 π^+ 介子加速到 $v=0.75c$，求 π^+ 介子平均一生最长行程。

解： 按经典理论：$\overline{l}=v\overline{\tau}=0.75\times3\times10^8\text{m/s}\times2.6\times10^{-8}\text{s}=5.85\text{m}$

实验室测得

$$\overline{l'}=(8.5\pm0.6)\text{m}$$

相对论考虑时间膨胀：τ 为原时，运动的 π^+ 介子平均寿命为

$$\overline{\tau'}=\frac{\overline{\tau}}{\sqrt{1-\beta^2}}=\frac{\overline{\tau}}{\sqrt{1-0.75^2}}=1.51\,\overline{\tau}$$

可得 $$\overline{l'}=v\,\overline{\tau'}=0.75\times3\times10^8\text{m/s}\times1.51\times2.6\times10^{-8}\text{s}=8.83\text{m}$$

三、运动的尺子缩短

长度只有相对的意义，同一尺子从不同参考系看来具有不同的长度。从洛伦兹变换可得到长度随参考系而变的规律。

设一尺子置于惯性系 S′中，尺子相对 S′静止，S′又相对于另一惯性系 S 以速度 v 沿尺子的长度方向运动。在 S′系中测得的尺子长度称为静止长度，用 l_0 表示。若尺子两端的坐标为 x'_1 和 x'_2，则 $l_0=|x'_2-x'_1|$。

在 S 系中的观察者测定同一尺子的长度时，必须同时测定尺子两端的坐标，设测量时刻同为 t，测得的坐标为 x_1 和 x_2。根据洛伦兹变换，有

$$x'_1=\frac{x_1-vt}{\sqrt{1-\beta^2}},\quad x'_2=\frac{x_2-vt}{\sqrt{1-\beta^2}}$$

所以尺子在 S 系中的长度为

$$l=|x_2-x_1|=\sqrt{1-\beta^2}\,|x'_2-x'_1|$$

得

$$l=l_0\sqrt{1-\beta^2} \tag{5-16}$$

由于 $\beta<1$，所以 $l<l_0$。以上表明，**若一静止长度为 l_0 的尺子相对于坐标系 S 以 v 运动，则从 S 看来，运动尺子的长度在运动方向上要缩短，这一现象称为洛伦兹收缩。**由此可见，运动尺子的长度收缩完全是相对的。在相对论里空间的长度只有相对意义，它与在其中进行测量的参考系密切相关；当说明长度时，只有指明相对于某一特定参考系才有意义，不存在能适用于各参考系的绝对不变的空间尺子。

由式（5-17）可以看出，当 $v\ll c$ 时，$\beta\ll1$，$l\approx l_0$。特别当 $v=0$ 时，$l=l_0$，这时又回到牛顿的绝对空间的概念：空间的量度与参考系无关。由此可知，牛顿绝对空间概念是相对论空间概念在相对速度很小时的近似。

【例题 5-3】 若火箭天线长 $l_0=1$m，与箭体夹角为 $\theta_0=45°$。设火箭沿水平方向飞行速

度为 $u=\frac{\sqrt{3}}{2}c$。求地面上的观察者测得的天线长度及其与箭体的夹角。

解： 取火箭飞行方向为 x 及 x' 轴的方向，则

$$l_{0x}=l_0\cos\theta_0, \quad l_{0y}=l_0\sin\theta_0$$

$$l_x=l_{0x}\sqrt{1-\beta^2}=l\cos\theta, \quad l_y=l_{0y}=l_0\sin\theta_0=l\sin\theta$$

由
$$\sqrt{1-\beta^2}=\sqrt{1-(u/c)^2}=\sqrt{1-3/4}=\frac{1}{2}$$

得
$$l=\sqrt{l_x^2+l_y^2}=0.79\text{m}$$

$$\tan\theta=\frac{l_y}{l_x}=2, \quad \theta=63°26'$$

【例题 5-4】 固有长度为 5m 的飞船以 $u=9000\text{m/s}$ 相对地面匀速飞行时，在地面上测得飞船的长度为多少？

解：
$$l=l'\sqrt{1-u^2/c^2}=4.999\,999\,998\text{m}$$

即相对论效应不明显，因为 $u\ll c$。

第四节 狭义相对论动力学基础

经典力学的基本方程、动量守恒和能量守恒等都是在旧时空观下建立的，它们不具有洛伦兹变换不变性。

根据狭义相对论的相对性原理，质点动力学方程要满足洛伦兹变换不变性。

一、相对论质量和动量

牛顿力学中，动量的定义式是

$$\boldsymbol{F}=m\boldsymbol{a}=\frac{\mathrm{d}(m\boldsymbol{v})}{\mathrm{d}t}$$

在相对论力学中，仍保留该形式。但认为 m 会随着速度改变。这样才能保持动量守恒定律在洛伦兹变换下的不变性，从理论上可以导出质量 m 与运动速率间的关系：

$$m=\frac{m_0}{\sqrt{1-v^2/c^2}} \tag{5-17}$$

这就是相对论质速关系式。m_0是在与物体相对静止的惯性系中测出的质量，称为静止质量（不变质量），m 是物体相对于惯性系以速度 $\boldsymbol{v}$ 运动时的质量，称为运动质量。这一结果使人们对物体质量的概念发生了重大变化：**描述惯性特征的质量不是一个恒量，而是与速度数值有密切关系的**。当 $\boldsymbol{v}=0$，即物体相对静止时，$m=m_0$，为静止质量。随着速率 v 的增大，质量也跟着增加，而当 v 趋近光速时，质量趋向无穷大，这时在恒力作用下，物体的加速度 $\boldsymbol{a}$ 趋近于零，即物体的速度不会增加，符合光速是极限速度的论断。根据式 (5-18) 可写出相对论动量

$$\boldsymbol{p}=m\boldsymbol{v}=\frac{m_0\boldsymbol{v}}{\sqrt{1-v^2/c^2}}$$

二、相对论动能

在相对论动力学中，力 $\boldsymbol{F}$ 对粒子做功使它的速率从零增大到 v 时，力做功仍然定义为

和粒子的最后动能相等，以 E_k表示粒子速度为 v 时的动能。可得

$$E_k = mc^2 - m_0c^2 \tag{5-18}$$

这就是相对论动能公式。式中，m 是相对论质量。可见，相对论中的动能公式不能简单地由牛顿力学的动能公式$\frac{1}{2}mv^2$ 代入相对论质量来计算。仅当 $v \ll c$ 时，有

$$\frac{1}{\sqrt{1-v^2/c^2}} = 1 + \frac{1}{2}\frac{v^2}{c^2} + \frac{3}{8}\frac{v^4}{c^4} + \cdots \approx 1 + \frac{1}{2}\frac{v^2}{c^2}$$

可得

$$E_k = \frac{m_0c^2}{\sqrt{1-v^2/c^2}} - m_0c^2 \approx m_0c^2\left(1+\frac{1}{2}\frac{v^2}{c^2}\right) - m_0c^2 = \frac{1}{2}m_0v^2$$

这才回到了牛顿力学的动能公式。

三、质能关系

在相对论动能公式（5-19）中，等号右端两项都具有能量的量纲，可以认为 mc^2 表示粒子以速率 v 运动时所具有的能量，这个能量是在相对论意义上粒子运动时的总能量，以 E 表示此相对论能量，则

$$E = E_k + m_0c^2 = mc^2 \tag{5-19}$$

这就是相对论的质能关系式，此式表明**能量与质量间有着紧密的依赖关系，说明任何形式的能量都有惯性**。根据上式，有

$$\Delta E = (\Delta m)c^2$$

表明质量的任何变化意味着能量的相应改变，反之亦然。质量与能量的上述依赖关系的普遍性已为许多精确的实验所证实，也已成为近代物理中极为重要的基本关系式。质量和能量之间存在一定的当量关系，这意味着哪里有质量，哪里就有能量，反之亦然，质能关系的发现进一步证实了物质与运动密切相关、不可分割的辩证唯物主义的结论。

四、相对论的动量与能量的关系

比较 $E=mc^2$ 和 $p=mv$，可消去 m 而得到 $v=\frac{c^2}{E}p$，故

$$E^2 = \frac{m_0^2c^4}{1-v^2/c^2} = \frac{m_0^2c^4}{1-\frac{1}{c^2}\frac{c^4}{E^2}p^2}$$

化简得

$$E^2 = m_0^2c^4 + c^2p^2 = E_0^2 + p^2c^2 \tag{5-20}$$

上式描述的是**能量和动量**间的关系，它对洛伦兹变换保持不变。它不仅揭示了能量和动量间的关系，还反映了能量和动量间的不可分割性与统一性，在微观领域（此领域粒子的速度常可与光速相比拟）具有重要的地位。

【例题 5-5】 某种热核反应 $^2_1\mathrm{H} + ^3_1\mathrm{H} \rightarrow ^4_2\mathrm{He} + ^1_0\mathrm{n}$ 中各粒子的静止质量是：氘核 $^2_1\mathrm{H}$，$m_D = 3.3437\times10^{-27}$ kg；氚核 $^3_1\mathrm{H}$，$m_T = 5.0049\times10^{-27}$ kg；氦核 $^4_2\mathrm{He}$，$m_{He} = 6.6425\times10^{-27}$ kg；中子 $^1_0\mathrm{n}$ 的质量 $m_n = 1.6744\times10^{-27}$ kg，求这一热核反应释放的能量是多少。

解： 质量亏损

$$\Delta m=(m_{\mathrm{D}}+m_{\mathrm{T}})-(m_{\mathrm{He}}+m_{\mathrm{n}})=0.0317\times10^{-27}\mathrm{kg}$$

相应释放的能量为

$$\Delta E=(\Delta m)c^2=2.853\times10^{-12}\mathrm{J}$$

而1kg的这种核燃料所释放的能量为

$$\frac{\Delta E}{m_{\mathrm{D}}+m_{\mathrm{T}}}=\frac{2.853\times10^{-12}}{8.3486\times10^{-27}}\mathrm{J/kg}=3.42\times10^{14}\mathrm{J/kg}$$

为1kg优质煤燃烧所释放热量的1000多万倍！而核反应“释放效率”只有

$$\frac{\Delta E}{(m_{\mathrm{D}}+m_{\mathrm{T}})c^2}=0.38\%$$

【例题5-6】 设有一π^+介子，在静止下来后，衰变为μ^+子和中微子γ。三者的静止质量分别为m_π、m_μ和0，求μ^+子和中微子的动量、能量和动能。

解： 在π^+介子质心系中，π^+介子的动量和能量为

$$p_\pi=0,\quad E_\pi=m_\pi c^2$$

设p_μ和p_γ分别为μ^+子和γ的动量。它们的能量分别为

$$E_\mu=\sqrt{p_\mu^2c^2+m_\mu^2c^4},\quad E_\gamma=p_\gamma c$$

由动量和能量的守恒定律得

$$\begin{cases}\boldsymbol{p}_\mu+\boldsymbol{p}_\gamma=\boldsymbol{p}_\pi=\boldsymbol{0} & ①\\ \sqrt{p_\mu^2c^2+m_\mu^2c^4}+p_\gamma c=m_\pi c^2 & ②\end{cases}$$

解得动量

$$p_\mu=p_\gamma=\frac{m_\pi^2-m_\mu^2}{2m_\pi}c$$

能量

$$E_\gamma=p_\gamma c=\frac{m_\pi^2-m_\mu^2}{2m_\pi}c^2,\quad E_\mu=\frac{m_\pi^2+m_\mu^2}{2m_\pi}c^2$$

动能

$$E_{\mathrm{k}\gamma}=E_\gamma-E_{\gamma0}=E_\gamma$$

$$E_{\mathrm{k}\mu}=E_\mu-m_\mu c^2=\frac{m_\pi^2+m_\mu^2}{2m_\pi}c^2-m_\mu c^2=\frac{(m_\pi-m_\mu)^2}{2m_\pi}c^2$$

拓展阅读 爱因斯坦与相对论

阿尔伯特·爱因斯坦，1879年出生于德国。他一生科研成果卓著，其中最卓著的是他创立了相对论，并发展了普朗克提出的量子假说。

早在16岁时，爱因斯坦就从书本上了解到光是以很快速度前进的电磁波，他产生了一个想法，如果一个人以光的速度运动，他将看到一幅什么样的世界景象呢？他将看不到前进的光，只能看到在空间里振荡着却停滞不前的电磁场。这种事可能发生吗？

爱因斯坦在时空观的彻底变革的基础上建立了相对论力学，指出质量随着速度的增加而增加，当速度接近光速时，质量趋于无穷大。他还给出了著名的质能关系式：$E=mc^2$，质

能关系式对后来发展的原子能事业起到了指导作用。

1905 年，爱因斯坦发表了关于狭义相对论的第一篇文章后，并没有立即引起很大的反响。但是，德国物理学的权威人士普朗克注意到了他的文章，认为爱因斯坦的工作可以与哥白尼相媲美，正是由于普朗克的推动，相对论很快成为人们研究和讨论的课题，爱因斯坦也受到了学术界的注意。

1907 年，爱因斯坦听从友人的建议，提交了那篇关于狭义相对论的论文，申请联邦工业大学的编外讲师职位，但得到的答复是论文无法理解。虽然在德国物理学界爱因斯坦已经很有名气，但在瑞士，他却得不到一个大学的教职，许多有名望的人开始为他鸣不平。1908 年，爱因斯坦终于得到了编外讲师的职位，并在第二年当上了副教授。1912 年，爱因斯坦当上了教授，1913 年应普朗克之邀担任新成立的威廉皇家物理研究所所长和柏林大学教授。在此期间，爱因斯坦在考虑将已经建立的相对论推广，对于他来说，有两个问题使他不安。第一个是引力问题，狭义相对论对于力学、热力学和电动力学的物理规律是正确的，但是它不能解释引力问题。牛顿的引力理论是超距的，两个物体之间的引力作用在瞬间传递，即以无穷大的速度传递，这与相对论依据的场的观点和极限的光速冲突。第二个是非惯性系问题，狭义相对论与以前的物理学规律一样，都只适用于惯性系。但事实上却很难找到真正的惯性系。从逻辑上说，一切自然规律不应该局限于惯性系，必须考虑非惯性系。狭义相对论很难解释所谓的双生子佯谬，该佯谬说的是，有一对孪生兄弟，哥哥在宇宙飞船上以接近光速的速度做宇宙航行，根据相对论效应，高速运动的时钟变慢，等哥哥回来，弟弟已经变得很老了，因为地球上已经经历了几十年。而按照相对性原理，飞船相对于地球高速运动，地球相对于飞船也高速运动，弟弟看哥哥变年轻了，哥哥看弟弟也应该变年轻了。这个问题简直没法回答。实际上，狭义相对论只处理匀速直线运动，而哥哥要回来必须经过一个变速运动过程，这是相对论无法处理的。正在人们忙于理解狭义相对论时，爱因斯坦完成了广义相对论。

1907 年，爱因斯坦撰写了关于狭义相对论的长篇文章《关于相对性原理和由此得出的结论》，在这篇文章中爱因斯坦第一次提到了等效原理，此后，爱因斯坦关于等效原理的思想又不断发展。他以惯性质量和引力质量成正比的自然规律作为等效原理的根据，提出在无限小的体积中均匀的引力场完全可以代替加速运动的参考系。爱因斯坦还提出了封闭箱的说法：在一封闭箱中的观察者，不管用什么方法也无法确定他究竟是静止于一个引力场中，还是处在没有引力场却在做加速运动的空间中，这是解释等效原理最常用的说法，而惯性质量与引力质量相等是等效原理一个自然的推论。

1915 年 11 月，爱因斯坦先后向普鲁士科学院提交了四篇论文，在这四篇论文中，他提出了新的看法，证明了水星近日点的进动，并给出了正确的引力场方程。至此，广义相对论的基本问题都解决了，广义相对论诞生了。1916 年，爱因斯坦完成了长篇论文《广义相对论的基础》，在这篇文章中，爱因斯坦首先将以前适用于惯性系的相对论称为狭义相对论，将只对惯性系物理规律同样成立的原理称为狭义相对性原理，并进一步表述了广义相对性原理：物理学的定律必须对于无论哪种方式运动着的参考系都成立。

爱因斯坦的广义相对论认为，由于有物质的存在，空间和时间会发生弯曲，而引力场实际上是一个弯曲的时空。爱因斯坦用太阳引力使空间弯曲的理论，很好地解释了水星近日点进动中一直无法解释的 43″。广义相对论的第二大预言是引力红移，即在强引力场中光谱向红端移动，20 世纪 20 年代，天文学家在天文观测中证实了这一点。广义相对论的第三大预言是引力场使光线偏转。最靠近地球的大引力场是太阳引力场，爱因斯坦预言，遥远的星光如果掠过太阳表面，将会发生1.7″的偏转。1919年，在英国天文学家爱丁顿的鼓动下，英国派出了两支远征队分赴两地观察日全食，经过认真的研究后得出的最后的结论是：星光在太阳附近的确发生了1.7″的偏转。英国皇家学会和皇家天文学会正式宣读了观测报告，确认广义相对论的结论是正确的。会上，著名物理学家、皇家学会会长汤姆逊说："这是自从牛顿时代以来所取得的关于万有引力理论的最重大的成果……爱因斯坦的相对论是人类思想最伟大的成果之一。"爱因斯坦成了新闻人物，他在1916年写了一本通俗介绍相对论的书《狭义相对论与广义相对论浅说》，到1922年已经再版了40次，还被译成了十几种文字，广为流传。

狭义相对论和广义相对论建立以来，已经过去了很长时间，它经受住了实践和历史的考验，是人们普遍承认的真理。相对论对于现代物理学的发展和现代人类思想的发展都有巨大的影响。狭义相对论在狭义相对性原理的基础上统一了牛顿力学和麦克斯韦电动力学两个体系，指出它们都服从狭义相对性原理，都是对洛伦兹变换协变的，牛顿力学只不过是物体在低速运动下很好的近似规律。广义相对论又在广义协变的基础上，通过等效原理，建立了局域惯性系与普遍参考系之间的关系，得到了所有物理规律的广义协变形式，并建立了广义协变的引力理论，而牛顿引力理论只是它的一级近似。这就从根本上解决了以前物理学只限于惯性系的问题，从逻辑上得到了合理的安排。相对论严格地考查了时间、空间、物质和运动这些物理学的基本概念，给出了科学而系统的时空观和物质观，从而使物理学在逻辑上成为完美的科学体系。

狭义相对论给出了物体在高速运动下的运动规律，并提示了质量与能量相当，给出了质能关系式。这两项成果对低速运动的宏观物体并不明显，但在研究微观粒子时却显示了极端的重要性。因为微观粒子的运动速度一般都比较快，有的接近甚至达到光速，所以粒子的物理学离不开相对论。质能关系式不仅为量子理论的建立和发展创造了必要的条件，而且为原子核物理学的发展和应用提供了根据。

广义相对论建立了完善的引力理论，而引力理论主要涉及的是天体。到现在，相对论宇宙学进一步发展，而引力波物理、致密天体物理和黑洞物理这些属于相对论天体物理学的分支学科都有了一定的进展，吸引了许多科学家进行研究。

一位法国物理学家曾经这样评价爱因斯坦："在我们这一时代的物理学家中，爱因斯坦将位于最前列。他现在是，将来也还是人类宇宙中最有光辉的巨星之一……按照我的看法，他也许比牛顿更伟大，因为他对于科学的贡献，更加深入地进入了人类思想基本要领的结构中。"

——摘自《百年科学发现》

本章内容小结

1. 伽利略变换

坐标变换式：

$$\begin{cases} x'=x-vt \\ y'=y \\ z'=z \\ t'=t \end{cases}$$

速度变换式：

$$\begin{cases} u'_x=u_x-v \\ u'_y=u_y \\ u'_z=u_z \end{cases}$$

加速度变换式：

$$\begin{cases} a'_x=a_x \\ a'_y=a_y \\ a'_z=a_z \end{cases}$$

2. 力学相对性原理

在伽利略变换下，

$$\boldsymbol{F}'=m\boldsymbol{a}'=m\boldsymbol{a}=\boldsymbol{F}$$

力学定律在所有的惯性系中都是相同的，因此各个惯性系都是等价的，不存在特殊的、绝对的惯性系，这就是力学相对性原理。

3. 狭义相对论的基本原理

物理定律在所有的惯性系中都是相同的，即所有惯性系是等价的，不存在特殊的、绝对的惯性系。

光在真空中的速度与发射体的运动状态无关，即在彼此做匀速直线运动的任一惯性系中，所测得的光在真空中沿各个方向的速率是相等的。

4. 洛伦兹变换

$$\begin{cases} x'=\dfrac{1}{\sqrt{1-\beta^2}}(x-vt) \\ y'=y \\ z'=z \\ t'=\dfrac{1}{\sqrt{1-\beta^2}}\left(t-\dfrac{v}{c^2}x\right) \end{cases}$$

在洛伦兹变换中，时间明显地决定于空间坐标。这说明在相对论中，时间和空间不再相互独立，而是作为时空统一地进行变换。

从洛伦兹变换还可以看出，为使 x' 和 t' 保持为实数，v 必须小于 c。这表明任何物体都不能做超光速运动，真空中光速 c 是一切物体运动的极限速度。

5. 狭义相对论的时空观

（1）同时的相对性

（2）运动的时钟变慢（时间膨胀）

$$\tau=\frac{\Delta t}{\sqrt{1-\beta^2}}=\frac{\tau_0}{\sqrt{1-\beta^2}}$$

（3）运动的尺子缩短

$$l=l_0\sqrt{1-\beta^2}$$

6. 狭义相对论动力学基础

（1）相对论质量和动量

相对论质速关系式 $m=\dfrac{m_0}{\sqrt{1-v^2/c^2}}$ 表明质量不是一个恒量，而是与速度数值有密切关系的。

相对论动量 $$\boldsymbol{p}=m\boldsymbol{v}=\frac{m_0\boldsymbol{v}}{\sqrt{1-v^2/c^2}}$$

（2）相对论动能

$$E_{\mathrm{k}}=mc^2-m_0c^2$$

（3）质能关系

$$\Delta E=(\Delta m)c^2$$

表明质量的任何变化意味着能量的相应改变，反之亦然。

（4）相对论的动量与能量的关系

$$E^2=c^2p^2+m_0^2c^4=c^2p^2+E_0^2$$

习 题

5-1 相对论中运动物体长度缩短与物体线度的热胀冷缩是否是一回事？为什么？

5-2 下面两种论断是否正确：（1）在某一惯性系中同时、同地发生的事件，在所有其他惯性系中也是同时、同地发生的；（2）在某一惯性系中有两个事件，同时发生在不同的地点，而在对该系有相对运动的其他惯性系中，这两个事件却一定不同时。

5-3 两个相对运动的标准时钟 A 和 B，从 A 所在的惯性系中观察，哪个钟走得快？从 B 所在的惯性系观察，哪个钟走得快？

5-4 在相对论中对动量的定义与牛顿力学中对动量的定义有何区别？

5-5 长度缩短效应是否是因为尺子的长度受到了实际的压缩？

5-6 时间膨胀的结果使时钟变慢了，但是像分子振动、原子核和基本粒子的衰变等物理过程以及生命过程没有变慢，对吗？

5-7 双生子佯谬是否真的存在？

5-8 质量亏损是否符合质量守恒？

5-9 一艘宇宙飞船的船身固有长度为 $L_0=90\text{m}$，相对于地面以 $0.8c$（c 为真空中光速）的速度在一观察站的上空匀速飞过。（1）观测站测得飞船的船身通过观测站的时间间隔是多少？（2）宇航员测得船身通过观测站的时间间隔是多少？

5-10 （1）把电子自速度 $0.9c$ 增加到 $0.99c$ 所需能量是多少？这时电子的质量增加了多少？（2）某加速器把质子加速到 1GeV 的能量，求这质子的速度。这时其质量为其静止质量的几倍？

5-11 中子和质子合成氘核时放出 γ 射线，试求 γ 射线的能量。已知质子、中子和氘核的静止质量分别为：$m_p=1.00728\text{u}$，$m_D=2.01360\text{u}$，$m_n=1.00867\text{u}$（$1\text{u}=1.660\times10^{-27}\text{kg}$）。

第二篇

热　　学

物质的运动形式是多种多样的。在力学部分，我们研究了物质最简单的运动形态——机械运动。在本部分，我们将研究物质的热运动。

通常的固体、液体和气体都是宏观物体。实验和理论都已指出，宏观物体具有微观结构，是由大量的微观粒子（分子、原子等）所组成的。而这些微观粒子在不停地做无规则的运动。微观粒子的无规则运动称为热运动。宏观物体的物理特征正是建立在微观粒子热运动的基础上的。

热学研究热现象及其规律。按照研究方法的不同，热学可分为两门学科，即热力学和统计物理学。它们从不同角度研究热运动，二者相辅相成，彼此联系又互相补充。

第六章　气体动理论

气体动理论是统计物理学的部分内容，从物质的微观结构出发，以气体为研究对象，运用统计的方法，研究大量气体分子热运动的规律，并对气体的某些性质给予微观本质的说明。

本章的主要内容有：气体的状态参量，平衡态，物质的微观模型，理想气体的压强和温度的物理本质，能量均分定理，理想气体的内能，麦克斯韦气体速率分布律，气体平均自由程，平均碰撞次数等。

本章的重点内容在于介绍统计物理学中处理问题的统计方法，同时揭示气体的一些宏观性质的微观实质。

第一节　气体状态参量　平衡态　理想气体的状态方程

一、气体的状态参量——热学系统状态的描述

1. 状态参量

在力学中研究质点的机械运动时，我们用位置矢量、位移、速度和加速度等物理量来描述质点的运动状态。在讨论由大量做热运动的分子构成的气体状态时，上述物理量只能用来描述分子的微观状态，而不能用来描述气体的整体状态。

对于由大量分子组成的一定量的气体，其宏观状态可以用体积 V、压强 p 和温度 T 来描述，这三个物理量称为气体的状态参量。即**用来描述系统宏观状态的物理量称为状态参量**。

(1) 体积 V——几何参量

气体的体积 V 是指气体分子无规则热运动所能到达的空间。对于密闭容器中的气体，容器的容积就是气体的体积。单位：m^3。

注意：气体的体积和气体分子本身的体积的总和是不同的概念。

(2) 压强 p——力学参量

压强 p 是大量分子与容器壁相碰撞而产生的，它等于容器壁上单位面积所受到的正压力。定义式为

$$p=\frac{F}{S}$$

单位：① SI 中为帕斯卡（Pa），$1Pa=1N/m^2$。

② cmHg（mmHg）表示高度为 1cm（1mm）的水银柱在单位底面上的正压力。

1mmHg=1Torr（托）=133Pa。

③ 标准大气压，$1atm=76cmHg=1.013\times10^5Pa$。

工程大气压，工程大气压$=9.80665\times10^4Pa$。

（3）温度 T——热力学参量

温度的概念是比较复杂的，它的本质与物质分子的热运动有密切的关系。温度的高低反映分子热运动的激烈程度。在宏观上，我们可以用温度来表示物体的冷热程度，并规定较热的物体有较高的温度。

对一般系统来说，温度是表征系统状态的一个宏观物理量。

温度的数值表示方法叫作**温标**，常用的温标有以下几种。

① 热力学温标 T，SI 单位：K。

② 摄氏温标 t，单位：℃。

水的三相点温度——0℃。

水的沸腾点温度——100℃。

③ 华氏温标 F，单位：℉

水的三相点温度——32℉

水的沸腾点温度——212℉。

数值关系：

$$T=273.15+t$$

$$F=\frac{9}{5}t+32$$

温度是热学中特有的物理量，它决定一系统是否与其他系统处于热平衡。处于热平衡的各系统温度相同。

温度是状态的函数，在实质上反映了组成系统的大量微观粒子无规则运动的剧烈程度。实验表明，将几个达到热平衡状态的系统分开之后，并不会改变每个系统的热平衡状态。这说明，热接触只是为热平衡的建立创造条件，每个系统热平衡时的温度仅决定于系统内部大量微观粒子无规则运动的状态。

2. 相关说明

1）气体的 p、V、T 是描述大量分子热运动集体特征的物理量，是宏观量，而气体分子的质量、速度等是描述个别分子运动的物理量，是微观量。气体动理论就是根据假设的分子模型，用统计的方法研究气体宏观现象的微观本质，建立起宏观量和微观量平均值之间的关系。

2）描述气体状态的 p、V 和 T 分别从力学、几何、热力学等角度描述气体的性质，因此分别称为力学参量、几何参量和热力学参量。根据系统的性质，可能还需要引入化学参量、电磁参量等。

二、平衡态与平衡过程

1. 平衡态

把一定质量的气体装在一给定容积的容器中，经过一段时间以后，容器中各部分气体的压强 p 相等，温度 T 相同，单位体积中的分子数也相同。此时气体的三个状态参量都具有确定的值。如果容器中的气体与外界之间没有能量和物质的传递，气体分子的能量也没有转化为其他形式的能量，气体的组成及其质量均不随时间变化，则气体的状态参量将不随时间而变化，即一个系统在不受外界影响的条件下，如果它的宏观性质不再随时间变化，我们就说这个系统处于热力学平衡态。

说明：

① 平衡态是一个理想状态。

② 系统处于平衡态时，系统的宏观性质不变，但分子无规则运动并没有停止。所以平衡态是一种动态平衡。

③ 对于平衡态，可以用 p-V 图上的一个点来表示，如图 6-1-1 曲线上的 A 点。

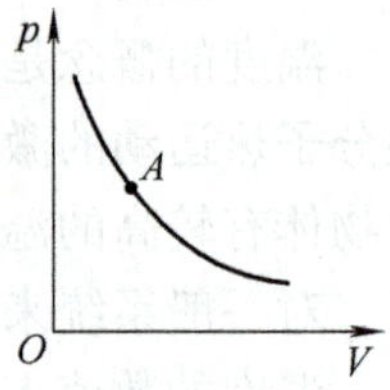

图 6-1-1

2. 平衡过程或准静态过程

由于外界的影响，气体的状态会从某一初始的平衡状态，经过一系列中间的平衡状态，变化到另一平衡状态，我们把这种状态变化过程叫作平衡过程或准静态过程。

平衡过程可以用 p-V 图上的一条曲线来表示。

3. 热力学第零定律或热平衡定律

如果两个热力学系统中的每一个都与第三个热力学系统处于热平衡，则它们也处于热平衡。

热力学第零定律表明，处在同一平衡态的所有热力学系统都有一个共同的宏观性质，我们定义决定系统热平衡的宏观性质的物理量为温度。

三、理想气体的状态方程

1. 状态方程

对于处于平衡状态下的一定量的气体，其状态可用 p、V、T 来描述。一般情况下，当其中一个状态参量发生变化时，其他两个状态参量也一定发生变化。这三个状态参量之间一定存在某种关系，即其中一个状态参量是其他两个状态参量的函数，如

$$T=T(p,\ V)$$

这就是一定量气体处于平衡态时的状态方程。

状态方程在热力学中是通过大量实践总结来的。应用统计物理学，可根据物质的微观结构推导出来。

2. 理想气体的定义

在温度不太低（与室温相比）和压强不太大（与大气压相比）时，有三条实验定律。

① 玻意耳-马略特定律：等温过程中

$$pV=常量$$

② 盖-吕萨克定律：等体过程中

$$\frac{p}{T}=常量$$

③ 查理定律：等压过程中

$$\frac{V}{T}=常量$$

在任何情况下都遵守上述三个实验定律和阿伏伽德罗定律的气体称为理想气体。一般气体在温度不太低和压强不太大时，都可近似看成理想气体。

3. 理想气体的状态方程

理想气体的状态方程用于描述理想气体状态参量之间的关系。

（1）当理想气体处于平衡态时，状态参量之间的关系为

$$pV=\frac{m}{M}RT \tag{6-1}$$

式中，$R=(1.013\times10^5\times22.4\times10^{-3}/273)\mathrm{J/(mol\cdot K)}\approx8.31\mathrm{J/(mol\cdot K)}$，称为摩尔气体常数；$m$ 为理想气体的质量；M 为理想气体的摩尔质量。

（2）对于一定质量的气体，由三条实验定律，可得

$$\frac{pV}{T}=C$$

若其处于两个不同的平衡态，其状态参量之间的关系是

$$\frac{p_1V_1}{T_1}=\frac{p_2V_2}{T_2}$$

若在气体状态变化过程中，若其质量发生变化，则上式就不成立。

第二节　物质的微观模型　分子热运动和统计规律

在长期观察和大量实验的基础上，人们总结出物质结构的微观模型有如下特点：

1）宏观物体是由大量微观粒子——分子（或原子）组成的，分子之间有空隙。

2）分子在不停地做无规则的运动，其剧烈程度与温度有关。

3）分子之间存在相互作用力。

这些观点就是气体动理论的基本出发点，已经被近代科学完全证实。从上述物质分子运动论的基本观点出发，研究和说明宏观物体的各种现象和性质是统计物理学的任务。下面我们对此进行一些说明。

一、分子的数密度与线度

1. 阿伏伽德罗常数

实验表明，任何 1mol 物质所含有的微观粒子——分子数目均相等，为阿伏伽德罗常数，用 N_A 表示：

$$N_A=6.022\ 136\ 7(36)\times10^{23}/\mathrm{mol}$$

计算中，一般取 $N_A=6.02\times10^{23}/\mathrm{mol}$，可见组成宏观物质的分子数是巨大的。

2. 分子数密度

单位体积内的分子数称为分子数密度，用 n 表示。即

$$n=\frac{N}{V}$$

3. 分子线度

在标准状态下，氧原子的直径约为 $4\times10^{-10}\mathrm{m}$，气体分子间的距离约为分子直径的 10

倍，于是每个分子所占有的体积约为分子本身的体积的1000倍。因而气体分子可看成是大小可以忽略不计的质点。

二、分子运动

分子太小，我们无法用肉眼直接看到它们的运动情况，但一些日常经验和实验事实却可以使我们间接地认识到分子在不停地做无规则运动。例如走进盛花期的花园，你可以闻到花的香味；在清水中滴入几滴红墨水，经过一段时间后，全部清水都会染成红色；把两块不同的金属压在一起，经过较长时间后，可在每块金属的接触面内发现另一种金属成分。总之，这些扩散现象足以说明：一切物体的分子都在不停地运动着。

在显微镜下观察悬浮在液体中的小颗粒时，也可以看到这些颗粒都在不停地做无规则运动，如果把视线集中在任意一个颗粒上，则可发现它好像在不停地做短促的跳跃，方向不断改变，毫无规则，从图6-2-1中可看出它们的运动都是无规则的，这种悬浮颗粒的运动最早是由英国植物学家布朗发现的，称为**布朗运动**。精确的实验指出：布朗运动不是外界影响所引起的。那么悬浮颗粒为什么会做无规则运动呢？根据分子无规则运动的假设——液体内无规则运动的分子不断地从四面八方冲击悬浮颗粒，当颗粒足够小时，在任一瞬间，分子从各个方向对颗粒的冲击作用是互不平衡的。这时颗粒就朝着冲击作用较弱的方向运动。在下一个瞬间，分子从各个方向对颗粒的冲击作用又要在另一个方向较弱。于是颗粒的运动方向在不断改变。因此，在显微镜下看到的布朗运动的无规则性，有力地证明了液体内部分子运动的无规则性。分子的无规则运动与温度有关，通常称为**热运动**。

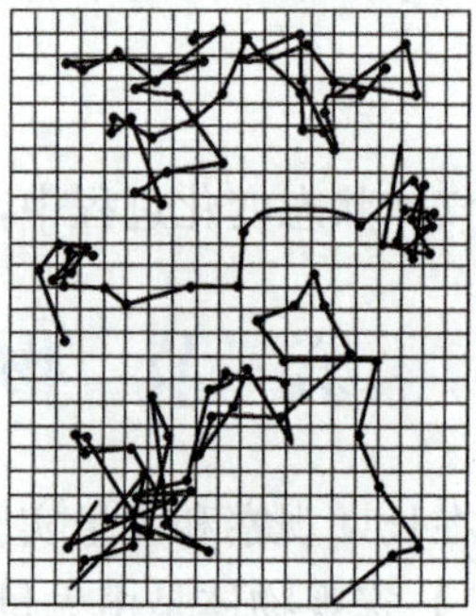

图 6-2-1

三、分子力

分子之间存在相互作用力，**分子力**是指分子之间存在的吸引或排斥的相互作用力。固体和液体的分子之所以会聚集在一起而不分开，是因为分子之间有相互吸引力，切割金属需要用很大的力，说明物体内分子间存在着的吸引力是很大的。分子之间还存在着排斥力，液体和固体都很难压缩，就说明了分子之间的排斥力阻止了它们相互靠拢。近邻和远邻分子之间的分子力，决定晶体中分子的排列顺序，是造成固体弹性的原因。

我们知道，分子是由原子所组成的，而原子又是由原子核和电子所组成的，所以说分子是一个复杂的带电系统，如果把分子看作一个刚性的小球，则其直径约为10^{-10} m，即$d\approx 10^{-10}$ m。所以当两个分子相距很远时，分子力可以忽略。当两个分子中心间的距离r大约等于分子直径的10倍，即$r\approx 10d=10^{-9}$ m时，分子间的相互作用表现为引力。当$r=r_0$时，分子力为零。当两个分子极其靠近，即$r<r_0$时分子间表现为斥力。图6-2-2为分子力F与分子之间的距离r的关系曲线。

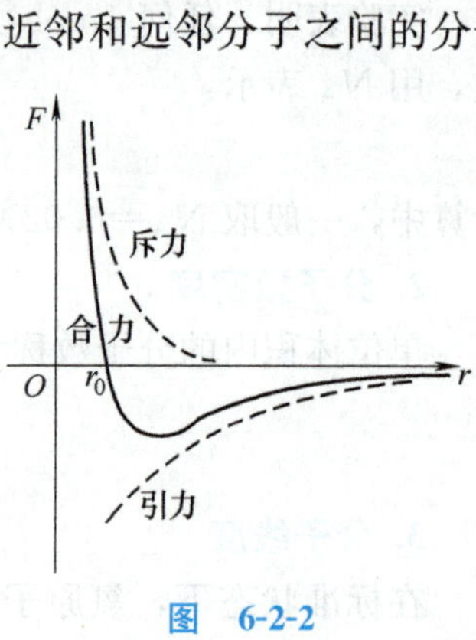

图 6-2-2

四、统计规律和统计涨落现象

1. 统计规律

单个分子的运动遵守牛顿运动定律，而分子之间极其频繁的碰撞，使得分子在某一时刻位于什么位置和具有什么样的速度完全是偶然的。但是，大量分子的整体行为却有一定的规律性，如平衡态时，气体的温度、密度、压强等都是均匀分布的。这表明，在大量的偶然、无序的分子运动中，包含着一种规律性，这种规律是对大量分子整体而言的，故称为统计规律性。

所谓统计规律，是指大量偶然事件整体所遵循的规律。大量气体分子总体上存在着确定的规律性（例如理想气体的压强）。人们把这种支配大量粒子综合性质和集体行为的规律性称为统计规律性。一般来说，对一定的统计范围，统计平均值与实际数值是有偏差的，参与统计的事件越多，其偏差就越小，其统计平均值也越接近于实际值。所以，统计规律仅对大量事件有意义，如掷骰子、伽尔顿板实验。

伽尔顿板是说明统计规律的演示实验（见图 6-2-3）。其实验装置：在一块竖直木板的上部规则地钉上铁钉，木板的下部用竖直隔板隔成等宽的狭槽，从顶部中央的入口处可以投入小球，板前覆盖玻璃使小球不致落到槽外。

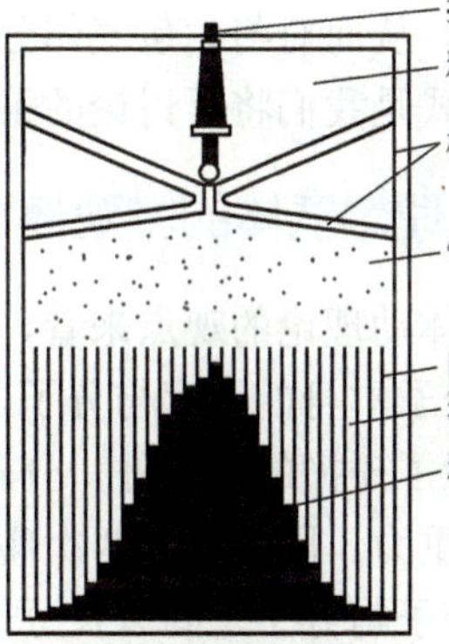

图 6-2-3

实验中，可以一次投入大量小球，也可多次投入单个小球。观察落入每个槽中的小球数，就可以得到大量小球落入槽内的分布规律。实验表明：单个小球落入某个槽内是偶然事件，大量小球落入槽内的分布遵循确定的规律。

本章将要研究的理想气体的压强公式和温度公式、能量均分定理、麦克斯韦气体速率分布律等都是统计规律。

2. 统计涨落现象

大量小球整体按狭槽的分布遵从一定的统计规律。但统计规律永远伴随涨落现象。一次投入大量小球（或单个小球多次投入），落入某个槽中的小球数具有一个稳定的平均值，而每次实验结果都有差异。槽内小球数量少时，涨落现象明显。反之，槽内的小球数量多时涨落现象不明显。在一定的宏观条件下，大量小球在各个狭槽分布的数目在一定的平均值上、下起伏变化，称为**涨落现象**。

一切与热现象有关的宏观量的数值都是统计平均值。在任一给定瞬间或在系统中任一给定局部范围内，观测值都与统计平均值有偏差。

因此，以上内容可总结为：

1）单个分子——无序性；

2）大量分子——有规律性；

3）统计规律——大量偶然事件整体所遵循的规律；

4）方法——求统计平均。

【例题 6-1】 有 10 个粒子，其速率分别是 1，3，5，7，8，9，10，11，13，15（单位：m/s），计算它们的平均速率和方均根速率。

解：平均速率为

$$\overline{v}=\frac{1}{N}\sum_{i=1}^{10}v_i=\frac{1}{10}(1+3+5+7+8+9+10+11+13+15)\mathrm{m/s}=8.2\mathrm{m/s}$$

方均根速率为

$$\sqrt{\overline{v^2}}=\sqrt{\frac{1}{N}\sum_{i=1}^{10}v_i^2}=\sqrt{\frac{1}{10}(1^2+3^2+5^2+7^2+8^2+9^2+10^2+11^2+13^2+15^2)}\ \mathrm{m/s}=9.19\mathrm{m/s}$$

总结：从以上简单计算可以看出，在统计学上平均速率和方均根速率是不同的，必须加以区别。

第三节　理想气体的压强公式和温度公式

用牛顿力学的方法求解大量分子无规则热运动，不仅是不现实的，也是不可能的。只有用统计的方法才能求出与大量分子运动相关的一些物理量的平均值，例如平均平动动能、平均速度等，从而对与大量气体分子热运动相联系的宏观现象的微观本质做出解释。理想气体的压强公式是我们将要讨论的第一个问题。

一、理想气体的微观模型

从气体动理论的观点来看，理想气体是一种理想化的气体模型：

1）分子本身的线度与分子之间的**平均距离**相比可以忽略不计，分子可以看作**质点**。

2）除了碰撞的瞬间外，分子与分子之间以及分子与器壁之间没有相互作用力，不计分子所受的重力。因此，在两次碰撞之间，分子的运动可当作**匀速直线运动**。

3）分子与分子之间以及分子与器壁之间的碰撞是**完全弹性碰撞**，这实际是忽略了分子之间因碰撞而损失的动能和势能。

二、压强公式

下面首先定性地解释一下压强是怎样产生的，然后再定量地推导压强公式。

1. 定性解释

我们知道密闭容器内（比如汽缸）的气体对容器的器壁有压力作用，作用在单位面积器壁上的压力叫作**压强**。那么压强是怎样产生的呢？从气体动理论的观点来看，容器内的分子在不停地做无规则的热运动，分子在运动过程中，不断地与器壁相碰，就某一个分子来说，它对于器壁的碰撞是断续的，而且每次给器壁以多大的冲量以及碰在什么地方都是偶然的，但是由于分子的数量极大（1mol 气体内约为 6.02×10^{23} 个分子），对于大量分子的整体来说，每一时刻都有许多分子与器壁相碰，在宏观上就表现出一个恒定的持续的压力。这和雨点打在雨伞上的情况很相似，一个个雨点打在雨伞上是断续的，大量密集的雨点打在雨伞上就使我们感受到一个持续向下的压力，这就是压强。总之，气体在宏观上施于器壁的压强，是大量分子对器壁不断碰撞的结果。

2. 气体压强公式的定量推导

（1）单个分子的运动

单个分子的运动遵循牛顿力学的运动定律。假设有一个边长为 x、y、z 的长方体容器，

其中含有 N 个同类气体分子，每个分子质量均为 m_0。在平衡态下，长方体容器各个面的压强应当是相等的。现在我们来推导与 x 轴垂直的面 A_1 的压强（见图 6-3-1）。

考虑第 i 个分子，速度为 $\boldsymbol{v}_i=v_{ix}\boldsymbol{i}+v_{iy}\boldsymbol{j}+v_{iz}\boldsymbol{k}$（见图 6-3-2），它与器壁碰撞，受到器壁的作用力。在此力的作用下，分子在 x 轴上的动量由 m_0v_{ix} 变为 $-m_0v_{ix}$，x 轴上的动量的增量为

$$-m_0v_{ix}-m_0v_{ix}=-2m_0v_{ix}$$

第 i 个分子对器壁的碰撞是间歇性的，它从 A_1 面弹回，飞向 A_2 面，与 A_2 面碰撞，又回到 A_1 面再做碰撞。分子与 A_1 面碰撞两次，在 x 轴上运动的距离为 $2x$，所需的时间为 $2x/v_{ix}$，于是在单位时间内，分子作用在 A_1 面的总冲力为 $2m_0v_{ix}/(2x/v_{ix})=m_0v_{ix}^2/x$，即

$$F_i=m_0v_{ix}^2/x$$

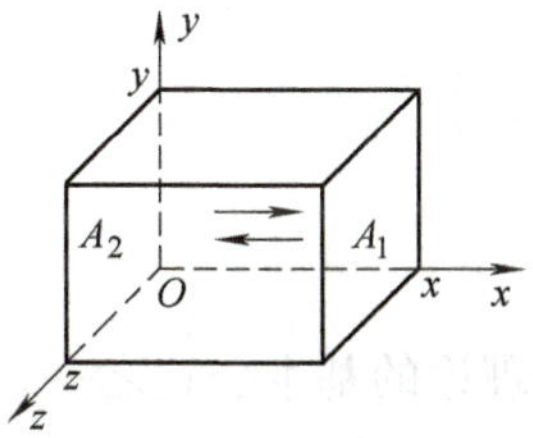

图　6-3-1

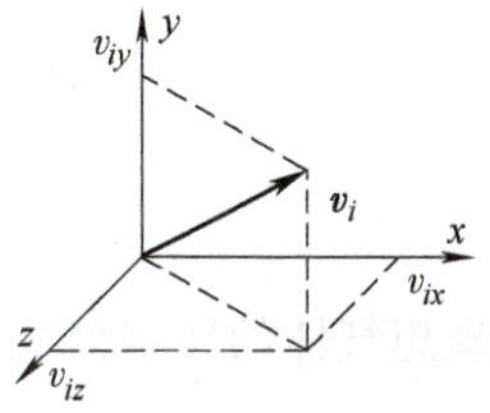

图　6-3-2

（2）大量分子的运动

大量分子对器壁碰撞使器壁受到的力，为上述单个分子给予器壁的冲力的总和，即

$$F=\sum F_i=\frac{\sum m_0v_{ix}^2}{x}$$

虽然单个分子给予器壁冲力的大小是各不相同的，但因气体分子的数量巨大，所以在平衡态下，容器壁所受的总作用力，即等效平均力可看作是确定的。根据压强的定义，有

$$p=\frac{F}{yz}=\frac{m_0}{xyz}\sum v_{ix}^2$$

做变换

$$p=m_0\frac{N}{xyz}\frac{\sum v_{ix}^2}{N}=m_0\frac{N}{V}\frac{\sum v_{ix}^2}{N}=m_0n\frac{\sum v_{ix}^2}{N}$$

式中，$n=N/V$ 为单位体积内的分子数，称为**分子数密度**。

（3）利用统计平均的概念

① 按平均值的定义

$$\overline{v_x^2}=\frac{v_{1x}^2+v_{2x}^2+\cdots+v_{Nx}^2}{N}=\frac{\sum v_{ix}^2}{N}$$

则 $p=nm_0\overline{v_x^2}$。

② 由分子沿各个方向运动的机会均相等的假设，可得

$$\overline{v_x^2}=\overline{v_y^2}=\overline{v_z^2}$$

又因为
$$v_i^2=v_{ix}^2+v_{iy}^2+v_{iz}^2$$
$$\sum v_i^2=\sum v_{ix}^2+\sum v_{iy}^2+\sum v_{iz}^2$$
$$\frac{\sum v_i^2}{N}=\frac{\sum v_{ix}^2}{N}+\frac{\sum v_{iy}^2}{N}+\frac{\sum v_{iz}^2}{N}$$
即
$$\overline{v^2}=\overline{v_x^2}+\overline{v_y^2}+\overline{v_z^2}$$
因而
$$\overline{v_x^2}=\overline{v_y^2}=\overline{v_z^2}=\frac{1}{3}\overline{v^2}$$
最后得
$$p=\frac{1}{3}nm_0\overline{v^2}$$

引入分子的平均平动动能$\bar{\varepsilon}_k=\frac{1}{2}m_0\overline{v^2}$，则
$$p=\frac{2}{3}n\left(\frac{1}{2}m_0\overline{v^2}\right)$$
$$p=\frac{2}{3}n\bar{\varepsilon}_k \tag{6-2}$$

式（6-2）就是理想气体的压强公式，是气体动理论的基本公式之一。

3. 讨论

理想气体的压强正比于气体分子的数密度和分子的平均平动动能。

1）n 大，单位体积内的分子数多，因而与容器壁碰撞的次数多，压强大。

2）分子的平均平动动能$\bar{\varepsilon}_k$大，分子运动剧烈，分子对容器壁碰撞时的冲量大，次数也增多，压强大。

4. 关于压强的说明

1）压强公式把宏观量压强和微观量的统计平均值 n 以及分子的平均平动动能联系了起来，从而显示了宏观量与微观量之间的关系。它说明**压强这一宏观量是大量分子对容器壁碰撞的统计平均效果**。这种平均是对空间、时间以及大量分子取平均。因此，离开“大量分子”与“统计平均”，压强的概念就失去意义，说某个分子产生多大压强是没有意义的。

2）压强是宏观量，可以直接测量，而分子的平均平动动能是微观量，不能直接测量，因而压强公式是无法用实验来验证的。但从公式出发，可以满意地解释或者论证已经验证过的理想气体定律，从而得到间接证明。或者说压强公式的正确性在于它解释或导出的规律是与实验结果相符合的。

三、理想气体的温度公式

1. 理想气体的状态方程的另一种描述形式

$$p=nkT$$

式中，n 为单位体积内的分子数，即分子数密度；$k=R/N_A$ 称为玻耳兹曼常数。

上式简单推导如下。设一个分子的质量为 m_0，质量为 m 的理想气体的分子数为 N，1mol 气体的质量为 M，则
$$m=Nm_0,\quad M=N_Am_0$$

代入理想气体的状态方程

$$pV=\frac{m}{M}RT$$

可得

$$pV=\frac{m_0N}{m_0N_A}RT=\frac{N}{N_A}RT$$

所以

$$p=\frac{N}{V}\frac{R}{N_A}T$$

$k=R/N_A=1.38\times10^{-23}$J/K 称为玻尔兹曼常量，则

$$p=nkT \tag{6-3}$$

2. 理想气体的温度

(1) 理想气体的温度公式

比较理想气体的状态方程

$$p=nkT$$

和压强公式

$$p=\frac{2}{3}n\bar{\varepsilon}_k$$

得

$$\bar{\varepsilon}_k=\frac{1}{2}m_0\overline{v^2}=\frac{3}{2}kT \tag{6-4}$$

这就是理想气体分子的平均平动动能与温度的关系，是气体动理论的另一个基本公式。它表明分子的平均平动动能与气体的温度成正比。气体的温度越高，分子的平均平动动能越大；分子的平均平动动能越大，分子热运动的程度越剧烈。因此，**温度是表征大量分子热运动剧烈程度的宏观物理量**，是大量分子热运动的集体表现。对个别分子，说它有多高温度，是没有意义的。

(2) 温度的统计意义

式 (6-4) 把宏观量温度和微观量的统计平均值（分子的平均平动动能）联系起来，从而揭示了温度的微观本质。

关于温度有以下几点说明。

1) 温度是表征气体处于平衡状态的物理量。若两种气体处于平衡状态，且具有相同的温度，则两种气体分子的平均平动动能相同；反之亦然。

2) 在相同温度下，由两种不同分子组成的混合气体，它们的方均根速率与其质量的平方根成反比，即由

$$\frac{1}{2}m_{01}\overline{v_1^2}=\frac{1}{2}m_{02}\overline{v_2^2}$$

故

$$\frac{\sqrt{\overline{v_1^2}}}{\sqrt{\overline{v_2^2}}}=\frac{\sqrt{m_{02}}}{\sqrt{m_{01}}}$$

据此可设计过滤器来分离同位素，如 U^{235}、U^{238}。

3) 由$\frac{1}{2}m_0\overline{v^2}=\frac{3}{2}kT$，若 $T=0$，则分子的平均平动动能$\bar{\varepsilon}_k=\frac{1}{2}m_0\overline{v^2}=0$，即气体分子的热运动将停止。然而事实上绝对零度是不可达到的（热力学第三定律），因而分子的运动

是永不停息的。

4）气体分子的平均平动动能是非常小的。

$$T=300\mathrm{K},\quad \bar{\varepsilon}_k=10^{-21}\mathrm{J}$$

$$T=10^8\mathrm{K},\quad \bar{\varepsilon}_k=10^{-15}\mathrm{J}$$

【例题 6-2】 一容器内储有氧气，压强为 $p=1.013\times10^5\mathrm{Pa}$，温度 $t=27℃$，求：(1) 单位体积内的分子数；(2) 氧分子的质量；(3) 分子的平均平动动能。

分析：在本例题中的压强和温度条件下，氧气可视为理想气体。因此，可由理想气体的状态方程、数密度的定义以及平均平动动能与温度的关系等求解。

解： (1) 由 $p=nkT$ 得

$$n=\frac{p}{kT}=\frac{1.013\times10^5}{1.38\times10^{-23}\times(27+273)}/\mathrm{m}^3=2.45\times10^{25}/\mathrm{m}^3$$

(2) $m_0=\dfrac{M}{N_A}=\dfrac{32\times10^{-3}}{6.02\times10^{23}}\mathrm{kg}=5.31\times10^{-26}\mathrm{kg}$

(3) $\bar{\varepsilon}_k=\dfrac{3}{2}kT=\left[\dfrac{3}{2}\times1.38\times10^{-23}\times(27+273)\right]\mathrm{J}=6.21\times10^{-21}\mathrm{J}$

【例题 6-3】 利用理想气体的温度公式说明道尔顿分压定律。

解： 容器内不同气体的温度相同，分子的平均平动动能也相同，即

$$\bar{\varepsilon}_{k1}=\bar{\varepsilon}_{k2}=\cdots=\bar{\varepsilon}_{kn}=\bar{\varepsilon}_k$$

而分子数密度满足

$$n=\sum n_i$$

故压强为

$$p=\frac{2}{3}n\bar{\varepsilon}_k=\frac{2}{3}\left(\sum n_i\right)\bar{\varepsilon}_k=\sum\left(\frac{2}{3}n_i\bar{\varepsilon}_k\right)=\sum\left(\frac{2}{3}n_i\bar{\varepsilon}_{ki}\right)=\sum p_i$$

★解题指导： 容器中混合气体的压强等于在同样温度、体积条件下，组成混合气体的各成分单独存在时的分压强之和。这就是道尔顿分压定律。利用此定律可以方便地求出几种混合气体的压强。

【例题 6-4】 证明阿伏伽德罗定律：在同温同压下，相同体积的任何理想气体所含的分子数相同。

证明： 由 $n=p/kT$，两边同乘以体积 V，则

$$N=\frac{pV}{kT}$$

可见，温度、压强和体积相同时，分子数相同。

第四节　能量均分定理　理想气体的内能

在前面的讨论中，我们把分子假设为质点，只研究了分子的平均平动动能。事实上，分子是有复杂的结构的，除了平动之外，还有转动和振动。要确定分子各种形式运动能量的统计规律，需引入自由度的概念。本节讨论在平衡态下，分子各种运动形式能量的统计规律。

将理想气体模型稍做修改，即将气体分为单原子分子气体、双原子分子气体和多原子分子气体。这样，气体分子除平动外，还有转动和分子内原子之间的振动。为了用统计方法计算分子动能，首先介绍自由度的概念。

一、自由度

1. 定义

自由度是描述物体运动自由程度的物理量，确定一个物体的空间位置所需要的独立坐标数目，称为这个物体的自由度，用 i 表示。

2. 气体分子的自由度

单原子分子（如 He、Ne、Ar 等）：如图 6-4-1a 所示，单原子分子可视为自由运动的质点，其位置的确定需要三个独立坐标（如 x、y、z），故单原子分子有 3 个自由度，$i=3$。

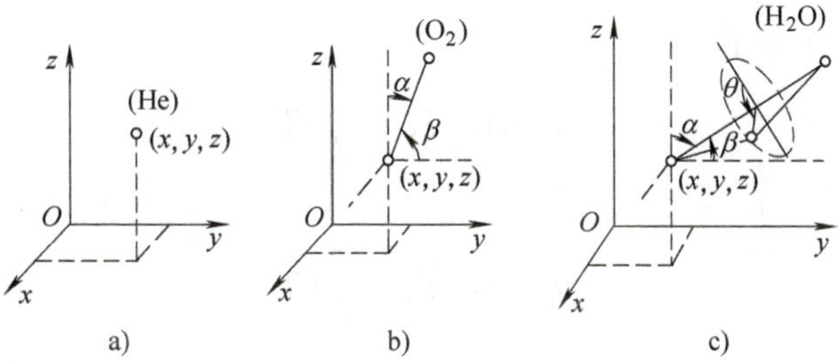

图　6-4-1

双原子分子（如 H_2、O_2、N_2、CO 等）：如图 6-4-1b 所示，双原子分子的两个原子是由一个化学键连接起来的，其模型近似为一个弹簧哑铃。因而，这样的气体分子除整体做平动和转动之外，两个原子还沿着连线方向做微振动，显然对于这样的力学系统，需要三个独立坐标决定其质心的位置；两个独立坐标（比如 α、β）来决定其连线的位置；一个独立坐标 γ 来决定两质点的相对位置，这就是说，双原子分子共有 6 个自由度，即 $i=6$，其中有 3 个平动自由度、2 个转动自由度和 1 个振动自由度。

多原子分子（如 CH_4、H_2O、NH_3、CO_2 等）：如图 6-4-1c 所示，多原子分子是指三个或三个以上的原子所组成的分子，这种情况比较复杂，要根据其结构的具体情况才能确定，一般来讲，假设某分子由 n 个原子所构成，则这个分子最多有 $3n$ 个自由度，其中 3 个平动自由度，3 个转动自由度，其余 $3n-6$ 个为振动自由度。当分子的运动受到某种限制时，其自由度的数目就会减少。常温下，分子的振动可以忽略，即单原子分子：$i=3$，双原子分子：$i=5$，多原子分子：$i=6$。

二、能量按自由度均分定理

理想气体分子的平均平动动能为

$$\bar{\varepsilon}_k=\frac{3}{2}kT$$

而

$$\bar{\varepsilon}_k=\frac{1}{2}m_0\overline{v^2}=\frac{1}{2}m_0\overline{v_x^2}+\frac{1}{2}m_0\overline{v_y^2}+\frac{1}{2}m_0\overline{v_z^2}$$

又
$$\overline{v_x^2}=\overline{v_y^2}=\overline{v_z^2}=\frac{1}{3}\overline{v^2}$$

有
$$\frac{1}{2}m_0\overline{v_x^2}=\frac{1}{2}m_0\overline{v_y^2}=\frac{1}{2}m_0\overline{v_z^2}=\frac{1}{2}kT$$

即分子的每一个平动自由度上具有相同的平均平动动能，都是$\frac{1}{2}kT$，或者说分子的平均平动动能 $3kT/2$ 均匀地分配在分子的每一个平动自由度上。这个结论可以推广：

在温度为 T 的平衡态下，物质分子的每一个（转动和振动）自由度上也具有相同的平均动能，大小也为 $kT/2$。

在温度为 T 的平衡状态下，分子的每一个自由度上都具有相同的平均能量，其大小都为 $kT/2$，这就是**能量按自由度均分定理**，简称**能量均分定理**，经典统计力学可以证明这个结论。

例如，对于单原子分子：

$$i=3,\quad \bar{\varepsilon}_{\mathrm{k}}=\frac{3}{2}kT$$

对于双原子分子：

$$i=5,\quad \bar{\varepsilon}_{\mathrm{k}}=\frac{5}{2}kT$$

对于多原子分子：

$$i=6,\quad \bar{\varepsilon}_{\mathrm{k}}=\frac{6}{2}kT$$

其中，$\bar{\varepsilon}_{\mathrm{k}}$ 为分子的平均动能。

能量均分定理是统计规律，是大量分子的整体表现，分子无规则的相互碰撞，使得在各个自由度上的能量是均匀的。但对单个分子而言，分子的能量并不是均分的。

一般情况下，若分子的平动自由度为 t，转动自由度为 r，振动自由度为 s，则分子总的平均动能为

$$\bar{\varepsilon}_{\mathrm{k}}=\frac{1}{2}(t+r+s)kT$$

当势能不能忽略时，还应该考虑势能 $skT/2$，此时总的平均能量为

$$\bar{\varepsilon}=\frac{1}{2}(t+r+2s)kT$$

在常温下，可以不考虑振动自由度，把分子视为刚体——刚性分子。

三、理想气体的内能

1. 热力学系统的内能

热力学系统的内能是指气体分子各种形态的动能与势能的总和。通常不考虑系统整体做机械运动的能量，而把**系统所包含的全部分子的能量总和称为系统的内能。**

2. 理想气体内能公式

对于理想气体，不考虑相互作用，势能为零；常温下，振动动能不计，所以理想气体的内能是分子平动动能与转动动能之和。

若分子的自由度为 i，则一个分子的能量为 $ikT/2$，1mol 理想气体，有 N_A 个分子，内能

$$E=\frac{i}{2}kTN_A=\frac{i}{2}RT \tag{6-5}$$

对物质的量为 m/M 的理想气体，其内能

$$E=\frac{m}{M}\cdot\frac{i}{2}RT \tag{6-6}$$

由此可知，一定量的理想气体的内能完全取决于气体分子的自由度和气体的热力学温度，且与热力学温度成正比，而与气体的压强和体积无关。理想气体的内能只是温度的单值函数。这个结论在与室温相差不大的温度范围内与实验近似相符。

3. 说明

1）理想气体的内能不但和温度有关，而且还与分子的自由度有关。

2）对于给定的理想气体，内能仅是温度的函数，即 $E=E(T)$，而与 p、V 无关。

3）状态从 $T_1\rightarrow T_2$，不论经过什么过程，内能变化为

$$\Delta E=E_2-E_1=\frac{m}{M}\frac{i}{2}R(T_2-T_1) \tag{6-7}$$

在热力学中，我们将利用这一结果计算理想气体的热容量。

【例题 6-5】 当温度为 0℃时，求：(1) 氧分子的平均平动动能与平均转动动能；(2) 4.0g 氧气的内能。

解： (1) 氧气分子是双原子分子，平动自由度为 3，转动自由度为 2，因而平均平动动能为

$$\bar{\varepsilon}_t=\frac{3}{2}kT=\left(\frac{3}{2}\times1.38\times10^{-23}\times273\right)\text{J}=5.65\times10^{-21}\text{J}$$

平均转动动能为

$$\bar{\varepsilon}_r=\frac{2}{2}kT=\left(\frac{2}{2}\times1.38\times10^{-23}\times273\right)\text{J}=3.77\times10^{-21}\text{J}$$

(2) 4.0g 氧气的内能为

$$E=\frac{m}{M}\frac{i}{2}RT=\left(\frac{4.0\times10^{-3}}{32\times10^{-3}}\times\frac{5}{2}\times8.31\times273\right)\text{J}=7.1\times10^{2}\text{J}$$

第五节 麦克斯韦气体分子速率分布律

气体分子处于无规则的热运动之中，由于碰撞，每个分子的速度都在不断地改变，所以在某一时刻，对某个分子来说，其速度的大小和方向完全是偶然的。然而就大量分子整体而言，在一定条件下，分子的速率分布遵守一定的统计规律——气体速率分布律。

气体分子按速率分布的统计规律最早是由麦克斯韦于 1859 年在概率论的基础上导出的。1877 年，玻耳兹曼由经典统计力学中导出。1920 年，斯特恩首先测出了银蒸气分子的速率分布；1934 年，我国物理学家葛正权测出铋蒸气分子的速率分布。限于数学上的原因和本课程的要求，我们不导出这个定律，只介绍它的一些基本内容。

一、测定气体分子速率的实验

1. 实验装置（见图 6-5-1）

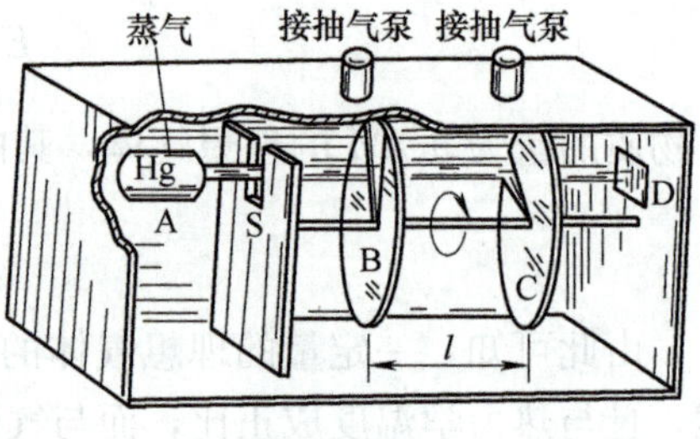

图 6-5-1

A——蒸气源，常用汞蒸气。

S——形成分子射线。

B、C——速度选择器。

D——显示屏。

2. 实验原理

整个实验装置放在高真空容器中，Hg 蒸气分子通过狭缝 S 形成 Hg 分子射线。B 和 C 是两个相距为 l 的共轴圆盘，盘上各开一个狭缝，两个狭缝相差一个很小的夹角（约 2°）。当圆盘 B、C 以角速度 ω 转动时，每转动一周，分子射线通过圆盘一次，由于分子的速率不一样，分子由 B 到 C 的时间不一样，所以并非所有通过 B 的分子都能通过 C 到达显示屏 D，只有速率满足下式的分子才能通过 C 到达 D：

$$\frac{l}{v}=\frac{\theta}{\omega}$$

即

$$v=\frac{\omega}{\theta}l$$

实际上当圆盘 B、C 以角速度 ω 转动时，能射到显示屏 D 上的，只有分子射线中速率在 $v \to v+\Delta v$ 区间内的分子。

3. 实验结果

当圆盘以不同的角速度转动时，从显示屏上可测量出每次所沉积的金属层的厚度，各次沉积的厚度对应于不同速率间隔内的分子数，比较这些厚度，就可以知道在分子射线中，在不同速率间隔内的分子数与总分子数的比率，即相对分子数，其具有以下特点。

1）分子数在总分子数中所占的比率与速率和速率间隔的大小有关。

2）速率特别大和特别小的分子数的比率非常小。

3）在某一速率附近的分子数的比率最大。

改变气体的种类或气体的温度时，上述分布情况有所差别，但都具有上述特点。

二、分子速率分布函数

1. 速率分布函数的定义

令 N 表示一定量的气体所包含的总分子数，dN 表示速率分布在 $v \to v+dv$ 内的分子数，dN/N 表示速率分布在 $v \to v+dv$ 内的分子数占总分子数的比率。由实验可知，dN/N 与 dv 成正比，且与速率 v 有关，我们把这个关系写成如下的形式：

$$\frac{dN}{N}=f(v)dv$$

式中

$$f(v)=\frac{dN}{Ndv}$$

此函数能够定量地反映给定气体在平衡态下速率分布的具体情况，我们把这个函数称为**速率分布函数**。

2. 速率分布函数 $f(v)$ 的物理意义

$f(v)$ 表示气体分子在速率 v 附近单位速率间隔内的分子数占总分子数的比率。

$f(v)\,\mathrm{d}v=\dfrac{\mathrm{d}N}{N}$ 表示速率分布在 $v\to v+\mathrm{d}v$ 内的分子数占总分子数的比率；$\dfrac{\Delta N}{N}=\int_{v_1}^{v_2}f(v)\mathrm{d}v$ 表示速率分布在 $v_1\to v_2$ 内的分子数占总分子数的比率。

因此，

$$\int_0^{\infty}f(v)\mathrm{d}v=\int_0^N\frac{\mathrm{d}N}{N}=1 \tag{6-8}$$

式（6-8）称为**归一化条件**。

3. 速率分布曲线

以速率 v 为横轴，以速率分布函数 $f(v)$ 为纵轴，可作出反映速率分布情况的曲线如图 6-5-2 所示，称为气体分子的速率分布函数曲线。

三、麦克斯韦气体分子速率分布律

1859 年，麦克斯韦运用统计理论导出了气体分子按速率分布的规律：当气体处于平衡态时，分布在任一速率间隔 $v\to v+\mathrm{d}v$ 内的分子数占总分子数的比率（见图 6-5-3）为

$$\frac{\mathrm{d}N}{N}=4\pi\left(\frac{m_0}{2\pi kT}\right)^{3/2}\mathrm{e}^{-\frac{m_0v^2}{2kT}}v^2\mathrm{d}v$$

这个结论称为麦克斯韦气体速率分布律。

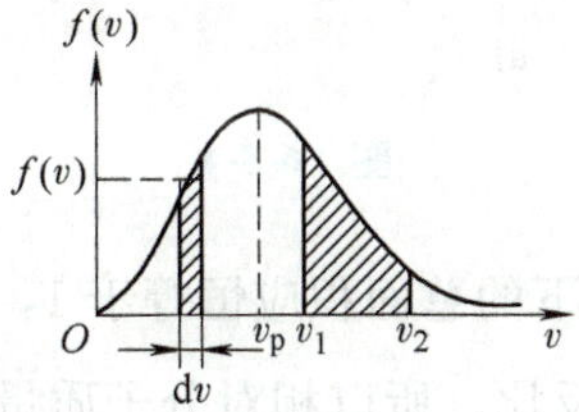

图　6-5-2

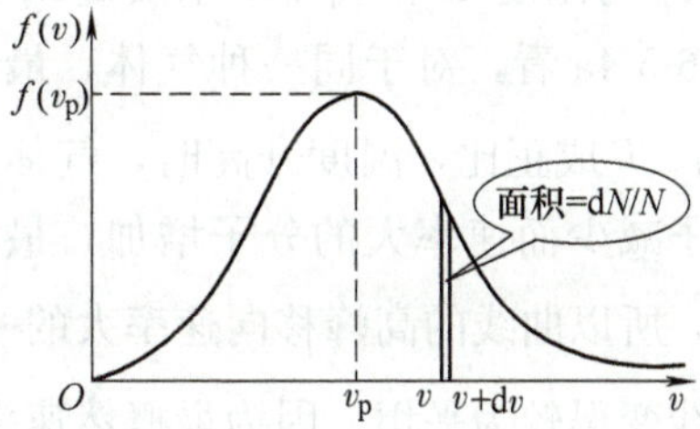

图　6-5-3

因而，麦克斯韦速率分布函数为

$$f(v)=4\pi\left(\frac{m_0}{2\pi kT}\right)^{3/2}\mathrm{e}^{-\frac{m_0v^2}{2kT}}v^2 \tag{6-9}$$

式中，m_0 为分子的质量；T 为热力学温度；k 为玻尔兹曼常量。

从图 6-5-3 可以看出，在速率较大和较小时的速率分布函数值都是较小的。

说明：

麦克斯韦速率分布律只适用于由大量分子组成的处于平衡态的气体，不能把它应用于少量分子组成的气体系统。

四、气体分子的三种统计速率

气体分子的速率可以在零到无穷大之间，速率很大和很小的分子的相对分子数较少，而

具有中等速率的分子的相对分子数较多。这里讨论三种具有代表性的分子速率，它们是分子速率的三种统计值。

1. 最概然速率

1）定义：从 $f(v)$ 与 v 的关系曲线图中可以看出，$f(v)$ 有一极大值，与 $f(v)$ 的极大值相对应的速率叫作**最概然速率**，用 v_p 表示。

2）物理意义：在一定温度下，气体分子分布在最概然速率附近的单位速率间隔内的相对分子数最多。

3）v_p 的值。v_p 满足

$$\left.\frac{df(v)}{dv}\right|_{v=v_p}=0$$

因而可得

$$v_p=\sqrt{\frac{2kT}{m_0}}$$

用摩尔质量表示，有

$$v_p=\sqrt{\frac{2RT}{M}}=1.41\sqrt{\frac{RT}{M}} \tag{6-10}$$

式（6-10）表明，对于给定的气体（即摩尔质量 M 一定），分布曲线的形状随温度而变；同一温度下，分布曲线的形状因气体的不同（即摩尔质量 M 不同）而不同。图 6-5-4a、b 表示了上式中 v_p 与温度 T 和气体摩尔质量 M 的关系，从图 6-5-4a 看，对于同一种气体，最概然速率 v_p 与 $\sqrt{T}$ 成正比，温度升高时，气体中速率小的分子减少而速率大的分子增加，最概然速率增大，所以曲线的高峰移向速率大的一方。由于曲线下的总面积应恒等于 1，所以温度升高时曲线变得较为平坦。因为最概然速率 v_p 与 $\sqrt{M}$ 成反比，所以相对分子质量小的氢气的速率分布曲线较为平坦，如图 6-5-4b 所示。

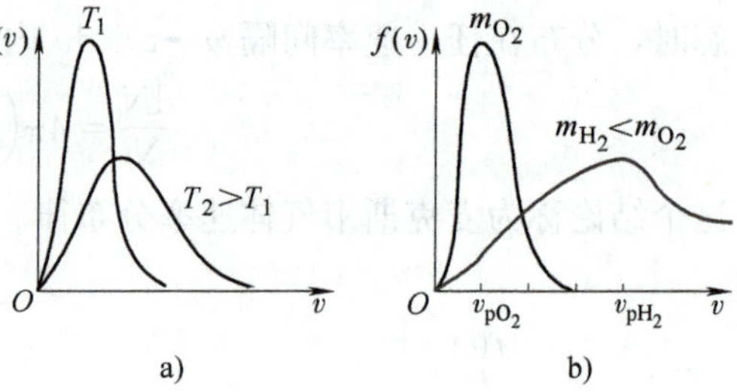

图 6-5-4

2. 平均速率

1）定义：大量气体分子速率的算术平均值叫作**平均速率**，用 $\overline{v}$ 表示。

$$\overline{v}=\frac{\sum N_i v_i}{\sum N_i}=\frac{\sum N_i v_i}{N}$$

2）计算：如果取 dN 代表气体分子在 $v \to v+dv$ 间隔内的分子数，则平均速率可由积分计算，即

$$\overline{v}=\frac{\int v\,dN}{N}$$

由速率分布函数可得 $dN=Nf(v)dv$

因而平均速率为

$$\overline{v}=\frac{\int v\mathrm{d}N}{N}=\frac{\int vNf(v)\mathrm{d}v}{N}=\int vf(v)\mathrm{d}v$$

考虑到
$$f(v)=4\pi\left(\frac{m_0}{2\pi kT}\right)^{3/2}\mathrm{e}^{-\frac{m_0v^2}{2kT}}v^2$$

和积分公式
$$\int_0^{\infty}\mathrm{e}^{-\alpha x^2}x^3\mathrm{d}x=1/(2\alpha^2)$$

得平均速率为
$$\overline{v}=\sqrt{\frac{8kT}{\pi m_0}}$$

用摩尔质量表示，有

$$\overline{v}=\sqrt{\frac{8RT}{\pi M}}=1.60\sqrt{\frac{RT}{M}} \tag{6-11}$$

3. 方均根速率

1）定义：速率二次方的平均值的平方根。

$$\sqrt{\overline{v^2}}=\sqrt{\frac{\sum N_iv_i^2}{\sum N_i}}=\sqrt{\frac{\sum N_iv_i^2}{N}}$$

2）计算：对于气体分子

$$\overline{v^2}=\frac{\int v^2\mathrm{d}N}{N}=\frac{\int v^2Nf(v)\mathrm{d}v}{N}=\int v^2f(v)\mathrm{d}v$$

考虑到
$$f(v)=4\pi\left(\frac{m_0}{2\pi kT}\right)^{3/2}\mathrm{e}^{-\frac{m_0v^2}{2kT}}v^2$$

和积分公式
$$\int_0^{\infty}\mathrm{e}^{-\alpha x^2}x^4\mathrm{d}x=\frac{3}{8}\left(\frac{\pi}{\alpha^5}\right)^{1/2}$$

得方均根速率为
$$\sqrt{\overline{v^2}}=\sqrt{\frac{3kT}{m_0}}$$

用摩尔质量表示，有

$$\sqrt{\overline{v^2}}=\sqrt{\frac{3RT}{M}}=1.73\sqrt{\frac{RT}{M}} \tag{6-12}$$

4. 关于三种速率的讨论

1）三种速率都与温度的平方根成正比，与质量的平方根或摩尔质量的平方根成反比。

2）三种速率的大小顺序（见图 6-5-5）为

$v_{\mathrm{p}}<\overline{v}<\sqrt{\overline{v^2}}$，且 $v_{\mathrm{p}}:\overline{v}:\sqrt{\overline{v^2}}=1.41:1.60:1.73$

3）三种速率各有不同的含义，也各有不同的用途：

讨论速率分布时——用最概然速率；

讨论分子碰撞时——用平均速率；

讨论分子平均平动动能时——用方均根速率。

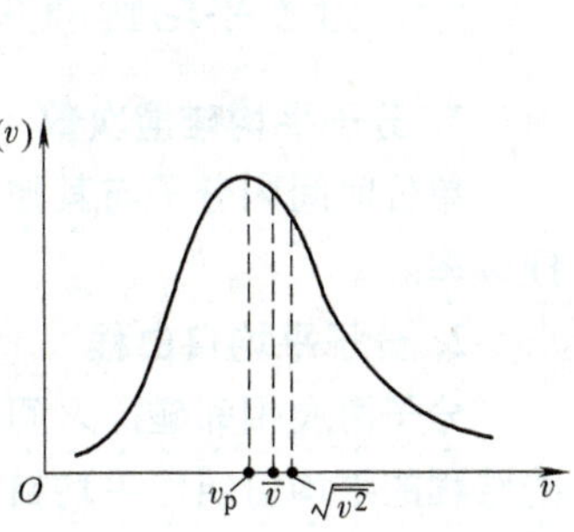

图　6-5-5

【例题 6-6】 说出下列各式的物理意义。

(1) $f(v)\mathrm{d}v$；(2) $Nf(v)\mathrm{d}v$；(3) $nf(v)\mathrm{d}v$；(4) $\int_{v_1}^{v_2} f(v)\mathrm{d}v$；(5) $\int_{v_1}^{v_2} Nf(v)\mathrm{d}v$；

(6) $\int_0^{\infty} f(v)\mathrm{d}v$；(7) $\int_0^{\infty} v^2 f(v)\mathrm{d}v$

解：由气体分子速率分布函数的定义 $\frac{\mathrm{d}N}{N}=f(v)\mathrm{d}v$ 可知：

(1) $f(v)\mathrm{d}v=\frac{\mathrm{d}N}{N}$：速率分布在 v 附近、$v\to v+\mathrm{d}v$ 内的分子数占总分子数的比率。

(2) $Nf(v)\mathrm{d}v=\mathrm{d}N$：速率分布在 v 附近、$v\to v+\mathrm{d}v$ 速率区间内的分子数。

(3) $nf(v)\mathrm{d}v=\frac{N}{V}\cdot\frac{\mathrm{d}N}{N}=\frac{\mathrm{d}N}{V}$：单位体积内分子速率分布在 v 附近、$v\to v+\mathrm{d}v$ 速率区间内的分子数。

(4) $\int_{v_1}^{v_2} f(v)\mathrm{d}v$：分布在有限速率区间 $v_1\to v_2$ 内的分子数占总分子数的比率。

(5) $\int_{v_1}^{v_2} Nf(v)\mathrm{d}v$：分布在有限速率区间 $v_1\to v_2$ 内的分子数。

(6) $\int_0^{\infty} f(v)\mathrm{d}v=1$：分布在 $0\to\infty$ 速率区间内的分子数占总分子数的比率。（归一化条件）

(7) $\int_0^{\infty} v^2 f(v)\mathrm{d}v=\overline{v^2}$：$v^2$ 的平均值。

第六节　分子平均碰撞次数和平均自由程

分子热运动速率很大，平均速率可达几百米每秒，与声速同量级，而扩散运动却进行得很慢，例如在离我们几米远的地方，打开盛有酒精的瓶塞，并不能立即嗅到酒精味，而要经过好几秒甚至更长的时间才能嗅到酒精的味道。克劳修斯为了说明这个问题，提出了分子碰撞次数与自由程的概念（1858年），不仅解决了上述问题，而且使气体动理论在更加坚实的基础上向前推动了一步。

一、分子平均碰撞次数和分子平均自由程的定义

1. 分子平均碰撞次数

单位时间内分子与其他分子碰撞的平均次数叫作分子的平均碰撞次数，或者称为平均碰撞频率。

2. 分子平均自由程

分子两次相邻碰撞之间自由通过的路程，叫作自由程；分子在连续两次碰撞之间所经过的路程的平均值叫作平均自由程。

3. 二者的关系

若分子的平均速率为 $\overline{v}$，则在 Δt 时间内，分子通过的平均路程为 $\overline{v}\Delta t$，分子受到的平均碰撞次数为 $\overline{Z}\Delta t$，平均自由程为

$$\overline{\lambda}=\frac{\overline{v}\Delta t}{\overline{Z}\Delta t}=\frac{\overline{v}}{\overline{Z}}$$

二、分子平均碰撞次数和分子平均自由程的计算

由于分子运动的无规则性，一个分子在任意连续两次碰撞之间经过的自由路程一般是不同的。在单位时间内所受到的碰撞次数一般也是不同的。

1. 分子碰撞模型

1）分子可看作具有一定体积的球。

2）分子间的碰撞是弹性碰撞。

3）两个分子质心间最小距离的平均值认为是球的直径，称为分子的有效直径，用 d 表示（见图 6-6-1）。

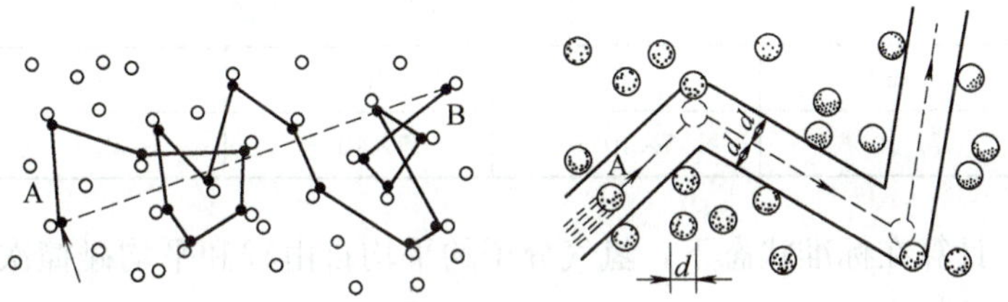

图 6-6-1

2. 平均碰撞次数公式

（1）公式

假设只有分子 A 以平均速率$\overline{v}$运动，其余分子看成不动。在分子 A 的运动过程中，分子的球心轨迹是一系列折线，凡是其他分子的球心离球心折线的距离小于或等于 d 的，它们都将与分子 A 发生碰撞。

以 1s 内分子 A 所经过的轨迹为轴，以 d 为半径作一圆柱体，则圆柱体的长度为$\overline{v}$，体积为 $\pi d^2\overline{v}$，这样，球心在圆柱体内的其他分子都将与分子 A 碰撞。设分子数密度为 n，则圆柱体内的分子数为

$$\overline{Z}=\pi d^2\overline{v}n$$

这就是 A 在 1s 内与其他分子发生碰撞的次数，πd^2叫作碰撞截面。

（2）修正

实际情况：各个分子都在运动，且运动速率服从麦克斯韦分布率，对上式加以修正后，得

$$\overline{Z}=\sqrt{2}\pi d^2\overline{v}n \tag{6-13}$$

可见，平均碰撞次数与平均速率、d^2成正比。其中的$\sqrt{2}$倍，是考虑分子的相对运动。利用麦克斯韦速率分布律可以证明，气体分子的平均相对速率与平均速率之间有$\sqrt{2}$倍的关系。

（3）数量级

平均碰撞次数的数量级为 10^9/s。

3. 分子平均自由程

由于 $\overline{Z}=\sqrt{2}\pi d^2\overline{v}n$

因而

$$\overline{\lambda}=\frac{1}{\sqrt{2}\pi d^2 n} \tag{6-14}$$

又因为

$$p=nkT$$

所以

$$\overline{\lambda}=\frac{kT}{\sqrt{2}\pi d^2 p} \tag{6-15}$$

在给定温度下，压强越小，平均自由程越大（见表6-6-1）。其数量级为10^{-8}～10^{-7}m。0℃、133.3×10^{-4}Pa下，空气分子的平均自由程为0.5m，大于日常生活中容器的线度，空气分子彼此间碰撞极少，分子只与器壁碰撞，此时平均自由程就是容器的线度，容器的真空度越高，空气分子平均自由程越大。

表 6-6-1　0℃时不同压强下空气分子的$\overline{\lambda}$

p/133.3Pa	760	1	10^{-2}	10^{-4}	10^{-6}
$\overline{\lambda}$/m	7×10^{-8}	5×10^{-5}	5×10^{-2}	0.5	50

【例题 6-7】 计算在标准状态下，氢气分子的平均自由程和平均碰撞次数，取分子的有效直径为2.0×10^{-10}m。

解： 标准状态下，$p=1.013\times10^5$Pa，$T=273$K，因而平均自由程为

$$\overline{\lambda}=\frac{kT}{\sqrt{2}\pi d^2 p}=\frac{1.38\times10^{-23}\times273}{\sqrt{2}\times3.14\times(2.0\times10^{-10})^2\times1.013\times10^5}\text{m}=2.1\times10^{-7}\text{m}$$

平均速率为

$$\overline{v}=\sqrt{\frac{8RT}{\pi M}}=\sqrt{\frac{8\times8.31\times273}{3.14\times2.0\times10^{-3}}}\text{m/s}=1.7\times10^3\text{m/s}$$

所以平均碰撞次数为

$$\overline{Z}=\frac{\overline{v}}{\overline{\lambda}}=\frac{1.7\times10^3}{2.1\times10^{-7}}/\text{s}=8.1\times10^9/\text{s}$$

可见，标准状态下，氢气分子的平均自由程约为其有效直径的1000倍，每个分子每秒与其他分子平均碰撞81亿次。

拓展阅读　热本质的认识

1. “热是运动的表现”观点

弗朗西斯·培根从摩擦生热得出热是一种膨胀的、被约束的在其斗争中作用于物体的微小粒子的运动；玻意耳认为钉子敲打之后变热，是运动受阻而变热的证明；笛卡儿认为热是物质粒子的一种旋转运动；胡克用显微镜观察火花，认为热是物体各个部分非常活跃和极其猛烈的运动；罗蒙诺索夫提出热的根源在于运动，等等。

2. 热质说观点

热质说即认为热是一种看不见、无重量的物质，热质的多少和在物体之间的流动会改变物体热的程度，代表人物有伊壁鸠鲁、卡诺等。热质说对热现象的解释为：物质温度的变化

是吸收或放出热质引起的；热传导是热质的流动；摩擦生热是潜热被挤出来了。特别是瓦特在热质说的指导下改进蒸汽机的成功，都使人们相信热质说是正确的。

3. "热质说观点"的被否定

1798年，伦福德（C・Rumford，英国）由钻头加工炮筒时产生热的现象，得出热是物质的一种运动形式。1799年，戴维（H・Davy，英国化学家）做了在真空容器中两块冰摩擦而融化的实验。按热质说观点，来自摩擦挤出的潜热使系统的比热容变小，但实际上水的比热容比冰的还要大。

伦福德和戴维的实验给热质说以致命打击，为热的运动说提供了重要的实验证据。

实际气体的范德瓦耳斯方程

前面讨论的是理想气体，真实气体仅在温度不太低、压强不太大情况下才可以近似看成理想气体，才能应用理想气体的状态方程。否则，由理想气体的状态方程得到的结果将与实际气体有较大的偏离，甚至完全不符。这是因为理想气体是一个理想化的模型，它忽略了分子的体积和分子之间的引力。

对于实际气体，大量理论和实验研究已导出许多状态方程，主要分两类：①考虑分子结构：范德瓦耳斯方程；②半经验公式：形式比较复杂，但精确度较高。下面主要介绍一下范德瓦耳斯方程。

范德瓦耳斯方程是范德瓦耳斯于1873年在理想气体状态方程的基础上，考虑了分子间的作用力和分子本身的体积这两个因素，对理想气体状态方程加以修正后得出的。范德瓦耳斯模型把气体分子看作是相互间有吸引力的、具有一定体积的刚性小球。

1. 对分子体积的修正

考虑分子本身体积的大小——高压时不能忽略。

（1）理想气体的状态方程

理想气体的状态方程为（1mol）

$$pV=RT$$

式中，V为分子自由运动的空间的体积。对于理想气体，分子无大小，V就是容器的容积。

（2）考虑分子的体积

若把分子看成直径为d的刚体球，则每个分子本身都有体积。考虑分子本身的体积后，1mol理想气体的状态方程可以改为

$$p(V-b)=RT$$

式中，b是考虑分子本身体积的修正，可由实验确定。因而修正后的方程为

$$p=\frac{RT}{V-b}$$

（3）修正量（见附图6-1）

若分子是直径为d的刚球，则每个分子本身的体积为$\frac{4}{3}\pi\left(\frac{d}{2}\right)^3$，理论证明，$b=4N\cdot\frac{4}{3}\pi\left(\frac{d}{2}\right)^3$。

（4）说明

标准状态下，$V=22.4\times10^{-3}\text{m}^3$，$b$为$V$的4/100000左右。

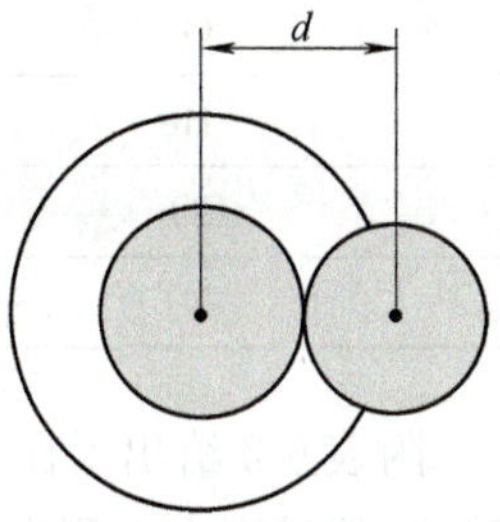

附图　6-1

而在 1000atm 下，$V=22.4\times10^{-6}\mathrm{m}^3$，此时 b 不能忽略，否则会带来较大误差。

2. 对压强的修正

现在，我们研究分子间的引力对气体压强的影响，在容器中气体内部选择一个分子 α，如附图 6-2 所示。以 α 分子为中心，取分子间相互作用力为零的距离 R 为半径作一球，对 α 分子有引力作用的其他分子，都分布在这个球内，这个球称为分子引力作用球，R 叫作分子引力的作用半径。在引力作用球内其他分子对 α 是对称分布的，因此，对 α 的作用刚好抵消。至于靠近器壁的其他分子，情况就与 α 不同了，每个分子的引力作用球都是不完整的。例如，β 分子的引力作用球在气体内外各居一半，在外面的一半，没有气体分子对 β 分子起引力作用，而在里面半个引力作用球内的气体分子，都对 β 分子有引力作用，这些引力的合力与边界面垂直且指向气体内部，当气体分子从气体内部进入这个分子层中，就会受到指向内部的引力作用，因而削弱了碰撞器壁的动量，也就削弱了施予器壁的压强。因 $p=\frac{RT}{V-b}$是不考虑分子引力的结果，如果考虑分子间的引力，由分子施予器壁的压强应减少一个量值 Δp（称为内压强）。因为引力压强一方面与器壁附近被吸引的气体分子数成正比，另一方面又与内部的吸引分子数成正比，而这两者又都是与单位体积内的分子数成正比的，因此，Δp 正比于 n^2，考虑到 n 与气体的体积成反比，所以 Δp 与气体体积的平方成反比，即

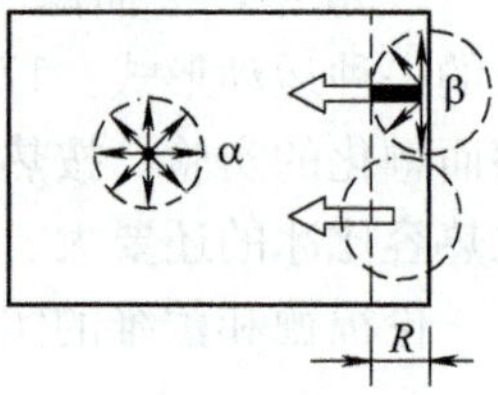

附图 6-2

$$\Delta p=-\frac{a}{V^2}$$

3. 范德瓦耳斯方程

考虑分子的大小和分子之间的相互作用力，理想气体的方程修正为

$$p=\frac{RT}{V-b}-\frac{a}{V^2}$$

所以

$$\left(p+\frac{a}{V^2}\right)(V-b)=RT$$

式中，a、b 称为范德瓦耳斯常数，可由实验测定。附表 6-1 列出了一些气体的 a、b 值。

附表 6-1 部分气体的范德瓦耳斯常数

气 体	$a/(0.1\mathrm{Pa}\cdot\mathrm{m}^6/\mathrm{mol}^2)$	$b/(10^6\mathrm{m}^3/\mathrm{mol})$
H_2	0.244	27
O_2	1.36	32
He	0.034	24
CO_2	3.59	43
N_2	1.39	39

附表 6-2 给出了在 $T=273\mathrm{K}$ 条件下，1mol 氮气的压强由 1.013×10^5 Pa 增加到 1.013×10^8 Pa 的过程中，测出的相应压强下氮气的体积，并将理想气体状态方程与范德瓦耳斯方程做了比较。

附表 6-2 范德瓦耳斯方程与理想气体状态方程的比较

p/Pa	V/m^3	$pV/(Pa\cdot m^3)$	$(p+a/V^2)(V-b)/(Pa\cdot m^3)$
1.013×10^5	2.241×10^{-2}	2.27×10^3	2.27×10^3
1.013×10^7	2.241×10^{-4}	2.27×10^3	2.27×10^3
5.065×10^7	0.6235×10^{-4}	3.16×10^3	2.30×10^3
7.09×10^7	0.533×10^{-4}	3.77×10^3	2.29×10^3
1.013×10^8	0.464×10^{-4}	4.70×10^3	2.23×10^3

可见，当压强小于 1.013×10^7Pa（即 100atm）时，氮气的理想气体状态方程与范德瓦耳斯方程符合得比较好，表明两个方程都能较好地反映氮气的规律；当氮气的压强大于 1.013×10^7Pa 时，两个方程间的差别越来越大，但范德瓦耳斯方程仍能较好地反映氮气的规律，而理想气体方程与实际气体的行为就相差很大了。

4. 推广

对于质量为 m 的气体，考虑分子的体积

$$V=\frac{m}{M}\frac{RT}{p}+\frac{m}{M}b$$

式中，第一项为理想气体体积；第二项为分子体积，可得

$$p=\frac{\frac{m}{M}RT}{V-\frac{m}{M}b}$$

考虑分子之间的引力，有

$$\Delta p=\frac{m^2}{M^2}\frac{a}{V^2}$$

因而

$$p=\frac{\frac{m}{M}RT}{V-\frac{m}{M}b}-\frac{m^2}{M^2}\frac{a}{V^2}$$

故

$$\left(p+\frac{m^2}{M^2}\frac{a}{V^2}\right)\left(V-\frac{m}{M}b\right)=\frac{m}{M}RT$$

对上式的说明和讨论：

1）此方程是在理想气体状态方程的基础上经过关于分子力和分子体积的修正而建立起来的，比理想气体状态方程更精确地反映了气体的真实行为。

2）范德瓦耳斯方程推广后，还可以近似地用于液体。它是许多近似方程中最简单、使用最方便的一个。

3）范德瓦耳斯方程与实际气体还是有些偏离的。此方程偏离的实际的原因在于，它所依据的分子引力弹性刚球模型比理想气体的无引力弹性质点模型更接近实际，但与分子间的

实际相互作用有一定出入。

4）范德瓦耳斯方程各项的物理意义。

$$p=\frac{RT}{V}\left(1-\frac{b}{V}\right)^{-1}-\frac{a}{V^2}$$
$$=\frac{RT}{V}\left(1+\frac{b}{V}+\frac{b^2}{V^2}+\cdots\right)-\frac{a}{V^2}$$
$$\approx\frac{RT}{V}+\frac{bRT}{V^2}-\frac{a}{V^2}$$

第一项：气体内部任一截面两边的分子由于输运动量而产生的压强。

第二项：气体内部任一截面两边的分子斥力产生的压强。

第三项：气体内部任一截面两边的分子引力产生的压强。

本章内容小结

本章的主要内容有：气体的状态参量，平衡态，物质的微观模型，理想气体的压强和温度的物理本质，能量均分定理，理想气体的内能，麦克斯韦气体速率分布律，气体平均自由程，平均碰撞次数等。

本章的重点内容在于介绍统计物理学中处理问题的统计方法，同时揭示气体的一些宏观性质的微观实质。

1. 几个概念

1）分子数密度 $$n=\frac{p}{kT}$$

2）分子质量 $$m_0=\frac{M}{N_A}$$

3）气体内能 $$E=\frac{m}{M}\frac{i}{2}RT$$

4）平均碰撞次数 $$\overline{Z}=\sqrt{2}\,n\pi d^2\,\overline{v}$$

5）平均自由程 $$\overline{\lambda}=\frac{1}{\sqrt{2}\,n\pi d^2}=\frac{kT}{\sqrt{2}\,\pi d^2 p}$$

2. 四个公式

1）理想气体状态方程 $$pV=\frac{m}{M}RT$$

2）压强公式 $$p=\frac{1}{3}nm_0\,\overline{v^2}=\frac{2}{3}n\overline{\varepsilon}_k=\frac{1}{3}\rho\,\overline{v^2}$$

3）温度公式 $$\overline{\varepsilon}_t=\frac{3}{2}kT$$

4）麦克斯韦速率分布律 $$f(v)=\frac{\mathrm{d}N}{N\mathrm{d}v}=4\pi\left(\frac{m_0}{2\pi kT}\right)^{3/2}\mathrm{e}^{-\frac{m_0v^2}{2kT}}v^2$$

3. 三种速率

1）最概然速率 $v_p=\sqrt{\frac{2kT}{m_0}}=\sqrt{\frac{2RT}{M}}=1.41\sqrt{\frac{RT}{M}}$

2）平均速率 $\overline{v}=\sqrt{\frac{8kT}{\pi m_0}}=\sqrt{\frac{8RT}{\pi M}}=1.60\sqrt{\frac{RT}{M}}$

3）方均根速率 $\sqrt{\overline{v^2}}=\sqrt{\frac{3kT}{m_0}}=\sqrt{\frac{3RT}{M}}=1.73\sqrt{\frac{RT}{M}}$

习 题

6-1 如果将 1.0×10^{-3} kg 的水均匀地分布在地球表面上，则单位面积上将约有多少个分子？

6-2 2.0×10^{-5} kg 氢气装在 4.0×10^{-5} m^3 的容器内，当容器内的压强为 3.9×10^5 Pa 时，氢气分子的平均平动动能为多大？

6-3 有一水银气压计，当水银柱为 0.76m 高时，管顶离水银柱液面为 0.12m。管的截面积为 2.0×10^{-4} m^2。当有少量氦气混入水银管内顶部时，水银柱高下降为 0.60m。此时温度为 27℃，试计算有多少质量的氦气在管顶。(氦气的摩尔质量为 0.028kg/mol，0.76m 水银柱压强为 1.013×10^5 Pa)

6-4 一容积为 1.0×10^{-3} m^3 的容器中，含有 4.0×10^{-5} kg 的氦气和 4.0×10^{-5} kg 的氢气，它们的温度为 30℃，试求容器中混合气体的压强。

6-5 设 N 个粒子的系统的速率分布函数为

$$dN_v=\begin{cases}k\,dv & (0\leqslant v\leqslant v_0)\\ 0 & (v>v_0)\end{cases}$$

(1) 画出分布函数图；(2) 用 N 和 v_0 定出常量 k；(3) 用 v_0 表示出算术平均速率和方均根速率。

6-6 20 个质点的速率如下：2 个具有速率 v_0，3 个具有速率 $2v_0$，5 个具有速率 $3v_0$，4 个具有速率 $4v_0$，3 个具有速率 $5v_0$，2 个具有速率 $6v_0$，1 个具有速率 $7v_0$。试计算：(1) 平均速率；(2) 方均根速率；(3) 最概然速率。

6-7 求氢气在 300K 时分子速率在 v_p-10m/s 与 v_p+10m/s 之间的分子数所占的百分比。

6-8 求压强为 1.013×10^5 Pa、质量为 2×10^{-3} kg、体积为 1.54×10^{-3} m^3 的氧气分子的平均平动动能。

6-9 容积 $V=1m^3$ 的容器内混有 $N_1=1.0\times10^{25}$ 个氧气分子和 $N_2=4.0\times10^{25}$ 个氮气分子，混合气体的压强是 2.76×10^5 Pa，求：(1) 分子的平均平动动能；(2) 混合气体的温度。

6-10 无线电所用的真空管的真空度为 1.33×10^{-3} Pa，试求在 27℃时单位体积的分子数及分子平均自由程。设分子的有效直径为 3.0×10^{-10} m。

6-11 设氮气分子的有效直径为 10^{-10} m。(1) 求氮气在标准状态下的平均碰撞次数；(2) 如果温度不变，气压降到 1.33×10^{-4} Pa，则平均碰撞次数又为多少？

6-12 容器内盛有氮气，压强为 10atm、温度为 27℃，氮分子的摩尔质量为 28g/mol，空气分子直径为 3×10^{-10} m 。求：(1) 分子数密度；(2) 质量密度；(3) 分子质量；(4) 平均平动动能；(5) 三种速率；(6) 平均自由程。

第七章　热力学基础

热力学是研究热现象的宏观理论。它是根据实验总结出来的热力学定律，用严密的逻辑推理的方法，研究宏观物体的热力学性质。热力学不涉及物质的微观结构，它的主要理论基础是热力学的两条定律。热力学第一定律是包括热现象在内的能量守恒定律；热力学第二定律讨论热功转换的条件和热力学过程的方向性问题，两条基本定律一起构成了热力学的主要理论基础。本章主要讨论热力学第一、第二定律的物理基础、描述方法及基本应用。

第一节　热力学第一定律

一、热力学系统和热力学过程

1. 热力学系统

在热力学中，把要研究的宏观物体叫作热力学系统，简称系统，也称为工作物质。热力学系统是由大量分子组成的，可以是固体、液体和气体等。本章主要研究理想气体。与热力学系统相互作用的环境称为外界。

2. 热力学过程

当热力学系统由某一平衡态开始发生变化时，系统从一个平衡态过渡到另一个平衡态所经历的变化历程，称为热力学过程，简称过程。热力学过程由于中间状态不同而被分为准静态过程与非静态过程。热力学过程发生时，系统往往由一个平衡状态的平衡受到破坏，再达到一个新的平衡态。从平衡态破坏到新平衡态建立所需的时间称为弛豫时间，用 τ 表示。如果任意时刻的中间态都无限接近于一个平衡态，则此过程为准静态过程。显然，这种过程只有在进行的“无限缓慢”的条件下才可能实现。对于实际过程则要求系统状态发生变化的特征时间远远大于弛豫时间 τ，这样才可近似看作准静态过程（可视为理想模型）。如果中间态都为非平衡态，则此过程为非准静态过程。例如，推进活塞压缩汽缸内的气体时（见图 7-1-1），气体的体积、密度、温度或压强都将变化，在过程中的任意时刻，气体各部分的密度、压强、温度都不完全相同，该过程为非准静态过程。如图 7-1-2 所示，在实际过程无限缓慢地进行的极限情形下，每一个中间状态都接近平衡态，具有确定的状态参量值，可认为是准静态过程。准静态过程可以用 p-V 图上的一条曲线来表示，如图 7-1-3 所示。

二、功　热量　内能

1. 功　热量

外界对系统做功或传递热量，都可以使系统的热运动状态发生变化。例如一杯水可以通

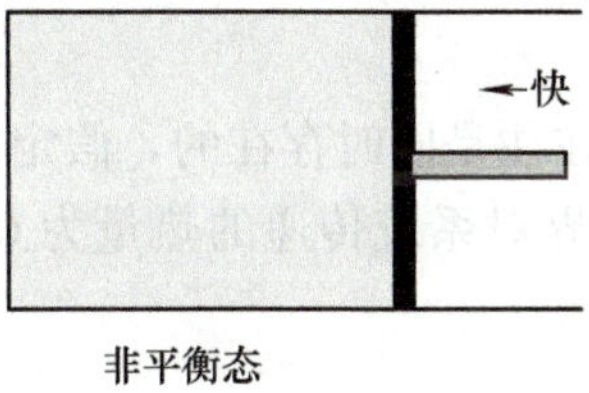

图 7-1-1

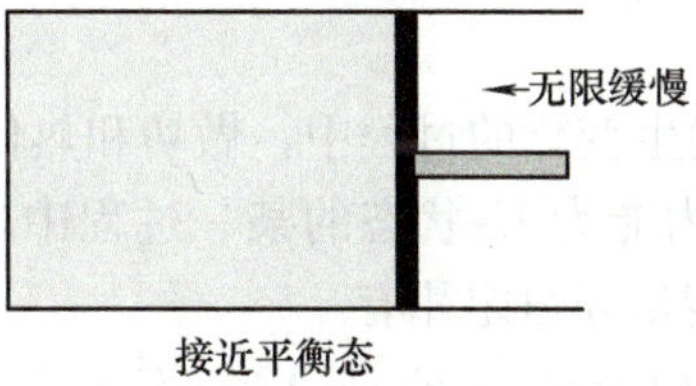

图 7-1-2

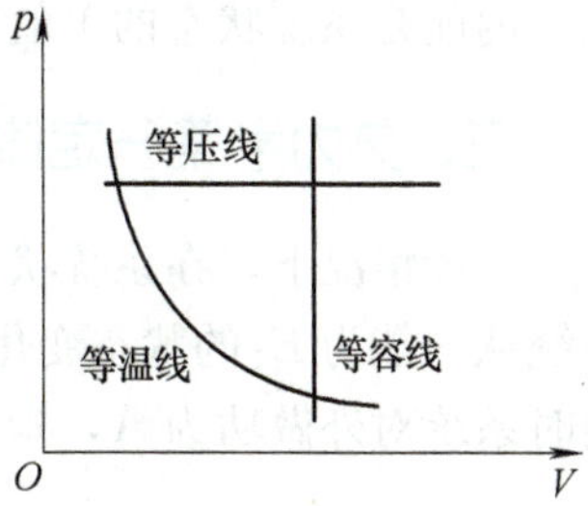

图 7-1-3

过外界对它加热，用传递热量的方法使它的温度升高，也可以用搅拌或通过电流做功的方法使它升到同样的温度。

做功是系统与外界相互作用的一种方式，这种能量交换的方式是通过宏观的有规则运动（如机械运动、电流）来完成的。

传递热量和做功不同，这种能量交换方式是通过分子的无规则运动来完成的。当（热源）与系统相接触，系统和外界存在温差时，通过分子间的碰撞进行能量交换，这种能量传递方式称为**热传导**，通过热传导过程系统和外界传递的能量称为**热量**。功和热量都是过程量，它们的单位和能量单位相同，为焦耳（J）。

2. 准静态过程功的计算

如图 7-1-4 所示，活塞与汽缸无摩擦，当气体做准静态压缩或膨胀时，外界的压强必等于此时气体的压强，可认为是准静态过程。设压强为 p，活塞面积为 S，活塞移动 $\mathrm{d}l$，则气体做的功为

$$\text{đ}A = F\,\mathrm{d}l = pS\,\mathrm{d}l = p\,\mathrm{d}V$$

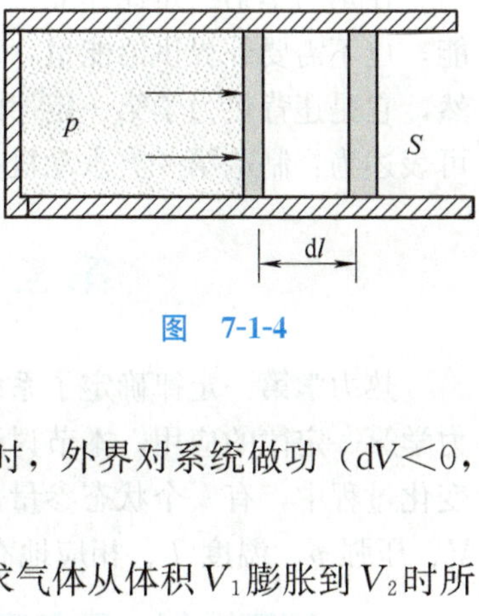

图 7-1-4

因而

$$A = \int_{V_1}^{V_2} p\,\mathrm{d}V \qquad (7\text{-}1)$$

气体膨胀时，系统对外界做功（$\mathrm{d}V>0$，$\text{đ}A>0$）；气体压缩时，外界对系统做功（$\mathrm{d}V<0$，$\text{đ}A<0$）。

【例题 7-1】 某理想气体体积按 $V=a/\sqrt{p}$ 的规律变化，求气体从体积 V_1 膨胀到 V_2 时所做的功。

解：由 $V=a/\sqrt{p}$，得 $p=\dfrac{a^2}{V^2}$。所以系统所做的功为

$$A = \int_{V_1}^{V_2} p\,\mathrm{d}V = \int_{V_1}^{V_2} \frac{a^2}{V^2}\mathrm{d}V = a^2\left(\frac{1}{V_1} - \frac{1}{V_2}\right)$$

3. 内能

在气体动理论中，从微观角度定义了系统的内能，它是系统内分子无规则运动所具有的能量和分子间相互作用的势能的总和。对理想气体，分子间的相互作用力可忽略，理想气体的内能仅是温度的单值函数。实验证明，做功和传热都可以改变系统的状态，当系统从初态变化到末态时，外界对系统做的功和向系统传递的热量的总和与过程无关，仅由系统的始末状态决定。由此可见，热力学系统在一定状态下，应具有一定的能量，称为**热力学系统的内**

能。内能是系统状态的单值函数。

三、热力学第一定律

一般情况下，在系统状态发生变化的过程中，做功和热传递往往是同时存在的，假定在系统从内能为 E_1 的状态变化到内能为 E_2 状态的某一过程中，外界对系统传递的热量为 Q，同时系统对外做功为 A，根据能量守恒定律有

$$Q = E_2 - E_1 + A = \Delta E + A \tag{7-2}$$

即系统从外界吸收的热量，一部分使系统的内能增加，另一部分使系统对外界做功，这就是热力学第一定律。显然，热力学第一定律是包含热现象在内的能量守恒定律。

式（7-2）中各量在国际单位制中的单位都是焦耳（J）。规定：系统从外界吸收热量时，$Q>0$，反之 $Q<0$；系统对外界做功时，$A>0$，外界对系统做功，$A<0$；系统内能增加，$\Delta E>0$，内能减少，$\Delta E<0$。

对于准静态过程，热力学第一定律可表示为

$$Q = \Delta E + \int_{V_1}^{V_2} p\,\mathrm{d}V \tag{7-3}$$

对于无限小的状态变化过程，热力学第一定律可表示为

$$đQ = \mathrm{d}E + đA = \mathrm{d}E + p\,\mathrm{d}V \tag{7-4}$$

在热力学第一定律建立之前，历史上曾有人企图制造一种机器，它既不消耗系统的内能，也不需要外界供给能量，却可以不断地对外界做功，这种机器叫作第一类永动机。很显然，它是违背热力学第一定律的，经过无数次尝试都以失败告终。因此，热力学第一定律又可表述为：制造第一类永动机是不可能的。

第二节 热力学第一定律的应用

热力学第一定律确定了系统在状态变化过程中功、热量和内能之间的转换关系。作为热力学第一定律的应用，本节讨论理想气体的等值过程和绝热过程。等值过程即在系统的状态变化过程中，有一个状态参量保持不变的过程。一定量气体的状态参量共有三个，包括体积 V、压强 p、温度 T、相应地有三种等值过程，即等容、等压和等温过程。

一、等容过程 摩尔定容热容

在等容过程中理想气体的体积保持不变，$V=$常量（见图 7-2-1）。在 p-V 图上等容过程可以表示为平行于 p 轴的一条直线，称为等容线，如图 7-2-1 所示。

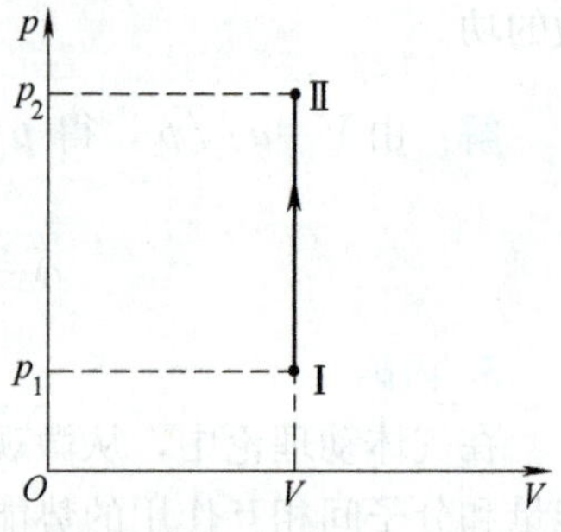

图 7-2-1

等容过程 $\mathrm{d}V=0$，$đA=p\,\mathrm{d}V=0$，系统对外不做功，由热力学第一定律得

$$đQ_V = \mathrm{d}E \tag{7-5a}$$

对于有限的等容过程，有

$$Q_V = E_2 - E_1 \tag{7-5b}$$

上式表明，在等容过程中，气体从外界吸收的热量全部用来使内能增加。

为了计算气体吸收的热量，要用到摩尔热容的概念。同一种气体在不同的过程中有不同的热容，最常用的是等容与等压过程中的两种热容。气体的**摩尔定容热容**，是指 1mol 气体在体积保持不变时，温度改变 1K 所吸收或放出的热量，用 $C_{V,m}$ 表示，即

$$C_{V,\,m}=\frac{đQ_V}{\mathrm{d}T} \tag{7-6}$$

由上式可知，质量为 m 的气体在等容过程中，温度改变 $\mathrm{d}T$ 时，所需要的热量为

$$đQ_V=\frac{m}{M}C_{V,\,m}\mathrm{d}T \tag{7-7}$$

将上式代入（7-5a），即得

$$\mathrm{d}E=\frac{m}{M}C_{V,\,m}\mathrm{d}T \tag{7-8}$$

由于理想气体的内能为 $E=\frac{m}{M}\frac{i}{2}RT$，由此可得

$$C_{V,\,m}=\frac{i}{2}R \tag{7-9}$$

对于有限的等容过程，可写成

$$\Delta E=E_2-E_1=\frac{m}{M}C_{V,\,m}(T_2-T_1) \tag{7-10}$$

应该指出，不能因为式（7-10）中含有 $C_{V,m}$，就认为该式只有在等容过程中才能应用。理想气体的内能只与温度有关，所以理想气体在不同的状态变化过程中，只要温度增量相同，不论气体经历什么过程，它的内能增量都是一样的，都可用式（7-10）计算。由于系统内能的增量在等容过程中与所吸收的热量相等，所以上式才会有 $C_{V,m}$ 出现。

二、等压过程 摩尔定压热容

等压过程的特点是系统的压强保持不变，$p=$ 常量。在 p-V 图上它是一条平行于 V 轴的直线，叫**等压线**（见图 7-2-2）。

在等压过程中，气体吸收的热量为 Q_p，对外做功为 $p\mathrm{d}V$，由热力学第一定律得

$$đQ_p=\mathrm{d}E+p\mathrm{d}V \tag{7-11a}$$

对于有限的等压过程，有

$$Q_p=E_2-E_1+\int_{V_1}^{V_2}p\mathrm{d}V \tag{7-11b}$$

可得

$$Q_p=\Delta E+A_p=(E_2-E_1)+p(V_2-V_1)$$

上式表明，在等压过程中，气体从外界吸收的热量一部分用来使内能增加，另一部分使系统对外做功。

根据理想气体的状态方程

$$pV=\frac{m}{M}RT$$

气体所做的功

$$đA_p=p\mathrm{d}V=\frac{m}{M}R\mathrm{d}T$$

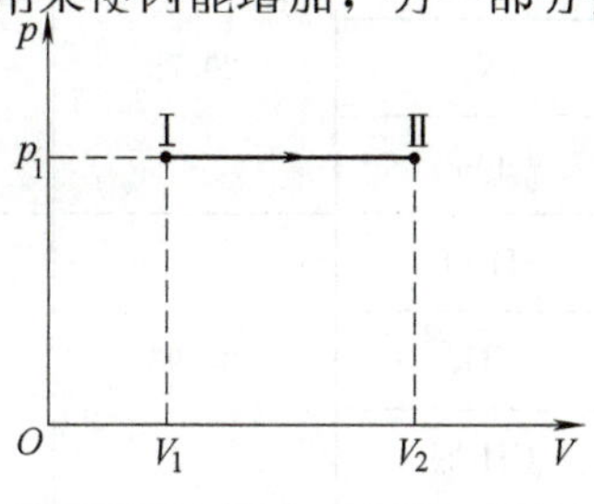

图 7-2-2

气体从状态Ⅰ等压变化到Ⅱ过程中，气体对外做的功为

$$A_p=\int_{T_1}^{T_2}\frac{m}{M}R\mathrm{d}T=\frac{m}{M}R(T_2-T_1) \tag{7-12}$$

又因 $\Delta E=E_2-E_1=\frac{m}{M}C_{V,\mathrm{m}}(T_2-T_1)$，所以整个过程中传递的热量为

$$Q_p=\frac{m}{M}(C_{V,\mathrm{m}}+R)(T_2-T_1) \tag{7-13}$$

我们把1mol理想气体在等压过程中，温度改变1K所需要的热量叫作**摩尔定压热容**，用 $C_{p,\mathrm{m}}$ 表示，根据这个定义可得

$$Q_p=\frac{m}{M}C_{p,\mathrm{m}}(T_2-T_1)$$

与式（7-13）比较，可得

$$C_{p,\mathrm{m}}=C_{V,\mathrm{m}}+R \tag{7-14}$$

上式叫作**迈耶公式**。它的意义是1mol理想气体温度升高1K时，在等压过程比在等容过程中要多吸收8.31J的热量。这是容易理解的，因为在等容过程中，气体吸收的热量全部用于增加内能，而在等压过程中，气体吸收的热量除用于增加同样多的内能外，还要用于对外做功，故等压过程要使系统升高与等容过程相同的温度，需要吸收较多的热量。

摩尔定压热容和摩尔定容热容之比，叫作**（摩尔）热容比**或**绝热指数**：

$$\gamma=\frac{C_{p,\mathrm{m}}}{C_{V,\mathrm{m}}} \tag{7-15}$$

表7-2-1列出了一些气体的摩尔热容的理论值和实验值。将表中的对应数据进行比较可以看出，对于单原子分子与双原子分子，理论与实验符合得很好，而对于多原子分子，理论与实验相差较大。这表明，经典热容量理论所依赖的能量均分定理是有缺陷的，量子理论可以对气体的热容做出圆满的解释。

表7-2-1 一些气体的 $C_{V,\mathrm{m}}$、$C_{p,\mathrm{m}}$ 与 γ 值

气体	理论值			实验值		
	$C_{V,\mathrm{m}}$/J/(mol·K)	$C_{p,\mathrm{m}}$/J/(mol·K)	γ	$C_{V,\mathrm{m}}$/J/(mol·K)	$C_{p,\mathrm{m}}$/J/(mol·K)	γ
He	12.47	20.78	1.67	12.61	20.95	1.66
Ne				12.53	20.90	1.67
H_2	20.78	29.09	1.40	20.47	28.83	1.41
N_2				20.56	28.88	1.40
O_2				21.16	29.61	1.40
H_2O	24.93	33.24	1.33	27.8	36.2	1.30
CH_4				27.2	35.2	1.29
$CHCl_3$				63.7	72.0	1.13

三、等温过程

等温过程的特点是系统的温度保持不变，T=常量。由理想气体状态方程，等温过程的方程为

$$pV=\text{常量} \tag{7-16}$$

在 p-V 图上它是一条双曲线（见图 7-2-3），叫等温线。

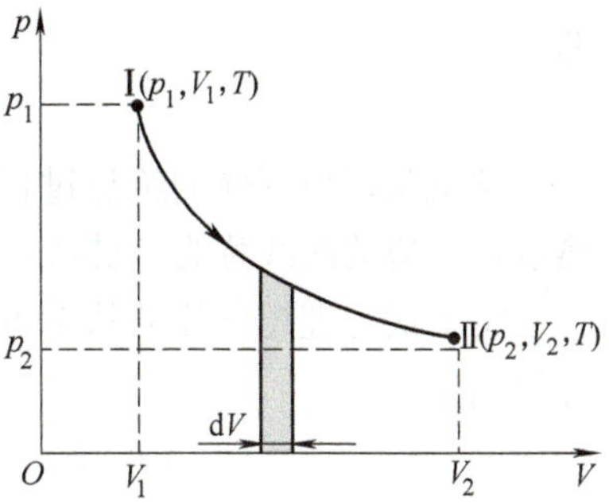

图 7-2-3

系统经过等温过程，从状态Ⅰ变成状态Ⅱ，由于理想气体的内能只与其温度有关，因此在等温过程内能保持不变，即

$$\Delta E=E_2-E_1=0$$

由热力学第一定律有 $Q_T=A_T$，即在等温膨胀过程中，理想气体吸收的热量全部用来对外做功；而在等温压缩中，外界对气体做的功，都转化为气体向外界放出的热量。

气体从状态（p_1，V_1，T）变成（p_2，V_2，T）时有

$$Q_T=A_T=\int_{V_1}^{V_2} p\mathrm{d}V=\int_{V_1}^{V_2} \frac{m}{M}RT\frac{1}{V}\mathrm{d}V=\frac{m}{M}RT\ln\frac{V_2}{V_1} \tag{7-17a}$$

由过程方程（7-16）可得

$$Q_T=\frac{m}{M}RT\ln\frac{p_1}{p_2} \tag{7-17b}$$

可见，热量和功的值都等于等温线下的面积。

四、绝热过程

绝热过程是系统与外界没有热量交换的过程，在自然界中，绝对不传热的材料是不存在的，但过程中传递热量很小可以忽略不计时，可近似为绝热过程。另外，快速变化的热力学过程，系统与外界来不及有明显的热量交换，也可以视为绝热过程，如蒸汽机和内燃机汽缸中气体的急剧膨胀和快速压缩过程就可视为绝热过程。

1. 绝热过程方程

绝热过程的特点是系统与外界没有热量交换，$Q=0$。系统经过绝热过程，从状态（p_1，V_1，T_1）变成（p_2，V_2，T_2），由热力学第一定律得

$$đQ=\mathrm{d}E+đA=0$$

由于理想气体的内能仅是温度的函数，于是上式可写作

$$\frac{m}{M}C_{V,\mathrm{m}}\mathrm{d}T+p\mathrm{d}V=0 \tag{7-18}$$

对于理想气体状态方程 $pV=\frac{m}{M}RT$，两边微分得

$$p\mathrm{d}V+V\mathrm{d}p=\frac{m}{M}R\mathrm{d}T$$

将上式代入式（7-18）整理得

$$C_{V,\mathrm{m}}(p\mathrm{d}V+V\mathrm{d}p)=-Rp\mathrm{d}V$$

因为 $C_{p,\mathrm{m}}-C_{V,\mathrm{m}}=R$，$\gamma=\dfrac{C_{p,\mathrm{m}}}{C_{V,\mathrm{m}}}$，代入上式得

$$\gamma\frac{\mathrm{d}V}{V}=-\frac{\mathrm{d}p}{p}$$

积分有

$$\gamma\ln V+\ln p=\text{常量}$$

即

$$pV^{\gamma}=\text{常量} \tag{7-19a}$$

这就是理想气体的绝热过程方程。在 p-V 图中，与绝热过程对应的曲线称为**绝热线**，如图 7-2-4 所示。

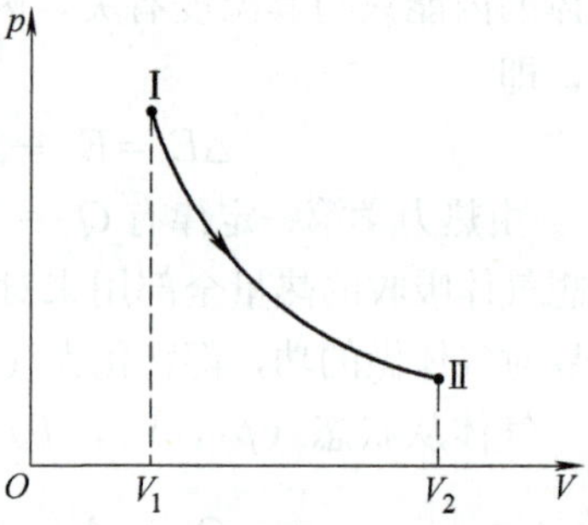

图 7-2-4

将上式与理想气体的状态方程结合，消去 p 或 V，还可得到

$$V^{\gamma-1}T=\text{常量} \tag{7-19b}$$

$$p^{\gamma-1}T^{-\gamma}=\text{常量} \tag{7-19c}$$

这三个方程均为绝热过程的过程方程，等号右边的常量的大小在三个式子中各不相同，与气体的质量和初始状态有关。在应用时，可根据具体条件，选取一个应用方便的过程方程。

2. 绝热过程的功和内能

由热力学第一定律和绝热过程的特征可知，绝热过程系统对外做的功等于其内能的减少，即

$$A_Q=-\frac{m}{M}C_{V,\mathrm{m}}(T_2-T_1) \tag{7-20}$$

理想气体在绝热过程中所做的功，除了可以用上式计算外，还可根据功的定义利用绝热过程方程直接求得，由于

$$pV^{\gamma}=p_1V_1^{\gamma}=p_2V_2^{\gamma}$$

所以

$$A_Q=\int_{V_1}^{V_2}p\,\mathrm{d}V=\int_{V_1}^{V_2}p_1V_1^{\gamma}\frac{\mathrm{d}V}{V^{\gamma}}=\frac{1}{\gamma-1}(p_1V_1-p_2V_2) \tag{7-21}$$

3. 绝热线与等温线

根据理想气体的绝热方程和等温方程，可在 p-V 图上作出这两过程的过程曲线（见图 7-2-5）。

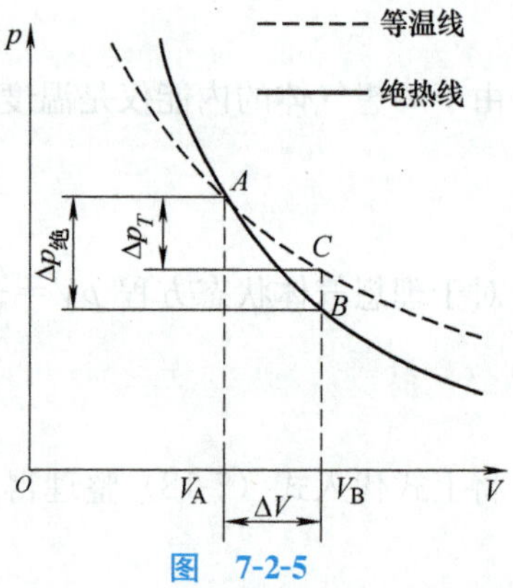

图 7-2-5

等温线的斜率为 $\dfrac{\mathrm{d}p}{\mathrm{d}V}=-\dfrac{p}{V}$，绝热线的斜率为 $\dfrac{\mathrm{d}p}{\mathrm{d}V}=-\gamma\dfrac{p}{V}$，因为 $\gamma>1$，所以绝热线比等温线要陡一些。等温过程压强的降低只是体积的膨胀引起的；绝热过程压强降低不仅体积膨胀，温度还要降低。因而，气体体积膨胀相同体积，绝热过程压强的降低要比等温过程的多。

【例题 7-2】 热容比 $\gamma=1.40$ 的理想气体，进行如例题 7-2 图所示的 $abca$ 循环，状态 a 的温度为 300K。(1) 求状态 b、c 的温度；(2) 计算各过程中气体所吸收的热量、气体所做的功和气体内能的增量。

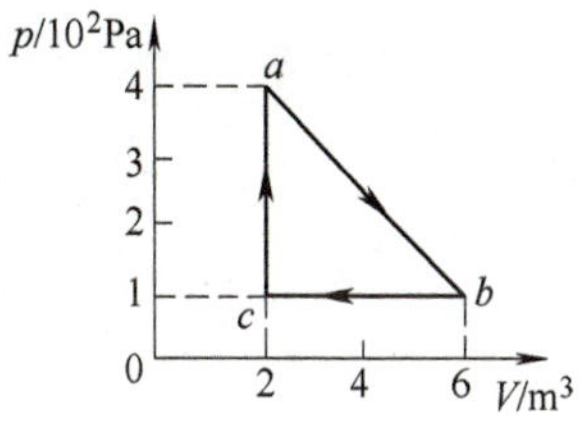

例题 7-2 图

解： (1) $c\to a$ 等容过程有 $\frac{p_a}{T_a}=\frac{p_c}{T_c}$

所以 $$T_c=T_a\frac{p_c}{p_a}=75\text{K}$$

$b\to c$ 等压过程有

$$\frac{V_b}{T_b}=\frac{V_c}{T_c}$$

所以 $$T_b=T_c\frac{V_b}{V_c}=225\text{K}$$

(2) 气体物质的量为 $$\nu=\frac{m}{M}=\frac{p_aV_a}{RT_a}=0.321\text{mol}$$

由 $\gamma=1.40$ 可知气体为双原子分子气体，故 $i=5$（3 个平动自由度和 2 个转动自由度），则

$$C_{V,\mathrm{m}}=\frac{5}{2}R,\quad C_{p,\mathrm{m}}=\frac{7}{2}R$$

$c\to a$ 等容吸热过程 $$A_{ca}=0$$

$$Q_{ca}=\Delta E_{ca}=\nu C_{V,\mathrm{m}}(T_a-T_c)=1500\text{J}$$

$b\to c$ 等压压缩过程 $$A_{bc}=p_b(V_c-V_b)=-400\text{J}$$

$$\Delta E_{bc}=\nu C_V(T_c-T_b)=-1000\text{J}$$

$$Q_{bc}=\Delta E_{bc}+A_{bc}=-1400\text{J}$$

整个循环过程 $\Delta E=0$，循环过程净吸热为

$$Q=A=\frac{1}{2}(p_a-p_c)(V_b-V_c)=600\text{J}$$

$a\to b$ 过程净吸热 $$Q_{ab}=Q-Q_{bc}-Q_{ca}$$

$$=600\text{J}-(-1400)\text{J}-1500\text{J}=500\text{J}$$

$$\Delta E=\frac{m}{M}\frac{i}{2}R\Delta T=-500\text{J}$$

由热力学第一定律得

$$A_{ab}=Q-\Delta E=[500-(-500)]\text{J}=1000\text{J}$$

【例题 7-3】 如例题 7-3 图 a 所示，一金属圆筒中盛有 1mol 刚性双原子分子的理想气体，用可动活塞封住，圆筒浸在冰水混合物中。迅速推动活塞，使气体从标准状态（活塞位置Ⅰ）压缩到体积为原来一半的状态（活塞位置Ⅱ），然后维持活塞不动，待气体温度下降至 0℃，再让活塞缓慢上升到位置Ⅰ，完成一次循环。(1) 试在 p-V 图上画出相应的理想循环曲线；(2) 若做 100 次循环放出的总热量全部用来熔解冰，则有多少冰被熔化？已知冰的熔解热 $\lambda=3.35\times10^5$ J/kg。

解： (1) 理想循环曲线如例题 7-3 图 b 所示，其中 ab 为绝热压缩，bc 为等容降温，ca 为等温膨胀。

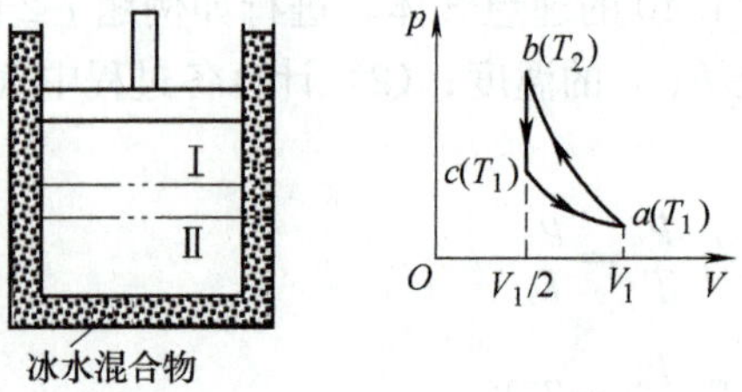

例题 7-3 图

（2）bc 过程放热为

$$Q_{bc}=C_{V,\mathrm{m}}(T_2-T_1) \tag{①}$$

ca 过程吸热为

$$Q_{ca}=RT_1\ln\frac{V_1}{V_1/2} \tag{②}$$

ab 绝热过程方程为

$$V_1^{\gamma-1}T_1=\left(\frac{V_1}{2}\right)^{\gamma-1}T_2 \tag{③}$$

因为是双原子分子气体，所以

$$\gamma=1.40,\quad C_{V,\mathrm{m}}=\frac{5}{2}R$$

解式①～式③得系统一次循环放出净热量为

$$Q=Q_{bc}-Q_{ca}=\frac{5}{2}R(2^{\gamma-1}-1)T_1-RT_1\ln2=240\mathrm{J}$$

若 100 次循环放出的总热量全部用来熔解冰，则熔解的冰的质量为

$$m=\frac{100Q}{\lambda}=7.16\times10^{-2}\mathrm{kg}$$

★解题指导：热力学第一定律的应用主要是要明确各种过程的特点、过程方程及内能变化的情况。

第三节　循环过程　卡诺循环

单独一种变化过程不能持续不断地把热能转化为功。例如，对于理想气体的等温膨胀过程，吸收的热量全部用来对外做功。但是，这个过程是不可能无限制地进行下去的。因为汽缸的长度是有限的，并且对于气体膨胀，当压强降低到与外界压强相等时，过程将停止。要持续不断地把热能转化为功，就要利用循环过程。

热力学理论最初是建立在研究热机工作过程的基础上的。在热机的工作过程中，被用来吸收热量并对外界做功的物质，往往都在经历着热力学循环过程，即经过一系列变化之后又回到其初始状态。

一、循环过程

系统经过一系列状态变化以后，又回到原来状态的过程叫作热力学系统的循环过

程，简称循环。进行循环过程的物质叫工作物质（工质）。循环的特征是系统经历一个循环之后，内能不改变。

按照循环过程进行的方向可把循环过程分为两类，如图 7-3-1a 所示，在 p-V 图上沿顺时针方向进行的循环称为正循环，工作物质做正循环的机器可以吸收热量对外做功，称为热机，它是把热能不断转变为机械能的机器；反之，在 p-V 图上沿逆时针方向进行的循环称为逆循环，如图 7-3-1b 所示，工作物质做逆循环的机器可以利用外界对系统做功将热量不断地从低温处向高温处传递，称为制冷机。

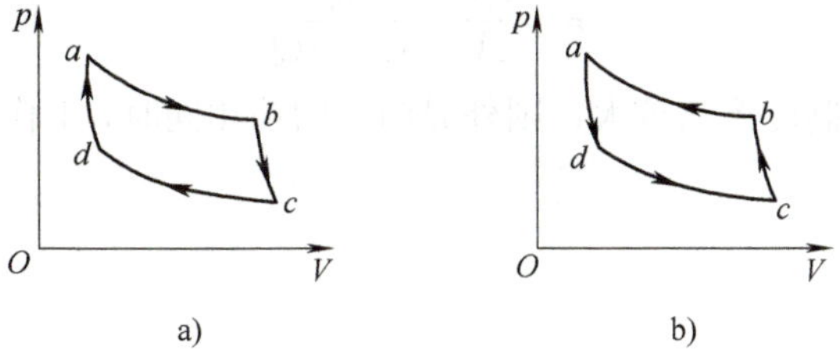

图　7-3-1

如果组成某一循环过程的各个过程都是准静态过程，则此循环过程可以用 p-V 图上的一条闭合曲线来表示，如图 7-3-1a 所示。从状态 a 开始，在 abc 的膨胀过程中，工作物质吸收热量 Q_1 并对外做功 A_1，功值等于 abc 曲线下的面积；从状态 c 经过 cda 回到状态 a 的压缩过程中，外界对工作物质做功 A_2，其值与曲线 cda 下的面积相等，同时工作物质将放出热量 Q_2。在整个循环过程中，工作物质对外做的净功为 $A=A_1-A_2$，其值等于闭合曲线所包围的面积。

对于循环过程，系统最后回到初状态，因而 $\Delta E=0$。在正循环中，系统从外界吸收的总热量 Q_1 大于向外界放出的总热量 Q_2，为便于研究，取绝对值。根据热力学第一定律，应有

$$Q_1-Q_2=A$$

一般说来，工作物质在正循环中，将从某些高温热源吸收热量，一部分用来对外做功，一部分用来向低温热源放出热量，具有热机工作的一般特征，所以正循环也叫热机循环（见图 7-3-2）。在逆循环中，外界对工作物质做正功，工作物质从低温热源吸收热量 Q_2，外界做功 A，向高温热源放出热量 Q_1，并且 $Q_1=Q_2+A$。这是制冷机的工作过程，所以逆循环也叫制冷循环（见图 7-3-3）。

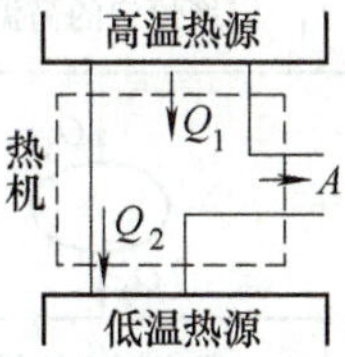

图　7-3-2

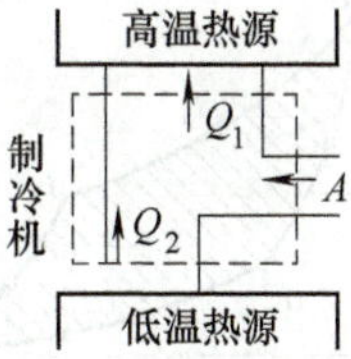

图　7-3-3

二、循环效率

在热机循环中，工作物质对外做的功 A 与它吸收的热量 Q_1 的比值，称为热机效率或

循环效率，即

$$\eta=\frac{A}{Q_1}=1-\frac{Q_2}{Q_1} \tag{7-22}$$

可以看出，当工作物质吸收同样多的热量时，对外界做的功越多，表明热机把热量转化为有用功的本领越大，效率就越高。

在制冷机内工作物质所实现的逆循环中，必须以消耗外界的功为代价，为了评价制冷机的工作效率，定义

$$\varepsilon=\frac{Q_2}{A}=\frac{Q_2}{Q_1-Q_2} \tag{7-23}$$

为制冷机的制冷系数。制冷系数越大，则外界消耗的功相同时，工作物质从冷库中取出的热量越多，制冷效果越佳。

三、卡诺循环

在 18 世纪末至 19 世纪初，蒸汽机的效率是很低的，95％的热量都没有得到利用。一方面是由于散热、漏气、摩擦等因素损耗能量，另一方面是由于一部分热量在低温热源放出。在生产需求的推动下，许多人开始从理论上来研究热机的效率。法国青年工程师卡诺研究了一种理想热机，并从理论上证明了它的效率最大，从而指出了提高热机效率的途径。这种热机的工作物质只与两个恒温热源接触（即温度恒定的高温热源和温度恒定的低温热源）并交换热量，不存在散热、漏气等因素，我们把这种理想热机称为卡诺热机，其循环过程称为卡诺循环。卡诺的研究工作不仅指明了提高热机效率的途径，还为热力学第二定律的建立奠定了基础。

卡诺提出的理想热机循环由两个等温和两个绝热的准静态过程组成，其工作过程可用 p-V 图来表示（见图 7-3-4）。

假定工作物质为质量为 m、摩尔质量为 M 的理想气体，a 到 b 为等温膨胀过程，内能变化为零，吸收的热量为

$$Q_1=\frac{m}{M}RT_1\ln\frac{V_2}{V_1}$$

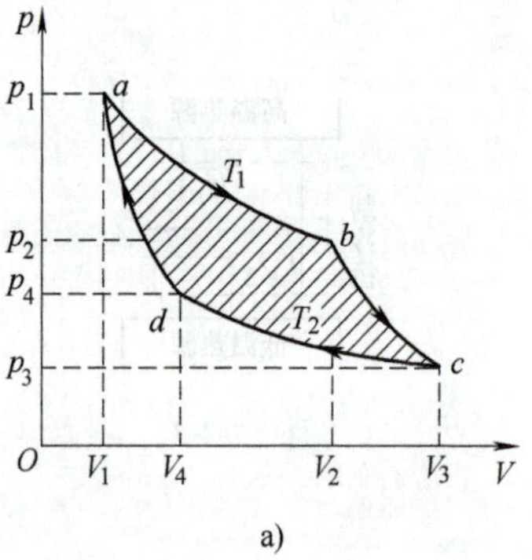

a)

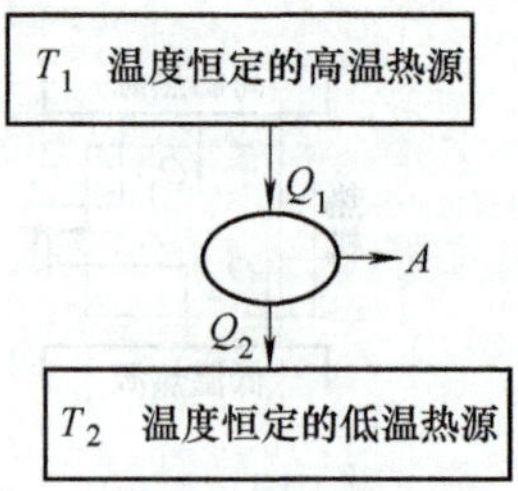

b)

图 7-3-4

a）P-V 图 b）工作示意图

c 到 d 为等温压缩过程，内能变化为零，对外对气体做的功等于向低温热源放出的热量

$$Q_2=\frac{m}{M}RT_2\ln\frac{V_3}{V_4}$$

卡诺循环的效率为

$$\eta=1-\frac{Q_2}{Q_1}=1-\frac{T_2\ln\frac{V_3}{V_4}}{T_1\ln\frac{V_2}{V_1}}$$

b 到 c 为绝热膨胀过程，d 到 a 为绝热压缩过程，应用绝热方程得

$$V_2^{\gamma-1}T_1=V_3^{\gamma-1}T_2$$

$$V_1^{\gamma-1}T_1=V_4^{\gamma-1}T_2$$

两式相除得

$$\frac{V_2}{V_1}=\frac{V_3}{V_4}$$

因而

$$\eta=1-\frac{T_2}{T_1} \tag{7-24}$$

从以上讨论可以看出：

1）要完成一次卡诺循环必须有高温和低温两个热源。

2）卡诺热机的效率只由高温热源和低温热源的温度决定，高温热源温度越高，低温热源温度越低，则循环效率越高。

3）高温热源的温度不可能无限制地提高，低温热源的温度也不可能达到绝对零度，因而热机的效率总是小于 1 的，即不可能把从高温热源所吸收的热量全部用来对外界做功。

理想卡诺热机的循环效率不可能达到 100%；这个结果还指明了提高热机效率的方法，即提高高温热源的温度，降低低温热源的温度。而对于一般热机的效率，则由后面的卡诺定理给予回答。正是在卡诺理论的指导下，蒸汽机的效率才提高到 20%；也正是在这种理论的指导下，工程技术上开始了由外燃机到内燃机的发展过程。

如果卡诺循环反方向进行，就称为逆卡诺循环（见图 7-3-5）。这时气体由 $a\to d\to c\to b\to a$。在逆循环中，外界对气体做的功为 A，工作物质从低温热源 T_2 吸收热量 Q_2，并向高温热源放出热量 Q_1，根据热力学第一定律，$Q_1=Q_2+A$，显然，卡诺逆循环是制冷循环，由制冷系数定义式（7-23）可得

$$\varepsilon=\frac{T_2}{T_1-T_2} \tag{7-25}$$

工质把从低温热源吸收的热量和外界对它所做的功以热量的形式传给高温热源，其结果可使低温热源的温度更低，达到制冷的目的。吸热越多，外界做的功越少，表明制冷机性能越好。当高温热源温度一定时，低温热源的温度越低，制冷机的制冷系数越低。这说明从温度越低的低温热源中吸收热量要消耗更多的外界的功。

【例题 7-4】 一台冰箱工作时，其冷冻室中的温度为-10℃，室温为 15℃。若按理想卡诺制冷循环计算，则此制冷机每消耗 100J 的功，可以从冷冻室中吸出多少热量？

解： 由 $\varepsilon=\dfrac{Q_2}{A}=\dfrac{T_2}{T_1-T_2}$ 得

$$Q_2=\frac{AT_2}{T_1-T_2}=\frac{100\times263}{288-263}\text{J}=1.05\times10^3\text{J}$$

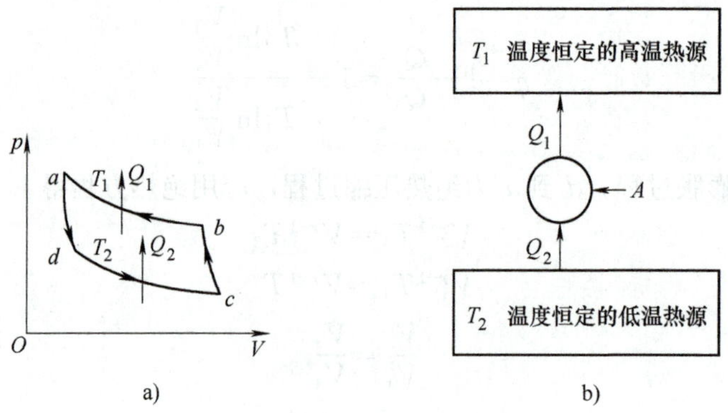

图 7-3-5

a) P-V 图 b) 工作示意图

【例题 7-5】 一可逆卡诺热机低温热源的温度为 7.0℃，效率为 40%；若要将其效率提高到 50%，则高温热源温度需提高多少？

解： 已知低温热源的温度 $T_2=7\text{K}+273\text{K}=280\text{K}$，设热机效率 $\eta=40\%$时高温热源的温度为 T_1，热机效率 $\eta'=50\%$时高温热源的温度为 T'_1，根据 $\eta=1-\dfrac{T_2}{T_1}$，则

$$T_1=\frac{T_2}{1-\eta},\quad T'_1=\frac{T_2}{1-\eta'}$$

所以，高温热源需要提高的温度为

$$\Delta T_1=T'_1-T_1=\frac{T_2}{1-\eta'}-\frac{T_2}{1-\eta}=\frac{280}{1-0.5}\text{K}-\frac{280}{1-0.4}\text{K}=93.3\text{K}$$

★解题指导： 计算热机效率和制冷系数，与高温热源 T_1 相联系的热量为 Q_1，与低温热源 T_2 相联系的热量为 Q_2，放热用式（7-22）、式（7-23）计算时采用绝对值。

第四节 热力学第二定律

热力学第一定律给出了各种形式的能量在相互转化过程中必须遵循的规律，但并未限定过程进行的方向。观察与实验表明，自然界中一切与热现象有关的宏观过程都是不可逆的，或者说是有方向性的。例如，热量可以从高温物体自动地传给低温物体，但是却不能自动地从低温物体传到高温物体。对这类问题的解释需要一个独立于热力学第一定律的新的自然规律，即热力学第二定律。为此，首先介绍可逆过程和不可逆过程的概念。

一、可逆过程和不可逆过程

1. 自然过程的方向性

自然过程是指在不受外界干预的条件下能够自动进行的过程，大量事实表明，一切宏观

自然过程都具有方向性。

1）热传导过程的方向性。温度不同的两个物体相互接触时，热量总是自动地从高温物体传递到低温物体，从而使两物体温度相同，达到热平衡，而不会自动地由低温物体传递给高温物体，这说明热传导过程具有方向性。

2）热功转换过程的方向性。转动的飞轮，在撤去动力后，由于转轴的摩擦，飞轮越转越慢，最后停止转动。该过程中由于摩擦生热，机械能全部转换成热能。而相反的过程，即飞轮周围的空间自动冷却，使飞轮由静止转动起来的过程却从未发生，这说明功转变为热的过程也是只能沿着单一的方向进行，即功可以转变为热，而热却不能无条件地完全转变为功，即功热转换过程具有方向性。

3）气体自由膨胀过程的方向性。如图 7-4-1 所示，将隔板把容器分为两部分，A 为理想气体，B 为真空，当抽去中间的隔板之后理想气体将自动地由 A 部向 B 部扩散，最后均匀分布于 A、B 两室中，这是气体对真空的自由膨胀。而相反的过程，即均匀充满容器的气体，在没有外界作用的情况下，不会自动地收缩到 A 部，使 B 部重新变为真空。由此看来，理想气体的自由膨胀过程也只能朝着一个方向进行，具有方向性。

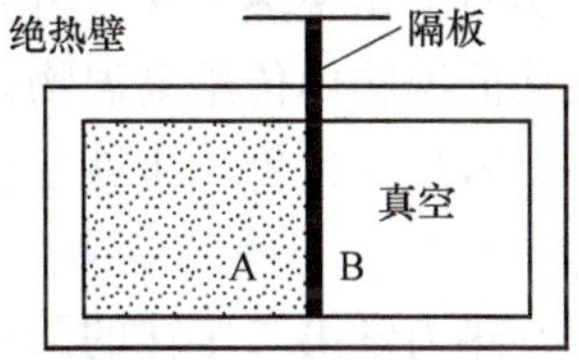

图 7-4-1

2. 可逆过程与不可逆过程的概念

从前面的讨论分析，我们可以发现自然现象的发生是和过程的方向有关的，为了进一步说明方向性的问题，引入可逆与不可逆过程的概念。

在系统状态变化过程中，如果逆过程能重复正过程的每一状态，而且不引起其他变化，这样的过程叫作可逆过程；反之，在不引起其他变化的条件下，不能使逆过程重复正过程的每一状态，或者虽能重复但必然会引起其他变化，这样的过程叫作不可逆过程。

根据可逆过程的概念，可知可逆过程的条件为：过程要无限缓慢地进行，系统在状态变化过程中，总是处于一系列平衡状态或无限接近于平衡状态；没有摩擦力、黏滞力或其他耗散力做功。在热现象中，这只有在准静态和无摩擦的条件下才有可能，即无摩擦准静态过程是可逆的。

可见，可逆过程是一种理想的极限，只能接近，绝不能真正达到。因为，实际过程都是以有限的速度进行，且在其中包含摩擦、黏滞、电阻等耗散因素，必然是不可逆的。所以不可逆过程在自然界中是普遍存在的，而可逆过程是理想的，是实际过程的近似；一切与热现象有关的实际的宏观过程都是不可逆的。

二、热力学第二定律

上述研究表明，宏观自然过程是不可逆的。热力学第二定律就是阐明宏观自然过程进行方向的规律。任何一个自然过程进行方向的说明都可以作为热力学第二定律的表述，而最具有代表性的是德国物理学家克劳修斯和英国物理学家开尔文分别于 1850 年和 1851 年提出的两种表述。

1. 热力学第二定律的两种表述

1851 年，开尔文通过热机效率即热功转换的研究提出了热力学第二定律的一种表述：**不可能制造出这样一种循环工作的热机，它只使单一热源冷却来做功，而不放出热量给其他物**

体，或者说不使外界发生任何变化。热力学第二定律的开尔文表述指出，在不引起其他变化的条件下，吸收的热量不可能全部转变为功，效率为100%的第二类永动机是不可能造成的。热力学第二定律的开尔文描述实质上是说热功转换是有方向性的，与其相应的经验事实是，功可以完全变热，但要把热完全变为功而不产生其他影响是不可能的。例如理想气体的等温膨胀，在这一过程除了气体从单一热源吸热完全变为功外，还引起了其他变化，即过程结束时，气体的体积增大了，压强降低了，不能自动地回到原来的状态了，这就是对外界有了影响，与开尔文表述不矛盾。

1850年，克劳修斯在大量事实的基础上提出了热力学第二定律的克劳修斯表述：热量不可能自动地从低温物体传到高温物体而不引起外界的变化。热力学第二定律的克劳修斯说法实质上是说热传递是有方向性的。热量只能自动地从高温物体传给低温物体，而不能自动地从低温物体传给高温物体。如果借助制冷机，当然可以把热量由低温传递到高温，但要以外界做功为代价，也就是引起了其他变化。克劳修斯表述指明了热传导过程是不可逆的。

2. 热力学第二定律两种表述的等价性

热力学第二定律的两种表述是等价的，即一种说法是正确的，另一种说法也必然正确；如果一种说法是不成立的，则另一种说法也必然不成立。

若开尔文说法不成立，即热机可从高温热源吸收热量 Q_1，全部用来对外界做功 $A=Q_1$；这个功 A 可以用来驱动一台制冷机，从低温热源吸收热量 Q_2，同时向高温热源放出热量$Q_2+A=Q_2+Q_1$。两机联合总的效果是低温热源的热量传到了高温热源，而没有产生其他影响，显然违反了克劳修斯说法（见图7-4-2)。反之，也可以证明如果克劳修斯说法不成立，则开尔文说法也不成立（见图7-4-3)。

这两种说法是从不同的角度来阐明热力学第二定律的，是等价的。

可见：

1）热力学第一定律是守恒定律，热力学第二定律则指出，符合第一定律的过程并不一定都可以实现，这两个定律是互相独立的，它们一起构成了热力学理论的基础。

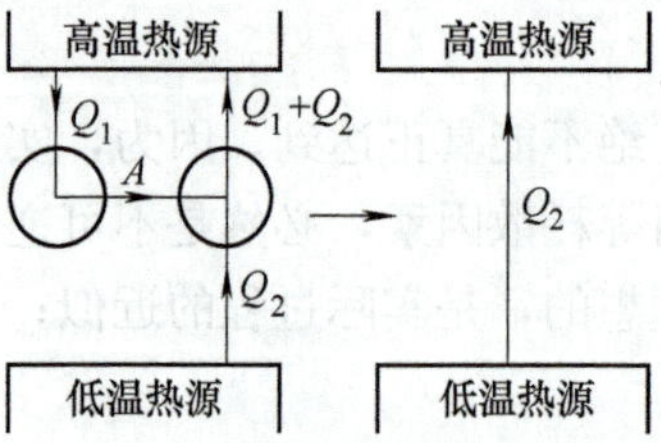

图 7-4-2

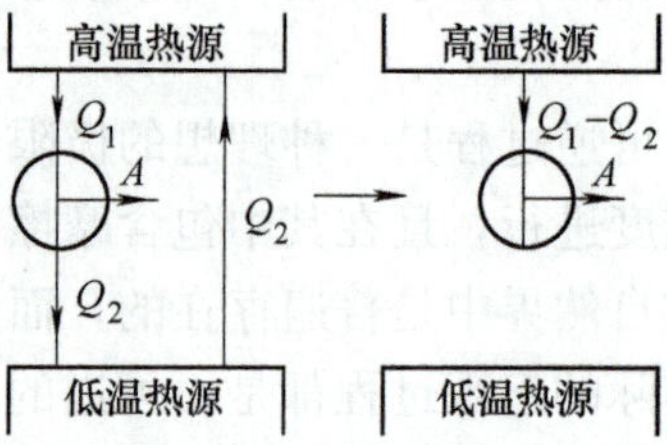

图 7-4-3

2）热力学第二定律除了开尔文说法和克劳修斯说法外，还有其他一些说法。事实上，凡是关于“自发过程是不可逆的”的表述都可以作为第二定律的一种表述。每一种表述都反映了同一客观规律的某一方面，但是其实质是一样的。因而，热力学第二定律可以概括为：一切与热现象有关的实际自发过程都是不可逆的。

三、卡诺定理

1824年，卡诺由热力学第二定律证明，在温度为 T_1 和温度为 T_2 的热源之间工作的循环动作的机器，遵守以下两条定理，即卡诺定理。

1）在温度分别为 T_1 和 T_2 的两个热源之间工作的任意工作物质的可逆卡诺热机都具有相同的效率，即

$$\eta=1-\frac{Q_2}{Q_1}=1-\frac{T_2}{T_1} \tag{7-26}$$

2）不可逆卡诺热机的效率不可能大于可逆卡诺热机的效率，如果可逆卡诺热机的效率为 $\eta=1-\frac{T_2}{T_1}$，不可逆卡诺热机的效率为 η'，则

$$\eta'\leqslant 1-\frac{T_2}{T_1} \tag{7-27}$$

可见，高温热源温度越高，低温热源温度越低，则热机的效率越高。因此，①提高热机效率可以从加大高温热源和低温热源之间的温度差着手。目前，许多大型的蒸汽机和内燃机都在朝着高温、高压方向发展，以达到提高热机效率的目的；②要尽可能地减少热机循环的不可逆性，也就是减少摩擦、耗散等因素。

第五节　熵　熵增加原理

热力学第二定律指出，自然界实际进行的与热现象有关的过程都是不可逆的，都是有方向性的。为了更方便地判断孤立系统中过程进行的方向，本节引入一个新的态函数。这个态函数是克劳修斯在 1854 年引入的，并于 1865 年正式命名为熵。用熵的变化可以表示系统进行的方向。

一个不可逆过程，不仅在直接逆向进行时不能消除外界的所有影响，而且无论用什么曲折复杂的方法，也都不能使系统和外界完全恢复原状而不引起任何变化。因此，一个过程的不可逆性与其说是决定于过程本身，不如说是决定于它的初态和终态。这预示着存在一个与初态和终态有关而与过程无关的状态函数，用以判断过程的方向。

一、熵的概念

1. 克劳修斯等式

由卡诺定理知，工作在温度为 T_1 和 T_2 的两个热源之间的可逆卡诺热机的效率为

$$\eta=1-\frac{|-Q_2|}{Q_1}=1-\frac{T_2}{T_1}$$

它与工作物质无关，也与循环中的 Q_1 和 Q_2 无关，可得

$$\frac{Q_1}{T_1}+\frac{Q_2}{T_2}=0 \tag{7-28}$$

$\frac{Q}{T}$ 为等温过程中吸收或放出的热量与热源温度之比，称为热温比。式（7-28）表明，任何工作物质经历一个可逆循环，循环中所有过程的热温比的代数和为零。这个结论可以推广到任意可逆循环过程，此时 $\sum\frac{Q_i}{T_i}=0$。在闭合路径的情况下写成

$$\oint\frac{\mathrm{d}Q}{T}=0 \tag{7-29}$$

式（7-29）称为克劳修斯等式。

2. 态函数熵

图 7-5-1 所示的可逆循环过程中有两个状态 a 和 b，此循环分为两个可逆过程 acb 和 bda，则

$$\oint \frac{đQ}{T} = \int_{acb} \frac{đQ}{T} + \int_{bda} \frac{đQ}{T} = 0$$

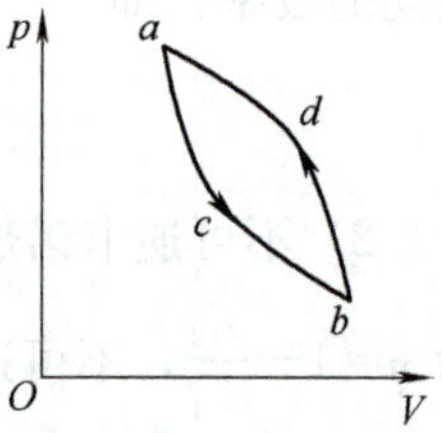

图 7-5-1

对于可逆过程

$$\int_{bda} \frac{đQ}{T} = -\int_{adb} \frac{đQ}{T}$$

因而有

$$\int_{acb} \frac{đQ}{T} = \int_{adb} \frac{đQ}{T}$$

因而系统从状态 a 达到状态 b，无论经过哪一个可逆过程，热温比的积分都是相等的。即沿可逆过程的热温比的积分，只取决于始、末状态，而与过程无关，与保守力做功类似。因而可认为存在一个态函数，定义为熵，用 S 表示。可逆过程的熵变为

$$S_b - S_a = \int_a^b \frac{đQ}{T} \tag{7-30}$$

即在一个可逆过程中，系统从初态 a 变化到末态 b 的过程中，系统的熵的增量等于初态 a 变化到末态 b 之间任意一个可逆过程的热温比的积分。对于一个微小过程

$$dS = \frac{đQ}{T} \tag{7-31}$$

熵的单位是 J/K。

二、熵的计算

由于熵是态函数，故系统处于某给定状态时，其熵也就确定了。如果系统从始态经过一个过程达到末态，始末两态均为平衡态，那么系统的熵变也就确定了，与过程是否可逆无关。因此可以在始末两态之间设计一个可逆过程来计算熵变；系统如果分为几个部分，则各部分熵变之和等于系统的熵变。

【例题 7-6】 求理想气体的熵变。

设有 1mol 理想气体，其状态参量由（p_1，V_1，T_1）变化到（p_2，V_2，T_2），在此过程中，系统的熵变为

$$\Delta S = \int \frac{đQ}{T}$$

由热力学第一定律，上式可以写成

$$\Delta S = \int \frac{đQ}{T} = \int \frac{dE + p dV}{T} = \int_{T_1}^{T_2} \frac{C_{V,m} dT}{T} + \int_{V_1}^{V_2} \frac{R dV}{V} = C_{V,m} \ln \frac{T_2}{T_1} + R \ln \frac{V_2}{V_1}$$

等温过程
$$\Delta S_T = R \ln \frac{V_2}{V_1}$$

等容过程
$$\Delta S_V = C_{V,m} \ln \frac{T_2}{T_1}$$

等压过程
$$\Delta S_p = C_{V,m} \ln \frac{T_2}{T_1} + R \ln \frac{V_2}{V_1}$$

在理想气体的等压过程中 $V_1/T_1 = V_2/T_2$，故有

$$\Delta S_p = C_{p,\mathrm{m}} \ln \frac{T_2}{T_1}$$

★**解题指导：** 熵是热力学的状态函数，状态 A 与 B 之间的熵变只与变化前后的 A 和 B 的状态参量的变化有关，与选择的计算过程无关。因此，在计算熵变时可以选取比较容易计算的过程进行。

【例题 7-7】 在例题 7-7 图所示的容器内有 1mol 理想气体，容器由绝热材料制成，与外界的能量传递可以忽略不计。有一隔板将容器分为 A、B 两部分，A 的体积为 V_1，开始时，A 内充满理想气体，B 为真空；打开隔板，使理想气体充满整个容器 V_2，求此过程的熵变。

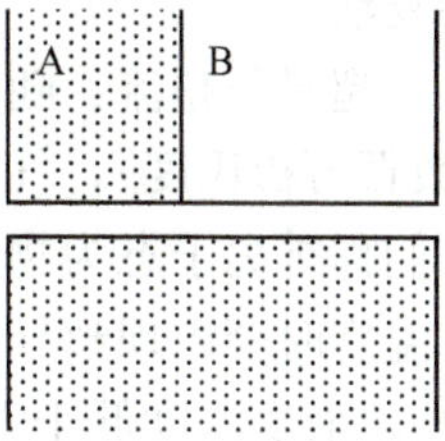

例题 7-7 图

解： 该理想气体可当作孤立系统，为了计算熵变，设该气体的膨胀是在可逆等温过程下进行的。由于等温过程中 $\mathrm{d}E=0$，所以

$$\text{đ}Q = \mathrm{d}A = p\,\mathrm{d}V$$

故熵变为

$$\Delta S = \int \frac{\text{đ}Q}{T} = \int \frac{p\,\mathrm{d}V}{T} = R\int_{V_1}^{V_2} \frac{\mathrm{d}V}{V} = R\ln\frac{V_2}{V_1}$$

由于 $$V_2 > V_1$$

所以 $$\Delta S > 0$$

可以看出，在此不可逆膨胀过程结束后，系统的熵变大了。

三、熵增加原理与热力学第二定律

在热传递问题中，热力学第二定律表述为，热只能自动地从高温物体传递给低温物体，而不能自动地向相反的方向进行。而熵增加原理表述为，孤立系统中进行的从高温物体向低温物体传递热量的热传导过程，是一个不可逆过程，在这个过程中熵要增加，当孤立系统达到温度平衡状态时，系统的熵具有最大值。即：**孤立系统内进行的任何实际宏观过程，总是沿着熵增加的方向进行的，只有可逆过程熵才不变，这称为熵增加原理。**可见热力学第二定律与熵增加原理对热传导方向的叙述是等价的，熵增加原理用数量表达式描述了不可逆过程进行的方向和限度。

拓展阅读 低温技术及其应用

低温技术不仅与人们当代高质量生活息息相关，同时与世界上许多尖端科学研究（诸如超导电技术、航天与航空技术、高能物理、受控热核聚变、远红外探测、精密电磁计量、生物学和生命科学等）密不可分。在超低温条件下，物质的特性会出现奇妙的变化：空气变成了液体或固体；生物细胞或组织可以长期贮存而不死亡；导体的电阻消失了——超导电现象；磁感线不能穿过超导体——完全抗磁现象；液体氦的黏滞性几乎为零——超流现象，而导热性能比高纯铜还好。下面主要介绍低温奇迹、低温技术的应用和低温是如何产生的。

1. 低温世界的奇迹

低温的世界就像童话里的世界，各种物质在低温下会呈现奇特的景象。在－190℃的低

温下，空气会变成浅蓝色的液体，叫作“液态空气”。若把梨在液态空气里浸过，它会变得像玻璃一样脆；石蜡在液态空气里，像萤火虫一样发出荧光。如果把鸡蛋放进−190℃的盒子中，能产生浅蓝色的荧光，摔在地上会像皮球一样弹起。在−100～−200℃的环境里，汽油、煤油、水银、酒精都会变成硬邦邦的固体；二氧化碳则变成了雪白的结晶体；酒精会变得像石头一样硬，塑料会像玻璃一样脆；鲜艳的花朵会像玻璃一样亮闪闪，轻轻地一敲，发出“叮当”响。从鱼缸捞出一条金鱼放进−190℃的液体中，金鱼就变得硬邦邦，晶莹透明，仿佛水晶玻璃制成的工艺品，再将这“玻璃金鱼”放回鱼缸的水中，金鱼说不定会复活。

超导与超流：随着温度降低，室温时的气态物质可以转化成液态、固态。如果升高温度（数百万摄氏度），气态可以转化为等离子态，所有原子和分子游离成带电的电子和正离子，人们称等离子态为物质的第四态。一些金属、合金、金属间化合物和氧化物，当温度低于临界温度时会出现超导电性（即零电阻现象）和完全抗磁性（把磁感线完全排除出体外的现象）。液氦温度低于零下271℃时还会出现超流现象，液体的黏滞系数几乎为零，杯子内的液氦会沿器壁爬到杯子下面，液体的传热系数比铜还好。上述两种状态可称为超导态和超流态，人们把超导态和超流态称为物质的第五态。

低温世界竟有这么多的奇迹，这也许可以促使人们在低温下进行特种物质的合成，或者进行一些常温下难以进行的科学研究。如果低温环境可以更简单地达到，那么也许就会彻底改变我们这个世界的现貌，引发另一次技术革命。

2. 低温在工程技术领域的应用

（1）能源研究与技术

能源是人类社会赖以存在和发展的基础，开发受控热核聚变能曾被认为是彻底解决人类能源的根本途径，因为每千克海水含有的氢同位素氘和氚的聚变能相当于300kg汽油。聚变实验装置中装容等离子体的真空室在放电前要求达到很高的真空度，采用低温泵是最佳选择。此泵可以用液氦制冷，也可用微型制冷机供冷。目前世界上运行的高温气冷裂变堆用氦气作为传热工质。

在能源技术领域超导磁体和超导技术还有更广泛用途，如超导电动机和超导发电机、超导电感电力贮能、超导变压器、超导电力传输线，上述超导电力工程应用是利用超导的零电阻特性来提高效率的，多数已有样机投入试运行；而用高温超导材料制造的故障电流限制器则利用了超导材料的临界特性和其失超后电阻变化很大的原理。

天然气是当前主要能源之一，当它降温至零下162℃时变成液体，体积缩小约640倍，从而便于运输，大型运输液化天然气的船舶可装运125 000m^3（5万t级）天然气。天然气的液化、液化天然气的贮存和运输可谓是大型低温工程。

（2）航空与航天技术

低温使室温下的气体转化成液体，气体液化后其密度增加几百倍，液化后的气体必须在绝热良好的容器里保存，容器的重量比起装容同等质量的气体所用的压力容器要减轻许多。因此，液氧和液氢常常作为推进火箭使用的燃料，火箭是人们探索宇宙所必需的运载工具。第二次世界大战时发射的火箭已用液氧和酒精或煤油作为燃料，到20世纪50年代液氢已经取代酒精/煤油成为火箭燃料，因为它的比冲量比煤油大30%。一架宇宙飞船的推进火箭携带的液氧多达530m^3，液氢1438m^3。这些低温燃料还起到冷却火箭外壳，使它与大气高速摩擦时不被烧蚀的作用。有人研究用液氢与甲烷固液混合物作为近声速和远超声速飞机的燃料，因为低温燃料可以冷却飞机表面。

广漠无际的宇宙空间是高真空极低温环境，在飞船上天之前必须在模拟环境中进行试验，这对于保证宇宙飞船的安全十分重要。这人工的空间模拟环境的获得必须依靠低温技术，低温技术不仅能使巨大的模拟器（数百立方米容积的真空罐）内达到足够低的温度，还能利用低温泵原理获得高真空。

超导磁悬浮技术的一个可能应用领域是航天器的发射，也就是使它在离开地面时已具有很高的速度，因为该加速过程由地面供给能源，从而减少了火箭需携带的燃料。

太空探测仪器要求低温制冷，因为太空深处的温度低达 3.5K，远红外辐射非常微弱，探测超宽红外辐射带的仪器需要用 1.8K 超流氦冷却。

超导体除了零电阻特性外，另一个奇妙特性是完全抗磁性。无论是超导线绕成的闭合线圈或块状超导材料都排斥磁感线穿过，或者说磁场排斥超导体。利用完全抗磁性可以制造无摩擦轴承和超导陀螺仪，因为无摩擦轴承能使陀螺仪以每分钟几万转的速度高速旋转，无论航空器或航天器的飞行方向如何变化，超导陀螺仪的旋转轴指向保持不变。

（3）低温/超导电子学

低温能降低电子器件的噪声，在远红外探测技术中必须用 38～80K 微型制冷机来提高微弱信号的声噪比，如气象卫星上用来测定海水表面层温度分布、云层分布及温度的红外辐射仪，用于测定物质比辐射率以确定宇宙星体构造的红外分光光度仪；探测地层中矿藏分布和资源的红外多光谱扫描仪，防空预警系统中导弹制导系统的红外探测器。在低温下利用约瑟夫逊效应量子器件可精确地测量极微弱的磁场变化，有人已用约瑟夫逊效应记录人的脑磁图，用来诊断某些疾病，也有人利用超导微电子器件制造速度更快的计算机。

3. 低温的产生

现代的制冷技术最普遍的方法是消耗机械功来制取冷量。压缩机先把制冷工质（可以是氨、氟利昂、空气、氢气、氦气或其他气体）压缩，用冷却水或风冷把压缩气体的发热带走；经换热器预冷后的压缩气体工质经膨胀机膨胀降温制冷或通过节流阀降温。用氨作为制冷工质，最冷能达到零下 33.5℃，用氦气作为制冷工质可以达到零下 271℃，用氟利昂-14 最低能达零下 128℃。最低温度是以制冷工质的凝固点为限。

1823 年，英国科学家法拉第采用加压与冷却方法液化了二氧化碳；1877 年科学家利用同样方法；1885 年德国科学家林德利用气体的狭口膨胀效应发展制冷技术，达到零下 190℃，使空气液化，随后又实现了氮气和氢气的液化；1908 年荷兰科学家卡曼林-昂内斯液化了温度最低的氦气。

科学技术的发展出现了其他制冷方法，诸如半导体温差制冷、涡流管制冷、吸收式制冷、脉冲管制冷、太阳能光-电转换制冷和光-热转换制冷等；在极低温领域还有 ^3He-^4He 的稀释制冷（可达 10^{-3}K）、顺磁盐绝热去磁制冷（可达 10^{-3}K 温度）和核去磁制冷（可达到 10^{-6}～10^{-8}K 低温）等方法。

在逼近绝对零度的道路上我们永远也没有尽头，而接近绝对零度的过程，实际上就是我们人类对于自身的一个不断超越，同时，这在工程上和理论上都具有重要的意义。

低温技术的应用前景十分广泛，在科学研究领域也十分活跃，是一个跨学科、跨领域的重要课题，需要我们不断地去探索，去探索如何逼近绝对零度，去探索物质在低温世界更多的奇妙性质。

选自 http://wenku.baidu.com/view/ef89b5e8551810a6f524868f.html

本章内容小结

1. 热力学过程

当热力学系统由某一平衡态开始发生变化时，系统从一个平衡态过渡到另一个平衡态所经过的变化历程，称为热力学过程，简称过程。热力学过程由于中间状态不同而被分为准静态过程与非静态过程。如果任意时刻的中间态都无限接近于一个平衡态，则此过程为准静态过程。如果中间态都为非平衡态，则此过程为非静态过程。

2. 热力学第一定律

对于准静态过程，热力学第一定律可表示为

$$Q = \Delta E + \int_{V_1}^{V_2} p\,\mathrm{d}V$$

对于无限小的状态变化过程，热力学第一定律可表示为

$$\mathrm{đ}Q = \mathrm{d}E + \mathrm{đ}A = \mathrm{d}E + p\,\mathrm{d}V$$

3. 等值过程的有关公式

过程	过程特点	过程方程	热力学第一定律	内能增量
等容	$\mathrm{d}V=0$	$pT^{-1}=$常量	$Q_V=\Delta E$	$\Delta E=E_2-E_1=\frac{m}{M}C_{V,\mathrm{m}}(T_2-T_1)$
等压	$\mathrm{d}p=0$	$VT^{-1}=$常量	$Q_p=\Delta E+p\Delta V$	$\Delta E=E_2-E_1=\frac{m}{M}C_{V,\mathrm{m}}(T_2-T_1)$
等温	$\mathrm{d}T=0$	$pV=$常量	$Q_T=A$	$\Delta E=E_2-E_1=0$
绝热	$\mathrm{đ}Q=0$	$pV^{\gamma}=$常量 $p^{\gamma-1}T=$常量 $p^{\gamma-1}T^{-\gamma}=$常量	$A=-\Delta E$	$\Delta E=E_2-E_1=\frac{m}{M}C_{V,\mathrm{m}}(T_2-T_1)$

4. 热机效率的有关公式

一般的热机效率

$$\eta=\frac{A}{Q_1}=1-\frac{Q_2}{Q_1}$$

制冷机的制冷系数

$$\varepsilon=\frac{Q_2}{A}=\frac{Q_2}{Q_1-Q_2}$$

卡诺循环的效率为

$$\eta=1-\frac{T_2}{T_1}$$

5. 热力学第二定律

热力学第二定律的开尔文表述：不可能制造出这样一种循环工作的热机，它只使单一热源冷却来做功，而不放出热量给其他物体，或者说不使外界发生任何变化。

热力学第二定律的克劳修斯表述：热量不可能自动地从低温物体传到高温物体而不引起

外界的变化。

开尔文说法不成立，则克劳修斯说法也不成立；克劳修斯说法不成立，则开尔文说法也不成立，二者是等价的。

6. 卡诺定理

在温度各为 T_1和 T_2的两个热源之间工作的任意工作物质的可逆卡诺热机都具有相同的效率，即

$$\eta=1-\frac{Q_2}{Q_1}=1-\frac{T_2}{T_1}$$

不可逆卡诺热机的效率不可能大于可逆卡诺热机的效率，如果可逆卡诺热机的效率为 $\eta=1-\frac{T_2}{T_1}$，不可逆卡诺热机的效率为 η'，则 $\eta'\leqslant 1-\frac{T_2}{T_1}$。

7. 克劳修斯等式

$$\oint\frac{đQ}{T}=0$$

8. 态函数熵

可逆过程的熵变为

$$S_b-S_a=\int_a^b\frac{đQ}{T}$$

即在一个可逆过程中，系统从初态 a 变化到末态 b 的过程中，系统的熵的增量等于初态 a 变化到末态 b 之间任意一个可逆过程的热温比的积分。对于一个微小过程

$$dS=\frac{đQ}{T}$$

习　题

7-1　1mol 单原子理想气体从 300K 加热到 350K，(1) 容积保持不变；(2) 压强保持不变。问：在这两过程中各吸收了多少热量？增加了多少内能？对外做了多少功？

7-2　在 1g 氦气中加进了 1J 的热量，若氦气压强并无变化，它的初始温度为 200K，求它的温度升高多少。

7-3　压强为 1.0×10^5Pa，体积为 0.0082m^3的氮气，从初始温度 300K 加热到 400K，加热时：(1) 体积不变，(2) 压强不变。问：各需热量多少？哪一个过程所需热量大？为什么？

7-4　2mol 的氮气，在温度为 300K、压强为 1.0×10^5 Pa 时，等温地压缩到 2.0×10^5 Pa。求气体放出的热量。

7-5　1mol 的理想气体，完成了由两个等容过程和两个等压过程构成的循环过程（见题 7-5 图），已知状态 1 的温度为 T_1，状态 3 的温度为 T_3，且状态 2 和 4 在同一等温线上。试求气体在这一循环过程中做的功。

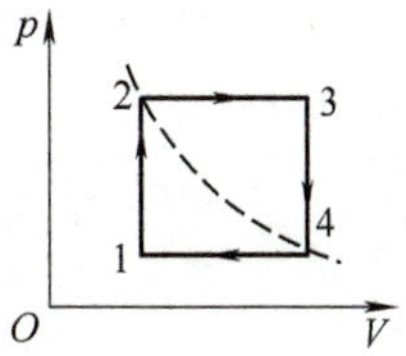

题 7-5 图

7-6　将 500J 的热量传给标准状态下 2mol 的氢。

(1) 若体积不变，问：这热量变为什么？氢的温度变为多少？

(2) 若温度不变，问：这热量变为什么？氢的压强及体积各变为多少？

(3) 若压强不变，问：这热量变为什么？氢的温度及体积各变为多少？

7-7　1mol 氢，在压强为 1.0×10^5Pa、温度为 20℃时，其体积为 V_0，今使它经以下两种过程达同一状态：(1) 先保持体积不变，加热使其温度升高到 80℃，然后令它做等温膨胀，体积变为原体积的 2 倍；(2) 先使它做等温膨胀至原体积的 2 倍，然后保持体积不变，加热到 80℃。试分别计算以上两种过程

中吸收的热量、气体对外做的功和内能的增量。

7-8 汽缸内有单原子理想气体，若绝热压缩使其容积减半，问：气体分子的平均速率变为原来速率的几倍？若为双原子理想气体，又为几倍？

7-9 某种单原子分子的理想气体做卡诺循环，已知循环效率 $\eta=20\%$，试问气体在绝热膨胀时，气体体积增大到原来的几倍？

7-10 一热机在 1000K 和 300K 的两热源之间工作。如果（1）高温热源提高到 1100K，（2）低温热源降低到 200K，求理论上的热机效率各增加多少。

7-11 一热机每秒从高温热源（$T_1=600\text{K}$）吸取热量 $Q_1=3.34\times10^4\text{J}$，做功后向低温热源（$T_2=300\text{K}$）放出热量 $Q_2=2.09\times10^4\text{J}$。（1）它的效率是多少？它是不是可逆机？（2）如果尽可能地提高了热机的效率，每秒从高温热源吸热 $3.34\times10^4\text{J}$，则每秒最多能做多少功？

7-12 一定质量的双原子理想气体原体积为 15L，压强为 2atm。从原状态经等容加热过程至压强为 4atm，然后，经等温膨胀过程至体积为 30L，最后经等压压缩过程回到原状态。求此循环的效率。

7-13 把质量为 5kg、比热容（单位质量物质的热容）为 544J/（kg·℃）的铁棒加热到 300℃，然后浸入一大桶 27℃的水中。求在这冷却过程中铁的熵变。

7-14 一绝热容器被铜片分成两部分，一边盛 80℃的水，另一边盛 20℃的水，经过一段时间后，从热的一边向冷的一边传递了 4186J 的热量，问：在这个过程中的熵变是多少？

7-15 把 0.5kg 温度为 0℃的冰放在质量非常大、温度为 20℃的热源中，使冰正好全部融化。试计算：（1）冰融化成水的过程中熵的变化；（2）热源熵的变化；（3）总的熵的变化。（1kg 冰在 0℃及 1.013Pa 时全部融化所吸收的热为 $3.34\times10^5\text{J}$）

第三篇
电　磁　学

电磁学是研究电磁运动规律及其应用的一门学科。人类认识电磁现象是非常早的，从我国古代战国时期有关“司南”的记载，到 1965 年麦克斯韦在前人基础上建立了完整的电磁场理论，电磁学的研究对人类文明史的进程具有划时代的意义。电磁学是人类认识物质世界必不可少的理论基础，在此基础上发展起来了电工学、无线电电子学、自动控制学、遥感遥测学、电视学、通信工程等多门理工学科。电磁学像力学和热学一样，也有其自身的系统性和逻辑性，有很强的理论体系。电磁场不是离散孤立的，而是分布在空间的矢量场。在数学工具上，它除了用微积分计算外，还常用到矢量分析。在研究方法上，一般总是由稳恒场到变化场，由真空到介质，由特殊模型到一般实例。本篇介绍的是经典电磁理论，主要包括三部分内容：静电场、稳恒电流的磁场和电磁感应。

本篇的基本要求如下。

1）静电场部分：掌握静电场的电场强度和电势的概念以及场的叠加原理，了解电场强度与电势的微分关系，能计算一些简单问题中的电场强度和电势，理解静电场的规律（高斯定理和安培环路定理），掌握用高斯定理计算电场强度的条件和方法；了解导体的静电平衡条件，了解介质的极化现象及其微观解释；了解电容的定义及其物理意义；掌握静电场能量。

2）稳恒电流的磁场部分：掌握磁感应强度的概念，理解毕奥-萨伐尔定律，计算一些简单问题中的磁感应强度，理解稳恒磁场的规律（磁场高斯定理和安培环路定理），理解用安培环路定理计算磁感应强度的条件和方法，理解安培定律和洛伦兹力公式，知道磁化现象及其微观解释。

3）电磁感应部分：理解电动势的概念，掌握法拉第电磁感应定律，理解动生电动势及感生电动势的概念和规律，了解自感和互感的定义及其物理意义，掌握麦克斯韦基本理论。

第八章　静　电　场

电荷之间的相互作用是通过一种特殊的物质来实现的，这种特殊的物质就叫作电场。任何带电物体都在其周围激发电场。静电场是指相对于观察者静止的电荷产生的场。静电场是普遍存在的电磁场的一种特殊情况，也是较简单的情况，是研究电学的基础。

本章主要研究描述静电场的基本物理量——电场强度和电势，静电场的基本实验定律——库仑定律和电场叠加原理，静电场的基本定理——静电场的高斯定理和安培环路定理，电介质极化的微观机制及相关问题，以及电容和电容器等的应用，最后介绍静电场能量的定量表达。

第一节　电荷　库仑定律

一、电荷

1. 电荷与电荷的量子化

人类在很早以前就知道琥珀摩擦后，具有吸引稻草片或羽毛屑等轻小物体的特性。物体具有的吸引轻小物体的这种性质叫作“物体带电”或称“物体有了电荷”，并认识到电有正负两种：同性相斥，异性相吸。当时并不知道电是实物的一种属性，认为电是附着在物体上的，因而把它称为**电荷**，并把具有这种斥力或引力的物体称为带电体。习惯上经常也把带电体本身简称为电荷。由物质结构理论可以知道，物质由分子组成，分子由原子组成；原子由带正电的原子核和绕核运动的电子组成；原子核中有质子和中子，质子带正电，中子不带电，而电子带负电；通常情况下，原子中质子所带的正电荷量和电子所带的负电荷量总是相等的，因此原子对外呈现电中性，因而由原子构成的物质对外也呈现电中性而表现为不带电。

但是，如果由于某种原因，例如两个物体之间相互摩擦或者将一个不带电的物体靠近另一个带电的物体（这两种使物体带电的过程分别叫作**摩擦起电**和**感应起电**，它们是使物体带电的两种基本方法），使物体失去电子或得到电子，那么物体的电中性就遭到了破坏，原来中性的物体就带了电荷。带了电荷的物体叫带电体，带电体所带电荷的多少叫**电荷量**，通常用 Q 或 q 表示。

实验证明，物体所带的电荷有两种：正电荷和负电荷，而且自然界也只存在这两种电荷。电荷之间有相互作用力，同性相斥，异性相吸。电荷量的单位是库仑（用 C 表示），1C 就是电流为 1A 时每秒通过导体任一横截面的电荷量。根据实验测定，电子和质子带电荷量大小均为 $e=1.6\times10^{-19}$C（e 称为电荷基本单元）。实验表明，任何带电体所带电荷量都是

电荷量 e 的整数倍，即

$$q = ne(n=0,\ \pm1,\ \pm2,\ \cdots) \tag{8-1}$$

可见，物体所带电荷是不连续的，或者说电荷是量子化的。电荷的量子化是物理学至今仍未解决的一个难题。随着人们对物质结构更深层次的研究，20 世纪 50 年代以来，科学家提出了“夸克”模型，认为夸克带的电荷是 e 的分数倍 $\pm\frac{1}{3}$、$\pm\frac{2}{3}$，但迄今为止，尚未在实验中找到夸克。即使今后真的发现了夸克，并证实夸克所带电荷是 e 的分数倍的话，仍不会改变电荷量子化的结论。

2. 电荷守恒定律

实验表明，无论用什么方式起电，正负电荷总是同时出现的，而且这两种电荷的量值一定相等。物体在带电过程中，总是伴随有电荷的转移。在摩擦起电过程中，电荷从一个物体转移到了另一个物体，结果使两个物体带上了等量异号电荷；在感应起电过程中，电荷从物体的一个部分转移到了物体的另一个部分，结果使物体的两个不同部分出现了等量异号电荷。相反，当分别带有等量异号电荷的物体相遇时，它们互相中和，两个物体上的电荷将同时消失，物体就不再带电。大量实验表明：电荷既不能被创造，也不能被消灭，它们只能从一个物体转移到另一个物体，或从物体的一部分转移到另一部分，在任何物理过程中电荷的代数和总保持不变，这个结论就是电荷守恒定律。无论是在宏观领域里，还是在微观领域里，电荷守恒定律都是成立的，像能量守恒定律、动量守恒定律和角动量守恒定律一样，是物理学中的普适守恒定律。

二、库仑定律

1. 点电荷

像质点一样，任意两个静止带电体之间的静电力不仅与它们之间的相对位置有关，而且取决于它们各自的形状、大小和电荷在带电体上的分布情况以及周围的介质等因素。为遵循从特殊到一般的研究方法，提出“点电荷”的模型。所谓点电荷，从理论上讲就是只有电荷量而没有大小、形状的带电体。由于实际带电体都不可能小到一个点，所以点电荷也是一种理想化模型。实际上，当带电体的线度比起带电体间的距离小得多时，带电体就可看作是点电荷。

2. 库仑定律

1785 年，法国物理学家库仑通过扭秤实验总结出两个点电荷之间相互作用的静电力的基本规律，后人称之为库仑定律。它表明真空中两个静止点电荷之间相互作用力的大小与它们所带电荷量 q_1 和 q_2 的乘积成正比，与它们之间距离 r 的二次方成反比，作用力的方向沿着它们的连线，同号电荷相斥，异号电荷相吸。其数学表达式为

$$F = k\frac{q_1 q_2}{r^2} \tag{8-2}$$

式中，k 是比例系数。国际单位制中，k 的数值约为 $9.0\times10^9\,\mathrm{N\cdot m^2/C^2}$。通常令

$$k = \frac{1}{4\pi\varepsilon_0} \tag{8-3}$$

式中，常数 ε_0 称为真空介电常数（或称为真空电容率），其值为

$$\varepsilon_0=\frac{1}{4\pi k}\approx 8.85\times 10^{-12}\,\mathrm{C^2/(N\cdot m^2)} \tag{8-4}$$

这样，库仑定律的数学表达式写成矢量式即为

$$\boldsymbol{F}_{12}=\frac{1}{4\pi\varepsilon_0}\frac{q_1q_2}{r_{12}^2}\boldsymbol{e}_{12} \tag{8-5}$$

式中，$\boldsymbol{e}_{12}$表示施力电荷指向受力电荷方向的单位矢量，如图 8-1-1 所示。当 $\boldsymbol{F}_{12}>0$，即 q_1 和 q_2 为同性电荷时，$\boldsymbol{F}_{12}$与 $\boldsymbol{e}_{12}$ 同方向，是排斥力；当 $\boldsymbol{F}_{12}<0$，即 q_1 和 q_2 为异性电荷时，$\boldsymbol{F}_{12}$与 $\boldsymbol{e}_{12}$反方向，是吸引力。

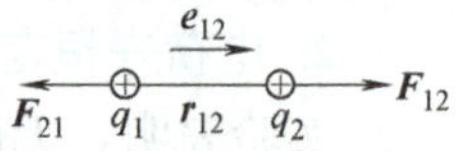

图 8-1-1

显然，两个静止点电荷之间的作用力符合牛顿第三定律。但应当指出，由于电磁相互作用传递速度有限等原因，对运动电荷间的相互作用力不能简单地应用牛顿第三定律。对于多个静止的电荷之间的相互作用力，符合**力的叠加原理**。

【例题 8-1】 试求氢原子核与电子间库仑力与万有引力之比。

解：氢原子核是一个质子，其质量 $m'=1.67\times10^{-27}$ kg，带电荷量 $+q=1.6\times10^{-19}$ C；核外只有一个电子，其质量 $m=9.11\times10^{-31}$ kg，带电荷量 $-q=1.6\times10^{-19}$ C，两者相距 $r=0.529\times10^{-10}$ m。

由库仑定律及万有引力定律分别得静电力与万有引力为

$$F_e=k\frac{q_1q_2}{r^2}=8.22\times10^{-8}\,\mathrm{N},\quad F_g=G\frac{m'm}{r^2}=3.63\times10^{-47}\,\mathrm{N}$$

二者的比值为

$$\frac{F_e}{F_g}=2.26\times10^{39}$$

由此可见，在原子尺度内，万有引力远比静电作用力小。因此，在研究带电粒子的相互作用时，它们之间的万有引力通常都可以忽略不计，只考虑静电力。

截至目前，所有的观察和实验都表明，库仑定律与实验符合得很好。库仑定律是静电学的基础。

第二节 静电场 电场强度

一、静电场

库仑定律表明，真空中两个相互隔开的点电荷会有相互作用力。那么它们之间的相互作用力是以什么为媒介传递的呢？近代物理科学实验表明，电荷之间的相互作用是通过一种特殊的物质来实现的，这种特殊的物质就叫作**电场**。任何带电体都在其周围激发电场，电场的基本特性就是对处于其中的电荷有力的作用，这种力叫作**电场力**。

利用电场概念，可将两电荷 q 和 q_0 间的作用力表述为：电荷 q 在其周围激发电场，电场对电荷 q_0 施加力的作用，这个作用力就是 q 对 q_0 的库仑作用力。

应该注意，电场是物质存在的一种形态，它和由原子、分子组成的物质一样，具有能量、动量和质量等一系列属性，但它又是一种特殊的物质，它具有可叠加性，即几个电荷产

生的电场可同处一个空间。

本章所讨论的电场是由相对于观察者静止的电荷所产生的场，称之为静电场。静电场是普遍存在的电磁场的一种特殊情况。

二、电场强度

1. 电场强度的定义

电场对处于其中的电荷有力的作用，这样就可以从力的角度去描述电场。如图 8-2-1 所示，假定在空间有一带电体，电荷量为 q，该带电体在它的周围会激发电场，为了描述空间各个点的电场分布，可在其中取任一点 P 并在该点引入一个试验电荷 q_0，通过场对 q_0 的作用力来描述。

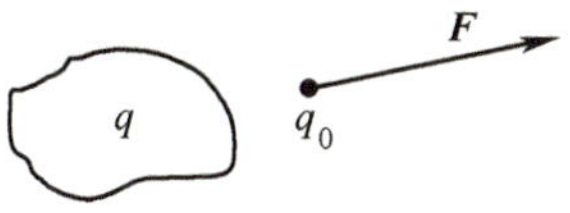

图 8-2-1

对试验电荷的要求，一是线度要小，可以当作点电荷，此时对场的描述才会精确到每一点；二是电荷量要小，它的引入不会破坏原电场的分布，否则给出的描述就不是原电场的分布。

实验表明，一般情况下，将试验电荷 q_0 放在电场中的不同点时，其受力情况不同，这说明对于不同点来说，场的分布不同。但对于电场中给定的一个点，若将试验电荷的电荷量 q_0 增大一倍，则其所受的作用力 $\boldsymbol{F}$ 的大小就增大一倍；q_0 减小为原来的一半，其所受的作用力 $\boldsymbol{F}$ 的大小就减小为原来的一半，但力 $\boldsymbol{F}$ 与 q_0 的比值却始终是一个常数，与试验电荷的电荷量 q_0 无关。这说明$\dfrac{\boldsymbol{F}}{q_0}$是一个描述电场本身性质的参量，称为电场强度，用 $\boldsymbol{E}$ 表示，即

$$\boldsymbol{E}=\frac{\boldsymbol{F}}{q_0} \tag{8-6}$$

上式表明，电场中某点的电场强度的大小等于单位电荷在该点所受的作用力，其方向为正电荷在该点受力的方向。由于试验电荷在电场中不同点受力 $\boldsymbol{F}$ 一般不同，所以 $\boldsymbol{F}$ 是空间坐标的函数，因而 $\boldsymbol{E}$ 也是空间坐标的函数。在静电场中，任一点只有一个电场强度与之对应，也就是说，静电场是位置坐标的单值函数。在 SI 中，电场强度 $\boldsymbol{E}$ 的单位是 N/C。

如果电场中各个点的电场强度大小和方向都相同，那么这种电场就叫作匀强电场。

2. 电场强度的计算

（1）点电荷的电场强度

如果带电体是一个点电荷，由库仑定律就可以求出点电荷的电场分布。设真空中一个静止点电荷的电荷量为 q，距离它为 r 的 P 点处的电场强度，可由式（8-6）计算：

$$\boldsymbol{E}=\frac{\boldsymbol{F}}{q_0}=\frac{1}{4\pi\varepsilon_0}\frac{q\,q_0}{q_0 r^2}\boldsymbol{e}_r=\frac{q}{4\pi\varepsilon_0 r^2}\boldsymbol{e}_r \tag{8-7}$$

式中，$\boldsymbol{e}_r$ 是由电场源电荷 q 指向试验电荷 q_0 的单位矢量。当 $q>0$ 时，$\boldsymbol{E}$ 的方向与 $\boldsymbol{e}_r$ 相同；当 $q<0$ 时，$\boldsymbol{E}$ 的方向与 $\boldsymbol{e}_r$ 相反。由式（8-7）还可看出，点电荷产生的电场，其分布具有球对称性，如图 8-2-2 所示。

（2）电场强度的叠加原理

如果电场是由点电荷 q_1，q_2，…，q_n 共同产生的，这些电荷总体称为点电荷系。根据库仑定律及电场力的叠加原理可知，位于 P 点的试验电荷 q_0 所受的总作用力为各点电荷单

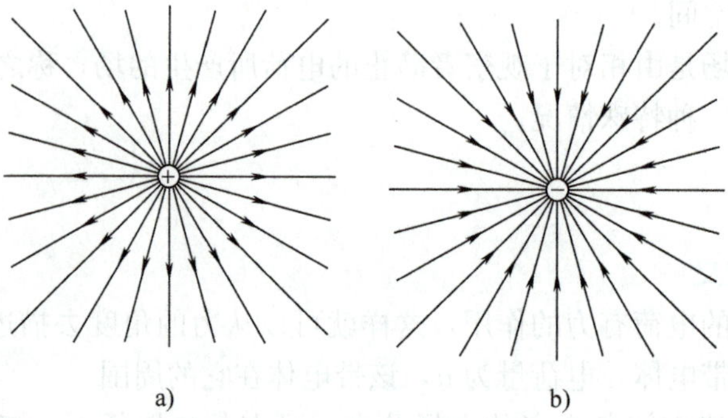

图 8-2-2

a）正电荷 b）负电荷

独存在时对 q_0 作用力的矢量和，即

$$\boldsymbol{F}=\boldsymbol{F}_1+\boldsymbol{F}_2+\cdots+\boldsymbol{F}_n=\sum_{i=1}^{n}\boldsymbol{F}_i \tag{8-8}$$

由电场强度的定义可得，点电荷系的电场强度为

$$\boldsymbol{E}=\boldsymbol{E}_1+\boldsymbol{E}_2+\cdots+\boldsymbol{E}_n=\sum_{i=1}^{n}\boldsymbol{E}_i \tag{8-9}$$

即点电荷系在某点产生的电场强度，等于各个点电荷单独存在时在该点所产生的电场强度的矢量和，这个结论称为电场强度的叠加原理。

(3) 任意带电体的电场强度

电场强度的叠加原理是电学中的一个基本原理，它除了说明电场具有叠加性外，还给出了任意带电体在其周围产生电场的计算方法。因为任何带电体都可以看成是由许多电荷元 $\mathrm{d}q$ 构成的，而每一电荷元都可看作是点电荷，它在 P 点产生的电场强度为元场强 $\mathrm{d}\boldsymbol{E}$，整个带电体在 P 点产生的电场强度等于所有电荷元在该点产生的电场强度的矢量和。所以，对于电荷连续分布的带电体的电场强度，由于此矢量求和为无限的，数学上归结为矢量积分

$$\boldsymbol{E}=\int \mathrm{d}\boldsymbol{E} \tag{8-10}$$

该式在具体计算时，要将其投影到具体坐标方向上进行计算。同时还应注意，积分是对整个带电体进行的。

利用叠加原理求电场强度，是求解电场强度的一种方法。基本解题步骤是：选取 $\mathrm{d}q$，写出 $\mathrm{d}\boldsymbol{E}$，投影积分，计算讨论。即首先在带电体上任选一电荷元 $\mathrm{d}q$，其次给出它在所求场点产生的电场强度 $\mathrm{d}\boldsymbol{E}$，然后在具体坐标系中将 $\mathrm{d}\boldsymbol{E}$ 分解为各坐标轴上的投影式（分量），再统一积分变量，确定积分的上下限，最后完成积分求出结果，并做必要的讨论。

在利用上式计算电场强度时，通常要用到电荷密度的概念，根据电荷在带电体中连续分布情况的不同，电荷密度有三种类型：电荷体密度 ρ，即单位体积内的电荷量；电荷面密度 σ，即单位面积上的电荷量；电荷线密度 λ，即单位长度上的电荷量。它们的定义式分别为

$$\rho=\frac{\mathrm{d}q}{\mathrm{d}V} \tag{8-11}$$

$$\sigma=\frac{\mathrm{d}q}{\mathrm{d}S} \tag{8-12}$$

$$\lambda = \frac{dq}{dl} \tag{8-13}$$

这样，只要合理选取微元，就可将 dq 用微元和电荷密度表示出来，如 $dq=\rho dV$，$dq=\sigma dS$，$dq=\lambda dl$，相应的电场强度计算分别对应为体积分、面积分和线积分：

$$\boldsymbol{E} = \frac{1}{4\pi\varepsilon_0}\iiint_V \frac{\rho dV}{r^2}\boldsymbol{e}_r \quad (体电荷) \tag{8-14}$$

$$\boldsymbol{E} = \frac{1}{4\pi\varepsilon_0}\iint_S \frac{\sigma dS}{r^2}\boldsymbol{e}_r \quad (面电荷) \tag{8-15}$$

$$\boldsymbol{E} = \frac{1}{4\pi\varepsilon_0}\int_l \frac{\lambda dl}{r^2}\boldsymbol{e}_r \quad (线电荷) \tag{8-16}$$

【例题 8-2】 试求间距很近的一对等量异号点电荷的延长线和中垂线上一点的电场强度。

解：(1) 如例题 8-2 图所示，这种由间距为 l 的一对等量异号点电荷组成的带电系统，当 $x \gg l$ 时称为电偶极子。从负电荷指向正电荷的位置矢量 $\boldsymbol{l}$ 称为电偶极臂，电荷量与电偶极臂的乘积 $\boldsymbol{p}=q\boldsymbol{l}$ 称为电偶极矩（简称电矩）。由场强叠加原理得电偶极子延长线上任一点 A 的电场强度为

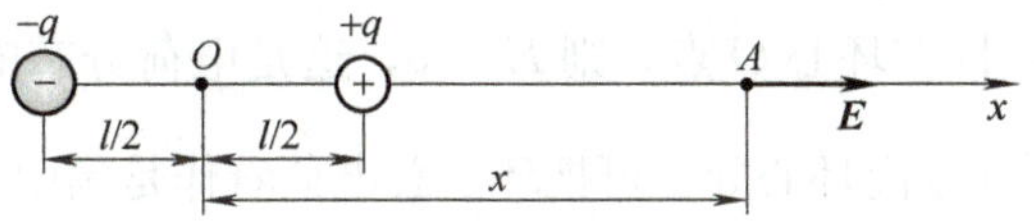

例题 8-2 图

$$\boldsymbol{E} = \boldsymbol{E}_+ + \boldsymbol{E}_- = \frac{q}{4\pi\varepsilon_0}\left[\frac{1}{\left(x-\frac{l}{2}\right)^2} - \frac{1}{\left(x+\frac{l}{2}\right)^2}\right]\boldsymbol{i}$$

当 $x \gg l$ 时，上式近似为

$$E = \frac{2ql}{4\pi\varepsilon_0 x^3} = \frac{p}{2\pi\varepsilon_0 x^3}$$

方向沿 x 正方向，即与 $\boldsymbol{p}$ 方向相同。

(2) 对于电偶极子中垂线上任一点 P 的电场强度，P 点到电偶极子距离为 y，当 $y \gg L$ 时同理可近似计算得

$$E = \frac{ql}{4\pi\varepsilon_0 y^3} = \frac{p}{4\pi\varepsilon_0 y^3}$$

方向沿 x 轴负方向，即与 $\boldsymbol{p}$ 方向相反。这样电偶极子在其延长线上和中垂面上的电场强度的矢量形式分别表示为

$$\boldsymbol{E} = \frac{\boldsymbol{p}}{2\pi\varepsilon_0 x^3} \quad 和 \quad \boldsymbol{E} = \frac{-\boldsymbol{p}}{4\pi\varepsilon_0 y^3}$$

电偶极子是一个非常重要的物理模型，在研究介质的极化、电磁波的发射等问题时，都要用到这个模型。

【例题 8-3】 试求半径为 R、均匀带电为 q 的细圆环轴线上任一点的电场强度。

解：如例题 8-3 图所示建立坐标系，设所求场点与环心的距离为 x，环上电荷呈线分布，电荷线密度为 $\lambda = \frac{q}{2\pi R}$。

将圆环分成无限多个线元，任取其中一线元 $\mathrm{d}l$，它所带电荷为 $\mathrm{d}q=\lambda\mathrm{d}l$，可视作点电荷，它在 P 点的电场强度为

$$\mathrm{d}\boldsymbol{E}=\frac{\lambda\mathrm{d}l}{4\pi\varepsilon_0 r^2}\boldsymbol{e}_r$$

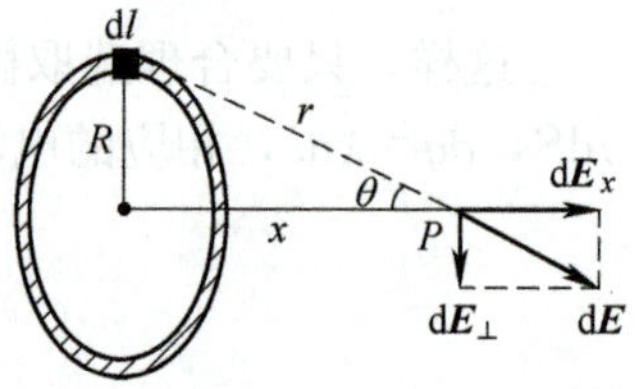

例题 8-3 图

由对称性分析知，$\mathrm{d}\boldsymbol{E}$ 的垂直分量相抵消，总电场强度为平行分量之和

$$E=\int\mathrm{d}E\cos\theta=\int_l\frac{1}{4\pi\varepsilon_0 r^2}\frac{q}{2\pi R}\cos\theta\mathrm{d}l$$

式中，θ 是元电场强度 $\mathrm{d}E$ 与 x 轴的夹角，且有

$$\cos\theta=\frac{x}{r},\quad r=\sqrt{R^2+x^2}$$

代入上述电场强度公式并计算得

$$E=\frac{qx}{4\pi\varepsilon_0(R^2+x^2)^{3/2}}$$

方向沿轴线向外，即沿 x 正方向。

结果讨论：若 $x=0$，即在环心 O 点，则 $E=0$，这是电荷分布的对称性所致；若 $x\gg R$，则有 $E=\dfrac{q}{4\pi\varepsilon_0 x^2}$，这表明在远离环心处，可把环上总电荷看作是集中于环心处的一个点电荷。

★**解题指导**：连续分布的带电体情况要采用"取电荷元"的思想，此方法与力学中"取质量元"的思想一致。

第三节 静电场的高斯定理

一、电场线

对于电场的描述，除了用解析法之外，还可以采用几何方法，用一簇曲线形象、直观地来描述。这一簇曲线上任一点的切线方向都与该点处的 $\boldsymbol{E}$ 方向一致，这样的曲线就叫**电场线**。为了使电场线不仅能表示电场强度 $\boldsymbol{E}$ 的方向，同时也能表示 $\boldsymbol{E}$ 的大小，在绘制电场线时对其密度规定为：在电场中任意点，使通过与该点电场强度 $\boldsymbol{E}$ 垂直的单位面积上的电场线条数等于该点的电场强度的大小，即 $\boldsymbol{E}$ 的大小就是电场线密度，电场线密集处电场强度大，电场线稀疏处电场强度小。不同的带电体，其电场线的形状也不同。图 8-3-1 所示分别是等量同号正点电荷以及平行板电容器电场的电场线。

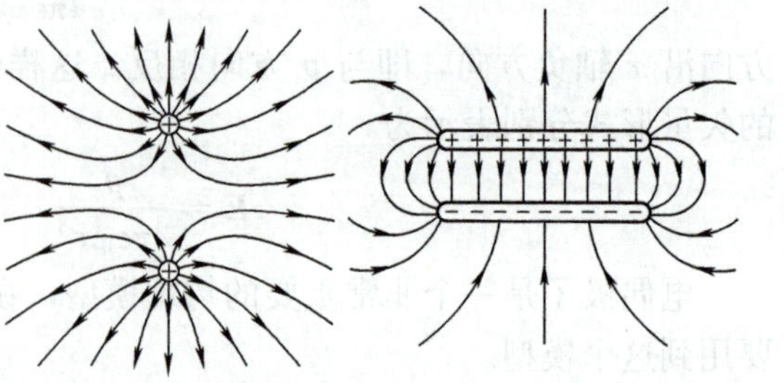

图 8-3-1

由图可见，静电场的电场线具有以下三条性质：

1）电场线起始于正电荷，终止于负电荷，有头有尾，所以静电场是有源（散）场。

2）电场线的疏密程度表示电场的强弱。

3）电场线不形成闭合曲线，在无电荷处不中断，且两条电场线永不相交，所以静电场是无旋场。

二、电通量

电通量就是垂直通过某一面积的电场线的条数。如图 8-3-2 所示，定义通过面元 dS 的电通量，等于该处电场强度 $\boldsymbol{E}$ 的大小与面元 dS 在垂直于电场强度方向的投影面积 $dS_n = dS\cos\theta$ 的乘积，用 $d\Psi$ 表示，且把面元写成矢量 $d\boldsymbol{S} = dS\boldsymbol{e}_n$（称为面元矢量），则有

$$d\Psi = E\cos\theta dS = \boldsymbol{E} \cdot d\boldsymbol{S} \tag{8-17}$$

$\boldsymbol{e}_n$ 的方向为面元 dS 的外法线方向，θ 为 $\boldsymbol{E}$ 与 $d\boldsymbol{S}$ 方向的夹角。可见，电通量 $d\Psi$ 是标量，有正有负，其正负由 θ 决定，如图 8-3-3 所示。

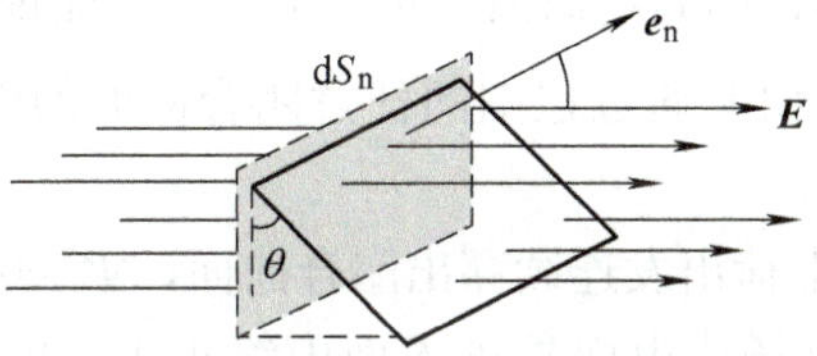

图 8-3-2

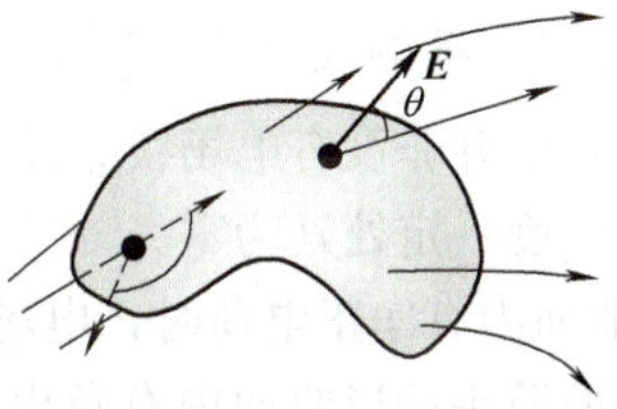

图 8-3-3

通过一个有限曲面 S 的电通量 Ψ，可以把曲面分割成若干个面元 dS，得到每一面元的电通量 $d\Psi$，然后对这些 $d\Psi$ 求积分即得

$$\Psi = \int d\Psi = \iint_S \boldsymbol{E} \cdot d\boldsymbol{S} \tag{8-18}$$

若曲面为闭合曲面，则

$$\Psi = \int d\Psi = \oint_S \boldsymbol{E} \cdot d\boldsymbol{S} \tag{8-19}$$

应注意：对于不闭合的曲面，面上各处的法线正方向，可以任意选取背离曲面的这一侧或那一侧；对于闭合曲面，因为它把整个空间分为内外两个部分，因此一般规定为：由内向外的方向为各面元法线 $\boldsymbol{e}_n$ 的正方向。当电场线由闭合曲面内部穿出时，$0 \leqslant \theta \leqslant \frac{\pi}{2}$，电通量为正；当电场线由闭合曲面外部穿入时，$\frac{\pi}{2} \leqslant \theta \leqslant \pi$，电通量为负；通过闭合曲面 S 的总电通量为穿入和穿出电通量的代数和。因此，$\Psi > 0$ 表示穿出闭合曲面的电场线多；$\Psi < 0$，表示进入闭合曲面的电场线多；$\Psi = 0$ 表示无电场线穿过，或穿出和进入的电场线相等。

三、高斯定理

1. 定理内容

内容表述：通过任一闭合曲面的电通量等于这个闭合曲面所包围的自由电荷的代数和的 ε_0 分之一，称为高斯定理。数学表达式为

$$\Psi = \oint\!\!\!\oint_S \boldsymbol{E} \cdot \mathrm{d}\boldsymbol{S} = \frac{1}{\varepsilon_0}\sum q \tag{8-20}$$

高斯定理和库仑定律是静电场的两条基本定律，而且高斯定理是由库仑定律及电场强度叠加原理推导出的，两者的物理含义不同。库仑定律仅适用于静电场，高斯定理则不仅适用于静电场，而且对时变电磁场都是一个基本的方程。高斯定理也为计算电场强度 E 提供了一种很简便的方法。必须注意：

1）上述高斯定理是真空中静电场的高斯定理，今后还要学习介质中的高斯定理以及磁场中的高斯定理。

2）穿过闭合曲面的电通量 Ψ 只与闭合曲面（称为**高斯面**）内的电荷有关，而与闭合曲面外的电荷无关，与闭合曲面内的电荷分布也无关。但电场强度 $\boldsymbol{E}$ 并不是只与面内电荷有关，$\boldsymbol{E}$ 是面内、外全部电荷共同产生的。

3）$\sum q$ 是电荷的代数和，$\sum q = 0$，并非说明高斯面内一定无电荷，只能说明电荷量的代数和为零，而并非没有电场线穿过。它只能说明通过包围的任意闭合曲面的电通量为零，而并非电场强度一定处处为零。

4）当曲面内有净正电荷时，电场线从正电荷出发连续穿出闭合曲面，$\Psi > 0$，所以正电荷叫静电场的源头；当曲面内有负电荷时，电场线由面外进入面内终止于负电荷，$\Psi < 0$，所以负电荷叫尾闾。因此，高斯定理说明了静电场是有源（散）场。

2. 定理应用

高斯定理的主要应用就是利用它求解某些具有**对称性**分布电场的电场强度。这是求解电场强度的又一种基本方法，其解题步骤如下。

1）进行对称性分析。虽然高斯定理是一个普遍的定理，但只有电荷分布具有一定对称性时数学上才方便计算。

2）选取合适的高斯面。其原则是：

①高斯面必须过场点，且为规则图形；

②高斯面与电场强度方向垂直或平行；

③高斯面上的电场强度最好是常量，可提到积分号前。

3）求出高斯面内包围的总电荷量。

4）代入高斯定理表达式中计算结果并讨论。

【例题 8-4】 求半径为 R、电荷量为 q 的均匀带电球面内外的电场强度。

解： 先做对称性分析。若用电场强度叠加方法去求，则对 $\mathrm{d}\boldsymbol{E}$ 进行矢量积分十分复杂。由于带电球面上电荷分布具有球对称性，所以电场强度分布也具有球对称性，可以用高斯定理求解。由于电场强度总是沿径向，而且在同一半径处电场强度的大小相等，因此，过场点 P 选取一个以 O 为球心、r 为半径的球面作为高斯面，然后求高斯面内的总电荷量。由于球内外电荷量不同，故需要分区域求解，过程如下。

对于球外任一点 P 有

$$\oint\!\!\!\oint_S \boldsymbol{E} \cdot \mathrm{d}\boldsymbol{S} = E\cos\theta \oint\!\!\!\oint_S \mathrm{d}S = E \cdot 4\pi r^2 = \frac{q}{\varepsilon_0}$$

所以

$$\boldsymbol{E}=\frac{q}{4\pi\varepsilon_0 r^2}\boldsymbol{e}_r$$

同样，对于球体内一点 P' 有

$$\oint_S \boldsymbol{E}\cdot d\boldsymbol{S}=E\cdot 4\pi r'^2=\frac{1}{\varepsilon_0}\sum q=0$$

所以

$$E=0$$

可见均匀带电球面内部电场强度处处为零，外部电场强度和电荷全部集中在球心时的电场强度一样。

第四节 静电场的环路定理

一、电场力的功

如图 8-4-1 所示，在点电荷 q 激发的电场中，把试验电荷 q_0 从电场中 a 点沿任一路径移动到电场中另一点 b，假定 q 为正电荷，并取 q 处为坐标原点，设 a 点的位置坐标为 r_a，b 点为 r_b，则 q_0 从 a 点移动到 b 点的过程中电场力做的元功为

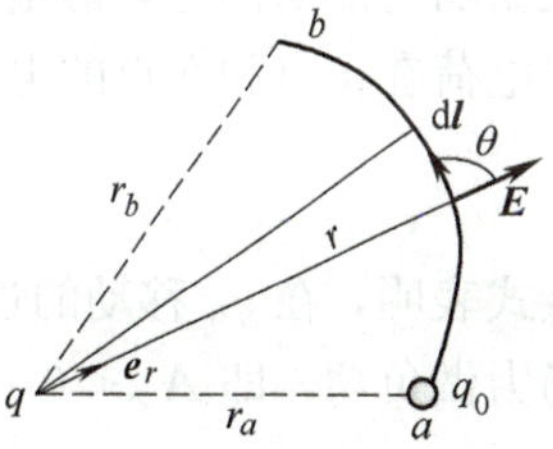

图 8-4-1

$$đA=\boldsymbol{F}\cdot d\boldsymbol{l}=q_0\boldsymbol{E}\cdot d\boldsymbol{l}=\frac{qq_0}{4\pi\varepsilon_0 r^2}\boldsymbol{e}_r\cdot d\boldsymbol{l}$$

而由图示可知

$$\boldsymbol{e}_r\cdot d\boldsymbol{l}=dl\cos\theta=dr$$

由 a 点移动 q_0 到 b 点过程中电场力做的总功为

$$A=\int_{r_a}^{r_b}\frac{qq_0}{4\pi\varepsilon_0 r^2}dr=\frac{qq_0}{4\pi\varepsilon_0}\left(\frac{1}{r_a}-\frac{1}{r_b}\right) \tag{8-21}$$

上式说明：静电场力移动电荷时所做的功只与电荷的电荷量以及起点和终点的位置有关，而与路径无关。这说明静电场力是一种保守力。这一结论可推广到由点电荷系和任意的电荷连续分布的带电体产生的静电场中。

二、静电场的环路定理

静电场力做功与路径无关的结论，可以表述为另一等价的形式：如果使试验电荷在静电场中经过任一闭合路径又回到原来的位置，这一过程中电场力做的功为零，即

$$\oint_L q_0\boldsymbol{E}\cdot d\boldsymbol{l}=0$$

因为试验电荷 $q_0\neq 0$，所以

$$\oint_L \boldsymbol{E}\cdot d\boldsymbol{l}=0 \tag{8-22}$$

这说明，静电场中场强沿任意闭合环路的线积分（称为环量）恒等于零，这个结论称为静电场的环路定理。

静电场的环路定理表明静电场是保守场，还可证明静电场的电场线不是闭合曲线。

第五节 电 势

一、电势能

由力学知识可知，在重力作用下，物体沿任一闭合路径移动一周时重力做的功等于零，表明重力是保守力，从而引入了重力势能的概念。静电场力做功的特点和重力做功的特点完全相同，因此我们可以像引入重力势能一样引入**电势能**的概念。

与物体在重力场中具有重力势能相似，电荷在静电场中某一位置也具有一定的**电势能**；当电荷在电场中的位置发生变化时，静电场力对电荷做功，同时电势能发生变化，可以用静电场力对电荷所做的功来量度电势能的变化。

设在静电场中，把试验电荷 q_0 从电场中 a 点移动到 b 点过程中电场力所做的功为

$$A_{ab}=\int_a^b \boldsymbol{F}\cdot \mathrm{d}\boldsymbol{l}=q_0\int_a^b \boldsymbol{E}\cdot \mathrm{d}\boldsymbol{l}$$

根据功与能的概念，静电场力所做的功与电势能的减少量相等，若以 W_a 和 W_b 分别表示试验电荷在 a 点和 b 点的电势能，显然上式可写作

$$A_{ab}=q_0\int_a^b \boldsymbol{E}\cdot \mathrm{d}\boldsymbol{l}=W_a-W_b \tag{8-23}$$

该式表明，在 q_0 移动的过程中，如果静电场力做正功，即 $A_{ab}>0$，则 $W_a>W_b$；如果静电场力做负功，即 $A_{ab}<0$，则 $W_a<W_b$。将式（8-23）变换为

$$W_a=W_b+A_{ab}$$

这表明，电荷 q_0 在静电场中任一点 a 所具有的电势能，一方面取决于将 q_0 从 a 点移动到 b 点时电场力做的功 A_{ab}，另一方面还取决于 b 点的电势能 W_b，即电势能具有**相对性**。若要确定电荷 q_0 在某点电势能的值，必须选定一个电势能为零的**参考点**。应该注意，参考点的选取是任意的。若选定电荷在 b 点的电势能为零，即 $W_b=0$，则

$$W_a=A_{ab}=\int_a^b q_0\boldsymbol{E}\cdot \mathrm{d}\boldsymbol{l} \tag{8-24}$$

这就是说，电荷在电场中某点的电势能，在量值上等于把电荷从该点移动到电势能为零的参考点时静电场力所做的功。在研究中，常取无穷远处或地面为电势能的零参考点，所以有

$$W_a=\int_a^\infty q_0\boldsymbol{E}\cdot \mathrm{d}\boldsymbol{l} \tag{8-25}$$

二、电势和电势差

1. 电势

由式（8-25）可知，电荷 q_0 在场中 a 点的电势能 W_a 与 q_0 的大小成正比，但电荷 q_0 在场中 a 点的电势能 W_a 与 q_0 的比值 $\dfrac{W_a}{q_0}$ 却与 q_0 无关，而只取决于电场的性质以及场中给定点 a 的位置。所以，我们定义：**单位正电荷**在某点处所具有的电势能，称为**电势**，用 U_a 表示，即

$$U_a = \frac{W_a}{q_0} = \int_a^{P_0} \boldsymbol{E} \cdot \mathrm{d}\boldsymbol{l} \tag{8-26}$$

由此式可知，静电场中某点的电势等于单位正电荷从该点经过任意路径移到零电势能参考点（P_0）时电场所做的功。可见，电势也具有相对性。若要确定电场中某点的电势值，也必须选定一个电势为零的参考点。显然，电势是标量，其值可正可负。在 SI 中，电势的单位是伏特（V），1C 的电荷在某点具有 1J 电势能时，该点的电势就是 1V。

2. 电势差

在静电场中，任意两点 a 和 b 之间的电势之差叫电势差，也叫电压，用 U_{ab} 或 ΔU 表示为

$$U_{ab} = U_a - U_b = \int_a^b \boldsymbol{E} \cdot \mathrm{d}\boldsymbol{l} \tag{8-27}$$

因此，可以利用电势差来方便地计算电场力所做的功：

$$A_{ab} = q_0 U_{ab} \tag{8-28}$$

3. 电势与电场强度

（1）等势面

像用电场线形象地描绘电场强度分布一样，我们可以用等势面来形象地描绘电势的分布。

所谓等势面，就是电场中电势相等的点集合而成的曲面。点电荷的等势面非常容易求得，因为点电荷激发的电场中，电势只与距离 r 有关，凡是 r 相同的点其电势必相同，所以其等势面为一组同心球面。复杂带电体的等势面可由实验测定。图 8-5-1 画出了负点电荷和等量异号带电平行板的等势面，图中用虚线表示（图中实线为电场线）。

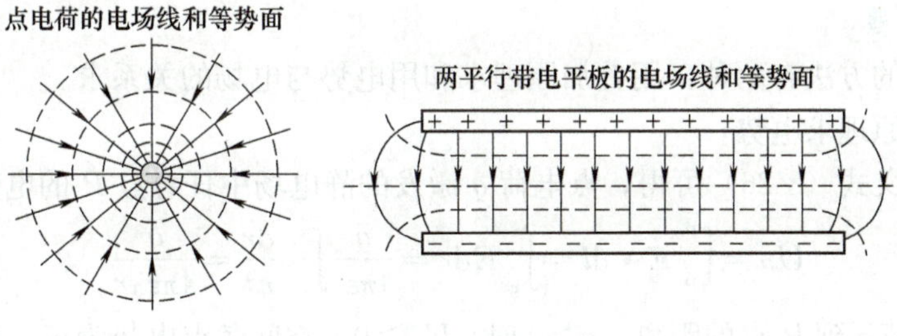

图 8-5-1

可以证明，任何带电体所产生的静电场的等势面都具有以下基本特征：

1）等势面与电场线互相垂直，且沿等势面移动电荷时，电场力不做功。

2）等势面的电势沿电场线的方向降低。

3）等势面较密集处场较强，较稀疏处场较弱。

（2）电势与电场强度的微分关系

电场强度与电势是描述静电场性质的两个基本物理量，分别从力和能量两个不同角度描绘了电场，因此二者之间必定有着密切的关系。其积分关系就是表达式（8-26），下面我们再看电势与电场强度的微分关系。

设 a、b 为电场中靠近的两点，相距为 Δl，它们分属于两个邻近的等势面，如图 8-5-2 所示。过点 a 作该等势面的法线 e_n，规定其方向指向电势增加的方向。由于两等势面距离

很近，因此法线 e_n 也近似垂直于另一等势面，且两等势面间的电场强度可认为是均匀的。将单位正电荷从 a 点移动到 b 点时电场力做的功也就等于 a 点到 b 点的电势增量：

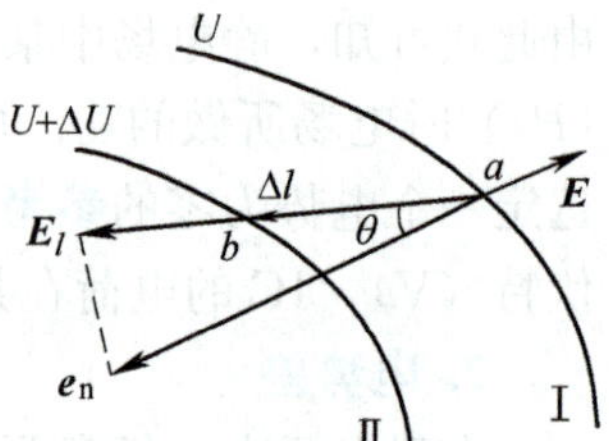

图 8-5-2

$$A_{ab}=\int_a^b \boldsymbol{E}\cdot \mathrm{d}\boldsymbol{l}=E\Delta l\cos\theta=U_a-U_b=-\Delta U$$

可以改写成

$$E\cos\theta=-\frac{\Delta U}{\Delta l}$$

若用 $E_l=E\cos\theta$ 表示电场强度在 Δl 上的分量，于是上式改写为

$$E_l=-\frac{\partial U}{\partial l} \tag{8-29}$$

这表明电场强度在某方向上的分量等于该方向上每单位长度上电势增量的负值，负号表明电场强度恒指向电势降落的方向。可以证明，电势沿等势面法线方向的增加率最大，即

$$E_n=-\frac{\partial U}{\partial n} \tag{8-30}$$

通常，我们将这个单位长度上电势的最大增量称为**电势梯度矢量**，表示为

$$\boldsymbol{E}=-\frac{\partial U}{\partial n}\boldsymbol{e}_n=-\mathrm{grad}U \tag{8-31}$$

所以电场强度与电势的微分关系可表述为：**静电场中某点的电场强度等于该点电势的负梯度。**

由于电场强度是矢量，电势是标量，因此，可利用电场强度和电势的微分关系由电势求电场强度，这比直接求电场强度时用矢量积分计算要简单得多。

4. 电势的计算

一般求电势的方法有两种：用叠加原理求和用电势与电场的关系求。

(1) 用叠加原理求电势

由电势的定义式 (8-26) 可得，点电荷 q 激发的静电场中任意点 P 的电势为

$$U_P=\int_P^{P_0}\boldsymbol{E}\cdot\mathrm{d}\boldsymbol{l}=\int_r^{\infty}E\mathrm{d}r=\frac{q}{4\pi\varepsilon_0}\int_r^{\infty}\frac{\mathrm{d}r}{r^2}=\frac{q}{4\pi\varepsilon_0 r} \tag{8-32}$$

式中，r 是点电荷 q 到 P 点的距离。$q>0$ 时，$U_P>0$，空间各点电势为正，且随 r 的增大而降低，无限远处为零；反之 $q<0$ 时，$U_P<0$，空间各点电势为负，且随 r 的增大而升高，无限远处为零。

对于点电荷系产生的电场，由电场强度的叠加原理可求得场点处的电势为

$$U_P=\int_P^{P_0}\boldsymbol{E}\cdot\mathrm{d}\boldsymbol{l}=\int_r^{\infty}\sum_{i=1}^{n}E_i\mathrm{d}r_i=\frac{1}{4\pi\varepsilon_0}\sum_i q_i\int_r^{\infty}\frac{\mathrm{d}r_i}{r_i^2}=\sum_i\frac{q_i}{4\pi\varepsilon_0 r_i}=\sum_i U_i \tag{8-33}$$

上式表明，点电荷系电场中某一点的电势，等于各个点电荷单独存在时在该点电势的代数和，这称为**电势叠加原理**。应当注意：电势是标量，所以电势叠加不像力的叠加、电场强度的叠加那样是矢量之和，而是标量代数之和。

对于电荷连续分布的带电体产生的电场，其电势类似于电场强度的求解，即针对电荷的不同分布形式将式 (8-33) 的求和转换为积分。

由此可见，利用叠加原理求电势的解题步骤与利用叠加原理求电场强度相似。

【例题 8-5】 如例题 8-5 图所示球形腔带电量 $Q>0$，内半径为 a，外半径为 b，腔内距球心 O 为 r 处有一点电荷 q，求球心的电势。

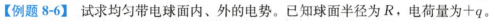

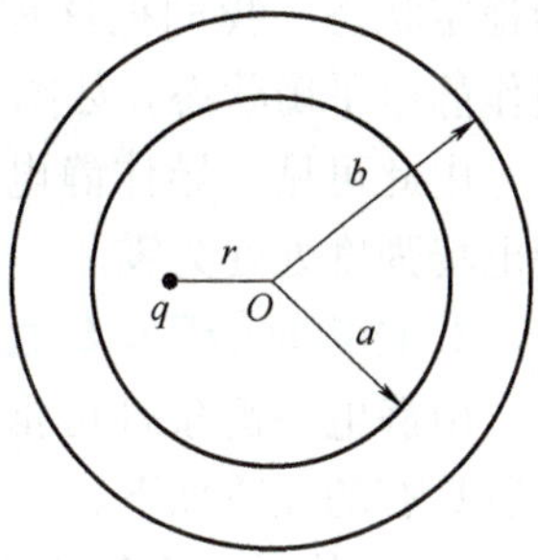

例题 8-5 图

解：球心 O 点的电势由点电荷 q、球形腔带的电荷共同决定。在半径为 R 带电面上任意取一电荷元，电荷元在球心产生的电势

$$dU=\frac{dq}{4\pi\varepsilon_0 R}$$

由于 R 为常量，因而无论球面电荷如何分布，半径为 R 的带电球面在球心产生的电势为

$$U_R=\iint_S \frac{dq}{4\pi\varepsilon_0 R}=\frac{q}{4\pi\varepsilon_0 R}$$

由电势的叠加原理得球心的电势为

$$U=\frac{q}{4\pi\varepsilon_0 r}+\frac{Q}{4\pi\varepsilon_0 b}$$

【例题 8-6】 试求均匀带电球面内、外的电势。已知球面半径为 R，电荷量为 $+q$。

解：前面已经利用高斯定理求得球内、外的电场强度分别为

$$\begin{cases}\boldsymbol{E}_1=\boldsymbol{0}, & r<R\\ \boldsymbol{E}_2=\dfrac{q}{4\pi\varepsilon_0 r^2}\boldsymbol{e}_r, & r\geqslant R\end{cases}$$

选择无穷远为零电势参考点。由于球内、外的电场强度不同，因此，由 U、E 关系求各区域的电势也需要分区域求解。

球内某点 P 的电势：

$$U_1=\int_P^\infty \boldsymbol{E}\cdot d\boldsymbol{l}=\int_r^R E_1 dr+\int_R^\infty E_2 dr=\frac{q}{4\pi\varepsilon_0 R}$$

球外某点 P' 的电势：

$$U_2=\int_{P'}^\infty \boldsymbol{E}\cdot d\boldsymbol{l}=\int_r^\infty E_2 dr=\frac{q}{4\pi\varepsilon_0 r}$$

(2) 用电势与电场强度的关系求电势

对于电场强度 E 较易得知的情况，常利用电势与电场强度的积分关系式求电势。

第六节 静电场中的导体

一、导体的静电平衡条件

1. 导体的静电平衡

物质按导电性能可分为导体、绝缘体（也叫电介质）和半导体三类。金属导体之所以能很好地导电，是由它本身的结构所决定的。金属导体原子是由可以在金属内自由运动的最外层价电子（称为自由电子）和按一定分布规则排列着的晶体点阵正离子组成的，在导体不带电或无外电场作用时，整个导体呈电中性。但将导体放在静电场中时，导体中的自由电子在电场力的作用下将逆着电场方向移动，从而使导体上的电荷重新分布，一些区域出现负电荷，而另一些地方出现等量正电荷，发生静电感应现象，产生的感应电荷也要激发电场，这

个感应电场与原来的电场方向相反，因此总的合成电场强度将减小，直至导体内总电场强度为零时，自由电子的定向移动停止，空间的电场达到稳定状态。我们把这种没有电荷宏观运动的状态叫作静电平衡状态，如图 8-6-1 所示。

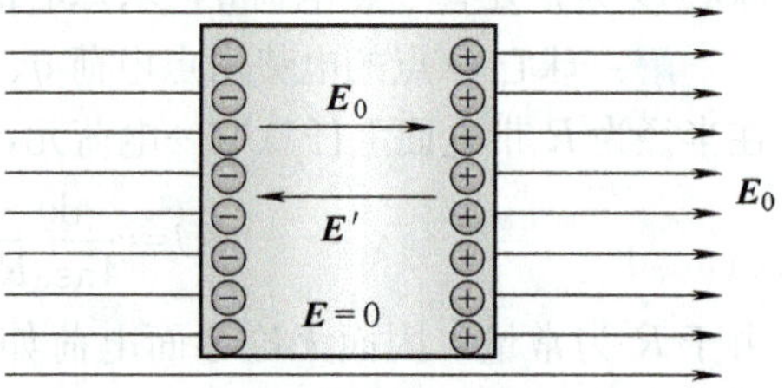

图 8-6-1

由此可见，导体静电平衡的条件就是导体内部的电场强度处处为零。

2. 静电平衡导体的性质

由静电平衡条件可推得处于静电平衡状态的导体所具有的性质如下。

1）导体是一个等势体，导体表面是一个等势面。由导体内任意一点的电场强度都为零可证明。

2）导体内部无净电荷，电荷只分布在导体表面。因为导体内部任何点的电场强度皆为零，所以紧靠导体内表面作一高斯面，其电通量为零，高斯面内的净电荷也必为零。这样，导体上的电荷不能分布在导体内，就只有分布在表面上，而且曲率大处（即凸出处）分布的电荷面密度大，因而电场强度大。"尖端放电"现象的原因就是由于导体尖端处曲率大，电荷密度大，电场强度大而产生的放电现象。因此，电子线路的焊点和高压线路及零部件要避免毛刺，而避雷针和电视发射塔却要做得很尖。

3）导体表面的电场强度皆垂直于导体表面，大小与表面上的电荷分布密度成正比，即

$$\boldsymbol{E}=\frac{\sigma}{\varepsilon_0}\boldsymbol{e}_{\mathrm{n}} \tag{8-34}$$

因为导体表面是一个等势面，由电场线和等势面垂直的关系可知，导体表面电场强度必定垂直于导体表面，其大小可由高斯定理求得。

二、静电屏蔽

对于空腔导体，若腔内无电荷，则除以上特性外，由高斯定理还可得空腔内表面上无电荷，空腔内无电场，腔内是等势区，因此空腔使腔外的电场对腔内无影响，这种作用叫作**静电屏蔽**。但若腔内有电荷，则腔的内表面会感应出等量异号电荷，空腔外表面则出现与腔内电荷等量的同号电荷。这样，腔内电荷的电场是可以对腔外产生影响的，所以空腔导体静电屏蔽是"屏外不屏内"。将收音机上罩以金属网罩，则收不到电台节目就是屏蔽的原因。若将空腔接地，则外表面电荷与地发生中和，电场消失，即内、外电场被隔断，因此接地导体的静电屏蔽是"接地内、外屏蔽"。静电屏蔽在实际中应用很广，将电子仪表外壳做成金属，将电缆外层包以金属，将弹药库罩以金属网等，都是利用了静电屏蔽以消除外场的作用。

第七节 静电场中的电介质

一、电介质的电结构

电介质也称绝缘体，其分子中原子的最外层电子不像金属导体外层电子那样自由，而是被紧紧束缚在原子核周围。由于分子的尺度很小，所以分子中所有的正电荷可以看作集中于

一点，这一点称为“等效正电荷中心”，同样分子中所有负电荷可以看作集中于“等效负电荷中心”。电介质按分子结构可分为无极分子和有极分子两类。所谓无极分子，是指在没有外场的情况下，分子的等效正、负电荷中心重合在一起，或者说等效电偶极子的电矩为零，因此整个介质呈中性状态，像 CH_4、H_2、N_2、CO_2 等，如图 8-7-1a 所示；所谓有极分子，是在没有外场的情况下，分子的等效正、负电荷中心不重合，或者说等效电偶极子的电矩不为零，但由于分子的热运动，电矩方向杂乱无章，所以整个介质仍呈现中性状态，像 HCL、H_2O、NH_3 等，如图 8-7-1b 所示。

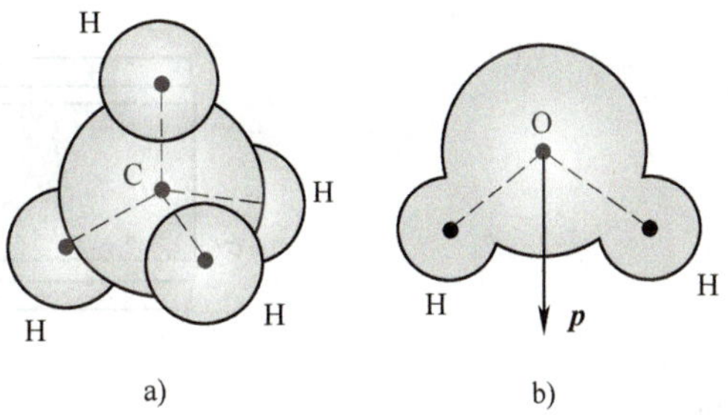

图 8-7-1
a）无极分子 b）有极分子

二、电介质的极化

1. 无极分子电介质

在外电场作用下，无极电介质分子的等效正、负电荷中心将发生一定的相对位移而形成电偶极子，在均匀介质内部正负电荷相消，而在两端出现未被抵消的正电荷或负电荷，这种在外电场作用下介质端部出现电荷的现象就叫**极化**。由于这些电荷不自由而被束缚在原子分子上，所以极化产生的电荷叫**极化电荷**或**束缚电荷**。由于上述极化是因电荷中心位移引起的，所以称为**位移极化**。

2. 有极分子电介质

在外电场作用下，有极分子的等效正、负电荷中心形成的电偶极子的电矩将转向外电场方向，同样在均匀介质内部正负电荷抵消而在两端出现了极化电荷，因此，也会发生极化现象。不过这种极化是由于有极分子的电矩在外电场中的取向形成的，所以这种极化叫**取向极化**。

以上两种极化虽然微观机制不同，但宏观结果一样，都是在外电场 $\boldsymbol{E}_0$ 作用下极化而产生了极化电荷，极化电荷产生附加的极化电场 $\boldsymbol{E}'$，且与 $\boldsymbol{E}$ 方向相反，因此，总电场强度将减小，即

$$\boldsymbol{E}=\boldsymbol{E}_0+\boldsymbol{E}'$$

三、极化强度矢量

1. 极化强度

对于介质极化的程度和方向，可以用极化强度矢量 $\boldsymbol{P}$ 来描述，它是某点处单位体积内因极化而产生的分子电矩之和，即

$$\boldsymbol{P}=\frac{\sum \boldsymbol{p}}{\Delta V} \tag{8-35}$$

若极化介质中各点的极化强度处处相同，则称为均匀极化。

2. 极化电荷

在均匀极化电介质中取一柱体，如图 8-7-2 所示，由于柱内极化是均匀的，ΔV 很小，两底面出现的束缚（极化）电荷的面密度分别是 $+\sigma'$ 和 $-\sigma'$。

则整个柱体相当于一个电偶极子，其电矩为

$$q\boldsymbol{l}=\sigma'\Delta Sl$$

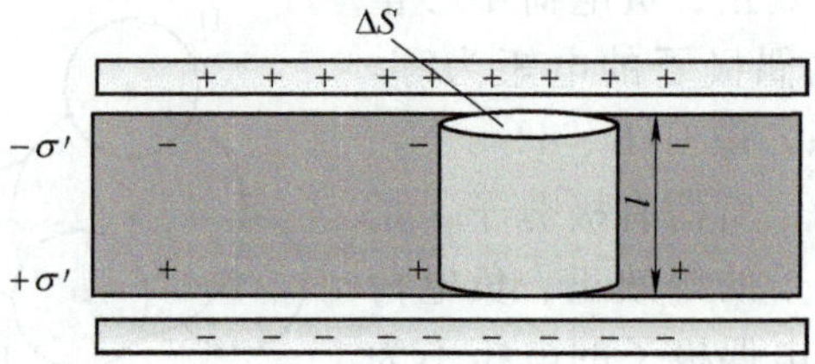

图 8-7-2

即

$$\sum p=\sigma'\Delta Sl$$

又

$$\Delta V=\Delta Sl$$

按极化强度的定义可得

$$P=\frac{\sum p}{\Delta V}=\sigma'$$

因此有

$$\sigma'=P=P_{\mathrm{n}}=\boldsymbol{P}\cdot\boldsymbol{e}_{\mathrm{n}} \tag{8-36}$$

σ'称为极化电荷面密度。同理可定义体极化电荷为

$$q'=\oiint_S \boldsymbol{P}\cdot \mathrm{d}\boldsymbol{S} \tag{8-37}$$

这表明，穿出任意闭合曲面的电极化强度的通量，等于这个闭合曲面所包围的极化（束缚）电荷。

四、有介质时的高斯定理

当有电介质存在时，空间的总电场是由自由电荷及极化电荷共同激发的，因此静电场的高斯定理变为

$$\oiint_S \boldsymbol{E}\cdot \mathrm{d}\boldsymbol{S}=\frac{1}{\varepsilon_0}\sum_{S内}(q_0+q')$$

高斯面内极化电荷与自由电荷电性相反。将极化电荷表达式（8-37）代入，有

$$\oiint_S \boldsymbol{E}\cdot \mathrm{d}\boldsymbol{S}=\frac{1}{\varepsilon_0}\left(\sum_{S内}q_0-\oiint_S \boldsymbol{P}\cdot \mathrm{d}\boldsymbol{S}\right)$$

进一步化简得

$$\oiint_S (\varepsilon_0\boldsymbol{E}+\boldsymbol{P})\cdot \mathrm{d}\boldsymbol{S}=\sum_{S内}q_0$$

令

$$\varepsilon_0\boldsymbol{E}+\boldsymbol{P}=\boldsymbol{D} \tag{8-38}$$

称为**电位移矢量**，这是为了研究方便而引入的一个辅助物理量，这样便可得到更为普遍的**介质中的高斯定理**：

$$\oiint_S \boldsymbol{D} \cdot d\boldsymbol{S} = \sum q_0 \tag{8-39}$$

它表明，穿过任意闭合曲面的电位移通量，等于这个闭合曲面内包围的自由电荷的代数和，而与极化（束缚）电荷和曲面外的自由电荷无关。它的意义和注意事项与真空中的高斯定理完全相同，当无介质时，$\boldsymbol{P}=\boldsymbol{0}$，上式就变成了前面讲过的真空中的高斯定理。

由式（8-39）可以看出，在求介质中的电场强度时，可以绕过很难得知的极化电荷 q' 所产生的极化电场 $\boldsymbol{E}'$，而直接由自由电荷 q_0 先求出电位移矢量 $\boldsymbol{D}$，进而再求出 $\boldsymbol{E}$。但是利用式（8-39）去求 $\boldsymbol{E}$ 也是十分复杂的，不过对于我们今后常见的各向同性介质，则问题变得十分简单。

实验证明，在各向同性介质中，极化强度 $\boldsymbol{P}$ 与总电场强度 $\boldsymbol{E}$ 成正比，即

$$\boldsymbol{P} = \chi_e \varepsilon_0 \boldsymbol{E} \tag{8-40}$$

因此得到

$$\boldsymbol{D} = \varepsilon_0 \boldsymbol{E} + \boldsymbol{P} = \varepsilon_0 (1 + \chi_e) \boldsymbol{E} = \varepsilon_0 \varepsilon_r \boldsymbol{E} = \varepsilon \boldsymbol{E} \tag{8-41}$$

式中，χ_e 叫作电极化率，与电场强度无关，是只与介质的种类有关的常数；ε_r 称为相对介电常数；ε 称为绝对介电常数。式（8-41）又称为介质的**性能方程**。

介质中的高斯定理为求 $\boldsymbol{E}$ 提供了又一种方法，即先由式（8-39）求出 $\boldsymbol{D}$，再用式（8-41）求得 $\boldsymbol{E}$。

【例题 8-7】 如例题 8-7 图所示，半径为 r_1、带电为 q 的导体球外是绝对介电常数为 ε_1、半径为 r_2 的介质，其外又是绝对介电常数为 ε_2、半径为 r_3 的介质，再其外是内外半径分别为 r_3 和 r_4 的同心导体球壳，各层紧密相连，试求各区域的电场强度及两导体间的电势差。

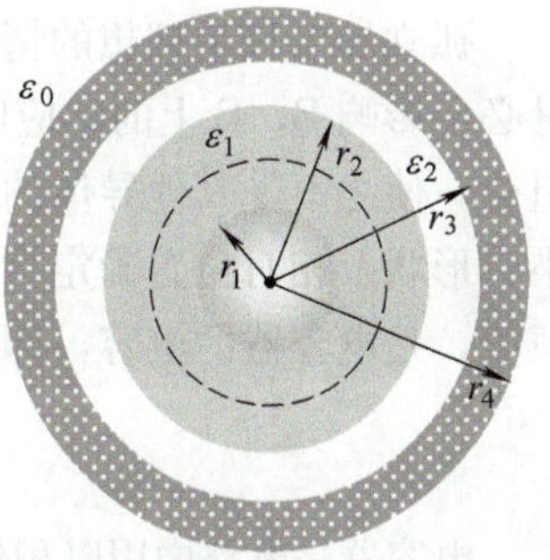

例题 8-7 图

解：（1）各区域电场强度

由于结构为球对称，场也是球对称的，应用高斯定理求解十分方便。取同心球面作为高斯面，由于电场必须垂直于导体表面，因而也垂直于所作高斯面。分区域求解如下。

在 $r<r_1$ 及 $r_3<r<r_4$ 区域中，因导体中不可能存在静电场，所以 $E=0$。

在 $r_1<r<r_2$ 区域中，由介质中的高斯定理可得

$$D_1 = \frac{q}{4\pi r^2}$$

进而由介质性能方程可得

$$E_1 = \frac{q}{4\pi\varepsilon_1 r^2}$$

同理，在 $r_2<r<r_3$ 区域中可得

$$D_2 = \frac{q}{4\pi r^2}, \quad E_2 = \frac{q}{4\pi\varepsilon_2 r^2}$$

在 $r_4<r$ 区域中得

$$D_3 = \frac{q}{4\pi r^2}, \quad E_3 = \frac{q}{4\pi\varepsilon_0 r^2}$$

（2）内外导体间的电势差

由电势差的计算公式可求得内外导体间的电势差为

$$U=\int_{r1}^{r4}E\mathrm{d}r=\int_{r1}^{r2}E_1\mathrm{d}r+\int_{r2}^{r3}E_2\mathrm{d}r=\frac{q}{4\pi}\left[\frac{1}{\varepsilon_1}\left(\frac{1}{r_1}-\frac{1}{r_2}\right)+\frac{1}{\varepsilon_2}\left(\frac{1}{r_2}-\frac{1}{r_3}\right)\right]$$

第八节　电容及电容器　电场的能量

一、孤立导体的电容

导体还有一个十分重要的性质，就是导体上可以储存电荷。对于孤立不受外界影响的导体，所带电荷量越多，其电势越高，但其电荷量与电势的比值却是一个只与导体的形状和尺寸有关，而与所带电荷量无关的物理量，称为孤立导体的**电容**，用 C 表示。设孤立导体带电 q，电势为 U，则

$$C=\frac{q}{U} \tag{8-42}$$

孤立导体的电容只与导体的形状、大小、尺寸和环境有关，其单位是法拉（F）。

二、电容器

孤立导体只是理想的情况，实际上，如果导体A近旁有另一导体B，则A上所带电荷量必会影响B，B上的感应电荷又反过来会影响A，但若利用静电屏蔽的原理，设计一导体组合，使之不受其他导体的影响，这个由导体组成的系统就叫**电容器**。在导体A和B的大小、形状及相对位置确定后，导体A上所带电荷量 q 与A、B间的电势差 U_{AB} 的比值，为一恒值，是电容器的电容，即

$$C=\frac{q}{U_{AB}}=\frac{q}{U_A-U_B} \tag{8-43}$$

电容器是电路中用以积储电能的基本元件，实际上用得最多的是由两个导体组成的电容器。常见的电容器有平行板电容器以及圆柱电容器两种。在两个导体间由电介质相隔，所用的电介质有固体的、气体的（包括真空）和液体的。按形式分，电容器有固定的、可变的和半可变的三类；按极板间使用的介质分，则有空气电容器、真空电容器、纸介电容器、塑料薄膜电容器、云母电容器、陶瓷电容器、电解电容器等；若按形状分类，有平行板电容器、球形电容器、柱形电容器等。电容器在电力系统中是提高功率因数的重要元件，在电子电路中是获得振荡、滤波、相移、旁路、耦合等作用的主要元件，实用中常把几个电容器串联或并联使用。

1）串联时，各电容器上的电荷量相等，总电压等于各个电容器上电压之和，即总电容的倒数等于各个电容的倒数和，即

$$\frac{1}{C}=\frac{1}{C_1}+\frac{1}{C_2}+\cdots+\frac{1}{C_n} \tag{8-44}$$

2）并联时，各电容器上的电压相等，总电荷量等于各个电容器上电荷量之和，即总电容等于各个电容之和，即

$$C=C_1+C_2+\cdots+C_n \tag{8-45}$$

三、电容的计算

电容器最主要的参数就是其电容值，其计算步骤如下。

1）假定极板带电 Q，求出两极板间的电场强度，进而求得电势差。

2）依据定义式（8-43）求出电容 C。

【例题 8-8】 求平行板电容器的电容。设两板面积皆为 S，板间距为 d，两板分别带电荷 $\pm q$，电荷分布面密度为 $\sigma=\frac{q}{S}$。

解：由于板间距 d 一般很小，两极板可视为无限大平板，板间为匀强电场，所以由高斯定理求得电场强度为

$$E=\frac{\sigma}{\varepsilon}$$

于是得两极板间的电势差为

$$U_{AB}=\int_A^B E\mathrm{d}l=Ed=\frac{\sigma}{\varepsilon}d=\frac{qd}{\varepsilon S}$$

所以平行板电容器的电容为

$$C=\frac{q}{U_{AB}}=\frac{\varepsilon S}{d} \tag{8-46}$$

同理可求得球形电容器、柱形电容器的电容分别为

$$C_{球}=\frac{q}{U_{AB}}=\frac{4\pi\varepsilon R_A R_B}{R_B-R_A} \tag{8-47}$$

$$C_{柱}=\frac{q}{U_{AB}}=\frac{2\pi\varepsilon l}{\ln\frac{R_B}{R_A}} \tag{8-48}$$

四、电场的能量

对于电荷量为 Q 的带电体 A，可以设想是在不断地把微小电荷量 $\mathrm{d}q$ 从无穷远处移到 A 上的过程中，外界克服电场力做的功增加了带电体 A 的能量，即

$$\mathrm{d}W_e=\mathrm{d}qU$$

所以带电体 A 从不带电到带有电荷量 Q 的整个过程积蓄的能量为

$$W_e=\int \mathrm{d}W_e=\int_0^Q U\mathrm{d}q \tag{8-49}$$

实际上，电容器充电的过程就是在电源作用下不断地从原来中性的极板 B 取正电荷移到极板 A 上的过程，所以当电容为 C 的电容器两极板分别带有电荷量 $+Q$、$-Q$，且两极板的电势差为 U 时，电容器具有能量

$$W_e=\int_0^Q U\mathrm{d}q=\int_0^Q \frac{q}{C}\mathrm{d}q=\frac{1}{2}\frac{Q^2}{C} \tag{8-50}$$

式（8-50）也可表示为 $W_e=\frac{1}{2}CU^2=\frac{1}{2}UQ$。无论电容器的结构如何，这一结果都正确。

在不随时间变化的静电场中，电荷和电场总是同时存在的。我们无法分辨电能是与电荷相关联还是与电场相关联，以后我们将看到，随时间迅速变化的电场和磁场将以电磁波的形

式在空间传播，电场可以脱离电荷而传播到很远的地方去。实际上，电磁波携带能量已经是众所周知的事实。大量事实证明，能量确实是定域在电场中的。

既然能量是定域在（或者说是分布在）电场中，我们就可以把带电系统的能量公式用描述电场的物理量 $\boldsymbol{E}$ 和 $\boldsymbol{D}$ 来表示。为简单起见，考虑一个理想的平行板电容器，它的极板面积为 S，极板间电场占空间体积 $V=Sd$，极板上自由电荷为 Q，极板间电压为 U，则该电容器储存能量 $W_{\mathrm{e}}=\frac{1}{2}QU$。因为极板上电荷面密度 $\sigma=\frac{Q}{S}=D$，$U=Ed$，所以

$$W_{\mathrm{e}}=\frac{1}{2}QU=\frac{1}{2}\sigma SU=\frac{1}{2}DSEd=\frac{1}{2}DEV$$

而电场中单位体积的能量，即电场能量体密度

$$w_{\mathrm{e}}=\frac{W_{\mathrm{e}}}{V}=\frac{1}{2}DE \tag{8-51}$$

可以证明，电场能量体密度的公式适用于任何电场。在电场不均匀时，总电场能量等于 w_{e} 在电场强度不为零的空间 V 中的体积分，即

$$W_{\mathrm{e}}=\iiint_V \mathrm{d}W_{\mathrm{e}}=\iiint_V \frac{1}{2}DE\,\mathrm{d}V \tag{8-52}$$

在真空中 $\boldsymbol{D}=\varepsilon_0\boldsymbol{E}$，则

$$W_{\mathrm{e}}=\iiint_V \mathrm{d}W_{\mathrm{e}}=\iiint_V \frac{1}{2}\varepsilon_0 E^2\,\mathrm{d}V \tag{8-53}$$

在各向异性的电介质中，$\boldsymbol{D}$ 与 $\boldsymbol{E}$ 的方向不同，式（8-52）应采用 $W_{\mathrm{e}}=\int_V \frac{1}{2}\boldsymbol{D}\cdot\boldsymbol{E}\,\mathrm{d}V$。

拓展阅读　电子的发现

电子是人们最早发现的带有单位负电荷的一种基本粒子。英国物理学家汤姆孙是第一个用实验证明电子存在的人，时间是 1897 年。汤姆孙 28 岁就成了英国皇家学会会员，并且担任了卡文迪许实验室主任。

导致 X 射线产生的阴极射线究竟是什么？汤姆孙倾向于克鲁克斯的观点，认为它是一种带电的原子。德国和英国物理学家之间出现了激烈的争论。德国物理学家赫兹于 1892 年宣称阴极射线不可能是粒子，而只能是一种以太波。所有德国物理学家也附和这个观点，但以克鲁克斯为代表的英国物理学家却坚持认为阴极射线是一种带电的粒子流，思维极为敏捷的汤姆孙立即投身到这场事关阴极射线性质的争论之中。1895 年，法国年轻的物理学家佩兰在他的博士论文中，谈到了测定阴极射线电荷量的实验。他使阴极射线经过一个小孔进入阴极外的空间，并打到收集电荷的法拉第筒上，静电计显示出带负电；当将阴极射线管放到磁极之间时，阴极射线则发生偏转，不能进入小孔，集电器上的电性立即消失，从而证明电荷正是由阴极射线携带的。佩兰通过他的实验结果支持阴极射线是带负电的粒子流这一观点，但当时他认为这种粒子是气体离子。对此，坚持阴极射线是以太波的德国物理学家立即反驳，认为即使从阴极射线发出了带负电的粒子，它同阴极射线路径一致的证据并不充分，所以静电计所显示的电荷不一定是阴极射线传入的。

对于佩兰的实验，汤姆孙也认为给以太说留下了空子，为此，他专门设计了一个巧妙的

实验装置，重做佩兰的实验。

实验装置如附图 8-1 所示，金属板 D_1、D_2 之间未加电场时射线不偏转，射在屏上的 P_1 点，加电场 $\boldsymbol{E}$（方向由 D_2 指向 D_1）后，射线发生偏转并射到屏上的 P_2 点，由此推断阴极射线带有负电荷，从而结束了这场争论，也为电子的发现奠定了基础。

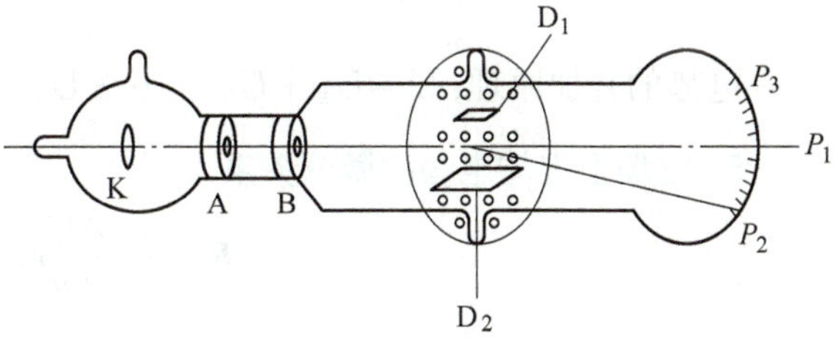

附图 8-1

如何成功地使阴极射线在电场作用下发生偏转？早在 1893 年，赫兹曾做过这种尝试，但失败了。汤姆孙认为，赫兹的失败，主要在于真空度不够高，引起残余气体的电离，静电场建立不起来所致。于是汤姆孙采用阴极射线管装置，通过提高放电管的真空度而取得了成功。通过这个实验和提高放电管真空度，汤姆孙不仅使阴极射线在磁场中发生了偏转，而且还使它在电场中发生了偏转，由此进一步证实了阴极射线是带负电的粒子流的结论。

这种带负电的粒子究竟是原子、分子，还是更小的物质微粒呢？这个问题引起了汤姆孙的深思。他运用实验测出了阴极射线粒子的电荷与质量的比值，也就是荷质比，从而找到了问题的答案。汤姆孙发现，无论改变放电管中气体的成分，还是改变阴极材料，阴极射线粒子的荷质比都不变。这表明来自各种不同物质的阴极射线粒子都是一样的，因此这种粒子必定是“建造一切化学元素的物质”，汤姆孙当时把它叫作“微粒”，后来改称“电子”。至此，可以说汤姆孙已发现了一种比原子小的粒子，但是这种粒子的荷质比 10^7 约是氢离子荷质比 10^4 的 1000 倍。这可能是因为电荷 e 很大，也可能是因为质量 m 很小。要想确定这个结论，必须寻找更直接的证据。1898 年，汤姆孙安排他的研究生汤森德和威尔逊进行测量 e 值的实验，随即他自己也亲自参与了这项工作。他们运用云雾法测定阴极射线粒子的电荷同电解中氢离子所带的电荷是同一数量级，从而直接证明了阴极射线粒子的质量只是氢离子的 1‰。

本章内容小结

1. 库仑定律及电场力的叠加原理

库仑定律：$\boldsymbol{F}_{12}=\dfrac{1}{4\pi\varepsilon_0}\dfrac{q_1q_2}{r_{12}^2}\boldsymbol{e}_{12}$

电场力的叠加原理：$\boldsymbol{F}=\boldsymbol{F}_1+\boldsymbol{F}_2+\cdots+\boldsymbol{F}_n=\sum\limits_{i=1}^{n}\boldsymbol{F}_i$

2. 静电场

场是物质存在的一种形式，带电体周围存在电场，相对于观察者静止的电荷激发的电场称为静电场。

3. 电场强度的概念以及电场强度的叠加原理

电场强度的定义式：$\boldsymbol{E}=\dfrac{\boldsymbol{F}}{q_0}$

电场强度的叠加原理：$\boldsymbol{E}=\boldsymbol{E}_1+\boldsymbol{E}_2+\cdots+\boldsymbol{E}_n=\sum\limits_{i=1}^{n}\boldsymbol{E}_i$

4. 电势的概念以及电势的叠加原理

电势的概念：$U_a=\dfrac{W_a}{q_0}=\int_a^{P_0}\boldsymbol{E}\cdot\mathrm{d}\boldsymbol{l}$

电势的叠加原理：$U=U_1+U_2+\cdots+U_n=\sum_{i=1}^{n}U_i$

5. 电场强度与电势的微分关系

$$\boldsymbol{E}=-\frac{\partial U}{\partial n}\boldsymbol{e}_{\mathrm{n}}=-\mathrm{grad}U$$

6. 静电场的规律

（1）高斯定理及其应用

真空中的高斯定理：$\oint\!\!\!\oint_S\boldsymbol{E}\cdot\mathrm{d}\boldsymbol{S}=\dfrac{1}{\varepsilon_0}\sum q$

电介质中的高斯定理：$\oint\!\!\!\oint_S\boldsymbol{D}\cdot\mathrm{d}\boldsymbol{S}=\sum q$

（2）环路定理

$$\oint_L\boldsymbol{E}\cdot\mathrm{d}\boldsymbol{l}=0$$

7. 电场强度和电势的计算

（1）点电荷

$$\boldsymbol{E}=\frac{q}{4\pi\varepsilon_0 r^2}\boldsymbol{e}_r,\quad U=\frac{q}{4\pi\varepsilon_0 r}$$

（2）点电荷系

$$\boldsymbol{E}=\boldsymbol{E}_1+\boldsymbol{E}_2+\cdots+\boldsymbol{E}_n=\sum_{i=1}^{n}\boldsymbol{E}_i$$

$$U=U_1+U_2+\cdots+U_n=\sum_{i=1}^{n}U_i$$

（3）电荷连续分布带电体

体电荷：$\boldsymbol{E}=\dfrac{1}{4\pi\varepsilon_0}\iiint_V\dfrac{\rho\mathrm{d}V}{r^2}\boldsymbol{e}_r$，$U=\dfrac{1}{4\pi\varepsilon_0}\iiint_V\dfrac{\rho\mathrm{d}V}{r}$

面电荷：$\boldsymbol{E}=\dfrac{1}{4\pi\varepsilon_0}\iint_S\dfrac{\sigma\mathrm{d}S}{r^2}\boldsymbol{e}_r$，$U=\dfrac{1}{4\pi\varepsilon_0}\iint_S\dfrac{\sigma\mathrm{d}S}{r}$

线电荷：$\boldsymbol{E}=\dfrac{1}{4\pi\varepsilon_0}\int_l\dfrac{\lambda\mathrm{d}l}{r^2}\boldsymbol{e}_r$，$U=\dfrac{1}{4\pi\varepsilon_0}\int_l\dfrac{\lambda\mathrm{d}l}{r}$

8. 静电场中的导体以及导体的静电平衡条件

静电场中的导体是等势体，其表面是等势面，电荷只分布在导体表面上。

导体的静电平衡条件：内部电场处处为零。

9. 介质的极化现象

位移极化：分子中等效电荷中心发生位移，产生电矩，宏观体现为在介质中出现附加电场。

取向极化：分子中等效电荷中心的电矩转向外电场的方向，宏观体现为在介质中出现附加电场。

极化强度矢量：$\boldsymbol{P}=\dfrac{\sum \boldsymbol{p}}{\Delta V}$，各向同性介质中有 $\boldsymbol{P}=\chi_e\varepsilon_0\boldsymbol{E}$

极化电荷：$\sigma'=\boldsymbol{P}\cdot\boldsymbol{e}_n$，$q'=\oint\!\!\!\oint_S \boldsymbol{P}\cdot d\boldsymbol{S}$

电位移矢量：$\boldsymbol{D}=\varepsilon_0\boldsymbol{E}+\boldsymbol{P}$

介质性能方程：$\boldsymbol{D}=\varepsilon_0\varepsilon_r\boldsymbol{E}=\varepsilon\boldsymbol{E}$

10. 电容和电容器的应用

（1）电容的定义

$$C=\frac{q}{U} \quad 或 \quad C=\frac{q}{U_{AB}}$$

（2）电容的计算

利用其定义式，有

平行板电容器：$C=\dfrac{\varepsilon S}{d}$

球形电容器：$C=\dfrac{4\pi\varepsilon R_A R_B}{R_B-R_A}$

柱形电容器：$C=\dfrac{2\pi\varepsilon l}{\ln\dfrac{R_B}{R_A}}$

11. 电场的能量

电场能量体密度

$$w_e=\frac{1}{2}\boldsymbol{D}\cdot\boldsymbol{E}$$

习 题

8-1 真空中两个点电荷之间的相互作用力是否因为其他点电荷的放入而改变？为什么？

8-2 高斯面上各点的电场强度为零时，可否认为高斯面内必定没有电荷？高斯面内电荷为零时，可否认为高斯面上各点的电场强度一定都为零？

8-3 如题 8-3 图所示，A、B 为真空中两块平行无限大带电平面，已知两平面间的电场强度大小为 E_0，两平面外侧电场强度大小都是 $E_0/3$，则 A、B 两平面的左右面上的电荷面密度分别为多少？

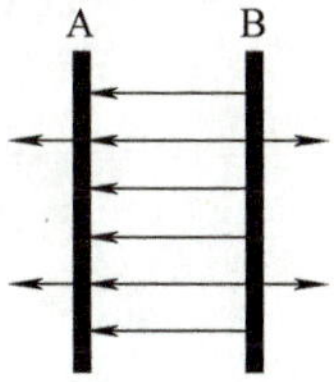

题 8-3 图

8-4 一个金属球带上正电荷后，该球的质量有何变化？是增大、减小还是不变？

8-5 电荷在电场中某点受到的电场力很大，则该点的电场强度一定就很大。判断此说法是否正确。

8-6 已知某点的电势，能否计算出该点的电场强度？

8-7 若保持平行板电容器极板上的电荷量不变，使两极板间距增大，则两极板间的电势差、电场强度以及电容各有何变化？

8-8 真空中两个等量异号电荷相距 0.01m 时作用力为 10^{-5}N，它们相距 0.1m 时的作用力多大？两电荷的电荷量各是多少？

8-9 在正方形的两个相对的角上各放置一点电荷 Q，在其他两个相对的角上各放置一点电荷 q。如果作用

在 Q 上的力为零，求 Q 与 q 的关系。

8-10 有一边长为 l 的立方体，每一角上放置一个点电荷 q。求证任意角上的点电荷所受合力的大小为 $F=\frac{0.262q^2}{\varepsilon_0 l^2}$；合力的方向如何？

8-11 长 $L=15\text{cm}$ 的直导线 AB 上均匀地分布着线密度为 $\lambda=5\times10^{-9}\text{C/m}$ 的电荷。求在导线的延长线上与导线一端 B 相距 $d=5\text{cm}$ 处的 P 点的电场强度。

8-12 半径为 R 的薄圆盘均匀带电，电荷面密度为 σ。求过盘中心并且垂直于盘面的轴线上与盘心相距 a 的一点的电场强度。

8-13 无限长导体圆柱半径为 R_1，外套同轴圆柱形导体薄壳，半径为 R_2，单位长度带电荷 λ_1 和 λ_2。两导体中间为真空，求空间各处的电场强度。

8-14 一半径为 r 的半球面均匀带电，电荷面密度为 σ。求球心处的电场强度。

8-15 一半径为 R 的球体内分布着电荷体密度为 $\rho=kr$ 的电荷，其中 r 是径向距离，k 是常量。求空间的电场强度分布。

8-16 两个点电荷，电荷量分别为 $+q$ 和 $+3q$，相距为 d，试求：(1) 在它们的连线上电场强度 $E=0$ 的点与电荷量为 $+q$ 的点电荷相距多远？(2) 若选无穷远处电势为零，两点电荷之间电势 $U=0$ 的点与电荷量为 $+q$ 的点电荷相距多远？

8-17 电荷量 Q 均匀分布在半径为 R 的球上，试求：离球心 r 处（$r<R$）的电势。

8-18 三块平行金属板 A、B、C 面积均为 200cm^2，A、B 间相距 4mm，A、C 间相距 2mm，B 和 C 两板都接地。如果使 A 板带正电 $3.0\times10^{-7}\text{C}$，求：(1) B、C 板上的感应电荷；(2) A 板的电势。

8-19 真空中一球形电容器，内球壳半径为 r_1，外球壳半径为 r_2，设两球壳间电势差为 U，求：(1) 内球壳带电多少？(2) 外球壳的内表面带电多少？(3) 计算电容器内部的电场强度。(4) 计算电容器的电容。

8-20 一空气平行板电容器，两极板间距为 d，极板面积为 S，极板上电荷量分别为 $+q$ 和 $-q$，在忽略边缘效应的情况下，求：(1) 板间电场强度大小为多少？(2) 板间电势差为多少？(3) 此时电容值等于多少？

第九章 电流的磁场

静止电荷的周围存在着静电场，而在运动电荷周围，不仅存在着电场而且还存在着磁场。磁场和电场一样也是物质的一种形态。1820 年，丹麦的奥斯特发现了电流的磁效应，即当电流通过导线时，引起导线近旁的小磁针偏转，开拓了电磁学研究的新纪元，打开了电磁应用的新领域。1840 年，惠斯通发明了感应电动机，1876 年美国的贝尔发明了电话……迄今为止，无论科学技术、工程应用，还是人类生活都与电磁学有着密切关系。电磁学给人们开辟了一条广阔的认识自然、征服自然的道路。

本章研究的是由稳恒电流激发的磁场。所谓稳恒电流是指电流分布不随时间发生变化的电流。稳恒电流激发的磁场称为稳恒磁场，又称静磁场，是磁场的特殊又简单的形式。

本章介绍的主要内容为：描述磁场的物理量——磁感应强度 $\boldsymbol{B}$；电流激发磁场的规律——毕奥-萨伐尔定律；反映磁场性质的两个定理——高斯定理和安培环路定理；磁场对运动电荷、载流导线及线圈的作用规律；磁介质和磁场的相互作用。

第一节 基本磁现象

一、磁现象

磁现象的发现要比电现象早得多。中国人对磁现象的发现和应用，比西方人要早得多。春秋战国时期（公元前 770—公元前 221）的文献已有“磁石吸铁”的记载，北宋时期已经利用磁针制造指南针并应用于航海。至 1600 年，英国人吉尔伯特（M. Gilbert）发表《论磁体》一书，这被认为是人类对磁现象系统而定性研究的最早著作。

无论是天然磁石还是人工磁铁，都有吸引铁、钴、镍等物质的性质，这种性质叫作**磁性**。天然和人造磁体都称为永磁体。条形磁铁及其他任何形状的磁铁都有两个磁性最强的区域，叫作**磁极**。将一条形磁铁悬挂起来，其中指北的一极是北极（用 N 表示），指南的一极是南极（用 S 表示）。若将一根磁铁分成数段，则每段仍具有 N、S 两极。至今还没有实验证明磁单极子的存在，这是磁极与电荷的根本不同之处。磁极之间也存在相互作用。实验指出，极性相同的磁极相互排斥，极性相反的磁极相互吸引。

磁现象的研究在历史上相当长的一段时间内以永久磁铁为基础，人们一直把磁现象和电现象看成彼此独立无关的两类现象而分别进行研究。直到 1819 年，奥斯特首先发现了电流的**磁效应**。后来安培发现放在磁铁附近的载流导线或载流线圈，也要受到力的作用而发生移动或转动。进一步的实验还发现，磁铁与磁铁之间、电流与磁铁之间，以及电流与电流之间都有磁相互作用。上述实验现象导致了人们对“磁性本源”的研究，使人们进一步认识到磁现象起源于电荷的运动，磁现象和电现象之间有着密切的联系。这主要体现在以下几个实验：

1）通有电流的导线（也叫载流导线）附近的磁针，会受到力的作用而偏转（见图 9-1-1）。

2）放在蹄形磁铁两极间的载流导线，也会受力而运动（见图 9-1-2）。

3）载流导线之间也有相互作用力。当两平行载流直导线的电流方向相同时，它们相互吸引；电流方向相反时，则相互排斥（见图 9-1-3）。

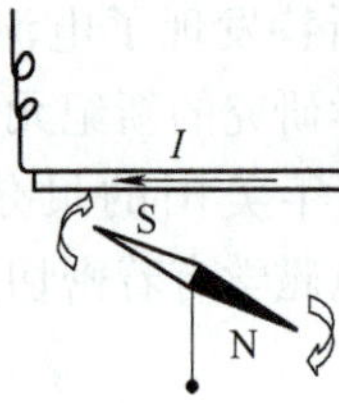

图 9-1-1

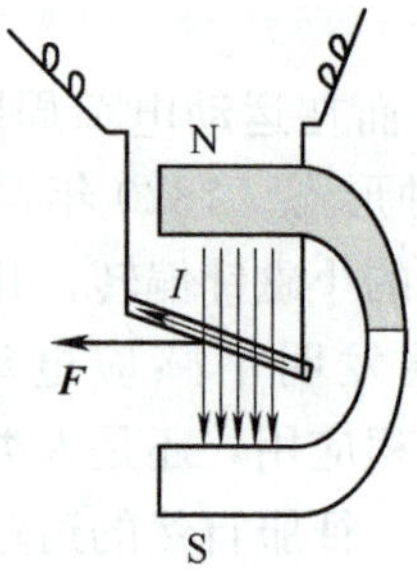

图 9-1-2

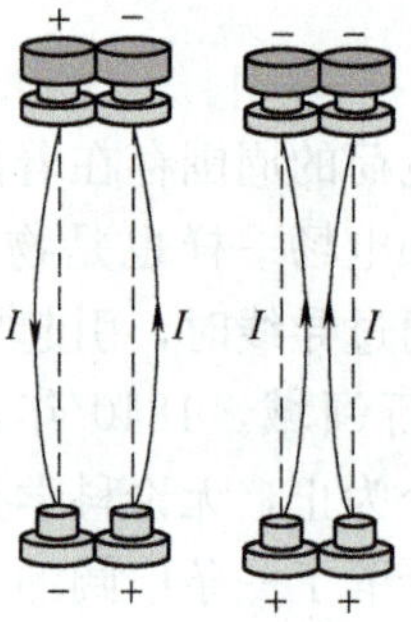

图 9-1-3

4）通过磁极间的运动电荷也受到力的作用。如电子射线管，当阴极和阳极分别接到高压电源的负极和正极上时，电子流通过狭缝形成一束电子射线。如果我们在电子射线管外面放一块磁铁，则可以看到电子射线的路径发生弯曲。

二、磁现象的本质

基于上述实验，法国科学家安培在 1822 年提出**分子电流**假说，认为一切磁现象起源于电流，任何物质的分子中都存在着环形电流，即分子电流。物质中大量分子电流的取向通常是无规则排列的，对外的磁效应相互抵消而不显现出磁性，但在外磁场作用下，当这些分子电流有规则地排列（等效于基元磁体的各个分子电流将倾向于沿外磁场方向取向）时，宏观上就对外呈现磁性。因此，物质的磁性决定于其中所有分子电流效应的叠加。

安培的假说还说明了磁体的 N、S 两种磁极不能单独存在的原因，因为基元磁体的两个极对应于环形电流所在平面的两个侧面，显然这两个侧面是不能单独存在的。永磁体之间的磁现象，来源于永磁体中分子电流所激发的磁场和磁场给永磁体内分子电流的作用力。

第二节　磁场　磁感应强度

一、磁场

按照近代的观点，电荷（不论其运动与否）在其周围激发电场。而运动电荷（电流）在其周围激发磁场。与电场是一种特殊的物质一样，磁场也是一种特殊物质，在磁场中的运动电荷（电流）受到该磁场给予的作用力（磁场力）。电流 I_1 和 I_2 之间的相互作用，是 I_1 的磁

场给其场中的电流 I_2 以作用；反过来，I_2 的磁场又给其场中电流 I_1 以作用。电流之间的相互作用是通过磁场来传递的。

由于电流是大量电荷做定向运动形成的，所以，上述一系列事实说明，在运动电荷周围空间存在着**磁场**；在磁场中的运动电荷要受到磁场力（简称磁力）的作用。磁场不仅对运动电荷或载流导线有力的作用，它和电场一样，也具有能量。这正是磁场物质性的表现。

虽然磁现象的发现要比电现象早得多，但是直到 19 世纪，发现了电流的磁场和磁场对电流的作用以后，人们才逐渐认识到磁现象和电现象的本质以及它们之间的联系，并扩大了磁现象的应用范围。到 20 世纪初，由于科学技术的进步和原子结构理论的建立和发展，人们进一步认识到磁现象起源于运动电荷，电流或运动电荷之间的相互作用力是通过磁场来传递的，磁场也是物质的一种形式，磁力是运动电荷之间除静电力以外的相互作用力。

二、磁感应强度

在静电场中，我们利用电场对静止电荷有电场力作用这一表现，引入电场强度 $\boldsymbol{E}$ 来定量地描述电场的性质。与此类似，为了描述磁场的基本性质，可以通过运动电荷在磁场中受到磁场对它的作用力来讨论，引入**磁感应强度** $\boldsymbol{B}$ 来定量地描述磁场的性质，其中 $\boldsymbol{B}$ 的方向表示磁场的方向，$\boldsymbol{B}$ 的大小表示磁场的强弱。

与在静电学中利用试验电荷所受电场力来定义电场强度相类似，我们用运动的试验电荷所受的磁场力来定义磁感应强度。

实验发现，运动电荷在磁场中某点的受力情况，与运动电荷的电荷量、运动速度、该点磁场的性质以及运动电荷的速度相对于磁场的取向有关，如图 9-2-1 所示。

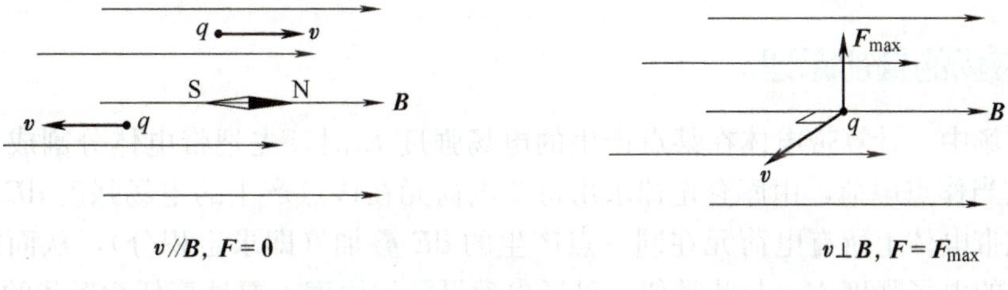

图 9-2-1

由大量实验可以得出如下结果：

1）运动电荷在磁场中所受的磁力随电荷的运动方向与磁场方向之间的夹角的改变而变化。当电荷运动方向与磁场方向一致时，它不受磁力作用（见图 9-2-1a）；而当电荷运动方向与磁场方向垂直时，它所受磁力最大，用 F_{max} 表示（见图 9-2-1b）。

2）磁力的大小正比于运动电荷的电荷量，即 $F \propto q$。如果电荷是负的，它所受力的方向与正电荷相反。

3）磁力的大小正比于运动电荷的速率，即 $F \propto v$。

4）作用在运动电荷上的磁力 $\boldsymbol{F}$ 的方向总是与电荷的运动方向垂直，即 $\boldsymbol{F} \perp \boldsymbol{v}$。

由上述实验结果可以看出，运动电荷在磁场中受的力有两种特殊情况：当电荷运动方向与磁场方向一致时，$F=0$；当电荷运动方向垂直于磁场方向时，$F=F_{max}$。根据这两种情况，我们可以定义磁感应强度 $\boldsymbol{B}$ 的方向和大小如下：

在磁场中某点，当正电荷的运动方向与在该点的小磁针 N 极的指向相同或相反时，它所受的磁力为零，我们把这个小磁针N 极的指向规定为该点的磁感应强度 $\boldsymbol{B}$ 的方向。

当正电荷的运动方向与磁场方向垂直时，它所受的最大磁力 $F_{\max}$ 与电荷的电荷量 q 和速率 v 的乘积成正比，但对磁场中某一定点来说，比值 $\frac{F_{\max}}{qv}$ 是一定的。对于磁场中的不同位置，这个比值有不同的确定值。我们把这个比值规定为磁场中某点的磁感应强度 $\boldsymbol{B}$ 的大小，即

$$B=\frac{F_{\max}}{qv} \tag{9-1}$$

磁感应强度 $\boldsymbol{B}$ 的单位，取决于 F、q 和 v 的单位。在国际单位制中，F 的单位是 N，q 的单位是 C，v 的单位是 $\mathrm{m\cdot s^{-1}}$，则 $\boldsymbol{B}$ 的单位是特斯拉，简称特，符号为 T。所以

$$1\mathrm{T}=1\mathrm{N}/[\mathrm{C}\cdot(\mathrm{m/s})]=1\mathrm{N}/(\mathrm{A}\cdot\mathrm{m})$$

应当指出，如果磁场中某一区域内各点 $\boldsymbol{B}$ 的方向一致、大小相等，那么，该区域内的磁场就叫匀强磁场。不符合上述情况的磁场就是非匀强磁场。长直螺线管内中部的磁场是常见的匀强磁场。

磁感应强度 $\boldsymbol{B}$ 的单位特斯拉实际上是一个很大的单位。例如，地球的磁场只有 $0.5\times10^{-5}\mathrm{T}$，一般永磁体的磁场约为 $10^{-2}\mathrm{T}$。而大型电磁铁能产生 2T 的磁场。我国科技人员已获得了世界上最强磁场 45.22T。

第三节 毕奥-萨伐尔定律

一、磁场的叠加原理

在静电场中，计算带电体在某点产生的电场强度 $\boldsymbol{E}$ 时，先把带电体分割成许多电荷元 $\mathrm{d}q$，并将其当作点电荷，由库仑定律求出每个电荷元在该点产生的电场强度 $\mathrm{d}\boldsymbol{E}$，然后根据叠加原理把带电体上所有电荷元在同一点产生的 $\mathrm{d}\boldsymbol{E}$ 叠加（即求定积分），从而得到带电体在该点产生的电场强度 $\boldsymbol{E}$。与此类似，磁场也满足叠加原理，要计算任意形状的载流导线在某点产生的磁感应强度 $\boldsymbol{B}$，可先把载流导线分割成许多电流元 $I\mathrm{d}\boldsymbol{l}$（电流元是矢量，它的方向是该电流元的电流方向），求出每个电流元在该点产生的磁感应强度 $\mathrm{d}\boldsymbol{B}$，然后把该载流导线的所有电流元在同一点产生的 $\mathrm{d}\boldsymbol{B}$ 叠加，从而得到载流导线在该点产生的磁感应强度 $\boldsymbol{B}$，即

$$\boldsymbol{B}=\int_L \mathrm{d}\boldsymbol{B} \tag{9-2}$$

这就是磁场的叠加原理。因为不存在孤立的电流元，所以电流元的磁感应强度公式不可能直接从实验中得到。

二、毕奥-萨伐尔定律

历史上，毕奥和萨伐尔两人首先用实验方法得到了载有稳恒电流的长直导线的磁感应强度经验公式 $\left(B\propto\frac{1}{r^2}\right)$ 等，并再由拉普拉斯通过分析经验公式而得到如下定律：

稳恒电流的电流元 $I\mathrm{d}\boldsymbol{l}$ 在真空中某点 P 所产生的磁感应强度 $\mathrm{d}\boldsymbol{B}$ 的大小，与电流元 $I\mathrm{d}\boldsymbol{l}$ 的大小成正比，与电流元 $I\mathrm{d}\boldsymbol{l}$ 和由电流元到 P 点的径矢 $\boldsymbol{r}$ 间的夹角 θ 的正弦成正比，而与电流元到 P 点的距离 r 的二次方成反比（见图 9-3-1），即

$$\mathrm{d}B = k\frac{I\mathrm{d}l\sin\theta}{r^2} \tag{9-3}$$

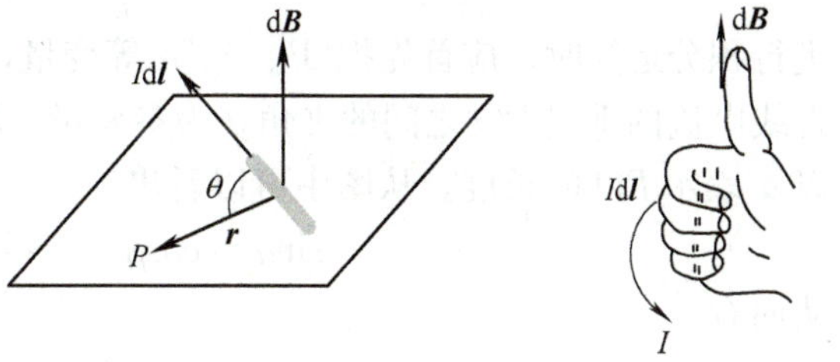

图　9-3-1

式中，比例系数 k 取决于单位制的选择。在国际单位制中，k 正好等于 $10^{-7}\,\mathrm{N/A^2}$，对于真空中的磁场，为了计算简单而令

$$k = \frac{\mu_0}{4\pi} \tag{9-4}$$

式中，$\mu_0 = 4\pi k = 4\pi\times10^{-7}\,\mathrm{T\cdot m\cdot A^{-1}} = 4\pi\times10^{-7}\,\mathrm{N/A^2}$，叫作**真空磁导率**。这样，式（9-3）可改写成

$$\mathrm{d}\boldsymbol{B} = \frac{\mu_0}{4\pi}\frac{I\mathrm{d}\boldsymbol{l}\times\boldsymbol{r}}{r^3} = \frac{\mu_0}{4\pi}\frac{I\mathrm{d}\boldsymbol{l}\times\boldsymbol{e}_r}{r^2} \tag{9-5}$$

这就是**毕奥-萨伐尔定律**，简称毕-萨定律，它给出电流元 $I\mathrm{d}\boldsymbol{l}$ 在真空中某点 P 所产生的磁感应强度 $\mathrm{d}\boldsymbol{B}$ 的大小，与电流元的大小 $I\mathrm{d}l$ 和位置矢量 $\boldsymbol{r}$ 的单位矢量的矢量积成正比，与电流元 $I\mathrm{d}l$ 到 P 点的距离 r 的二次方成反比；$\mathrm{d}\boldsymbol{B}$ 的方向垂直于 $\mathrm{d}\boldsymbol{l}$ 和 $\boldsymbol{r}$ 所决定的平面，且服从右手螺旋法则。

整个载流导线在该点产生的磁感应强度 $\boldsymbol{B}$ 由磁场的叠加原理可得

$$\boldsymbol{B} = \int_L \mathrm{d}\boldsymbol{B} = \int_L \frac{\mu_0}{4\pi}\frac{I\mathrm{d}\boldsymbol{l}\times\boldsymbol{r}}{r^3} = \int_L \frac{\mu_0}{4\pi}\frac{I\mathrm{d}\boldsymbol{l}\times\boldsymbol{e}_r}{r^2} \tag{9-6}$$

上式为一矢量积分，积分遍及整个载流导线。

三、毕奥-萨伐尔定律的应用

毕奥-萨伐尔定律的主要应用是计算以下几种常见的电流产生的磁感应强度。

1. 长直载流导线的磁场

【例题 9-1】　求长直载流导线的磁场中任意一点的磁感应强度。

解：设有一长为 L 的载流直导线，放在真空中，导线中电流为 I，现计算邻近该直线电流的一点 P 处的磁感应强度 $\boldsymbol{B}$。

如例题 9-1 图所示，在直导线上任取一电流元 $I\mathrm{d}\boldsymbol{l}$，根据毕奥-萨伐尔定律，电流元在给定点 P 所产生的磁感应强度大小为

$$\mathrm{d}B = \frac{\mu_0}{4\pi}\frac{I\mathrm{d}l\sin\alpha}{r^2}$$

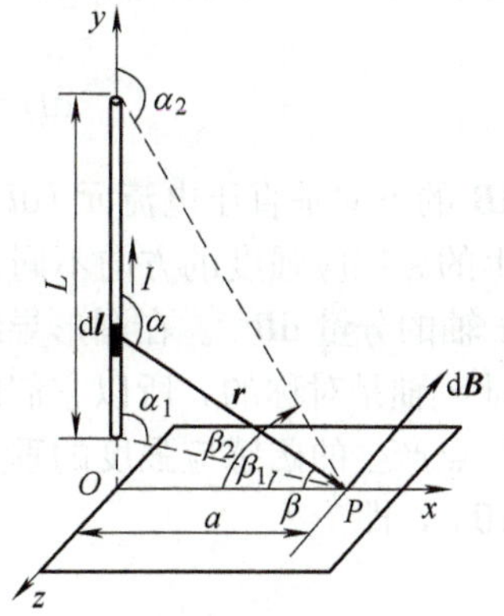

例题 9-1 图

$\mathrm{d}\boldsymbol{B}$ 的方向垂直于电流元 $I\mathrm{d}\boldsymbol{l}$ 与径矢 $\boldsymbol{r}$ 所决定的平面，指向垂直于 Oxy 平面，沿 z 轴负向）。由于导线上各个电流元在 P 点所产生的 $\mathrm{d}\boldsymbol{B}$ 方向相同，因此 P 点的总磁感应强度等于各电流元所产生的 $\mathrm{d}\boldsymbol{B}$ 的代数和，用积分表示，有

$$B=\int_L \mathrm{d}B=\int_L \frac{\mu_0}{4\pi}\frac{I\,\mathrm{d}l\sin\alpha}{r^2} \tag{*}$$

进行积分运算时，应首先把 $\mathrm{d}l$、r、α 等变量，用同一参变量表示。现在取径矢 $\boldsymbol{r}$ 与 P 点到直线电流的垂线 PO 之间的夹角 β 为参变量。取 O 点为原点，从 O 到 $I\mathrm{d}\boldsymbol{l}$ 处的距离为 l，并以 a 表示 PO 的长度。从图中可以看出

$$\sin\alpha=\cos\beta,\quad r=a\sec\beta,\quad l=a\tan\beta$$

从而有

$$\mathrm{d}l=a\sec^2\beta\,\mathrm{d}\beta$$

把以上各关系式代入式（*）中，并按例题 9-1 图中所示，取积分下限为 β_1，上限为 β_2，得

$$B=\frac{\mu_0 I}{4\pi a}\int_{\beta_1}^{\beta_2}\cos\beta\,\mathrm{d}\beta=\frac{\mu_0 I}{4\pi a}\sin\beta\Big|_{\beta_1}^{\beta_2}=\frac{\mu_0 I}{4\pi a}(\sin\beta_2-\sin\beta_1)$$

式中，β_1是从 PO 转到电流起点与 P 点连线的夹角；β_2是从 PO 转到电流终点与 P 点连线的夹角。当 β 角的旋转方向与电流方向相同时，β 取正值；当 β 角的旋转方向与电流的方向相反时，β 取负值。例题 9-1 图中的 β_1 和 β_2 均为正值。

如果载流导线是一无限长的直导线，那么可认为 $\beta_1=-\frac{\pi}{2}$，$\beta_2=\frac{\pi}{2}$，所以

$$B=\frac{\mu_0 I}{2\pi a} \tag{9-7}$$

上式是**无限长载流直导线**的磁感应强度，它与毕奥-萨伐尔的早期实验结果是一致的。

2. 圆形载流线圈轴线上的磁场

【例题 9-2】 求半径为 R、载有电流 I 的圆形线圈轴线上任意点处的磁感应强度。

解： 设在真空中，有一半径为 R 的圆形载流导线，通过的电流为 I，计算通过圆心并垂直于圆形导线所在平面的轴线上任意点 P 的磁感应强度 $\boldsymbol{B}$（见例题 9-2 图）。在圆上任取一电流元 $I\mathrm{d}\boldsymbol{l}$，它在 P 点产生的磁感应强度的大小为 $\mathrm{d}\boldsymbol{B}$，由毕-萨定律得

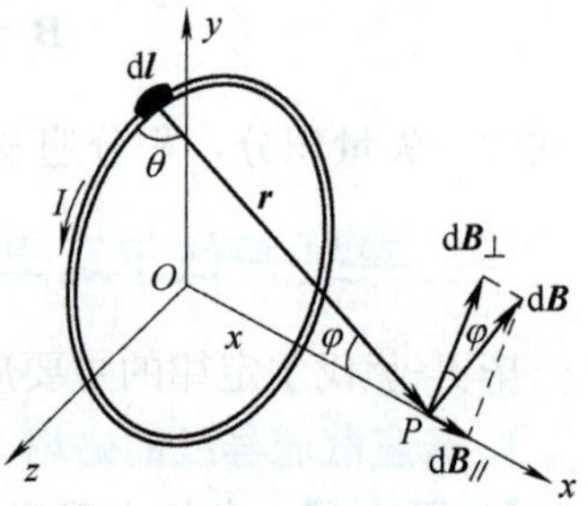

例题 9-2 图

$$\mathrm{d}B=\frac{\mu_0}{4\pi}\frac{I\,\mathrm{d}l\sin\theta}{r^2}$$

由于 $I\mathrm{d}\boldsymbol{l}$ 与 $\boldsymbol{r}$ 垂直，所以 $\theta=\frac{\pi}{2}$，上式可写成

$$\mathrm{d}B=\frac{\mu_0}{4\pi}\frac{I\,\mathrm{d}l}{r^2}$$

$\mathrm{d}\boldsymbol{B}$ 的方向垂直于电流元 $I\mathrm{d}\boldsymbol{l}$ 和径矢 $\boldsymbol{r}$ 所组成的平面，由于圆形导线上各电流元在 P 点所产生的磁感应强度的方向不同，因此把 $\mathrm{d}\boldsymbol{B}$ 分解成两个分量：平行于 x 轴的分量 $\mathrm{d}\boldsymbol{B}_{/\!/}$ 和垂直于 x 轴的分量 $\mathrm{d}\boldsymbol{B}_{\perp}$。在圆形导线上，由于同一直径两端的两电流元在 P 点产生的磁感应强度对 x 轴是对称的，所以它们的垂直分量 $\mathrm{d}\boldsymbol{B}_{\perp}$ 互相抵消，于是整个圆形电流的所有电流元在 P 点产生的磁感应强度的垂直分量 $\mathrm{d}\boldsymbol{B}_{\perp}$ 两两相消，所以叠加的结果只有平行于 x 轴的分量 $\mathrm{d}\boldsymbol{B}_{/\!/}$，即

$$B=B_{/\!/}=\int_L \mathrm{d}B\sin\varphi=\int_L \frac{\mu_0}{4\pi}\frac{I\,\mathrm{d}l}{r^2}\sin\varphi$$

式中，$\sin\varphi=\dfrac{R}{r}$；对于给定点 P，r、I 和 R 都是常量，所以

$$B=\frac{\mu_0}{4\pi}\frac{IR}{r^3}\int_0^{2\pi R}\mathrm{d}l=\frac{\mu_0 I}{2}\frac{R^2}{(R^2+x^2)^{\frac{3}{2}}}$$

$\boldsymbol{B}$ 的方向垂直于圆形导线所在平面，并与圆形电流组成右手螺旋关系。

上式中令 $x=0$，得到圆心处的磁感应强度为

$$B=\frac{\mu_0 I}{2R} \tag{9-8}$$

在轴线上，远离圆心即（$x\gg R$）处的磁感应强度为

$$B=\frac{\mu_0 IR^2}{2x^3}=\frac{\mu_0 IS}{2\pi x^3}$$

式中，$S=\pi R^2$ 为圆形导线所包围面积。令 $\boldsymbol{m}=IS\boldsymbol{e}_\mathrm{n}$，$\boldsymbol{e}_\mathrm{n}$ 为面积 S 法线方向的单位矢量，它的方向和圆形电流垂直轴线上的磁感应强度的方向一样，与圆形电流成右手螺旋关系，则上式可改写成矢量式

$$\boldsymbol{B}=\frac{\mu_0\boldsymbol{m}}{2\pi x^3} \tag{9-9a}$$

上式与电偶极子沿轴线上的电场强度公式相似，只是把电场强度 $\boldsymbol{E}$ 换成磁感应强度 $\boldsymbol{B}$，系数$\dfrac{1}{2\pi\varepsilon_0}$换成$\dfrac{\mu_0}{2\pi}$，而电矩 $\boldsymbol{p}_\mathrm{e}$ 换成 $\boldsymbol{m}$。由此可见，$\boldsymbol{m}$ 应叫作载流圆形线圈的磁矩。式（9-9a）可推广到一般平面载流线圈。若平面线圈共有 N 匝，每匝包围面积为 S，通有电流 I，线圈平面的法线单位矢量方向的指向与线圈中的电流方向成右旋关系，那么该线圈的磁矩为

$$\boldsymbol{m}=NIS\boldsymbol{e}_\mathrm{n} \tag{9-9b}$$

【例题 9-3】 真空中，一无限长载流导线，AB、DE 部分平直，中间弯曲部分为半径 $R=4\mathrm{cm}$ 的半圆环，各部分均在同一平面内，如例题 9-3 图所示。若通以电流 $I=20\mathrm{A}$，求半圆环的圆心 O 处的磁感应强度。

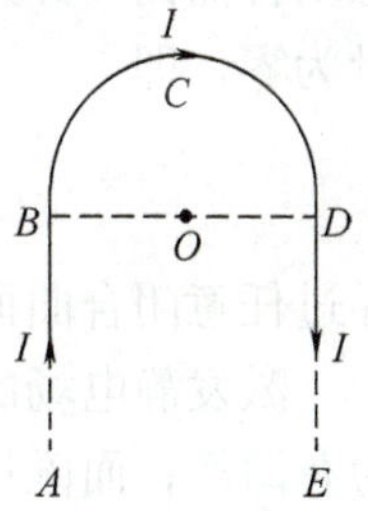

例题 9-3 图

解： 由磁场叠加原理，O 点处的磁感应强度 $\boldsymbol{B}$ 是由 AB、BCD 和 DE 三部分电流产生的磁感应强度的叠加。

AB 部分为“半无限长”直线电流，在 O 点产生的 $\boldsymbol{B}_1$ 大小为

$$B_1=\frac{\mu_0 I}{4\pi R}(\sin\beta_2-\sin\beta_1)$$

因为有
$$\beta_1=-\frac{\pi}{2},\quad \beta_2=0$$

故

$$B_1=\frac{\mu_0 I}{4\pi R}=\frac{4\pi\times10^{-7}\times20}{4\pi\times4\times10^{-2}}\mathrm{T}=5\times10^{-5}\mathrm{T}$$

$\boldsymbol{B}_1$ 的方向垂直纸面向里。

同理，DE 部分在 O 点产生的 $\boldsymbol{B}_2$ 的大小与方向均与 $\boldsymbol{B}_1$ 相同，即为

$$B_2=\frac{\mu_0 I}{4\pi R}=5\times10^{-5}\mathrm{T}$$

BCD 部分在 O 点产生的 $\boldsymbol{B}_3$ 要用积分计算，即

$$\boldsymbol{B}_3 = \int \mathrm{d}\boldsymbol{B}$$

式中，$\mathrm{d}\boldsymbol{B}$ 为半圆环上任一电流元 $I\mathrm{d}\boldsymbol{l}$ 在 O 点产生的磁感应强度，其大小为

$$\mathrm{d}B = \frac{\mu_0 I \mathrm{d}l \sin\theta}{4\pi R^2}$$

因为 $\theta = \frac{\pi}{2}$，故 $\mathrm{d}B = \frac{\mu_0 I \mathrm{d}l}{4\pi R^2}$，$\mathrm{d}\boldsymbol{B}$ 的方向垂直纸面向里。而且半圆环上各电流元在 O 点产生的 $\mathrm{d}\boldsymbol{B}$ 方向都相同，则得到

$$B_3 = \int \mathrm{d}B = \int_0^{\pi R} \frac{\mu_0 I \mathrm{d}l}{4\pi R^2} = \frac{\mu_0 I}{4R} = \frac{4\pi \times 10^{-7} \times 20}{4 \times 4 \times 10^{-2}}\mathrm{T} = 1.57 \times 10^{-4}\mathrm{T}$$

因 $\boldsymbol{B}_1$、$\boldsymbol{B}_2$、$\boldsymbol{B}_3$ 的方向都相同，所以 O 点处总的磁感应强度 $\boldsymbol{B}$ 的大小为

$$B = B_1 + B_2 + B_3 = (5 \times 10^{-5} + 5 \times 10^{-5} + 1.57 \times 10^{-4})\mathrm{T} = 2.57 \times 10^{-4}\mathrm{T}$$

$\boldsymbol{B}$ 的方向垂直纸面向里。

★解题指导： 此题为前两个例题的结合变形，因此我们可以应用例题 9-1、例题 9-2 的推论进行求解。例题 9-1、例题 9-2 还可以结合起来进行多种变形，例如 3/4 圆弧与一段半无限长导线组成的导线在空间某一点处磁感应强度的求解等。

第四节 稳恒磁场的高斯定理和安培环路定理

一、稳恒磁场的高斯定理

我们知道，静电场的高斯定理是关于通量的表达式，那么由磁感线的闭合性可知，对任意闭合曲面，穿入的磁感线条数与穿出的磁感线条数相同，因此，通过任何闭合曲面的磁通量为零，即

$$\oiint_S \boldsymbol{B} \cdot \mathrm{d}\boldsymbol{S} = 0 \tag{9-10}$$

穿过任意闭合曲面 S 的总磁通必然为零，这就是稳恒磁场的高斯定理。

激发静电场的场源（电荷）是电场线的源头或尾闾，所以静电场属于发散式的场，可称为**有源场**；而磁场的磁感线无头无尾，且是闭合的，所以磁场可称为**无源场**。

在静电场中，由于自然界有单独存在的正、负电荷，因此通过一闭合曲面的电通量可以不为零，这反映了静电场是有源场。而在磁场中，磁感线的连续性表明，像正、负电荷那样的磁单极子是不存在的，磁场是无源场。1913 年，英国物理学家狄拉克曾从理论上预言磁单极子的存在，但至今未被观察到。

二、安培环路定理

由前一章的内容可知，静电场中的电场线不是闭合曲线，电场强度沿任意闭合路径的环流（即线积分）恒等于零，即

$$\oint_L \boldsymbol{E} \cdot \mathrm{d}\boldsymbol{l} = 0$$

这是静电场的一个重要特征，它说明静电场是**保守场**。但是在磁场中，磁感线都是环绕电流

的闭合曲线，因而可预见磁感应强度的环流$\oint_L \boldsymbol{B}\cdot \mathrm{d}\boldsymbol{l}$不一定为零。如果积分路径是沿某一条磁感线，则在积分路径的每一线元上的$\boldsymbol{B}\cdot \mathrm{d}\boldsymbol{l}$都是大于零的，所以$\oint_L \boldsymbol{B}\cdot \mathrm{d}\boldsymbol{l}>0$。这种环流不等于零的场叫作涡旋场。磁场是一种涡旋场，这一性质决定了在磁场中不能类似静电场那样引入“电势”的概念。

在真空中，各点磁感应强度$\boldsymbol{B}$的大小和方向与产生该磁场的电流分布有关。可以预见环流$\oint_L \boldsymbol{B}\cdot \mathrm{d}\boldsymbol{l}$的值也与场源电流的分布有关。为简单起见，利用真空中无限长载流直导线产生的磁感应强度来计算磁场的环流$\oint_L \boldsymbol{B}\cdot \mathrm{d}\boldsymbol{l}$的值，然后引入安培环路定理。

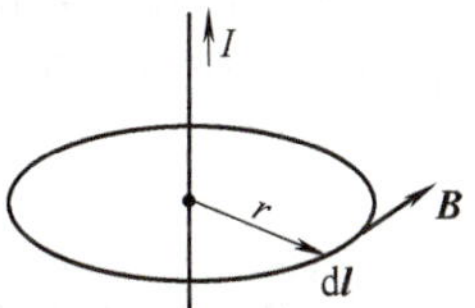

图 9-4-1

设它所形成的磁场的磁感线是一组以导线为轴线的同轴圆，如图 9-4-1所示，即圆心在导线上，圆所在的平面与导线垂直。在垂直于长直载流导线的平面内，任取一条以载流导线为圆心、半径为r的圆形环路l作为积分的闭合路径。则在这圆周路径上任一点的磁感应强度的大小为

$$B=\frac{\mu_0 I}{2\pi r}$$

其方向与圆周相切。如果积分路径的绕行方向与该条磁感线方向相同，也就是积分路径的绕行方向与包围的电流成右螺旋关系，则$\boldsymbol{B}$与$\mathrm{d}\boldsymbol{l}$同方向，即$\boldsymbol{B}$与$\mathrm{d}\boldsymbol{l}$之间的夹角处处为零，于是

$$\oint_L \boldsymbol{B}\cdot \mathrm{d}\boldsymbol{l}=\oint_L \frac{\mu_0 I}{2\pi r}\mathrm{d}l\cos\theta=\frac{\mu_0 I}{2\pi r}\cdot 2\pi r=\mu_0 I$$

所以

$$\oint_L \boldsymbol{B}\cdot \mathrm{d}\boldsymbol{l}=\mu_0 I \tag{9-11a}$$

上式说明，磁感应强度$\boldsymbol{B}$的环流等于闭合路径所包围的电流与真空磁导率的乘积，而与积分路径的圆半径r无关。

如果保持积分路径的绕行方向不变，而改变上述电流的方向，由于每个线元$\mathrm{d}\boldsymbol{l}$与$\boldsymbol{B}$的夹角$\theta=\pi$，则

$$B\cdot \mathrm{d}l=B\cos\theta \mathrm{d}l=-B\mathrm{d}l<0$$

所以

$$\oint_L \boldsymbol{B}\cdot \mathrm{d}\boldsymbol{l}=-\mu_0 I=\mu_0(-I) \tag{9-11b}$$

上式说明积分路径的绕行方向与所包围的电流方向成左旋关系，可认为对路径而言，该电流是负值。

式（9-11a）、式（9-11b）两式虽然从特例得出，但可以证明：对于任意形状的载流导线以及任意形状的闭合路径，该式仍然成立。

应当指出，当电流未穿过以闭合路径为周界的任意曲面（即闭合积分路径内不包围电流）时，路径上各点的磁感应强度虽不为零，但磁感应强度沿该闭合路径的环流为零，即

$$\oint_L \boldsymbol{B} \cdot \mathrm{d}\boldsymbol{l} = 0 \tag{9-11c}$$

注意：在一般情况下，设有 n 根电流为 I_i（$i=1, 2, \cdots, n$）的载流导线穿过以闭合路径 l 为周界的任意曲面（即闭合积分路径内包围 n 根电流），m 根电流为 I_j（$j=1, 2, \cdots, m$）的载流导线未穿过该曲面，利用式（9-11a）、式（9-11b）、式（9-11c）并根据磁场的叠加原理，可得到该闭合路径的环流为

$$\oint_L \boldsymbol{B} \cdot \mathrm{d}\boldsymbol{l} = \mu_0 \sum_{i=1}^{n} I_i$$

式中，$\boldsymbol{B}$ 是由 I_i（$i=1, 2, \cdots, n$）、I_j（$j=1, 2, \cdots, m$）共（$n+m$）个电流共同产生的。由此总结出真空中的安培环路定理如下：

在稳恒磁场中，磁感应强度 $\boldsymbol{B}$ 沿任何闭合路径的线积分，等于这一闭合路径所包围的所有电流的代数和的 μ_0 倍。其数学表达式为

$$\oint_L \boldsymbol{B} \cdot \mathrm{d}\boldsymbol{l} = \mu_0 \sum_{i=1}^{n} I_i \tag{9-12}$$

它指出：在真空中磁感应强度沿任意闭合路径的环流等于穿过以该闭合路径为周界的任意曲面的各电流的代数和与真空磁导率 μ_0 的乘积，而与未穿过该曲面的电流无关。应当指出：未穿过以闭合路径为周界的任意曲面的电流虽对磁感应强度沿该闭合路径的环流无贡献，但这些电流对路径上各点的磁感应强度是有贡献的。

式（9-12）中电流的正、负取值规定为：若电流与闭合路径成右旋关系，则取正值；若电流与闭合路径成左旋关系，则取负值。例如，在图 9-4-2 中，电流 I_1、I_2 穿过闭合路径 l 所包围的曲面，I_1 与 l 成右旋关系，I_1 取正值；I_2 与 l 成左旋关系，I_2 取负值。I_3 未穿过闭合路径 l 所包围的曲面，所以对 $\boldsymbol{B}$ 的环流无贡献。于是磁感应强度 $\boldsymbol{B}$ 沿该闭合路径的环流为

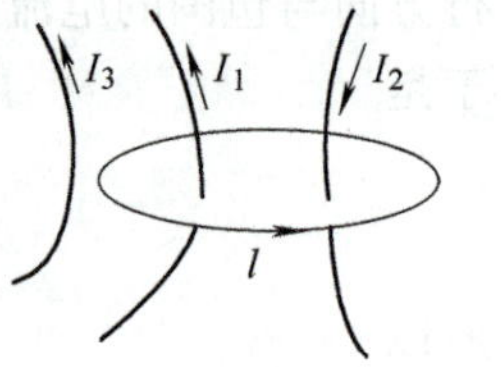

图 9-4-2

$$\oint_L \boldsymbol{B} \cdot \mathrm{d}\boldsymbol{l} = \mu_0 (I_1 - I_2)$$

安培环路定理反映了磁场的基本规律。和静电场的环路定理 $\oint_L \boldsymbol{E} \cdot \mathrm{d}\boldsymbol{l} = 0$ 相比较，稳恒磁场中 $\boldsymbol{B}$ 的环流 $\oint_L \boldsymbol{B} \cdot \mathrm{d}\boldsymbol{l} \neq 0$，说明稳恒磁场的性质和静电场不同，它是一种非保守场。

安培环路定理对于研究稳恒磁场有非常重要的意义。它的应用类似于静电场中的高斯定理的应用，即用以计算几种特殊分布的稳恒电流所产生的磁场的磁感应强度。

三、安培环路定理的应用

安培环路定理是一个普遍定理，它以积分形式表达了稳恒电流和它所激发磁场间的普遍关系。但要用它直接计算磁感应强度，则只限于电流分布具有某种对称性的情况。即利用安培环路定理求磁场的前提条件是：如果在某个载流导体的稳恒磁场中，可以找到一条闭合环路 l，该环路上的磁感应强度 $\boldsymbol{B}$ 大小处处相等，$\boldsymbol{B}$ 的方向和环路的绕行方向也处处相同，这样利用安培环路定理求磁感应强度 $\boldsymbol{B}$ 的问题，就转化为求环路长度，以及求环路所包围

的电流代数和的问题，即

$$\oint_L \boldsymbol{B}\cdot \mathrm{d}\boldsymbol{l}=B\oint_L \mathrm{d}l=\mu_0\sum_i I_i \Rightarrow B=\frac{\mu_0\sum\limits_i I_i}{\oint_L \mathrm{d}l}$$

所以，利用安培环路定理求磁场的适用范围是，在磁场中能否找到上述的环路。这取决于该磁场分布的对称性，而磁场分布的对称性又来源于电流分布的对称性。因此，应用安培环路定理，计算一些具有一定对称性的电流分布的磁感应强度十分方便。计算步骤为：首先利用磁场的叠加原理对载流导体产生的磁场做对称性分析；其次根据磁场的对称性和特征，设法找到满足上述条件的积分路径（使 B 可提到积分号外）；然后计算出闭合积分路径中的总电流；最后利用定理公式求得磁感应强度。举例说明如下。

1. 长直载流圆柱形导线内外的磁场

前一节中，在利用毕奥-萨伐尔定律计算无限长载流直导线的磁感应强度，得出式(9-7)时，认为载流导线很细，其半径可忽略不计。实际上，导线都有一定的半径，尤其在考查导线内的磁场分布时，就不得不考虑导线的半径，而要把导线看成圆柱体了。稳恒电流在圆柱形导线中的分布情况是：在导线的横截面上，电流 I 是均匀分布的。

长直载流圆柱形导线中的电流分布对称于圆柱的轴线，所以圆柱内、外的磁感应强度也应对轴线对称。又因磁感线总是闭合曲线，于是长直载流圆柱形导线内、外的磁感线分布，只能是圆心在轴线上，并与轴线垂直的一系列同轴圆。也就是说：磁场中各点的磁感应强度的方向与通过该点的同轴圆相切。由于同一磁感线上各点到轴线的距离相等，根据轴对称性，同一磁感线上各点的磁感应强度的大小相等，符合用磁场的安培环路定理解题的条件。

现在我们来具体计算半径为 R 的长直载流圆柱内、外，距轴线为 r 的 P 点的磁感应强度，如图 9-4-3 所示。

将长直载流圆柱形导线分割成许多截面为 $\mathrm{d}S$ 的无限长直线电流，每一直线电流的磁感应强度都分布在垂直于导线的平面内。如图 9-4-3 所示，过场点 P 取垂直于导体的平面，点 O 是导体轴线与此平面的交点。在此平面内的导体截面上取关于 OP 对称分布的一对面元 $\mathrm{d}\boldsymbol{S}$ 和 $\mathrm{d}\boldsymbol{S}'$，设 $\mathrm{d}\boldsymbol{B}$ 和 $\mathrm{d}\boldsymbol{B}'$ 分别是以 $\mathrm{d}\boldsymbol{S}$ 和 $\mathrm{d}\boldsymbol{S}'$ 为截面的无限长电流 $\mathrm{d}I$ 和 $\mathrm{d}I'$ 在 P 点产生的磁感应强度。不难看出，它们的合矢量 $(\mathrm{d}\boldsymbol{B}+\mathrm{d}\boldsymbol{B}')$ 应沿以 O 为圆心、$OP=r$ 为半径、位于和导线垂直的平面内的圆 L 的切线，其指向与电流方向成右螺旋关系。因此，选择通过 P 点的同轴圆 L 作为积分的闭合路径，则磁感应强度的环流为

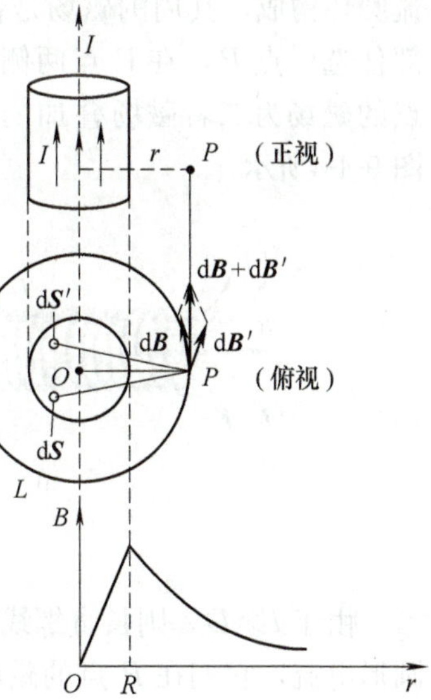

图　9-4-3

$$\oint_L \boldsymbol{B}\cdot \mathrm{d}\boldsymbol{l}=\oint_L B\,\mathrm{d}l=B\oint_L \mathrm{d}l=2\pi rB$$

再来求积分回路中包围的总电流，需要分区域讨论：

1）对导体内部的点 P，$r<R$，L 所围的电流 $I'=\dfrac{I}{\pi R^2}\pi r^2=\dfrac{r^2}{R^2}I$，由安培环路定理，有

$$2\pi rB=\mu_0\frac{r^2}{R^2}I$$

因此求得

$$B=\frac{\mu_0 rI}{2\pi R^2}\quad (r<R) \tag{9-13a}$$

上式表明，在导体内部，B 与 r 成正比。

2）对导体外部的点 P，$r>R$，L 所围的电流即圆柱形导线上的总电流 I，由安培环路定理，有

$$2\pi rB=\mu_0 I$$

因此求得

$$B=\frac{\mu_0 I}{2\pi r}\quad (r>R) \tag{9-13b}$$

该式表明，在导体外部，B 与 r 成反比，即圆柱形长直载流导线外部磁场 $\boldsymbol{B}$ 的分布与一无限长直载流导线的磁场的 $\boldsymbol{B}$ 分布相同。

3）对圆柱体表面上的点 P，$r=R$，根据以上两式都能得到

$$B=\frac{\mu_0 I}{2\pi R}\quad (r=R) \tag{9-13c}$$

图 9-4-3 也给出了长直载流圆柱形导线内外的磁场 B 随 r 变化的曲线。

2. 长直载流螺线管内的磁场

设有绕得很均匀紧密的长螺线管，导线中的电流为 I，螺线管长为 l，直径为 D，且 $l\gg D$；导线均匀密绕在螺线管的圆柱面上，单位长度上的匝数为 n。

首先用磁场叠加原理做对称性分析：可将长直密绕载流螺线管看作由无穷多个共轴的载流圆环构成，其周围磁场是各匝圆形电流所激发磁场的叠加结果。在长直载流螺线管的中部任选一点 P，在 P 点两侧对称性地选择两匝圆形电流，由圆形电流的磁场分布可知，P 点的磁场为二者磁场叠加的结果，磁感应强度 $\boldsymbol{B}$ 的方向与螺线管的轴线方向平行，如图 9-4-4所示。

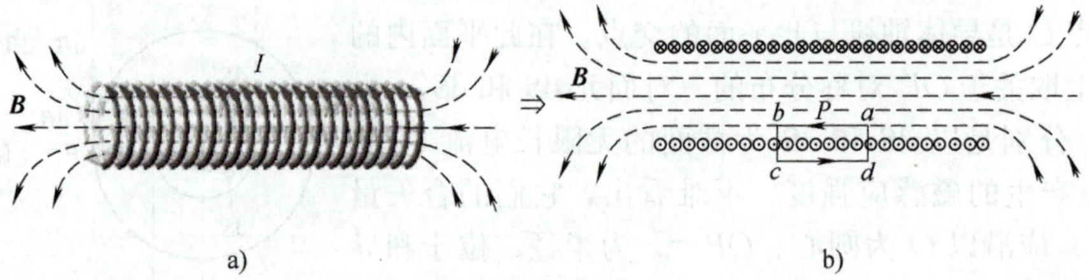

图 9-4-4

由于 $l\gg D$，则长直螺线管可以看成无限长，因此在 P 点两侧可以找到无穷多匝对称的圆形电流，它们在 P 点的磁场叠加结果与图 9-4-4a 相似。由于 P 点是任选的，因此可以推知长直载流螺线管内各点磁场的方向均沿轴线方向。磁场分布如图 9-4-4b 所示。

从图 9-4-4 可以看出，在螺线管内的中央部分，磁场是均匀的，其方向与轴线平行，并可按右手螺旋法则判定其指向；而在管的中央部分外侧，磁场很微弱，可忽略不计，即 $B=0$。据此，选择如图 9-4-4b 所示的过管内任意场点 P 的一矩形闭合曲线 $abcda$ 为积分路径 l。则

环路 ab 段的 $\mathrm{d}l$ 方向与磁场 $\boldsymbol{B}$ 的方向一致，即 $\boldsymbol{B}$ 与 $\mathrm{d}\boldsymbol{l}$ 夹角为 $0°$，故在 ab 段上，$\boldsymbol{B}\cdot\mathrm{d}\boldsymbol{l}=B\mathrm{d}l$；在环路 cd 段上，$B=0$，则 $\boldsymbol{B}\cdot\mathrm{d}\boldsymbol{l}=0$；在环路 bc 段和 da 段上，管内部分 $\boldsymbol{B}$ 与 $\mathrm{d}\boldsymbol{l}$ 垂直，管外部分 $\boldsymbol{B}=0$，都有 $\boldsymbol{B}\cdot\mathrm{d}\boldsymbol{l}=0$，因此，磁感应强度 $\boldsymbol{B}$ 沿此闭合路径 l 的环流为

$$\int_l \boldsymbol{B}\cdot\mathrm{d}\boldsymbol{l}=\int_{ab}\boldsymbol{B}\cdot\mathrm{d}\boldsymbol{l}+\int_{bc}\boldsymbol{B}\cdot\mathrm{d}\boldsymbol{l}+\int_{cd}\boldsymbol{B}\cdot\mathrm{d}\boldsymbol{l}+\int_{da}\boldsymbol{B}\cdot\mathrm{d}\boldsymbol{l}=\int_{ab}B\mathrm{d}l=B\,\overline{ab}$$

已知螺线管上每单位长度有 n 匝线圈，通过每匝线圈的电流是 I，则闭合路径所围绕的总电流为 $n\cdot\overline{ab}\cdot I$，根据右手螺旋法则，其方向是正的。由安培环路定理

$$B\,\overline{ab}=\mu_0 n\,\overline{ab}\cdot I$$

故得

$$B=\mu_0 nI \tag{9-14a}$$

或者写作

$$B=\frac{\mu_0 NI}{l} \tag{9-14b}$$

式中，N 为螺线管的总匝数。螺线管为在实验上建立一个已知的匀强磁场提供了一种方法，正如平行板电容器提供了建立匀强电场的方法一样。

3. 环形载流螺线管内外的磁场

均匀密绕在环形管上的一组圆形载流线圈叫作**环形螺线管**，又称**螺绕环**。设螺线管总匝数为 N，通有电流 I 时，由于线圈绕得很密，所以每一匝线圈相当于一个圆形电流。下面根据对称性，分析环形螺线管的磁场分布。对于如图 9-4-5a 所示的**均匀密绕螺绕环**，由于整个电流的分布具有中心轴对称性，因而磁场的分布也应具有**轴对称**性，且不论在螺绕环内还是螺绕环外，磁场的分布都是轴对称的。由于磁感线总是闭合曲线，所以所有磁感线只能是圆心在轴线上，并与环面平行的同轴圆。

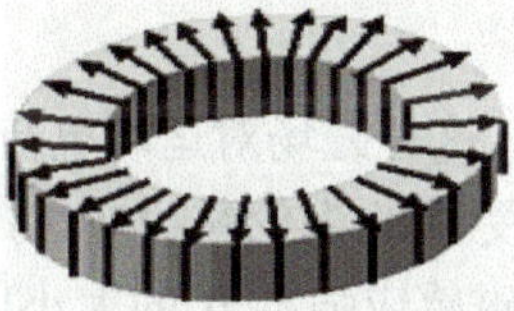

a)

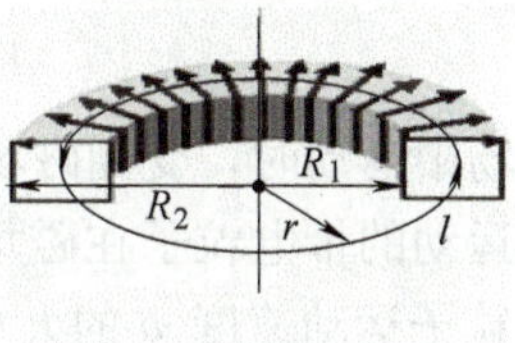

b)

图　9-4-5

将通有电流 I 的矩形螺绕环沿直径切开，其剖面图如图 9-4-5b 所示，在环内作一个半径为 r 的环路 l，绕行方向如图 9-4-5b 所示。环路上各点的磁感应强度大小相等，方向由右手螺旋法则可知与环路绕行方向一致。又由已知可得，环路内所包围电流的代数和为 NI。因此，根据安培环路定理，磁感应强度 $\boldsymbol{B}$ 沿此环路的环流为

$$\oint_L \boldsymbol{B}\cdot\mathrm{d}\boldsymbol{l}=B\cdot 2\pi r=\mu_0 NI$$

所以得

$$B=\frac{\mu_0 NI}{2\pi r}\quad (R_1<r<R_2) \tag{9-15a}$$

可见，**螺绕环内**任意点处的磁感应强度随到环心的距离而变，即螺绕环内的磁场是**不均匀**的。

若用 R 表示螺绕环的平均半径，当 $R \gg R_2-R_1$ 时，可近似认为环内任一与环共轴的同心圆的半径 $r\approx R$，则式（9-15a）可变换为

$$B=\mu_0\frac{N}{2\pi R}I=\mu_0 nI \quad (R_1<r<R_2) \tag{9-15b}$$

式中，$n=N/2\pi R$，为环上单位长度所绕的匝数。因此，当螺绕环的平均半径比环的内外半径之差大得多时，管内的磁场可视为均匀的，计算公式与长螺线管相同。

根据同样的分析，在管的外部，也选取与环共轴的圆 l（半径为 r'）做积分路径，则 $\oint_L \boldsymbol{B}\cdot d\boldsymbol{l}=2B\pi r'$。因为 l 所围电流代数和为零，由安培环路定理，得

$$2B\pi r'=0$$

所以

$$B=0$$

即对均匀密绕螺绕环，由于环上的线圈绕得很密，则磁场几乎全部集中于管内，在环的外部空间，磁感应强度处处为零。

第五节 磁场对载流导线和载流线圈的作用

前面我们讨论了稳恒电流所产生的磁场，这只是电流和磁场之间相互关系中的一个侧面。因为磁场的重要属性之一，是对置于其中的电流有力的作用。所以，在本节我们简单讨论电流和磁场之间相互关系问题中的另一个侧面，即磁场对电流的作用。主要内容有：磁场对运动电荷的作用力——洛伦兹力；磁场对载流导线作用力的基本规律——安培定律；磁场对载流线圈作用的磁力矩。

一、磁场对运动电荷的作用

1. 洛伦兹力

带电粒子在磁场中运动时，受到磁场的作用力，这种磁场对运动电荷的作用力叫作洛伦兹力。实验发现，运动的带电粒子在磁场中某点所受到的洛伦兹力 $\boldsymbol{F}$ 的大小，与粒子所带电荷量 q 的量值、粒子运动速度 $\boldsymbol{v}$ 的大小、该点处磁感应强度 $\boldsymbol{B}$ 的大小以及 $\boldsymbol{B}$ 与 $\boldsymbol{v}$ 之间夹角 θ 的正弦成正比。在国际单位制中，洛伦兹力 $\boldsymbol{F}$ 的大小为

$$F=qvB\sin\theta \tag{9-16}$$

洛伦兹力 $\boldsymbol{F}$ 的方向垂直于 $\boldsymbol{v}$ 和 $\boldsymbol{B}$ 构成的平面，其指向按右手螺旋法则，由矢积 $\boldsymbol{v}\times\boldsymbol{B}$ 的方向以及 q 的正负来确定：对于正电荷（$q>0$），$\boldsymbol{F}$ 的方向与矢积 $\boldsymbol{v}\times\boldsymbol{B}$ 的方向相同；对于负电荷（$q<0$），$\boldsymbol{F}$ 的方向与矢积 $\boldsymbol{v}\times\boldsymbol{B}$ 的方向相反，如图 9-5-1 所示。

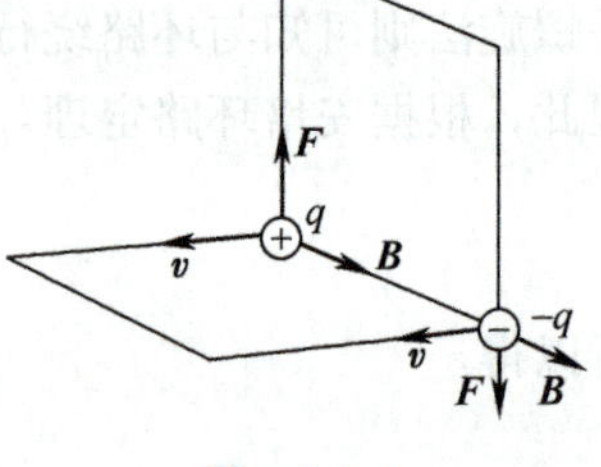

图 9-5-1

于是，洛伦兹力 $\boldsymbol{F}$ 的矢量形式为

$$\boldsymbol{F}=q\boldsymbol{v}\times\boldsymbol{B} \tag{9-17}$$

注意，式中的 q 本身有正负之别，这由运动粒子所带电荷的电性决定。

当电荷运动方向平行于磁场时，$\boldsymbol{v}$ 与 $\boldsymbol{B}$ 之间的夹角 $\theta=0$ 或$\theta=\pi$，则洛伦兹力 $\boldsymbol{F}=0$。

当电荷运动方向垂直于磁场时，$\boldsymbol{v}$ 与 $\boldsymbol{B}$ 的夹角 $\theta=\frac{\pi}{2}$，则运动电荷所受的洛伦兹力最大，为

$$F=F_{\max}=qvB \tag{9-18}$$

这正是第二节中定义磁感应强度 $\boldsymbol{B}$ 的大小时引用过的情况。

2. 带电粒子在磁场中的运动

由于运动电荷在磁场中所受的洛伦兹力的方向始终与运动电荷的速度垂直，所以洛伦兹力只能改变运动电荷的速度方向，不能改变运动电荷速度的大小。也就是说，洛伦兹力只能使运动电荷的运动路径发生弯曲，但对运动电荷不做功，这是洛伦兹力的一个重要特征。运动的带电粒子在匀强磁场中受到洛伦兹力的作用，它们的运动规律分两种情形：当带电粒子垂直射入磁场中时，带电粒子做圆周运动，洛伦兹力是向心力；当带电粒子斜射入磁场中时，带电粒子做螺旋线运动，洛伦兹力使带电粒子一方面沿磁场方向做匀速直线运动，另一方面在垂直于磁场的平面内做匀速圆周运动。

【例题 9-4】　宇宙射线中的一个质子以速率 $v=1.0\times10^{7}\text{m/s}$ 竖直进入地球磁场内，试估算作用在这一质子上的磁力有多大。

解：在地球赤道附近的地磁场沿水平方向，靠近地面处的磁感应强度约为 $B=3.0\times10^{-4}\text{T}$，已知质子所带电荷量为 $q=1.6\times10^{-19}\text{C}$，由洛伦兹力公式，可计算得出磁场对这一质子的作用力为

$$F=F_{\max}=qvB=(1.6\times10^{-19}\times1.0\times10^{7}\times0.3\times10^{-4})\text{N}=4.8\times10^{-17}\text{N}$$

这个力约是质子重力（$mg=1.6\times10^{-26}\text{N}$）的 10^{9} 倍，因此在讨论微观带电粒子在磁场中的运动时，一般可以忽略其重力的影响。

3. 洛伦兹关系式

如果在带电粒子（电荷量为 q、运动速度为 $\boldsymbol{v}$）的运动空间中除了有磁场 $\boldsymbol{B}$ 外还有电场 $\boldsymbol{E}$ 存在，那么，带电粒子除了受到洛伦兹力 $\boldsymbol{F}$ 作用外，还要受到电场力 $q\boldsymbol{E}$ 的作用。此时，带电粒子受到的作用力将是

$$\boldsymbol{F}=q\boldsymbol{E}+q\boldsymbol{v}\times\boldsymbol{B}=q(\boldsymbol{E}+\boldsymbol{v}\times\boldsymbol{B}) \tag{9-19}$$

上式即称为洛伦兹关系式（又叫洛伦兹公式）。

带电粒子在电、磁场中运动的应用主要有磁聚焦、磁流体发电（见“拓展阅读”）、回旋加速器、质谱仪和霍尔效应。

4. 霍尔效应

将通有电流 I 的金属板（或半导体板）置于磁感应强度为 $\boldsymbol{B}$ 的匀强磁场中，磁场的方向和电流方向垂直（见图 9-5-2），在金属板的第三对表面间就显示出横向电势差，这一现象称为霍尔效应，电势差 U_{H} 则称为霍尔电势差（又叫霍尔电压）。实验测定，霍尔电势差的大小和电流 I 及磁感应强度 B 成正比，而与板的厚度 d 成反比。

这种现象可用载流子受到的洛伦兹力来解释。设一导体薄片宽为 l、厚为 d，把它放在磁感应强度为 $\boldsymbol{B}$ 的匀强磁场中，通以电流 I，方向如图 9-5-2a 所示。

如果载流子（金属导体中为电子）做宏观定向运动的平均速度为 $\boldsymbol{v}$（也叫平均漂移速度，与 I 的方向相反），则每个载流子受到的平均洛伦兹力 $\boldsymbol{F}_{\text{m}}$ 的大小为 $F_{\text{m}}=qvB$，它的方向为矢积 $q\boldsymbol{v}\times\boldsymbol{B}$ 的方向，即图 9-5-2b 中沿宽度 l 向下的方向。因此，在洛伦兹力作用下，负载流子聚集于导体的下表面，导体的上表面因缺少负载流子而积累等量异号的正电荷。随

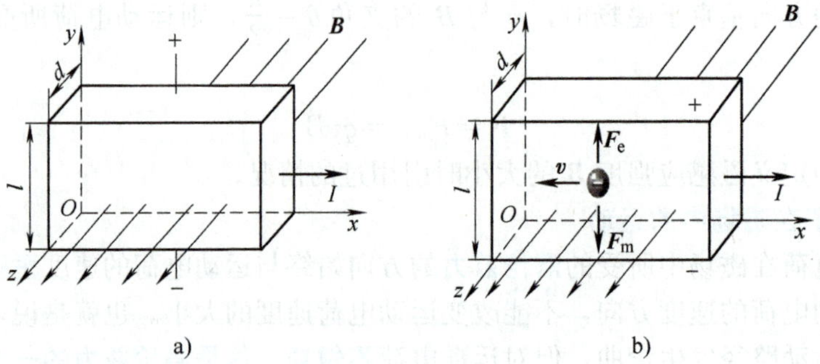

图 9-5-2

着电荷的积累，在两表面之间出现电场强度为 E_H 的霍尔电场，使载流子受到与洛伦兹力方向相反的电场力 F_e（$=qE_H$）的作用。当达到动态平衡时，洛伦兹力与电场力两个力方向相反而大小相等。于是有

$$qvB=qE_H$$

所以

$$E_H=vB$$

由于半导体内各处，载流子的平均漂移速度相等，而且磁场是匀强磁场，所以动态平衡时，半导体内出现的霍尔电场是匀强电场。于是霍尔电压为

$$U_H=E_Hl=vlB$$

由于电流 $I=nqvS=nqvld$，n 为载流子密度，上面两式消去 v，即得

$$U_H=\frac{1}{nq}\frac{IB}{d} \tag{9-20a}$$

或写成

$$U_H=R_H\frac{IB}{d} \tag{9-20b}$$

式中，$R_H=\frac{1}{nq}$叫作材料的霍尔系数。霍尔系数越大的材料，霍尔效应越显著。霍尔系数与载流子密度 n 成反比。在金属导体中，自由电子的浓度大，故金属导体的霍尔系数很小，相应的霍尔电势差也就很弱，即霍尔效应不明显；而半导体的载流子密度远比金属导体的小，故半导体的霍尔系数比金属导体的大得多，所以半导体的霍尔效应比金属导体明显得多。如果载流子是负电荷（$q<0$），霍尔系数是负值，则霍尔电压也是负值。因此，可根据霍尔电压的正、负判断导电材料中的载流子是正还是负。

在电流、磁场均相同的前提下，应特别注意：P 型半导体和 N 型半导体的霍尔电势差正负不同，即霍尔系数与材料性质有关。表 9-5-1 列出了几种材料的霍尔系数。

表 9-5-1 几种材料的霍尔系数

物质	化学名称	霍尔系数	物质	化学名称	霍尔系数
锂	Li	−1.7	铍	Be	2.44
钠	Na	−2.5	镁	Mg	−0.94

（续）

物质	化学名称	霍尔系数	物质	化学名称	霍尔系数
钾	K	−4.2	锌	Zn	0.33
铯	Cs	−7.8	铬	Cr	6.5
铜	Cu	−0.55	铝	Al	−0.30
银	Ag	−0.84	锡	Sn	−0.048
金	Au	−0.72	铊	Tl	0.12

用半导体做成的反映霍尔效应的器件叫作霍尔元件，它已广泛应用于科学研究和生产技术上。例如可用霍尔元件做成测量磁感应强度的仪器——高斯计。另外，利用霍尔效应可实现磁流体发电，它是目前许多国家都在积极研制的一项高新技术。我国科学家在量子反常霍尔效应方面取得了突破性进展。

二、磁场对电流的作用

1. 磁场对载流导线的作用力　安培定律

实验表明，载流导线放在磁场中时，将受到磁力的作用。安培最早用实验方法，研究了电流和电流之间的磁力作用，从而总结出载流导线上一小段电流元所受磁力的基本规律，称为安培定律。其内容如下：

放在磁场中某点处的电流元 $I\mathrm{d}\boldsymbol{l}$，所受到的磁场作用力 $\mathrm{d}\boldsymbol{F}$ 的大小和该点处的磁感应强度 $\boldsymbol{B}$ 的大小、电流元 $I\mathrm{d}\boldsymbol{l}$ 的大小以及电流元 $I\mathrm{d}\boldsymbol{l}$ 和磁感应强度 $\boldsymbol{B}$ 所成的角 θ 的正弦成正比，即

$$\mathrm{d}F = kI\mathrm{d}lB\sin\theta$$

$\mathrm{d}\boldsymbol{F}$ 的方向与矢积 $I\mathrm{d}\boldsymbol{l}\times\boldsymbol{B}$ 的方向相同（见图 9-5-3）。式中的比例系数 k 的量值取决于式中各量的单位。在国际单位制中，$\boldsymbol{B}$ 的单位用 T，I 的单位用 A，$\mathrm{d}l$ 的单位用 m，$\mathrm{d}F$ 的单位用 N，则 $k=1$，安培定律的表达式可简化为 $\mathrm{d}F=BI\mathrm{d}l\sin\theta$，写成矢量表达式，即

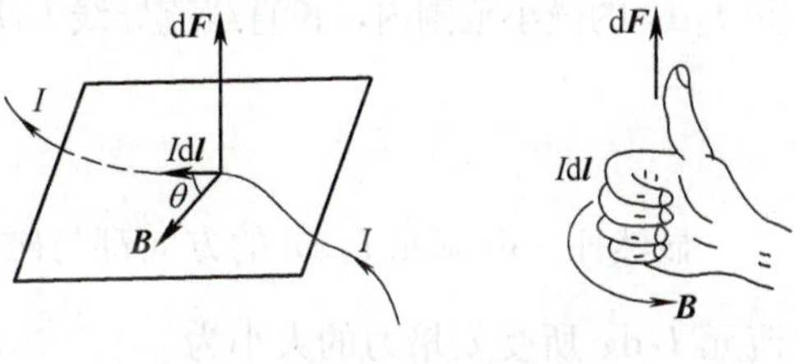

图 9-5-3

$$\mathrm{d}\boldsymbol{F} = I\mathrm{d}\boldsymbol{l}\times\boldsymbol{B} \tag{9-21}$$

上述载流导线在磁场中所受的磁力，通常也叫安培力。式（9-21）表达的规律叫作安培定律。

因为安培定律给出的是载流导线上一个电流元所受的磁力，所以它不能直接用实验进行验证。但是，任何有限长的载流导线 L 在磁场中所受的磁力 $\boldsymbol{F}$，应遵从叠加原理，即等于导线 L 上各个电流元所受磁力 $\mathrm{d}\boldsymbol{F}$ 的矢量和，即

$$\boldsymbol{F} = \int \mathrm{d}\boldsymbol{F} = \int_L I\mathrm{d}\boldsymbol{l}\times\boldsymbol{B} \tag{9-22}$$

对于一些具体形状的载流导线，理论计算的结果和实验测量的结果是相符的，这间接证明了安培定律的正确性。

式（9-22）是一个矢量积分式。如果导线上各个电流元所受的磁力 $\mathrm{d}\boldsymbol{F}$ 的方向都相同，则矢量积分可直接化为标量积分。例如，讨论放在匀强磁场 $\boldsymbol{B}$ 中、长为 L 的一段载流直导线，如图 9-5-4 所示。根据矢积的右手螺旋法则，可以判断导线上各个电流元所受磁力 $\mathrm{d}\boldsymbol{F}$

的方向都是垂直纸面向外的。所以整个载流直导线所受的磁力 $\boldsymbol{F}$ 的大小为

$$F=\int \mathrm{d}F=\int_L IB\sin\theta \mathrm{d}l=IBL\sin\theta \tag{9-23}$$

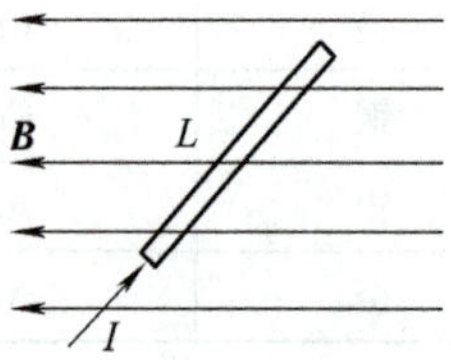

图 9-5-4

式中，θ 为电流 I 的方向与磁场 $\boldsymbol{B}$ 的方向之间的夹角。$\boldsymbol{F}$ 的方向与 $\mathrm{d}\boldsymbol{F}$ 的方向相同，即垂直于纸面向外。

由式（9-23）可以看出，当直导线与磁场平行时（即 $\theta=0$ 或 $\theta=\pi$），$F=0$，即载流导线不受磁力作用；当直导线与磁场垂直时$\left(\theta=\dfrac{\pi}{2}\right)$，载流导线所受磁力最大，其值为 $F=BIL$；如果载流导线上各个电流元所受磁力 $\mathrm{d}\boldsymbol{F}$ 的方向各不相同，则式（9-23）的矢量积分不能直接计算。这时应选取适当的坐标系，先将 $\mathrm{d}\boldsymbol{F}$ 沿各坐标轴分解成分量，然后对各个分量进行标量积分，即 $F_x=\int_L \mathrm{d}F_x$，$F_y=\int_L \mathrm{d}F_y$，$F_z=\int_L \mathrm{d}F_z$，最后再求出合力。

【例题 9-5】 如例题 9-5 图所示，载流长直导线 L_1 通有电流 $I_1=2.0\mathrm{A}$，另一载流直导线 L_2 与 L_1 共面且正交，长为 $L_2=40\mathrm{cm}$，所通电流 $I_2=3.0\mathrm{A}$。L_2 的左端与 L_1 相距 $d=20\mathrm{cm}$，求导线 L_2 所受的磁场力。

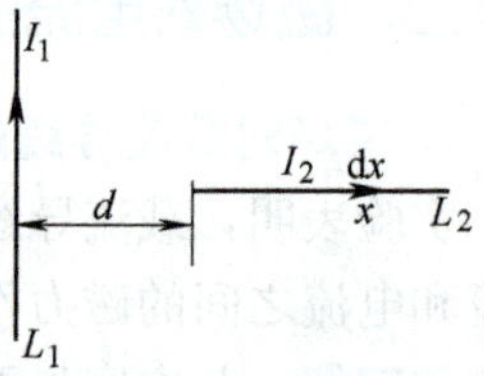

例题 9-5 图

解： 长直载流导线 L_1 所产生的磁感应强度 $\boldsymbol{B}$ 在 L_2 处的方向虽都是垂直图面向内的，但它的大小沿 L_2 逐点不同。要计算 L_2 所受的力，先要在 L_2 上距 L_1 为 x 处任意取一线段元 $\mathrm{d}x$，在电流元 $I_2\mathrm{d}x$ 的微小范围内，长直载流导线 L_1 所产生的磁感应强度 $\boldsymbol{B}$ 可看作恒量，它的大小为

$$B=\frac{\mu_0 I_1}{2\pi x}$$

显然任一电流元 $I_2\mathrm{d}x$ 的方向都与磁感应强度 $\boldsymbol{B}$ 垂直，即 $\theta=\dfrac{\pi}{2}$，所以由安培定律得电流元 $I_2\mathrm{d}x$ 所受安培力的大小为

$$\mathrm{d}F=I_2B\mathrm{d}x\sin\frac{\pi}{2}=\frac{\mu_0 I_1}{2\pi x}I_2\mathrm{d}x$$

根据矢积 $I\mathrm{d}\boldsymbol{l}\times\boldsymbol{B}$ 的方向可知，电流元所受安培力的方向垂直 L_2 且指向上。由于所有电流元受力方向都相同，所以整根 L_2 所受的力 $\boldsymbol{F}$ 是各电流元受力大小的和，可用标量积分直接计算导线 L_2 所受的磁场力：

$$F=\int_L \mathrm{d}F=\int_d^{d+L_2}\frac{\mu_0 I_1}{2\pi x}I_2\mathrm{d}x$$

$$=\frac{\mu_0 I_1 I_2}{2\pi}\int_d^{d+L_2}\frac{\mathrm{d}x}{x}$$

$$=\frac{\mu_0 I_1 I_2}{2\pi}\ln\frac{d+L_2}{d}$$

可以表示成

$$F=\frac{\mu_0}{4\pi}2I_1I_2\ln\frac{d+L_2}{d}$$

代入题设数据后得

$$F=\left(10^{-7}\times 2\times 2\times 3\times \ln\frac{0.6}{0.2}\right)\text{N}=1.32\times 10^{-6}\text{N}$$

导体 L_2 受力的方向和电流元受力方向一样，也是垂直 L_2 且向上。

2. 磁场对载流线圈的作用力矩

由安培定律可知，载流导线放在磁场中时，将受到安培力作用。一个刚性载流线圈放在磁场中时，由于各边均会受到安培力作用，因此，导致线圈往往要受力矩的作用，从而发生转动。这种情况在电磁仪表和电动机中经常用到。下面我们利用安培定律讨论匀强磁场对平面载流线圈作用的磁力矩。

如图 9-5-5 所示，在磁感应强度为 $\boldsymbol{B}$ 的匀强磁场中，有一刚性的矩形载流线圈 $abdc$，边长分别为 L_1 和 L_2，通有电流 I。设线圈平面的法线 $\boldsymbol{e}_n$ 方向（由电流 I 的方向，按右手螺旋法则定出）与磁感应强度 $\boldsymbol{B}$ 的方向所成的夹角为 φ。ab 和 cd 两边与 $\boldsymbol{B}$ 垂直。由图可见，线圈平面与 $\boldsymbol{B}$ 的夹角 $\theta=\left(\frac{\pi}{2}-\varphi\right)$。根据安培定律，导线 ac 和 bd 所受磁场的作用力分别为 $\boldsymbol{F}_1$ 和 $\boldsymbol{F}_2$，其大小为

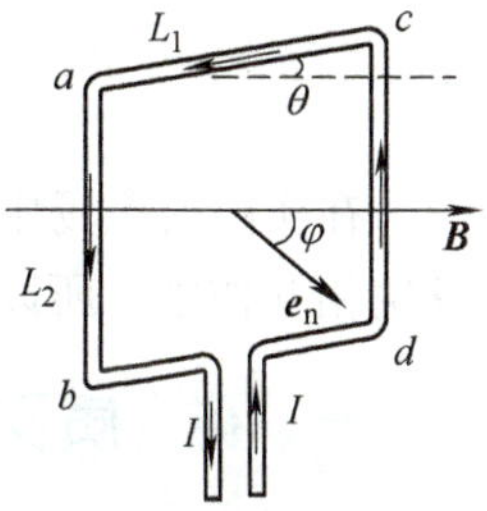

图　9-5-5

$$F_1=IBL_1\sin\theta,\quad F_2=IBL_1\sin(\pi-\theta)=IBL_1\sin\theta$$

$\boldsymbol{F}_1$ 和 $\boldsymbol{F}_2$ 大小相等，方向相反，又都在过 ac 和 bd 中点的同一直线上。所以它们的合力为零，对线圈不产生力矩。

导线 ab 和 cd 所受磁场的作用力分别为 $\boldsymbol{F}_3$ 和 $\boldsymbol{F}_4$，根据安培定律，它们的大小为

$$F_3=F_4=IBL_2$$

$\boldsymbol{F}_3$ 和 $\boldsymbol{F}_4$ 大小相等，方向相反，虽然合力为零，但因为它们不作用在同一直线上，而形成一力偶，其力臂为

$$L_1\cos\theta=L_1\cos\left(\frac{\pi}{2}-\varphi\right)=L_1\sin\varphi$$

因此，匀强磁场作用在矩形线圈上的力矩 $\boldsymbol{M}$ 的大小为

$$M=F_3L_1\sin\varphi=IBL_1L_2\sin\varphi=IBS\sin\varphi \tag{9-24}$$

式中，$S=L_1L_2$ 为矩形线圈的面积。$\boldsymbol{M}$ 的方向为沿 ac 中点和 bd 中点的连线向上。

如果线圈有 N 匝，则线圈所受力矩为一匝时的 N 倍，即

$$M=NIBS\sin\varphi=mB\sin\varphi$$

式中，$m=NIS$ 为载流线圈磁矩的大小，$\boldsymbol{m}$ 的方向就是载流线圈平面的法线 $\boldsymbol{e}_n$ 的方向。所以上式可以写成矢量形式，即

$$\boldsymbol{M}=\boldsymbol{m}\times\boldsymbol{B} \tag{9-25}$$

式（9-24）和式（9-25）虽然是由矩形载流线圈推导出来的，但可以证明，在匀强磁场中对于任意形状的载流平面线圈所受的磁力矩，上述二式都是普遍适用的。

总之，任何一个载流平面线圈在匀强磁场中，虽然所受磁力的合力为零，但它还受一个磁力矩的作用。这个磁力矩 $\boldsymbol{M}$ 总是力图使线圈的磁矩 $\boldsymbol{m}$ 转到磁场 $\boldsymbol{B}$ 的方向上来，不会使线圈发生平动。当 $\varphi=\frac{\pi}{2}$，即线圈的磁矩 $\boldsymbol{m}$ 与磁场方向垂直，或者说线圈平面与磁场方向平

行时，线圈所受磁力矩最大，即

$$M_{\max}=mB$$

由此也可以得到磁感应强度 $\boldsymbol{B}$ 的大小的又一个定义式，即

$$B=\frac{M_{\max}}{m}$$

当 $\varphi=0$ 即线圈的磁矩 $\boldsymbol{m}$ 与磁场方向一致时，磁力矩 $M=0$，此时线圈处于稳定平衡状态；当 $\varphi=\pi$ 时，载流线圈所受的磁力矩为零，此时线圈处于非稳定平衡状态。

磁场对载流线圈作用力矩的规律是制成各种电动机、动圈式电表和电流计等的基本原理。

第六节　磁介质对磁场的影响

在实际的磁场中，一般都存在各种不同的实体物质，放在磁场中的任何物质都要和磁场发生相互作用，所以人们把放在磁场中的任何物质统称为磁介质。

一、磁介质及其分类

放在静电场中的电介质要被电场极化，极化了的电介质会产生附加电场，从而对原电场产生影响。与此类似，放在磁场中的磁介质要受到磁场的影响，被磁场磁化，磁化了的磁介质也会产生附加磁场，从而对原磁场产生影响。

实验表明，不同的磁介质对磁场的影响不同。如果在真空中某点的磁感应强度为 $\boldsymbol{B}_0$，放入磁介质后，因磁介质被磁化而在该点产生的附加磁感应强度为 $\boldsymbol{B}'$。那么该点的磁感应强度 $\boldsymbol{B}$ 应是这两个磁感应强度的矢量和，即

$$\boldsymbol{B}=\boldsymbol{B}_0+\boldsymbol{B}' \tag{9-26}$$

在磁介质内任一点，附加磁感应强度 $\boldsymbol{B}'$ 的方向随磁介质而异，如果 $\boldsymbol{B}'$ 的方向与 $\boldsymbol{B}_0$ 的方向相同，使得 $B>B_0$，这种磁介质叫作顺磁质，如铝、氧、锰等。还有一些磁介质，在磁介质内部任一点，$\boldsymbol{B}'$ 的方向与 $\boldsymbol{B}_0$ 的方向相反，使得 $B<B_0$，这种磁介质叫作抗磁质，如铜、铋、氢等。无论是顺磁质还是抗磁质，附加的磁感应强度 B' 都比 B_0 小得多（不大于十万分之几），它对原来的磁场的影响比较弱。所以，顺磁质和抗磁质统称为弱磁质。还有一类磁介质，在磁介质内部任一点的附加磁感应强度 $\boldsymbol{B}'$ 的方向与顺磁质一样，也和 $\boldsymbol{B}_0$ 的方向相同，但 B' 却比 B_0 大得多，即 $B'\gg B_0$，从而使磁场显著增强，例如铁、钴、镍等就属于这种情况，人们把这类磁介质叫作铁磁质或强磁质。

二、磁化的微观机制

从物质结构看，任何物质分子中的每个电子，除绕原子核做轨道运动外，还有自旋运动，这些运动都要产生磁场。如果把分子当作一个整体，每一个分子中各个运动电子所产生的磁场的总和，相当于一个等效圆形电流所产生的磁场。这一等效圆形电流叫作分子电流。每种分子的分子电流的磁矩 $\boldsymbol{m}$ 具有确定的量值，叫作分子磁矩。下面讨论顺磁质与抗磁质的磁化机理。

在顺磁质中，每个分子的分子磁矩 $\boldsymbol{m}$ 不为零，当没有外磁场时，由于分子的热运动，每个分子磁矩的取向是无序的。因此在一个宏观的体积元中，所有分子磁矩的矢量和 $\sum\boldsymbol{m}$ 为零。也就是说：当无外磁场时，磁介质不显磁性。当有外磁场时，各分子磁矩都要受到磁

力矩的作用。在磁力矩作用下，所有分子磁矩 $\boldsymbol{m}$ 将力图转到外磁场方向，但由于分子热运动的影响，分子磁矩沿外磁场方向的排列只是略占优势。因此在宏观的体积元中，各分子磁矩的矢量和 $\sum\boldsymbol{m}$ 不为零，即合成一个沿外磁场方向的合磁矩。这样，在磁介质内，分子电流产生了一个沿外磁场方向的附加磁感应强度 $\boldsymbol{B}'$，于是，顺磁质内的磁感应强度 $\boldsymbol{B}$ 的大小增强为 $B=B_0+B'$，这就是顺磁质的磁化效应。

在抗磁质中，虽然组成分子的每个电子的磁矩不为零，但每个分子的所有分子磁矩正好相互抵消。也就是说，抗磁质的分子磁矩为零，即 $\boldsymbol{m}=0$。所以当无外磁场时，磁介质不呈现磁性。当抗磁质放入外磁场中时，由于外磁场穿过每个抗磁质分子的磁通量增加，无论分子中各电子原来的磁矩方向怎样，分子中每个运动着的电子将感应出一个与外磁场方向相反的附加磁场，来反抗穿过该分子的磁通量的增加。这一附加磁场可看作是由分子的附加等效圆形电流所产生的，其磁矩为 $\Delta\boldsymbol{m}$，叫作分子的附加磁矩。由于原子、分子中电子运动的特点——电子不易与外界交换能量，磁场稳定后，已产生的附加等效圆形电流将继续下去，因而在外磁场中的抗磁质内，由所有分子的附加磁矩产生了一个与外磁场方向相反的附加磁感应强度 $\boldsymbol{B}'$。于是抗磁质内的磁感应强度的大小减为 $B=B_0-B'$，这就是抗磁质的磁化效应。

实际上，在外磁场中顺磁质分子也要产生一个与外磁场方向相反的附加磁矩，但在一个宏观的体积元中，顺磁质分子由于转向磁化而产生与外磁场方向相同的磁矩远大于分子附加磁矩的总和，因此，顺磁质中的分子附加磁矩被分子转向磁化而产生的磁矩所掩盖。

虽然顺磁质与抗磁质磁化的微观机制不同，但在宏观上的效果都会影响外磁场，且磁介质内任一体积中分子磁矩的矢量和都不再等于零。

三、磁化强度矢量

为了反映各种磁介质受外磁场影响的程度，即磁化的程度，仿照讨论电介质时定义极化强度一样而引入一个宏观物理量，叫作磁化强度矢量。在被磁化后的磁介质内，任取一体积元 ΔV，这一体积元虽小，但其中仍包含有许多磁介质分子，在这一体积元中所有分子磁矩的矢量和 $\sum\boldsymbol{m}$ 与该体积元的比值，即定义为磁化强度，用 $\boldsymbol{M}$ 表示：

$$\boldsymbol{M}=\frac{\sum\boldsymbol{m}}{\Delta V} \tag{9-27}$$

国际单位制中，磁化强度的单位是 A/m。

对于顺磁质，磁化强度矢量的方向与外磁场的方向一致；对于抗磁质，磁化强度矢量的方向与外磁场的方向相反；对于真空，磁化强度矢量等于零。

一般而言，被磁化后的磁介质内各点的磁化强度是不同的。若磁介质中各点的磁化强度矢量的大小和方向都相同，则称为均匀磁化。

四、磁介质的磁导率

为反映各种磁介质对外磁场影响的程度，常用磁介质的磁导率来描述。下面以长直载流螺线管为例来讨论磁介质对外磁场的影响。

设螺线管中的电流为 I，单位长度的匝数为 n，则电流在螺线管内产生的磁感应强度 $\boldsymbol{B}_0$ 的大小为

$$B_0=\mu_0 nI \tag{9-28}$$

如果在长直螺线管内充满某种均匀的各向同性磁介质，则由于磁介质的磁化而产生附加磁感应强度 $\boldsymbol{B}'$，使螺线管内的磁介质中的磁感应强度变为 $\boldsymbol{B}$，$\boldsymbol{B}$ 和 $\boldsymbol{B}_0$ 大小的比为

$$\frac{B}{B_0}=\frac{|\boldsymbol{B}_0+\boldsymbol{B}'|}{B_0}=\mu_r \tag{9-29}$$

比值 μ_r 是决定磁介质磁性的纯数，叫作该磁介质的相对磁导率，它的大小表征了磁介质对外磁场影响的程度。比较式（9-28）、式（9-29）得

$$B=\mu_0\mu_r nI=\mu nI \tag{9-30}$$

式中，$\mu=\mu_0\mu_r$，μ 叫作磁介质的（绝对）磁导率。在国际单位制中，磁介质的磁导率 μ 的单位和真空磁导率的单位相同，即 N/A^2。

对于顺磁质，$\mu_r>1$；对于抗磁质，$\mu_r<1$。事实上，大多数顺磁质和一切抗磁质的相对磁导率 μ_r 是与1相差极微的常数，说明这些物质对外磁场影响甚微，因而有时可忽略它们的影响。至于铁磁质，它们的相对磁导率 μ_r 远大于1，并且随着外磁场的强弱而变化。

五、磁介质中的安培环路定理

前面已经讲过，在不考虑磁介质时，磁场的安培环路定理可写作

$$\oint_L \boldsymbol{B}\cdot d\boldsymbol{l}=\mu_0\sum_{i=1}^{n} I_i$$

在有磁介质的情况下，介质中各点的磁感应强度 $\boldsymbol{B}$ 等于外磁场的磁感应强度 $\boldsymbol{B}_0$ 与附加磁场的磁感应强度 $\boldsymbol{B}'$ 的矢量和，若 $\boldsymbol{B}_0$ 是由传导电流 I 所激发的，相类似地，可认为 $\boldsymbol{B}'$ 是由于磁介质被磁化而出现的磁化电流 I' 所激发的。于是，磁介质内的磁场 $\boldsymbol{B}$ 即可表示为

$$\boldsymbol{B}=\boldsymbol{B}_0+\boldsymbol{B}'$$

因此，磁场的安培环路定理中，还需计入被闭合路径 l 所围绕的磁化电流 I' 的贡献，即

$$\oint_L \boldsymbol{B}\cdot d\boldsymbol{l}=\mu_0\sum_i (I_i+I_i') \tag{9-31}$$

但是，由于磁化电流 $\sum\limits_i I_i'$ 的分布难以测定，这就给应用安培环路定理来研究介质中的磁场造成了困难。为此，在磁场中引入一个辅助量——称为磁场强度矢量，记作 $\boldsymbol{H}$，定义为

$$\boldsymbol{H}=\frac{\boldsymbol{B}}{\mu} \tag{9-32}$$

单位是A/m。于是，可以得到

$$\oint_L \boldsymbol{H}\cdot d\boldsymbol{l}=\sum_i I_i \tag{9-33}$$

这就是有磁介质时磁场的安培环路定理。上式表明，在任何磁场中，$\boldsymbol{H}$ 矢量沿任何闭合路径 l 的线积分（即 $\oint_L \boldsymbol{B}\cdot d\boldsymbol{l}$），等于此闭合路径 l 所围绕的传导电流 $\sum\limits_i I_i$ 的代数和。

磁介质中安培环路定理的应用类似于真空中安培环路定理的应用，即用于求解某些对称性分布的磁场的磁感应强度。下面用以下具体实例说明求解的过程与步骤。

【例题9-6】 在磁导率为 $\mu=6.0\times10^{-4}\,N/A^2$ 的磁介质环上紧密地绕有表面绝缘的导线圈，单位长度上的匝数为 $n=1000\,m^{-1}$，通有电流 $I=3.0\,A$。求磁介质环内部的磁场强度的大小 H 和磁感应强度的大小 B。

解：(1) 对称性分析。磁介质环上密绕线圈构成充满磁介质的螺绕环，环内磁场具有对称性分布，如例题 9-6 图所示。

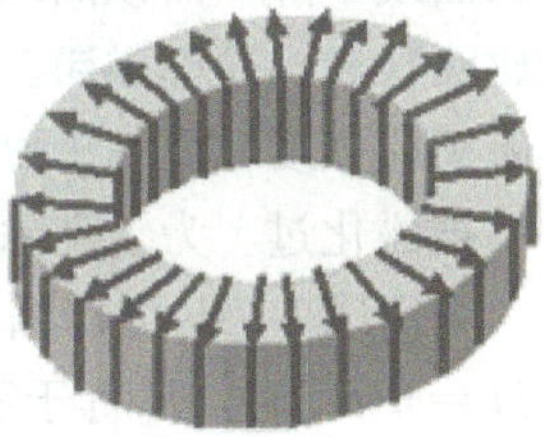

例题 9-6 图

(2) 积分路径的选取。由磁场分布的对称性，可选取以环心为圆心、R 为半径的圆周作为闭合积分路径。

(3) 闭合回路中电流的计算。闭合积分路径中包围的传导电流总量为

$$\sum_i I_i = 2\pi R n I$$

(4) 由介质中的安培环路定理计算可得

$$\oint_L \boldsymbol{H} \cdot \mathrm{d}\boldsymbol{l} = 2\pi R H = 2\pi R n I$$

所以

$$H = nI = 1000 \times 3.0\,\mathrm{A/m} = 3.0 \times 10^3\,\mathrm{A/m}$$

又根据式 (9-32) 可得

$$B = \mu H = 6.0 \times 10^{-4} \times 3.0 \times 10^3\,\mathrm{T} = 1.8\,\mathrm{T}$$

第七节　铁　磁　质

一、铁磁性材料的应用

在各类磁介质中应用最广泛的是铁磁性物质。在 20 世纪初，铁磁性材料主要用在电机制造业和通信器件中，而自 20 世纪 50 年代以来，随着电子计算机和信息科学的发展，应用铁磁性材料进行信息的存储和记录，已经发展成为引人注目的系列新技术，预计新的更为广泛的应用还将不断得到发展。因此，对铁磁性材料磁化性能的研究，无论在理论上还是实用上都具有十分重要的意义。

二、铁磁质的特性

磁介质的磁化是物体的一个重要属性。铁磁质的磁化与顺磁质和抗磁质的磁化相比差别很大。因为顺磁质和抗磁质的相对磁导率 μ_r 都接近 1，因此对磁场影响不大；而铁磁质的相对磁导率 μ_r 则很大，其磁导率可达到真空磁导率的几百倍至几万倍。此外，铁磁质还有如下一些特殊的性质。

1) 铁磁质能产生特别强的附加磁场 B'。从而使铁磁质中的磁感应强度 B 远远大于外加磁场 B_0。

2) 铁磁质的磁导率不是常量。铁磁质的磁感应强度 B ($=\mu H$) 并不随着磁场强度 H 按比例地变化，即铁磁质的磁导率不是常量。当 H 从零逐渐增大（H 的值不是很大）时，B 也逐渐地增加；之后，H 再增加时，B 就急剧地增加；当 H 增大到一定程度以后，再增大 H 时，B 就增加得慢了，并且再增加外磁场强度 H，B 的增加就十分缓慢，以至于不再增大。这时对应的 B 值一般叫作饱和磁感应强度 B_{max}，这种现象叫作磁饱和现象。

3) 铁磁质的磁化过程并不是可逆的。当 H 增大时，B 按一条磁化曲线增长，当铁磁质

磁化到一定程度后，再逐渐使 H 减弱而使铁磁质退磁时，B 虽相应地减小，但却按照另一条曲线下降，而该曲线的位置比上一曲线高，这种 B 的变化落后于 H 的变化的现象，叫作**磁滞现象**，简称**磁滞**。当 H 减小到零时，B 并不等于零，而仍有一定数值 B_r，B_r叫作剩余磁感应强度，简称**剩磁**。这是铁磁质所特有的现象。如果一铁磁质有剩磁存在，这就表明它已被磁化过。为了消除剩磁，必须加一反向磁场。

由图 9-7-1 可以看出，随着反向磁场的增加，B 逐渐减小，当达到 $H=-H_C$时，B 等于零。

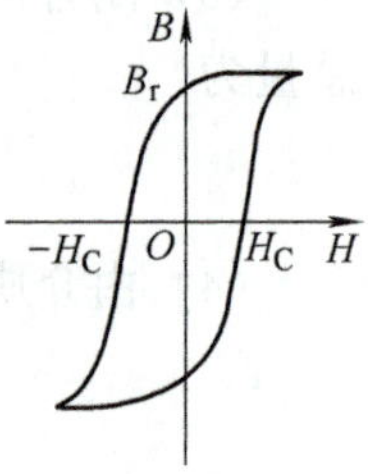

图 9-7-1

通常把 H_C叫作**矫顽力**。它表示铁磁质去磁的能力。当反向磁场继续不断增强到一定程度时，材料的反向磁化同样能达到饱和。由于磁滞，B-H 曲线形成一个闭合曲线，通常叫作**磁滞回线**，如图 9-7-1 所示。

4）**铁磁质的磁化和温度有关**。实验发现，随着温度的升高，铁磁质的磁化能力逐渐减小，当温度升高到某一温度时，铁磁性就完全消失了。这个温度叫作**居里温度**或**居里点**。由实验所测定的铁的居里温度是 770℃（1043K）。

拓展阅读　磁流体发电

磁流体发电，就是用燃料（石油、天然气、燃煤、核能等）直接将物质加热成易于电离的气体，使之在 2000℃的高温下电离成导电的离子流，然后让其在磁场中高速流动时，切割磁感线，产生感应电动势，即由热能直接转换成电流，由于无须经过机械转换环节，所以称为直接发电，其燃料利用率得到显著提高，这种技术也称为等离子体发电技术。

磁流体发电是一种新型的高效发电方式，其定义中的等离子状态，是指物质原子内的电子在高温下脱离原子核的吸引，成为正负带电粒子状态存在。磁流体的等离子体横切穿过磁场时，按电磁感应定律，等离子体的正负粒子在磁场的作用下分离，而聚集在与磁感线平行的两个面上，由于电荷的聚集，从而产生电势。在磁流体流经的通道上安装电极和外部负荷时，则可发电。

为了使磁流体具有足够的电导率，需在高温和高速下，加上钾、铯等碱金属和加入微量碱金属的稀有气体（如氦、氩等）作为工质，以利用非平衡电离原理来提高电离度。前者直接利用燃烧气体穿过磁场，该方式叫开环磁流体发电，后者通过换热器将工质加热后再穿过磁场，叫闭环磁流体发电。

发电技术

燃煤磁流体发电技术亦称为等离子体发电，就是磁流体发电的典型应用，燃烧煤而得到几千摄氏度的高温等离子气体并以高速流过强磁场时，气体中的电子受磁力作用，沿着与磁感线垂直的方向流向电极，发出直流电，将直流转变为交流送入交流电网。磁流体发电本身的效率仅有 20%左右，但由于其排烟温度很高，从磁流体排出的气体可送往一般锅炉继续燃烧制成蒸汽，驱动汽轮机发电，从而可以组成高效的联合循环发电，总的热效率可达 50%～60%，是目前正在开发中的高效发电技术中效率最高的。同样，它可有效地脱硫，有效地控制 NO_x 的产生，也是一种低污染的煤气化联合循环发电技术。

发电流程

在磁流体发电技术中，高温陶瓷不仅关系到在 2000～3000K 的磁流体温度下能否正常工作，且涉及通道的寿命，亦即燃煤磁流体发电系统能否正常工作的关键，目前高温陶瓷的耐受温度最高已达到 3090K。磁流体发电比一般的火力发电效率高得多，但在相当长一段时间内它的研制进展不快，其原因在于伴随它的优点而产生了一大堆技术难题。磁流体发电机中，运行的是温度在三四千开的导电流体，它们是高温下电离的气体。为进行有效的电力生产，电离了的气体导电性能还不够，因此，还要在其中加入钾、铯等金属离子。但是，当这种含有金属离子的气流高速通过强磁场中的发电通道，到达电极时，电极也随之遭到腐蚀。电极的迅速腐蚀是磁流体发电机面临的最大难题。另外，磁流体发电机需要一个强大的磁场，人们都认为，真正用于生产规模的发电机必须使用超导磁体来产生高强度的磁场，这当然也带来技术和设备上的难题。最近几年，科学家在导电流体的选用上有了新的进展，发明了用低熔点的金属（如钠、钾等）作导电流体，在液态金属中加进易挥发的流体（如甲苯、乙烷等）来推动液态金属的流动，巧妙地避开了工程技术上的一些难题，制造电极的材料和燃料的研制方面也有了新进展。但想一下子省钱省力地解决磁流体发电中技术、材料等方面的所有难题是不现实的。随着新的导电流体的应用，技术难题逐步解决，磁流体发电的前景还是乐观的。在美国，磁流体发电机的容量已超过 32 000kW；日本、波兰等许多国家都在研制碘流体发电机。我国也已研制出几台不同形式的磁流体发电机。

基本原理

根据电磁感应原理，用导电流体（气体或液体）与磁场相对运动而发电。

磁流体发电按工质的循环方式分为开式循环系统、闭式循环系统和液态金属循环系统。最简单的开式磁流体发电机由燃烧室、发电通道和磁体组成。工作过程是：在燃料燃烧后产生的高温燃气中，加入易电离的钾盐或钠盐，使其部分电离，经喷管加速，产生温度达 3000℃、速度达 1000m/s 的高温高速导电气体（部分等离子体），导电气体穿越置于强磁场中的发电通道，做切割磁感线的运动，感生出电流。磁流体发电机没有运动部件，结构紧凑，起动迅速，环境污染小，有很多优点。磁流体发电的研究始于 20 世纪 50 年代末，被认为是最现实可行、最有竞争力的直接发电方式。它涉及磁流体动力学、等离子物理、高温技术及材料、低温超导技术和热物理等领域，是一项大型工程性课题。许多先进国家都把它列为国家重点科研项目，有的已经建立国际间的协作关系，以期早日突破。

从发电的机理上看，磁流体发电与普通发电一样，都是根据法拉第电磁感应定律获得电能的。所不同的是，磁流体发电是以高温的导电流体（在工程技术上常用等离子体）高速通过磁场，以导电的流体切割磁感线产生电动势。这时，导电的流体起到了金属导线的作用。磁流体发电中所采用的导电流体一般是导电的气体，也可以是液态金属。我们知道，常温下的气体是绝缘体，只有在很高的温度下，例如 6000K 以上，才能电离，才有较大的电导率。而磁流体发电一般是采用煤、石油或天然气作为燃料，燃料在空气中燃烧时，气体的电导率不能达到所需的值，而且即使再提高温度，电导率也提高不了多少，却给工程带来很大困难。那么如何使气体在较低的温度下就能导电，并有较高的电导率？实际中采用的办法是在高温燃烧的气体中添加一定比例的、容易电离的低电离电位的物质，如钾、铯等碱金属化合物。这种碱金属化合物被称为“种子”。在气体中加入的这种低电离电位物质的量一般以气体重量的 1%为佳。这样气体温度在 3000K 左右时，就能达到所要求的电导率。当这种气体以约 1000m/s 的速度通过磁场时，就可以实现具有工业应用价值的磁流体发电。

热能转化为电能

磁流体发电是一种新型的发电方法。它把燃料的热能直接转化为电能，省略了由热能转化为机械能的过程，因此，这种发电方法效率较高，可达到60%以上。同样烧1t煤，它能发电4500kW·h，而汽轮发电机只能发出3000kW·h电，对环境的污染也小。磁流体发电中，导电流体单位体积的输出功率$W_e=\sigma v^2B^2k(1-k)$，式中σ为导电流体的电导率；v为流体的运动速率；B为磁场的磁感应强度的大小；k为电负载系数。典型的数据是$\sigma=10\sim20\mathrm{S/m}$，$B=5\sim6\mathrm{T}$，$v=600\sim1000\mathrm{m/s}$，$k=0.7\sim0.8$，$W_e=25\sim150\mathrm{MW/m^3}$。20世纪80年代后期，世界上技术最先进的磁流体发电装置是莫斯科北郊U-25装置，它是以天然气作燃料的开环装置，额定功率为20.5MW。

磁流体力学概念的提出

1832年，法拉第首次提出有关磁流体的力学问题。他根据海水切割地球磁场产生电动势的想法，测量泰晤士河两岸间的电位差，希望测出流速，但因河水电阻大、地球磁场弱和测量技术差，未达到目的。1937年，哈特曼根据法拉第的想法，对水银在磁场中的流动进行了定量实验，并成功地提出黏性、不可压缩磁流体力学流动（即哈特曼流动）的理论计算方法。

引导中心理论的提出

1940—1948年，阿尔文提出带电单粒子在磁场中运动轨道的“引导中心”理论、磁冻结定理、磁流体动力学波（即阿尔文波）和太阳黑子理论。1949年，阿尔文在《宇宙动力学》一书中集中讨论了他的主要工作，推动了磁流体力学的发展。1950年，伦德奎斯特首次探讨了利用磁场来保存等离子体的所谓磁约束问题，即磁流体静力学问题。受控热核反应中的磁约束，就是利用这个原理来约束温度高达1亿K开量级的等离子体。然而，磁约束不易稳定，所以研究磁流体力学的稳定性成为极重要的问题。1951年，伦德奎斯特给出一个稳定性判据，这个课题的研究至今仍很活跃。

应用现状

磁流体发电为高效率利用煤炭资源提供了一条新途径，所以世界各国都在积极研究燃煤磁流体发电。目前，世界上有17个国家在研究磁流体发电，而其中有13个国家研究的是燃煤磁流体发电，包括中国、印度、美国、波兰、法国、澳大利亚等。

我国于20世纪60年代初期开始研究磁流体发电，先后在北京、上海、南京等地建成了试验基地。根据煤炭资源丰富的特点，我国将重点研究燃煤磁流体发电，并将它作为“863”计划中能源领域的两个研究主题之一，争取在短时间内赶上世界先进水平。作为一种高技术，磁流体发电推动着工程电磁流体力学这门新兴学科和高温燃烧、氧化剂预热、高温材料、超导磁体、大功率变流技术、高温诊断和降低工业动力装置有害排放物的先进方法等一系列新技术的发展。这些科学成果和技术成就可以在许多方面应用，有着美好的发展前景。

综上所述，从高效率、低污染、高技术方面的考虑，使得磁流体发电从其原理性实验成功开始，就迅速得到了全世界的重视，许多国家都给予了持续稳定的支持。

本章内容小结

1. 磁场及磁感应强度 $\boldsymbol{B}$ 的定义

大小：$B=\dfrac{F_{\max}}{qv}$；

方向：规定磁场中，小磁针静止时 N 极的指向方向为该点的磁感应强度 $\boldsymbol{B}$ 的方向。

可用磁感线来形象化地描述磁场的分布情况：磁感线上任一点的切线方向与该点的磁感应强度 $\boldsymbol{B}$ 的方向一致；磁感线的密度表示 $\boldsymbol{B}$ 的大小。

2. 毕奥-萨伐尔定律及其应用

毕奥-萨伐尔定律：稳恒电流的电流元 $I\mathrm{d}\boldsymbol{l}$ 在真空中某点所产生的磁感应强度为

$$\mathrm{d}\boldsymbol{B}=\frac{\mu_0}{4\pi}\frac{I\mathrm{d}\boldsymbol{l}\times\boldsymbol{e}_r}{r^2}$$

应用：

1）有限长载流直导线的磁场：　$B=\dfrac{\mu_0 I}{4\pi a}(\sin\beta_2-\sin\beta_1)$

当载流导线为无限长时：　$B=\dfrac{\mu_0 I}{2\pi a}$

2）圆形电流轴线上的磁场：　$B=\dfrac{\mu_0 I}{2}\dfrac{R^2}{(R^2+x^2)^{\frac{3}{2}}}$

圆心处：$B=\dfrac{\mu_0 I}{2R}$；当 $x\gg R$：$B=\dfrac{\mu_0 IR^2}{2x^3}=\dfrac{\mu_0 IS}{2\pi x^3}$　或　$\boldsymbol{B}=\dfrac{\mu_0\boldsymbol{m}}{2\pi x^3}$

3）载流线圈的磁矩：$\boldsymbol{m}=NIS\boldsymbol{e}_{\mathrm{n}}$

3. 稳恒磁场的规律

1）高斯定理　$\oiint_S \boldsymbol{B}\cdot\mathrm{d}\boldsymbol{S}=0$

2）安培环路定理及其应用

安培环路定理：$\oint_L \boldsymbol{B}\cdot\mathrm{d}\boldsymbol{l}=\mu_0\sum_{i=1}^{n}I_i$，它表明稳恒磁场是非保守场。

应用：求解某些对称性分布的磁场

① 长直载流圆柱形导线的磁场：

导线内部（$r<R$）：$B=\dfrac{\mu_0 rI}{2\pi R^2}$

导线外部（$r>R$）：$B=\dfrac{\mu_0 I}{2\pi r}$

圆柱体表面上（$r=R$）：$B=\dfrac{\mu_0 I}{2\pi R}$

② 长直载流螺线管内的磁场：$B=\mu_0 nI$

③ 环形载流螺线管内外的磁场：

管内（$R_1<r<R_2$）：$B=\dfrac{\mu_0 NI}{2\pi r}$，当 $R\gg(R_2-R_1)$ 时，$B=\mu_0\dfrac{N}{2\pi R}I=\mu_0 nI$；

管外：$B=0$

4. 磁场对运动电荷的作用力

洛伦兹力：$\boldsymbol{F}=q\boldsymbol{v}\times\boldsymbol{B}$

洛伦兹关系式：$\boldsymbol{F}=q\boldsymbol{E}+q\boldsymbol{v}\times\boldsymbol{B}=q(\boldsymbol{E}+\boldsymbol{v}\times\boldsymbol{B})$

5. 霍尔效应与霍尔电压

$$U_H=\frac{1}{nq}\frac{IB}{d} \quad 或 \quad U_H=R_H\frac{IB}{d}$$

6. 磁场对载流导线的作用力

安培定律：$\mathrm{d}\boldsymbol{F}=I\mathrm{d}\boldsymbol{l}\times\boldsymbol{B}$

有限长载流导线所受的安培力：$\boldsymbol{F}=\int\mathrm{d}\boldsymbol{F}=\int_L I\mathrm{d}\boldsymbol{l}\times\boldsymbol{B}$

7. 磁场对载流线圈的作用力矩

磁力矩：$M=NIBS\sin\varphi=mB\sin\varphi$，矢量形式为 $\boldsymbol{M}=\boldsymbol{m}\times\boldsymbol{B}$

8. 介质中的安培环路定理及其应用

定理：$\oint_L\boldsymbol{H}\cdot\mathrm{d}\boldsymbol{l}=\sum_{i=1}^{n}I_i$

应用：求解有磁介质时某些对称性分布的磁场。

习 题

9-1 下列说法正确的是（ ）。

(A) 电荷在空间各点要激发电场，电流元 $I\mathrm{d}l$ 在空间各点也要激发磁场

(B) 静止电荷在磁场中不受磁场力，运动电荷在磁场中必受磁场力

(C) 所有电场都是保守力场，所有磁场都是涡旋场

(D) 在稳恒磁场中，若闭合曲线不包围任何电流，则该曲线上各点的磁感应强度必为零

9-2 洛伦兹力能否改变带电粒子的速率、动量？能否对带电粒子做功及增加带电粒子的动能？

9-3 两个长直螺线管半径不同，但它们通过的电流和线圈密度相同，问：这两个螺线管内部的磁感应强度是否相同？

9-4 在一个圆载流线圈的轴线上放置一个方位平行于线圈平面的载流直导线，在轴线上 P 点处它们二者产生的磁感应强度的大小分别为 $B_1=3\mathrm{T}$，$B_2=5\mathrm{T}$，方向如题 9-4 图所示，求 P 点处的磁感应强度 $\boldsymbol{B}$。

9-5 一条无限长载流直导线在一处弯折成半径为 R 的圆弧，如题 9-5 图所示。试利用毕奥-萨伐尔定律分别求：(1) 当圆弧为半圆周时，圆心 O 处的磁感应强度；(2) 当圆弧为 1/4 圆周时，圆心 O 处的磁感应强度。

9-6 两根长直导线沿半径方向引到铁环上的 A、B 两点，并与很远的电源相连，如题 9-6 图所示，求环中心 O 的磁感应强度。

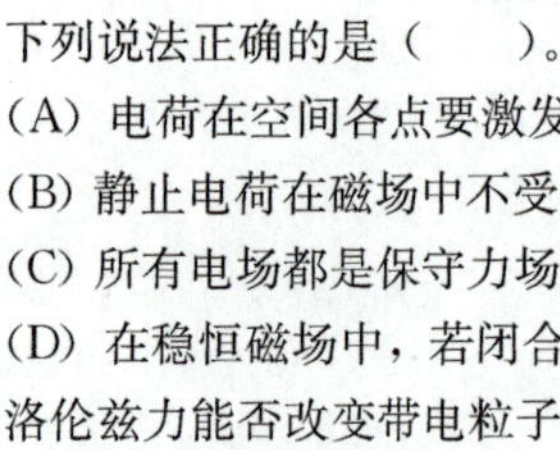

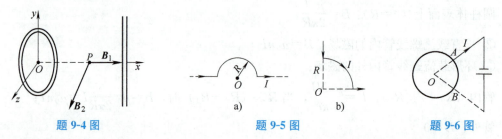

题 9-4 图

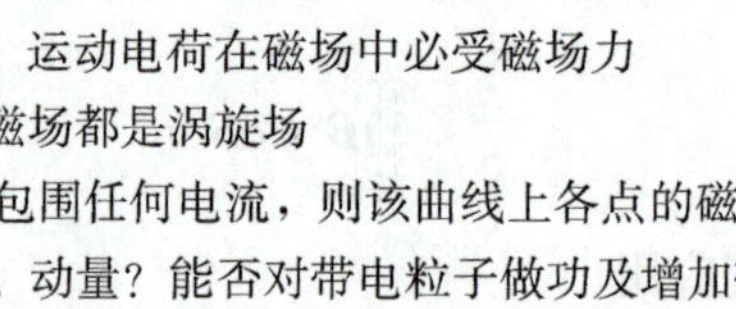

题 9-5 图

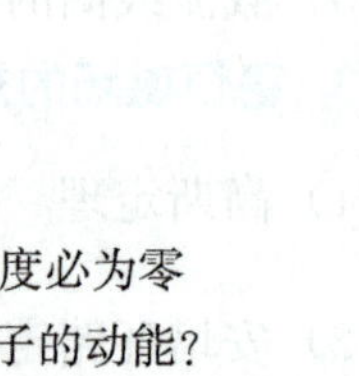

题 9-6 图

9-7 如题 9-7 图所示，两长直导线中电流 $I_1=I_2=10\mathrm{A}$，且方向相反。对图中三个闭合回路 a、b、c 分别写出安培环路定理等式右边电流的代数和。

9-8 如题 9-8 图所示，两无限长直导线中通有电流 I，已知一点 P 在两直导线所在平面内，且到两直导线

的距离相等，为 a，求 P 点的磁感应强度大小和方向。

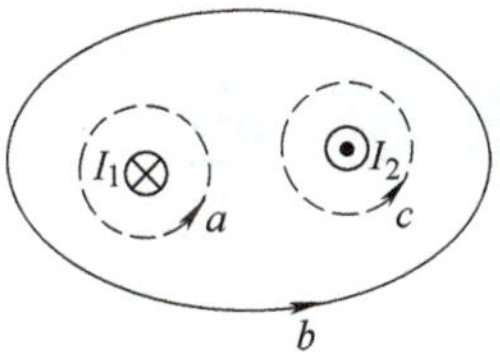

题 9-7 图

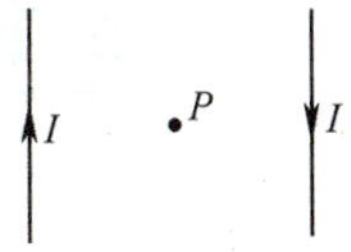

题 9-8 图

9-9　一根长导体直圆管，内径为 a，外径为 b，电流 I 沿管轴方向，并且均匀地分布在管壁的横截面上。空间某点 P 至管轴的距离为 r，求下列三种情况下，P 点的磁感应强度：(1) $r<a$；(2) $a<r<b$；(3) $r>b$。

9-10　螺线管长 0.50m，总匝数 $N=2000$，问：当通以 1A 的电流时，管内中央部分的磁感应强度 B 为多少？

9-11　已知 10 号裸铜线能够通过 50A 电流而不致过热，对于这样的电流，导线表面上的 B 有多大？已知导线的直径为 3.58mm。

9-12　试计算空心环形螺线管内的磁感应强度。已知总匝数为 $N=1000$，电流 $I=1$A，螺线管半径 $R=0.1$m。

9-13　设真空中有一无限长载流圆柱体，圆柱半径为 R，圆柱横截面上均匀地通有电流 I，沿轴线流动。求磁场分布。

9-14　一半径为 R 的圆环均匀带电 q，以每秒 n 转绕着通过环心并与环面垂直的转轴做匀速转动，试求轴线上任一点的磁感应强度。

9-15　在电视显像管的电子束中，电子能量为 12 000eV，这个显像管的取向使电子水平地由南向北运动。该处地球磁场的竖直分量向下，大小为 5.5×10^{-5}T。问：(1) 电子束受地磁场的影响将偏向什么方向？(2) 电子的加速度是多少？(3) 电子束在显像管内在南北方向上通过 20cm 时将偏移多远？

9-16　霍尔效应可用来测量血流的速度，其原理如题 9-16 图所示。在动脉血管两侧分别安装电极并加以磁场。设血管直径为 $d=2.0$mm，磁场 $B=0.08$T，毫伏表测出血管上下两端的电压为 $U_H=0.10$mV，问血流的流速为多大？

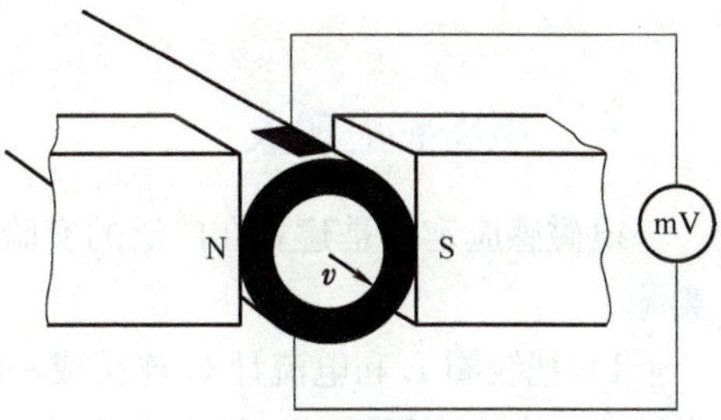

题 9-16 图

9-17　一同轴电缆，内导体半径为 r_1，电流为 I。外导体的内外半径分别为 r_2 和 r_3，电流 I 方向与内导体电流方向相反，求各处磁感应强度。

9-18　在某实验中，为了获取匀强磁场，使用两个半径为 R 的同轴线圈。两线圈平行放置，相距为 l，通有电流 I，在距离它们中心 O 点为 x 处的磁感应强度是多少？并证明当 $l=R$ 时 O 点附近的磁场最为均匀（这样的两个线圈称为亥姆霍兹线圈，常用来产生弱匀强磁场）。

9-19　直径 $d=0.02$m 的圆形线圈共 10 匝，通以 0.1A 的电流时，问：(1) 它的磁矩是多少？(2) 若将该线圈置于 1.5T 的磁场中，它受到的最大磁力矩是多少？

9-20　已知地面上空某处地磁场的磁感应强度 $B=0.4\times10^{-4}$T，方向向北。若宇宙射线中有一速率 $v=5\times10^7$m/s 的质子，竖直地通过该处，求质子所受到的洛伦兹力，并与它受到的地球引力相比较。

9-21　一条有限长载流为 I 的直导线，中部弯折成半径为 R 的半圆弧，两端还分别有长为 L 的直线部分。将它们放置于磁感应强度为 $\boldsymbol{B}$ 的匀强磁场中，$\boldsymbol{B}$ 的方向垂直纸面向里，求整个导线上的安培力大小。

第十章　电磁感应

前面两章介绍了静电场和稳恒磁场的基本规律，在表达这些规律的公式中，电场和磁场是各自独立、互不相关的。然而，激发电场和磁场的源——电荷和电流却是相互关联的。这意味着电场和磁场之间也必然存在着相互联系、相互制约的关系。1819 年，奥斯特发现了电流的磁效应后，1831 年法拉第经过系统研究，发现了电磁感应现象，并总结出电磁感应定律。

电磁感应现象的发现，促进了电磁理论的发展，为麦克斯韦电磁场理论的建立奠定了基础。电磁感应的发现还标志着新技术革命和工业革命的到来，使现代电力工业、电工和电子技术得以建立和发展。

本章主要讨论电磁感应现象及其基本规律——法拉第电磁感应定律，介绍产生电动势的两种情况——动生和感生电动势，分别对电磁感应的几种类型，包括自感和互感进行讨论，最后介绍磁场的能量和麦克斯韦电磁场理论。

第一节　电磁感应定律

一、电磁感应现象

电磁感应定律是建立在广泛的实验基础上的。这里有三个有关电磁感应的具有代表性的实验。

1）把线圈 L 和电流计 G 连接成一闭合回路，用磁棒插入线圈 L 的过程中或者是让磁棒靠近或远离线圈回路时，发现电流计 G 的指针有偏转，如图 10-1-1 所示。这表明在磁棒插入过程中，回路中出现了电流。若磁棒插入线圈后不动，则电流计指针回到零点。这表明在磁棒相对线圈静止时，线圈回路中没有电流。在磁棒从线圈 L 中抽出的过程中，电流计指针又发生偏转，但偏转的方向与插入过程的偏转方向相反。这表明在磁棒抽出的过程中，回路中的电流方向与磁棒插入过程中回路的电流方向相反。如果加快磁棒插入或抽出的速度，则指针偏转加大，说明回路中电流加大。固定磁棒不动，使线圈相对磁棒运动，同样可观察到上述现象。

2）用一个通有稳恒电流的线圈代替磁棒，重复上面的实验，可观察到同样的现象。

3）把线圈 1 放在线圈 2 旁边不动，线圈 2 通过开关 S 和一电池相连，如图 10-1-2 所示。当将 S 合下时，发现电流计指针偏转然后回到零点。将 S 打开时，发现电流计指针朝相反方向偏转后又回到零点。这表明在线圈 2 通电或断电的过程中线圈 1 中出现了电流。

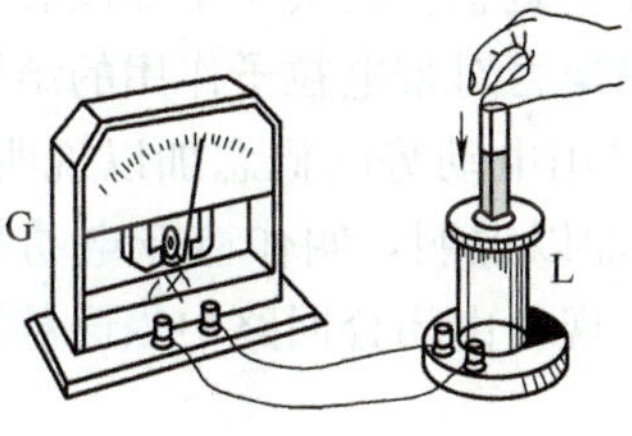

图 10-1-1

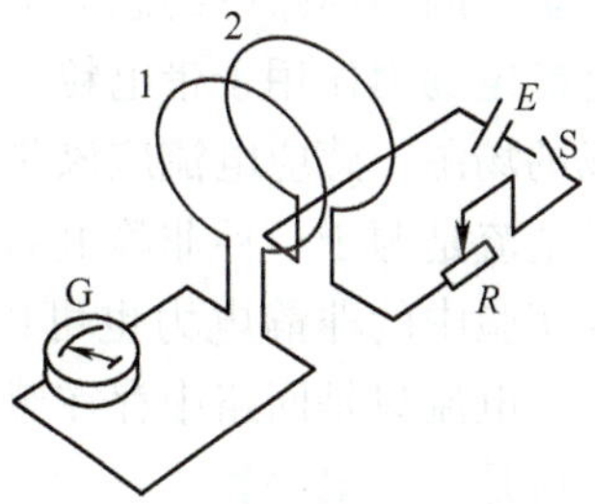

图 10-1-2

仔细分析这三个看起来不同的实验：当磁棒或载流线圈相对线圈 L 运动时，线圈所在处的磁场随时间变化，因而通过线圈 L 的磁通量也随时间发生变化，而且相对运动的速度越大，感应电流也越大。因此，可以概括出能够反映这些实验本质的共同点，即不论什么原因引起，只要通过闭合导体回路的磁通量发生变化，在导体回路中就会产生电流。

法拉第的实验大体上可以归结为两类：一类是磁铁与线圈有相对运动时，线圈中产生了电流；另一类是当一个线圈中电流发生变化时，在它附近的其他线圈中也产生了电流。法拉第将这些现象与静电感应类比，把它们称为“电磁感应”现象，出现的电流相应称为感应电流。对实验仔细分析可概括出一个能反映其本质的结论：

当穿过一个闭合导体回路所包围的面积内的磁通量发生变化时，不管这种变化是由什么原因引起的，在导体回路中就会产生感应电流。这种现象称为电磁感应现象。

必须注意：由于线圈中插入铁心后线圈中的感应电流大大增加，说明感应电流的产生是因为磁感应强度 $\boldsymbol{B}$ 通量的变化，而不是由于磁场强度 $\boldsymbol{H}$ 通量的变化引起的。

二、电磁感应的基本规律

1. 楞次定律

1833 年，楞次（Lenz）在进一步概括大量实验结果的基础上，得出了确定感应电流方向的法则，称为楞次定律：

闭合回路中产生的感应电流具有确定的方向，它总是使感应电流所产生的通过回路面积的磁通量，去补偿或者反抗引起感应电流的磁通量的变化。

楞次定律实质上是能量守恒定律的一种体现。具体分析演示实验 1）如下：当磁棒插入线圈 L 时，穿过线圈的磁通量增加，此时线圈中产生感应电流，它所激发的磁场穿过线圈的磁通量的作用，相当于反抗由于磁棒的插入而引起的线圈中磁通量的增加。也就是说，磁棒插入线圈 L 时要受到感应电流的磁场力的阻碍，因而需要外力克服这个阻力做功。正是这部分功转化为了线圈中的感应电流所放出的焦耳热。因此，感应电流的方向遵从楞次定律的事实表明，楞次定律本质上就是能量守恒定律在电磁感应现象中的具体表现。

用楞次定律确定感应电动势的方向时，可按照以下步骤进行：

1）判明原磁场的方向以及穿过线圈的磁通量的变化趋势（增或减）。

2）根据楞次定律确定感应电流产生的附加磁通量的方向。

3）根据右手定则由附加磁通量的方向定出感应电流的方向。

2. 法拉第电磁感应定律

闭合回路中有感应电流出现，说明其中存在推动电荷定向运动的非静电力，相应地就应有一种电动势。因为回路中的感应电流也是一种带电粒子的定向运动。要注意，这里的定向运动并不是静电场力作用于带电粒子而形成的，因为在电磁感应的实验中并没有静止的电荷作为静电场的场源。感应电流应该是电路中的一种非静电力对带电粒子作用的结果。我们知道电源产生电流是源于一种非静电力作用的结果，可以用电动势的概念加以说明。类似地，在电磁感应实验中的非静电力也可以用电动势的概念加以说明，叫作感应电动势。这就是说，其实感应电流只是回路中存在感应电动势的对外表现，由闭合回路中磁通量的变化直接产生的结果应是感应电动势。

法拉第通过对电磁感应现象做定量的研究，总结得出了用感应电动势来描述电磁感应的基本定律：

通过回路所包围面积的磁通量发生变化时，回路中产生的感应电动势ε_i与磁通量对时间的变化率成正比。

这就是法拉第电磁感应定律。如果采用国际单位制，以Φ表示通过闭合导体回路的磁通量，以ε_i表示磁通量发生变化时在导体回路中产生的感应电动势，则定律可表示为

$$\varepsilon_i=-\frac{\mathrm{d}\Phi}{\mathrm{d}t} \tag{10-1}$$

这一公式就是法拉第电磁感应定律的一般表达式，是微分形式。在约定的正负符号规则下，式中的负号反映了感应电动势的方向与磁通量变化的关系，它是楞次定律的数学表现，即上式是考虑了楞次定律后的结果。

确定感应电动势ε_i的符号规则如下：在回路上先任意选定一个转向作为回路的绕行方向，再用右手螺旋法则确定此回路所包围面积的正法线方向$\boldsymbol{e}_n$，然后确定通过回路面积的磁通量的正负，凡穿过回路面积的$\boldsymbol{B}$方向与$\boldsymbol{e}_n$相同者为正，相反者为负；最后再考虑Φ的变化，感应电动势ε_i的正负只由$\frac{\mathrm{d}\Phi}{\mathrm{d}t}$决定。

如果回路是由N匝导线串联而成的，那么在磁通量变化时，每匝导线中都将产生感应电动势。如果每匝导线中通过的磁通量都相同，则N匝线圈中的总电动势应为各匝中电动势的总和，即

$$\varepsilon_i=-N\frac{\mathrm{d}\Phi}{\mathrm{d}t}=-\frac{\mathrm{d}(N\Phi)}{\mathrm{d}t} \tag{10-2}$$

习惯上把$N\Phi$称为线圈的磁通量匝数或磁链数。如果每匝中的磁通量不同，就应该用各圈中磁通量的总和$\sum\Phi$来代替$N\Phi$，叫作穿过线圈的全磁通。

如果闭合回路的电阻为R，则在回路中的感应电流为

$$I_i=\frac{\varepsilon_i}{R}=-\frac{1}{R}\frac{\mathrm{d}\Phi}{\mathrm{d}t} \tag{10-3}$$

利用$I=\frac{\mathrm{d}q}{\mathrm{d}t}$，可算出在$t_1$到$t_2$这段时间内通过导线的任一截面的感应电荷量为

$$q=\int_{t_1}^{t_2}I_i\mathrm{d}t=-\frac{1}{R}\int_{t_1}^{t_2}\mathrm{d}\Phi=\frac{1}{R}(\Phi_1-\Phi_2) \tag{10-4}$$

式中，Φ_1、Φ_2分别是t_1、t_2时刻通过导线回路所包围面积的磁通量。上式表明，在一段时间内通过导线截面的电荷量与这段时间内导线回路所包围的磁通量的变化值成正比，而与磁

通量变化的快慢无关。如果测出感应电荷量，而回路的电阻又为已知，就可以计算磁通量的变化量。常用的磁通计就是根据这个原理而设计的。

根据电动势的概念可知，当通过闭合回路的磁通量变化时，在回路中出现某种非静电力，感应电动势就等于移动单位正电荷沿闭合回路一周时这种非静电力所做的功。如果用 $\boldsymbol{E}_k$ 表示等效的非静电性电场强度，则感应电动势 ε_i 可表示为

$$\varepsilon_i = \oint_L \boldsymbol{E}_k \cdot d\boldsymbol{l} \tag{10-5}$$

又因通过闭合回路所包围面积的磁通量为 $\Phi = \iint_S \boldsymbol{B} \cdot d\boldsymbol{S}$，于是法拉第电磁感应定律又可表示为以下积分形式：

$$\oint_L \boldsymbol{E}_k \cdot d\boldsymbol{l} = -\frac{d}{dt}\iint_S \boldsymbol{B} \cdot d\boldsymbol{S} \tag{10-6}$$

式中，积分面 S 是以闭合回路 L 为边界的任意曲面。

【例题 10-1】 设有矩形回路放在匀强磁场 $\boldsymbol{B}$ 中，如例题 10-1 图所示，AB 边可以左右滑动，设其以匀速度 $\boldsymbol{v}$ 向右运动，求回路中的感应电动势。

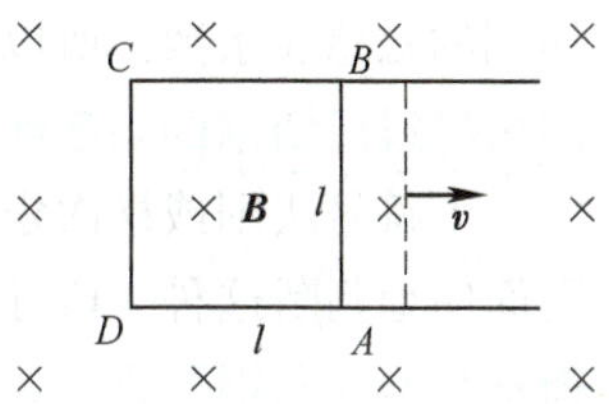

例题 10-1 图

解：取回路顺时针绕行，$AB=l$，$AD=x$，则通过线圈的磁通量为

$$\Phi = \boldsymbol{B} \cdot \boldsymbol{S} = BS\cos 0° = BS = Blx$$

由法拉第电磁感应定律有

$$\varepsilon_i = -\frac{d\Phi}{dt} = -Bl\frac{dx}{dt} = -Blv \quad \left(v = \frac{dx}{dt} > 0\right)$$

结果中的负号说明：ε_i 与 l 绕行方向相反，即沿逆时针方向。由楞次定律也能得知，ε_i 沿逆时针方向。

讨论：1）如果回路为 N 匝，则磁链数为 $N\Phi$（Φ 为单匝线圈磁通量）。

2）设回路电阻为 R（视为常数），感应电流 $I_i = \frac{\varepsilon_i}{R} = -\frac{1}{R}\frac{d\Phi}{dt}$。在 $t_1 \sim t_2$ 内通过回路任一横截面的电荷量为

$$q = \int_{t_1}^{t_2} I_i dt = \int_{t_1}^{t_2} -\frac{1}{R}\frac{d\Phi}{dt}dt$$

$$= -\frac{1}{R}\int_{\Phi(t_1)}^{\Phi(t_2)} d\Phi = -\frac{1}{R}[\Phi(t_2) - \Phi(t_1)]$$

可知 q 与 $[\Phi(t_2) - \Phi(t_1)]$ 成正比，与时间间隔无关。

第二节 动生电动势和感生电动势

法拉第电磁感应定律表明，只要通过回路所围面积中的磁通量发生变化，回路中就会产生感应电动势。由 $\Phi = \iint_S \boldsymbol{B} \cdot d\boldsymbol{S}$ 可知，使磁通量发生变化的方法是多种多样的，但从本质上可归纳为两类：一类是磁场保持不变，导体回路或导体在磁场中运动；另一类是导体回路不

动，磁场发生变化。根据磁通量发生变化的这两种不同原因，可将感应电动势分成两类，一类为动生电动势，一类为感生电动势。下面分别介绍。

一、动生电动势

首先讨论磁场不变、导体在磁场中运动或回路的形状和位置变动而产生的电磁感应现象。这种由于导体运动而产生的感应电动势习惯上称为动生电动势。

1. 在磁场中运动的导线内的动生电动势

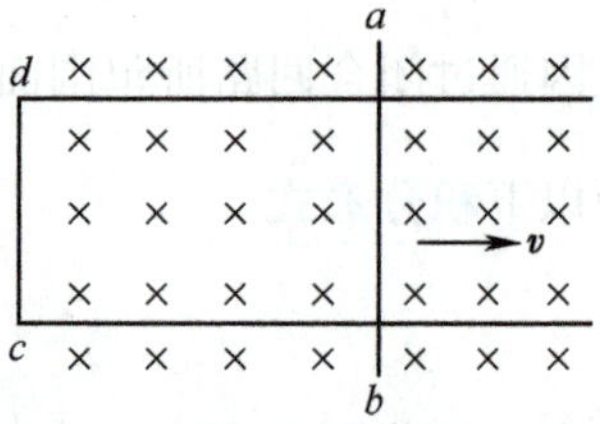

图 10-2-1

如图 10-2-1 所示，一个由导线做成的回路中，长度为 l 的导体线段 ab 以速度 $\boldsymbol{v}$ 在垂直于纸面向里的匀强磁场 $\boldsymbol{B}$ 中做匀速直线运动，产生的动生电动势为

$$\varepsilon_i=-\frac{d\Phi}{dt}=-\frac{d}{dt}(Blx)=-Bl\frac{dx}{dt}=-Blv$$

这里通过回路面积的磁通量的增量也就是导线在运动过程中所切割的磁感线条数。所以，动生电动势在量值上等于在单位时间内导线所切割的磁感线条数。

由符号法则或楞次定律，可以确定动生电动势的方向是从 b 指向 a 的。也可以用右手法则简便地判断这种一段导体在磁场中运动时所产生的动生电动势的方向：伸平右手手掌并使拇指与其他四指垂直，让磁感线从掌心穿入，当拇指指向导体运动方向时，四指所指方向就是导体中产生的动生电动势的方向。注意，上例中只有一条边切割磁感线，电动势是运动导线的运动产生的，因此电动势只存在于导线 ab 段内。可见该边（即运动着的导线 ab）相当于一个电源。该电源的电动势是如何形成的？或者说产生它的非静电力是什么？

导体在磁场中切割磁感线而产生的电动势，可用金属电子理论来解释。从图 10-2-1 中可知，当导线 ab 以速度 $\boldsymbol{v}$ 向右运动时，导线内每个自由电子也获得向右的定向速度 $\boldsymbol{v}$，自由电子受到洛伦兹力作用，洛伦兹力为

$$\boldsymbol{F}=-e\boldsymbol{v}\times\boldsymbol{B}$$

$\boldsymbol{F}$ 的方向沿导线从 a 指向 b，电子在力 $\boldsymbol{F}$ 的作用下将沿导线从 a 端向 b 端运动，从而 b 端有过剩的负电荷，a 端有过剩的正电荷，形成了 b 端是电源负极，a 端为正极。在洛伦兹力作用下，电子从正极移向负极，或等效地说正电荷从负极移向正极，结果在回路中出现逆时针方向的感应电流。可见，洛伦兹力正是产生动生电动势的非静电力，可以看作等效于一个非静电场强 $\boldsymbol{E}_k$ 对电子的作用，即

$$-e\boldsymbol{E}_k=-e\boldsymbol{v}\times\boldsymbol{B}$$

或者写成

$$\boldsymbol{E}_k=\boldsymbol{v}\times\boldsymbol{B} \tag{10-7}$$

由于回路的 bc、cd 和 da 段相对磁场静止，其中非静电场强 $\boldsymbol{E}_k=0$，只有 ab 段中的 $\boldsymbol{E}_k\neq0$，由矢量积分关系可知，ab 段中的 $\boldsymbol{E}_k$ 平行于 l，所以在回路 $abcda$ 中的感应电动势 ε_i 为

$$\varepsilon_i=\oint_L\boldsymbol{E}_k\cdot d\boldsymbol{l}=\int_a^b\boldsymbol{E}_k\cdot d\boldsymbol{l}=\int_a^b(\boldsymbol{v}\times\boldsymbol{B})\cdot d\boldsymbol{l}=Blv \tag{10-8}$$

结果与前节例题 10-1 完全相同，表明形成动生电动势的实质是运动电荷受洛伦兹力的结果。

在一般情况下，磁场可以不均匀，导线在磁场中运动时各部分的速度也可以不同，$\boldsymbol{v}$、$\boldsymbol{B}$ 和 $\boldsymbol{l}$ 也可以不互相垂直。由上面的推导过程可知动生电动势仍可用下式计算：

$$\varepsilon_i=\int_L(\boldsymbol{v}\times\boldsymbol{B})\cdot \mathrm{d}\boldsymbol{l} \tag{10-9}$$

线元矢量 $\mathrm{d}\boldsymbol{l}$ 的方向是任意选定的，当 $\mathrm{d}\boldsymbol{l}$ 与（$\boldsymbol{v}\times\boldsymbol{B}$）间呈锐角时，$\varepsilon_i$ 为正，表示 ε_i 顺着 $\mathrm{d}\boldsymbol{l}$ 方向；呈钝角时，ε_i 为负，表示 ε_i 逆着 $\mathrm{d}\boldsymbol{l}$ 方向。特别地，如果是整个导体回路 L 都在磁场中运动，则在回路中产生的总动生电动势应为

$$\varepsilon_i=\oint_L(\boldsymbol{v}\times\boldsymbol{B})\cdot \mathrm{d}\boldsymbol{l} \tag{10-10}$$

回路中建立起感应电流后，载流导线 ab 段在外磁场中又要受到安培力 $\boldsymbol{F}$ 的作用，其大小为

$$F=BI_il$$

方向在纸面内垂直于导线向左。所以如果要维持 ab 向右做匀速运动，使在 ab 导线中产生恒定的电动势，从而在回路中建立恒定的感应电流 I_i，就必须在 ab 段上施加一与 $\boldsymbol{F}$ 同样大小且方向向右的外力 $\boldsymbol{F}'$。因此，在维持 ab 段导线做匀速运动过程中，外力 $\boldsymbol{F}'$必须克服安培力 $\boldsymbol{F}$ 而做功，它所消耗的恒定功率为

$$P=F'v=BI_ilv$$

因为运动导线相当于一个电源，其动生电动势 $\varepsilon_i=Blv$，它向回路中供应的电功率为

$$P_e=\varepsilon_iI_i=BI_ilv$$

可以看到，P_e 正好等于 P。这一关系从能量转换的角度来说就是：电源向回路中供应的电能来源于外界供给的机械能。

实际上，我们上面所讨论的就是发电机的工作原理，也就是动生电动势的一个实际应用。发电机是把机械能转换为电能的装置，从力学方面来说，外力 $\boldsymbol{F}'$做功表示外界向发电机供给了机械能，磁场力做负功表示发电机接受了此能量。从回路方面来说，电源的电动势为 ε_i，电源向电路中供应出电能，其电功率为 ε_iI_i。由此可见，“磁场力做负功，接受了机械能”和“电源向电路中供应电能”，就是“机械能向电能转换”这同一事实的两个侧面。所以，要使发电机不断地工作，就得用水轮机、汽轮机或其他动力机械带动导线运动，把机械能不断地转换为电能。

2. 磁场中转动的线圈的动生电动势

如图 10-2-2 所示，设在匀强磁场中做匀速转动的矩形线圈 $ABCD$ 的匝数为 N，面积为 S，使这些线圈在匀强磁场中绕固定的轴线 OO'转动，磁感应强度 $\boldsymbol{B}$ 与 OO'轴垂直。当 $t=0$ 时，线圈平面的法线方向的单位矢量 $\boldsymbol{e}_n$ 与磁感应强度 $\boldsymbol{B}$ 之间的夹角为零；经过时间 t，线圈平面的法线方向的单位矢量 $\boldsymbol{e}_n$ 与 $\boldsymbol{B}$ 的夹角为 θ，这时通过每匝线圈平面的磁通量为

$$\Phi=BS\cos\theta$$

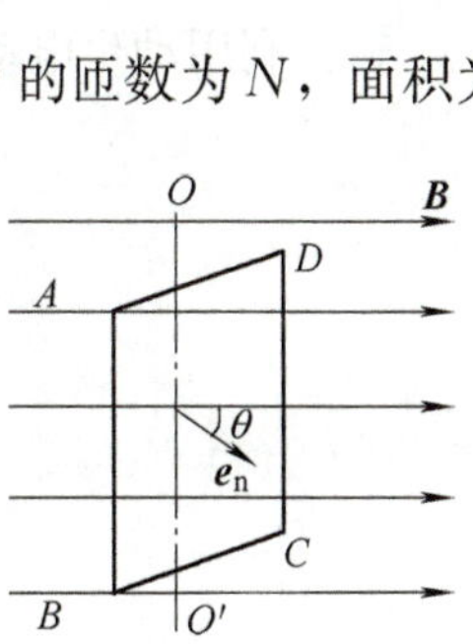

图 10-2-2

当线圈以 OO'为轴转动时，夹角 θ 随时间改变，所以 Φ 也随时间改变。根据法拉第电磁感应定律，N 匝线圈中所产生的动生电动势为

$$\varepsilon_i=-N\frac{\mathrm{d}\Phi}{\mathrm{d}t}=NBS\sin\theta\frac{\mathrm{d}\theta}{\mathrm{d}t}$$

式中，$\frac{d\theta}{dt}$是线圈转动时的角速度ω。若ω是常量，则在t时刻，$\theta=\omega t$，代入上式得

$$\varepsilon_i = NBS\omega\sin\omega t \tag{10-11}$$

令$\varepsilon_0=NBS\omega$，表示当线圈平面平行于磁场方向的瞬时动生电动势，也就是线圈中最大动生电动势的量值。这样就有

$$\varepsilon_i = \varepsilon_0\sin\omega t \tag{10-12}$$

上式也可用洛伦兹力的观点导出。当线圈平面法线方向的单位矢量$\boldsymbol{e}_n$与$\boldsymbol{B}$之间的夹角为$\theta=\omega t$时，AB段上各点都以速度$\boldsymbol{v}$运动，其等效非静电场强为

$$\boldsymbol{E}_k = \boldsymbol{v}\times\boldsymbol{B}$$

方向由A指向B，其大小为$E_k=vB\sin\theta$。同样，在CD段中，$\boldsymbol{E}_k$的方向由C指向D，大小和AB段中的相等；在BC和DA段中，$\boldsymbol{E}_k$的方向都垂直于线段。如设$AB=CD=l_1$，$BC=DA=l_2$，则$\boldsymbol{E}_k$沿$ABCD$的线积分，即在线圈中的动生电动势为

$$\varepsilon_i = N\oint_L \boldsymbol{E}_k\cdot d\boldsymbol{l} = 2Nl_1E_k = 2Nl_1vB\sin\theta \tag{10-13}$$

线圈绕OO'轴转动时，AB和CD段的速度大小v与角速度ω的关系为$v=\frac{1}{2}l_2\omega$，代入上式有

$$\varepsilon_i = Nl_1l_2\omega B\sin\omega t = NSB\omega\sin\omega t \tag{10-14}$$

式中，$S=l_1l_2$是矩形线圈的面积，结果与前相同。

上述关系表明：在匀强磁场内转动的线圈中所产生的电动势是随时间做周期性变化的，周期为$2\pi/\omega$。在两个相邻的半周期中，电动势的方向相反，这种电动势叫作交变电动势。在交变电动势的作用下，线圈中的电流也是交变的，叫作交变电流（或交流）。由于线圈内自感的存在，交变电流的变化要比交变电动势的变化滞后一些，所以线圈中的电流一般可以写成

$$I = I_0\sin(\omega t-\varphi)$$

这就是发电机的基本原理。

3. 动生电动势的计算

【例题 10-2】 如例题 10-2 图所示，一长为L的导体棒OA以O为轴心沿逆时针方向在磁场B中以角速度ω转动，试求金属棒的动生电动势。

解：利用动生电动势公式（10-9）得

$$\begin{aligned}\varepsilon_i &= \int_L(\boldsymbol{v}\times\boldsymbol{B})\cdot d\boldsymbol{l}\\ &= -\int_L vB\,dl\\ &= -\int_L \omega lB\,dl\\ &= -B\omega\int_0^L l\,dl\\ &= -\frac{1}{2}B\omega L^2\end{aligned}$$

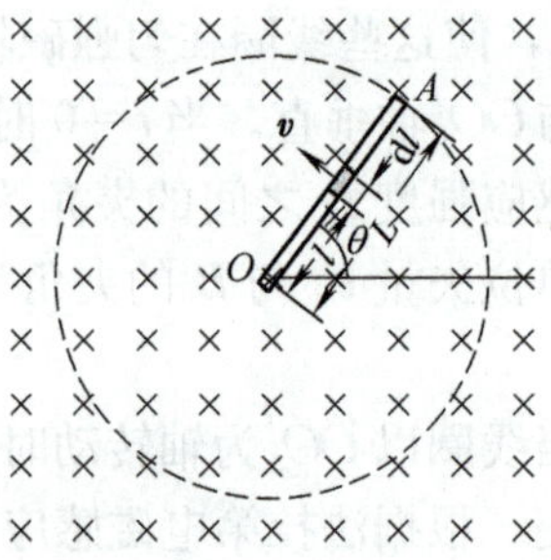

例题 10-2 图

由于 $\boldsymbol{v}\times\boldsymbol{B}$ 的方向为 $A\to O$，与积分方向相反，所以结果为负值，表明电动势方向为 $A\to O$。

二、感生电动势和感生电场

1. 感生电动势

电磁感应现象表明：当导线回路固定不动，而磁通量的变化完全由磁场变化所引起时，导线回路内也将产生感应电动势。这种由于磁场变化引起的感应电动势，称为感生电动势。

2. 感生电场

已经说明，导线或线圈在磁场中运动时所产生的感应电动势为动生电动势，其非静电力就是洛伦兹力。但产生感生电动势的非静电力，不能用洛伦兹力来解释。因为这时的感应电流是原来宏观静止的电荷受到非静电力作用形成的，而静止电荷受到的力只能是电场力，所以这时的非静电力也只能是一种电场力。麦克斯韦分析后提出：变化的磁场在其周围激发了一种电场，这种电场称为感生电场，它就是产生感生电动势的“非静电场”。当闭合导线处在变化的磁场中时，就是由这种电场作用于导体中的自由电荷，从而在导线中引起感生电动势和感应电流的出现。如果用 $\boldsymbol{E}_{\mathrm{i}}$ 表示感生电场的电场强度，则当回路固定不动，回路中磁通量的变化完全是由磁场的变化所引起时，在一个导体回路 L 中产生的感生电动势应为

$$\varepsilon_{\mathrm{i}}=\oint_L \boldsymbol{E}_{\mathrm{i}}\cdot \mathrm{d}\boldsymbol{l} \tag{10-15}$$

根据法拉第电磁感应定律应该有

$$\varepsilon_{\mathrm{i}}=\oint_L \boldsymbol{E}_{\mathrm{i}}\cdot \mathrm{d}\boldsymbol{l}=-\frac{\mathrm{d}\Phi}{\mathrm{d}t}$$

法拉第当时只着眼于导体回路中感应电动势的产生，麦克斯韦更注重于电场和磁场的关系的研究。他指出，在磁场变化时，不但会在导体回路中，而且在空间任一点都会产生感生电场，而且感生电场沿任何闭合路径的环路积分都满足上式。用 $\boldsymbol{B}$ 表示磁感应强度，则上式的法拉第电磁感应定律可表示为

$$\oint_L \boldsymbol{E}_{\mathrm{i}}\cdot \mathrm{d}\boldsymbol{l}=-\frac{\mathrm{d}}{\mathrm{d}t}\iint_S \boldsymbol{B}\cdot \mathrm{d}\boldsymbol{S}=-\iint_S \frac{\partial \boldsymbol{B}}{\partial t}\cdot \mathrm{d}\boldsymbol{S} \tag{10-16}$$

上式明确反映出变化的磁场能激发电场。其中 $\mathrm{d}\boldsymbol{l}$ 表示空间内任一静止回路 L 上的位移元，S 为该回路所限定的面积。由于感生电场的环路积分不等于零，所以它又叫作涡旋电场。

再从场的观点来看，场的存在并不取决于空间有无导体回路存在，变化的磁场总是在空间激发电场。因此不管闭合回路是否由导体构成，也不管闭合回路处在真空或介质中，式(10-16）都是适用的。也就是说：如果有导体回路存在，感生电场的作用便驱使导体中的自由电荷作定向运动，从而显示出感应电流；如果不存在导体回路，就没有感应电流，但是变化的磁场所激发的电场还是客观存在的，这就是麦克斯韦的“涡旋电场假说（或称感生电场假说）”。这个假说现在已经被近代的科学实验所证实。例如电子感应加速器的基本原理就是用变化的磁场所激发的电场来加速电子的，它的出现无疑是为感生电场的客观存在提供了一个令人信服的证据。从理论上来说，麦克斯韦的这个“感生电场假说”和他的另一个关于“位移电流”（即变化的电场激发感生磁场）的假说，都是奠定电磁场理论和预言电磁波存在的理论基础。

在一般的情况下，空间的电场可能既有静电场 $\boldsymbol{E}_{\mathrm{s}}$，又有感生电场 $\boldsymbol{E}_{\mathrm{i}}$。这样，在自然

界中存在着两种以不同方式激发的电场，所激发电场的性质也截然不同。由静止电荷所激发的电场是保守力场（无旋场），在该场中电场强度沿任一闭合回路的线积分恒等于零，即

$$\oint_L \boldsymbol{E}_{\mathrm{s}} \cdot \mathrm{d}\boldsymbol{l} = 0$$

电场线永远不会形成闭合线。但变化的磁场所激发的感生电场是非保守力场，在该场中电场强度沿任一闭合回路的线积分并不一定等于零。根据叠加原理，总电场 $\boldsymbol{E}$ 沿某一封闭路径的环路积分应是静电场的环路积分和感生电场的环路积分之和。由于前者为零，所以 $\boldsymbol{E}$ 的环路积分就等于 $\boldsymbol{E}_{\mathrm{i}}$ 的环流。因此，有

$$\oint_L \boldsymbol{E} \cdot \mathrm{d}\boldsymbol{l} = \oint_L \boldsymbol{E}_{\mathrm{i}} \cdot \mathrm{d}\boldsymbol{l} = -\frac{\mathrm{d}}{\mathrm{d}t}\iint_S \boldsymbol{B} \cdot \mathrm{d}\boldsymbol{S} = -\iint_S \frac{\partial \boldsymbol{B}}{\partial t} \cdot \mathrm{d}\boldsymbol{S} \tag{10-17}$$

这一公式是关于磁场和电场关系的一个普遍的基本规律。

3. 感生电动势和感生电场的计算

【例题 10-3】 如例题 10-3 图所示，在半径为 R 的长直螺线管中通有变化的电流，使 $\frac{\mathrm{d}B}{\mathrm{d}t}$ 为大于零的常数，取垂直纸面向里为正方向。试求管内外涡旋电场的分布。

解： 由题意可知，螺线管内部的磁场随时间做线性变化。取螺线管的截面如例题 10-3 图所示。由场分布的对称性分析可知，变化磁场所激发的涡旋（感生）电场的电场线在螺线管内外都是与螺线管同轴的同心圆，圆周上各点的涡旋电场 $\boldsymbol{E}$ 都相等，方向沿切线。由于 $t>0$，而感生电场要“反抗”磁场的变化，所以涡旋电场应为逆时针方向。因此，任取距中心为 r 的圆周作为积分回路，取回路绕行方向为逆时针方向，由式（10-17）可求得感生电场的大小为

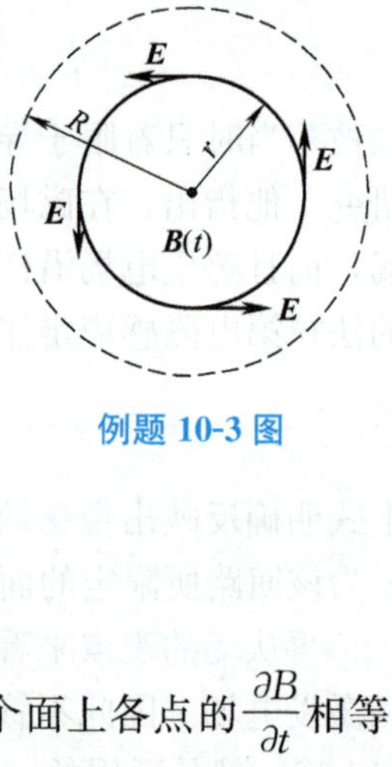

例题 10-3 图

$$\oint_L \boldsymbol{E} \cdot \mathrm{d}\boldsymbol{l} = \oint_L E\,\mathrm{d}l = 2\pi r E = -\iint_S \frac{\partial \boldsymbol{B}}{\partial t} \cdot \mathrm{d}\boldsymbol{S}$$

即

$$E = -\frac{1}{2\pi r}\iint_S \frac{\partial \boldsymbol{B}}{\partial t} \cdot \mathrm{d}\boldsymbol{S}$$

（1）在管内，我们选回路所围成的圆面积作为积分曲面，在这个面上各点的 $\frac{\partial B}{\partial t}$ 相等，且方向和面元法线方向平行。因此，上式的积分结果为

$$\begin{aligned} E &= -\frac{1}{2\pi r}\iint_S \frac{\partial \boldsymbol{B}}{\partial t} \cdot \mathrm{d}\boldsymbol{S} \\ &= -\frac{1}{2\pi r}\iint_S \frac{\partial B}{\partial t}\mathrm{d}S \\ &= -\frac{1}{2\pi r} \cdot \pi r^2 \cdot \frac{\mathrm{d}B}{\mathrm{d}t} \\ &= -\frac{r}{2}\frac{\mathrm{d}B}{\mathrm{d}t} \end{aligned}$$

(2) 在管外，积分曲面包围螺线管的整个横截面，且管外的磁场为零。根据上面的分析可得

$$E=-\frac{1}{2\pi r}\iint_S\frac{\partial \boldsymbol{B}}{\partial t}\cdot \mathrm{d}\boldsymbol{S}$$
$$=-\frac{1}{2\pi r}\iint_S\frac{\partial B}{\partial t}\mathrm{d}S$$
$$=-\frac{1}{2\pi r}\cdot \pi R^2\cdot\frac{\mathrm{d}B}{\mathrm{d}t}$$
$$=-\frac{R^2}{2r}\frac{\mathrm{d}B}{\mathrm{d}t}$$

感生电场 $\boldsymbol{E}$ 的方向如例题 10-3 图所示。

三、电磁感应的应用

电磁感应现象在实际中有许多应用，此处仅举以下两例。

1. 电子感应加速器

如图 10-2-3 所示，电子感应加速器主要由强大的圆形电磁铁和极间的真空室组成。在交变的强电流激励下，环形真空室中形成交变的磁场，交变的磁场又在环形真空室中产生很强的涡旋电场。由电子枪注入真空室的运动电子，运动速率为 v，一方面在洛伦兹力作用下做圆周运动，另一方面又在涡旋电场力作用下沿轨道切线方向加速运动，以致在几十分之一秒时间内可绕轨道几十万圈，能量达到数百万电子伏。

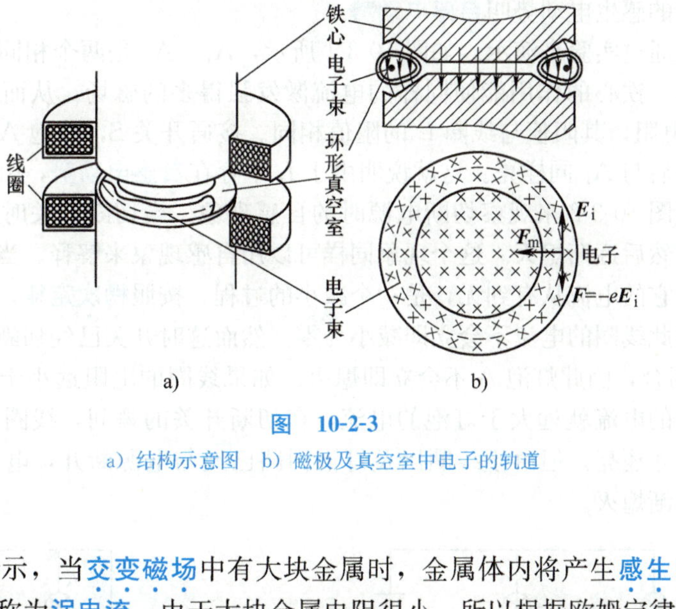

图 10-2-3

a) 结构示意图 b) 磁极及真空室中电子的轨道

2. 涡电流

如图 10-2-4 所示，当交变磁场中有大块金属时，金属体内将产生感生电流，电流在金属体内自行闭合，称为涡电流。由于大块金属电阻很小，所以根据欧姆定律可知涡电流一般很大，而且交变磁场的变化频率越高，涡电流越大，产生的焦耳热就越多。为了避免电机和变压器铁心中的能量损耗，电机和变压器的铁心都是由硅钢片叠合而成的。利用涡电流又可制作成高频感应冶金电炉，由于金属不与外界接触，因此可冶炼各种特种合金和高纯度活泼难熔金属。利用涡电流的阻尼作用，也可以制成各种电磁阻尼装置。

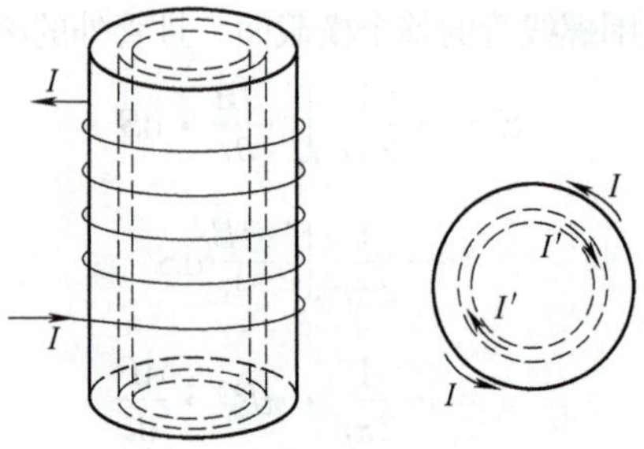

图 10-2-4

第三节 自感 互感

在实际电路中，磁场的变化常常是由于电流的变化引起的，因此把感生电动势直接和电流的变化联系起来有重要的实际意义。互感和自感现象的研究就是要找出这方面的规律。

一、自感现象与自感

1. 自感现象

当一个回路中的电流 I 随时间变化时，它在周围空间激发的变化磁场，也会使通过回路自身的全磁通发生变化，因而回路自身也产生感生电动势，引起电磁感应现象。这就是**自感现象**。这时产生的感生电动势叫**自感电动势**。

自感现象可通过实验来演示。如图 10-3-1 所示，A_1、A_2 是两个相同的小灯泡，L 是带**铁心**的多匝线圈（铁心的作用能使同样的电流激发强得多的磁场，从而使自感现象变得明显）。R 是可变电阻，其阻值与线圈 L 的阻值相同。接通开关 S，灯泡 A_1 立即就亮，而 A_2 则逐渐变亮，最后与 A_1 同样亮。这就说明由于 L 中存在**自感电动势**，由楞次定律可知，电流**增大缓慢**。用图 10-3-2 来观察切断电源时的自感现象。当切断开关时，我们看到灯泡 A 先是猛然一亮，然后逐渐熄灭。这个现象同样可以用自感现象来解释。当开关切断时，线圈 L 与电池断开，它的电流从有到无，是一个减小的过程。按照**楞次定律**，自感电动势应阻碍电流的减小，因此线圈的电流不会立即减小为零。然而这时开关已经切断，线圈的电流只能通过灯泡 A 而闭合，因此灯泡 A 不会立即熄灭。如果线圈的电阻远小于灯泡的电阻，在开关接通时，线圈的电流就远大于灯泡的电流，在切断开关的瞬间，线圈的这一电流通过灯泡，使灯泡比刚才还亮。但由于线圈以及灯泡回路已经与电源断开，电流必将**逐渐减小**为零，因此灯泡逐渐熄灭。

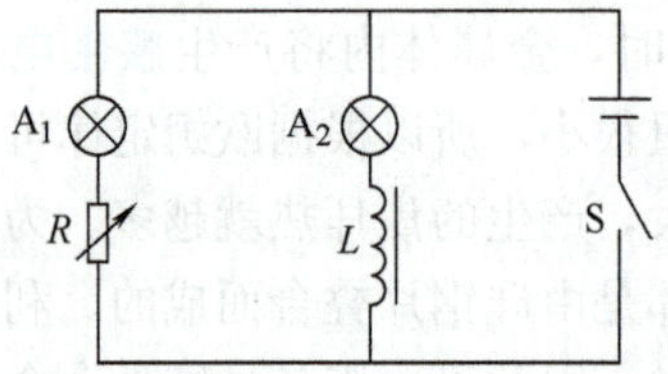

图 10-3-1

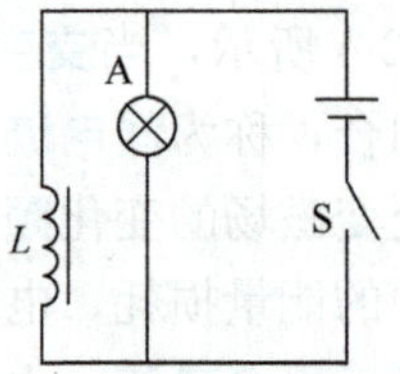

图 10-3-2

2. 自感

不同线圈产生自感现象的能力不同。考虑一个 N 匝密绕线圈，每匝可近似看成一条闭合曲线，因此可认为线圈中的电流激发的磁场穿过每匝线圈的磁通量相等（设为 Φ），则由法拉第电磁感应定律可知每匝的感生电动势为 $-\frac{d\Phi}{dt}$，整个线圈的自感电动势为

$$\varepsilon_L = -N\frac{d\Phi}{dt} \tag{10-18}$$

引入符号 $\Psi = N\Phi$ 称为线圈的自感磁链（磁通匝链数），于是得到

$$\varepsilon_L = -\frac{d\Psi}{dt} \tag{10-19}$$

在实际计算中线圈电流 I 比自感磁链更常出现，因此，我们应该找出自感电动势与电流的关系。根据毕奥-萨伐尔定律，电流回路在空间各点激发的磁感应强度 B 都与电流 I 成正比，由于穿过该回路自身的磁通量 Φ 与磁感应强度 B 成正比，所以自感磁链 $\Psi = N\Phi$ 也与 I 成正比，即

$$\Psi = LI \tag{10-20}$$

式中，比例系数 L 叫作回路的自感（又称自感系数），它取决于回路的大小、形状、线圈的匝数以及它周围的磁介质的分布，而与电流无关。在国际单位制中，自感的单位是亨利，符号为 H。可知

$$1\text{H} = 1\,\frac{\text{V}\cdot\text{s}}{\text{A}} = 1\Omega\cdot\text{s}$$

由电磁感应定律，在 L 一定的条件下自感电动势为

$$\varepsilon_L = -\frac{d\Psi}{dt} = -L\frac{dI}{dt} \tag{10-21}$$

由上式可见，线圈的自感电动势与线圈的电流变化率成正比，比例系数正是自感。当电流增大，即 $\frac{dI}{dt}>0$ 时，上式给出 $\varepsilon_L<0$，说明 ε_L 的方向与电流的方向相反；当 $\frac{dI}{dt}<0$ 时，上式给出 $\varepsilon_L>0$，说明 ε_L 的方向与电流的方向相同。由此可知，自感电动势的方向总是要阻碍回路自身电流的变化。因此，有时这种电动势也被称为反电动势。

二、互感现象与互感

当一闭合导体回路中的电流随时间变化时，它周围的磁场也随时间变化，在它附近的、处于此空间的另一导体回路的磁通量就会发生变化，回路中就会产生感生电动势，这就是互感现象，对应电动势叫互感电动势。

假设空间中有两个固定的闭合回路 1 和 2。闭合回路 2 中的互感电动势，是由于回路 1 中的电流 I_1 随时间变化引起的，以 ε_{21} 表示此电动势。下面说明 ε_{21} 与 I_1 的关系。

由毕奥-萨伐尔定律可知，电流 I_1 产生的磁场正比于 I_1，因而通过所围面积的、由 I_1 所产生的全磁通也应该和 I_1 成正比，即

$$\Psi_{21} = M_{21}I_1 \tag{10-22}$$

式中，比例系数 M_{21} 叫作回路 1 对回路 2 的互感。对两个固定的回路 1 和 2 来说，互感是一个常数。由电磁感应定律可得出，电流 I_1 产生的变化磁场在回路 2 中产生的感应电动

势为

$$\varepsilon_{21}=-\frac{\mathrm{d}\Psi_{21}}{\mathrm{d}t}=-M_{21}\frac{\mathrm{d}I_1}{\mathrm{d}t}$$

如果回路2中的电流 I_2 随时间变化，则在回路1中也会产生感应电动势 ε_{12}。根据同样的道理，可以得出通过1所围面积的、由 I_2 所产生的全磁通 Ψ_{12} 应该与 I_2 成正比，即

$$\Psi_{12}=M_{12}I_2 \tag{10-23}$$

而且

$$\varepsilon_{12}=-\frac{\mathrm{d}\Psi_{12}}{\mathrm{d}t}=-M_{12}\frac{\mathrm{d}I_2}{\mathrm{d}t}$$

上两式中的 M_{12} 叫回路2对回路1的**互感**。可以证明对给定的一对导体回路，有

$$M_{12}=M_{21}=M$$

M 就叫作这两个导体回路的**互感**（又称互感系数）。实验表明，当线圈周围没有铁磁介质时，它取决于两个回路的几何形状、相对位置、它们各自的匝数以及它们周围磁介质的分布，与线圈中的电流无关；当线圈周围存在铁磁介质时，互感不仅与上述因素有关，还依赖于线圈中的电流。

自感与互感的量纲相同。在国际单位制中，互感的单位也是亨利（符号为H）。

当两个回路1和2的电流可互相提供磁通量时，就说它们之间存在**互感耦合**。对于任意两个线圈总有 $M_{21}=M_{12}$，因此可将互感写为 M，为两个线圈的互感，表征两个线圈间互感耦合的强弱。为了加强互感耦合，通常采用两个多匝线圈绕在同一筒子上，筒子可以是空心的，也可以插入铁心。

如果两个线圈之间的耦合如此紧密，以至于每个线圈产生的穿过自己的磁感线全部穿过另一线圈，即 $\Phi_{11}=\Phi_{12}$，$\Phi_{21}=\Phi_{22}$，就说它们存在**完全耦合**，不难证明，对完全耦合有 $M=\sqrt{L_1L_2}$。

互感系数一般都由实验测定，只有在简单的情况下才可由定义式（10-22）或式（10-23）来计算。

【例题10-4】 设长直螺线管的长为 l，半径为 R，总匝数为 N，介质的磁导率为 μ，试求其自感系数。

解： 假设流经螺线管的电流为 I，则螺线管内的磁感应强度大小为

$$B=\mu\frac{N}{l}I$$

所以通过 N 匝线圈的磁链为

$$\Psi=NBS=\frac{\mu N^2I}{l}\cdot\pi R^2$$

由自感的定义式（10-20）得

$$L=\frac{\Psi}{I}=\frac{NBS}{I}=\frac{\mu N^2I\pi R^2}{lI}=\mu n^2V$$

式中，$n=\dfrac{N}{l}$；$V=Sl=\pi R^2l$ 是螺线管的体积。

第四节 磁场的能量 麦克斯韦电磁场理论简介

我们知道，在形成带电系统的过程中，外力必须克服静电场力而做功，根据功能原理，外力所做的功转换为电荷系统或电场的能量。同样道理，在导电回路中通以电流时，由于各回路的自感和回路之间互感的作用，回路中的电流要经历一个从零到稳定值的过程。在此过程中，电源必须提供能量用来克服自感电动势及互感电动势而做功，这些功最后转换为载流回路的能量和回路电流间的相互作用能，也就是磁场的能量。下面以简单回路为例，讨论回路中电流增加过程中能量的转换情况。

一、自感线圈的磁能

在如图 10-4-1 所示的实验中，当开关断开后，电池已不再向灯泡供给能量了，灯泡突然强烈地闪亮一下所消耗的能量是从哪里来的呢？根据上节的分析已经知道，使灯泡闪亮的电流是线圈中的自感电动势产生的电流，而这电流随着线圈中的磁场的消失而逐渐消失，所以可以认为使灯泡闪亮的能量是原来储存在通有电流的线圈中的，或者说是储存在线圈中的磁场中的。因此，这种能量叫作磁能。自感为 L 的线圈中通有电流 I 时所储存的磁能应该等于该电流消失时自感电动势所做的功。这个功可计算如下。

以 $I\mathrm{d}t$ 表示在短路后某一时间 $\mathrm{d}t$ 内通过灯泡的电荷量，则在这段时间内自感电动势做的功为

$$\mathrm{d}A=\varepsilon_L I\mathrm{d}t=-L\frac{\mathrm{d}I}{\mathrm{d}t}I\mathrm{d}t=-LI\mathrm{d}I$$

电流由起始值减小到零的过程中，自感电动势所做的总功就是

$$A=\int_I^0-LI\mathrm{d}I=\frac{1}{2}LI^2$$

因此，具有自感 L 的线圈通有电流 I 时所具有的磁能就是

$$W_m=\frac{1}{2}LI^2 \tag{10-24}$$

这就是自感磁能公式。这一结果也可由图 10-4-2 所示实验推导出来，此略。

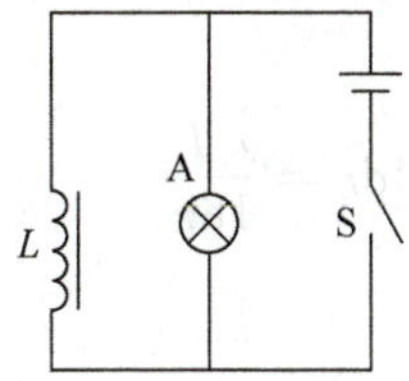

图 10-4-1

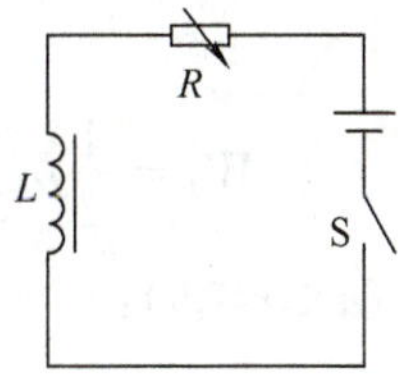

图 10-4-2

二、磁场能量密度

对于磁场的能量也可以引入能量密度的概念，下面我们考虑一个特例，来导出磁场能量密度公式。考虑一个长直螺线管，上节例题 10-4 中已求出长直螺线管的自感为

$$L=\mu n^2V$$

利用自感磁能公式，可得通有电流 I 的长直螺线管的磁场能量是

$$W_m=\frac{1}{2}LI^2=\frac{1}{2}\mu n^2VI^2$$

由于螺线管内的磁场 $B=\mu nI$，所以上式可以写作

$$W_m=\frac{B^2}{2\mu}V$$

由于长直螺线管的磁场集中于管内，其体积就是 V，并且管内磁场可以视作是均匀的，所以螺线管内的**磁场能量密度即定义为单位体积中的磁场能量**，表示为

$$w_m=\frac{W_m}{V}=\frac{1}{2}\frac{B^2}{\mu} \tag{10-25}$$

利用磁场强度与磁感应强度的关系式 $H=\dfrac{B}{\mu}$，上式又可以写成

$$w_m=\frac{1}{2}BH \tag{10-26}$$

此式虽然是从一个特例中推出的，但是可以证明它对磁场是**普遍有效**的。

利用上式就可以求得某一空间磁场所储存的总能量为

$$W_m=\int w_m\mathrm{d}V=\int\frac{1}{2}BH\mathrm{d}V \tag{10-27}$$

此式的积分应**遍及整个磁场分布的空间**。需要注意：由于铁磁质具有磁滞现象，该公式对**铁磁质**不适用。

【例题 10-5】 如例题 10-5 图所示的长直同轴线，由半径为 a 的直导线和内外半径依次为 b 和 c 的圆筒构成，内外导体之间通有等值反向的电流（即电流 I 由导线流去，由圆筒流回），电流均按它们的横截面均匀分布。试求同轴线单位长度的磁能（设磁导率均近似为 μ_0）。

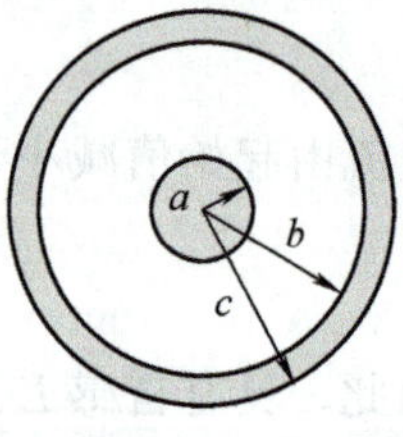

例题 10-5 图

解： 作同轴线的横截面如例题 10-5 图所示。由**安培环路定理**可分别求得各区域中的**磁场强度**，进而得到**磁感应强度**，然后由**磁场的能量公式**（10-27）计算各区域的磁场能量，分别为

（1）导线内（$0\leqslant r\leqslant a$）：

$$H_1=\frac{Ir}{2\pi a^2}$$

$$W_1=\frac{1}{2}\mu_0\int_0^a H_1^2\cdot 2\pi r\mathrm{d}r=\frac{\mu_0 I^2}{4\pi a^4}\int_0^a r^3\mathrm{d}r=\frac{\mu_0 I^2}{16\pi}$$

（2）导体间（$a\leqslant r\leqslant b$）：

$$H_2=\frac{I}{2\pi r}$$

$$W_2=\frac{1}{2}\mu_0\int_a^b H_2^2\cdot 2\pi r\mathrm{d}r=\frac{\mu_0 I^2}{4\pi}\int_a^b\frac{\mathrm{d}r}{r}=\frac{\mu_0 I^2}{4\pi}\ln\frac{b}{a}$$

（3）圆筒内（$b\leqslant r\leqslant c$）：

$$H_3=\frac{I}{2\pi r}\left(1-\frac{r^2-b^2}{c^2-b^2}\right)=\frac{I}{2\pi r}\left(\frac{c^2-r^2}{c^2-b^2}\right)$$

$$W_3=\frac{1}{2}\mu_0\int_0^a H_3^2\cdot 2\pi r\,\mathrm{d}r=\frac{\mu_0 I^2}{4\pi}\int_b^a\left(\frac{c^2-r^2}{c^2-b^2}\right)^2\frac{\mathrm{d}r}{r}$$
$$=\frac{\mu_0 I^2}{16\pi}\left[\frac{4c^4}{(c^2-b^2)^2}\ln\frac{c}{b}-\frac{4c^2}{c^2-b^2}+\frac{c^2+b^2}{c^2-b^2}\right]$$

因此，求得同轴线单位长度的磁能为

$$W=W_1+W_2+W_3$$
$$=\frac{\mu_0 I^2}{16\pi}\left[1+4\ln\frac{b}{a}+\frac{4c^4}{(c^2-b^2)^2}\ln\frac{c}{b}-\frac{4c^2}{c^2-b^2}+\frac{c^2+b^2}{c^2-b^2}\right]$$
$$=\frac{\mu_0 I^2}{16\pi}\left[1+4\ln\frac{b}{a}+\frac{4c^4}{(c^2-b^2)^2}\ln\frac{c}{b}-\frac{3c^2-b^2}{c^2-b^2}\right]$$

★**解题指导**：该题目求解单位长度的磁能，由磁能公式可知我们要求得磁能密度和对应空间体积。体积可用横截面积乘以单位长度求得。磁能密度是这个题目的难点，导线和套筒把空间分成了四个部分，最外层空间磁场为零，没有磁能，其他三个空间都是存在磁能的。要分别求解不同空间的磁场强度，再求出对应磁能，最后三个空间磁能求和。

三、麦克斯韦的电磁场理论简介

1863 年，麦克斯韦在建立统一的电磁场理论时，提出了两个崭新的概念：①任何电场的改变，都要使它周围空间里产生磁场，并把这种变化的电场中电位移通量的时间变化率命名为**位移电流**，从而引入了全电流的概念。②任何磁场的改变，都要使它周围空间里产生一种与静电场性质不同的**涡旋电场**。这样，不均匀变化着的电场（或磁场），要在它的周围产生相应不均匀变化的磁场（或电场），这种新生的不均匀变化的磁场（或电场），又要产生电场（或磁场）……也就是说，任何随时间而变化的电场，都要在邻近空间激发磁场，因而变化的电场总是和磁场的存在相联系。当电荷发生加速运动时，在其周围除了磁场之外，还有随时间而变化的电场。一般说来，随时间变化的电场也是时间的函数，因而它所激发的磁场也随时间变化。故充满变化电场的空间，同时也充满变化的磁场，二者互为因果。因此，不均匀变化的电场和磁场永远交替地**相互转变**，并越来越广地向空间传播，这种不可分割的电场和磁场的整体，叫**电磁场**。这说明，电场与磁场并不是两个可分离的实体，而是由它们形成了一个统一的物理实体。所以，电场及磁场不过是物质基本性质的两种形态，电与磁的交互作用不能说是分开的过程，仅能说是电磁交互作用的两种形态。在电场和磁场之间存在着紧密的联系。不仅磁场的任何变化伴随着电场的出现，而且电场的任何变化也伴随着磁场的出现。所以在电磁场内，电场可以不因为电荷而存在，而由于磁场的变化而产生，磁场也可以不是由于电流的存在而存在，而是由于电场变化所产生。因此，交变电磁场可以存在于这样的空间范围内：该处既没有电荷，也没有电流，而且也没有任何物体。

麦克斯韦的电磁场理论在物理学上是一次重大的突破，并对 19 世纪末到 20 世纪以来的生产技术以及人类生活引起了深刻变化。当然，物质世界是不可穷尽的，人类的认识是没有止境的。从 19 世纪末开始陆续发现了一些麦克斯韦理论无法解释的实验事实（包括电磁以太、黑体辐射能谱的分布、线光谱的起源、光电效应等），导致了 20 世纪以来关于高速运动物体的相对性理论，关于微观系统的量子力学理论以及关于电磁场及其与物质相互作用的量子电动力学理论等的出现，于是物理学的发展史上出现了又一次深刻的和富有成果的重大飞跃。

拓展阅读　超导现象与临界磁场

一、超导现象

超导现象是指材料在低于某一温度时，电阻变为零的现象，而这一温度称为超导转变温度（T_c）。超导现象的特征是零电阻和完全抗磁性。

1. 超导体的基本特性

超导现象是指材料在低于某一温度时，电阻率变为零（以目前观测，即使有，也小至 10～25Ω·mm^2/m 以下）的现象，而这一温度称为超导转变温度。

一方面，金属导体的电阻会随着温度降低而逐渐减小。然而，对于普通导体，如铜和银，即使接近绝对零度时，仍然保有最低的电阻值，这是纯度和其他缺陷的影响所致。另一方面，超导体的电阻值在低于其“临界温度”时，一般出现在热力学温度 20K 或更低时，会骤降为零。在超导体线材里面的电流能够不断地持续而不需提供电能。如同磁性和原子能谱等现象，超导特性也是一种量子效应。这种性质无法单纯靠传统物理学中理想化的“全导特性”来理解。

超导现象可在各种不同的材料上发生，包括单纯的元素（如锡和铝），各种金属合金和一些经过布涂的半导体材料。超导现象不会发生在贵金属（像金和银），也不会发生在大部分的磁性金属上。

在 1986 年发现的铜氧钙钛陶瓷材料等系列，即所谓的高温超导体，具有临界温度超过 90K 的特质，基于各种因素促使学界又再度燃起研究的兴趣。对于纯研究的领域而言，这些材质呈现的一种现象是当时 BCS 理论所无法解释的（依据 BCS 理论，当温度超过 39K，库珀对会不稳定而无法维持超导状态）。而且，因为这种超导状态可在较容易达成的温度下进行，尤其是若能发现具备更高临界温度的材料，则更能实现于业界应用。

2. 超导体的分类

超导体的分类没有唯一的标准，最常用的分类如下。

由物理性质分类：可分成第一类超导体（若超导相变属于一阶相变）和第二类超导体（若超导相变属于二阶相变）。

由超导理论来分类：可分成传统超导体（若超导机制可用 BCS 理论解释）和非传统超导体（若超导机制不能用 BCS 理论解释）。

由超导相变温度来分类：可分成高温超导体（若用液态氮冷却就可形成超导体）和低温超导体（若需要其他技术来冷却）。

由材料来分类：它们可以是化学元素（如汞和铅）、合金（如铌钛合金和铌锗合金）、陶瓷（如钇钡铜氧和二硼化镁）或有机超导体（如富勒烯和碳纳米管，这可能都包括在化学元素之内，因为它们是由碳组成的）。

3. 发现

1911 年春，荷兰物理学家昂尼斯在用液氦将汞的温度降到 4.15K 时，发现汞的电阻率降为零。他把这种现象称为导性。后来昂尼斯和其他科学家陆续发现其他一些金属也是超导体。昂尼斯因为这项重大发现而获得 1913 年的诺贝尔物理学奖。

4. 完全抗磁性

1933 年，德国物理学家迈斯纳发现了超导体的完全抗磁性，即当超导体处于超导状态时，超导体内部磁场为零，对磁场完全排斥，即迈斯纳效应。但当外部磁场大于临界值时，超导性被破坏。

5. 原理

1957 年，美国物理学家约翰、库珀、施里弗提出了以他们名字首字母命名的 BCS 理论，用于解释超导现象的微观机理。BCS 理论认为：晶格的振动模具有波的形式，称为格波，格波能量的量子称为声子，使自旋和动量都相反的两个电子组成动量为零的库珀对，称为电声子交互作用，所以根据量子力学中物质波的理论，库珀对的波长很长以至于其可以绕过晶格缺陷杂质流动从而无阻碍地形成电流。巴丁、库珀、施里弗因此获得 1972 年的诺贝尔物理学奖。不过，BCS 理论无法成功地解释所谓第二类超导或高温超导的现象。

6. 进一步的发现

1952 年，科学家发现了合金超导体硅化钒。1986 年 1 月，德国科学家约翰内斯·格奥尔格·贝德诺尔茨和瑞士科学家卡尔·亚历山大·米勒发现陶瓷性金属氧化物可以作为超导体，从而获得了 1987 年的诺贝尔物理学奖。1987 年，美国华裔科学家朱经武与我国台湾物理学家吴茂昆以及中国科学家赵忠贤相继在钇—钡—铜—氧系材料上把临界超导温度提高到 90K 以上，液氮的“温度壁垒”（77K）也被突破了。1987 年底，铊—钡—钙—铜—氧系材料又把临界超导温度的记录提高到 125K。从 1986—1987 年的短短一年多的时间里，临界超导温度提高了近 100K。大约 1993 年，铊—汞—铜—钡—钙—氧系材料又把临界超导温度的记录提高到 138K。

7. 其他

所谓“电阻消失”，只是说电阻小于仪表的最小可测电阻。也许有人会产生疑问：如果仪表的灵敏度进一步提高，会不会测出电阻呢？用“持久电流”实验可以解决这个问题。如果回路没有电阻，自然就没有电能的损耗。一旦在回路中激励起电流，不需要任何电源向回路补充能量，电流可以持续地存在下去。有人曾在超导材料做成的环中把电流维持两年半之久而毫无衰减。由此可知，电阻率的上限为 $10^{-23}\,\Omega\cdot cm$，还不到最纯的铜的剩余电阻率的百万亿分之一。零电阻效应是超导态的两个基本性质之一。

超导态的另一个基本性质是抗磁性，即在磁场中一个超导体只要处于超导态，则它内部产生的磁化强度与外磁场完全抵消，从而内部的磁感应强度为零。也就是说，磁感线完全被排斥在超导体外面。

二、超导现象的应用

利用超导体的抗磁性可以实现磁悬浮。把一块磁铁放在超导盘上，由于超导盘把磁感线排斥出去，超导盘跟磁铁之间有排斥力，结果磁铁悬浮在超导盘的上方。这种超导悬浮在工程技术中是有大用途的，超导悬浮列车就是一例。让列车悬浮起来，与轨道脱离接触，这样列车在运行时的阻力降低很多，列车沿轨道“飞行”的速度可达 500km/h。高温超导体发现以后，超导态可以在液氮温区（−169℃以上）出现，超导悬浮的装置更为简单，成本也大为降低。我国西南交通大学已于 1994 年成功地研制了高温超导悬浮实验车。

超导体临界磁场强度（Superconductor critical magnetic field）：当超导体表面的磁场强度达到某个磁场强度 H_c 时，超导态即转变为正常态；若磁场降低到 H_c 以下时又进入超导态，此 H_c 即称为临界磁场强度。H_c 与物质和温度有关，一般有：$H_c(T)=H_c(0)[1-(T/H_c)^2]$，其中 $H_c(0)$ 是温度为 0K 时的临界磁场强度（约为 5000A/m），T_c 是超导体的临界温度。

本章内容小结

1. 电磁感应现象

当穿过一个闭合导体回路所包围的面积内的磁通量发生变化时，不管这种变化是由什么原因引起的，在导体回路中都会产生感应电流。这种现象称为电磁感应现象。

2. 楞次定律：内容及物理意义

楞次定律的内容：闭合回路中产生的感应电流具有确定的方向，它总是使感应电流所产生的通过回路面积的磁通量，去补偿或者反抗引起感应电流的磁通量的变化。

楞次定律实质上是能量守恒定律的一种体现。

3. 法拉第电磁感应定律

感应电动势：$\varepsilon_i=-N\dfrac{d\Phi}{dt}=-\dfrac{d(N\Phi)}{dt}$

4. 动生电动势

动生电动势的本质：洛伦兹力。

动生电动势的计算方法：

1）法拉第电磁感应定律表达式：$\varepsilon_i=-N\dfrac{d\Phi}{dt}=-\dfrac{d(N\Phi)}{dt}$

2）计算公式：$\varepsilon_i=\oint_L(\boldsymbol{v}\times\boldsymbol{B})\cdot d\boldsymbol{l}$

5. 感生电动势

感生电动势的本质：涡旋电场 $\varepsilon_i=\oint_L\boldsymbol{E}_i\cdot d\boldsymbol{l}=-\dfrac{d\Phi}{dt}$

感生电动势的计算方法：

1）法拉第电磁感应定律表达式：$\varepsilon_i=-N\dfrac{d\Phi}{dt}=-\dfrac{d(N\Phi)}{dt}$

2）计算公式：$\varepsilon_i=-\dfrac{d}{dt}\iint_S\boldsymbol{B}\cdot d\boldsymbol{S}=-\iint_S\dfrac{\partial\boldsymbol{B}}{\partial t}\cdot d\boldsymbol{S}$

6. 自感定义及计算

$$\Psi=LI \quad 或 \quad \varepsilon_L=-\frac{d\Psi}{dt}=-L\frac{dI}{dt}$$

7. 互感定义及计算

$$\Psi_{21}=M_{21}I_1 \quad 或者 \quad \varepsilon_{21}=-\frac{d\Psi_{21}}{dt}=-M_{21}\frac{dI_1}{dt}$$

8. 磁场的能量及能量密度

磁场的能量密度：$w_m=\frac{1}{2}BH$

磁场的能量：$W_m=\frac{1}{2}LI^2$ 或者 $W_m=\int w_m\mathrm{d}V=\int\frac{1}{2}BH\mathrm{d}V$

9. 电磁场

电场、磁场具有统一性，它们相互激发，不可分割。

习　题

10-1 将一磁铁插入一个由导线组成的闭合线圈中，一次迅速插入，另一次缓慢插入。问：两次插入时在线圈中产生的感应电动势是否相同？

10-2 矩形线圈在长直载流导线激发的磁场中沿垂直于导线方向发生平动，和在匀强磁场中发生转动，线圈中是否都会产生感应电动势？

10-3 一无限长载流直导线与一个导体圆环共面放置，且载流直导线与圆环相互绝缘并通过环心，当载流直导线中电流变化时，导体圆环中是否有感应电流？

10-4 两相同长直螺线管的自感均为 L_0，相互间无漏磁，串接后其等效电感为：(1) 由公式 $L=L_1+L_2+2\sqrt{L_1L_2}$，可得 $L=4L_0$；(2) 由公式 $L=\mu_0n^2V$，可得 $L=2L_0$。试问：哪一个正确？为什么？

10-5 麦克斯韦电磁理论的两个基本假说是什么？

10-6 一个长方形线圈宽为 a、长为 b，以角速度 ω 绕 PQ 轴转动，如题 10-6 图所示。一个随时间变化的匀强磁场 $B=B_0\sin\omega t$ 垂直于 $t=0$ 时的线圈平面。求线圈内的感生电动势，并指明其变化的频率为多少。

10-7 如题 10-7 图所示，同轴电缆半径分别为 a、b，电流从内筒端流入，经外筒端流出，筒间充满磁导率为 μ 的介质，电流为 I。求单位长度同轴电缆的 L_0。

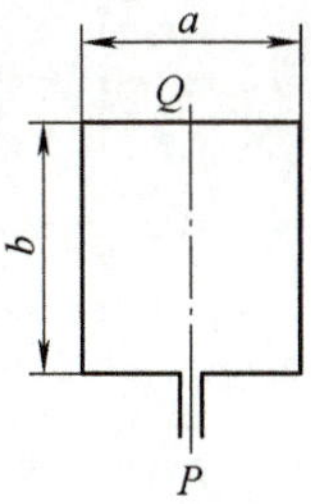

题 10-6 图

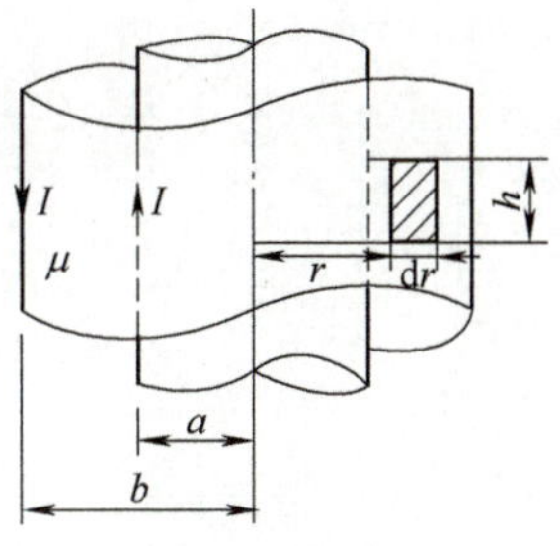

题 10-7 图

10-8 如题 10-8 图所示，一螺线管长为 l，横截面积为 S，密绕导线 N_1 匝，在其中部再绕 N_2 匝另一导线线圈。管内介质的磁导率为 μ，求此二线圈的互感 M。

10-9 如题 10-9 图所示，两圆形线圈共面，半径依次为 R_1、R_2，$R_1>>R_2$，匝数分别为 N_1、N_2，求互感。

10-10 用磁场能量的方法解习题 10-7。

10-11 如题 10-11 图所示，长为 L 的铜棒，以距端点 r 处的 O 点为支点，以角速率 ω 绕通过支点且垂直于铜棒的轴转动。设磁感强度为 $\boldsymbol{B}$ 的均匀磁场与轴平行，求棒两端的电势差。

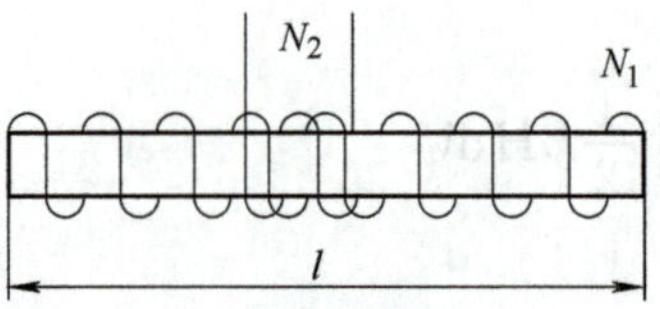

题 10-8 图

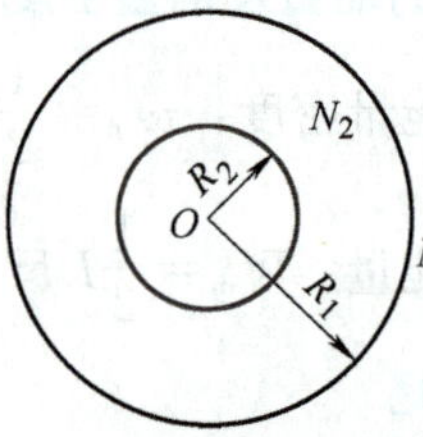

题 10-9 图

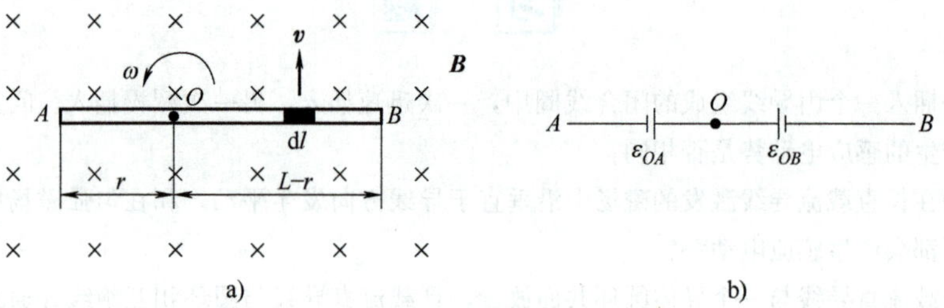

题 10-11 图

第四篇

波动光学与近代物理基础

第十一章 振动和波

在自然界中，振动是物体常见的一种运动形式，如钟摆的运动、音叉的运动和汽缸活塞的运动等。物体在一定位置附近做往返运动，称为机械振动。除机械振动外，在自然界中还存在着各种各样的振动，如电磁振动、分子和原子的振动等。**广义地说：凡描述运动状态的物理量，在某一量值附近做周期性的变化都可以称为振动。**不同类型的振动虽然有本质的区别，但是仅就振动过程而言，振动量随时间的变化关系往往遵循相同的数学规律，从而使得不同本质的振动具有相同的描述方法。所以，对机械振动规律的研究有助于了解其他形式振动的规律。

振动在空间或介质中的传播称为波动，简称波。机械振动在弹性介质中的传播称为机械波，如水波、声波、地震波等都是机械波。变化的电场和变化的磁场在空间的传播称为电磁波，如光波、无线电波、X射线等都是电磁波。微观粒子也具有波动性，描述微观粒子状态的波叫作实物波或德布罗意波，它和粒子在空间出现的概率相联系。机械波和电磁波尽管不同，但都具有许多共同特征和规律。例如，都有一定的传播速度，在传播过程中都伴随着能量的传播，而且均能产生反射、折射、干涉和衍射现象。

振动与波是自然界中普遍存在的运动形式。振动是时间的周期函数，而波动则是时间与空间周期性的表征。振动是产生波动的源，离开了振动，波动则无法产生。

本章着重讨论机械振动和机械波的主要特征和基本规律。

第一节 简谐振动

遵循“从简单问题入手”的原则，为研究机械振动，我们构筑了一种理想化的振动过程——简谐振动。简谐振动是最简单和最基本的一种振动，又称谐振动。其运动按正弦函数或余弦函数的规律随时间变化。任何复杂的机械振动都可视为若干简谐振动的叠加。简谐振动的研究方法及其所得规律不仅适用于机械振动，而且对其他非机械的周期振动也同样适用，因此，简谐振动的研究具有极大的普遍意义。

首先，我们要从运动学的角度学习简谐振动的位移、速度和加速度的变化规律；其次，我们还将从动力学角度认识简谐振动的条件；最后，还要从能量的角度，认识阻尼振动和受迫振动等一系列振动中的能量转化问题。

本节以弹簧振子为例讨论简谐振动的特征及其运动规律。

一、弹簧振子

在一个光滑的水平桌面上，有一个一端被固定的轻弹簧，另一端系一物体（视为质点），这样的系统称为弹簧振子，如图 11-1-1 所示。当弹簧处于自然状态时，物体在水平方向不受力的作用，此时物体处于 O 点，O 点叫作平衡位置，在此位置，物体所受合外力为零。如果沿水平方向，向右拉动物体一段距离，这时物体受到方向指向 O 的弹力作用。将物体释放后，物体就在弹力的作用下，围绕 O 点做往返的振动。

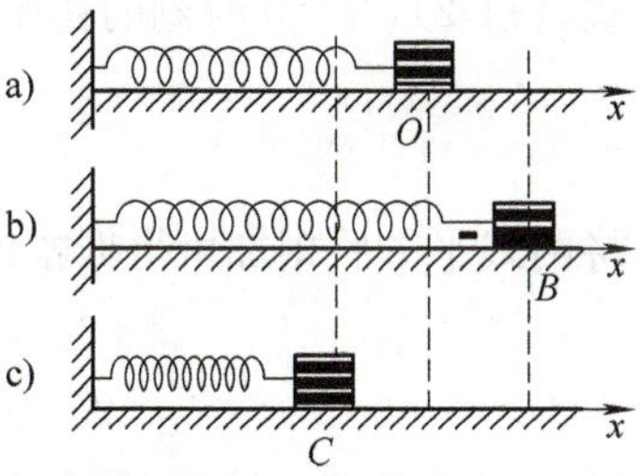

图　11-1-1

二、简谐振动的特征及其表达式

位置坐标与时间成余弦（或正弦）关系的振动称为简谐振动。弹簧振子的小振幅自由振动、单摆的小角度摆动都可视为简谐振动。其振动方程为

$$x = A\cos(\omega t + \varphi) \tag{11-1}$$

此即简谐振动的运动学方程。

将简谐振动的运动学方程对时间求一阶导数，可得简谐振动的速度：

$$v = \frac{\mathrm{d}x}{\mathrm{d}t} = -\omega A\sin(\omega t + \varphi) \tag{11-2}$$

再求导可得简谐振动的加速度：

$$a = \frac{\mathrm{d}^2 x}{\mathrm{d}t^2} = -\omega^2 A\cos(\omega t + \varphi) \tag{11-3}$$

这说明物体在做简谐振动时，其位移、速度、加速度都是周期性变化的，而且是有界的。由式（11-3）可得

$$\frac{\mathrm{d}^2 x}{\mathrm{d}t^2} = -\omega^2 x \tag{11-4}$$

或

$$\frac{\mathrm{d}^2 x}{\mathrm{d}t^2} + \omega^2 x = 0 \tag{11-5}$$

这就是简谐振动的动力学方程，也叫微分方程。式（11-4）两边同时乘以振子质量 m，得

$$m\frac{\mathrm{d}^2 x}{\mathrm{d}t^2} = -m\omega^2 x$$

即

$$F = -kx \tag{11-6}$$

式中，$k = m\omega^2$，是弹簧振子的劲度系数；ω 是由系统自身所决定的常量。这样的力称为线性回复力，负号表示力的方向与位移的方向相反，它是始终指向平衡位置的。离平衡位置越远，力越大；在平衡位置，力为零，物体由于惯性继续运动。

三、描述简谐振动的物理量

简谐振动常用如下一组物理量来描述。

1. 振幅 A

振动物体离开平衡位置的最大位移的绝对值称为振幅，用 A 表示，单位为 m。因为余弦或正弦函数的绝对值不大于 1，所以物体的振动范围为 $+A$ 与 $-A$ 之间。振幅的大小与振动系统的能量有关，由系统的初始条件（即 $t=0$ 时振子的速度和位置）决定。由式（11-1）、

式（11-2），$t=0$ 时刻的初始位置和初始速度分别为

$$x_0 = A\cos\varphi$$
$$v_0 = -\omega A\sin\varphi$$

将两式平方后相加可得振幅的大小：

$$A = \sqrt{x_0^2 + \frac{v_0^2}{\omega^2}}$$

2. 周期 T、频率 ν 和角频率 ω

物体做一次完全振动所需的时间，称为周期，用 T 表示，单位为 s。

物体在单位时间内所做的完全振动的次数，称为频率，用 ν 表示，单位为赫兹（Hz）。

物体在 2πs 时间内所做的完全振动的次数，称为角频率，用 ω 表示，单位为弧度/秒（rad/s 或 1/s）。

三者关系为

$$\nu = \frac{1}{T} = \frac{\omega}{2\pi}$$

周期、频率或角频率均由振动系统本身的性质所决定，故称为固有周期、固有频率或固有角频率。对于弹簧振子，$\omega=\sqrt{\frac{k}{m}}$。

3. 相位、初相和相位差

在**简谐振动方程中，**（$\omega t+\varphi$）**称为相位，简称相**。它是描述振子振动状态的物理量。

根据 $x=A\cos(\omega t+\varphi)$，$v=-\omega A\sin(\omega t+\varphi)$ 和 $a=-\omega^2A\cos(\omega t+\varphi)$，相位不同，振子的位置、速度和加速度也不同，当 A、ω 确定后，物体的运动状态（x、v、a 等）由（$\omega t+\varphi$）唯一确定。例如：当相位 $\omega t+\varphi=\frac{\pi}{2}$时，$x=0$，$v=-\omega A$，此时，振子处于坐标原点，以速率 ωA 向 x 轴负方向运动；当相位 $\omega t+\varphi=\frac{3\pi}{2}$时，$x=0$，$v=\omega A$，此时，振子也处于坐标原点，但却以速率 ωA 向 x 轴正方向运动。可见，相位可作为简谐振动状态的表征。

在 $t=0$ 时，相位为 φ，称为初相位，简称初相。初相位与时间零点的选择有关：对于一个简谐振动来说，开始计时的时刻不同，初始状态就不同，与之对应的初相位就不同。$t=0$时，有

$$x_0 = A\cos\varphi,\quad v_0 = -A\omega\sin\varphi$$

两式相除可得

$$\tan\varphi = -\frac{v_0}{\omega x_0}$$

在 $-\pi$ 和 π 之间，应用上式求 φ 时，一般来说有两个值，因此仅用上式还不能完全确定 φ，还需要根据初始条件来判断应该取哪个值。

两个振动在同一时刻的相位之差或同一振动在不同时刻的相位之差，称为相位差，用 $\Delta\varphi$ 表示。对于同频率简谐振动：

$$x_1 = A_1\cos(\omega t+\varphi_1),\ x_2 = A_2\cos(\omega t+\varphi_2)$$

同时刻的相位差：

$$\Delta\varphi=(\omega t+\varphi_2)-(\omega t+\varphi_1)=\varphi_2-\varphi_1$$

始终等于它们的初始相位差，是恒定的。

若 $\Delta\varphi$ 等于 0 或 π 的偶数倍，即

$$\Delta\varphi=\pm 2k\pi,\quad k=0, 1, 2, \cdots$$

则称两振动**同相**：它们的坐标同时达到最大，又同时达到最小，且共同向着同一方向运动，即步调一致，如图 11-1-2a 所示。

若 $\Delta\varphi$ 等于 π 的奇数倍，即

$$\Delta\varphi=\pm(2k+1)\pi,\ k=0, 1, 2, \cdots$$

则称两振动**反相**：一个坐标位置为正最大，另一个坐标位置为负最大，一个向东运动，另一个则向西运动，即步调相反，如图 11-1-2b 所示。

如果 $\Delta\varphi>0$，表示质点 2 的振动比质点 1 的振动超前 $\Delta\varphi$；如果 $\Delta\varphi<0$，表示质点 2 的振动比质点 1 的振动落后 $\Delta\varphi$。图 11-1-2c 中给出两个同频率简谐振动的位移时间曲线，我们说质点 2 的相位比质点 1 的相位超前 $\frac{\pi}{2}$，为什么？读者试分析之。

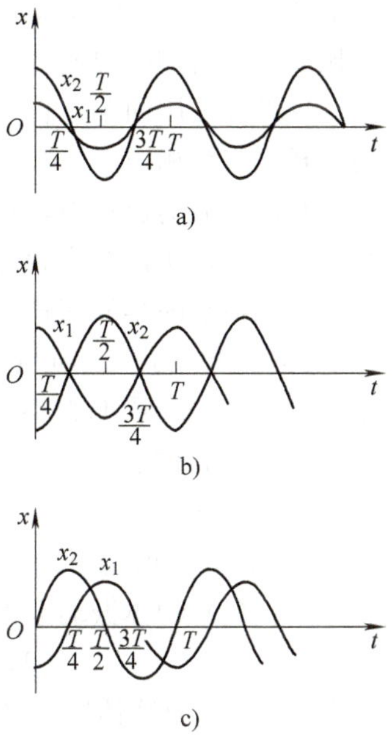

图 11-1-2

a) 同相 b) 反相

c) x_2 超前 x_1

相位与相位差的概念不仅在振动中有着重要的应用，在波动、电工以及无线电技术中也有着广泛的应用。

对于一个简谐振动，若 A、ω、φ 已知，就可以写出完整的运动方程，即掌握了该运动的全部信息。因此，我们把 A、ω、φ 叫作描述简谐振动的三个特征量。

四、简谐振动的旋转矢量表示法

前面对简谐振动的讨论完全是从数学上进行的，称为**解析法**。为了更直观地认识简谐振动，下面介绍简谐振动的矢量表示法——**旋转矢量法**。这样，一方面有助于形象地了解振幅 A、角频率 ω、初相位 φ 等物理量的意义，另一方面有助于简化在简谐振动研究中的数学处理。

如图 11-1-3 所示，取坐标轴 Ox，由原点 O 作矢量 $\boldsymbol{A}$，其大小等于给定简谐振动的振幅 A，$\boldsymbol{A}$ 在图面内绕 O 点以角速度 ω 沿逆时针方向匀速转动，矢量 $\boldsymbol{A}$ 就称为**旋转矢量**。$t=0$ 时 $\boldsymbol{A}$ 与 Ox 轴的夹角 φ 就是简谐振动的初相位 φ。经过时间 t 后，$\boldsymbol{A}$ 矢量转过角度 ωt，此时 $\boldsymbol{A}$ 与 Ox 轴的夹角为 $(\omega t+\varphi)$。矢量 $\boldsymbol{A}$ 的端点 M 这时在 Ox 轴上的投影 P 点的位置是

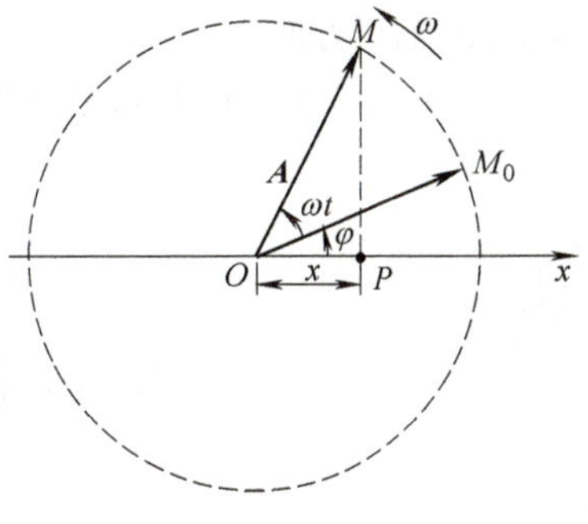

图 11-1-3

$$x=A\cos(\omega t+\varphi)$$

这同简谐运动表达式（11-1）完全相同。因此，矢量 $\boldsymbol{A}$ 做匀速转动过程中其端点 M 在 Ox

轴上的投影点 P 的运动就可代表简谐振动。矢量 $\boldsymbol{A}$ 旋转一圈，投影点 P 在 Ox 轴上做一次全振动，其转动的角速度就等于振动的角频率。

这种方法用简单、直观的方式描述简谐振动，某些情况下比用解析法能更方便地求得振动的相位与初相位。

在简谐振动过程中，相位 $\omega t+\varphi$ 随时间发生线性变化，变化频率为角频率 ω。即在 Δt 时间间隔内，相位变化为 $\Delta\varphi=\omega\Delta t$。把握住这一点，配合旋转矢量图，就可以巧妙地解决一些看来似乎困难的问题。

【例题 11-1】 一质量为 0.01kg 的物体做简谐振动，振幅为 0.24m，周期为 4s，$t=0$ 时，$x_0=0.12\text{m}$，且向 x 负向运动，如例题 11-1 图 a 所示。试求：（1）$t=1.0\text{s}$ 时，物体所处的位置和所受的力；（2）由起始位置运动到 $x=-0.12\text{m}$ 处所需要的最短时间。

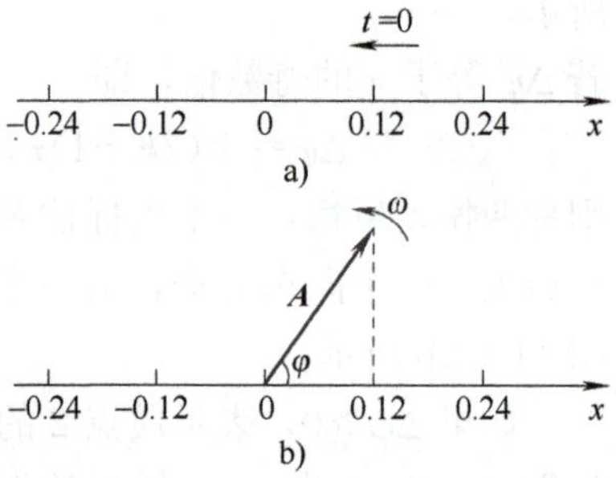

例题 11-1 图

解：（1）物体振动方程为

$$x=A\cos(\omega t+\varphi)$$

欲求 $t=1.0\text{s}$ 时物体所处的位置，需先求出 $t=1.0\text{s}$ 时对应的三个特征量 A、ω、φ。

求角频率：
$$T=\frac{2\pi}{\omega}\Rightarrow\omega=\frac{2\pi}{T}=\frac{2\pi}{4}=\frac{1}{2}\pi$$

振幅：
$$A=0.24\text{m}$$

求初相：$t=0$ 时，$x=0.12\text{m}$，即 $0.12=0.24\cos\varphi$，得 $\cos\varphi=\dfrac{1}{2}$。已知 $v=-A\omega\sin(\omega t+\varphi)$；$t=0$ 时，v 为负，如例题 11-1 图 b 所示，取 $\varphi=\dfrac{\pi}{3}$。

所以振动方程为

$$x_1=0.24\cos\left(\frac{\pi}{2}+\frac{\pi}{3}\right)\text{m}=-0.208\text{m}$$

负号说明此时物体在原点左方。此时物体所受的力为

$$F=-kx=-m\omega^2x=\left[-0.01\times\left(\frac{\pi}{2}\right)^2\times(-0.208)\right]\text{N}=5.13\times10^{-3}\text{N}$$

力沿 x 轴正方向。

（2）将 $x=-0.12\text{m}$ 代入物体的振动方程：

$$-0.12=0.24\cos\left(\frac{\pi}{2}t+\frac{\pi}{3}\right)$$

得

$$t=\frac{2}{\pi}\left[\arccos\left(-\frac{1}{2}\right)-\frac{\pi}{3}\right]\text{s}=\frac{2}{\pi}\left[\frac{2\pi}{3}-\frac{\pi}{3}\right]\text{s}=\frac{2}{3}\text{s}=0.667\text{s}$$

【例题 11-2】 如例题 11-2 图（1）所示，一轻弹簧的右端连着一物体，弹簧的劲度系数 $k=0.72\text{N/m}$，物体的质量 $m=20\text{g}$。

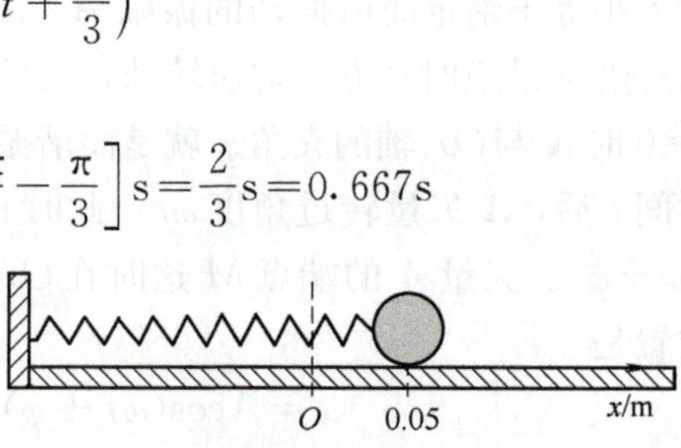

例题 11-2 图（1）

（1）把物体从平衡位置向右拉到 $x=0.05\text{m}$ 处停下后再释放，求简谐振动方程；

（2）求物体从初始位置运动到第一次经过 $\frac{A}{2}$ 处时的速度；

（3）如果物体在 $x=0.05\text{m}$ 处时速度不等于零，而是具有向右的初速度 $v_0=0.30\text{m/s}$，求其振动方程。

解：（1）要求物体的简谐振动方程，就需要确定角频率 ω、振幅 A 和初相 φ 三个特征量。

角频率：
$$\omega=\sqrt{\frac{k}{m}}=\sqrt{\frac{0.72\text{N/m}}{0.02\text{kg}}}=6.0/\text{s}$$

振幅和初相由初始条件 x_0 及 v_0 决定，已知 $x_0=0.05\text{m}$，$v_0=0$，则

振幅：
$$A=\sqrt{x_0^2+\frac{v_0^2}{\omega^2}}=x_0=0.05\text{m}$$

初相：
$$\tan\varphi=\frac{-v_0}{\omega x_0}=0，\varphi=0 \text{ 或 } \pi$$

由 $x_0=0.05\text{m}$，$v_0=0$，可画出旋转矢量图（见例题 11-2 图（2）a），得 $\varphi=0$。
所以，简谐振动方程为

$$x=0.05\cos 6t \quad (\text{SI})$$

（2）欲求 $x=\frac{A}{2}$ 处的速度，需先求出物体从初位置运动到第一次抵达 $\frac{A}{2}$ 处的相位。因 $\varphi=0$，由 $x=A\cos(\omega t+\varphi)=A\cos\omega t$，将 $x=\frac{A}{2}$ 代入上式，可得

$$\cos\omega t=\frac{1}{2}，\quad \omega t=\frac{\pi}{3} \text{ 或 } \frac{5}{3}\pi$$

物体由初位置 $x=+A$ 第一次运动到 $x=+\frac{A}{2}$，可知 $v<0$，因此可画出旋转矢量图，如例题 11-2 图（2）b 所示，可知，相位 $\omega t=\frac{\pi}{3}$。将 A、ω 和 ωt 的值代入速度公式，可得

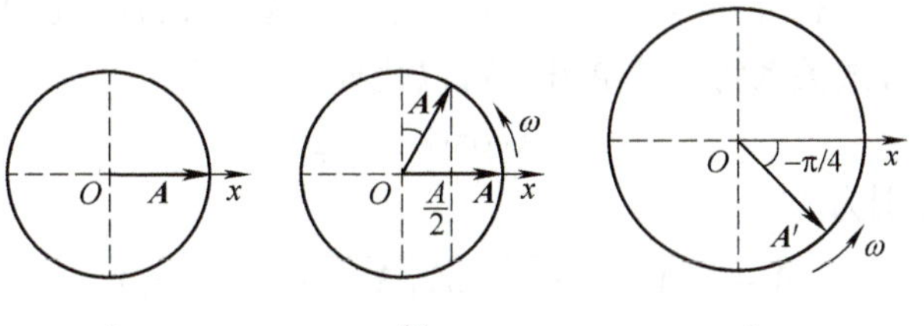

例题 11-2 图（2）

$$v=-A\omega\sin\omega t=-0.26\text{m/s}$$

负号表示速度的方向沿 Ox 轴负方向。

（3）因 $x_0=0.05\text{m}$，$v_0=0.30\text{m/s}$，故振幅和初相分别为

$$A'=\sqrt{x_0^2+\frac{v_0^2}{\omega^2}}=0.0707\text{m}$$

$$\tan\varphi'=\frac{-v_0}{\omega x_0}=-1，\quad \varphi'=-\frac{1}{4}\pi \text{ 或 } \frac{3}{4}\pi$$

由 $x_0=0.05\text{m}$，$v_0=0.30\text{m}\cdot\text{s}^{-1}$，可画出旋转矢量图，如例题 11-2 图（2）c 所示，可知 $\varphi'=-\frac{1}{4}\pi$，则简谐振动方程为

$$x=0.0707\cos\left(6.0\,t-\frac{\pi}{4}\right)\quad(\text{SI})$$

★解题指导： 求解简谐振动相关问题用旋转矢量法很方便、有效，对应关系为：$\boldsymbol{A}$ 的长度为振幅，初始位置与 Ox 轴的夹角为初相位。$\boldsymbol{A}$ 以 ω 为角速度逆时针匀速旋转，其矢端在 Ox 轴的投影为 x，矢端速度在 x 方向分量为 v。

第二节　简谐振动的合成

在实际问题中，常会遇到一个质点同时参与几个振动的情况。例如，当两列声波同时传播到空间某一处，则该处空气质点就同时参与这两个振动。根据运动叠加原理，这时质点所做的运动实际上就是这两个振动的合成。振动的合成在声学、光学、无线电技术与电工学中有着广泛的应用。本节主要讨论简单的情况——同方向同频率的两个简谐振动的合成。

一、解析法

设一质点在一直线上同时参与两个独立的同频率的简谐振动。现在取这一直线为 x 轴，以质点的平衡位置为原点，由于它们的角频率 ω 相同，故在任一时刻 t，这两个振动的位移分别为

$$x_1=A_1\cos(\omega t+\varphi_1)$$
$$x_2=A_2\cos(\omega t+\varphi_2)$$

式中，A_1、A_2 和 φ_1、φ_2 分别表示这两个振动的振幅和初相位。既然 x_1 和 x_2 都表示在同一直线上、距同一平衡位置的位移，那么合位移 x 仍在同一直线上，而为上述两个位移的代数和，即

$$x=x_1+x_2=A_1\cos(\omega t+\varphi_1)+A_2\cos(\omega t+\varphi_2)$$

应用三角函数的等式关系将上式展开，可以化成

$$x=A\cos(\omega t+\varphi)$$

式中，A 和 φ 的值分别为

$$A=\sqrt{A_1^2+A_2^2+2A_1A_2\cos(\varphi_2-\varphi_1)}\tag{11-7}$$

$$\varphi=\arctan\frac{A_1\sin\varphi_1+A_2\sin\varphi_2}{A_1\cos\varphi_1+A_2\cos\varphi_2}\tag{11-8}$$

这说明合振动仍是简谐振动，其振动方向和频率都与两个分振动相同。

二、旋转矢量合成法

应用旋转矢量图，可以很方便地得到上述两简谐振动的合振动。如图 11-2-1 所示，$\boldsymbol{A}_1$ 和 $\boldsymbol{A}_2$ 为代表两简谐振动的振幅矢量，由于它们以相同的角速度 ω 绕 O 点沿逆时针转动，因此它们之间的夹角（$\varphi_2-\varphi_1$）保持恒定，所以在旋转过程中，矢量合成的平行四边形的形状保持不变，因而合矢量 $\boldsymbol{A}$ 的长度保持不变，并以同一角速度 ω 匀速旋转。合矢量 $\boldsymbol{A}$ 就是

相应的合振动的振幅矢量，而合振动的表达式可从合矢量 **A** 在 x 轴上的投影给出，A 和 φ 也可以由图简便地得到。

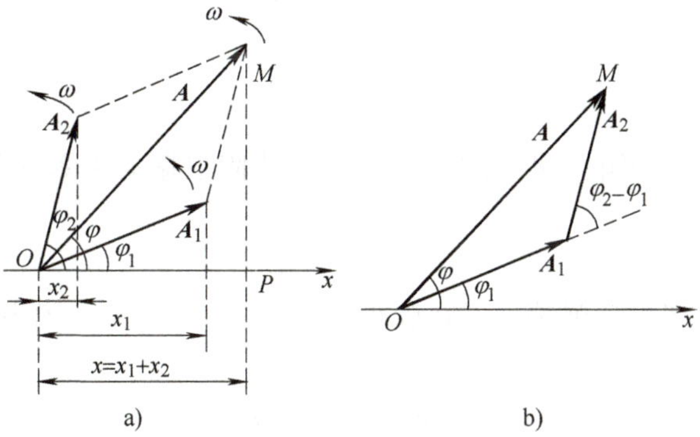

图 11-2-1

从式（11-7）可以看出，合振动的振幅 A 除了与原来的两个分振动的振幅有关外，还取决于两个振动的相位差（$\varphi_2-\varphi_1$）。下面讨论两个特例，将来在研究声、光等波动过程的干涉和衍射现象时，这两个特例常要用到。

1. 两振动同相

振动同相，即相位差（$\varphi_2-\varphi_1$）$=\pm 2k\pi$，$k=0$，1，2，…。这时 $\cos(\varphi_2-\varphi_1)=1$。按式（11-7）得

$$A=\sqrt{A_1^2+A_2^2+2A_1A_2}=A_1+A_2 \tag{11-9}$$

即合振动的振幅等于原来两个振动的振幅之和，显然，这时合振动达到最大值，如图 11-2-2a 所示。

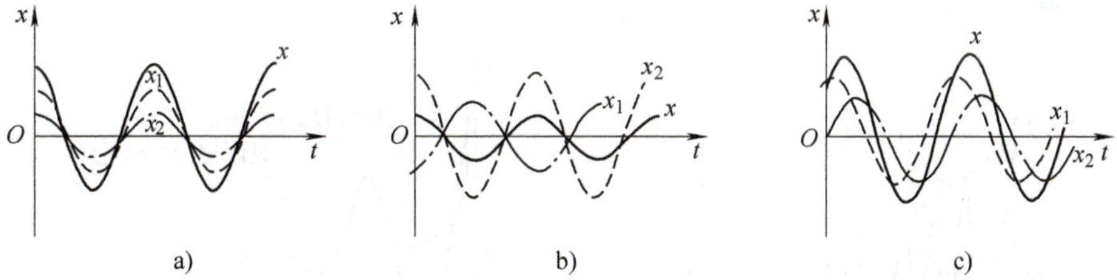

图 11-2-2

a) $\varphi_2-\varphi_1=\pm 2k\pi$，$A=A_1+A_2$ b) $\varphi_2-\varphi_1=\pm(2k+1)\pi$，$A=|A_1-A_2|$ c) 任意相位差

2. 两振动反相

振动反相，即相位差$(\varphi_2-\varphi_1)=\pm(2k+1)\pi, k=0,1,2,\cdots$。这时 $\cos(\varphi_2-\varphi_1)=-1$。按式（11-7）得

$$A=\sqrt{A_1^2+A_2^2-2A_1A_2}=|A_1-A_2| \tag{11-10}$$

即合振动的振幅等于原来两个振动的振幅之差的绝对值（振幅在性质上是正量，所以在上式中取绝对值）。显然，这时合振动达到最小值，如图 11-2-2b 所示。如果 $A_1=A_2$，则 $A=0$，就是说振动合成的结果使质点处于静止状态。

在一般情形下，相位差 $\varphi_2-\varphi_1$ 是其他任意值时，合振动的振幅在 $|A_1-A_2|$ 与 A_1+A_2 之间，如图 11-2-2c 所示。

*第三节 阻尼振动 受迫振动 共振

一、阻尼振动

由于振动受到阻力的影响，振幅随时间减小，当阻尼振动速率不太大时，阻力与速率成正比，即

$$F_r = -cv$$

式中，c 为阻力系数。考虑一弹簧振子在弹性力 $-kx$ 和阻力 $-cv$ 作用下的运动，由牛顿第二定律，其运动微分方程为

$$-kx - cv = ma$$

进一步写为

$$\frac{d^2x}{dt^2} + 2\beta\frac{dx}{dt} + \omega_0^2 x = 0 \tag{11-11}$$

式中，$2\beta = \frac{c}{m}$，β 称为阻尼系数；$\omega_0^2 = \frac{k}{m}$，ω_0 是系统的固有角频率。

当阻尼较小时，即 $\beta^2 < \omega_0^2$ 时，式（11-11）的解为

$$x = Ae^{-\beta t}\cos(\omega t + \varphi) \tag{11-12}$$

式中，$\omega = \sqrt{\omega_0^2 - \beta^2}$ 为角频率；A、φ 由初始条件来确定。由式（11-12）可知，振幅是随时间成指数衰减的，因此，阻尼振动不是简谐振动，其振动的位移时间曲线如图 11-3-1 所示。

当 $\beta^2 \geqslant \omega_0^2$ 时，式（11-11）的解就不是式（11-12）了，此时物体不再做往复运动，而是慢慢地回到平衡位置。图 11-3-2 即是此情形，图中三种情形分别称为**临界阻尼、过阻尼和弱阻尼状态**。

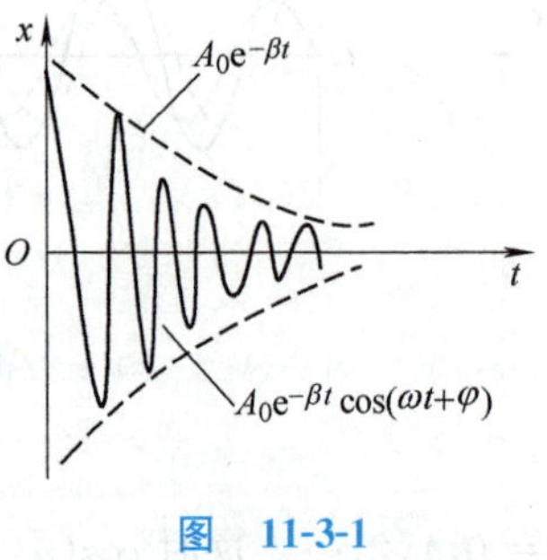

图 11-3-1

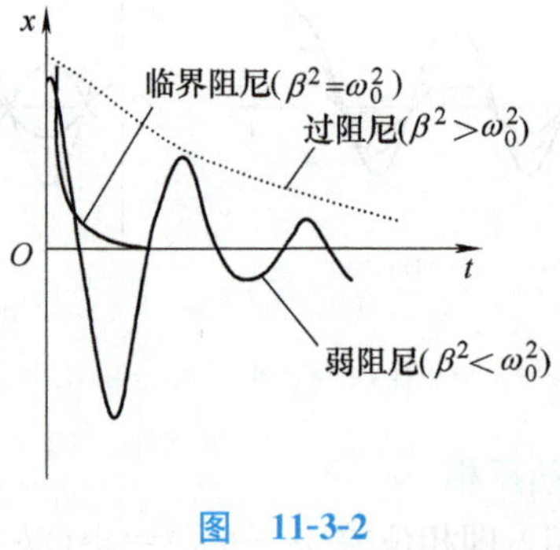

图 11-3-2

在生产实际中，可以根据不同的要求，用不同的方法改变阻尼的大小以控制系统的振动情况。如在灵敏电流计内，表头中的指针是和通电线圈相连的，当它在磁场中运动时，会受到电磁阻力的作用；若电磁阻力过小或过大，会使指针摆动不停或到达平衡点的时间过长，而不便于测量读数，所以必须调整电路电阻，使电表在 $\beta = \omega_0$ 的临界阻尼状态下工作。

二、受迫振动

因为阻尼的存在，若要使振动进行下去，就要对系统施加周期性外力，此种振动为受迫

振动。如电动机运转时引起机架基础的振动，扬声器纸盆因音圈电流变化引起的振动，都属于受迫振动。引起物体做受迫振动的周期性外力称为驱动力，驱动力若是时间的余弦函数，则称为简谐力，我们仅讨论物体在简谐力作用下产生的受迫振动。

一个做阻尼振动的物体，由于不断地克服阻力做功，其振动能量要不断地减少，最终将停止下来。若通过驱动力对振动物体做功，不断对物体补充能量，且补充的能量恰好等于阻尼振动损耗的能量，振动将维持并达到稳定状态。设驱动力为 $F\cos\omega' t$，则运动方程可写为

$$-kx-cv+F\cos\omega' t=m\frac{\mathrm{d}^2x}{\mathrm{d}t^2} \tag{11-13}$$

令 $\omega_0^2=\dfrac{k}{m}$，$2\beta=\dfrac{c}{m}$，$h=\dfrac{F}{m}$，将式（11-13）改写为

$$\frac{\mathrm{d}^2x}{\mathrm{d}t^2}+2\beta\frac{\mathrm{d}x}{\mathrm{d}t}+\omega_0^2x=h\cos\omega' t \tag{11-14}$$

其解为

$$x=A_0\mathrm{e}^{-\beta t}\cos(\omega t+\delta)+A\cos(\omega' t+\varphi) \tag{11-15}$$

式（11-15）说明，受迫振动是由阻尼振动 $A_0\mathrm{e}^{-\beta t}\cos(\omega t+\delta)$ 和简谐振动 $A\cos(\omega' t+\varphi)$ 合成的。随着时间的增长，第一项趋于 0，受迫振动达到稳定状态，即

$$x=A\cos(\omega' t+\varphi) \tag{11-16}$$

式中

$$A=\frac{h}{\sqrt{(\omega_0^2-\omega'^2)^2+4\beta^2\omega'^2}},\quad \varphi=\arctan\frac{-2\beta\omega'}{\omega_0^2-\omega'^2}$$

三、共振

当驱动力的角频率为某一定值时，受迫振动的振幅达到极大的现象叫作共振。

由 $A=\dfrac{h}{\sqrt{(\omega_0^2-\omega'^2)^2+4\beta^2\omega'^2}}$ 求导 $\dfrac{\mathrm{d}A}{\mathrm{d}\omega'}=0$，可得

$$\omega'=\omega_r=\sqrt{\omega_0^2-2\beta^2}$$

此时 $A_r=\dfrac{h}{2\beta\sqrt{\omega_0^2-\beta^2}}$。

由上式可以看出：①振幅达最大值时，驱动力的角频率略小于系统固有角频率；②系统受阻尼越小，振幅达最大值时驱动力角频率与系统固有角频率越接近。当阻尼系数 $\beta\to 0$ 时，$A_r\to\infty$。图 11-3-3 表示不同阻尼下的 A-ω' 曲线。

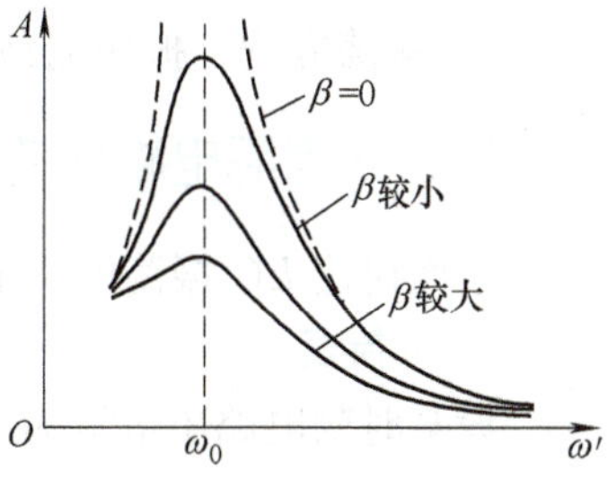

图 11-3-3

共振现象在实际中有广泛的应用，例如一些乐器利用共振来提高音响效果；收音机的调谐就是利用共振来接收某一频率的电台广播的。但共振现象也可引起危害，例如当火车驶过桥梁时，车轮在铁轨接头处的撞击力是周期性的，如果其频率与桥梁的固有频率相近，就会使桥梁的振动加剧甚至可能造成桥梁的破坏，这种共振现象应设法避免。

第四节 电磁振荡

一、振荡电路

1. LC 振荡电路的例子

先充电：电容器 C 两极板间的电压 $U_0=\varepsilon$，其中 ε 为电源的电动势（见图 11-4-1a）。

放电瞬间：电路无电流，电场能量集中在电容器两极板间，两极板上分别带有等量异号电荷 $+Q$、$-Q$（见图 11-4-1b）。

$b\to c$：线圈激起磁场，电路中电流逐渐增大，极板上电荷减少，放电终了，电容器电场能量全部转换为磁场能量（见图 11-4-1c）。

$c\to d$：对电容器反向充电，B 带正电，A 带负电，随着电流的减弱，两极板上电荷逐渐增多，磁场能量又全部转换为电场能量（见图 11-4-1d）。

$d\to e$：电容器放电，电场能量又转换为磁场能量（见图 11-4-1e）。

此后，电容器又被充电，回到原状态，完成了一个完全的振荡过程。

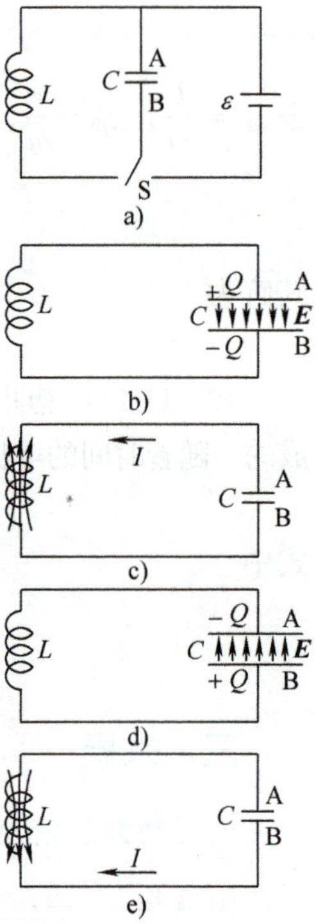

图 11-4-1

2. 基本概念

1）电磁振荡：在电路中电荷与电流随时间做周期性变化的现象。

2）振荡电路：产生电磁振荡的电路。

振荡电路的种类很多，其中最基本、最简单的振荡电路是由电感线圈 L 与电容 C 组成的 LC 振荡电路。

电感与电容是储能元件，它们之间的能量转换是可逆的，而电阻是耗散性元件，它的能量单向地转换成焦耳热。

3）无阻尼自由振荡电路：不含电阻而只含电感与电容的电路。

4）阻尼振荡：含有电阻的振荡电路。在电阻较小的情况下，可以近似地看作无阻尼自由振荡。

5）振荡方程：振荡电路所遵循的欧姆定律。

二、无阻尼电磁振荡的振荡方程

下面讨论 LC 振荡电路中电荷与电流的变化规律。

1. 电荷量

设某时刻电路中电流为 I，则自感电动势

$$-L\frac{\mathrm{d}I}{\mathrm{d}t}=U_A-U_B=\frac{q}{C}$$

由于 $I=\dfrac{\mathrm{d}q}{\mathrm{d}t}$，上式可以写成

$$\frac{d^2q}{dt^2}=-\frac{1}{LC}q$$

令 $\omega^2=\frac{1}{LC}$，则

$$\frac{d^2q}{dt^2}+\omega^2q=0$$

其解为

$$q=Q_0\cos(\omega t+\varphi)$$

式中，q 为任一时刻电容器上的电荷量；Q_0 为极板上电荷量的极大值——电荷量振幅；φ 为初相位；ω 为角频率。

频率为
$$\nu=\frac{\omega}{2\pi}=\frac{1}{2\pi\sqrt{LC}}$$

周期为
$$T=\frac{1}{\nu}=2\pi\sqrt{LC}$$

2. 电流

把电荷量对时间求导，则得

$$I=\frac{dq}{dt}=-\omega Q_0\sin(\omega t+\varphi)$$

令 $I_0=\omega Q_0$——电流振幅，则

$$I=-I_0\sin(\omega t+\varphi)=I_0\cos\left(\omega t+\varphi+\frac{\pi}{2}\right)$$

可知，电荷量与电流都做周期性变化，电流相位比电荷量的相位超前；LC 振荡电路的频率是由振荡电路本身的性质决定的，改变电感 L 或电容 C 就可以得到所需的频率或周期。

三、无阻尼自由振荡的能量

电场能量：

$$E_e=\frac{q^2}{2C}=\frac{Q_0^2}{2C}\cos^2(\omega t+\varphi)$$

磁场能量：

$$E_m=\frac{1}{2}LI^2=\frac{1}{2}LI_0^2\sin^2(\omega t+\varphi)=\frac{Q_0^2}{2C}\sin^2(\omega t+\varphi)$$

总能量：

$$E=E_m+E_e=\frac{1}{2}LI_0^2=\frac{Q_0^2}{2C}$$

第五节 机械波的产生和传播

一、机械波的形成

室内的闹钟，因发条的振动产生声波，我们能听到“嘀嗒嘀嗒”的声音。将闹钟置于玻

璃罩内，缓缓抽出空气直至真空，嘀嗒之声逐渐减弱乃至消失。

这说明**机械波的产生要有两个条件：首先要有做机械振动的物体即波源，其次还要有能够传播机械振动的弹性介质。**

水波是大家熟悉的波动现象：投石入水，产生一个个水面波，由近及远地向四面传播，如图 11-5-1 所示。注意观察，水面上的物体并未随波离去，只是在自己的平衡位置做振动。所以波动是介质整体所表现的运动状态，对于介质的单个质点，只有振动而已。

图 11-5-1

为什么介质中某一点发生的振动能向各个方向传播呢？

在由无穷多的质点通过相互之间的弹性力组合在一起的连续介质中，某一质点因受外界的扰动而离开平衡位置时，邻近的质点将对它作用一个弹性回复力，并使其在平衡位置附近振动起来。与此同时，这个质点也给其邻近质点以弹性回复力的作用，使邻近质点也在自己平衡位置附近振动起来。这样，弹性介质中一个质点的振动会引起它邻近质点的振动，而邻近质点的振动又会引起它邻近质点的振动，这样依次带动，就使振动以一定速度由近及远地传播开去。这种机械振动在弹性介质中的传播过程称为机械波。

弹性介质是产生和传播机械波的必要条件，但其他类型的波并不需要弹性介质这个条件：电磁波是变化的电场和变化的磁场相互激发而产生的波，可以在真空中产生和传播；而实物波反映了微观粒子的波动性，并非某种振动的传播，更不需要弹性介质的存在。

二、横波与纵波

机械波有不同的类型，**按介质内质元振动方向与波传播方向的关系可分为横波和纵波。**

质点的振动方向和波的传播方向相垂直的波称为**横波**，而质点的振动方向和波的传播方向相平行的波称为**纵波**。例如，绳子的一端固定，用手上下抖动绳的另一端，产生的波是横波，如图 11-5-2a 所示；空气中的声波是典型的纵波，如将一长弹簧的一端固定于墙上，另一端用手拉平，然后用手推拉弹簧，则沿弹簧长度方向出现疏密相间的结构，而且疏密结构在不断传播，这种波也是纵波，如图 11-5-2b所示。

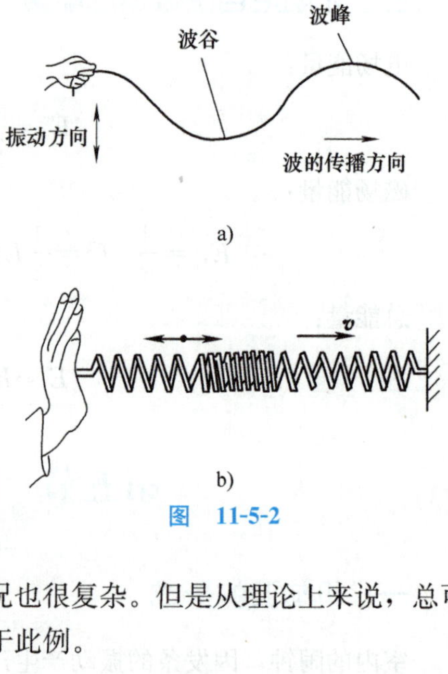

图 11-5-2

无论是横波还是纵波，在传播过程中，介质中的各质元并不随波前进，而只在各自的平衡位置附近振动。

横波和纵波是波的两种基本类型。一般情况下介质中各质点的振动情况很复杂，相应产生的波动情况也很复杂。但是从理论上来说，总可以分解成纵波和横波来研究，如水面波、地震波都属于此例。

三、波线、波面和波前

波源在弹性介质中振动时，振动将向各个方向传播，为了形象地描述波的行为，我们引入波线、波面和波前的概念。

（1）波线（波射线）

沿波的传播方向画一条带有箭头的线，称为波线。

（2）波面（同相面）

波传播时，介质中各质点都在各自平衡位置附近振动，振动相位相同的点构成的面，称为波面。注意，任一时刻波面可以有任意多个，一般只画几个作为代表。

（3）波前（波阵面）

某一时刻，由波源最初的振动状态传到的各点所连成的曲面，称为波前。因此，波前是最前面的波面。

若波源的大小和形状可以忽略不计，该波源称为点波源。在各向同性的介质中点波源向各处的传播速度相同，因此波面就是以波源为中心的球面。在离波源较远处一定范围的局部区域内，波面可视为平面。用波面的形状给波分类，波面为球面的波称为球面波，波面为平面的波称为平面波，如图 11-5-3 所示。在各向同性的介质中波线垂直于波面（波前）。因此，球面波的波线是沿半径方向的，平面波的波线是与波面垂直的一族平行直线。

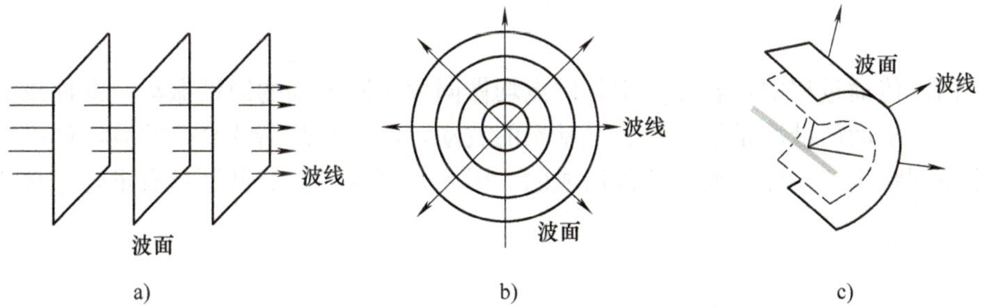

图 11-5-3

a）平面波 b）球面波 c）柱面波

四、描述机械波的物理量

描述机械波的物理量有波长、周期和频率、波速等。由于波动是振动的传播，所以这些物理量是与振动特性相关并描述传播特性的物理量。

1. 波长

在波传播过程中，同一波线上相位差为 2π 的整数倍的各质点，其振动状态完全相同，我们把同一波线上相位差为 2π 的两个质点（即振动状态相同的相邻两质点）之间的距离称为波长，用 λ 表示。在横波中，两个相邻的波峰或两个相邻的波谷之间的距离就是一个波长。在纵波中，相邻的两个密集部分（或稀疏部分）的距离，也是一个波长。

波长也是波在传播方向上一个完整波形的长度。在波源做一次全振动的时间里，波前进的距离等于一个波长，波长反映了波的空间周期性。

2. 周期和频率

波传播一个波长所需要的时间，称为周期，用 T 表示。由于波源做一次全振动，波就前进一个波长的距离，因而波的周期等于波源振动的周期。波的周期只与振源有关，而与传播介质无关。

周期的倒数叫作频率，用 ν 表示，即波动在单位时间内前进的距离中所包含的完整的波的数目。

3. 波速

某一振动状态在单位时间内所传播的距离称为波速，用 u 表示。由于振动状态的传播也就是相位的传播，因而这里的波速也称为相速。所以波速与波长、周期（频率）之间的基本关系是

$$u=\frac{\lambda}{T}=\nu\lambda \tag{11-17}$$

式（11-17）通过波速 u 把波在时间上的周期性与波在空间上的周期性联系起来了。此式具有普遍意义，对各种波都适用。

理论与实验都证明，波速 u 的大小取决于介质的性质，在不同的介质中，波速是不同的。而波的频率只决定于波源，与介质无关，因此同一频率的波在不同介质中传播时波长是不同的。

第六节　平面简谐波的波函数

在平面波传播过程中，若介质中各质点均做同频率同振幅的简谐振动，则称该平面波为平面简谐波。平面简谐波是最简单、最基本的波动，许多非简谐的复杂的波，都可以看成是由若干个不同频率的平面简谐波叠加而成的。因此，研究平面简谐波具有重要意义。

一、波函数

波函数 $y(x, t)$ 就是用已知波源的振动规律，表达出弹性介质中各点的振动的规律。

设有一平面简谐波，在不吸收传播能量的、均匀的、无限大的介质中沿正方向传播。在波线上取一点 O 作为坐标原点，建立如图 11-6-1 所示坐标系，为简单起见，设原点 O 的振动为

$$y_0=A\cos(\omega t+\varphi)$$

式中，y_0 是质点在 t 时刻相对平衡位置的位移；A 为振幅；ω 为角频率。设振幅在传播过程中保持不变（无吸收）。P 点是波线上距 O 点为 x 的任意点，现在要求 P 处质点在 t 时刻相对平衡位置的位移。

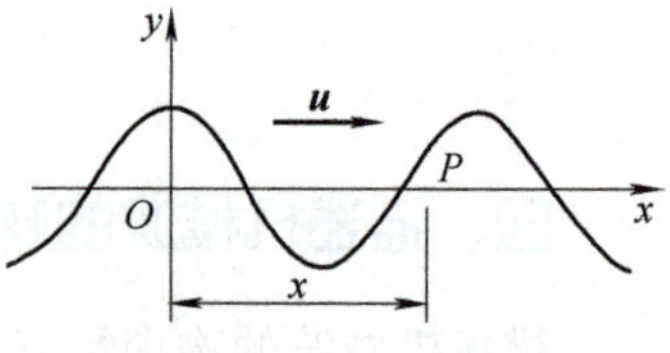

图 11-6-1

由图 11-6-1 可看出，O 处质点振动的相位传到 P 点所需用的时间为 $\frac{x}{u}$，即 P 处质点的振动落后于 O 处质点的振动，这表明，若 O 点振动了时间 t，则 P 处质点只振动了 $t-\frac{x}{u}$ 的时间，所以可以从 O 处质点的振动相位求出 P 处质点的振动相位。当 O 处质点在 t 时刻的相位为 ωt 时，则 P 处质点的相位为 $\left[\omega\left(t-\frac{x}{u}\right)+\varphi\right]$。于是，$P$ 处质点在 t 时刻的位移为

$$y_P = A\cos\omega\left[\left(t-\frac{x}{u}\right)+\varphi\right] \tag{11-18}$$

此式表明，t 时刻 P 点相对平衡位置的位移等于$\left(t-\frac{x}{u}\right)$时刻 O 点相对平衡位置的位移。考虑 P 点的任意性，式（11-18）即为沿 x 轴正方向传播的平面简谐波的波函数。因为 $\omega=2\pi\nu$，$u=\lambda\nu$，所以式（11-18）又可写为

$$y = A\cos\left[\left(\omega t-\frac{2\pi x}{\lambda}\right)+\varphi\right] \tag{11-19}$$

若波沿 x 轴负方向传播，则 P 点的振动比 O 点的振动早开始一段时间$\frac{x}{u}$，就是说，当 O 处质点的相位为 ωt 时，则 P 处质点的相位已是$\left[\omega\left(t+\frac{x}{u}\right)+\varphi\right]$。所以，$P$ 点在任一时刻 t 相对平衡位置的位移为

$$y = A\cos\left[\omega\left(t+\frac{x}{u}\right)+\varphi\right] \tag{11-20}$$

或

$$y = A\cos\left[\left(\omega t+\frac{2\pi x}{\lambda}\right)+\varphi\right] \tag{11-21}$$

此式即为沿 x 轴负方向传播的平面简谐波的波函数。

二、波函数的物理含义

在波函数的表达式（11-18）中含有两个变量 x 和 t，因此波函数 $y(x, t)$ 为二元函数。

1）若 x 一定，则位移仅是时间的函数，对于 $x=x_1$，则

$$y = A\cos\left[\left(\omega t-\frac{2\pi x_1}{\lambda}\right)+\varphi\right]$$

该方程表示的是 x_1处的质点的振动方程，它表达了距离坐标原点为 x_1处的质点的振动规律（独舞）。

2）若 t 一定，则位移仅是坐标的函数，对于 $t=t_1$，则

$$y = A\cos\left[\left(\omega t_1-\frac{2\pi x}{\lambda}\right)+\varphi\right]$$

该方程表示的是 t_1时刻各质点相对于平衡位置的位移。即在 t_1时刻波线上所有质点的振动情况——各个质点相对于各自平衡位置的位移所构成的波形曲线。即在某一瞬时 y 仅为 x 的函数，它给出了该瞬时波线上各质元相对于平衡位置的位移分布情况，即表示某一瞬时的波形（集体定格）。

由此还可以得到波程差与相位差的关系

$$\Delta\varphi = \varphi_2-\varphi_1 = -2\pi\frac{x_2-x_1}{\lambda} = -2\pi\frac{\Delta x}{\lambda} \tag{11-22}$$

3）x 和 t 都变化。

波函数表示波线上所有质点在不同时刻的位移。如图 11-6-2 所示，实线表示 t 时刻的波形，虚线表示 $t+\Delta t$ 时刻的波形，从图中可以看出，振动状态（即相位）沿波线传播的距离

为 $\Delta x=u\Delta t$，整个波形也传播了 Δx 的距离，因而波速就是波形向前传播的速度，波函数也描述了波形的传播。

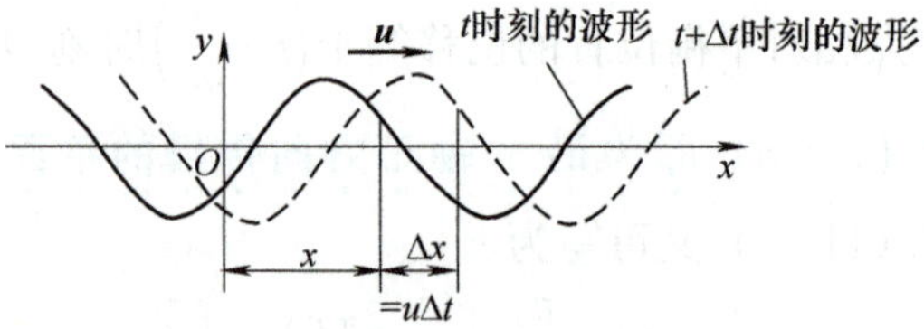

图 11-6-2

总之，波函数反映了波的时间和空间的双重周期性。

时间周期性：周期 T 代表了波的时间周期性。从质点的运动来看，反映在每个质点的振动周期均为 T；从整个波形看，反映在 t 时刻的波形曲线与 $t+T$ 时刻的波形曲线完全重合。

空间周期性：波长代表了波在空间的周期性。从质点来看，反映在对于相隔波长距离的两个质点其振动规律完全相同（两质点为同相点）；从波形来看，波形在空间上以波长为“周期”分布着，所以波长也叫作波的空间周期。

【例题 11-3】 如例题 11-3 图所示，平面简谐波的传播速度为 u，沿 x 轴正方向传播。已知距原点 x_0 处的 P_0 点处的质点的振动规律为 $y=A\cos\omega t$，求波函数。

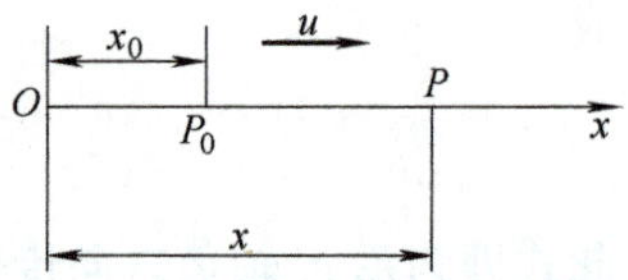

例题 11-3 图

解：在 x 轴上任取一点 P，其坐标为 x，振动由 P_0 点传到 P 点所需的时间为 $\tau=(x-x_0)/u$，因而 P 处质点振动的相位比 P_0 处质点振动的相位要落后 $\omega\tau$，所以波函数为

$$y=A\cos\omega\left(t-\frac{x-x_0}{u}\right)$$

【例题 11-4】 一平面简谐波的波函数为

$$y=0.01\cos\pi\left(10t-\frac{x}{10}\right)\quad(\mathrm{SI})$$

求：（1）该波的波速、波长、周期和振幅；（2）$x=10\mathrm{m}$ 处质点的振动方程及该质点在 $t=2\mathrm{s}$ 时的振动速度；（3）$x=20\mathrm{m}$、$60\mathrm{m}$ 两处质点振动的相位差。

解：（1）将波函数写成标准形式

$$y=0.01\cos 10\pi\left(t-\frac{x}{100}\right)\quad(\mathrm{SI})$$

因而，振幅： $A=0.01\mathrm{m}$

波速： $u=100\mathrm{m/s}$

周期： $T=\dfrac{2\pi}{\omega}=\dfrac{2\pi}{10\pi}\mathrm{s}=0.2\mathrm{s}$

波长： $\lambda=uT=(100\times0.2)\mathrm{m}=20\mathrm{m}$

（2）将 $x=10\mathrm{m}$ 代入波函数，则有

$$y=0.01\cos(10\pi t-\pi)\quad(\mathrm{SI})$$

将该式对时间求导，得

$$v=-0.1\pi\sin(10\pi t-\pi)\quad(\mathrm{SI})$$

将 $t=2\text{s}$ 代入得振动速度 $v=0$。

(3) $x=20\text{m}$、60m 两处质点振动的相位差为

$$\Delta\varphi=\varphi_2-\varphi_1=-\frac{2\pi}{\lambda}(x_2-x_1)=-\frac{2\pi}{20}(60-20)=-4\pi$$

即这两点的振动状态相同。

【例题 11-5】 某平面简谐波在 $t=0$ 和 $t=1\text{s}$ 时的波形如例题 11-5 图所示，已知 $T>1\text{s}$。试求：(1) 波的周期和角频率；(2) 写出该平面简谐波的波函数。

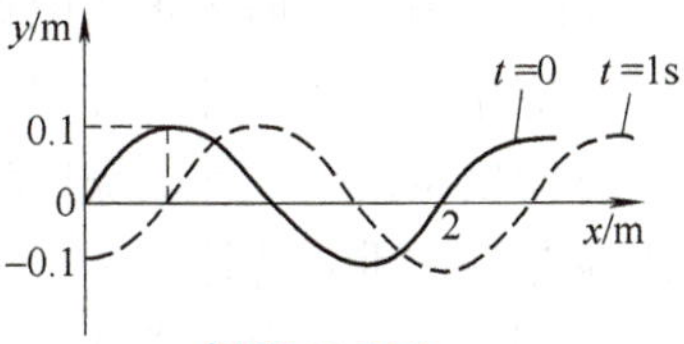

例题 11-5 图

解：(1) 由图中可以看出振幅和波长分别为

$$A=0.1\text{m},\ \lambda=2\text{m}$$

在 $t=0$ 到 $t=1\text{s}$ 时间内，波形向 x 轴正方向移动了 $\lambda/4$，故波的周期和波速为

$$T=4\text{s},\ u=\frac{\lambda}{T}=\frac{2}{4}\text{m/s}=0.5\text{m/s}$$

由此可得波的角频率为

$$\omega=\frac{2\pi}{T}=\frac{2\pi}{4}\text{rad/s}=\frac{\pi}{2}\text{rad/s}$$

(2) 设原点处质点的振动方程为

$$y_0=A\cos(\omega t+\varphi)$$

在 $t=0$ 时，原点处质点的位移和速度为

$$y_0=A\cos\varphi=0$$
$$u_0=-A\omega\sin\varphi<0$$

解得

$$\varphi=\frac{\pi}{2}$$

所以平面简谐波的波函数为

$$y=A\cos\left(\omega t+\varphi-\omega\frac{x}{u}\right)=0.1\cos\left(\frac{\pi}{2}t+\frac{\pi}{2}-\pi x\right)\quad(\text{SI})$$

★**解题指导：**求解机械波相关问题关键是与波函数对照，所以熟记波函数的表达式并理解其物理意义很重要。

第七节 惠更斯原理 波的叠加和干涉

一、惠更斯原理 波的衍射

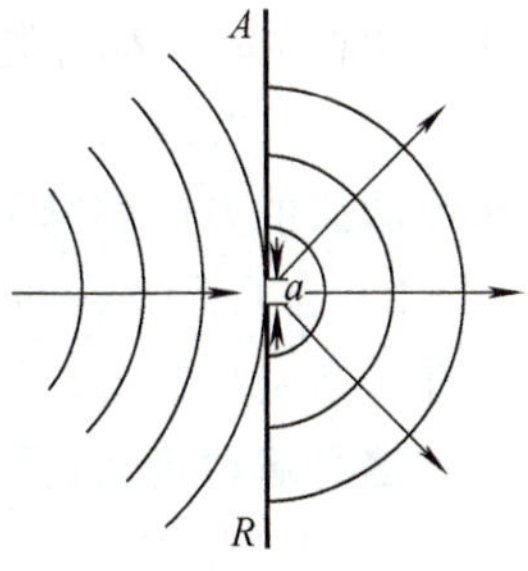

图 11-7-1

在水波传播中，我们可以看到一种现象，水面波传播时，遇到如图 11-7-1 所示的障碍物小孔，当障碍物小孔的大小 a 与波长相差不多时，就可以看到穿过小孔的波面是圆形的，与原来波的形状无关。这是因为在波动中，波源的振动是通过介质逐点传播出去的，因此每个点都可看作新的波源，这里，小孔可以看作新的波源。荷兰物理学家惠更斯观察和研究了大量类似的现象，于 1690 年总结出

一条有关波传播特性的重要的原理，称为**惠更斯原理：在波的传播过程中，波面上的各点，都可以看作是发射子波的新的波源，在其后任一时刻，子波所形成的包络面（指与所有子波的波前相切的曲面）就是新的波面**。

根据惠更斯原理可知，当波在各向同性的均匀介质中传播时，波阵面的几何形状保持不变。

惠更斯原理对任何波动过程都是适用的。只要知道某一时刻的波阵面，就可根据这一原理用几何方法来推导任一时刻的波阵面，因而在很广泛的范围内解决了波的传播问题，如图 11-7-2 所示。但惠更斯原理不能说明波的强度分布。

应用惠更斯原理还可定性地解释波的衍射现象。当波在传播过程中遇到障碍物时，其传播方向发生改变，并能绕过障碍物的边缘继续向前传播，这种现象称为波的衍射现象。衍射现象是波的重要特性之一。

例如，当平面波通过一缝时，若缝的宽度远大于波的波长，波表现为直线传播；若缝的宽度略大于波长，在缝的中部波的传播仍保持原来的方向，在缝的边缘处波阵面弯曲，波的传播方向改变，波绕过障碍物向前传播；若缝的宽度小于波长（相当于小孔），衍射现象更加明显，波阵面由平面变成球面，如图 11-7-3 所示。

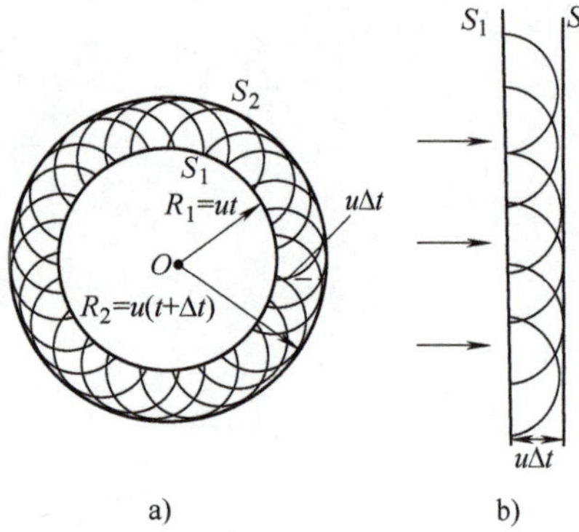

图 11-7-2

a）球面波 b）平面波

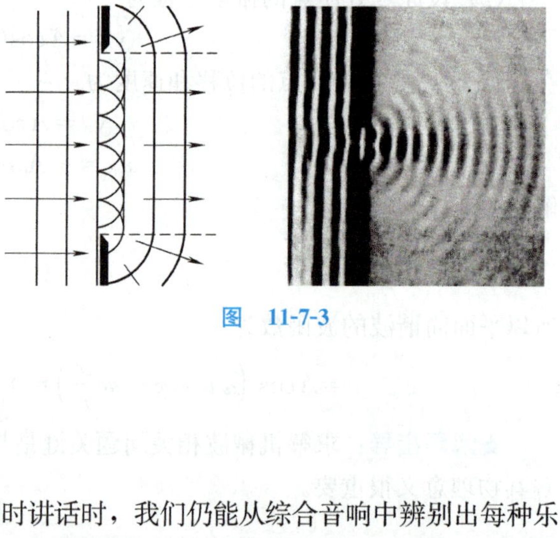

图 11-7-3

二、波的叠加和干涉

1. 波的叠加原理

日常生活中，例如听乐队演奏或几个人同时讲话时，我们仍能从综合音响中辨别出每种乐器或某个人的声音，这表明某种乐器或某个人发出的声波，并不因其他乐器或人同时发出的声波而受到影响。可见，波的传播是独立进行的。又如在水面上有两列水波相遇，或者几束灯光在空间相遇时，都有类似的情况发生。通过对这些现象的观察和总结，得到波的叠加原理：

1）**各列波相遇之后，仍保持它们原有的特性（频率、波长、振幅、振动方向等）不变，按照原来的方向继续前进，就像没有遇到其他的波一样。**

2）**当几列波在同一介质中传播时，在其相遇区域内，任一点的振动为各个波单独存在时在该点引起的振动的矢量和。**

这种波动传播过程中出现的各分振动独立地参与叠加的事实，称为波的叠加原理。

2. 波的干涉

观察水波的干涉实验：把两个小球装在同一支架上，使小球的下端紧靠水面。当支架沿竖直方向以一定的频率振动时，两小球和水面的接触点就成了两个频率相同、振动方向相同、相位相同的波源，它们各自发出一列圆形的水面波。从图 11-7-4 中可见：有些地方水面起伏很大（见图 11-7-4 中亮处），说明这些地方振动加强了；而有些地方水面只有微弱的起伏，甚至平静不动（见图 11-7-4中暗处），说明这些地方振动减弱，甚至完全抵消。

图 11-7-4

频率相同、振动方向平行、相位相同或相位差恒定的两列波相遇时，在交叠区域的某些位置上，振动始终加强，而在另一些位置上，振动始终减弱，这种现象称为波的干涉。

满足频率相同、振动方向平行、相位相同（或相位差恒定）条件的波称为相干波。产生相干波的波源称为相干波源。

设有两相干波源 S_1 和 S_2，它们的振动方程分别为

$$y_{10}=A_1\cos(\omega t+\varphi_1)$$

$$y_{20}=A_2\cos(\omega t+\varphi_2)$$

由这两个波源发出的简谐波满足相干条件，它们在同一介质中传播而相遇时，就会发生干涉。考虑与两波源分别相距为 r_1 和 r_2 的一点 P 的振动情况，如图 11-7-5 所示。两波在 P 点分别单独引起的振动为

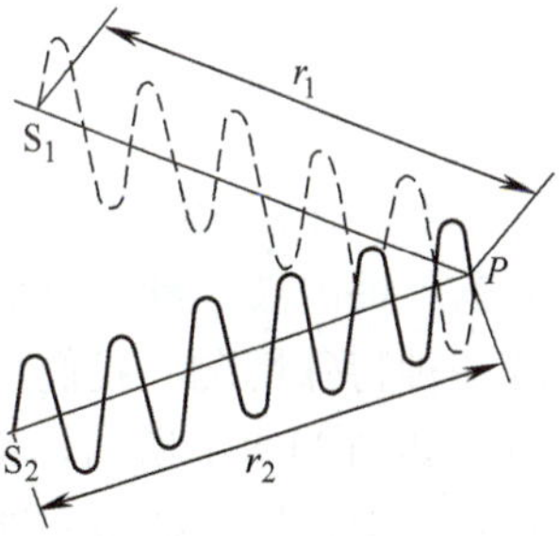

图 11-7-5

$$y_1=A_1\cos\left(\omega t+\varphi_1-\frac{2\pi r_1}{\lambda}\right)$$

$$y_2=A_2\cos\left(\omega t+\varphi_2-\frac{2\pi r_2}{\lambda}\right)$$

令
$$\Delta\varphi=\varphi_2-\varphi_1-\frac{2\pi(r_2-r_1)}{\lambda}$$

由于这两个分振动的振动方向相同，根据同方向同频率振动的合成，P 点的运动仍为简谐振动，其振动方程为

$$y=y_1+y_2=A\cos(\omega t+\varphi)$$

式中，A 为合成振动的振幅，

$$A=\sqrt{A_1^2+A_2^2+2A_1A_2\cos\Delta\varphi}$$

φ 为合振动的初相位，

$$\varphi=\arctan\frac{A_1\sin\left(\varphi_1-\frac{2\pi r_1}{\lambda}\right)+A_2\sin\left(\varphi_2-\frac{2\pi r_2}{\lambda}\right)}{A_1\cos\left(\varphi_1-\frac{2\pi r_1}{\lambda}\right)+A_2\cos\left(\varphi_2-\frac{2\pi r_2}{\lambda}\right)}$$

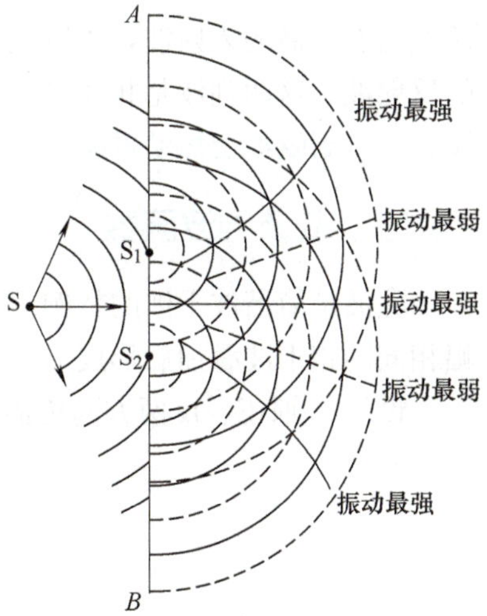

图 11-7-6

下面由 $\Delta\varphi=\varphi_2-\varphi_1-\frac{2\pi(r_2-r_1)}{\lambda}$ 来讨论干涉加强与减弱的条件，如图 11-7-6 所示。

(1) 干涉加强

$$\Delta\varphi=\pm 2k\pi\quad(k=0,1,2,\cdots)$$

称同相，可得

$$\cos\Delta\varphi = 1$$

$$A_{max} = A_1 + A_2$$

（2）干涉减弱

$$\Delta\varphi = \pm(2k+1)\pi \quad (k = 0,1,2,\cdots)$$

称反相，可得

$$\cos\Delta\varphi = -1$$

$$A_{min} = |A_1 - A_2|$$

（3）其他情况

其他各点的相位差介于以上两式之间，故合振幅在最大值与最小值之间。

结论：同频率、同方向、相位差恒定的两列波，在相遇区域内，某些点处振动始终加强，另一些点处的振动始终减弱。其干涉加强和减弱的条件，除了两波源的初相差之外，只取决于该点至两相关波源间的波程差。

*第八节 驻 波

一、驻波的产生

两列振幅相同的相干波，在同一介质中沿同一直线相向传播时，叠加后形成一种波形不向前传播的波，称为驻波。驻波是干涉现象的一种特殊情况。我们可以用实验观察到驻波。如图11-8-1所示，将弦线一端固定在电动音叉上，另一端系一钩码，钩码通过定滑轮P提供给弦线一定的张力，当音叉振动时，调节刀口的位置和钩码的质量，就会在弦线上出现图示的驻波。当音叉振动时，产生了从左向右传播的入射波，入射波在固定点 B 被反射，从而在弦线上又有一列从右向左传播的反射波。这两列波是相干波，在弦线上相互叠加产生干涉现象，形成驻波。**用手触摸驻波，感觉到弦线上振动振幅为零的点，始终不动，称为波节；振幅最大的点，称为波腹。**

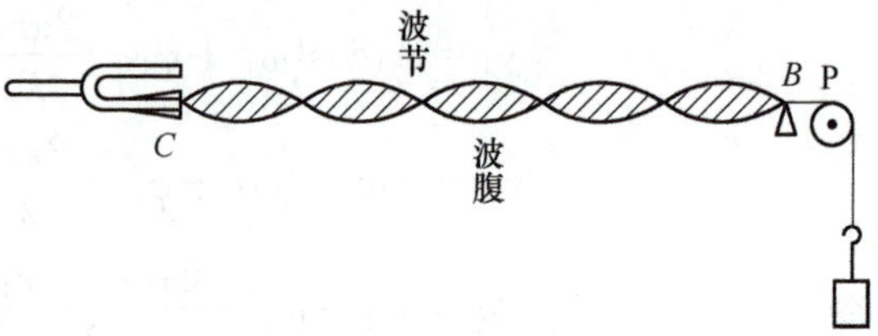

图 11-8-1

二、驻波的波函数

驻波是简谐波干涉的特例。驻波是由在同一介质的同一直线上沿相反方向传播的两列振幅相同的相干波叠加后形成的，是一种特殊的干涉现象，如图11-8-2所示。

设沿 x 轴正、反两方向传播的两列波为

$$y_1 = A\cos 2\pi\left(\nu t - \frac{x}{\lambda}\right)$$

$$y_2 = A\cos 2\pi\left(\nu t + \frac{x}{\lambda}\right)$$

式中，A 为两波的振幅；ν 为频率；λ 为波长。在两波相遇处的位移为

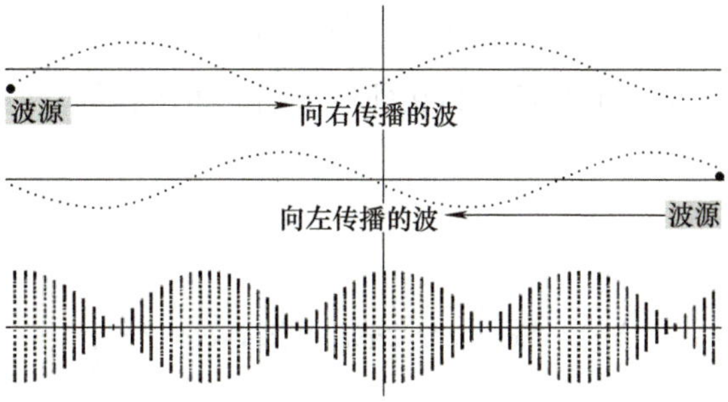

图 11-8-2

$$y = y_1 + y_2 = 2A\cos 2\pi \frac{x}{\lambda} \cos 2\pi\nu t$$

这就是**驻波的波函数**。式中，$2A\cos 2\pi \frac{x}{\lambda}$与时间无关，它只与 x 有关，即各点的振幅随着其与原点的距离 x 的不同而异。当驻波形成时，弦线上的各点做振幅为 $2A\cos 2\pi \frac{x}{\lambda}$、频率为 ν 的简谐振动。

驻波不是振动状态的传播，也没有能量的传播，而是介质中各质点都作稳定的振动。

三、驻波的特征

1. 波节和波腹

驻波场中各质元虽然仍做简谐振动，但其振幅却出现了空间分布。因弦线上各点做振幅为$\left|2A\cos 2\pi \frac{x}{\lambda}\right|$的简谐振动，所以凡满足 $\cos 2\pi \frac{x}{\lambda} = 0$ 的那些点，它们的振幅为零，这些点始终静止不动，叫作波节。当 $2\pi \frac{x}{\lambda} = \pm(2k+1)\frac{\pi}{2}$时，振幅为零，所以波节的位置为

$$x = \pm(2k+1)\frac{\lambda}{4} \quad (k = 0, 1, 2, \cdots)$$

相邻波节间的距离为

$$x_{n+1} - x_n = \frac{\lambda}{2}$$

可见相邻两波节间的距离是半波长。

凡满足$\left|\cos 2\pi \frac{x}{\lambda}\right| = 1$ 的那些点，它们的振幅最大，等于 $2A$，这些点振动最强，叫作波腹，当 $2\pi \frac{x}{\lambda} = \pm k\pi$ 时，振幅最大，所以波腹的位置为

$$x = \pm 2k\frac{\lambda}{2} \quad (k = 0, 1, 2, \cdots)$$

相邻波腹间的距离为

$$x_{n+1}-x_n=\frac{\lambda}{2}$$

可见相邻两波腹间的距离也是半波长。与相邻波节间的距离相等。两相邻波节与波腹间的距离为$\frac{\lambda}{4}$。

2. 相位

由驻波的波动方程 $y=2A\cos 2\pi\frac{x}{\lambda}\cos 2\pi\nu t$ 可知，$\cos 2\pi\frac{x}{\lambda}>0$ 时，相位为 $2\pi\nu t$；$\cos 2\pi\frac{x}{\lambda}<0$ 时，相位为 $2\pi\nu t+\pi$。

相邻波节之间相位相同，波节两边相位相反。即波节两边各点同时沿相反方向达到各自位移的最大值，又同时沿相反的方向通过平衡位置；而两波节之间各点则以相同方向达到各自的最大值，又同时沿相同方向通过平衡位置。可见，弦线不仅做分段振动，而且各段作为一个整体，一起同步振动。在每一时刻，驻波都有一定的波形，但波形既不左移，也不右移，各点以确定的振幅在各自的平衡位置附近振动，因此叫作驻波。

3. 半波损失问题

入射波在反射时发生相位突变 π 的现象称为半波损失。

我们用介质的密度和波速的乘积 $Z=\rho u$ 表示介质的特性阻抗。两种介质比较，Z 值较大的称为波密介质，Z 值较小的称为波疏介质。

波从波疏介质垂直入射到波密介质界面上反射时，有半波损失，形成的驻波在界面处是波节。反之，当波从波密介质垂直入射到波疏介质界面上反射时，无半波损失，界面处出现波腹。

*第九节　多普勒效应

前面讨论的波动过程，实际上都是假定波源与观察者均相对于介质静止的情形，所以观察者接收到的波的频率与波源的频率是相同的。在日常生活中，常会遇到这种情形：当一列火车迎面开来时，听到火车汽笛的声调变高，即频率增大；当火车远离而去时，听到火车汽笛的声调变低，即频率减小。

这种由于波源或观察者发生相对运动而使观测到的频率发生变化的现象，称为多普勒效应。这是奥地利物理学家多普勒在1842年发现的。

假定波源与观察者在同一条直线上，观察者相对于介质的运动速度为 v_0，波源相对于介质的运动速度为 v_s，声波在介质中的传播速度为 u，波源的频率为 ν，问：观察者接收到的频率为多少？下面分三种情况来讨论。

1. 波源S相对于介质静止，而观察者O以速度 v_0 相对于介质运动

如图11-9-1所示，图中两相邻波面之间的距离为一个波长。当观察者O向着波源运动时，在单位时间内，原来处在观察者O处的波面向右传播了长度为 u 的距离，同时O向左移动了长度为 v_0 的距离，这相当于波通过观察者O的总的距离为 $u+v_0$（相当于波以速度 $u+v_0$ 通过观察者）。因此在单位时间内通过观察者的完整波的个数为

$$\nu' = \frac{u+v_0}{\lambda} = \frac{u+v_0}{uT}$$

或

$$\nu' = \frac{u+v_0}{u}\nu$$

可见，观察者接收的频率升高了，为原来频率的 $(1+v_0/u)$ 倍。

当观察者 O 以速度 v_0 背着波源运动时，可以得到同样的结论，只是 v_0 为负值。显然，观察者接收的频率降低了。

2. 观察者 O 相对于介质静止，而波源 S 以速度 v_s 相对于介质运动

如图 11-9-2 所示，设波源向着观察者 O 运动。因为波在介质中的传播速度与波源的运动无关，振动一旦从波源发出，它就在介质中以球面波的形式向四周传播，球心就在发生该振动时波源所在的位置。经过时间 T，波源向前移动了一段距离 v_sT，显然下一个波面的球心向右移动了 v_sT 的距离。以后每个波面的球心都向右移动 v_sT 的距离，使得依次发出的波面都向右挤紧了，这就相当于通过观察者所在处的波的波长比原来缩短了 v_sT，即波长变为

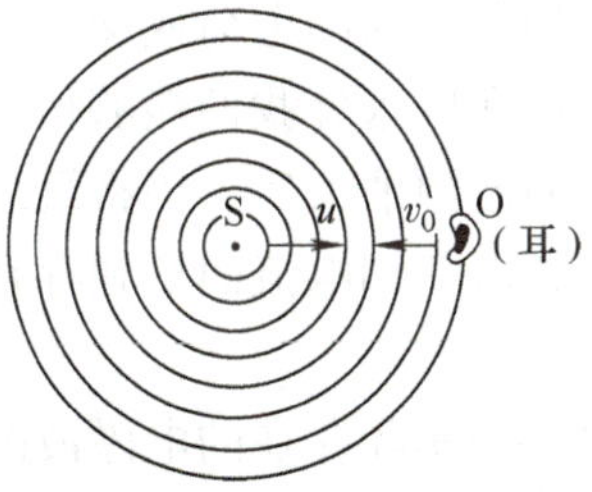

图 11-9-1

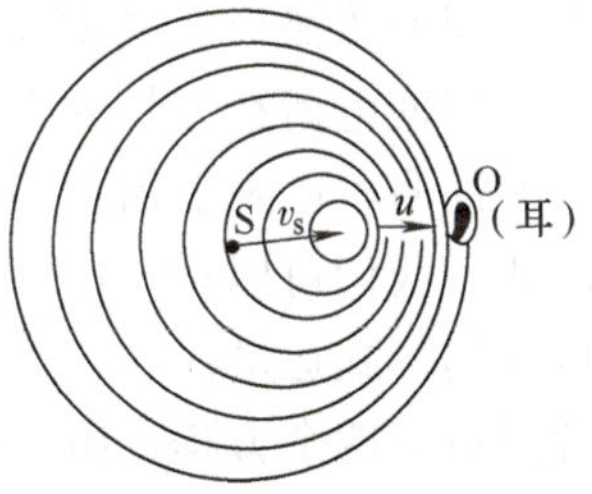

图 11-9-2

$$\lambda' = \lambda - v_sT$$

因此，在单位时间内通过观察者的完整波的个数为

$$\nu' = \frac{u}{\lambda - v_sT} = \frac{u}{(u-v_s)T}$$

或

$$\nu' = \frac{u}{u-v_s}\nu$$

可见，观察者接收的频率升高了，为原来频率的 $u/(u-v_s)$ 倍。

当波源 S 以速度 v_s 背着观察者运动时，可以得到同样的结论，只是 v_s 为负值。显然，观察者接收的频率降低了。

3. 波源 S 和观察者 O 同时相对于介质运动

根据以上的讨论可知，当波源 S 和观察者 O 同时相对于介质运动时，改变频率的因素有两个：一个是波源 S 的移动使波长变为 $\lambda'=\lambda-v_sT$；一个是观察者 O 的移动，使波在单位时间内通过观察者 O 的总距离变为 $u+v_0$，所以观察者 O 接收到的频率为

$$\nu' = \frac{u+v_0}{u-v_s}\nu$$

v_0：观察者向着波源运动时为正，观察者背着波源运动时为负；

v_s：波源向着观察者运动时为正，波源背着观察者运动时为负。

所以，波源与观察者相互接近时，就会产生频率升高的多普勒效应；波源与观察者彼此分离时，则会产生频率降低的多普勒效应。

当波源向着观察者的运动速度超过波速时，根据计算公式可得频率小于零，此式失去意义。因为这时在任一时刻波源本身将超过它发出的波前，在波源的前方不可能有任何波动产生。飞机、炮弹等以超声速飞行时就是这种情况，地面上的人先看到飞机无声地掠过，然后才听到越来越大的轰轰巨响。当观察者以比波速大的速度背离波源时，根据公式，也将出现负的频率。其实，如果观察者前方已有波阵面在前进，他将追赶波阵面，好像波从对面传来；否则，他就观测不到波源传出来的波动。

第十节 平面电磁波

由给定的条件求解麦克斯韦方程组，能够证明若在空间某区域有变化电场（或变化磁场），在邻近区域将产生变化磁场（或变化电场），这种变化电场（或变化磁场）不断交替、由近及远在空间的传播形成电磁波。电磁波是由场源——加速运动的电荷或交变电流——辐射出来的。例如使电荷在不长的直线段里按正弦规律振动，在较远处我们能够得到球面电磁波。根据波的性质，已发射出去的电磁波，即使当激发它的波源消失后，仍将继续存在并向前传播。因此，我们可以得出这样的结论，电磁场可以脱离电荷和电流而单独存在，并在一般情况下以波的形式运动。

场方程组只有四个方程，由于所给条件不同，它的解——实际存在的电磁波的形态——则是极为复杂的和多种多样的。真空中传播着的平面正弦电磁波是电磁波的最简单的形态。由它可以看到电磁波的一些基本性质。任何球面波在离场源较远地方的一个不大区域里都可看成平面波。从数学角度讲，平面电磁波所对应的场方程组形式最为简单，任何复杂的电磁波都可以分解为这种简单的平面波来研究，因此平面电磁波可以看作是组成一切复杂电磁波的基本形态，所以讨论平面电磁波是研究电磁波的基础。

假设所讨论的空间范围内为真空。这时整个空间内 $q=0$，$j=0$（j 为电流密度），$\mu=\mu_0$，$\varepsilon=\varepsilon_0$，则场方程组为下列形式：

$$\begin{cases}\oint_L \boldsymbol{B}\cdot \mathrm{d}\boldsymbol{l}=\mu_0\varepsilon_0\dfrac{\mathrm{d}}{\mathrm{d}t}\iint_S \boldsymbol{E}\cdot\mathrm{d}\boldsymbol{S} & \text{(11-23a)}\\ \oint_L \boldsymbol{E}\cdot \mathrm{d}\boldsymbol{l}=-\iint_S \dfrac{\partial \boldsymbol{B}}{\partial t}\cdot\mathrm{d}\boldsymbol{S} & \text{(11-23b)}\\ \oiint_S \boldsymbol{E}\cdot\mathrm{d}\boldsymbol{S}=0 & \text{(11-23c)}\\ \oiint_S \boldsymbol{B}\cdot\mathrm{d}\boldsymbol{S}=0 & \text{(11-23d)}\end{cases}$$

式（11-23a）说明，随时间变化的电场与其周围激发的磁场之间有定量关系，并且 Φ_e 的正方向与 $\boldsymbol{H}$ 的积分方向成右手螺旋关系（见图 11-10-1a）；式（11-23b）说明随时间变化的磁场与其周围空间激发的涡旋电场的关系，约定 Φ_m 的正方向与积分方向成右手螺旋关系（见图 11-10-1b）。解以上方程组可以证明平面电磁波具有以下基本性质：

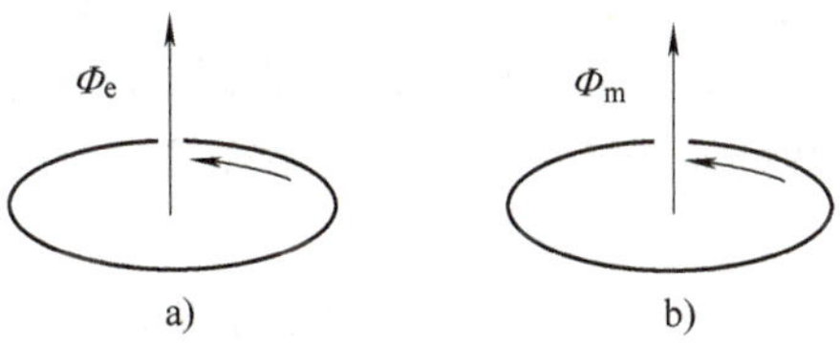

图 11-10-1

1）平面电磁波为横波。电磁波中的电矢量 $\boldsymbol{E}$、磁矢量 $\boldsymbol{H}$ 均与传播方向垂直。

2）电矢量 $\boldsymbol{E}$ 与磁矢量 $\boldsymbol{H}$ 垂直。

3）同一场点上的 $\boldsymbol{E}$ 与 $\boldsymbol{H}$ 的瞬时值成正比。在真空中的电磁波有

$$\sqrt{\varepsilon_0}E=\sqrt{\mu_0}H \tag{11-24}$$

按照波的概念，式（11-24）实际上包括两个内容：

① $\boldsymbol{E}$ 和 $\boldsymbol{H}$ 同相位、同频率；

② 幅值 E_m 和 H_m 成正比，即 $\sqrt{\varepsilon_0}E_m=\sqrt{\mu_0}H_m$。

4）电磁波的传播速度等于光速。在真空中，电磁波的传播速度为

$$v=\frac{1}{\sqrt{\varepsilon_0\mu_0}} \tag{11-25}$$

式中，$\varepsilon_0=8.9\times10^{-12}$ F/m，$\mu_0=4\pi\times10^{-7}$ H/m。将 ε_0 和 μ_0 之值代入上式可得

$$v=c=3\times10^8 \text{ m/s}$$

这正是光在真空中的传播速度。

关于电磁波的波动方程的导出和平面电磁波的性质推证，在电动力学中有详细讨论。

拓展阅读　核磁共振

1946 年，以美国物理学家布洛赫（F. Bloch）和普舍尔（E. M. Purcell）为首的两个小组几乎在同一时间、用不同的方法各自独立地发现了物质的核磁共振（NMR）现象，后来两人合作制造了世界上第一台核磁共振谱仪。1952 年，他们二人因此获得了诺贝尔物理学奖。所谓核磁共振是根据处在某个静磁场中的物质原子核系统受到相应频率的电磁波作用时，在它们的磁能级间产生共振跃迁的原理而采取的一种新技术。核磁共振技术自创始以来经过了 20 世纪 60 年代连续波谱仪的大发展时代，以及 20 世纪 70 年代的脉冲傅里叶变换核磁共振和核磁双共振时代，近年来发展的多核 NMR、多脉冲 NMR、二维 NMR 和固体 NMR，在理论和实践上都取得了迅速发展。

1. 原子核的角动量

原子核的角动量通常称为核的自旋，是原子核的一个重要特性。由于原子核由质子和中子组成，质子和中子是具有自旋为 1/2 的粒子，它们在核内还有相对运动，因而具有相应的轨道角动量。所有核子的轨道角动量和自旋角动量的矢量和就是原子核的自旋角动量。原子核自旋角动量 p_I 遵循量子力学的角动量规则，它的大小为

$$p_I=\sqrt{I(I+1)}\hbar,\ I\text{ 为整数或半整数}$$

式中，I 是核自旋量子数。原子核自旋在空间给定 z 方向上的投影 p_{Iz} 为

$$p_{Iz}=m_I\hbar, m_I=I, I-1, \cdots, -I+1, -I$$

式中，m_I 叫作磁量子数。

实验发现，所有基态的原子核的自旋都满足下面的规律：偶 A 核的自旋为整数，其中，

偶偶核（质子数和中子数都是偶数）的自旋都为零；奇 A 核的自旋都是半整数。核子是费米子，因此，核子数 A 为偶数的原子核是玻色子，遵循玻色-爱因斯坦统计；核子数 A 为奇数的原子核是费米子，遵守费米-狄拉克统计。

2. 原子核磁矩

原子核是一个带电的系统，而且有自旋，所以应该具有磁矩。和原子磁矩相似，原子核磁矩 μ_I 和原子核角动量 p_I 有以下关系式：

$$\mu_I = \mu_N g_I p_I$$
$$\mu_{Iz} = m_I \mu_N g_I$$

式中，g_I 称为原子核的朗德因子；$\mu_N = e\hbar/(2m_p) = 5.0508 \times 10^{-27}$ J/T，称为核磁子。

质子质量 m_p 比电子质量 m_e 大 1836 倍，所以核磁子比玻尔磁子小 1836 倍，可见原子核的磁相互作用比电子的磁相互作用弱得多。这个弱的相互作用正是原子光谱的超精细结构的来源。

3. 核磁共振

由于原子核具有磁矩，当将被测样品放在外磁场 $\boldsymbol{B}_0$ 中时，则与磁场相互作用而获得的附加能量为

$$E = -\boldsymbol{\mu}_I \cdot \boldsymbol{B}_0 = -m_I \mu_N g_I B_0$$

m_I 有 $2I+1$ 个取值，即能级能分裂成 $2I+1$ 个子能级，根据选择定则 $\Delta m_I = \pm 1$，两相邻子能级间可以发生跃迁，跃迁能量为

$$\Delta E = \mu_N g_I B_0$$

若其能级差 ΔE 与垂直于磁场方向上、频率为 ν 的电磁波光子的能量相等，则处在不同能级上的磁性核发生受激跃迁，由于处在低能级上的核略多于处在高能级上的核，故其净结果是低能级的核吸收了电磁波的能量 $h\nu$ 跃迁到高能级上，这就是核磁共振吸收。该频率 $\nu = \mu_N g_I B_0 / h$，称为共振频率。

目前，核磁共振已成为鉴定化合物结构和研究化学动力学的极为重要的方法。因此，在有机化学、生物化学、药物化学和化学工业、石油工业、橡胶工业、食品工业、医药工业等方面得到了广泛的应用。

——摘自王逗《核磁共振原理及其应用》

声　波

声波是声音的传播形式。声波是一种机械波，由物体（声源）振动产生，声波传播的空间就称为声场。声波在气体和液体介质中传播时是一种纵波，但在固体介质中传播时可能混有横波。人耳可以听到的声波的频率一般在 20Hz 至 20 000Hz 之间。

声波可以理解为介质偏离平衡态的小扰动的传播。这个传播过程只是能量的传递过程，而不发生质量的传递。如果扰动量比较小，则声波的传递满足经典的波动方程，是线性波。如果扰动很大，则不满足线性的声波方程，会出现波的色散和激波。

按频率分类，频率低于 20Hz 的声波称为次声波；频率在 20Hz～20kHz 的声波称为可听声波；频率在 20kHz～1GHz 的声波称为超声波；频率大于 1GHz 的声波称为特超声或微波超声。

除了空气，水、金属、木头等弹性介质也都能够传递声波，它们都是声波的良好介质。在真空中因为没有任何弹性介质，所以声波就不能传播了。

扬声器、各种乐器以及人和动物的发音器官等都是声源体。地震震中、闪电源、雨滴、风、随风飘动的树叶、昆虫的翅膀等各种可以活动的物体都可能是声源体。它们引起的声波都比正弦波复杂，属于复合波。地震能产生多种复杂的波动，其中包括声波，实际上那种声波本身是人耳听不着的，它的频率太低了（例如1Hz）。

空气粒子振动的方式跟声源体振动的方式一致，当声波到达人的耳鼓的时候就引起耳鼓同样方式的振动。驱动耳鼓振动的能量来自声源体，这种能量就是普通的机械能。不同的声音就是不同的振动方式，它们能够起到区别不同信息的作用。人耳能够分辨风声、雨声和不同人的声音，也能分辨各种言语声，它们都是来自声源体的不同信息波。

一个声音在传播过程中将越来越微弱，这就是声波的衰减。造成声波衰减的原因有以下三个：

1）扩散衰减：物体振动发出的声波向四周传播，声波能量逐渐扩散开来。能量的扩散使得单位面积上所存在的能量减小，听到的声音就变得微弱。单位面积上的声波能量随着与声源距离的二次方而递减。

2）吸收衰减：声波在固体介质中传播时，由于介质的黏滞性而造成质点之间的内摩擦，从而使一部分声能转变为热能；同时，由于介质的热传导，介质的稠密和稀疏部分之间进行热交换，从而导致声能的损耗，这就是介质的吸收现象。介质的这种衰减称为吸收衰减。通常认为，吸收衰减与声波频率的一次方、频率的二次方成正比。

3）散射衰减：当介质中存在颗粒状结构（如液体中的悬浮粒子、气泡，固体中的颗粒状结构、缺陷、掺杂物等）而导致的声波的衰减称为散射衰减。通常认为当颗粒的尺寸远小于波长时，散射衰减与频率的四次方成正比；当颗粒尺寸与波长相近时，散射衰减与频率的二次方成正比。

本章内容小结

1. 简谐振动

振动中最简单、最基本的振动是简谐振动。描写振动物体位置的物理量 x 满足微分方程$\frac{d^2x}{dt^2}+\omega^2x=0$ 的振动称为简谐振动。

简谐振动的运动规律：

$$x=A\cos(\omega t+\varphi)$$

$$v=\frac{dx}{dt}=-\omega A\sin(\omega t+\varphi)$$

$$a=\frac{d^2x}{dt^2}=-\omega^2A\cos(\omega t+\varphi)$$

式中，常数 A 和 φ 分别为

$$A=\sqrt{x_0^2+\frac{v_0^2}{\omega^2}}$$

$$\varphi=\arctan\frac{-v_0}{\omega x_0}$$

2. 简谐振动的旋转矢量表示法

一个简谐振动可以借助于一个旋转矢量来表示。它们之间的对应关系是：旋转矢量的长度 A 为投影点简谐振动的振幅；旋转矢量的转动角速度为简谐振动的角频率 ω；而旋转矢量在 t 时刻与 Ox 轴的夹角（$\omega t+\varphi$）便是简谐振动运动方程中的相位；φ 角是起始时刻旋转矢量与 Ox 轴的夹角，就是初相位。利用旋转矢量图，可以很容易地表示两个简谐振动的相位差。

3. 同方向同频率两个简谐振动的合成

合振动仍是简谐振动，其振动方向和频率都与原来的两个振动相同。

1）当两振动同相，即相位差$(\varphi_2-\varphi_1)=\pm 2k\pi(k=0,1,2,\cdots)$时，$A=A_1+A_2$。

2）当两振动反相，即相位差$(\varphi_2-\varphi_1)=\pm(2k+1)\pi(k=0,1,2,\cdots)$时，$A=|A_1-A_2|$。

3）在一般情形下，相位差（$\varphi_2-\varphi_1$）是其他任意值时，合振动的振幅在$|A_1-A_2|$与A_1+A_2之间。

*4. 阻尼振动

在回复力和阻力作用下的振动称为阻尼振动。

*5. 受迫振动

系统在周期性外力持续作用下所发生的振动，叫作受迫振动。

*6. 共振

稳定状态下受迫振动的一个重要特点是：振幅 A 的大小与驱动力的角频率 ω 有很大的关系，驱动力的角频率为某一定值时，受迫振动的振幅达到极大的现象叫作共振。

7. 机械波的形成

形成机械波必须有振源和传播振动的介质。

8. 平面简谐波的波函数

描述介质中各质元的位移随时间而变化的数学函数式称为波函数，其标准式有

$$y=A\cos\left[\omega\left(t\mp\frac{x}{u}\right)+\varphi\right] \quad 或 \quad y=A\cos\left(\omega t\mp 2\pi\frac{x}{\lambda}+\varphi\right)$$

式中，x 前的符号应用：当平面简谐波向$+x$方向传播时，x 前的符号取负；反之取正。

9. 惠更斯原理

在波的传播过程中，波前上的每一点都可以看作是发射子波的波源，在其后的任一时刻，这些子波的包络面就成为新的波前，这就是惠更斯原理。

10. 波的干涉

两列频率相同、振动方向相同、相位相同或相位差恒定的简谐波在空间相遇时，在空间某些点处，振动始终加强，而在另一些点处，振动始终减弱或完全抵消，这种现象称为干涉现象。能产生干涉现象的波称为相干波，相应的波源称为相干波源。

$$\Delta\varphi=\varphi_2-\varphi_1-\frac{2\pi(r_2-r_1)}{\lambda}$$

若 $\Delta\varphi=\pm 2k\pi$ （$k=0，1，2，\cdots$） 干涉加强 $A=A_1+A_2$

若 $\Delta\varphi=\pm(2k+1)\pi$ （$k=0，1，2，\cdots$） 干涉减弱 $A=|A_1-A_2|$

习 题

11-1 符合什么规律的运动是简谐振动？简谐振动有哪些特征量？

11-2 平面简谐波波函数和简谐振动方程有什么不同？又有什么联系？

11-3 试判断下面几种说法，哪些是正确的？哪些是错误的？

(1) 机械振动一定能产生机械波；

(2) 质点振动的速度和波的传播速度是相等的；

(3) 质点振动的周期和波的周期在数值是相等的；

(4) 波动方程式中的坐标原点选取在波源位置上。

11-4 关于波长的概念有三种说法，试分析它们是否一致：

(1) 同一波线上，相位差为 2π 的两个振动质点之间的距离；

(2) 在同一个周期内，振动所传播的距离；

(3) 横波的两个相邻波峰（或波谷）之间的距离；纵波的两个相邻密部（或疏部）对应点之间的距离。

11-5 产生波的干涉的条件是什么？两波源发出振动方向相同、频率相同的波，当它们在空中相遇时，是否一定发生干涉？为什么？两相干波在空间某点相遇，该点的振幅如果不是最大值，是否一定是最小值？

11-6 有一轻弹簧，下面悬挂质量为 1.0g 的物体时，伸长量为 4.9cm。用这个弹簧和一个质量为 8.0g 的小球构成弹簧振子，将小球由平衡位置向下拉开 1.0cm 后，给予向上的初速度 $v_0=5.0\text{cm/s}$，求振动周期和振动表达式。

11-7 一个沿 x 轴做简谐振动的弹簧振子，振幅为 A，周期为 T，其振动方程可用余弦函数表示出。如果 $t=0$时质点的状态分别是：(1) $x_0=-A$；(2) 过平衡位置向正向运动；(3) 过 $x=\frac{A}{2}$处向负向运动；(4) 过 $x=-\frac{A}{\sqrt{2}}$处向正向运动。试求出相应的初相位，并写出振动方程。

11-8 题 11-8 图所示为两个简谐振动的 x-t 曲线，试分别写出其简谐振动方程。

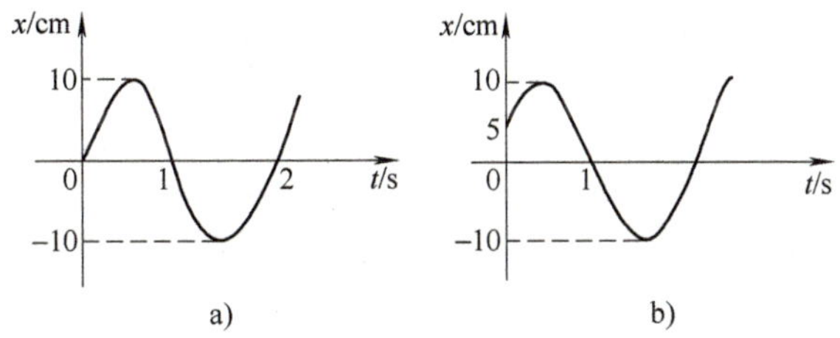

题 11-8 图

11-9 一质点同时参与在同一直线上的两个简谐振动，振动方程为

$$\begin{cases} x_1 = 0.4\cos\left(2t+\dfrac{\pi}{6}\right)\ (\text{m}) \\ x_2 = 0.3\cos\left(2t-\dfrac{5\pi}{6}\right)\ (\text{m}) \end{cases}$$

试分别用旋转矢量法和振动合成法求合振动的振幅和初相，并写出简谐振动方程。

11-10 一横波如题 11-10 图所示，t_1时刻波形为图中实线所示；t_2时刻波形如图中虚线所示。已知 $\Delta t=t_2-t_1=0.5\text{s}$，且 $3T<t_2-t_1<4T$，问：(1) 如果波向右传播，波速多大？(2) 如果波向左传播，波速多大？

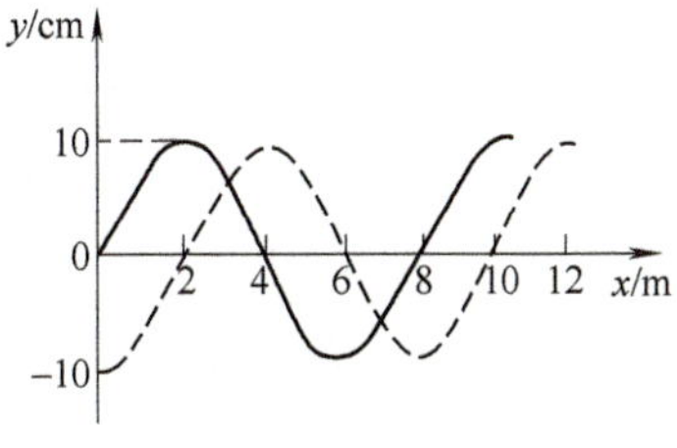

题 11-10 图

11-11 已知波源在原点的一列平面简谐波，波函数为 $y=A\cos(Bt-Cx)$，

其中A、B、C为正值恒量。求：(1) 波的振幅、波速、频率、周期与波长；(2) 写出传播方向上距离波源为l处一点的振动方程；(3) 任一时刻，在波的传播方向上相距为d的两点的相位差。

11-12 沿绳子传播的平面简谐波的波函数为$y=0.05\cos(10\pi t-4\pi x)$，其中$x$、$y$以m计，$t$以s计。求：(1) 波的波速、频率和波长。(2) 绳子上各质点振动时的最大速度和最大加速度。(3) 求$x=0.2\text{m}$处质点在$t=1\text{s}$时的相位，它是原点在哪一时刻的相位？这一相位所代表的运动状态在$t=1.25\text{s}$时刻到达哪一点？

11-13 如题11-13图所示，S_1和S_2为两相干波源，振幅均为A_1，相距$\frac{\lambda}{4}$，S_1较S_2相位超前$\frac{\pi}{2}$，求：(1) S_1外侧各点的合振幅；(2) S_2外侧各点的合振幅。

题11-13图

11-14 如题11-14图所示，设B点发出的平面横波沿BP方向传播，它在B点的振动方程为$y_1=2\times10^{-3}\cos 2\pi t$；$C$点发出的平面横波沿$CP$方向传播，它在$C$点的振动方程为$y_2=2\times10^{-3}\cos(2\pi t+\pi)$，本题中$y$以m计，$t$以s计。设$BP=0.4\text{m}$，$CP=0.5\text{m}$，波速$u=0.2\text{m/s}$，求：(1) 两波传到$P$点时的相位差；(2) 当这两列波的振动方向相同时，P处合振动的振幅。

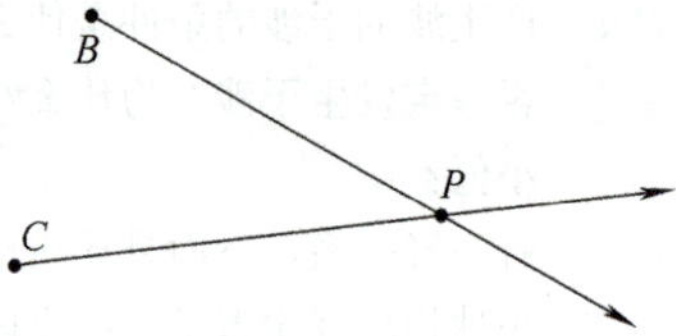

题11-14图

第十二章　光的干涉和衍射

光学是物理学的一个重要组成部分，人类对光的研究至少已有 2000 多年的历史，世界上最早的关于光学知识的文字记载，见于我国的《墨经》（公元前 400 多年）。研究最早的内容是几何光学，它以光的直线传播性质和折射、反射定律为基础，研究光在透明介质中的传播规律。17 世纪和 18 世纪是光学发展史上的一个重要时期，在这段时间内科学家们不仅开始从实验上对光学进行研究，而且也着手进行已有光学知识的系统化、理论化。17 世纪初，李普希（H. Lippershey，1570—1619，荷兰物理学家）、伽利略和开普勒等人发明了用于天象观察的望远镜。1621 年，斯涅耳（W. Snell，1591—1626）发现了光线在穿过两种介质的界面时，传播方向发生变化的折射定律。此后不久，笛卡儿（R. Descartes，1596—1650）导出了用正弦函数表达的折射定律。关于光的本性的认识，长期以来就存在着争论。牛顿支持光的微粒说，利用微粒说不仅可以说明光的直线传播，而且可以说明光的反射和折射，只不过在说明折射时，认为光在水中的速度要大于空气中的速度。但微粒说难以解释几束光在空间相遇能独立传播，而不发生碰撞。与此同时，惠更斯提倡波动说，利用波动说也能说明反射和折射现象，而且还解释了方解石的双折射现象，但波动说在解释折射时，认为光在水中的速率小于在空气中的速率，这一点与微粒说正好相反。而且，波动说对光的直线传播解释不如微粒说直观，对颜色的起源不能给出完整解释。

1801 年，英国人杨（T. Yong，1773—1829）提出波的干涉原理，从而正确地解释了薄膜的彩色条纹。十几年以后，法国人菲涅耳（A. J. Fresnel，1788—1827）在别人的支持和合作下，系统地用光的波动说和干涉原理研究了光通过障碍物和小孔时所产生的衍射图样，并对光的直线传播做出了满意的解释。后来，马吕斯（E. Malus，1775—1812）、杨和菲涅耳等人对光的偏振现象做了进一步的研究，从而确认光具有横波性。关于光在水和空气中的速度问题，直到 1850 年，也就是牛顿提出微粒说之后 200 年，才分别由傅科（J. B. L. Foucault，1819—1868）和斐索（A. H. L. Fizeau，1819—1896）解决，他们各自用自己的实验测出了光在水中的速度比在空气中的要小。至此，支持光的微粒说的人就少了，光的波动说取得了决定性的胜利。在 19 世纪中叶，麦克斯韦和赫兹等找到了光和电磁波之间的联系，奠定了光的电磁理论基础。

到了 19 世纪末和 20 世纪初，人们通过对黑体辐射、光电效应和康普顿效应的研究，又无可怀疑地证实了光的量子性，形成了一种具有崭新内涵的微粒学说。面对这两种各有坚实基础的波动说和微粒说，人们对光的本性的认识又向前迈进了一大步，即承认光具有波粒二象性。由于光具有波粒二象性，所以对光的全面描述需运用量子力学的理论。根据光的量子性从微观过程上研究光与物质相互作用的学科叫量子光学。因此，光学是经典物理学的终结者，也是近代物理学的启蒙者。

本章主要介绍光的干涉和衍射现象。

第一节 杨氏双缝干涉

一、相干光

光是一种电磁波，是电磁场中电场强度矢量 $\boldsymbol{E}$ 与磁感应强度矢量 $\boldsymbol{B}$ 周期性变化在空间的传播；实验证明，电磁波中能引起视觉和使感光材料感光的原因主要是振动着的电场强度，因而我们只关心电场的振动，并把电场的简谐振动称为**光振动**，电场强度称为**光矢量**。即光振动实质上是指电场强度按简谐振动规律做周期性变化，振动方程为 $E=E_0\cos(\omega t+\varphi)$。光振动在空间的传播称为**光波**。

光的叠加就是两列以上的光波在相遇点所引起的光矢量的叠加。虽然光波和机械波有完全不同的物理性质，但实验和理论均已证明，在光强不是很大的情况下，光波的叠加也遵从波的叠加原理。如图 12-1-1 所示，设 S_1 和 S_2 为两单色光源，发出频率相同、振动方向相同的两列光波，它们的振动方程分别为

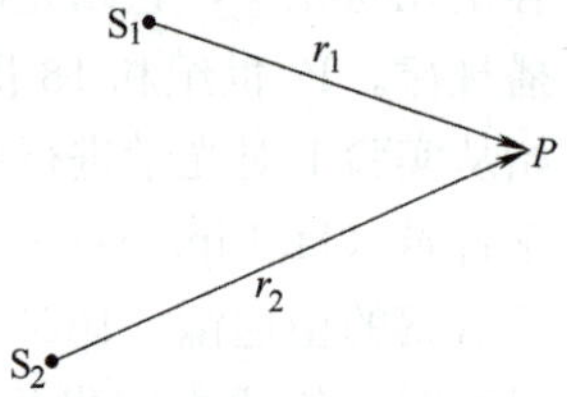

图 12-1-1

$$E_1=E_{10}\cos(\omega t+\varphi_1),\quad E_2=E_{20}\cos(\omega t+\varphi_2)$$

当两列波在 P 点相遇时引起的合振动的振幅 E_0 为

$$E_0=\sqrt{E_{10}^2+E_{20}^2+2E_{10}E_{20}\cos\Delta\varphi} \tag{12-1}$$

$$\Delta\varphi=(\varphi_2-\varphi_1)-\frac{2\pi}{\lambda}(r_2-r_1) \tag{12-2}$$

由此可见，合振动的振幅取决于两列光波在相遇点所引起的相位差，对上述结果可做如下分析。

（1）相干叠加

若 $\Delta\varphi$ 是恒定的，不随时间变化的，其余弦函数对时间的平均值不变。由于平均光强 I 正比于 E^2，将式（12-1）对时间取平均值，可得叠加后的光强为

$$I=I_1+I_2+2\sqrt{I_1I_2}\cos\Delta\varphi \tag{12-3}$$

若 $I_1=I_2=I_0$，则

$$I=4I_0\cos^2\frac{\Delta\varphi}{2} \tag{12-4}$$

光强 I 随相位差变化的情况如图 12-1-2 所示。我们把因光波叠加而引起的光强在空间的重新分布的现象称为**相干叠加**，满足一定条件的两束光叠加，光强在叠加区域形成强弱相间、稳定分布的条纹的现象，称之为**光的干涉**。

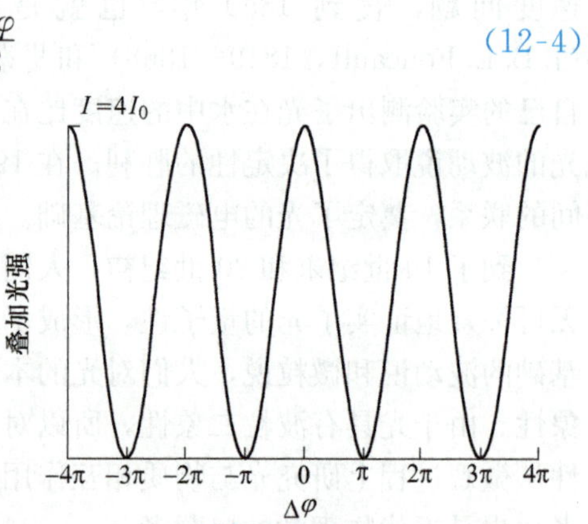

图 12-1-2

可见，相干光满足的条件包括三条：**频率相同；振动方向相同；相位差恒定。**

（2）非相干叠加

若 $\Delta\varphi$ 不恒定，余弦函数在一个周期内的平均

值为零，即$\overline{\cos\Delta\varphi}=0$，所以$I=I_1+I_2$。光波的这种叠加是光强的直接相加，不会引起光强的重新分布。这种叠加是**非相干叠加**。

但是对于光波，即使两个相同的普通光源或同一普通光源的两部分所发出的光波重叠，都观察不到光的干涉现象。这是因为光源发光是构成光源的大量原子发光的集体效应。大量的原子（分子）受外来激励而处于激发状态。处于激发状态的原子是不稳定的，它要自发地向低能级状态跃迁，并同时向外辐射电磁波。当这种电磁波的波长在可见光范围内时，即为可见光。原子的每一次跃迁时间很短（10^{-8}s）。由于一次发光的持续时间极短，所以每个原子每一次发光只能发出频率一定、振动方向一定而长度有限的一个波列。由于原子发光的无规则性，同一个原子先后发出的波列之间，以及不同原子发出的波列之间都没有固定的相位关系，且振动方向与频率也不尽相同，这就决定了两个独立的普通光源发出的光不是相干光，因而不能产生干涉现象。然而，可以将一点（线）光源发出的一束光分成两束，让它们经过不同的传播路径后，再使它们相遇，这时，这一对由同一光束分出来的光的频率和振动方向相同，在相遇点的相位差也是恒定的，因而是相干光，在相遇的区域将产生干涉现象。

获得相干光的具体办法可归为两类：一类是**分波面法**，另一类是**分振幅法**。

图 12-1-3a 所示的小孔 S 透射出一束光波，再用小孔 S_1 和 S_2 从该光波同一波面上取出两束相干光，故称为分波面法。S_1 和 S_2 就是相干光源。

图 12-1-3b 所示的 AB 为一薄膜，入射光 I 中某一个波列 W 在界面 A 上一部分反射形成波列 W_1，另一部分经折射、在界面 B 上反射再折射形成波列 W_2。所以在界面 A、B 上会形成两束相干反射光，每束光的振幅仅为入射光振幅的一部分，故称为分振幅法。

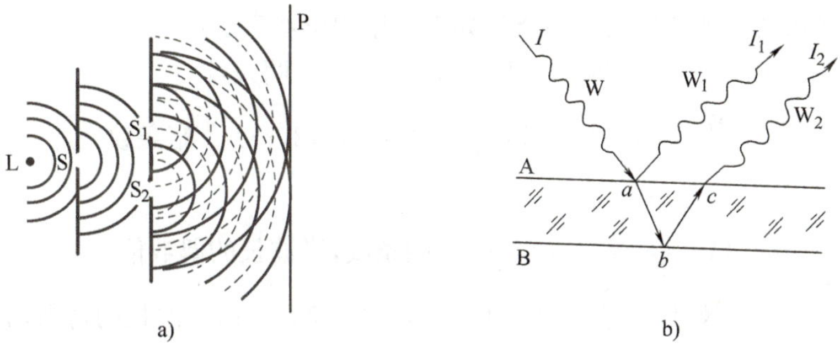

图 12-1-3

二、光程和光程差

相位差的计算在分析光的干涉现象时十分重要。为了方便比较、计算光通过不同介质时引起的相位差，引入光程的概念。

一波长为λ的单色光，在折射率为n的介质中传播时，波速为$v=c/n$，波长为$\lambda_n=\lambda/n$。由于$n>1$，因此同一光波在介质中的波长比在真空中的波长要短。光波在传播过程中的相位变化，与介质的性质以及传播距离有关。无论是在真空中还是在介质中，光波每传播一个波长的距离，相位都要改变2π，如果光波要通过几种不同的介质，由于折射率（波长）的不同，相位的变化也就不同，因而给相位变化的计算增加了麻烦。不过引入光程概念以后，这种麻烦就可以克服。

例如，真空中波长为 λ 的单色光，在折射率为 n 的介质中传播时，波长变为 $\lambda_n=\lambda/n$，通过长为 l 的路程后，相位改变量为 $2\pi\dfrac{l}{\lambda_n}=2\pi\dfrac{nl}{\lambda}$，所用的时间为 $\dfrac{l}{v}=\dfrac{l}{c/n}=\dfrac{nl}{c}$，与光在真空中通过 nl 的路程的相位改变和所用的时间相等。

定义光程为

$$\delta=nl \tag{12-5}$$

式中，n 为介质的折射率；l 为光在介质中传播的距离。

例如，如图 12-1-4 所示，AB 之间的光程为

$$\delta=\sum_{i=1}^{3}\delta_i=l_1+nd+l_2=l_1+d+l_2+(n-1)d$$
$$=l+(n-1)d$$

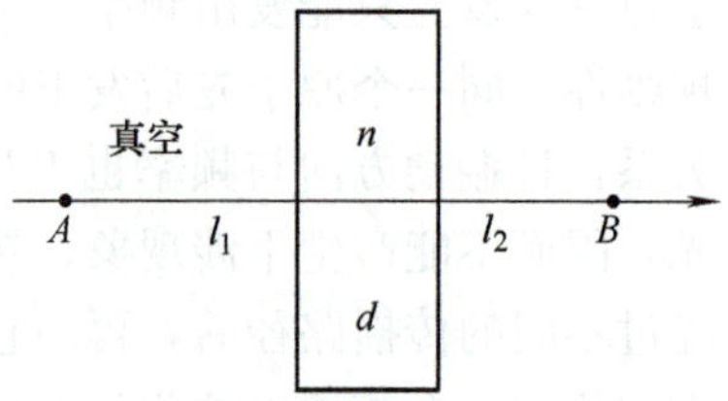

图 12-1-4

式中，l 为真空中 A、B 之间光传播的几何路径。

由于光传播一个波长的距离时，其相应的相位变化为 2π，故当光在介质中传播的几何路径为 l 时，可以写成

$$\Delta\varphi=\frac{2\pi}{\lambda_n}l=\frac{2\pi}{\lambda}nl=\frac{2\pi}{\lambda}\delta$$

引入光程，相当于把光在不同介质中的传播都折算到真空中计算；定义光程后，两束光的干涉情况取决于它们的光程差，而不是路程差。光程差与相位差的关系为

$$\Delta\varphi=\frac{2\pi}{\lambda}\delta \tag{12-6}$$

因此，两相干光束的干涉条纹的明暗条件如下。用相位差表示：

$$\Delta\varphi=\begin{cases}\pm 2k\pi \quad (k=0,1,2,\cdots) & \text{明条纹}\\ \pm(2k+1)\dfrac{\pi}{2} \quad (k=0,1,2,\cdots) & \text{暗条纹}\end{cases}$$

用光程差表示：

$$\delta=\begin{cases}\pm k\lambda \quad (k=0,1,2,\cdots) & \text{明条纹,半波长的偶数倍}\\ \pm(2k+1)\dfrac{\lambda}{2} \quad (k=0,1,2,\cdots) & \text{暗条纹,半波长的奇数倍}\end{cases}$$

可见，两光束经过不同介质时，对干涉效果起决定作用的不是两束光的几何路程差，而是光程差 δ。

三、杨氏双缝干涉

1801 年，英国物理学家杨巧妙地设计了一种把单个波面分解为两个波面以锁定两个光源之间的相位差的方法来研究光的干涉现象，这种实验被称为杨氏双缝干涉实验。杨用叠加原理解释了干涉现象，在历史上第一次测定了光的波长，为光的波动学说的确立奠定了基础。

1. 杨氏双缝干涉实验装置

杨氏双缝干涉实验装置如图 12-1-5 所示，光源 L 发出的光照射到单缝 S 上，在单缝 S 的前面放置两个相距很近的狭缝 S_1、S_2，S 到 S_1、S_2 的距离很小并且相等。按照惠更斯原

理，S_1、S_2是由同一光源S形成的，满足振动方向相同、频率相同、相位差恒定的相干条件，故S_1、S_2是相干光源。这样，S_1、S_2发出的光在空间相遇，将会产生干涉现象。在S_1、S_2前的屏幕P上，将出现明暗交替的干涉条纹。这类**由于干涉而在屏上产生的明暗条纹称为干涉条纹，条纹所构成的图样称为干涉图样**。

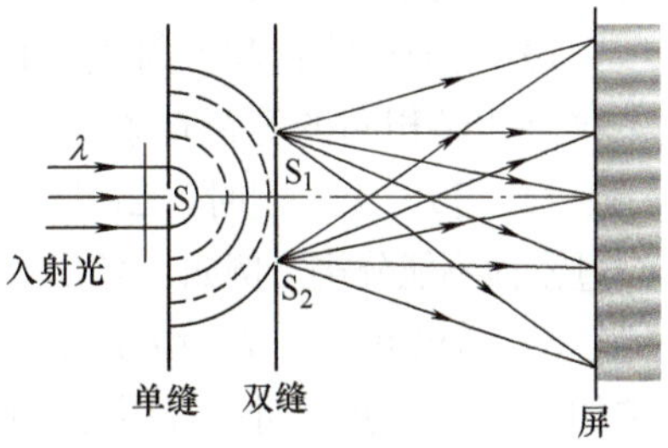

图　12-1-5

2. 双缝干涉图样

如图12-1-6所示，O为屏幕中心，$OA=OB$。设双缝的间距为d，双缝到屏幕的距离为L，且$L \gg d$，A和B到屏幕上P点的距离分别为r_1和r_2，P到O点的距离为x。设整个装置在真空或空气中，且两光源间无相位差，故两光波在P点的光程差为$\delta = r_2 - r_1$。由几何关系可得

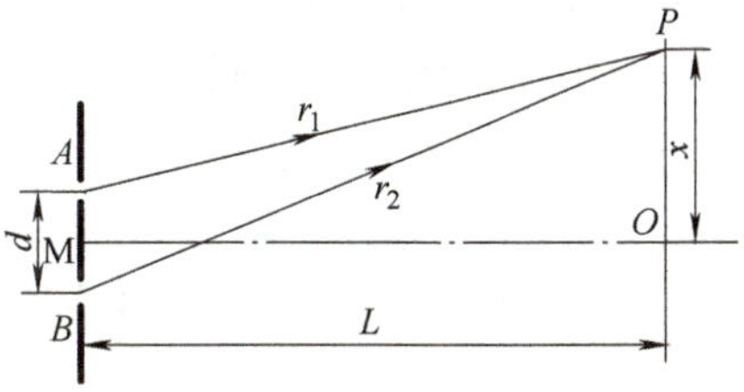

图　12-1-6

$$r_1^2 = L^2 + (x - d/2)^2$$
$$r_2^2 = L^2 + (x + d/2)^2$$

得

$$r_2^2 - r_1^2 = 2dx$$

即

$$(r_2 - r_1)(r_2 + r_1) = 2dx$$

因为$L \gg d$，且在屏幕中心两侧能观察到的干涉条纹的范围是有限的（$L \gg x$），所以有$r_2 + r_1 = 2L$，故光程差为

$$\delta = r_2 - r_1 = \frac{d}{L}x \tag{12-7}$$

对于明条纹

$$\delta = \frac{d}{L}x = \pm k\lambda$$

$$x = \pm k\frac{L}{d}\lambda \quad (k = 0,1,2,\cdots) \tag{12-8}$$

式中，正负号表示干涉条纹在O点两侧，呈对称分布。当$k=0$时，$x=0$，表示屏幕中心为零级明条纹，对应的光程差为$\delta=0$。$k=1$，2，3，…的明条纹分别称为第一级、第二级、第三级……明条纹，k称为条纹的级次。

对于暗条纹

$$\delta = \frac{d}{L}x = \pm(2k-1)\frac{\lambda}{2}$$

$$x = \pm(2k-1)\frac{L}{d}\cdot\frac{\lambda}{2} \quad (k = 1,2,\cdots) \tag{12-9}$$

而相邻明纹中心或相邻暗纹中心的距离称为条纹间距，它反映干涉条纹的疏密程度。明纹间距和暗纹间距均为

$$\Delta x = \frac{L}{d}\lambda \tag{12-10}$$

表明条纹间距与级次 k 无关，现对式（12-10）进行讨论：

1）当干涉装置和入射光波长一定，即 L、d、λ 一定时，Δx 也一定。这说明双缝干涉条纹是明暗相间的等距直条纹。

2）当 L、λ 一定时，Δx 与 d 成反比。所以观察双缝干涉条纹时双缝间距要小，否则会因条纹过密而不能分辨。例如，当 $\lambda=500\text{nm}$，$L=1\text{m}$ 而要求 $\Delta x>0.5\text{mm}$ 时，必须有 $d<1\text{mm}$。

3）若已知 L、d，由于 Δx 与波长 λ 成正比，故对于不同的光波，其波长不同，明暗条纹的间距 Δx 也不同；若用白光照射，除中央因各色光重叠仍为白色外，两侧因各色光波长不同而呈现彩色条纹，同一级明条纹形成一个由紫到红的彩色条纹。

4）对于两种不同的光波，若其波长满足 $k_1\lambda_1=k_2\lambda_2$，则 λ_1 的第 k_1 级明条纹与 λ_2 的第 k_2 级明条纹在同一位置上，这种现象称为干涉条纹的重叠。

5）如果测出干涉条纹的间距 Δx、L 与 d，就可以求出光的波长。杨氏就是利用这个方法求出了七种光的波长。

3. 双缝干涉的光强分布

因 r_1 和 r_2 极为接近，可认为 $I_1=I_2=I_0$ 时，由式（12-4）得

$$I=4I_0\cos^2\frac{\Delta\varphi}{2}=4I_0\cos^2\left(\pi\frac{\delta}{\lambda}\right) \tag{12-11}$$

当

$$\delta=\pm k\lambda \quad (k=0,1,2,\cdots) \tag{12-12}$$

时，$I=I_{\max}=4I_0$，对应光强极大，并且在屏上形成一条平行于双缝的明条纹。

当

$$\delta=\pm(2k-1)\frac{\lambda}{2} \quad (k=1,2,\cdots) \tag{12-13}$$

时，$I=I_{\min}=0$，对应光强极小（为零），形成一条平行于双缝的暗条纹。

式（12-12）和式（12-13）分别是确定明条纹和暗条纹的光程差公式。从能量角度看，干涉使光的能量进行了重新分布，而光的总能量是守恒的。

【例题12-1】 以单色光照射到相距为0.2mm的双缝上，缝屏距为1m。（1）从第一级明纹到同侧第四级明纹的距离为7.5mm时，求入射光波长；（2）若入射光波长为600nm，求相邻明纹间距离。

解：（1）明纹坐标为 $x=\pm k\dfrac{L\lambda}{d}$，由题意有

$$x_4-x_1=4\frac{L\lambda}{d}-\frac{L\lambda}{d}=\frac{3L\lambda}{d}$$

得

$$\lambda=\frac{d}{3L}(x_4-x_1)=\left(\frac{0.2\times10^{-3}}{3\times1}\times7.5\times10^{-3}\right)\text{m}=5\times10^{-7}\text{m}=500\text{nm}$$

（2）当 $\lambda=600\text{nm}$ 时，相邻明纹间距为

$$\Delta x=\frac{L\lambda}{d}=\frac{1\times600\times10^{-9}}{0.2\times10^{-3}}\text{m}=3\times10^{-3}\text{m}=3\text{mm}$$

★解题指导： 求解杨氏干涉题，第一，要掌握条纹间距公式 $\Delta x=\frac{L\lambda}{d}$，不论是明条纹或者暗条纹，都适用。公式中有四个物理量，任知其中三个，就可以求其余一个。例如，求波长、求相邻条纹间距、求双缝间距。从公式可以看出，增大波长 λ，或者增大双缝到屏的距离 L，或者减小双缝间距 d，都能增大条纹的间距。第二，要掌握条纹亮暗的条件。当两光线的光程差等于 0 或者半波长的偶数倍时，形成明条纹；当两光线的光程差等于半波长的奇数倍时，形成暗条纹。

第二节　薄膜干涉

一些光学元件上广泛采用了镀金属薄膜或介质薄膜的技术，在镜片上镀一层或多层介质薄膜，可以达到增透或高反射的目的，这里所依据的基本原理就是光在薄膜上、下表面反射或折射时所产生的干涉。薄膜干涉是用分振幅法获得相干光并产生干涉的典型例子。日常在太阳光下见到的肥皂膜和水面上的油膜所呈现的彩色也都是薄膜干涉的实例。**由薄膜两表面反射（或透射）的光产生的干涉现象，叫作薄膜干涉。**

薄膜干涉一般情况下是比较复杂的。下面仅讨论两种具有较大实际意义的特殊情况。

一、等倾干涉

如图 12-2-1 所示，在折射率为 n_1 的均匀介质中，有一折射率为 n_2 的薄膜（$n_2>n_1$），薄膜厚度为 d，由单色面光源上发出的光线 1，以入射角 i 投射到上分界面上的 A 点，一部分由 A 点反射，另一部分射进薄膜并在下分界面上的 B 点反射，再经上界面折射出去，显然这两光线 2、3 是平行的相干光，经透镜 L 会聚于屏上 P 点，2、3 是相干光，可在屏上产生干涉。

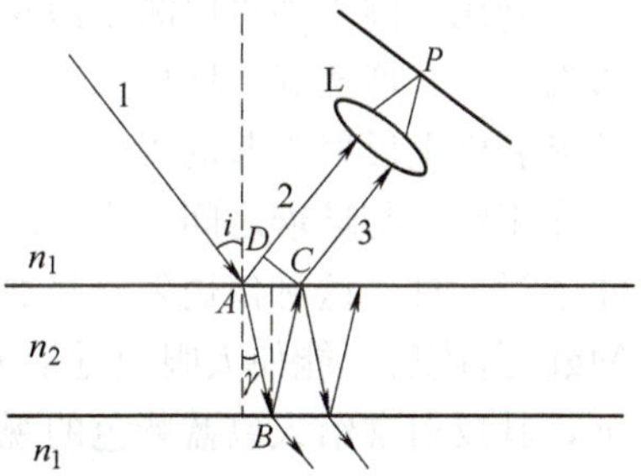

图　12-2-1

设 $CD\perp AD$，则 CP 与 DP 之间的光程相等（透镜不引起附加光程差），由图 12-2-1 可知，光线 3、光线 2 之间的光程差为

$$\delta'=n_2(AB+BC)-n_1AD$$

由于

$$AB=BC=\frac{d}{\cos\gamma}$$

$$AD=AC\sin i=2d\tan\gamma\sin i$$

故

$$\delta'=2\frac{d}{\cos\gamma}(n_2-n_1\sin\gamma\sin i)$$

由折射定律

$$\delta'=\frac{2d}{\cos\gamma}n_2(1-\sin^2\gamma)=2n_2d\cos\gamma=2n_2d\sqrt{1-\sin^2\gamma}=2d\sqrt{n_2^2-n_1^2\sin^2 i}$$

实验和理论都可证明，当**光从光疏介质入射到光密介质时，在界面上的反射光有 π 的相**

位突变。相位变化 π 相当于光程多了（或少了）半个波长，所以这种现象又称为半波损失。考虑到半波损失后，可以发现，因为光线1是从光疏介质入射到光密介质的，反射光2一定产生半波损失，即有 $\lambda/2$ 的附加光程差；光线3在上界面 C 点折射而出，在下界面是从光密介质入射到光疏介质的，故不产生半波损失，因此考虑附加的光程差，总的光程差为

$$\delta = 2d\sqrt{n_2^2 - n_1^2 \sin^2 i} + \frac{\lambda}{2} \tag{12-14}$$

由干涉条件得

$$\delta = 2d\sqrt{n_2^2 - n_1^2 \sin^2 i} + \frac{\lambda}{2} = \begin{cases} k\lambda \quad (k=1,2,3,\cdots) & \text{明纹} \\ (2k+1)\dfrac{\lambda}{2} \quad (k=0,1,2,\cdots) & \text{暗纹} \end{cases} \tag{12-15}$$

当垂直入射（$i=0$）时，有

$$\delta = 2n_2 d + \frac{\lambda}{2} = \begin{cases} k\lambda \quad (k=1,2,3,\cdots) & \text{明纹} \\ (2k+1)\dfrac{\lambda}{2} \quad (k=0,1,2,\cdots) & \text{暗纹} \end{cases} \tag{12-16}$$

当厚度 d、薄膜折射率 n_2 及周围介质确定后，就某一波长的入射光来说，两相干光的光程差仅取决于入射角 i，因此，以同一倾角入射的所有光线，其反射光将有相同的光程差，产生同一干涉条纹，或者说，同一干涉条纹都是由来自同一倾角 i 的入射光形成的，这样的条纹称为等倾干涉条纹，等倾干涉条纹是由一系列同心圆环组成的。如果用复色光——白光，将出现彩色条纹。

利用等倾干涉可以测定薄膜的厚度或入射光波长，此外，还可以提高或降低光学元件的透射率——增透膜（增反膜）。在现代光学仪器中，为减少入射光能量在透镜等光学元件的玻璃表面上反射引起的损失，常在镜面上镀一层厚度均匀的透明薄膜（如 MgF_2），其折射率介于空气与玻璃之间，当膜的厚度适当时，可使某波长的反射光因干涉而减弱，从而使光能透过元件，这种使透射光增强的薄膜称为增透膜。在照相机等光学仪器的镜头表面镀上 MgF_2 薄膜后，能使人眼视觉最灵敏的黄绿光反射减弱而透射增强，这样的镜头在白光照射下，其反射常给人以蓝紫色的视觉，这是白光中波长大于和小于黄绿光的光不完全满足干涉的缘故。在镜面上镀上透明薄膜后，能使某些波长反射光因干涉而增强，从而使该波长更多的光能得到反射，这种反射光增强的薄膜称为增反膜。

高反射膜：在玻璃表面交替镀上高折射率和低折射率的膜层。例如，用 MgF_2（$n=1.38$）与 ZnS（$n=2.32$）交替镀膜（见图12-2-2）。有关系：$n_0<n_1>n_2<n_3>n_4$，则

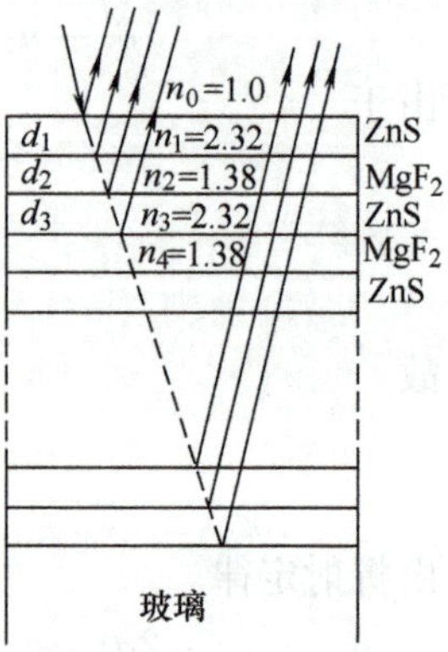

图 12-2-2

$$\delta_1 = 2n_1 d_1 + \frac{\lambda}{2}, \delta_2 = 2n_2 d_2 + \frac{\lambda}{2}, \delta_3 = 2n_3 d_3 + \frac{\lambda}{2}$$

相长干涉时，

$$\delta_1 = \delta_2 = \delta_3 = k\lambda$$

若 d_1、d_2、d_3 代表最小厚度，则

$$n_1 d_1 = n_2 d_2 = n_3 d_3 = \frac{\lambda}{4}$$

实验证实，不镀膜时的反射率小于5%，镀一层ZnS膜反射率可以达到30%，镀三

层膜时膜的反射率接近 70%，当镀膜层数达到 15 层时，反射率为 99%，几乎全部反射。

【例题 12-2】 如例题 12-2 图所示，在折射率为 1.50 的平板玻璃表面有一层厚度为 300nm，折射率为 1.22 的均匀透明油膜，用白光垂直射向油膜，问：(1) 哪些波长的可见光在反射光中产生相长干涉？(2) 哪些波长的可见光在透射光中产生相长干涉？(3) 若要使反射光中 $\lambda=550\text{nm}$ 的光产生相消干涉，油膜的最小厚度为多少？(在真空中可见光的波长介于 400～760nm)

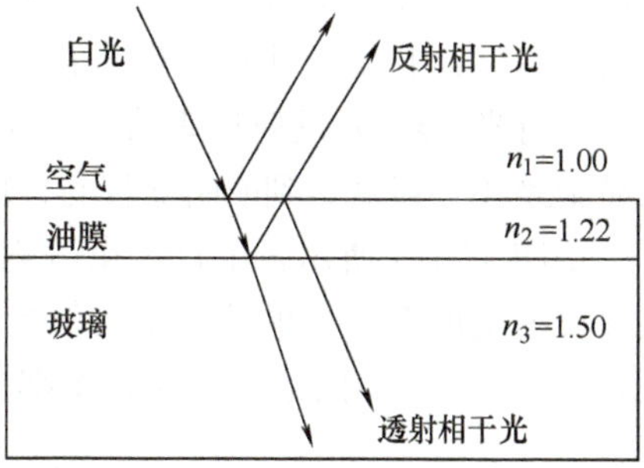

例题 12-2 图

解： (1) 因反射光的反射条件相同 ($n_1<n_2<n_3$)，故不计半波损失，由垂直入射 $i=0$，得反射光相长干涉的条件为

$$\delta=2n_2d=k\lambda \quad (k=1,2,3,\cdots)$$

由上式可得

$$\lambda=\frac{2n_2d}{k}$$

$k=1$ 时，$\lambda_1=$ (2×1.22×300/1) nm=732nm，为红光。

$k=2$ 时，$\lambda_2=$ (2×1.22×300/2) nm=366nm，为紫外。

故反射中红光产生相长干涉。

(2) 对于透射光，相干条件为

$$\delta=2n_2d+\frac{\lambda}{2}=k\lambda \quad (k=1,2,3,\cdots)$$

故

$$\lambda=\frac{4n_2d}{2k-1}$$

当 $k=1$ 时，$\lambda_1=$(4×1.22×300/1)nm=1464nm，为红外。

当 $k=2$ 时，$\lambda_2=$(4×1.22×300/3)nm=488nm，为青光。

当 $k=3$ 时，$\lambda_3=$(4×1.22×300/5)nm=293nm，为紫外。

故透射光中青光产生相长干涉。

(3) 反射相消的干涉条件为

$$\delta=2n_2d=(2k+1)\frac{\lambda}{2} \quad (k=0,1,2,\cdots)$$

故

$$d=\frac{(2k+1)\lambda}{4n_2}$$

显然 $k=0$ 所对应的厚度最小，即

$$d_{\min}=\frac{\lambda}{4n_2}=\frac{550}{4\times1.22}\text{nm}=113\text{nm}$$

二、等厚干涉

劈尖干涉和牛顿环是厚度不均匀薄膜的干涉，下面讨论这两个实例。

1. 劈尖干涉

如图 12-2-3 所示，G_1、G_2为两平板玻璃，一端相接触，另一端被一直径为 h 的细丝隔开，因而在G_1的下表面与G_2的上表面间形成一空气薄膜，叫作空气劈尖，两玻璃接触处为劈尖的棱边。其中 M 为半透半反玻璃片、L 为透镜、T 为显微镜。单色光源 S 发出的光经透镜 L 后成平行光，经 M 反射后垂直（$i=0$）射向劈尖，自劈尖的上、下两面反射的光是相干光，从显微镜 T 中可观察到明暗交替的、均匀分布的干涉条纹。

如图 12-2-4 所示，平行光束入射到空气劈尖，由于夹角 θ 很小，所以劈尖上表面和下表面反射的两束光几乎是沿着入射光方向射出的。设劈尖 A 点的厚度为 d，不论 $n_1>n$ 还是 $n_1<n$，反射的两束光的光程差都为

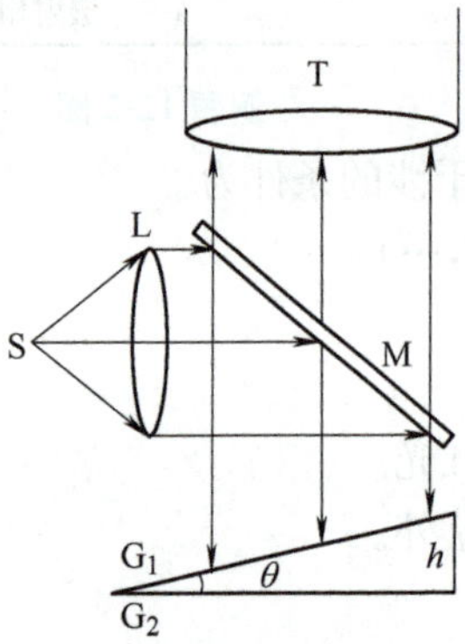

图 12-2-3

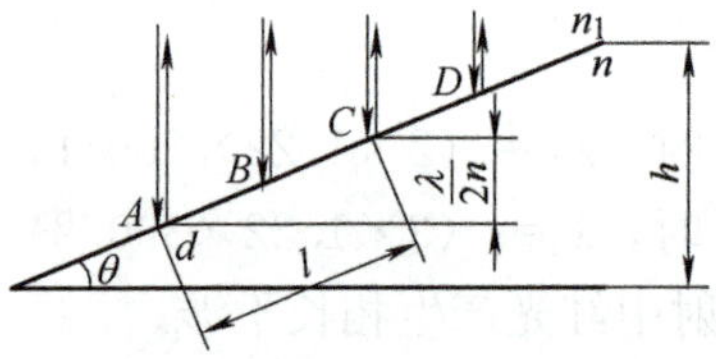

图 12-2-4

$$\delta=2nd+\frac{\lambda}{2}$$

式中，n 为劈尖的折射率，因此干涉条纹的明暗条件为

$$\delta=2nd+\frac{\lambda}{2}=\begin{cases}k\lambda \quad (k=1,2,\cdots) & \text{明条纹}\\ (2k+1)\dfrac{\lambda}{2} \quad (k=0,1,\cdots) & \text{暗条纹}\end{cases} \tag{12-17}$$

由式（12-17）可知，光程差仅与劈尖薄膜的厚度有关，凡厚度相同之处，光程差相同，从而对应同一条干涉条纹。若用眼观察，这种干涉条纹好似位于薄膜表面上，而在同一干涉条纹下膜的厚度是相同的，故称这种干涉为**等厚干涉**，相应的干涉条纹称为等厚条纹。等厚干涉条纹的形状决定于膜层厚薄不匀的分布情况。水面上或路面上的油膜在阳光下呈现的复杂彩色花纹，实际上就是等厚干涉条纹。由于等厚干涉条纹的形状取决于薄膜上厚度相同的点的轨迹，因此劈尖的等厚干涉条纹是一系列等间距、明暗相间的平行于棱边的直条纹。劈尖边缘处 $d=0$，$\delta=\lambda/2$，为暗条纹，与实验相符合。

在图 12-2-4 中，设 A 处为第 k 条明纹中心，C 处为第 $k+1$ 条明纹中心，B 处和 D 处分别为第 k 条和第 $k+1$ 条暗纹中心，则根据式（12-17）有

明纹中心：

第 $k+1$ 级：
$$2nd_{k+1}+\frac{\lambda}{2}=(k+1)\lambda$$

第 k 级：
$$2nd_k+\frac{\lambda}{2}=k\lambda$$

$$\Delta d = d_{k+1} - d_k = \frac{\lambda}{2n}$$

即相邻明条纹所对应的薄膜厚度差也等于半个波长。

暗纹中心：

第 $k+1$ 级：
$$2nd_{k+1} + \frac{\lambda}{2} = [2(k+1)+1]\frac{\lambda}{2}$$

第 k 级：
$$2nd_k + \frac{\lambda}{2} = (2k+1)\frac{\lambda}{2}$$

$$\Delta d = d_{k+1} - d_k = \frac{\lambda}{2n}$$

即相邻暗条纹所对应的薄膜厚度差也等于半个波长。

不难得到明纹或暗纹之间间距 l：

$$\Delta d = l\sin\theta \approx l\theta$$

故

$$l = \frac{\Delta d}{\theta} = \frac{\lambda}{2n\theta} \tag{12-18}$$

由上面分析可知，相邻明纹或相邻暗纹之间的距离相等，故条纹是等间距的；劈尖角 θ 越大，则条纹越密，条纹过密则分辨不清，通常 $\theta<1°$；当薄膜厚度增加时，等厚干涉条纹向棱边移动；反之，当厚度减小时，条纹向远离棱边的地方移动。

劈尖干涉在实际中有很多应用。利用劈尖干涉可以测定微小的角度、微小的厚度、单色光的波长和介质的折射率等。

【例题 12-3】 有一玻璃劈尖，放在空气中，劈尖夹角 $\theta=8\times10^{-5}$ rad，用波长 $\lambda=589$nm 的单色光垂直入射时，测得干涉条纹的宽度为 $l=2.4$mm，求玻璃的折射率。

解： 由于
$$l = \frac{\Delta d}{\theta} = \frac{\lambda}{2n\theta}$$

所以
$$n = \frac{\lambda}{2l\theta} = \frac{589\times10^{-9}}{2\times2.4\times10^{-3}\times8\times10^{-5}} = 1.53$$

2. 牛顿环

如图 12-2-5 所示，将一曲率半径很大的凸透镜的曲面与一平板玻璃接触，其间形成一层平凹球面形的薄膜，显然，这种薄膜厚度相同处的轨迹是以接触点为中心的同心圆。因此，若以单色平行光垂直投射到透镜上，则会在反射光中观察到一系列以接触点为中心的明暗相间的同心圆环，这种等厚干涉称为**牛顿环**。

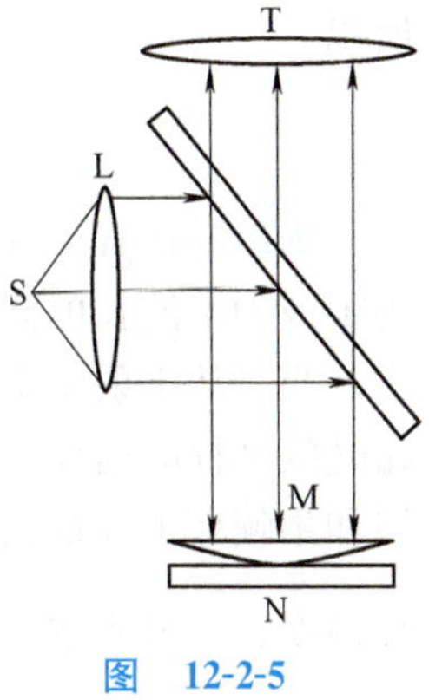

图　12-2-5

由于透镜曲率很小，在垂直入射光下，各点入射角近似为 0°，又因为空气的折射率为 1，所以光程差为

$$\delta = 2nd + \frac{\lambda}{2} = \begin{cases} k\lambda & (k=1,2,\cdots) \quad 明条纹 \\ (2k+1)\dfrac{\lambda}{2} & (k=0,1,\cdots) \quad 暗条纹 \end{cases}$$

下面计算牛顿环半径。由图 12-2-6 中的几何关系可得（R 为透镜曲率半径，r 为干涉环半径，λ 为光波波长）：

$$(R-d)^2+r^2=R^2$$

由于 $R\gg d$，将上式展开后略去高阶小量 d^2 可得

$$d=\frac{r^2}{2R}$$

所以光程差为

$$\delta=2nd+\frac{\lambda}{2}=\frac{nr^2}{R}+\frac{\lambda}{2}$$

由相干条件可得

$$r=\begin{cases}\sqrt{(k-1/2)R\lambda/n} & (k=1,2,\cdots)\quad 明环半径\\ \sqrt{kR\lambda/n} & (k=0,1,\cdots)\quad 暗环半径\end{cases}\tag{12-19}$$

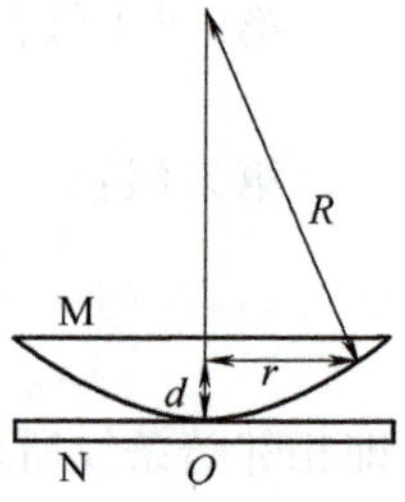

图 12-2-6

若利用实验，测出一干涉环的半径，就可由上式计算光波波长或透镜的曲率半径。

随着半径 r 的增大，牛顿环越来越密：

$$\Delta r=r_{k+1}-r_k=\sqrt{R\lambda/2n}\left(\sqrt{2k+1}-\sqrt{2k-1}\right)$$

随着干涉级次的增加，相邻明环或暗环的半径之差越来越小，所以牛顿环是内疏外密的一系列同心圆。

牛顿环中心为暗环，级次最低。离开中心越远，光程差越大，圆条纹间距越小，即越密。其透射光也有干涉，明暗条纹互补（注意和等倾干涉条纹的异同）。

牛顿环可用来测量光的波长；测量平凸透镜的曲率半径；检查透镜的质量。

【例题 12-4】 用 He-Ne 激光器发出的 $\lambda=0.633\mu m$ 的单色光，做牛顿环实验，测得第 k 个暗环半径为 5.63mm，第 $k+5$ 个暗环半径为 7.96mm，求平凸透镜的曲率半径 R。

解： 由暗纹公式，可知

$$r_k=\sqrt{kR\lambda}$$

$$r_{k+5}=\sqrt{(k+5)R\lambda}$$

故

$$5R\lambda=r_{k+5}^2-r_k^2$$

所以

$$R=\frac{r_{k+5}^2-r_k^2}{5\lambda}=\frac{(7.96^2-5.63^2)\times 10^{-6}}{5\times 0.633\times 10^{-6}}\text{m}=10.0\text{m}$$

★解题指导： 等厚干涉和等倾干涉明条纹和暗条纹的公式是相同的。当两束光的光程差为零或为半波长的偶数倍时，为明条纹；当光程差为半波长的奇数倍时为暗条纹。但需要注意，当光从折射率小的介质入射到折射率大的介质时，在界面上的反射光有半波损失，这一路光的光程应增加或者减少半个波长，此时，上述明条纹和暗条纹的条件就交换了。劈尖干涉和牛顿环干涉都属于这种情况。劈尖干涉条纹是等间距的，明（暗）条纹间距、劈尖的微小角度、入射光波的波长三者之间的关系为 $l=\dfrac{\lambda}{2n\theta}$。应用此式，知道式中的两个物理量可以求得第三个物理量。

总之，不论哪类干涉问题，求解时首先要正确地确定光程差（相位差），再根据不同的干涉问题的相应公式进行计算。

第三节　光的衍射

波在遇到障碍物时，其波线会弯折，发生衍射。例如声波可以绕过门窗，无线电波能越过高山等。那么，光波有没有这种衍射现象呢？实验证明，当光遇到普通大小的物体时，仅表现出直线传播的性质，这是光波波长很短的缘故。但当光遇到比其波长大得不多的物体时，就会出现衍射现象，这时光不仅在“绕弯”，而且还能产生明暗相间的条纹，即光波场中能量重新分布，这种现象就是光的衍射。

一、光的衍射现象

光通过狭缝照射在屏上，按几何光学的观点，若狭缝缩小，则屏上的像缩小。但实验发现，狭缝较大时，呈上述规律（见图 12-3-1），但当狭缝的宽度与光的波长可比拟时，亮度降低，但范围反而扩大，有明暗相间的条纹，这就是光的衍射现象（见图 12-3-2）。光波遇到障碍物时，偏离直线传播而进入几何阴影区域，使光强重新分布的现象，称为衍射现象。

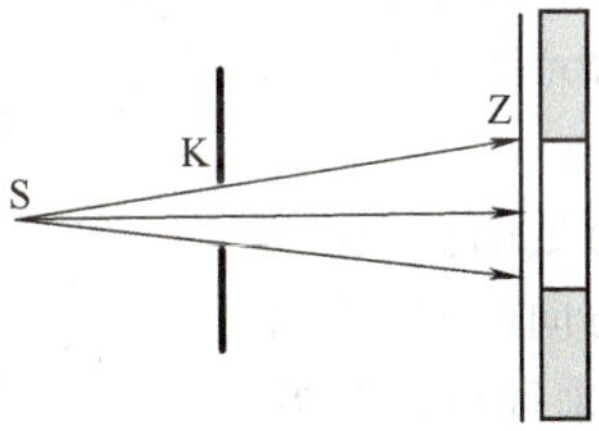

图　12-3-1

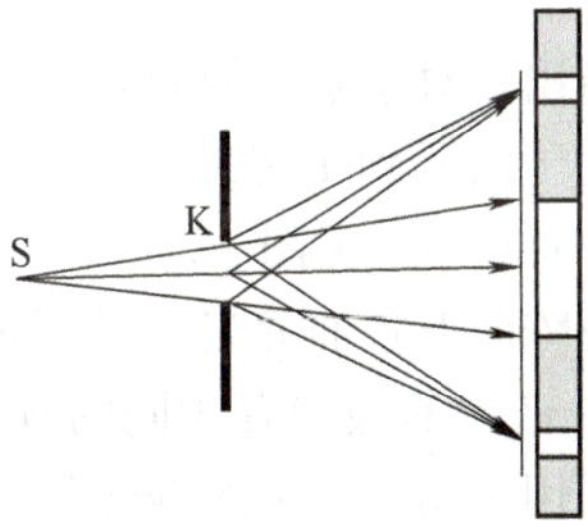

图　12-3-2

衍射效应是否显著，取决于障碍物的线度与光的波长的相对比值。只有障碍物的线度比光的波长大得不多时，衍射效应才显著；当障碍物的线度小到与光的波长可以比拟时，衍射范围将弥漫整个视场。

衍射的特点是，光束在衍射屏上的哪个方向上受到了限制，则在接收屏上的衍射图样就沿该方向扩展；光孔越小，对光束的限制越厉害，则衍射图样越扩展，衍射效应越明显。图 12-3-3 所示是各种孔径的夫琅禾费衍射图样。

二、惠更斯-菲涅耳原理

1690 年，惠更斯提出，波前上的每一点都可以看作是发出球面子波的新的波源，这些子波的包络面就是下一时刻的波前。惠更斯原理可以定性地解释光绕过障碍物，改变传播方向的现象，但不能说明衍射时为什么会出现明暗相间的条纹。原因是惠更斯原理的子波假设不涉及子波的强度和相位问题。1818 年，菲涅耳运用子波相干叠加的概念，发展了惠更斯原理，定量地分析了这个问题。经过菲涅耳补充的惠更斯原理称为惠更斯-菲涅耳原理，陈述如下：由光源发出的光，其波阵面上每个面元 dS 都成为一个发射球面子波的波源，这些子波是相干的；光波在波阵面前方某点 P 的振幅矢量是这些子波在该点振幅矢量的叠加。

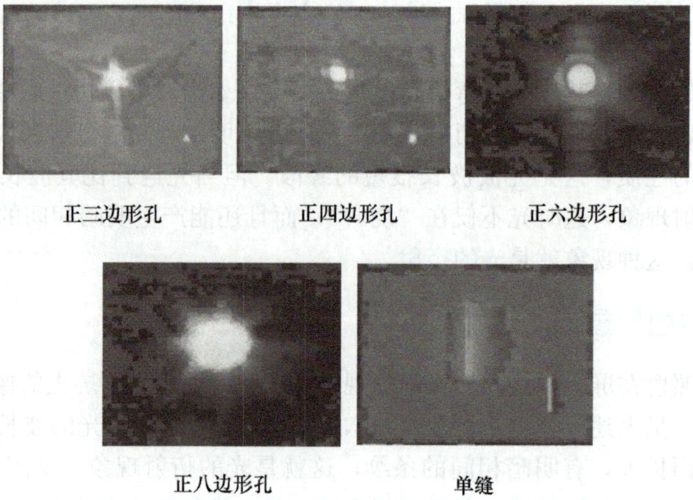

图 12-3-3

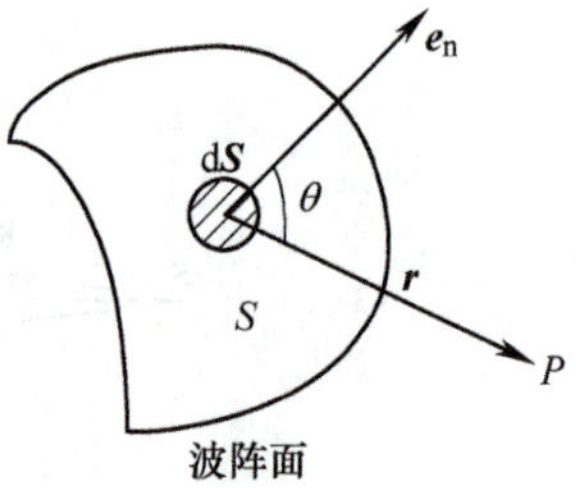

图 12-3-4

菲涅耳还指出，对于给定的面元 d$\boldsymbol{S}$，它在 P 点的振幅正比于面元面积，反比于面元到 P 点的距离 r，并且随面元法线与 $\boldsymbol{r}$ 间的夹角 θ 的增大而减小（见图 12-3-4）。

如果已知波阵面上各面元发出的子波到达 P 点处的振幅，考虑到所有子波在 P 点的振动有相同的频率和振动方向，但相位不同，所以可以采用振动合成中的振幅矢量叠加方法来计算合振幅。例如，设面元 d$\boldsymbol{S}$ 在 P 点的振幅矢量为 d$\boldsymbol{A}$。由于不同面元距离 P 点不等，各子波到达 P 点的相位就不同，而子波间的相位差可表示为子波振幅矢量 d$\boldsymbol{A}$ 间的夹角。于是，在 P 点的光振动的合振幅矢量应是许多不同方向的子波振幅矢量的和（见图 12-3-5），即

$$\boldsymbol{A}_P = \int \mathrm{d}\boldsymbol{A} \tag{12-20}$$

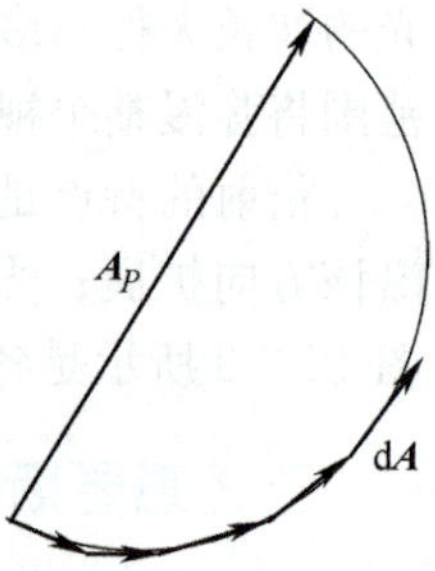

图 12-3-5

衍射系统一般由光源、衍射屏和接收屏组成。按它们相互距离的关系，通常把光的衍射分为两大类：当光源和屏，或两者之一离障碍物的距离为有限远时产生的衍射现象称为**菲涅耳衍射**；当光源和屏离障碍物的距离均为无限远时产生的衍射称为**夫琅禾费衍射**。我们只讨论夫琅禾费衍射。

三、单缝衍射

下面以单缝的夫琅禾费衍射为例说明光是如何产生衍射条纹的。

单缝夫琅禾费衍射的实验装置如图 12-3-6 所示：K 是单缝，点光束 S 放在透镜 L_1 的焦点上，使穿过透镜 L_1 的光形成平行光束，并垂直射向单缝，其中穿过单缝的那部分光束产生衍射，在位于透镜 L_2 焦点处的屏幕 H 上，可观察到一组平行于狭缝的明暗相间的衍射条纹，屏幕中心为中央明纹，两侧对称分布着其他明纹。

下面利用菲涅耳半波带法对上述衍射现象进行解释。如图 12-3-7 所示，定义衍射光线与缝面法线方向的夹角 θ 为衍射角，设缝 AB 的宽度为 b。光束 1，$\theta=0$，经透镜会聚于 O，从 AB 发出时相位相同，到达 O 点时光程相同，在 O 点形成中央明纹的中心。

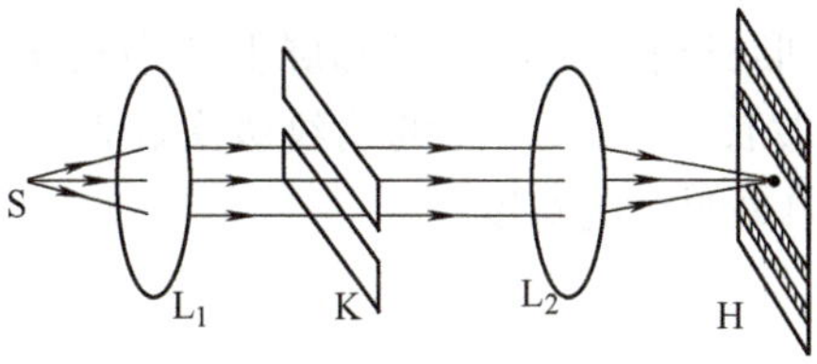

图　12-3-6

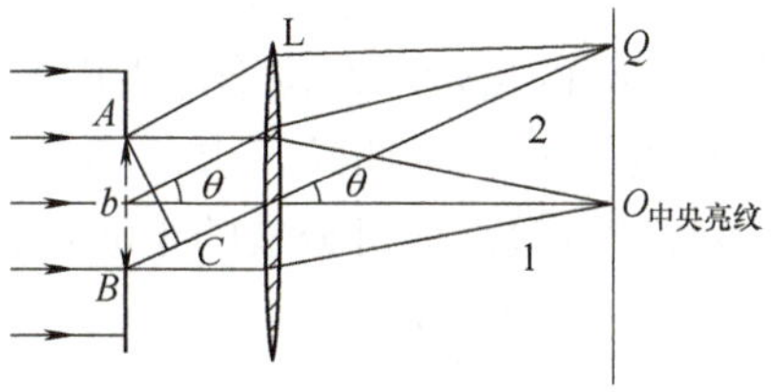

图　12-3-7

实际上，几何光学中的光线就是零级衍射斑的中心，这是具有普遍意义的结论。

衍射角为 θ 的光束 2 会聚于 Q。作 $AC\perp BC$，则由 AC 面上各点到 Q 点的光程相等，这组平行光的光程差仅取决于它们从缝面各点到达 AC 面时的光程差，最大光程差为 $BC=b\sin\theta$。若 BC 恰好等于入射光半波长的 n 倍，即设想作相距为半个波长且平行于 AC 的平面，这些平面恰好把 BC 分成 n 等份，则它们同时也将单缝处的波阵面 AB 分成面积相等的 n 个部分，这样的每一个部分称为一个半波带，这样的波带就是**菲涅耳半波带**，从各个波带发出的子波在 Q 点的强度可近似认为相等。

两个相邻半波带的任意两个对应点，发出的衍射光到达 Q 点时，光程差都是 $\lambda/2$，它们将相互抵消，因此两个相邻半波带所发出的衍射光在 Q 点都将干涉相消。对于给定的衍射角 θ：当 AC 为半波长偶数倍时，单缝分成偶数个半波带，干涉抵消后在 Q 点出现暗纹；当 AC 为半波长奇数倍时，单缝分成奇数个半波带，两两抵消后在 Q 点剩一个，出现明纹；当 AC 不等于半波长整数倍时，Q 点光强介于最明与最暗之间。

因此，衍射条纹公式为

$$b\sin\theta=\begin{cases}0 & \text{中央明纹}\\ \pm k\lambda=\pm(2k)\dfrac{\lambda}{2}\quad(k=1,2,\cdots) & \text{暗纹}\\ \pm(2k+1)\dfrac{\lambda}{2}\quad(k=1,2,\cdots) & \text{明纹}\end{cases}\tag{12-21}$$

式中，k 称为衍射级次，$2k$ 和 $2k+1$ 为单缝面上可分出的半波带数目，正负号“±”表示明暗条纹对称分布在中央明纹的两侧。

衍射图样特点：中央明纹最亮，其他明纹的光强随级次增大而迅速减小，因为中央明纹处 $b\sin\theta=0$，所有子波干涉加强；第一级明纹，$k=1$，三个半波带，只有一个干涉加强（1/3）；第二级明纹：$k=2$，五个半波带，只有一个干涉加强（1/5）。

定义条纹宽度为相邻暗条纹之间的距离。对于暗纹，取 $k=1$，可得中央明纹半角宽度为 $\theta_0\approx\sin\theta_0=\dfrac{\lambda}{b}$，设透镜焦距为 f，则中央明纹线宽度为

$$\Delta x_0=2f\sin\theta_0=2f\lambda/b$$

其他明纹：

$$l_0=\theta_{k+1}f-\theta_k f=\left(\frac{k+1}{b}\lambda-\frac{k}{b}\lambda\right)f=f\frac{\lambda}{b}$$

可见，中央明纹的宽度为其他明纹宽度的2倍。

对于一定的波长λ，b增大，明纹向中央靠拢，衍射不明显。当$b \gg \lambda$（$\lambda/b \to 0$）时，光沿直线传播，衍射效应可以忽略。

【例题12-5】 用单色平行可见光，垂直照射到缝宽为$b=0.5$mm的单缝上，在缝后放一焦距$f=1$m的透镜，在位于焦平面的观察屏上形成衍射条纹，已知屏上离中央明纹中心为1.5mm处的P点为明纹，求：(1) 入射光的波长；(2) P点的明纹级次和对应的衍射角，以及此时单缝波面可分成的半波带数；(3) 中央明纹的宽度。

解：(1) 对P点，由

$$\tan\theta = \frac{x}{f} = \frac{1.5 \times 10^{-3}}{1} = 1.5 \times 10^{-3}$$

当θ很小时，$\tan\theta \approx \sin\theta \approx \theta$，由单缝衍射公式可知

$$\lambda = \frac{2b\sin\theta}{2k+1} = \frac{2b\tan\theta}{2k+1}$$

当$k=1$时，$\lambda=500$nm；

当$k=2$时，$\lambda=300$nm。

在可见光范围内，入射光波长为$\lambda=500$nm。

(2) P点为第一级明纹，$k=1$，所以

$$\theta \approx \sin\theta = \frac{3\lambda}{2b} = 1.5 \times 10^{-3}\text{rad}$$

半波带数为$2k+1=3$。

(3) 中央明纹宽度为

$$\Delta x = 2f\,\frac{\lambda}{b} = \left(2 \times 1 \times \frac{500 \times 10^{-9}}{0.5 \times 10^{-3}}\right)\text{m} = 2 \times 10^{-3}\text{m}$$

★解题指导：根据单缝衍射的明（暗）条纹的条件，缝宽、单色光波长、衍射角或明（暗）条纹的位置到中央明条纹中心的距离，三个物理量当中的两个改变，第三个物理量也要相应地发生改变。

利用单缝衍射的原理可以测量位移以及和位移联系的物理量，如热膨胀、形变等，把需要测量位移的对象和一个标准直边相连，同另一个固定的标准直边形成一单缝，则缝宽的变化可以反映位移的大小，可以证明，中央明条纹两侧的正负k级明（暗）条纹之间的距离发生的变化$\mathrm{d}x_k$和缝宽的变化$\mathrm{d}b$之间存在关系：$\mathrm{d}x_k = \frac{2k\lambda f}{b^2}\mathrm{d}b$。

四、干涉与衍射的本质

光的干涉与衍射一样，本质上都是光波相干叠加的结果。一般来说，干涉是指有限个分立的光束的相干叠加，衍射则是连续的无限个子波的相干叠加。干涉强调的是不同光束相互影响而形成相长或相消的现象；衍射强调的是光线偏离直线而进入阴影区域。

事实上，干涉与衍射往往是同时存在的，平行光入射到双缝上，每一缝都要向一个较大角度发出光线，这是衍射造成的展布。如果没有衍射，则光沿直线传播，在屏幕上形成的只是边缘清晰的双缝的像。它们不会相遇，也不会产生干涉。可见双缝干涉实际上是两个缝发出的光束的干涉和每个缝自身发出的光的衍射的综合效果。

第四节 衍射光栅

一、光栅

由一组相互平行，等宽、等间隔的狭缝构成的光学器件称为光栅。用金刚石尖在玻璃片上刻划大量的等宽且等间距的平行刻线，可以构成平面透射光栅。在每条刻痕处，入射光向各个方向散射而不易透过；相邻两个刻痕之间的玻璃面是可以透光的部分，相当于一个狭缝。这样的光栅称为透射光栅。对于在可见光范围应用的光栅，要在 1cm 宽的玻璃上刻划几百乃至几万条平行且等间距的刻痕，这是一种十分精密的技术。实验室中使用的是复制光栅。全息光栅是利用单色激光的双缝干涉图样来代替刀刻痕的，充分利用了单色光杨氏双缝干涉条纹具有等宽、等间距的特点。除透射光栅外，还有平面反射光栅和凹面光栅等。光栅能将入射的复色光展开为光谱进行光谱分析。所以，它是近代物理实验和工业检测中的重要光学元件。本节以透射光栅为例，从光的干涉和衍射的理论出发来讨论光栅产生的衍射条纹的特点。

二、光栅衍射

1. 实验装置

设透射光栅的总缝数为 N，透光部分宽度为 b'，缝间不透光部分宽度为 b，而 $d=b'+b$ 称为光栅常数，d 的数量级约 10^{-6}m。单色平行光垂直照射到光栅上，透过光栅再通过透镜 L_2 会聚于焦平面处的屏上，如图 12-4-1 所示，形成光栅衍射条纹。

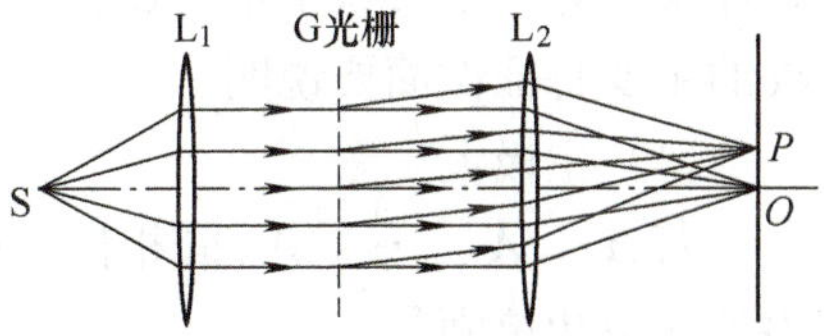

图 12-4-1

2. 衍射图样的特点

光栅衍射的屏幕上对应于光直线传播的成像位置上出现中央明纹；在中央明纹两侧出现一系列明暗相间的条纹，两明条纹分得很开，明条纹的亮度随着与中央的距离增大而减弱；明条纹的宽度随狭缝的增多而变细。如图 12-4-2 所示。

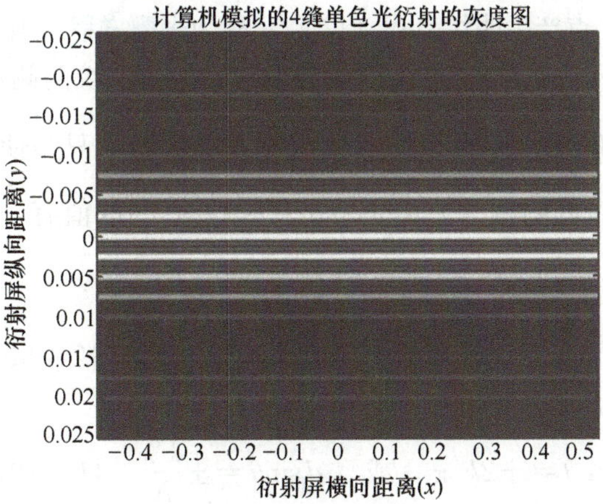

图 12-4-2

3. 光栅衍射图样的形成

通过光栅不同缝的光要发生干涉，每个缝又都有衍射，但 N 个缝的 N 套衍射条纹通过透镜后完全重合。所以，在屏上出现的应是在同一单缝衍射因子调制下的 N 个缝的干涉条纹，如图 12-4-2 所示，习惯上将这些条纹称为光栅衍射条纹。

多缝干涉

在相邻的两个极大明纹之间，有 $N-1$ 个暗纹，在这 $N-1$ 个暗纹之间显然还有 $N-2$ 个次级大明纹，以致在缝数很多的情况下，两主极大明纹之间实际上形成一片暗区。

单缝衍射

光栅上的每一狭缝都要单独产生衍射图样，但是每个衍射图样只取决于衍射角，与缝的上下位置无关。这是由透镜的会聚规律决定的。因此，每个单缝在屏幕上形成的衍射图样的位置和光强分布都相同。

综合效果

N 个单缝衍射合成后，得到光强分布曲线与单缝衍射相似但明纹亮度更亮的衍射图样。结果是缝间干涉形成的主极大光强受单缝衍射光强分布的调制，使得各级极大的光强大小不等。其单缝衍射、缝间干涉及其综合效果如图 12-4-3 所示。

如图 12-4-4 所示，如果将从每个缝射出的光到达屏上 P 点时的振幅分别用 A_1，A_2，…，A_N 代表，则从 N 个缝射出的光束间的干涉也可用光振幅矢量 $\boldsymbol{A}_1$，$\boldsymbol{A}_2$，…，$\boldsymbol{A}_N$ 的叠加来计算。不过这里不再做详细的定量计算，而仅就决定其明暗条纹的公式及光栅衍射条纹的主要特征做简要说明。

（1）主极大

若 $\boldsymbol{A}_1$，$\boldsymbol{A}_2$，…，$\boldsymbol{A}_N$ 同相位，则它们沿同一方向排列（见图 12-4-5a），即从两相邻缝射出的光束相位满足

$$\frac{2\pi}{\lambda}d\sin\theta=\pm 2k\pi$$

或

$$d\sin\theta=\pm k\lambda \quad (k=0,1,2,\cdots) \tag{12-22}$$

则 N 个缝的光束应在 P 点产生明纹。式（12-22）称为光栅方程。满足光栅方程的明纹又称主极大。式中，$k=0$ 对应于中央明纹；$\pm$ 表示各明纹在中央明纹两侧对称分布。由式（12-22）可以看出明纹位置由 $\frac{k\lambda}{d}$ 确定，与光栅的缝数无关，缝数增大只是使条纹亮度增大，条纹变窄；光栅常数越小，条纹间隔越大。由于 $|\sin\theta|\leqslant 1$，k 的取值有一定的范围，故只能看到有限级的衍射条纹。

（2）暗条纹

又若 $\boldsymbol{A}_1$，$\boldsymbol{A}_2$，…，$\boldsymbol{A}_N$ 首尾连接成一闭合多边形（见图 12-4-5b），即从两相邻缝间射出的光束的相位差满足

$$N\frac{2\pi}{\lambda}d\sin\theta=\pm 2k'\pi \quad 或 \quad d\sin\theta=\pm\frac{k'\lambda}{N} \quad (k'=0,1,2,\cdots) \tag{12-23}$$

这时，N 个缝的光束在 P 点产生暗条纹，故式（12-23）又称暗纹方程。

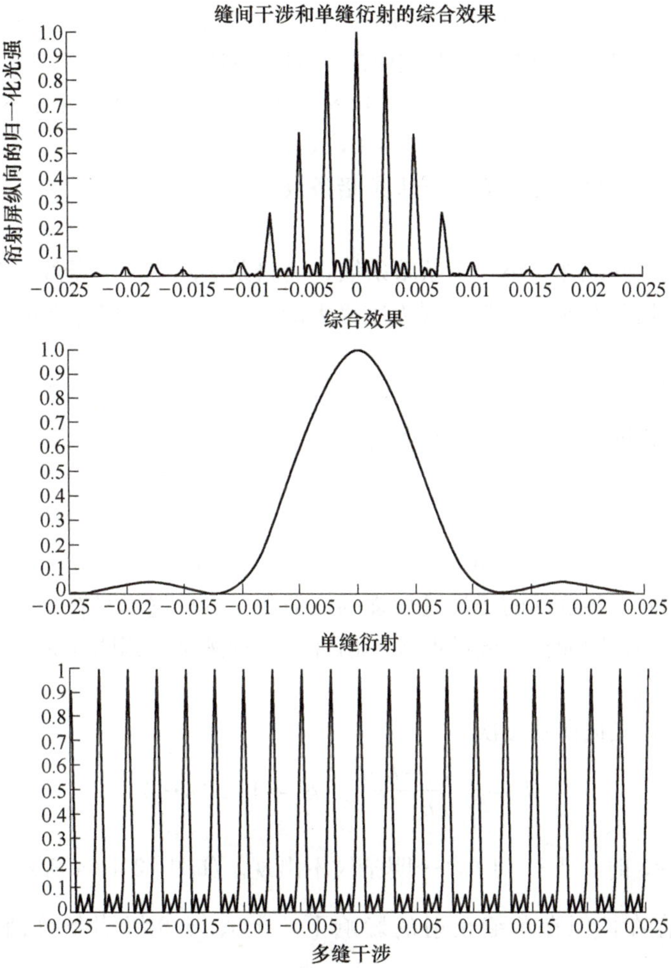

图　12-4-3

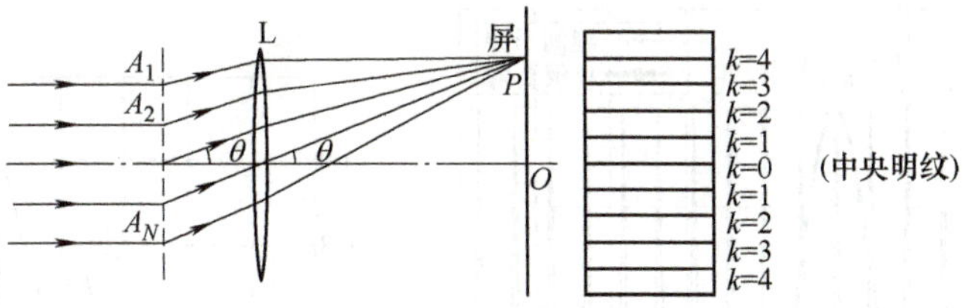

图　12-4-4

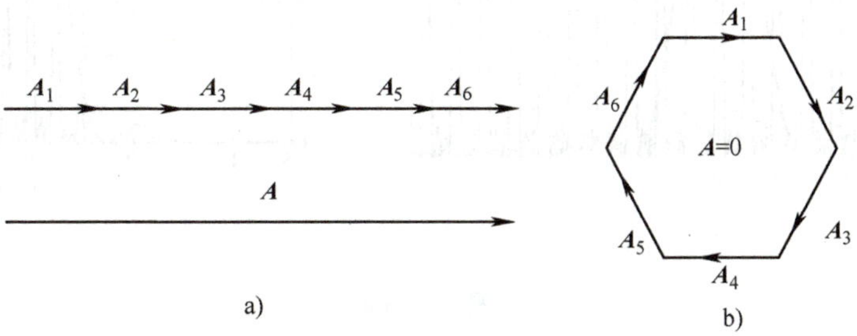

图　12-4-5

应该注意，式（12-23）中 k' 的取值应去掉 $k'=kN$ 的情况，因为这属于出现主极大的情况。而式（12-22）和式（12-23）两式中的 k 和 k' 各应取如下数值：

$$k'=1,2,\cdots,N-1;N+1,N+2,\cdots,2N-1;2N+1,\cdots$$

$$k=0,1,2,\cdots$$

可见，在两个相邻的主极大之间有 $N-1$ 条暗条纹。

（3）次极大

在相邻主极大之间既然有 $N-1$ 条暗条纹，两暗条纹间应为明条纹，故必有 $N-2$ 条明条纹。计算表明，这些明条纹的强度仅为主极大的 4%左右，所以称次极大。

三、光栅的缺级

若在 θ 方向的衍射光满足光栅明纹条件

$$(b'+b)\sin\theta=\pm k\lambda \quad (k=0,1,2,\cdots)$$

的同时，还满足单缝衍射暗纹公式

$$b'\sin\theta=\pm k'\lambda \quad (k'=1,2,3,\cdots)$$

则尽管在 θ 衍射方向上各缝间的干涉是加强的，但由于各单缝本身在这一方向上的衍射强度为零，其结果仍是零，因而该方向的明纹不出现，这种满足光栅明纹条件而实际上明纹不出现的现象，称为**光栅的缺级**。

由以上两式可得光栅所缺级次为

$$k=\pm\frac{b'+b}{b'}k' \quad (k'=1,2,3,\cdots)$$

例如，$\dfrac{b'+b}{b'}=3$ 时，±3，±6，…明条纹不出现。如图 12-4-6a 所示，虽然缝间干涉的±3、±6 级明纹存在，但在单缝衍射的影响下，±3、±6 级明条纹消失，如图 12-4-6b 所示。

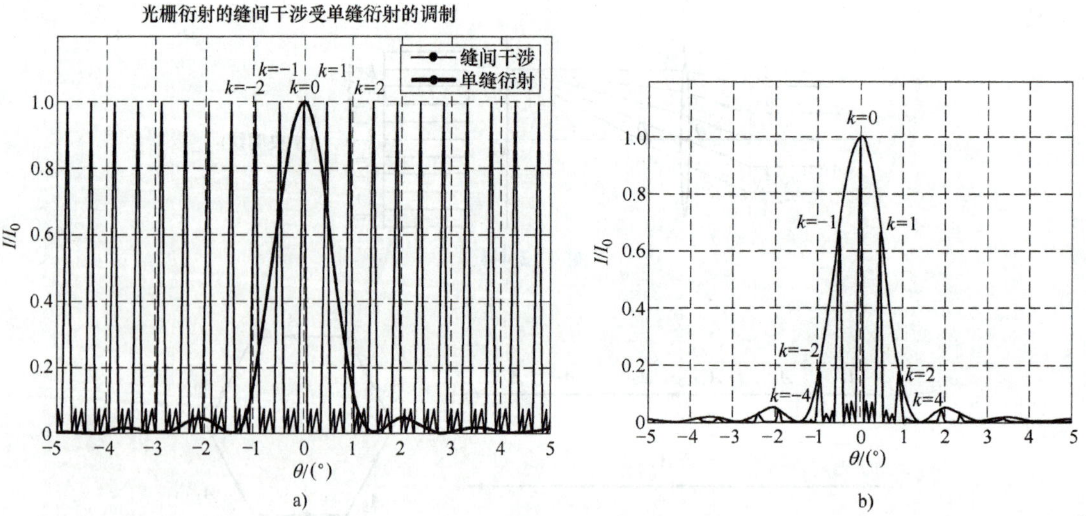

图 12-4-6

【例题 12-6】 用每厘米有 5000 条的衍射光栅，观察钠光谱线（$\lambda=590$nm），问：光线垂直入射时，最多能看到第几级明纹？

解：由光栅方程 $d\sin\theta=k\lambda$，得

$$k=\frac{d\sin\theta}{\lambda}$$

按题意，光栅常数为

$$d=\frac{1\times10^{-2}}{5000}\text{m}=2\times10^{-6}\text{m}$$

因 $|\sin\theta|\leqslant1$，代入数据得

$$k=\frac{2\times10^{-6}}{5.9\times10^{-7}}=3.39$$

此处只取整数，故最多只能看到第三级条纹。

【例题 12-7】 用波长为 500nm 的单色光垂直照射到每毫米有 500 条刻痕的光栅上，(1) 求第一级和第三级明纹的衍射角；(2) 若缝宽与缝间距相等，用此光栅最多能看到几条明纹？

解：(1) 光栅常数为

$$b'+b=(1\times10^{-3}/500)\text{m}=2\times10^{-6}\text{m}$$

由光栅方程

$$(b'+b)\sin\theta=\pm k\lambda$$

可知第一级明纹 $k=1$，

$$\sin\theta_1=\pm\frac{\lambda}{b'+b}=\pm\frac{500\times10^{-9}}{2\times10^{-6}}=\pm0.25,\ \theta_1=\pm14°28'$$

第三级明纹 $k=3$，

$$\sin\theta_2=\pm\frac{3\lambda}{b'+b}=\pm\frac{3\times500\times10^{-9}}{2\times10^{-6}}=\pm0.75,\ \theta_1=\pm48°35'$$

(2) 理论上能看到的最高级谱线的极限，对应衍射角 $\theta=\pi/2$，则

$$k_{\max}=\frac{b'+b}{\lambda}=\frac{2\times10^{-6}}{500\times10^{-9}}=4$$

即最多能看到第四级明条纹，考虑缺级 $(b'+b)/b'=(b+b)/b=2$，第二、四级明纹不出现，从而实际出现的只有 0、±1、±3 级，因而只能看到 5 条明纹。

★解题指导：单色光垂直入射光栅的情况，可以根据光栅方程 $d\sin\theta=\pm k\lambda(k=0, 1, 2, \cdots)$ 中的两个物理量求第三个物理量，比如在已知光栅常数和入射波长时可以求得各级亮条纹的衍射角（或各级亮条纹的位置）；衍射角受到衍射屏的限制 $|\sin\theta|\leqslant1$，因此也可由光栅方程求出可以观测到的明条纹的最高级次（最高谱线的极限）。由于光栅衍射受单缝衍射的调制，$b'\sin\theta=\pm k'\lambda$ $(k'=1, 2, 3, \cdots)$，结合光栅方程，也可以求出每条缝的宽度、光谱中缺级的级次，光栅的总缝数 N 等。

另外还有光斜入射光栅和复色光入射光栅的情况，但无论问题多么复杂，只要能够正确地计算光程、把握住光栅方程、单缝衍射方程等，就可以准确地找到解题的途径。

拓展阅读 全息摄影

全息摄影是指一种记录被摄物体反射波的振幅和相位等全部信息的新型摄影技术。普通摄影是记录物体表面上的光强分布，它不能记录物体反射光的相位信息，因而失去了立体感。全息摄影采用激光作为照明光源，并将光源发出的光分为两束，一束直接射向感光片，另一束经被摄物反射后再射向感光片。两束光在感光片上叠加产生干涉，感光底片上各点的感光程度不仅随强度也随两束光的相位关系而不同。所以全息摄影不仅记录了物体上的反射光强度，也记录了相位信息。人眼直接去看这种感光底片，只能看到像指纹一样的干涉条纹，但如果用激光去照射它，人眼透过底片就能看到与原来被拍摄物体完全相同的三维立体像。一张全息摄影图片即使只剩下一小部分，依然可以重现全部景物。全息摄影可应用于工业上进行无损探伤，以及超声全息、全息显微镜、全息摄影存储器、全息电影和电视等许多方面。产生全息图的原理可以追溯到300年前，当时也有人用较差的相干光源做过实验，但直到1960年发明了激光器——这是最好的相干光源——全息摄影才得到较快的发展。

激光全息摄影是一门崭新的技术，它被人们誉为20世纪的一个奇迹。它的原理于1947年由匈牙利裔的英国物理学家丹尼斯·加博尔发现，它和普通的摄影原理完全不同。直到10多年后，美国物理学家肖洛和汤斯等人发明了激光后，全息摄影才得到实际应用。可以说，全息摄影是信息储存和激光技术结合的产物。

激光全息摄影包括两步：记录和再现。

1）全息记录过程是：把激光束分成两束，一束激光直接投射在感光底片上，称为参考光束；另一束激光投射在物体上，经物体反射或者透射，就携带有物体的有关信息，称为物光束。物光束经过处理也投射在感光底片的同一区域上。在感光底片上，物光束与参考光束发生相干叠加，形成干涉条纹，这就完成了一张全息图。

2）全息再现的方法是：用一束激光照射全息图，这束激光的频率和传输方向应该与参考光束完全一样，于是就可以再现物体的立体图像了。人从不同角度看，可看到物体不同的侧面，就好像看到真实的物体一样，只是摸不到真实的物体。

全息成像是尖端科技，全息照相和常规照相不同，在底片上记录的不是三维物体的平面图像，而是光场本身。常规照相只记录了反映被拍摄物体表面光强的变化，即只记录光的振幅，全息照相则记录光波的全部信息，除振幅外还记录了光波的图像。即把三维物体光波场的全部信息都贮存在记录介质中。

为了拍出一张满意的全息照片，拍摄系统必须具备以下要求：

（1）光源必须是相干光源

通过前面分析知道，全息照相是根据光的干涉原理，所以要求光源必须具有很好的相干性。激光的出现，为全息照相提供了一个理想的光源。这是因为激光具有很好的空间相干性和时间相干性，实验中采用He-Ne激光器，用其拍摄较小的漫散物体，可获得良好的全息图。

（2）全息照相系统要具有稳定性

由于全息底片上记录的是干涉条纹，而且是又细又密的干涉条纹，所以在照相过程中极小的干扰都会引起干涉条纹的模糊，甚至使干涉条纹无法记录。比如，拍摄过程中若底片位移 1μm，则条纹就分辨不清，为此，要求全息实验台是防震的。全息台上的所有光学元器件都用磁性材料牢固地吸在工作台面钢板上。另外，气流通过光路，声波干扰以及温度变化都会引起周围空气密度的变化。因此，在曝光时应该禁止大声喧哗，不能随意走动，保证整个实验室绝对安静。

（3）物光与参考光应满足一定条件

物光和参考光的光程差应尽量小，两束光的光程相等最好，最多不能超过 2cm，调光路时用细绳量好；两束光之间的夹角要在 30°～60°之间，最好在 45°左右，因为夹角小，干涉条纹就稀，这样对系统的稳定性和感光材料分辨率的要求较低；两束光的光强比要适当，一般要求在 1∶1～1∶10 之间都可以，光强比用硅光电池测出。

（4）使用高分辨率的全息底片

因为全息照相底片上记录的是又细又密的干涉条纹，所以需要高分辨率的感光材料。普通照相用的感光底片由于银化物的颗粒较粗，每毫米只能记录 50～100 个条纹，对于专业的全息干板，其分辨率可达每毫米 30 000 条，能满足全息照相的要求。

（5）全息照片的冲洗过程

冲洗过程也是很关键的，应按照配方要求配药，配出显影液、停影液、定影液和漂白液。上述几种药方都要求用蒸馏水配制，但实验证明，用纯净的自来水配制，也能获得成功。冲洗过程要在暗室进行，药液千万不能见光，保持在室温 20℃左右进行冲洗，配制一次药液保管得当可使用一个月左右。

在我们的生活中，当然也常常能看到全息摄影技术的运用。比如，在一些信用卡和纸币上，就有运用了苏联物理学家尤里·丹尼苏克（Yuri Denisyuk）在 20 世纪 60 年代发明的全彩全息图像技术制作出的聚酯软胶片上的“彩虹”全息图像。但这些全息图像更多只是作为一种复杂的印刷技术来实现防伪目的的，它们的感光度低，色彩也不够逼真，远不到乱真的境界。研究人员还试着使用重铬酸盐胶作为感光乳剂，用来制作全息识别设备。在一些战斗机上配备有此种设备，它们可以使驾驶员将注意力集中在敌人身上。另外，把一些珍贵的文物用这项技术拍摄下来，展出时可以真实地立体再现文物，供参观者欣赏，而原物妥善保存，从而防失窃。大型全息图既可展示轿车、卫星以及各种三维广告，亦可采用脉冲全息术再现人物肖像、结婚纪念照。小型全息图可以戴在颈项上形成美丽装饰，它可再现人们喜爱的动物、多彩的花朵等。迅猛发展的模压彩虹全息图，既可成为生动的卡通片、贺卡、立体邮票，也可以作为防伪标识出现在商标、证件卡、银行信用卡，甚至钞票上。装饰在书籍中的全息立体照片，以及礼品包装上闪耀的全息彩虹，使人们体会到 21 世纪印刷技术与包装技术的新飞跃。模压全息标识，由于它的三维层次感，并随观察角度而变化的彩虹效应，以及千变万化的防伪标记，再加上与其他高科技防伪手段的紧密结合，把新世纪的防伪技术推向了新的辉煌顶点。

综上所述，全息照相是一种不用普通光学成像系统的录像方法，是 20 世纪 60 年代发展起来的一种立体摄影和波阵面再现的新技术。由于全息照相能够把物体表面发出的全部信息（即光波的振幅和相位）记录下来，并能完全再现被摄物体光波的全部信息，因此，全息技术在生产实践和科学研究领域中有着广泛的应用。

本章内容小结

1. 相干光

相干条件：振动方向相同，频率相同，相位差恒定。

利用普通光源获得相干光的两种方法：分波面法和分振幅法。

2. 杨氏双缝干涉实验

用分波面法产生两个相干光源。干涉条纹是等间距的直条纹。

明条纹公式：

$$\delta=\frac{d}{L}x=\pm k\lambda, x=\pm k\frac{L}{d}\lambda \quad (k=0,1,2,\cdots)$$

暗条纹公式：

$$\delta=\frac{d}{L}x=\pm(2k-1)\frac{\lambda}{2}, x=\pm(2k-1)\frac{L}{d}\cdot\frac{\lambda}{2} \quad (k=1,2,\cdots)$$

条纹间距为

$$\Delta x=\frac{L}{d}\lambda$$

3. 薄膜干涉

入射光在薄膜上、下表面由于反射和折射而（分振幅）分成两束光，从上、下表面反射的光为相干光。

1）等倾干涉：薄膜厚度均匀。同一干涉条纹都是由来自同一倾角 i 的入射光形成的，等倾干涉条纹是一系列同心圆环组成的。薄膜在空气中时，

$$\delta=2d\sqrt{n_2^2-n_1^2\sin^2 i}+\frac{\lambda}{2}=\begin{cases} k\lambda \quad (k=1,2,3,\cdots) & \text{明纹} \\ (2k+1)\dfrac{\lambda}{2} \quad (k=0,1,2,\cdots) & \text{暗纹} \end{cases}$$

2）等厚干涉：光线垂直入射时，薄膜等厚处干涉情况相同。

劈尖干涉：在空气中时，等厚干涉条纹是一系列等间距、明暗相间的平行于棱边的直条纹。

干涉条纹的明暗条件为

$$\delta=2nd+\frac{\lambda}{2}=\begin{cases} k\lambda \quad (k=1,2,\cdots) & \text{明条纹} \\ (2k+1)\dfrac{\lambda}{2} \quad (k=0,1,\cdots) & \text{暗条纹} \end{cases}$$

4. 惠更斯-菲涅耳原理

由光源发出的光，其波阵面上每个面元 dS 都成为一个发射球面子波的波源，这些子波是相干的；光波在波阵面前方某点 P 的振幅矢量是这些子波在该点振幅矢量的叠加。

5. 夫琅禾费衍射

利用菲涅耳半波带法对衍射现象进行解释，衍射条纹公式为

$$b\sin\theta=\begin{cases} 0 & \text{中央明纹} \\ \pm k\lambda=\pm(2k)\dfrac{\lambda}{2} \quad (k=1,2,\cdots) & \text{暗纹} \\ \pm(2k+1)\dfrac{\lambda}{2} \quad (k=1,2,\cdots) & \text{明纹} \end{cases}$$

衍射图样特点：中央明纹最亮，其他明纹的光强随级次增大而迅速减小。

6. 光栅衍射

由一组相互平行、等宽、等间隔的狭缝构成的光学器件称为光栅。

衍射图样的特点：光栅衍射的屏幕上对应于光直线传播的成像位置上出现中央明纹；在中央明纹两侧出现一系列明暗相间的条纹，两明条纹分得很开，明条纹的亮度随着与中央的距离增大而减弱；明条纹的宽度随狭缝的增多而变细。

主极大（光栅方程）$\begin{cases}\dfrac{2\pi}{d}d\sin\theta=\pm 2k\pi \\ \text{或 } d\sin\theta=\pm k\lambda \quad (k=0,1,2,\cdots)\end{cases}$

暗纹方程$\begin{cases}N\dfrac{2\pi}{\lambda}d\sin\theta=\pm 2k'\pi \\ \text{或 } d\sin\theta=\pm\dfrac{k'\lambda}{N} \quad (k'=0,1,2,\cdots)\end{cases}$

次极大：在相邻主极大之间有 $N-1$ 条暗条纹，两暗条纹间应为明条纹，故必有 $N-2$ 条明条纹。

7. 光栅的缺级

若在 θ 方向的衍射光满足光栅明纹条件，同时还满足单缝衍射暗纹公式，明纹不出现的现象，称为光栅的缺级。所缺级次：

$$k=\pm\frac{b'+b}{b}k' \quad (k'=1,2,3,\cdots)$$

习　题

12-1　用白光源进行双缝实验，若用一个纯红色的滤光片遮盖一条缝，用一个纯蓝色滤光片遮盖另一条缝，对干涉有何影响？

12-2　在双缝干涉实验中，两条缝宽度原来是相等的。若其中一缝的宽度略变窄，则干涉条纹如何变化？

12-3　在双缝干涉实验中，入射光的波长为 λ，用玻璃纸遮住双缝中的一个缝，若玻璃纸中光程比相同厚度的空气的光程大 2.5λ，则屏上原来的明纹处有何变化？

12-4　用单色光垂直照射在牛顿环装置上。当平凸透镜垂直向上缓慢平移远离平面玻璃时，可以观察到这些环状干涉条纹如何变化？

12-5　单色光垂直入射到楔形膜上，当楔形膜夹角减小时，干涉条纹如何变化？

12-6　单缝夫琅禾费衍射装置如题 12-6 图所示，将单缝宽度 a 稍稍变宽，同时使单缝沿 y 轴正方向做微小位移，则屏幕 C 上的中央衍射条纹将如何变化？

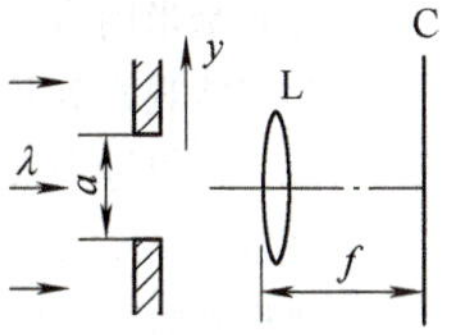

题 12-6 图

12-7　一双缝衍射系统，缝宽为 a，两缝中心间距为 d。若双缝干涉的第 ±4，±8，±12，±16，…级干涉极大由于衍射的影响而消失（即缺级），则 d/a 的最大值为多少？

12-8　若把光栅衍射实验装置浸在折射率为 n 的透明液体中进行实验，则光栅公式变为什么？同在空气中的实验相比较，此时主极大之间的距离如何变化（选填变大、变小或不变）？

12-9　一束单色光垂直入射在光栅上，衍射光谱中共出现 5 条明纹；若已知此光栅缝宽度与不透明部分宽度相等，那么在中央明纹一侧的两条明纹分别是第几级谱线？

12-10　为什么在日常生活中容易察觉声波的衍射现象而不大容易观察到光波衍射现象？

12-11 在单缝衍射图样中，离中心明纹越远的明条纹亮度越小，试用半波带法说明。

12-12 在杨氏双缝干涉实验中，双缝间距 $d=0.023\text{cm}$，屏至双缝的距离 $L=100\text{cm}$。用单色光作光源，测得条纹间距 $\Delta x=2.53\text{mm}$。求此单色光的波长。

12-13 在杨氏双缝干涉实验装置中，光源波长为 640nm，两狭缝间距为 0.4mm，光屏离狭缝的距离为 50cm。(1) 求光屏上第 1 级亮条纹和中央亮条纹之间的距离。(2) 若 p 点离中央亮条纹为 0.1mm，问：两束光在 p 点的相位差是多少？(3) 求 p 点的光强和中央点的光强之比。

12-14 把折射率为 1.5 的玻璃片插入杨氏双缝干涉实验的一束光路中，光屏上原来第 5 级亮条纹所在的位置变为中央亮条纹，试求插入的玻璃片的厚度。已知光波长为 $6\times10^{-7}\text{m}$。

12-15 双缝与屏之间的距离 $L=120\text{cm}$，两缝之间的距离 $d=0.50\text{mm}$，用波长 $\lambda=500\text{nm}$ 的单色光垂直照射双缝。求：(1) 原点 O（零级明条纹所在处）上方的第 5 级明条纹的坐标 x；(2) 如果用厚度 $l=1.0\times10^{-2}\text{mm}$，折射率 $n=1.58$ 的透明薄膜遮盖在 S_1 缝后面，上述第 5 级明条纹的坐标 x'。

12-16 透镜表面通常镀一层如 MgF_2 ($n=1.38$) 一类的透明物质薄膜，目的是利用干涉来降低玻璃表面的反射。为了使透镜在可见光谱的中心波长（550nm）处产生极小的反射，则镀层必须有多厚？（已知透镜的折射率 $n'=1.52$）

12-17 波长为 680nm 的平行光照射到 $L=12\text{cm}$ 长的两块玻璃片上，两玻璃片的一边相互接触，另一边被厚度 $D=0.048\text{mm}$ 的纸片隔开。试问：在这 12cm 长度内会呈现多少条暗条纹？

12-18 用单色光观察牛顿环，测得某一明环的直径为 3mm，在它外边第 5 个明环的直径为 4.6mm，所用平凸透镜的凸面曲率半径为 10.3m，求此单色光的波长。

12-19 如题 12-19 图所示，牛顿环装置的平凸透镜与平板玻璃有一小缝隙 e_0。现用波长为 λ 的单色光垂直照射，已知平凸透镜的曲率半径为 R，求反射光形成的牛顿环的各暗环半径。

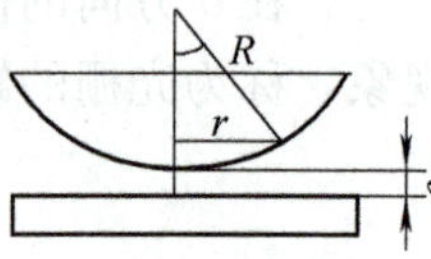

题 12-19 图

12-20 白光形成的单缝衍射图样中，某一波长的第三条明纹与波长为 600nm 的光波的第二条明纹重合。求该光波的波长。

12-21 波长为 546.1nm 的平行光垂直地射在 1mm 宽的缝上，若将焦距为 100cm 的透镜紧贴于缝的后面，并使光聚焦到屏上，问：衍射图样的中央到 (1) 第一最小值；(2) 第一最大值；(3) 第三最小值的距离分别是多少？

12-22 一束平行白光垂直入射在每毫米 50 条刻痕的光栅上，问：第一级光谱的末端和第二级光谱的始端的衍射角 θ 之差为多少？（设可见光中最短的紫光波长为 400nm，最长的红光波长为 760nm）

12-23 用波长为 589nm 的单色光照射一衍射光栅，其光谱的中央最大值和第二十级主最大值之间的衍射角为 $15°10'$，求该光栅 1cm 内的缝数是多少。

12-24 用每毫米内有 400 条刻痕的平面透射光栅观察波长为 589nm 的钠光谱。试问：(1) 光垂直入射时，最多能观察到几级光谱？(2) 光以 30°角入射时，最多能观察到几级光谱？

12-25 (1) 在单缝夫琅禾费衍射实验中，垂直入射的光有两种波长，$\lambda_1=400\text{nm}$，$\lambda_2=760\text{nm}$。已知单缝宽度 $a=1.0\times10^{-2}\text{cm}$，透镜焦距 $f=50\text{cm}$。求两种光第一级衍射明纹中心之间的距离。(2) 若用光栅常数 $d=1.0\times10^{-3}\text{cm}$ 的光栅替换单缝，其他条件和上一问相同，求两种光第一级主极大之间的距离。

第十三章 光的偏振

光的干涉现象和衍射现象证实了光的波动性，但还不能由此确定光是横波还是纵波。而光的偏振现象则是判断光是横波最有力的实验证据。光的偏振现象是在 1809 年发现的。但是当时认为光是纵波，无法解释光的偏振现象；光为横波的观点是杨提出的，1817 年 1 月 12 日，杨在给阿喇戈的信中根据光在晶体中传播时产生的双折射现象推断光是横波。同时菲涅耳也已独立地领悟到了这一思想，并运用横波理论解释了偏振光的干涉。在本章中，我们要讨论的主要问题是如何从自然光通过不同的偏振元件获得各种偏振光，以及如何鉴别自然光和各种偏振光。

第一节 光的偏振性 马吕斯定律

一、光的偏振性

我们知道，波的振动方向和波的传播方向相同的波称为纵波；波的振动方向和波的传播方向相互垂直的波称为横波。在纵波的情况下，通过波的传播方向的所有平面内的运动情况都相同，其中没有一个平面显示出比其他任何平面特殊，这通常称为波的振动对传播方向具有对称性。对横波来说，通过波的传播方向且包含振动矢量的那个平面显然和其他不包含振动矢量的任何平面有区别，这通常称为波的振动方向对传播方向没有对称性，**波的振动方向对于传播方向的不对称性称为偏振性**。只有横波才具有偏振现象，偏振现象是横波区别于纵波的一个最明显的特征。光是电磁波，因此光波的传播方向就是电磁波的传播方向。对于平面电磁波，光矢量 $\boldsymbol{E}$ 的振动方向总是与光的传播方向垂直的。

二、自然光与偏振光

普通光源发出的光一般是自然光，自然光不能直接显示偏振现象。关于这一点可以通过光源的微观发光机制来认识。光是由光源中大量原子（分子）发出的。各原子发出的光的波列不仅初相位彼此不同，而且振动方向也各不相同。在每一时刻，光源中大量原子所发出的光的总和，实际上包含了一切可能的振动方向，而且平均说来，没有哪个方向上的光振动比其他方向占有优势，因而表现为在不同的方向上有相同的能量和振幅。这种**各个方向光振动振幅相同的光，称为自然光**，如图 13-1-1a 所示。自然光可分解为振动方向相互垂直但取向任意的两个线偏振光，如图 13-1-1b 所示，它们的振幅相等，因此它们各占自然光总光强的一半。但应注意，由于自然光中各个光振动是相互独立的，所以这合起来的相互垂直的两个光矢量之间没有恒定的相位差。为了简明地表示光的传播，常用和传播方向垂直的短线表示在竖直面内的光振动，而用点表示和纸面垂直的光振动。对自然光，点和短线等距分布，表示没有哪一个方向的光振动占优势，如图 13-1-1c 所示。

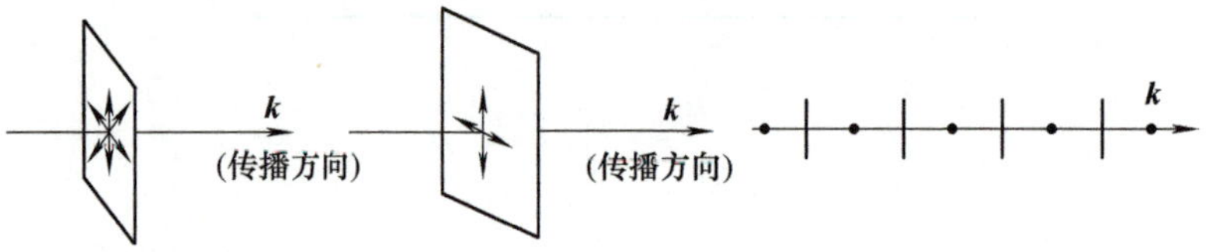

图 13-1-1

自然光经过反射、折射或吸收后，可能只保留某一方向的光振动。**振动只在某一固定方向上的光，叫作线偏振光**，如图 13-1-2 所示。偏振光的振动方向与传播方向组成的平面叫作振动面，若某一方向的光振动比与之相垂直方向上的光振动占优势，那么这种光叫作部分偏振光，如图 13-1-3 所示。

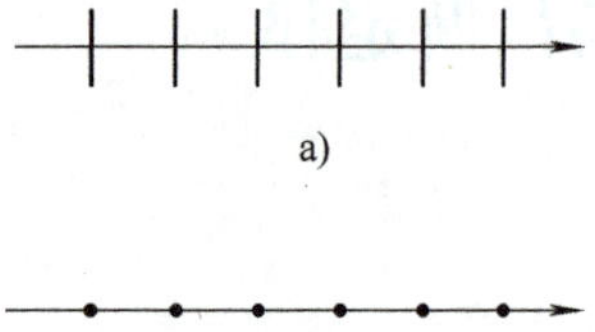

图 13-1-2

a）光振动平行于图面 b）光振动垂直于图面

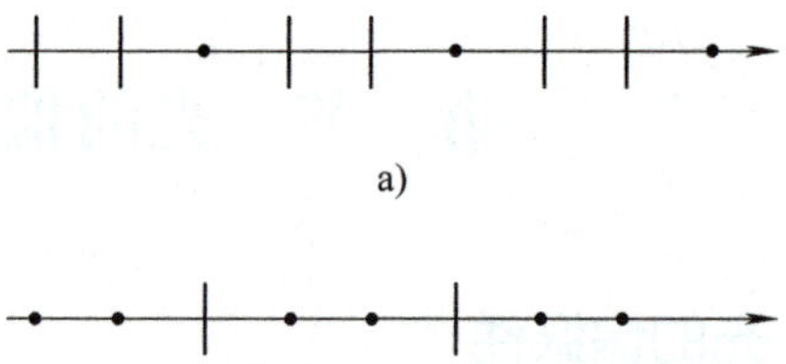

图 13-1-3

a）平行图面振动较强 b）垂直图面振动较强

三、偏振片 起偏与检偏

普通光源发出的是自然光，从自然光中获得偏振光的器件称为**起偏器**。用于检测光的偏振状态的器件称为**检偏器**。常用的起偏器有偏振片、尼科耳棱镜（在本章第三节讲述）等。

现今在工业生产中广泛使用的是人造偏振片，它利用某种只有二向色性的物质的透明薄体做成，它能吸收某一方向的光振动，而只让与这个方向垂直的光振动通过（实际上也有吸收，但吸收不多）。为了便于使用，我们在所用的偏振片上标出记号“↕”，表明该偏振片允许通过的光振动方向，这个方向称为“偏振化方向”，也叫透光轴方向。如图 13-1-4 所示情况，自然光经偏振片 P 变成了线偏振光。

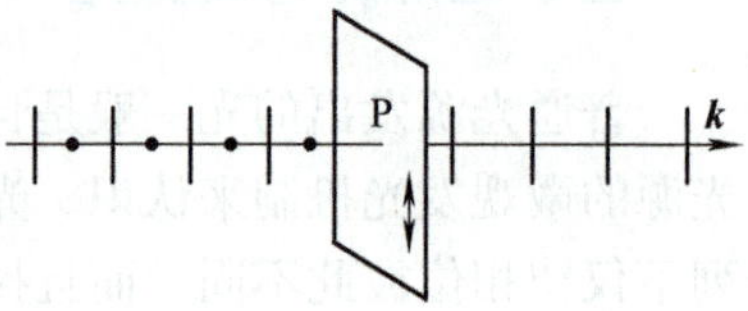

图 13-1-4

自然光通过偏振片后成为光振动方向与偏振化方向一致的线偏振光。偏振片起着起偏器的作用。**使自然光成为线偏振光的装置叫作起偏器**。

起偏器不但可以使自然光变成偏振光，还可用来**检查某光是否为偏振光，即起偏器也可作为检偏器**。在光路中插入检偏器，屏上光强减半。检偏器旋转，屏上亮暗无变化，是自然光；检偏器旋转一周，屏幕上光强两强两暗（消光）为线偏振光；屏上光强经历两强两弱变化为部分偏振光。

四、马吕斯定律

如图 13-1-5 所示，自然光入射到偏振片 P_1 上，透射光又入射到偏振片 P_2 上，这里 P_1 为起偏器，P_2 相当于检偏器。透过 P_2 的线偏振光光强的变化规律叫作马吕斯定律。

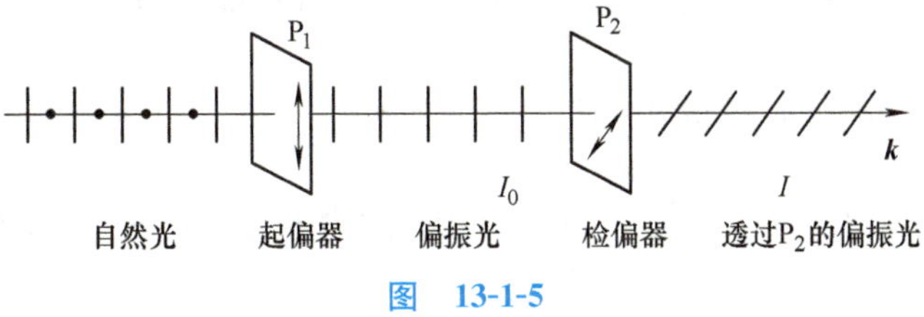

图 13-1-5

如图 13-1-6 所示，设偏振片 P_1、P_2 的两偏振化方向夹角为 α，自然光经 P_1 后变成线偏振光，光强为 I_0，光矢量振幅为 A_0。光振动 $\boldsymbol{A}_0$ 分解成与 P_2 平行及垂直的两个分矢量，标量形式的分量为

$$\begin{cases}A_{/\!/}=A_0\cos\alpha\\A_{\perp}=A_0\sin\alpha\end{cases}$$

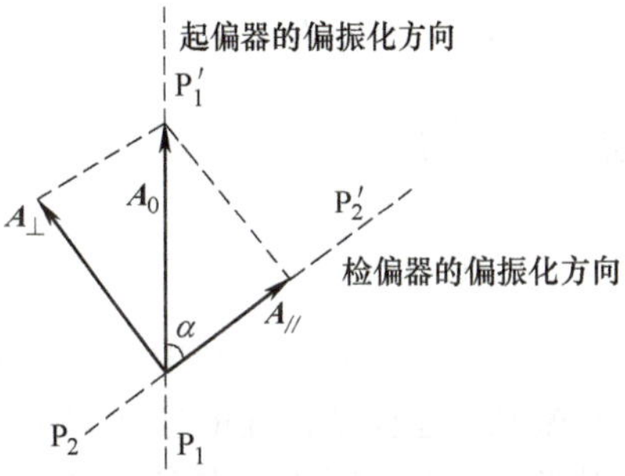

图 13-1-6

只有 $A_{/\!/}$ 能透过 P_2，所以透过光的光振动振幅为 $A=A_{/\!/}=A_0\cos\alpha$（不考虑吸收），光强正比于光振动振幅的平方，所以透射光与入射光光强之比为

$$\frac{I}{I_0}=\frac{A^2}{A_0^2}=\frac{(A_0\cos\alpha)^2}{A_0^2}=\cos^2\alpha$$

即

$$I=I_0\cos^2\alpha \tag{13-1}$$

式（13-1）即为马吕斯定律的数学表达式，是马吕斯于 1808 年由实验发现的。它表明：透过一偏振片的光强等于入射线偏振光光强乘以入射偏振光的光振动方向与偏振片偏振化方向夹角余弦的二次方。

起偏器与检偏器偏振化方向平行，即 $\alpha=0$ 或 $\alpha=\pi$ 时，$I=I_0$，透射光强度最大；起偏器与检偏器偏振化方向垂直，即 $\alpha=\pi/2$ 或 $\alpha=3\pi/2$ 时，$I=0$，透射光强度最小；α 为其他角度时，透射光的强度介于 0 和 I_0 之间。

【例题 13-1】 如例题 13-1 图所示，三偏振片平行放置，P_1、P_3 的偏振化方向相互垂直，自然光垂直入射到偏振片 P_1、P_2、P_3 上。问：(1) 当透过 P_3 的光强为入射自然光光强 1/8 时，P_2 与 P_1 的偏振化方向夹角为多少？(2) 透过 P_3 的光强为零时，P_2 如何放置？(3) 能否找到 P_2 的合适方位，使最后的透射光强为入射自然光强的 1/2？

解： (1) 设 P_1、P_2 的偏振化夹角为 θ，自然光强为 I_0，经过 P_1 后光强为 $I_1=I_0/2$，经过 P_2 后光强 I_2 为

$$I_2=I_1\cos^2\theta=\frac{1}{2}I_0\cos^2\theta$$

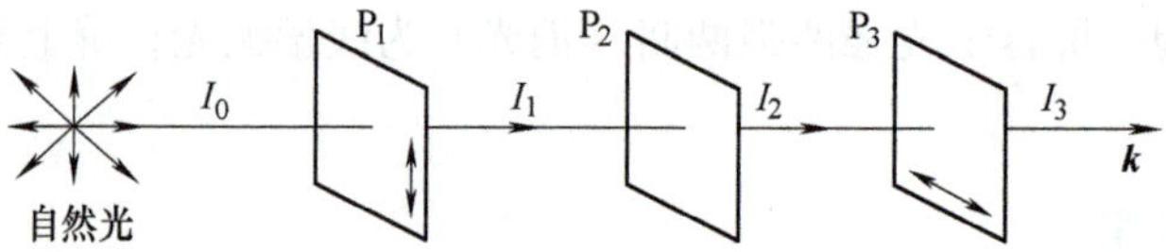

例题 13-1 图

经过 P_3 后光强 I_3 为

$$I_3=I_2\cos^2\left(\frac{\pi}{2}-\theta\right)=I_2\sin^2\theta=\frac{1}{2}I_0\cos^2\theta\sin^2\theta=\frac{1}{8}I_0\sin^2 2\theta$$

当 $I_3=\frac{1}{8}I_0$ 时，$\sin^2 2\theta=1$，解得 $\theta=45°$。

（2）$I_3=\frac{1}{8}I_0\sin^2 2\theta$，$I_3=0$ 时，$\sin^2 2\theta=0$，解得 $\theta=0°$或 $90°$，即 P_2 的偏振化方向与 P_1 或 P_3 的相同。

（3）$I_3=\frac{1}{8}I_0\sin^2 2\theta$，$I_3=\frac{1}{2}I_0$ 时，$\sin^2 2\theta=4$，无意义。所以找不到 P_2 的合适方位，使 $I_3=\frac{1}{2}I_0$。

讨论：$I_{3\max}=$？由（1）中 I_3 公式得，$I_{3\max}=\frac{1}{8}I_0$。

★解题指导：在利用马吕斯定律求解问题时，首先要搞清楚入射光是否为偏振光，若是偏振光，还要知道光的振动方向和起偏器的偏振化方向的夹角，然后利用马吕斯定律求出透射光强。若光路中存在多个偏振片，只有知道了各个偏振片的偏振化方向，多次利用马吕斯定律才能最终求出透射的光强；反之，若知道透射的光强也能反推各偏振片的偏振化方向或入射光是否为偏振光。

第二节 反射光和折射光的偏振

实验发现，自然光在两种各向同性介质的分界面上反射和折射时，不但光的传播方向要改变，而且光的偏振状态也要改变，反射光和折射光都是部分偏振光。偏振状态与入射角和两介质折射率有关。在一般情况下，反射光是以垂直于入射面的光振动为主的部分偏振光，折射光是以平行于入射面的光振动为主的部分偏振光。如图 13-2-1 所示，i 是入射角，γ 是折射角，入射光为自然光。

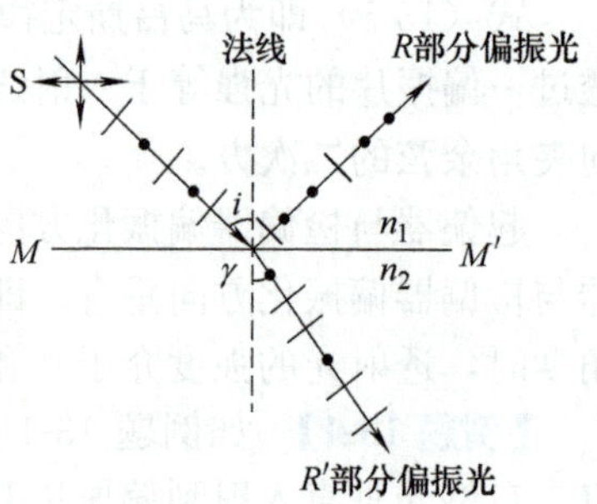

图 13-2-1

实验还表明，入射角 i 改变时，反射光的偏振化程度也随之改变，若光从折射率为 n_1 的介质射向折射率为 n_2 的介质，当入射角满足

$$\tan i_0=\frac{n_2}{n_1} \tag{13-2}$$

时，反射光中就只有垂直于入射面的光振动，而没有平行于入射面的光振动，这时反射光为

线偏振光，而折射光仍为部分偏振光，这就是**布儒斯特定律**，如图 13-2-2 所示，是布儒斯特于 1812 年发现的。其中 i_0 叫作起偏角或布儒斯特角。这个实验规律可用麦克斯韦电磁场理论的菲涅耳公式解释。

当入射角是布儒斯特角时，折射光与入射光垂直。由折射定律：$n_1\sin i_0=n_2\sin\gamma_0$

布儒斯特定律：
$$\tan i_0=\frac{n_2}{n_1}$$

即
$$n_1\sin i_0=n_2\cos i_0$$

相比较：
$$\sin\gamma_0=\cos i_0$$

故
$$\gamma_0+i_0=\frac{\pi}{2}$$

实验表明：一次反射所获得的线偏振光仅占入射自然光总能量的 7.4%，而大部分的垂直分量和全部平行分量都折射到介质中。反射光能量较弱，透射光较强。为了获得一束强度较高的线偏振光，可以使自然光通过一系列玻璃片重叠在一起的玻璃堆，并使入射角为起偏角，则透射光近似地为线偏振光。例如，一束自然光以起偏角 $i_0=56.3°$ 入射到 20 层平板玻璃上，图 13-2-3 所示为在玻璃片下表面处的反射，其入射角 $\gamma_0=33.7°$ 也正是光从玻璃射向空气的起偏角，所以反射光仍是垂直于入射不断振动的偏振光。这样，偏振的反射光不断得到加强，折射光的偏振化程度逐渐增加。

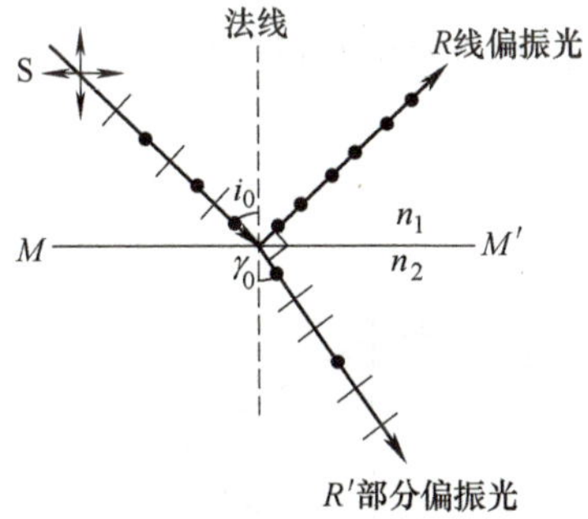

图　13-2-2

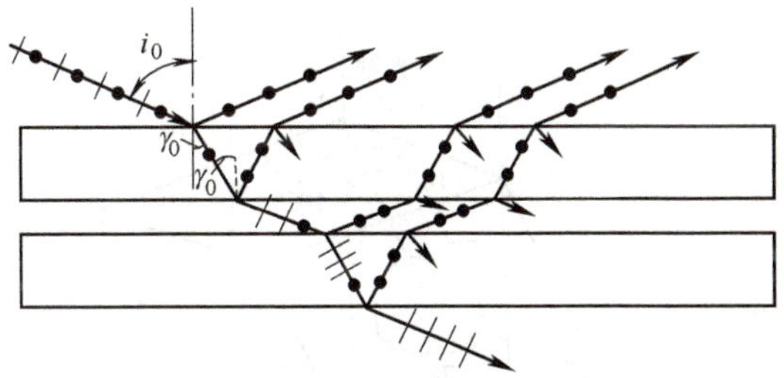

图　13-2-3

【例题 13-2】 已知某材料在空气中的布儒斯特角 $i_0=58°$，求它的折射率。若将它放在水中（水的折射率为 1.33），求布儒斯特角。该材料对水的相对折射率是多少？

解： 设该材料的折射率为 n，空气的折射率为 1，则
$$\tan i_0=\frac{n}{1}=\tan 58°=1.6$$

放在水中，则对应有
$$\tan i'_0=\frac{n}{n_{水}}=\frac{1.6}{1.33}=1.2$$

所以
$$i'_0=50.2°$$

该材料对水的相对折射率为 1.2。

★解题指导： 布儒斯特定律提供了利用自然光在介质表面反射获得线偏振光的反射起偏方法。当光以布儒斯特角入射时，可以利用定律求解介质的折射率。另外，还要利用好以布儒

斯特角入射时，入射角与折射角的和为直角的特点，这样可以使某些问题的求解变得方便。

第三节 双折射 偏振棱镜

一、双折射现象

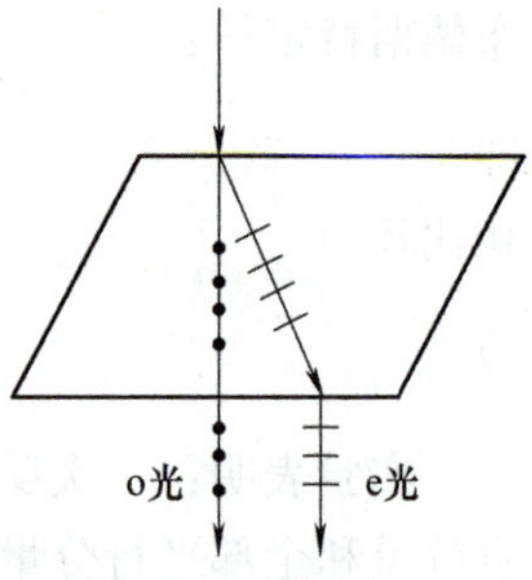

图 13-3-1

我们知道，一束光线在两种各向同性介质的分界面上发生折射时，只有一束折射光，且在入射面内，其方向由折射定律决定。但是当一束自然光射向石英、方解石等各向异性介质时，其折射光有两束，这种现象称为**双折射现象**。这两束折射光中一束折射光的方向遵守折射定律，折射光线总在入射面内，叫寻常光线（或 o 光）；另一束折射光的方向不遵守折射定律，折射光线不一定在入射面内，叫非常光线（或 e 光），如图 13-3-1 所示。能产生双折射现象的晶体叫作双折射晶体。

图 13-3-2 是一方解石晶体的示意图，它的棱边可以有任意长度，但晶体的界面总是钝角为102°、锐角为78°的平行四边形。图中 A 和 B 是两个特殊的顶点，以它们为公共顶点的三个界面都是钝角。实验表明，**光沿着过 A 点（B 点）且与三条棱成等角的直线入射时，不产生双折射现象。这个方向叫作双折射晶体的光轴**。把一双折射晶体磨出两个垂直于光轴的平面（见图 13-3-3 中虚线），当光线垂直入射该平面时，不会发生双折射现象。

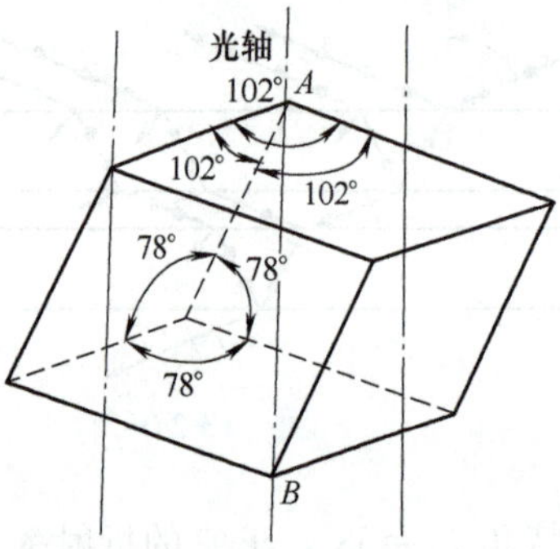

图 13-3-2

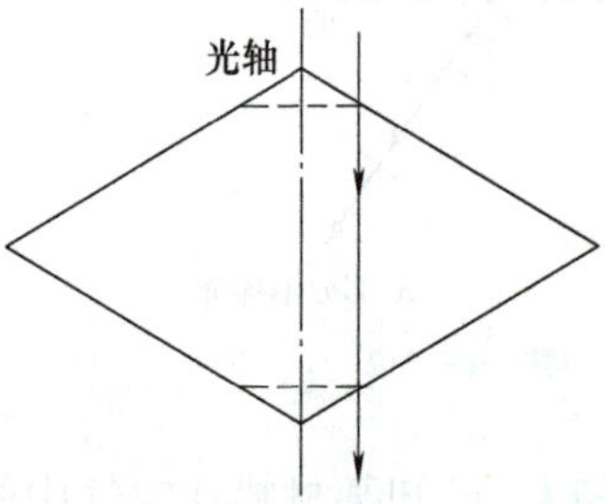

图 13-3-3

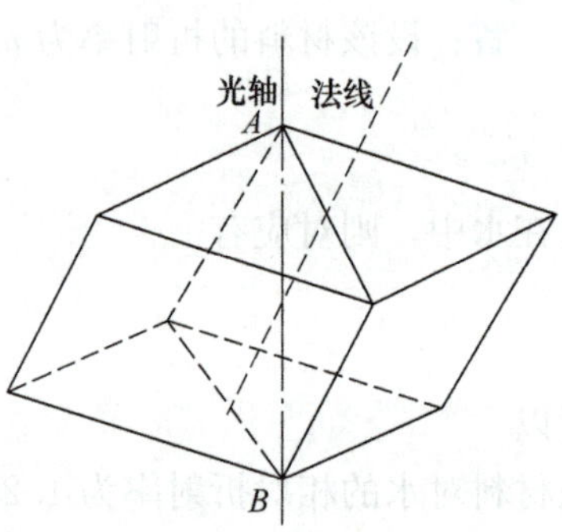

图 13-3-4

当光线在晶体的某一表面入射时，此表面的法线与晶体的光轴所构成的平面叫主截面。例如，方解石的主截面是一平行四边形（见图 13-3-4）。

由光轴和晶体内已知光线组成的平面，称为该光线的**主平面**。o 光和 e 光有各自的主平面。实验证明，**o 光和 e 光都是线偏振光**，但是光矢量的振动方向不同，o 光的振动方向垂直于自己的主平面，e 光的振动方向平行于自己的主平面。当入射光的入射面与晶体的主截面重合时，o 光和 e 光都在入射面内且振动方向相互垂直。在一般情况下，o 光和 e 光的振动方向并不完全垂直，而是有一个不大的夹角，且 e 光不在入射面内。一般来说，o 光主平面和 e 光主平面不一定重合。若光轴在入射面内，实验发现，o 光、e 光均在入射面内传播，且振动方向相互垂直。若沿光轴方向入射，o 光和 e 光具有相同的折射率和相同的波速，因而无双折射现象。

二、尼科耳棱镜

尼科耳棱镜是利用光的全反射原理与晶体的双折射现象制成的一种偏振仪器，可以把 o 光和 e 光分离开来从而获得偏振光。取一块长度约为宽度三倍的方解石晶体，将两端切去一部分，使主截面上的角度为68°，主截面为 $ACNM$。将晶体沿着垂直于主截面及两端面上的 A、N 切开，再用加拿大树胶粘接起来，构造结果如图 13-3-5a 所示。

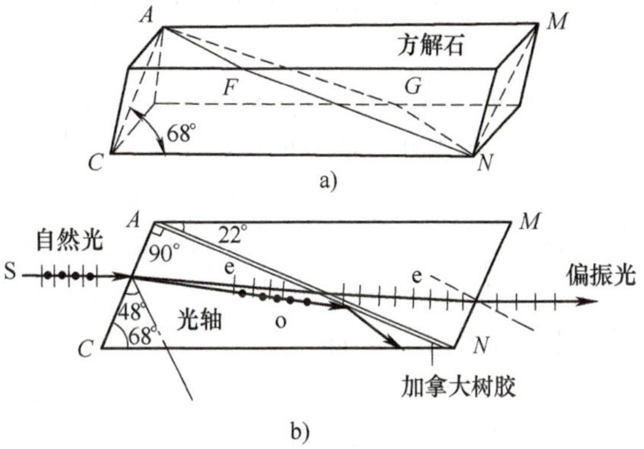

图　13-3-5

尼科耳棱镜的作用原理是：对于钠黄光，$n_o=1.658$，$n_e=1.486$，加拿大树胶的折射率为 $n_{加}=1.55$，介于两者之间。当自然光到达分界面 AC 时，发生双折射，对 o 光而言，由于树胶的折射率小于 o 光的折射率，使 o 光产生全反射，并被涂黑了的棱镜壁吸收；对 e 光而言，情况恰恰相反，e 光透过树胶层射出。这样，自然光就转换为光振动在主截面上的偏振光了（见图 13-3-5b）。尼科耳棱镜可用作起偏器，也可用作检偏器。尼科尔棱镜的缺点是入射光束的倾斜角度不能太大；另外，加拿大树胶对紫外线有吸收，故尼科耳棱镜对此波段不适用。

第四节　旋 光 现 象

偏振光通过某些物质后，其偏振面将以光传播方向为轴线转过一定角度，这种现象称为旋光现象。能产生旋光现象的物质称为旋光物质。旋光物质分为两类：迎着光的传播方向观看，使振动面按顺时针方向转动的物质叫右旋物质，如葡萄糖溶液；迎着光的传播方向观看，使振动面按逆时针方向转动的物质叫左旋物质，如蔗糖溶液。不同的氨基酸和 DNA 等也有左右旋的不同，这些是目前生物学研究的课题。

图 13-4-1 所示是一种观察偏振光振动面旋转的旋光仪。A 为起偏器，B 为检偏器，L 为盛有液体旋光物质的管子，两端为透明的玻璃片。观察前，管中没有注入液体，并使 A 和 B 的偏振化方向相互垂直。这时，若以单色自然光照射 A，则透过 B 的光强为零，视场全暗。然后，把液体旋光物质注入管内，由于偏振面的旋转，在 B 后将看到视场由原来的全暗变为明亮。旋转检偏器 B，使其视场再度变为全暗，这时 B 所转过的角度，就是偏振光振动面所转

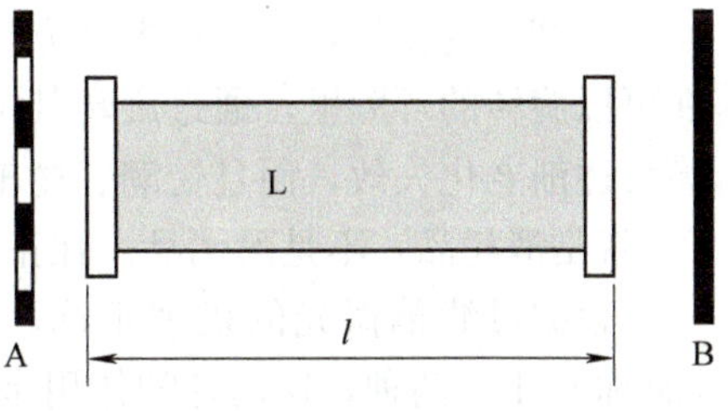

图　13-4-1

过的角度 $\Delta\psi$。由实验得知，对于旋光性物质的溶液，当入射的单色光波长一定时，振动面的旋转角 $\Delta\psi$ 满足关系式

$$\Delta\psi = \alpha l \rho \tag{13-3}$$

式中，l 为旋光物质的透光长度；ρ 为旋光物质的浓度；α 为一与旋光物质有关的常量。

在制糖工业中，利用图 13-4-1 所示的旋光仪，在已知糖溶液的 α 及 l 的条件下测出 $\Delta\psi$，就可根据式（13-3）算出糖溶液的浓度 ρ。这种旋光仪又叫糖量计，在化学及制药工业中有广泛的应用。

对于固体的旋光物质，其旋转角 $\Delta\psi$ 满足关系式

$$\Delta\psi = \alpha l \tag{13-4}$$

式中，α 是与旋光物质及入射的波长有关的常量。如厚度为 1mm 的石英晶片，可使波长 $\lambda=589\text{nm}$ 的黄光振动方向旋转 21.7°，使波长 $\lambda=4.05\text{nm}$ 的紫光振动方向旋转 45.9°。

用人工方法也可以产生旋光现象。例如，外加一定强度的磁场，可以使某些不具有自然旋光性的物质产生旋光现象。这种旋光现象称为磁致旋光效应，也叫法拉第旋转效应。实验表明，对于给定的磁性介质，光的振动面的旋转角 $\Delta\psi$ 与外加磁场的磁感应强度 B 和介质的透光长度 l 成正比，即

$$\Delta\psi = VlB \tag{13-5}$$

式中，V 叫作韦代尔常数。

拓展阅读　偏振镜在摄影中的应用

摄影是光在记录介质上形成的影像。光是一种电磁波，是与传播方向垂直的电场和磁场交替振动而形成的，是横波。与之相对应的是声波，靠空气和其他介质前后压缩振动，振动方向与传播方向相同，是纵波。横波振动具有极性特征：一束光在同一方向振动，称为偏振光；在各个方向均匀振动，称为非偏振光。光滑的非金属表面会产生反射光。当这种光线以 30°～40°的反射角和入射角出现时，就会发生偏振光。偏振光对摄影极其有害。玻璃的反光，使玻璃丧失透明度；水面反光，致使人们看不清水里的东西；山野中树木的每一片叶子都会变成反光的镜面，使树叶看起来是白色的。晴朗的蓝天与太阳光线成 90°夹角时会产生偏振光，影响蓝天的色彩饱和度。自然界中偏振光的存在，致使影像的清晰度和色彩饱和度都受到极大的影响。

能够消除偏振光的滤镜叫作偏振镜，简称 PL 镜，是由两片光学玻璃夹着一片有定向作用的微小偏光性质晶体（如云母）组成的。还有另一种制造方法，两片光学玻璃之间的夹层涂有聚乙烯膜或聚乙烯氰一类的结晶物，这一聚合物涂层可产生极细的栅栏状的结构，好像是一道细密的栅栏，只允许振动方向与缝隙相同的光通过。再将这两片玻璃各自独立地安装在可以旋转的环圈里，通过旋转其中一镜片便可以消除被摄物体表面的偏振反射光。这层涂膜会逐渐老化失效，而且受潮、撞击和震动也会缩短使用寿命。说到底，使用聚合物涂层的 PL 就是消耗品，不是耐用品。在正常情况下，使用五六年没问题。

根据过滤偏振光的机理不同，偏光镜可以分为圆偏光镜（简称 CPL）和线性偏光镜（简称 LPL）两种，这两种的作用是相同的。LPL 主要用于老式的手动对焦相机。出现较晚的 CPL 增加了一层 1/4 波长的薄膜，这种薄膜有一种特殊的性质，可以对一个方向（假设

为 x）的偏振电矢量产生 $\pi/2$ 相移，而对与它垂直方向（假设为 y）的电矢量没有任何作用。所以可以使上述偏振光沿 x 和 y 的角平分线方向通过 1/4 波片，于是出射光线就是一束有两种偏振方向（相互垂直）、相位差 $\pi/2$ 的偏振光合成的光线了，也就是所谓的圆偏振光。这种设计使得其更适合新式的自动对焦和自动曝光相机。目前采用 AF 镜头（有自动调焦功能的交换式照相机镜头）的相机，都采用 CPL 作为偏光镜。在一些光线条件下，线性偏光镜有可能误导机内测光元件进行测光，因此数码相机（DC）和大多数自动对焦相机都使用圆偏光镜。

PL 镜的作用是过滤反射光线，增加成像反差。其工作原理是选择性地过滤来自某个方向的光线。通过过滤掉漫反射中的许多偏振光，从而减弱天空中光线的强度，把天空压暗，并增加蓝天和白云之间的反差。具体实拍时要看着取景器并旋转前镜，取景器中天空最暗时的效果最明显，最暗与最亮相差 90°，可根据需要转到最暗与最亮间的任意角度。

PL 镜也可以有效减弱或者消除非金属表面的反光，这种反射光是典型的偏振光（金属表面反射回的光线不是偏振光，偏光镜对其不起作用），通过调整偏光镜就可以滤掉这一部分的反光，从而改善被摄物体的画质，并提高画面的清晰度。例如，通过使用偏光镜，可以减弱水面的反光，从而清晰地拍摄到水中的鱼。在拍摄这样的场景时，光源的投射角度与相机拍照的角度要趋近一致，并且其最大的偏折角度需介于 30°～40°。使用的时候可以通过慢慢转动滤镜前组的镜片来进行调整，力求把景物表面的反光降到最低限度。

另外，偏光镜可以有效提高色彩的饱和度，提高反差，这是因为偏光镜可以吸收大气中雾气或灰尘反射出的各种方向的杂光，从而使拍摄出的影像更加纯净。例如，在拍摄花卉静物等摄影中，经常使用偏光镜去拍色彩艳丽的照片。它在风景摄影、花卉摄影和拍摄某些特定的反光比较强烈的景物时很有用处。偏光镜运用在拍摄风景照时，对云层的描绘有极好的效果。蓝色天空的光线折射率比被白云散射后的光线要大。利用偏光镜也可以使绿叶的颜色更饱和以及消除低角度拍摄城市景物时的翳雾。由于偏光镜也可以减少 1～2 挡曝光量，因此它在某些场合下可以替代 ND2、ND4 中性灰度镜的作用。用好偏光镜需要一定的技巧，例如拍摄天空时，可以使用右手将大拇指与食指成 90°角，将食指指向太阳，而大拇指方向就是最佳的拍摄方向。此外，由于偏光镜在最佳偏振效果时，会损失 1/2 到 2 挡的光圈，因此需要对曝光进行补偿，一般增加 1 至 2 挡曝光量即可。对于无法过滤掉的金属表面反光，可以在光源前面加一片大的偏振镜，这样金属反射出的光线就是偏振光，就可以使用偏光镜滤掉金属表面的反光了。不过在进行人像摄影时，最好不要使用偏光镜，这是因为偏光镜能过滤掉脸部的反光，使人脸失去立体感。

本章内容小结

1. 光的偏振性

光矢量的振动相对于传播方向的不对称性称为光的偏振性。各个方向光振动振幅相同的光，称为自然光；振动只在某一固定方向上的光，叫作线偏振光；若某一方向的光振动比与之相垂直方向上的光振动占优势，那么这种光叫作部分偏振光。

2. 起偏器与检偏器

把具有二向色性的材料涂敷于透明薄片上，就成为偏振片；使自然光成为线偏振光的装置叫作起偏器；检查某一光是否为偏振光（称为检偏）的装置叫作检偏器，起偏器也可作为检偏器。

3. 马吕斯定律

强度为 I_0 的偏振光，通过检偏器后，透射光的强度（在不考虑吸收的情况下）为

$$I=I_0\cos^2\alpha$$

式中，α 为检偏器的偏振化方向与入射偏振光的偏振化方向之间的夹角。

4. 反射光和折射光的偏振

自然光在两种各向同性介质的分界面上反射和折射时，反射光和折射光都是部分偏振光，反射光是以垂直于入射面的光振动为主的部分偏振光；折射光是以平行于入射面的光振动为主的部分偏振光。

5. 布儒斯特定律

实验表明，入射角 i 改变时，反射光的偏振化程度也随之改变，若光从折射率为 n_1 的介质射向折射率为 n_2的介质，当入射角满足

$$\tan i_0=\frac{n_2}{n_1}$$

时，反射光中就只有垂直于入射面的光振动，而没有平行于入射面的光振动，这时反射光为线偏振光，而折射光仍为部分偏振光，这就是布儒斯特定律。

6. 双折射现象

当一束自然光射向石英、方解石等各向异性介质时，其折射光有两束，这种现象称为双折射现象。一束折射光的方向遵守折射定律，折射光线总在入射面内，叫寻常光线（或o光）；另一束折射光的方向不遵守折射定律，折射光线不一定在入射面内，叫非常光线（或e光）。

7. 尼科耳棱镜

尼科耳棱镜是利用光的全反射原理与晶体的双折射现象制成的一种偏振仪器，可以把o光和e光分离开来。

8. 旋光现象

偏振光通过某些物质后，其偏振面将以光传播方向为轴线转过一定角度，这种现象称为旋光现象。能产生旋光现象的物质称为旋光物质。

习　题

13-1　如题13-1图所示，自然光以布儒斯特角由空气入射到一玻璃表面上，反射光是什么偏振光？

13-2　一束自然光自空气射向一块平板玻璃（见题13-1图），设入射角等于布儒斯特角 i_0，则在界面2上的反射光是什么偏振光？

13-3　如何用实验方法区别自然光和线偏振光？

13-4　将一偏振片沿45°角插入一对正交偏振片之间，自然光经过它们，强度减为原来的几分之几？

13-5　如题13-5图所示，玻璃板的折射率为 n_s，涂一层介质（折射率为 n）薄膜，一束平面线偏振光，振动矢量平行于入射面，入射到基板和薄膜上，入射角为 θ，改变 θ，使直接从基板（玻璃板）和通过介质薄膜后再透射的光的光强差最小，那么就可利用此时的入射角来确定 n，为什么？

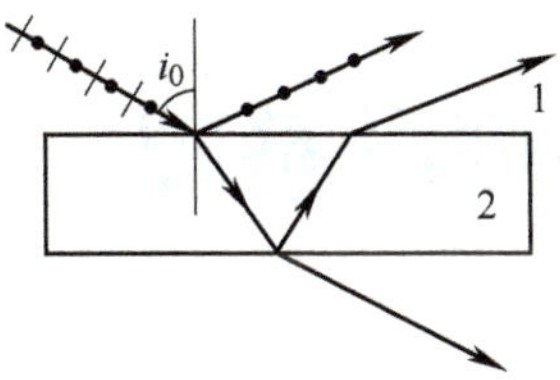

题 13-1 图

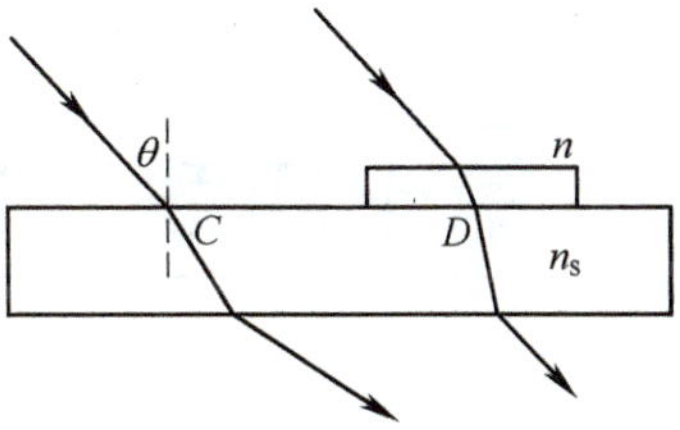

题 13-5 图

13-6　如题 13-6 图所示，将两偏振片 P_1 与 P_2 共轴放置，用强度 I_1 的自然光和 I_2 的线偏振光同时垂直入射到 P_1 上，从 P_1 透出后又射到 P_2 上。(1) P_1 放置不动，将 P_2 以光线方向为轴转一周，光强如何变化？(2) 欲使光强最大，如何放置 P_1 和 P_2？

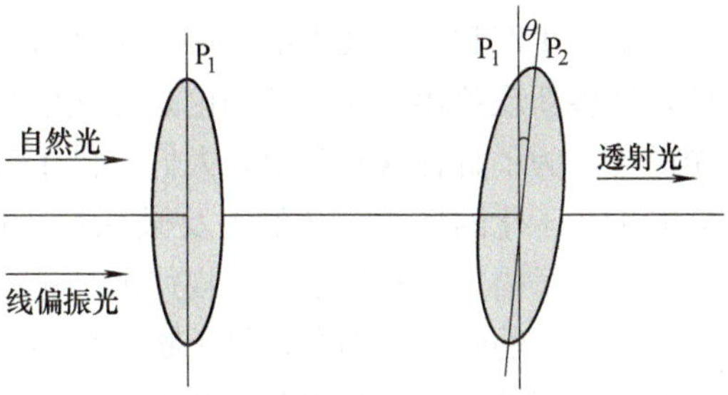

题 13-6 图

13-7　水的折射率为 1.33，试问：太阳俯角应为多大时才会从湖面反射的光获得线偏振光。

13-8　自然光入射到水面上，入射角为 i 时，反射光成为线偏振光。今有一块玻璃浸于水中，若光由玻璃面反射后也成为线偏振光，试求水面与玻璃面之间的夹角（$n_{玻璃}=1.5$，$n_{水}=1.33$）。

第十四章　量子物理学基础

随着生产和实验技术的发展，到 20 世纪初，人们从大量精确的实验中发现了许多新现象，这些新现象用经典物理理论是无法解释的，其中主要的有热辐射、光电效应、原子的线光谱等。为了解释这些现象，人们突破了经典物理概念，建立起一些新概念，比如微观粒子的能量量子化的概念，又如光及微观粒子都具有波粒二象性的概念等。以这些新概念为基础，建立了描述微观粒子运动规律的理论——量子物理。从此，人们对微观粒子的认识进入了一个全新的阶段。如今，量子物理已经成为近代物理，包括原子分子物理、核物理、粒子物理等的基础，也成为许多交叉学科，如量子化学、材料物理等的基础，量子物理还被广泛地应用到高新技术及工、农、医等领域。

量子理论首先是从黑体辐射问题上突破的。1900 年，普朗克为了解决经典理论解释黑体辐射规律的困难，引入了能量子的概念，为量子理论奠定了基础。随后，爱因斯坦针对光电效应与经典理论的困难，提出了光量子的假设，并在固体比热容问题上成功地应用了能量子的概念，为量子理论的进一步发展打开局面。1913 年，玻尔在卢瑟福原子核式结构模型的基础上，应用量子化的概念解释了氢原子光谱，从而使前期量子论取得了很大的成功，为量子力学的建立打下了基础。

本章主要介绍热辐射、普朗克的量子假设、光电效应、爱因斯坦的光子理论、康普顿效应、氢原子的玻尔理论、德布罗意波、不确定关系、波函数、薛定谔方程、量子力学中的氢原子、电子的自旋、原子的电子壳层结构。

第一节　黑体辐射　普朗克量子假设

一、黑体　黑体辐射

任何一个物体，在任何温度下都要发射电磁波。这种由于物体中的分子、原子受到热激发而发射电磁辐射的现象，称为热辐射。另外，任何物体在任何温度下都要接收外界射来的电磁波，除一部分反射回外界外，其余部分被物体所吸收。这就是说，物体在任何时候都存在着发射和吸收电磁辐射的过程。实验表明，不同物体在某一频率范围内发射和吸收电磁辐射的能力是不同的，例如，深色物体吸收和发射电磁辐射的能力比浅色物体要大一些。但是，对同一个物体来说，若它在某频率范围内发射电磁辐射的能力越强，那么，它吸收该频率范围内电磁辐射的能力也越强；反之亦然。

如果一个物体在任何温度下，对任何波长的电磁波都完全吸收，而不反射与透射，则称

这种物体为绝对黑体，简称黑体，黑体是个理想化的模型。如果在一个由不透明材料（钢、铜、陶瓷等）做成的空腔壁上开一个小孔（见图 14-1-1），小孔口表面可近似看作黑体。这是因为射入小孔的电磁辐射，要被空腔壁多次反射，每反射一次，空腔内壁就要吸收一部分电磁辐射能，以致射入小孔的电磁辐射很少能从小孔逃逸出来。

另外，如前所述，此空腔处于某确定的温度时，也应有电磁辐射从小孔发射出来。显然，从小孔发射出来的电磁辐射就可作为黑体的辐射。总之，无论从吸收还是发射电磁辐射来看，空腔的小孔都可以看成是黑体。实验分析表明，空腔小孔向外发射的电磁辐射是含有各种频率成分的，而且不同频率成分的电磁波的强度也不同，随黑体的温度而异。

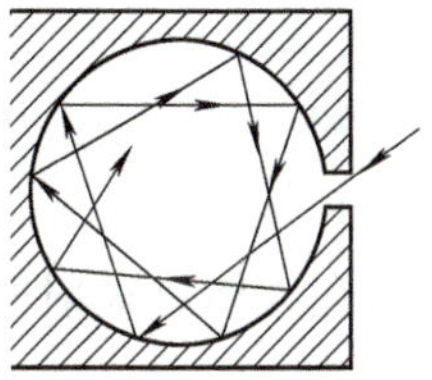

图　14-1-1

在定量介绍热辐射的基本规律之前，先介绍一下有关的物理量。

1. 单色辐射强度

单位时间内，温度为 T 的物体单位面积上发射的波长在 λ 到 $\lambda+\mathrm{d}\lambda$ 范围内的辐射能 $\mathrm{d}E_\lambda$，与波长间隔 $\mathrm{d}\lambda$ 的比值称为物体的单色辐射强度。显然，单色辐射强度是黑体的热力学温度 T 和波长 λ 的函数，用 $M_\lambda(T)$ 表示：

$$M_\lambda(T)=\frac{\mathrm{d}E_\lambda}{\mathrm{d}\lambda} \tag{14-1}$$

2. 辐射强度

单位时间内从物体单位面积上所发射的各种波长的总辐射能，称为辐射强度。它只是黑体的热力学温度 T 的函数，用 $M(T)$ 表示，其值可由 $M(T)$ 对所有波长的积分求得，即

$$M(T)=\int_0^\infty M_\lambda(T)\mathrm{d}\lambda \tag{14-2}$$

辐射强度为图 14-1-2 所示的黑体辐射的实验曲线下的面积；温度越高，黑体的辐射强度越大。

二、斯特藩-玻尔兹曼定律　韦恩位移定律

1. 斯特藩-玻尔兹曼定律

此定律首先由斯特藩于 1879 年从实验数据的分析中发现，五年以后，1884 年玻尔兹曼从热力学理论出发也得到同样的结果：黑体的单色辐射强度与黑体的热力学温度的四次方成正比，而与构成黑体的材料无关，这就是斯特藩-玻尔兹曼定律。该定律可表示为

$$M_\lambda(T)=\sigma T^4 \tag{14-3}$$

式中，$\sigma=5.67\times10^{-8}\,\mathrm{W/(m^2\cdot K^4)}$ 为斯特藩-玻尔兹曼常量。

2. 韦恩位移定律

从图 14-1-2 可以看出，不论温度多大，随着黑体温度的升高，黑体的单色辐射强度都是随波长先增加后减小。每条曲线的峰值对应的波长 λ_m 与温度 T 成反比。韦恩于 1893 年用热力学理论找到 λ_m 与 T 之间的关系，为

$$\lambda_m T=b \tag{14-4}$$

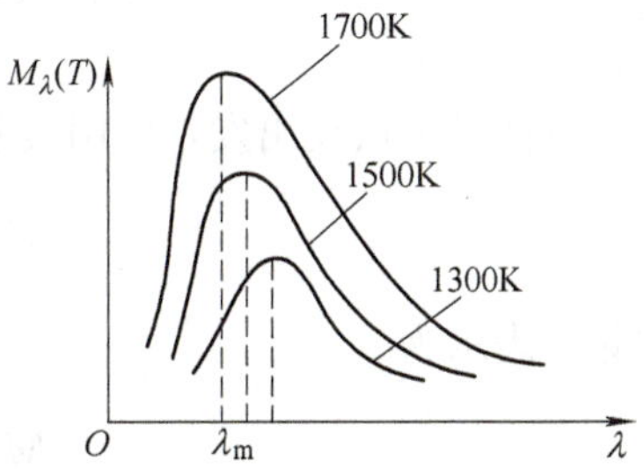

图　14-1-2

式中，$b=2.898\times10^{-3}\mathrm{m\cdot K}$ 是与温度无关的常量。它指出，**当温度升高时，黑体辐射强度的最大值要向短波方向移动**，结论称为**韦恩位移定律**。

这两条定律是黑体辐射的基本定律，它们在现代科学技术中有广泛的应用，是测量高温以及遥感和红外跟踪等技术的物理基础，恒星的有效温度也是通过这种方法测量的。

【例题 14-1】 人体也向外发出热辐射，为什么在黑暗中还是看不见人？

解： 如果设人体表面的温度为 36℃，则由韦恩位移定律

$$\lambda_{\mathrm{m}}T=b,\ b=2.898\times10^{-3}\mathrm{m\cdot K}$$

算出在人体热辐射的各种波长中，所对应的最大单色辐射强度的波长应为

$$\lambda_{\mathrm{m}}=9.379\times10^{-6}\mathrm{m}$$

λ_{m} 在远红外波段，为非可见光，所以是看不到人体辐射的，在黑暗中也如此。

三、黑体单色辐射的瑞利-金斯公式

斯特藩-玻尔兹曼定律和韦恩位移定律是根据实验总结出来的规律，许多物理学家企图从经典电磁理论和热力学理论出发，推导出符合实验结果的单色辐射强度的公式，并对黑体辐射按波长分布的实验结果做出理论解释。

1900 年，瑞利根据能量按自由度均分定理，利用经典电动力学与统计物理学理论，得到了黑体辐射的公式；1905 年，金斯修正了一个数值因子，得出所谓的瑞利-金斯公式，即

$$M_\nu(T)\mathrm{d}\nu=\frac{2\pi\nu^2}{c^2}kT\mathrm{d}\nu \tag{14-5}$$

用波长表示为

$$M_\lambda(T)\mathrm{d}\lambda=\frac{2\pi c}{\lambda^4}kT\mathrm{d}\lambda \tag{14-6}$$

式中，$k=1.38\times10^{-23}\mathrm{J/K}$ 为玻尔兹曼常量；c 为光速。

四、普朗克假设 普朗克黑体辐射公式

1900 年，德国物理学家普朗克为了得到与实验曲线相一致的公式，提出了一个与经典物理概念不同的普朗克假设：**金属空腔壁中电子的振动可视为一维谐振子，它吸收或者发射电磁辐射能量时，不是过去经典物理所认为的那样可以连续地吸收或发射能量，而是以与谐振子的频率成正比的能量子 $\varepsilon=h\nu$ 为基本单元来吸收或发射能量**。这就是说，空腔壁上的带电谐振子吸收或发射的能量，只是 $h\nu$ 的整数倍，即

$$\varepsilon=nh\nu \tag{14-7}$$

式中，$n=1,2,3,\cdots$为正整数；比例常数 h 对所有谐振子都是相同的，后来人们把 h 叫作**普朗克常量**。

从能量子假设出发，应用玻尔兹曼统计规律和有关黑体辐射公式，得到黑体辐射公式：

$$M_\lambda(T)\mathrm{d}\lambda=\frac{2\pi hc^2}{\lambda^5}\frac{1}{\mathrm{e}^{hc/k\lambda T}-1}\mathrm{d}\lambda \tag{14-8}$$

用频率表示为

$$M_\nu(T)\mathrm{d}\nu=\frac{2\pi h\nu^3}{c^2}\frac{1}{e^{h\nu/kT}-1}\mathrm{d}\nu \tag{14-9}$$

式中，c 为光速；k 为玻尔兹曼常量。

将根据瑞利-金斯和普朗克的黑体理论所作的曲线与实验曲线进行比较（见图 14-1-3），可见，瑞利-金斯在长波段与实验曲线相符合，在短波段则完全不能适用，当 $\lambda \to 0$ 时，$M_\lambda(T) \to \infty$，这显然是不合理的。物理学史上把这个理论公式与实验结果在短波段严重偏离的结果称为“紫外灾难”。“紫外灾难”给 19 世纪末期看来很和谐的经典物理理论带来很大的困难。而普朗克的黑体辐射理论和实验符合得相当好。

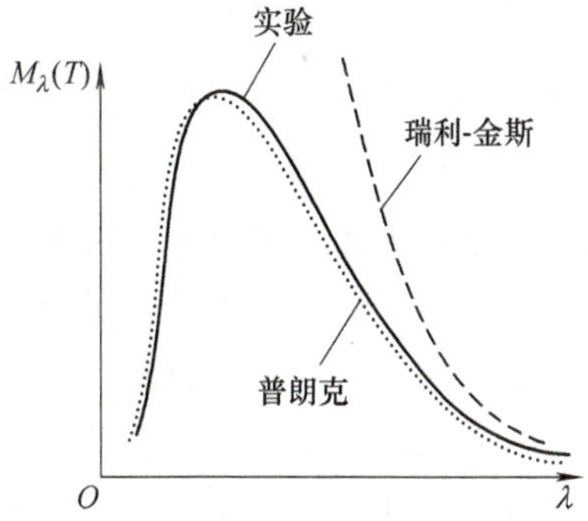

图　14-1-3

普朗克假设与经典物理不相容，所以，尽管从这个能量子假设导出了与实验极为符合的普朗克公式，然而在当时相当长的时间内，并没有得到人们的承认，甚至普朗克本人也不喜欢自己的“能量子”，总是想把自己的理论纳入经典物理的范畴。直到 1911 年，普朗克才认识到量子化的绝对基本的性质。普朗克由于发现能量量子化而获 1918 年诺贝尔物理学奖。

普朗克抛弃了经典物理中的能量可连续变化、物体辐射或吸收的能量可以为任意值的旧观点，提出了能量子、物体辐射或吸收能量只能一份一份地按不连续的方式进行的新观点。这不仅成功地解决了热辐射中的难题，而且开创了物理学研究的新局面，标志着人类对自然规律的认识已经从宏观领域进入微观领域，为量子力学的诞生奠定了基础。

第二节　光电效应

光电效应现象是赫兹 1887 年在实验中偶然发现的。1905 年，爱因斯坦发展了普朗克能量子假说，提出光量子概念，对光电效应从理论上给予了解释；1921 年，爱因斯坦获得诺贝尔物理学奖。

一、光电效应实验的规律

图 14-2-1 是研究光电效应的实验装置示意图，真空玻璃管中 K 是阴极，A 是阳极。单色光通过石英窗照射金属板 K 上，在 A、K 间加上电压 U，则由电流计 G 可观察到有光电流 I 通过，说明阴极上有光电子产生，在加速电场的作用下光电子飞向阳极形成光电流。**当光照射到金属表面时，金属中有电子逸出的现象叫光电效应，所逸出的电子叫光电子，由光电子形成的电流叫光电流，使电子逸出某种金属表面所需的功称为该种金属的逸出功。**

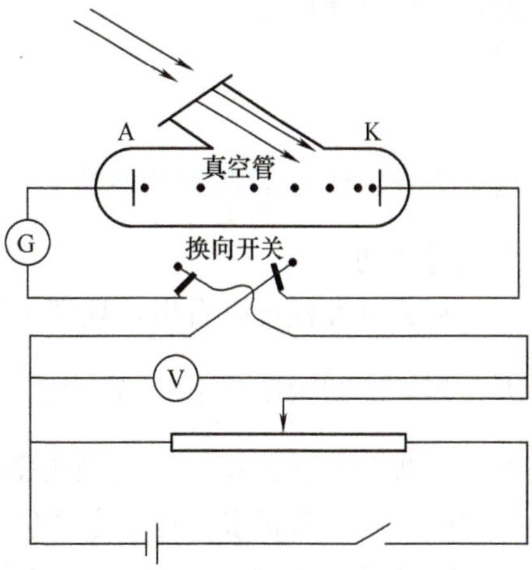

图　14-2-1

从光电效应实验可归纳出如下规律：

1）饱和电流与照射光光强成正比，即单位时间内从阴极表面上逸出的光电子数与入射光强度成正比。改变电压 U，光电流也改变，最后趋于饱和，称为饱和电流 I_m；改变入射光强度，饱和电流 I_m 也随之改变。

2）光电子的最大初动能随入射光频率的增大而增大，与入射光的强度无关。最大初动能可以通过抑制光电流的反向电压（遏止电压）来反映。当阴、阳极之间的电压为零时，光电流并不为零，说明从阴极逸出的光电子具有初动能；只有当两极板间存在反向电压 $U=U_0$ 时，光电流才为零。因而光电子的初动能为 $\frac{1}{2}mv_{初}^2=eU_0$。

3）对某一种金属来说，只有当入射光的频率大于某一频率 ν_0 时，电子才能从金属表面逸出，电路中才有光电流，这个频率 ν_0 叫作截止频率（也称红限），如果入射光的频率 ν 小于截止频率，那么，无论光的强度多大，都没有光电子从金属表面逸出。且用不同频率的光照射金属 K 的表面时，只要入射光的频率 ν 大于截止频率，遏止电压与入射光频率就具有线性关系。图 14-2-2 是截止电压与入射光频率关系的实验曲线。

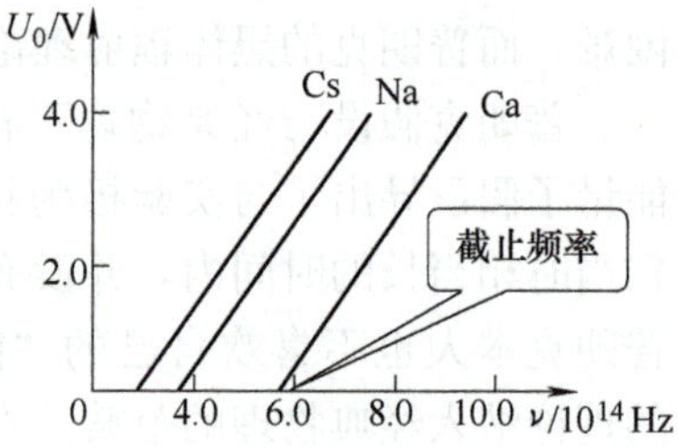

图 14-2-2

4）光电效应具有瞬时性。即使光的强度非常弱，只要光的频率大于 ν_0，当光一照射到金属面上，立刻就有光电子产生，时间滞后不超过 10^{-9} s。

二、光子 爱因斯坦光电方程

1905 年，爱因斯坦根据普朗克能量子假说进一步提出**光量子**，即**光子**概念，对光电效应的研究做出了决定性的贡献。

爱因斯坦光子假说的核心思想是：表面上看起来连续的光波实际上是量子化的。单色光由大量不连续的光子组成。若单色光频率为 ν，那么每个光子的能量为

$$\varepsilon=h\nu \tag{14-10}$$

当光子入射到金属表面时，一个光子的能量一次被金属中的一个电子全部吸收，这些能量的一部分消耗于自金属表面逸出时所做的功，另一部分转变成电子离开金属表面后的初动能，由能量守恒有

$$h\nu=\frac{1}{2}mv^2+A \tag{14-11}$$

这个方程叫作**爱因斯坦光电方程**。式中，$h\nu$ 为入射光子能量；$\frac{1}{2}mv^2$ 为光电子最大动能；A 为逸出功。

从光电方程可以看出，频率不同的光，光子的能量是不同的，频率越高，光子的能量越大，当光子的频率为 ν_0（$A=h\nu_0$）时，电子的初动能 $\frac{1}{2}mv^2=0$，电子刚好能逸出金属表面，ν_0 即为截止频率。入射光频率低于截止频率 ν_0，$h\nu<A$ 不会有光电子逸出，即使入射光很强，光子数很多，也不会产生光电效应。对于不同的金属，A 不同，截止频率也不同。表 14-2-1 给出了几种金属的截止频率和逸出功。入射光的强度是由单位时间内到达金属表面的光子数决定的。入射光光强增大，单位时间内到达金属表面单位面积的光子越多，产生的光电子数也越多，这些光电子全部到达阳极 A 时形成饱和电流，因而饱和电流与入射光强度成正比；当外来光频率和电压固定时，光强增大，意味着撞击金属表面的光子数增多。

只要 $\nu>\nu_0$，被撞击出来的光电子数目就按比例增大，饱和光电流也就越来越大。

表 14-2-1　几种金属的截止频率和逸出功

金　属	截止频率 ν_0/Hz	波长/nm	逸出功/eV
铯 Cs	4.7×10^{14}	625 红	1.9
铍 Be	9.4×10^{14}	319 紫外	3.9
钛 Ti	9.9×10^{14}	303	4.1
汞 Hg	1.09×10^{15}	275	4.5
金 Au	1.16×10^{15}	258	4.8
钯 Pd	1.21×10^{15}	248	5.0

根据光电方程，可以得到

$$U_0=\frac{h\nu}{e}-\frac{A}{e} \tag{14-12}$$

光电子的最大初动能只依赖于照射光的频率，而与照射光的光强无关：

$$\frac{1}{2}mv_{\mathrm{m}}^2=h(\nu-\nu_0) \tag{14-13}$$

金属中电子是一次全部吸收入射光子的能量，因此，光电效应的产生无须积累能量的时间。这就说明了光电效应的瞬时性。按照爱因斯坦光子理论：光照射到金属 K 极，实际上是单个光子能量为 $h\nu$ 的光子束入射到 K 极，光子与 K 极内的电子发生碰撞。当电子一次性地吸收了一个光子后，便获得了 $h\nu$ 的能量而立刻从金属表面逸出，没有明显的时间滞后，这也正是光的“粒子性”表现。

至此，我们可以说，原先由经典理论出发解释光电效应实验所遇到的困难，在爱因斯坦光子假设提出后，都顺利地得到了解决。不仅如此，通过爱因斯坦对光电效应的研究，还使我们对光的本性在认识上有了一个飞跃。光电效应显示了光的粒子性。

【例题 14-2】 波长为 450nm 的单色光照射到纯钠的表面上，已知钠的逸出功为 $A=2.28\text{eV}$。求：(1) 这种光的光子能量和动量；(2) 光电子逸出钠表面时的动能；(3) 若光子的能量为 2.40eV，其波长为多少？

解： (1) 已知光的频率与波长的关系为 $\nu=c/\lambda$，根据

$$E=h\nu=\frac{hc}{\lambda}$$

代入数据得

$$E=h\nu=\frac{hc}{\lambda}=\frac{6.63\times10^{-34}\times3.00\times10^{8}}{450\times10^{-9}}\text{J}=4.42\times10^{-19}\text{J}$$

如以电子伏为能量单位，则

$$E=\frac{4.42\times10^{-19}}{1.60\times10^{-19}}\text{eV}=2.76\text{eV}$$

光子的动量

$$p=\frac{h}{\lambda}=\frac{E}{c}=\frac{4.42\times10^{-19}}{3\times10^{8}}\text{kg}\cdot\text{m/s}=1.47\times10^{-27}\text{kg}\cdot\text{m/s}$$

（2）由爱因斯坦光电方程

$$E_k = E - A$$

钠的逸出功为

$$A = 2.28\text{eV}$$

所以

$$E_k = E - A = (2.76 - 2.28)\text{eV} = 0.48\text{eV}$$

（3）当光子能量为2.40eV时，其波长为

$$\lambda = \frac{hc}{E} = \frac{6.63\times10^{-34}\times3.00\times10^{8}}{2.40\times1.60\times10^{-19}}\text{m} = 5.18\times10^{-7}\text{m} = 518\text{nm}$$

三、光电效应的应用

利用光电效应中光电流与入射光强成正比的特性，可以制造光电转换器——实现光信号与电信号之间的相互转换。真空光电管就是这些光电转换器中的一种，它的灵敏度很高，可用于记录、测量光的强度，广泛应用于光功率测量、光信号记录、电影、电视和自动控制等诸多方面。光电倍增管是另一种光电转换器，它只要受到很微弱的光照，就能产生很大的电流，在科学研究、工程技术、天文和军事方面都有重要的应用。此外，利用光电效应还可以制造多种光电器件，如电视摄像管等。

四、光的波粒二象性

我们知道，光在真空中的传播速度为 c，即光子的速度应为 c。所以，需用相对论来处理光学问题。

由狭义相对论的动量和能量的关系式

$$E^2 = p^2c^2 + E_0^2$$

可知，由于光子的静能量 $E_0=0$，所以光子的能量和动量的关系可写成

$$E = pc$$

其动量也可写成

$$p = \frac{E}{c} = \frac{h\nu}{c} = \frac{h}{\lambda}$$

因此，对于频率为 ν 的光子，其能量和动量分别为

$$E = h\nu,\ p = \frac{h}{\lambda} \tag{14-14}$$

可见，描述光子粒子性的量（E 和 p）与描述光的波动性的量（ν 和 λ）通过普朗克常量 h 联系起来。

光电效应实验表明，光是由光子组成的看法是正确的，体现出光的粒子性。而前面所讲述的光的干涉、衍射和偏振现象，又明显地体现出光的波动性。所以说，光既具有波动性，又具有粒子性，即**光具有波粒二象性**。一般说来，光在传播过程中，波动性表现比较显著；当光和物质相互作用时，粒子性表现比较显著。光所表现的这两重性质，反映了光的本性。

第三节　康普顿效应

在光电效应中，光子与电子作用时，光子被电子所吸收，电子得到光子的全部能量。若

被吸收的光子能量大于金属的逸出功，电子就会携带一定的动能逸出金属表面，这些电子是金属中的自由电子。

光子与电子作用的形式还有其他种类，康普顿效应就是其中之一。

1923年，康普顿在观察X射线被物质的散射时，发现散射线中含有波长发生变化了的成分。图14-3-1是康普顿散射实验装置示意图。由X射线源发出一定波长的X射线，通过光阑后成为一束狭窄的X射线，投射到散射物质上，用摄谱仪可以测不同方向上散射光波长及相对强度。图14-3-2是康普顿实验的结果，结果表明对一定的散射角 φ，既有与入射线相同的波长，又有比入射光线更长的波长。**单色X射线被物质散射时，散射线中除了有波长与入射线相同的成分外，还有波长更长的成分，这种现象称为康普顿散射或康普顿效应。**由于康普顿对X射线散射研究所取得的成就，他于1927年获诺贝尔物理学奖。我国物理学家吴有训（1897—1977）在康普顿效应的实验技术和理论分析等方面也做出了卓有成效的贡献，如图14-3-3所示，他先后以15种轻重不同的元素为散射物质，做了大量X射线散射实验，结果都与康普顿的实验效应一致。吴有训对康普顿效应最重要的贡献在于测定了X射线散射中变线 λ 和不变线 λ_0 之间的强度比随散射物原子序数变化的关系，由此证实并发展了康普顿的量子散射理论。

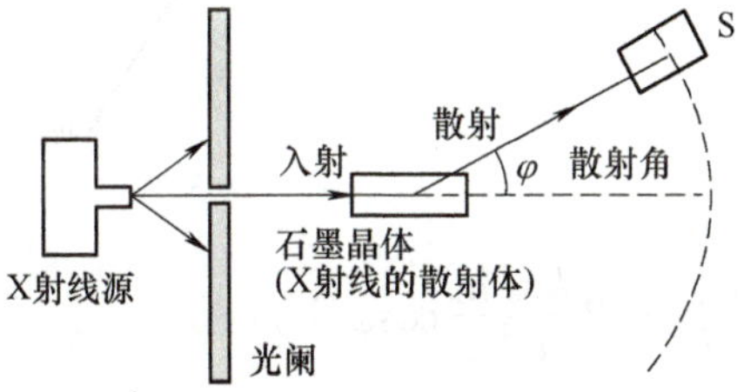

图　14-3-1

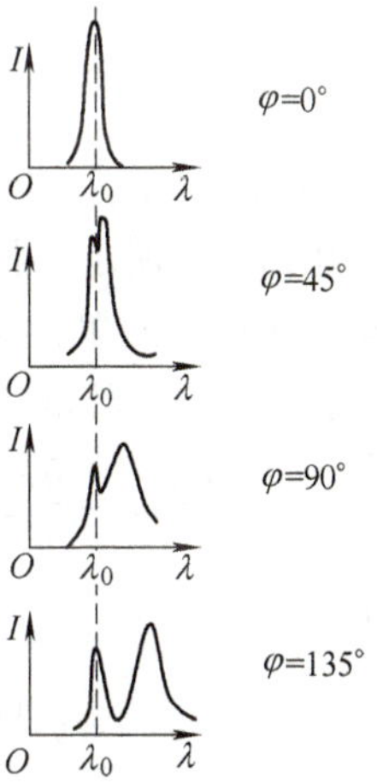

图　14-3-2

康普顿效应是X射线单光子与物质中受原子核束缚较弱的电子或自由电子相互作用的结果。假设在碰撞过程中，动量与能量都是守恒的，由于反冲，电子带走一部分能量与动量，因而散射出去的光量子的能量与动量都相应地减小，即X射线的波长变长，这是定性分析，还可定量地进行分析。图14-3-4是一个光子和一个束缚较弱的电子做弹性碰撞的情形。在碰撞前电子的速度很小，可视为静止，$v_0=0$，设频率为 ν_0 的光子沿 x 方向入射。碰撞后，频率为 ν 的散射光子沿着与 x 轴成 φ 角的方向散射，电子则获得速度 $\boldsymbol{v}$，并沿与 x 轴成 θ 角的方向运动，称为反冲电子。因为碰撞是弹性的，所以能量守恒、动量也守恒。设电子碰撞前后的静止质量和相对论质量分别为 m_0 和 m，其相应的能量为 m_0c^2 和 mc^2。根据系统能量守恒，得

$$h\nu_0+m_0c^2=h\nu+mc^2$$

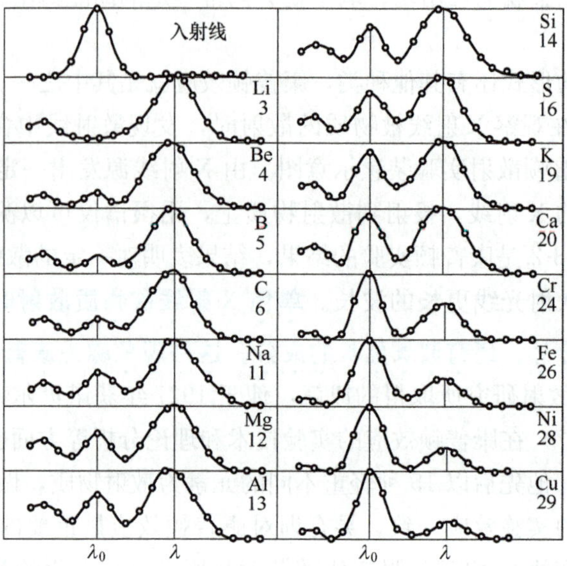

图 14-3-3

即

$$mc^2 = h(\nu_0 - \nu) + m_0 c^2 \tag{14-15}$$

光子在碰撞后损失的动量便是电子所获得的动量，如图 14-3-4 所示，设 $\boldsymbol{e}_0$ 和 $\boldsymbol{e}$ 分别为碰撞前后光子运动方向上的单位矢量，于是根据碰撞前后的动量守恒方程，可得

$$\frac{h\nu_0}{c}\boldsymbol{e}_0 = \frac{h\nu}{c}\boldsymbol{e} + m\boldsymbol{v} \tag{14-16}$$

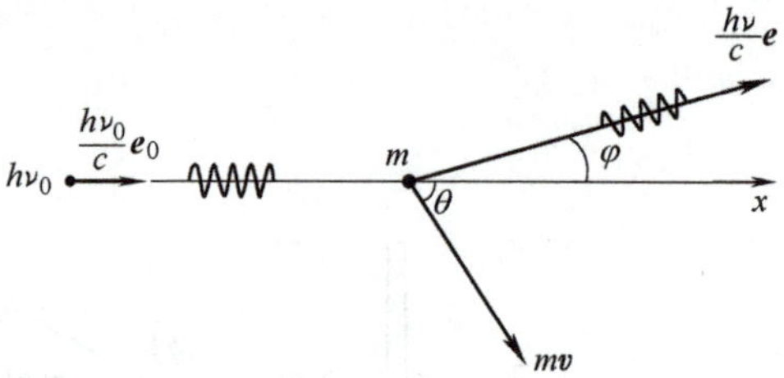

图 14-3-4

由此式有

$$(mv)^2 = \left(\frac{h\nu_0}{c}\right)^2 + \left(\frac{h\nu}{c}\right)^2 - 2\frac{h\nu_0}{c}\frac{h\nu}{c}\cos\varphi \tag{14-17}$$

将式（14-15）两端平方并与式（14-17）相减，得

$$m^2c^4\left(1-\frac{v^2}{c^2}\right) = m_0^2c^4 - 2h^2\nu_0\nu(1-\cos\varphi) + 2m_0c^2h(\nu_0-\nu)$$

由狭义相对论的质量和速度的关系式，可知电子碰撞后的质量 $m = m_0(1-v^2/c^2)^{-1/2}$，这样上式可化为

$$\frac{c}{\nu} - \frac{c}{\nu_0} = \frac{h}{m_0 c}(1-\cos\varphi) \tag{14-18}$$

或

$$\lambda - \lambda_0 = \frac{2h}{m_0 c}\sin^2\frac{\varphi}{2} \tag{14-19}$$

式中，λ_0 为入射光的波长；λ 为散射光的波长。式（14-19）给出了散射光波长的改变量与散射角之间的函数关系。$\varphi=0$ 时，波长不变；φ 增大时，波长变长。可见，波长的改变与散射物质无关，仅取决于散射角，而且关系式中包含了普朗克常量，因此它是经典物理学无

法解释的。

由于散射波长的改变量的数量级为10^{-12}m，因此对于波长较长的波，康普顿效应是难以观察到的；波长比较短的波，例如X射线，其波长数量级为10^{-10}m，其量子效应较为显著。

上面研究的是光子和受原子束缚较弱的电子发生碰撞的情况，它只说明散射波中含有波长比入射波长更长的射线，那么，如何说明散射波中也有与入射波波长相同的射线呢？这是因为光子除了与上述那种电子发生碰撞外，与原子中束缚很紧的电子也要发生碰撞，这种碰撞可以看作光子与整个原子的碰撞。由于原子的质量很大，根据碰撞理论，光子碰撞后不会显著地失去能量。因而散射波的频率几乎不变，所以在散射波中也有与入射波波长相同的射线。由于氢原子中电子束缚较弱，重原子中内层电子束缚很紧，因此相对原子质量小的物质的康普顿效应较显著，相对原子质量大的物质的康普顿效应不明显，这和实验结果是一致的。

康普顿效应的发现，以及理论分析和实验结果的一致性，不仅有力地证实了光子学说的正确性，同时也证实了在微观粒子相互作用中，动量守恒与能量守恒依然成立。

第四节　氢原子的玻尔理论

从以上的讨论中已经知道，20世纪初物理学革命的重大成果之一，就是建立了量子论。1900年，普朗克引入能量子的概念，解释了黑体辐射的规律，为量子理论奠定了基础；1905年，爱因斯坦提出光量子学说，说明了光电效应的实验规律，为量子理论的发展开创了新的局面；1920—1926年，康普顿效应的发现以及其理论分析和实验结果的一致性，有力地证明了光子学说的正确性。19世纪80年代，光谱学的发展，使人们意识到光谱规律实质是显示了原子内在的机理。1897年，J. J. 汤姆孙发现了电子，促使人们探索原子的结构。应当说，量子论、光谱学、电子的发现这三大线索，为运用量子论研究原子结构提供了坚实的理论和实验基础。在所有的原子中，氢原子是最简单的。

一、氢原子光谱的规律性

氢原子线光谱中可见光部分的实验结果，如图14-4-1所示。1885年，瑞士数学家巴耳末把氢原子的前四条谱线归纳为一个简单的公式：

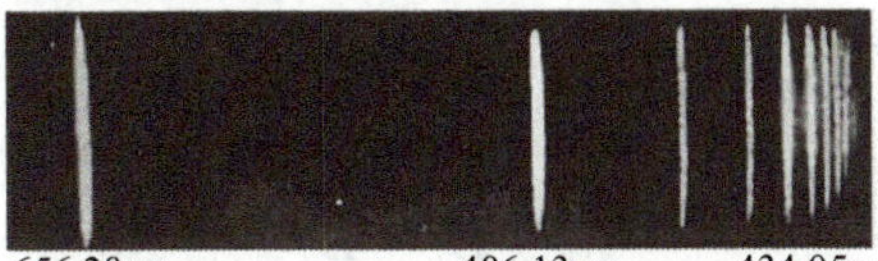

图　14-4-1

$$\lambda = B\frac{n^2}{n^2-2^2}\quad (n=3,4,5,\cdots) \tag{14-20}$$

式中，$B=364.56$nm。当$n=3$时，$\lambda_\alpha=656.21$nm，这与实验值H_α的波长656.28nm是相当吻合的；当$n=4$，5，6，…时，按式（14-20）所得的值与实验值也是相当吻合的，因此，可以认为式（14-20）反映了氢原子光谱中可见光范围内谱线按波长分布的规律，这个谱线系叫作巴耳末系，这个公式叫巴耳末公式，而$n\to\infty$时，H_∞的波长为364.56nm，这个波长为巴耳末系波长的极限值。

1890年，瑞典物理学家里德伯采用波数$\tilde{\nu}=\frac{1}{\lambda}$，得公式：

$$\tilde{\nu}=R_{\mathrm{H}}\left(\frac{1}{2^2}-\frac{1}{n^2}\right)\quad (n=3,4,5,\cdots)\quad (\text{可见光}) \tag{14-21}$$

式中，$R_{\mathrm{H}}=1.097\ 373\ 1(13)\times10^7\mathrm{m}^{-1}$称为里德伯常量。把公式中的“$2^2$”换成其他整数的平方，即可得到氢原子的其他光谱（1906—1924年得到证实）。氢原子光谱的其他谱线系，也先后被发现：

莱曼系（1916年）：$\tilde{\nu}=R_{\mathrm{H}}\left(\frac{1}{1^2}-\frac{1}{n^2}\right)\quad (n=2,\ 3,\ 4,\ \cdots)$

帕邢系（1908年）：$\tilde{\nu}=R_{\mathrm{H}}\left(\frac{1}{3^2}-\frac{1}{n^2}\right)\quad (n=4,\ 5,\ 6,\ \cdots)$

布拉开系（1922年）：$\tilde{\nu}=R_{\mathrm{H}}\left(\frac{1}{4^2}-\frac{1}{n^2}\right)\quad (n=5,\ 6,\ 7,\ \cdots)$

普丰德系（1924年）：$\tilde{\nu}=R_{\mathrm{H}}\left(\frac{1}{5^2}-\frac{1}{n^2}\right)\quad (n=6,\ 7,\ 8,\ \cdots)$

以上各谱线系的光谱线规律，可以统一写成：

$$\tilde{\nu}=R_{\mathrm{H}}\left(\frac{1}{m^2}-\frac{1}{n^2}\right)\quad (m=1,2,\cdots;n=m+1,m+2,\cdots) \tag{14-22}$$

当m取定值时，n取大于m的整数，即可得一个线系；当$n\to\infty$时，该线系对应的波长为极限波长。该公式引导人们寻找其他光谱的光谱规律，为揭示原子结构奠定了基础。

二、玻尔的氢原子理论

玻尔理论是氢原子构造的早期量子理论，玻尔理论是以下述三条假设为基础的：

1）定态假说：**原子能够而且只能够稳定地存在于一些离散能量的一系列状态之中，或者说电子在原子中可以在一些特定的圆轨道上运动，而不辐射光，这时原子处于稳定状态（定态）并具有一定的能量。**

2）跃迁假设：**原子能量的任何变化，包括发射或吸收电磁辐射，都只能在两个定态之间以跃迁的形式进行；如当电子从高能态E_i的轨道跃迁到低能态E_f的轨道上时，要发射能量为$h\nu$的光子：**

$$h\nu=E_i-E_f \tag{14-23}$$

此式叫作**频率条件**。

3）量子化条件：**电子绕核运动时，只有电子角动量L等于$\hbar$的整数倍的那些轨道才是稳定的，即**

$$L=mvr=n\frac{h}{2\pi}=n\hbar \tag{14-24}$$

式中，h为**普朗克常量**；$n=1,\ 2,\ \cdots$称为**主量子数**。式（14-24）叫作**量子化条件**。

在这三条假设中，定态假说是经验性的，它解决了原子的稳定性问题；跃迁假设是从普朗克假设中引申的，解释了线状光谱的起源问题；量子化条件被认为是加进去的，可以从德布罗意假设导出。

玻尔在此假设下，推导氢原子能级公式，并解释氢原子光谱的规律。设氢原子中，质量为 m、电荷为 e 的电子，在半径为 r_n 的稳定轨道上以速率 v 做圆周运动，作用在电子上的库仑力为有心力，因此有

$$m\frac{v^2}{r_n}=\frac{e^2}{4\pi\varepsilon_0 r_n^2} \tag{14-25}$$

又

$$mvr_n=n\frac{h}{2\pi}$$

可得

$$v=\frac{nh}{2\pi m r_n} \tag{14-26}$$

因而

$$r_n=n^2\frac{\varepsilon_0 h^2}{\pi m e^2} \tag{14-27}$$

式中，$r_1=\dfrac{\varepsilon_0 h^2}{\pi m e^2}=0.529\times10^{-10}\mathrm{m}$，这是电子的第一个轨道的半径，叫作**玻尔半径**。因此由式（14-27）可知，电子绕核运动的轨道半径的可能值为

$$r_n=n^2 r_1 \quad (n=1,2,3,\cdots)$$

电子在第 n 个轨道上的总能量是动能和势能之和，即

$$E_n=\frac{1}{2}mv^2-\frac{e^2}{4\pi\varepsilon_0 r_n}=-\frac{me^4}{8\varepsilon_0^2 h^2}\frac{1}{n^2} \tag{14-28}$$

式中，$E_1=-\dfrac{me^4}{8\varepsilon_0^2 h^2}=-13.6\mathrm{eV}$，它就是把电子从氢原子的第一个玻尔轨道上移到无限远处所需的能量值，$-E_1$ 就是电离能。当 $n=1$，2，3，…时，氢原子所能具有的能量为

$$E_n=\frac{E_1}{n^2} \tag{14-29}$$

可见，氢原子的能级也是量子化的，这一系列不连续的能量值就构成了通常所说的**能级**。式（14-28）叫作**氢原子能级公式**。

图 14-4-2 是氢原子能级与相应的电子轨道的示意图。在正常情况下，氢原子处于最低能级 E_1，这个能级对应的状态叫作**基态**。电子受到外界激发时，可从基态跃迁到较高能级的 E_2，E_3，E_4，…上，这些能级对应的状态叫作**激发态**。

当电子从高的能级 E_i 跃迁到较低的能级 E_f 时，根据式（14-23）得原子辐射的单色光的光子能量为

$$h\nu=E_i-E_f$$

把式（14-28）代入上式得

$$\nu=\frac{me^4}{8\varepsilon_0^2 h^3}\left(\frac{1}{f^2}-\frac{1}{i^2}\right) \quad (i>f)$$

或

$$\tilde{\nu}=\frac{me^4}{8\varepsilon_0^2 h^3 c}\left(\frac{1}{f^2}-\frac{1}{i^2}\right) \quad (i>f) \tag{14-30}$$

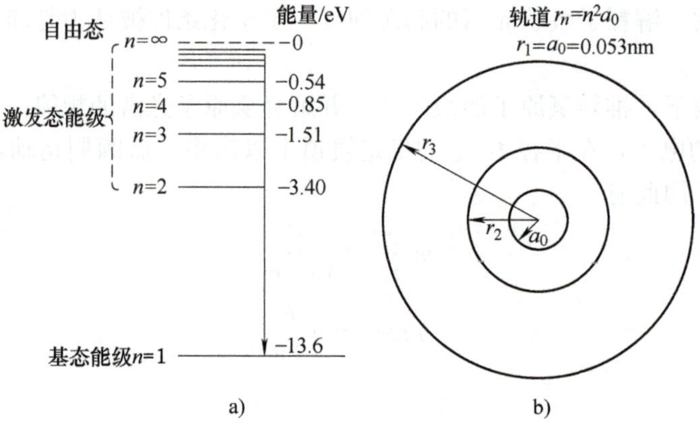

图 14-4-2

a）对应不同的主量子数，氢原子可能的能量状态 b）在不同状态下，电子圆轨道的相对尺寸

式中，$\frac{me^4}{8\varepsilon_0^2h^3c}=1.097\times10^7$/m 与里德伯常量非常接近。而实验值 $R=1.096\ 775\ 8\times10^7$/m，两者符合得非常好。这样，玻尔用半经典（电子的轨道运动）、半量子化（定态）的方法成功地解释了氢原子的光谱所呈现的规律性。图 14-4-3是氢原子能级跃迁与光谱系之间的关系。

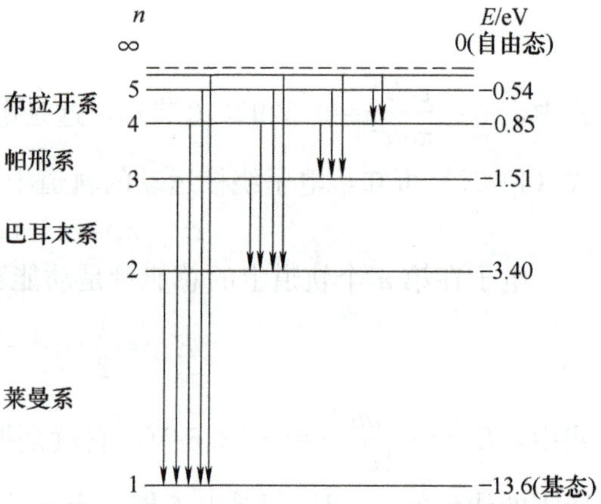

图 14-4-3

三、氢原子玻尔理论的困难

氢原子玻尔理论解释了氢原子光谱的规律性，从理论上计算了里德伯常量，对类氢原子的光谱给予了说明，而且玻尔提出的一些概念，如能量量子化、量子跃迁及频率条件等，至今仍然是正确的。

但是，氢原子玻尔理论也有一些缺陷。首先，它不能解释多电子原子的光谱：对于复杂原子的光谱，即使是对只有两个电子的氦原子光谱，玻尔理论不但定量上无法处理，甚至在原则上就有问题。其次，它不能解释谱线的强度：这个问题是玻尔首先提出来的，可是玻尔理论不能提供处理光谱相对强度的系统方法，也不能用来处理非束缚态问题，如散射问题等。再次，它没有从根本上揭示出不连续性的本性：从理论上看，玻尔提出的与经典物理不相容的概念，如原子能量不连续的概念和角动量量子化条件等，多少带有人为的性质，并没有从根本上揭示出不连续性的本性。此外，玻尔理论在逻辑上也存在矛盾，他把微观粒子看成是遵守经典力学的质点，同时，又赋予它们量子化的特征，这使得微观粒子是多么的不协调！

理论和实践要求产生一个崭新的、比玻尔理论更加完善的理论来描述微观粒子的运动。量子力学就是在这个历史背景下应运而生的，这是物理学史上的一个重大变革。变革的序幕在 1924 年由德布罗意所揭示，从此进入量子力学阶段。

第五节　德布罗意波　不确定关系

一、德布罗意假设

德布罗意根据对称性思想提出了物质波假设，认为波粒二象性不是光独有的特性，一切实物粒子都有波粒二象性。德布罗意关于微观粒子波粒二象性假设的要点是：实物粒子既具有粒子性，又具有波动性，是粒子性和波动性的统一。德布罗意认为：对于质量为 m、速度为 v 的自由粒子，可用能量 E 和动量 p 来描述它的粒子性，还可以用频率 ν 和波长 λ 来描述它的波动性。它们之间的关系为

$$E=h\nu,\ p=\frac{h}{\lambda}$$

根据德布罗意假设，以动量 p 运动的实物粒子的波的波长为

$$\lambda=\frac{h}{p}=\frac{h}{mv} \tag{14-31}$$

式（14-31）称为德布罗意公式或德布罗意关系，这种与实物粒子相联系的波称为德布罗意波。在宏观上，如飞行的子弹 $m=10^{-2}$kg，速度 $v=5.0\times10^{2}$m/s，对应的德布罗意波长太小，目前我们没有办法测量。在微观上，如电子 $m=9.1\times10^{-31}$kg，速度 $v=5.0\times10^{7}$m/s，对应的德布罗意波长和 X 射线的波长同数量级。可见，微观粒子的波动性是可见的。

【例题 14-3】 计算：（1）电子通过 100V 电压加速后的德布罗意波长；（2）质量为 $m=0.01$kg、速度 $v=300$m/s 的子弹的德布罗意波长。

解：（1）电子经电压 U 加速后的动能为

$$\frac{1}{2}mv^2=eU$$

得

$$v=\sqrt{\frac{2eU}{m}}$$

将 $e=1.6\times10^{-19}$C，$m=9.1\times10^{-31}$kg，$U=100$V 代入得

$$v=5.9\times10^{6}\text{m/s}\quad(\ll c)$$

故电子的波长为

$$\lambda_1=\frac{h}{mv}=\frac{6.63\times10^{-34}}{9.1\times10^{-31}\times5.9\times10^{6}}=0.123\text{nm}\text{——X 射线量级}$$

（2）子弹的德布罗意波长为

$$\lambda_2=\frac{h}{mv}=\frac{6.63\times10^{-34}}{10^{-2}\times5.0\times10^{2}}=2.21\times10^{-34}\text{m}$$

结果表明，电子的德布罗意波长与 X 射线和晶体的晶格常数相近，所以利用晶体应该可以观察到电子的衍射现象（德布罗意提出物质波假设后，曾预言可以通过电子的衍射实验来验证他的假设）。

二、电子衍射——德布罗意假设实验证明

在德布罗意提出物质波的假设后，很快就通过实验得到证实。1927 年，戴维逊和革末

做了电子束射向镍单晶靶的衍射实验，观察到了和 X 射线衍射类似的电子衍射现象（见图 14-5-1a），其强度分布可用德布罗意关系和衍射理论给予解释，从而验证了物质波的存在，首先证实了电子波动性的存在。同年，汤姆逊用电子束垂直射向多晶体金属铝箔，在铝箔后的屏上出现了圆形的电子衍射图样（见图 14-5-1b），这也证明了电子具有波动性。以上两个实验充分说明，电子作为一种微观粒子，也像 X 射线一样具有波动性。1929 年，科学家证实氦原子和氢分子也按照德布罗意理论被衍射。进入 20 世纪 30 年代以后，实验进一步发现，不仅电子，而且一切微观粒子，如质子、中子、中性原子等都有衍射现象，从而表明它们都有波动性。

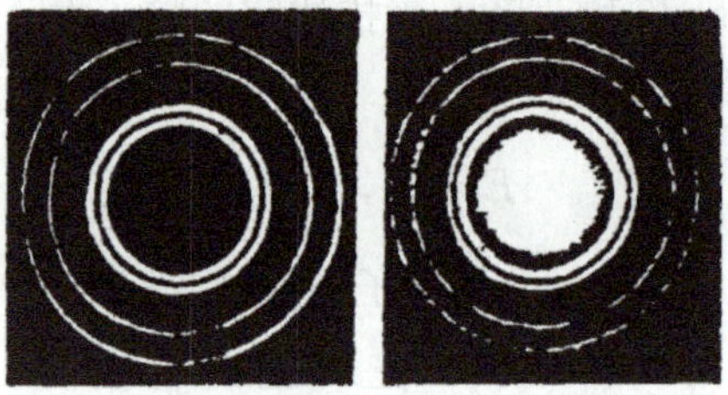
a)　　b)

图　14-5-1

a）电子束透过镍单晶靶　b）电子束透过多晶铝箔

光是一种电磁波，具有量子化的粒子性质；电子等微观粒子又具有波动的性质，所以我们说，自然界中的一切微观粒子，不论它们的静止质量是否为零，都具有波粒二象性。

在经典物理中，所谓“粒子”，就意味着该物体既具有一定的质量和电荷等属性，即物质的“颗粒性”或“原子性”，又具有一定的位置和确切的运动轨道，即在每一时刻有一定的位置和速度等；而所谓“波动”，就意味着某种实在的物理量的空间分布在做周期性的变化，并呈现出干涉和衍射等反映相干叠加的现象。显然在经典物理中，粒子性与波动性是很难统一到一个物体上的。实验表明：电子所呈现的粒子性，只是具有所谓的“原子性”，即总是以具有一定的质量和电荷等属性出现的，并不与“粒子具有确切的轨道”的概念有什么联系；电子所呈现的波动性，也只不过是波动性中最本质的东西“波的叠加性”，并不与某种物理量在空间的波动联系在一起。因此，波粒二象性将微观粒子的“原子性”与波的“叠加性”统一了起来。

三、不确定关系

按经典力学，粒子的运动具有决定性的规律，原则上说可同时用确定的坐标与确定的动量来描述宏观物体的运动。在量子概念下，电子和其他物质粒子的衍射实验表明，粒子束所通过的圆孔或单缝越窄小，所产生的衍射图样的中心极大区域越大。换句话说，测量的粒子位置的精度越高，则测量的粒子动量的精度就越低。

海森伯发现，上述不确定的各种范围之间存在着一定的关系，而且物理量的不确定性受到了普朗克常量的限制。这一关系是海森伯在 1927 年发现的，称为不确定关系。

我们用电子单缝衍射实验为例讨论不确定关系，设一束电子沿 Oy 轴射向缝宽为 a 的狭缝。于是，在照相底片 CD 上，可以观察到图 14-5-2 所示的衍射图样。因为电子通过了狭

缝，因此，我们可以认为电子在 Ox 轴上的坐标不确定范围为

$$\Delta x = a$$

在同一瞬时，由于衍射，电子动量的大小虽未变化，但动量的方向有了改变，由图 14-5-2 可以看到，如果考虑第一级衍射图样，则电子被限制在一级极小的衍射角范围内，有 $\sin\varphi = \lambda/a$ ，因此，电子动量沿 Ox 轴方向的分量的不确定范围为

$$\Delta p_x = p\sin\varphi = p \cdot \frac{\lambda}{a}$$

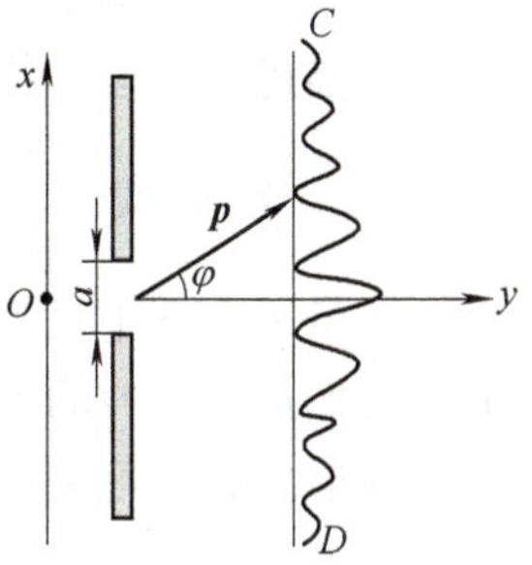

图　14-5-2

考虑德布罗意公式　　$\lambda = h/p$

可得　　$\Delta x \cdot \Delta p_x = h$

式中，Δx 是在 Ox 轴上电子的不确定范围；Δp_x 是沿 Ox 轴方向电子动量分量的不确定范围。一般情况，如果把衍射图样的级次也考虑在内，上式应改写为

$$\Delta x \cdot \Delta p_x \geqslant \hbar/2 \tag{14-32}$$

这个关系式即**不确定关系**，其中 $\hbar = h/2\pi$ 也称为普朗克常量。

不确定关系表明，对微观粒子的位置和动量不可能同时进行准确测量，粒子在某方向的坐标测量越精确（Δx 减小），则在该方向的动量的测量越不精确（Δp_x 增加），因而不能用位置和动量来描述微观粒子的运动，即“轨道”概念不存在。不确定关系是波粒二象性的必然反映，是由微观粒子的本性决定的，与测量仪器的精密程度没有关系，也与测量误差不同，误差是可以通过改善实验手段减小的，而不确定关系是微观粒子运动的客观规律。

【例题 14-4】　一颗质量为 10g 的子弹，具有 200m/s 的速度，动量的不确定量为 0.01%，问：在确定该子弹的位置时，有多大的不确定范围？

解： 子弹的动量为

$$p = mv = (0.01 \times 200)\text{kg} \cdot \text{m/s} = 2\text{kg} \cdot \text{m/s}$$

子弹的动量的不确定量为

$$\Delta p = p \cdot 0.01\% = 2 \times 10^{-4}\text{kg} \cdot \text{m/s}$$

由不确定关系，可以得到子弹位置的不确定范围为

$$\Delta x = \frac{h}{\Delta p} = \frac{6.63 \times 10^{-34}}{2 \times 10^{-4}}\text{m} = 3.32 \times 10^{-30}\text{m}$$

这个不确定范围是微不足道的，可见不确定关系对宏观物体来说，实际上是不起作用的。

【例题 14-5】　一电子具有 200m/s 的速率，动量的不确定量为 0.01%，问：在确定该电子的位置时，有多大的不确定范围？

解： 电子的动量为

$$p = mv = (9.1 \times 10^{-31} \times 200)\text{kg} \cdot \text{m/s} = 1.8 \times 10^{-28}\text{kg} \cdot \text{m/s}$$

电子的动量的不确定量为

$$\Delta p = p \cdot 0.01\% = 1.8 \times 10^{-32}\text{kg} \cdot \text{m/s}$$

由不确定关系，可以得到电子位置的不确定范围为

$$\Delta x = \frac{h}{\Delta p} = \frac{6.63 \times 10^{-34}}{1.8 \times 10^{-32}}\text{m} = 3.7 \times 10^{-2}\text{m}$$

我们知道原子大小的数量级为 10^{-10}m，电子则更小。在这种情况下，电子位置的不确

定范围比电子本身的大小要大几亿倍以上。

第六节　波函数　薛定谔方程

1925 年，薛定谔在德布罗意假设的基础上创立了量子力学理论，提出了用物质波的波函数来描述粒子运动状态的方法。

一、波函数

在量子力学中，为了反映微观粒子的波粒二象性，可以用波函数来描述它的运动状态。下面我们从机械波的表达式出发引入波函数的具体形式。

在前面的学习中，我们曾得出机械波的波函数：一个频率为 ν、波长为 λ、沿 x 方向传播的单色平面波的表达式为

$$y(x,t)=A\cos 2\pi\left(\nu t-\frac{x}{\lambda}\right) \tag{14-33}$$

写成复数形式，为

$$y(x,t)=A\mathrm{e}^{-\mathrm{i}2\pi\left(\nu t-\frac{x}{\lambda}\right)} \tag{14-34}$$

对于动量为 p、能量为 E 的自由粒子，由德布罗意假设：

$$\lambda=\frac{h}{p},\ \nu=\frac{E}{h}$$

因为自由粒子不受外力场的作用，其能量和动量为恒量，对应一个平面简谐波，其波函数可以写成

$$\Psi(x,t)=\Psi_0\mathrm{e}^{-\mathrm{i}2\pi\left(\frac{E}{h}t-\frac{p}{h}x\right)}=\Psi_0\mathrm{e}^{-\frac{\mathrm{i}}{\hbar}(Et-px)} \tag{14-35}$$

式中，$\Psi(x,\ t)$ 表示波函数；Ψ_0 表示波函数的振幅。

对电子等微观粒子来说，粒子分布多的地方，粒子的德布罗意波的强度大，而粒子在空间分布数目的多少，是和粒子在该处出现的概率成正比的。因此，**某一时刻出现在某点附近体积元 $\mathrm{d}V$ 中的粒子的概率，与 $\Psi^2\mathrm{d}V$ 成正比**。由式（14-35）可以看出，波函数是一个复函数，而波的强度应为正实数，所以 $\Psi^2\mathrm{d}V$ 应由下式所代替：

$$|\Psi|^2\mathrm{d}V=\Psi\Psi^*\mathrm{d}V$$

式中，Ψ^* 是 Ψ 的共轭复数；$|\Psi|^2$ **为粒子出现在某点附近单位体积元中的概率，称为概率密度**。

在任何时刻，某粒子必然出现在整个空间内，它不是在这里就是在那里，所以总的概率为 1，即

$$\int_{-\infty}^{+\infty}\Psi\Psi^*\mathrm{d}V=1 \tag{14-36}$$

对波函数的这个要求，称为**波函数的归一化条件**。满足式（14-36）的波函数叫作归一化波函数。

【例题 14-6】 做一维运动的粒子被束缚在 $0<x<a$ 的范围内，已知其波函数为

$$\Psi(x)=A\sin\frac{\pi x}{a}$$

求：(1) 常数 A；(2) 粒子在 0 到 $a/2$ 区域内出现的概率；(3) 粒子在何处出现的概率最大？

解： (1) 由归一化条件

$$\int_{-\infty}^{\infty}|\Psi|^2\mathrm{d}x=A^2\int_0^a\sin^2\frac{\pi x}{a}\mathrm{d}x=1$$

解得
$$\frac{a}{2}A^2=1$$

故常数为
$$A=\sqrt{\frac{2}{a}}$$

(2) 粒子的概率密度为

$$|\Psi|^2=\frac{2}{a}\sin^2\frac{\pi x}{a}$$

粒子在 0 到 $a/2$ 区域内出现的概率为

$$\int_0^{a/2}|\Psi|^2\mathrm{d}x=\frac{2}{a}\int_0^{a/2}\sin^2\frac{\pi x}{a}\mathrm{d}x=\frac{1}{2}$$

(3) 概率最大的位置应该满足

$$\frac{\mathrm{d}}{\mathrm{d}x}|\Psi|^2=\frac{2\pi}{a}\sin\frac{2\pi x}{a}=0$$

即当$\frac{2\pi x}{a}=k\pi$，$k=0$，±1，±2，…时，粒子出现的概率最大。因为 $0<x<a$，故得 $x=a/2$，此处粒子出现的概率最大。

二、薛定谔方程——微观粒子的运动方程

在经典力学中，如果知道了质点的受力情况，以及质点在起始时刻的坐标和速度，那么由牛顿运动方程可以求得质点在任何时刻的运动状态。在量子力学中，微观粒子的状态是由波函数描述的，如果知道它所遵循的运动方程，那么由其起始状态和能量，就可以求解粒子的状态。薛定谔在德布罗意假设的基础上，通过对力学和光学的分析、对比，从经典力学的基本方程出发，建立了在势场中运动的微观粒子所遵循的方程，即薛定谔方程。量子力学的核心问题就是在各种具体情况下找到描述体系状态的可能的波函数以及波函数随时间的演化所遵从的规律。

设有一质量为 m、动量为 p、能量为 E 的自由粒子，沿 x 轴运动，则其波函数可由式 (14-35) 表示，即

$$\Psi(x,t)=\Psi_0\mathrm{e}^{-\mathrm{i}\left(\frac{E}{\hbar}t-\frac{p}{\hbar}x\right)} \tag{14-37}$$

将上式对空间取二阶偏导数，对时间取一阶偏导数：

$$\mathrm{i}\hbar\frac{\partial\Psi}{\partial t}=E\Psi$$

$$-\mathrm{i}\hbar\frac{\partial\Psi}{\partial x}=p\Psi$$

$$-\hbar^2\frac{\partial^2\Psi}{\partial x^2}=p^2\Psi$$

考虑到
$$E=p^2/2m$$
所以
$$\mathrm{i}\hbar\frac{\partial}{\partial t}\Psi=-\frac{\hbar^2}{2m}\frac{\partial^2}{\partial x^2}\Psi \tag{14-38}$$
式（14-38）就是一维运动自由粒子的薛定谔方程。

当粒子在势场中运动，$E=E_k+U$，所以 $E_k=E-U$，因而
$$E=p^2/2m+U$$
故势场中的薛定谔方程为
$$\mathrm{i}\hbar\frac{\partial}{\partial t}\Psi=\left(-\frac{\hbar^2}{2m}\frac{\partial^2}{\partial x^2}+U\right)\Psi \tag{14-39}$$

若粒子在势场中的势能只是坐标的函数，与时间无关，即 $U=U(\boldsymbol{r})$ 不显含时间，则解薛定谔方程的一个特解可以写为
$$\Psi(\boldsymbol{r},t)=\varphi(\boldsymbol{r})f(t)$$
引入拉普拉斯算符$\nabla^2=\frac{\partial^2}{\partial x^2}+\frac{\partial^2}{\partial y^2}+\frac{\partial^2}{\partial z^2}$，代入薛定谔方程 $\mathrm{i}\hbar\frac{\partial}{\partial t}\Psi=\left(-\frac{\hbar^2}{2m}\nabla^2+U\right)\Psi$ 可得
$$\varphi(\boldsymbol{r})\mathrm{i}\hbar\frac{\mathrm{d}f}{\mathrm{d}t}=f(t)\left(-\frac{\hbar^2}{2m}\nabla^2+U\right)\varphi(\boldsymbol{r})$$
因而
$$\frac{\mathrm{i}\hbar}{f}\frac{\mathrm{d}f}{\mathrm{d}t}=\frac{1}{\varphi(\boldsymbol{r})}\left(-\frac{\hbar^2}{2m}\nabla^2+U\right)\varphi(\boldsymbol{r})$$
方程左边只与时间有关，而右边是空间坐标的函数。由于空间坐标与时间是相互独立的变量，所以只有当两边都等于同一个常量时，该等式才成立，以 E 表示该常量，则
$$\mathrm{i}\hbar\frac{\mathrm{d}f}{\mathrm{d}t}=Ef$$
其解为
$$f(t)\sim \mathrm{e}^{-\mathrm{i}Et/\hbar}$$
因而薛定谔方程的特解为
$$\Psi(\boldsymbol{r},t)=\varphi(\boldsymbol{r})\mathrm{e}^{-\mathrm{i}Et/\hbar}$$
由于 $\varphi(\boldsymbol{r})$ 与 E 对应，故又记为
$$\Psi(\boldsymbol{r},t)=\Psi_E(\boldsymbol{r})\mathrm{e}^{-\mathrm{i}Et/\hbar}$$
而 $\Psi_E(\boldsymbol{r})$ 满足下列方程
$$\left(-\frac{\hbar^2}{2m}\nabla^2+U\right)\Psi_E(\boldsymbol{r})=E\Psi_E(\boldsymbol{r}) \tag{14-40}$$
式（14-40）称为定态薛定谔方程。E 叫作能量本征值，$\Psi_E(\boldsymbol{r})$ 叫作本征函数。

薛定谔方程是量子力学中最基本的方程，也是量子力学的一个基本原理；它是根据已知的波函数建立起来的，不是推导出来的；将这个方程应用于分子、原子等微观体系所得的大量的结果都和实验相符合，这就说明了它的正确性。

第七节 量子力学中的氢原子

玻尔应用经典理论和量子化条件，导出了氢原子的能级公式。现在介绍量子力学中如何

处理氢原子问题。由于求解氢原子的薛定谔方程的数学方法比较复杂，我们只简略地说明其求解方法。

一、氢原子中电子的薛定谔方程

在氢原子中，电子的势能函数为

$$U(r)=-\frac{e^2}{4\pi\varepsilon_0 r} \tag{14-41}$$

式中，r 为电子距离原子核的距离。由于核的质量很大，假设原子核是静止的。将 $U(r)$ 代入定态薛定谔方程（14-40）得

$$\nabla^2\Psi+\frac{2m}{\hbar^2}(E+\frac{e^2}{4\pi\varepsilon_0 r})\Psi=0 \tag{14-42}$$

$$\left(\frac{\partial^2}{\partial x^2}+\frac{\partial^2}{\partial y^2}+\frac{\partial^2}{\partial z^2}\right)\Psi+\frac{2m}{\hbar^2}\left(E+\frac{e^2}{4\pi\varepsilon_0 r}\right)\Psi=0$$

考虑到势能是 r 的函数，为了方便起见，采用球坐标（r，θ，φ）代替直角坐标（x，y，z），因 $x=r\sin\theta\cos\varphi$，$y=r\sin\theta\sin\varphi$，$z=r\cos\theta$，所以上式化成

$$\frac{1}{r^2}\frac{\partial}{\partial r}\left(r^2\frac{\partial\Psi}{\partial r}\right)+\frac{1}{r^2\sin\theta}\frac{\partial}{\partial\theta}(\sin\theta\frac{\partial\Psi}{\partial\theta})+\frac{1}{r^2\sin^2\theta}\frac{\partial^2\Psi}{\partial\varphi^2}+\frac{2m}{\hbar^2}(E+\frac{e^2}{4\pi\varepsilon_0 r})\Psi=0 \tag{14-43}$$

在一般情况下，波函数 Ψ 既是 r 的函数，又是 θ 和 φ 的函数，通常采用分离变量法求解，即设

$$\Psi(r,\theta,\varphi)=R(r)\Theta(\theta)\Phi(\varphi)$$

式中，$R(r)$、$\Theta(\theta)$、$\Phi(\varphi)$ 分别只是 r、θ、φ 的函数。经过一系列的数学换算后，可以得到三个独立函数 $R(r)$、$\Theta(\theta)$、$\Phi(\varphi)$ 所满足的三个常微分方程

$$\frac{\mathrm{d}^2\Phi}{\mathrm{d}\varphi^2}+m_l^2\Phi=0 \tag{14-44}$$

$$\frac{1}{\sin\theta}\frac{\mathrm{d}}{\mathrm{d}\theta}(\sin\theta\frac{\mathrm{d}\Theta}{\mathrm{d}\theta})+\left[\lambda-\frac{m_l^2}{\sin^2\theta}\right]\Theta=0 \tag{14-45}$$

$$\frac{1}{r^2}\frac{\mathrm{d}}{\mathrm{d}r}\left(r^2\frac{\mathrm{d}R}{\mathrm{d}r}\right)+\left[\frac{2m}{\hbar^2}\left(E+\frac{e^2}{4\pi\varepsilon_0 r}\right)-\frac{\lambda}{r^2}\right]R=0 \tag{14-46}$$

式中，m_l 和 λ 是引入的常数。求解这三个方程，并考虑到波函数应满足的标准化条件，即可得到波函数 ψ（r，θ，φ）。

二、量子化条件和量子数

在求解上述三个方程时，会得到氢原子的一些量子化特性。

1. 能量量子化和主量子数

在求解式（14-46）时，为使 $R(r)$ 满足标准化条件，氢原子的能量必须满足量子化条件

$$E_n=-\frac{1}{n^2}\frac{me^4}{32(\pi\varepsilon_0\hbar)^2} \tag{14-47}$$

式中，$n=1$，2，3，…，称为主量子数。这同玻尔所得到的氢原子能级公式是一致的，但玻尔

是人为地加上了量子化的假设，量子力学则是在求解薛定谔方程中自然地得出量子化结果的。

2. 轨道角动量量子化和角量子数

求解式（14-44）和式（14-45）时，要使方程有确定的解，电子绕核运动的角动量必须满足量子化条件

$$L=\sqrt{l(l+1)}\,\hbar \tag{14-48}$$

式中，$l=0$，1，2，…，$(n-1)$，称为角量子数或副量子数。可见，量子力学的结果与玻尔理论不同，虽然两者都说明角动量的大小是量子化的，但按照量子力学的结果，角动量的最小值为零，而玻尔理论的最小值为$\frac{h}{2\pi}$。实验证实了量子力学的结果是正确的。

3. 轨道角动量空间量子化和磁量子数

求解薛定谔方程还得出，电子绕核运动的角动量 L 的方向在空间的取向不能连续改变，而只能取一些特定的方向，即角动量 L 在外磁场方向的投影必须满足量子化条件

$$L_z=m_l\hbar \tag{14-49}$$

式中，$m_l=0$，±1，±2，…，$\pm l$，称为磁量子数。对一定的角量子数 l，m_l 可取 $(2l+1)$ 个值，这表明角动量在空间的取向只有 $(2l+1)$ 种可能，图 14-7-1 为 $l=2$ 的电子轨道角动量空间取向量子化的示意图。

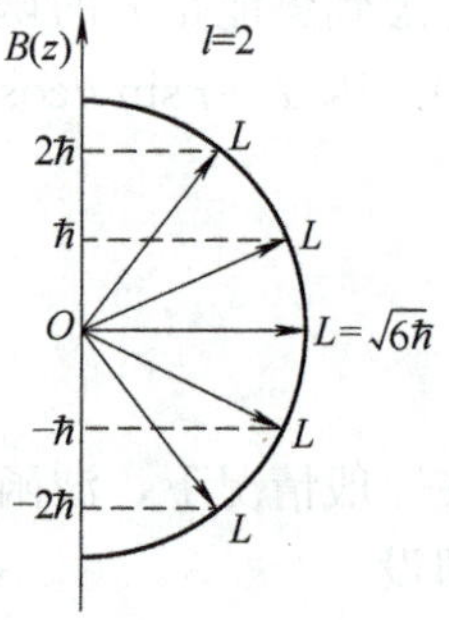

图 14-7-1

综上所述，氢原子中电子的稳定状态是用一组量子数 n、l、m_l 来描述的，在一般情形下，电子的能量主要决定于主量子数 n，与角量子数 l 只有微小关系。在无外磁场时，电子能量与磁量子数 m_l 无关。因此电子的状态可以用 n、l 来表示。习惯上常用字母 s、p、d、f……分别表示 $l=0$，1，2，…，$(n-1)$ 等状态。主量子数为 n，具有角量子数 $l=0$，1，2，…的电子常分别称为 ns、np、nd……电子（见表 14-7-1）。

表 14-7-1 氢原子内电子的状态

	$l=0$ s	$l=1$ p	$l=2$ d	$l=3$ f	$l=4$ g	$l=5$ h
$n=1$	1s					
$n=2$	2s	2p				
$n=3$	3s	3p	3d			
$n=4$	4s	4p	4d	4f		
$n=5$	5s	5p	5d	5f	5g	
$n=6$	6s	6p	6d	6f	6g	6h

三、氢原子中电子的概率分布

在量子力学中，电子在核外空间所处的位置及其运动速度不能同时准确地确定，也就没有轨道的概念，取而代之的是空间概率分布的概念。在氢原子中，求解薛定谔方程得到的电子波函数 $\Psi(r,\theta,\varphi)$，对应每一组量子数 (n, l, m_l)，有一确定的波函数描述一个确定

的状态，并将波函数分离成径向和角向函数：

$$\Psi_{n,l,m_l}(r,\theta,\varphi)=R_{n,l}(r)\mathrm{Y}_{l,m_l}(\theta,\varphi) \tag{14-50}$$

电子出现在原子核周围的概率密度为

$$|\Psi(r,\theta,\varphi)|^2=|R(r)\mathrm{Y}(\theta,\varphi)|^2$$

在空间体积元 $\mathrm{d}V=r^2\sin\theta\mathrm{d}r\mathrm{d}\theta\mathrm{d}\varphi$ 内，电子出现的概率为

$$|\Psi|^2\mathrm{d}V=|R(r)\mathrm{Y}(\theta,\varphi)|^2r^2\sin\theta\mathrm{d}r\mathrm{d}\theta\mathrm{d}\varphi$$

电子出现在 $r+\mathrm{d}r$ 球壳层之间的概率为

$$\rho_{n,l}(r)=\left\{\int_0^{4\pi}|\mathrm{Y}_{l,ml}(\theta,\varphi)|^2\mathrm{d}\Omega\right\}|R_{n,l}(r)|^2r^2\mathrm{d}r=|R_{n,l}(r)|^2r^2\mathrm{d}r$$

电子的角分布概率

$$|\mathrm{Y}_{l,m_l}(\theta,\varphi)|^2$$

与 φ 无关，表示角向概率密度对于 z 轴具有旋转对称性。

下面是 $n=1$，2；$l=0$，1；$m_l=0$，±1 时的径向和角向函数

$$R_{1,0}(r)=\left(\frac{1}{a_0}\right)^{\frac{3}{2}}2\mathrm{e}^{-\frac{r}{a_0}} \qquad \mathrm{Y}_{0,0}=\frac{1}{\sqrt{4\pi}}$$

$$R_{2,0}(r)=\left(\frac{1}{2a_0}\right)^{\frac{3}{2}}\left(2-\frac{r}{a_0}\right)\mathrm{e}^{-\frac{r}{2a_0}} \qquad \mathrm{Y}_{1,0}=\sqrt{\frac{3}{4\pi}}\cos\theta$$

$$R_{2,1}(r)=\left(\frac{1}{2a_0}\right)^{\frac{3}{2}}\frac{r}{a_0\sqrt{3}}\mathrm{e}^{-\frac{r}{2a_0}} \qquad \mathrm{Y}_{1,\pm1}=\sqrt{\frac{3}{8\pi}}\sin\theta\mathrm{e}^{\pm\mathrm{i}\varphi}$$

图 14-7-2 给出了氢原子中电子径向概率的分布，图 14-7-3 给出了氢原子中电子的角向分布。

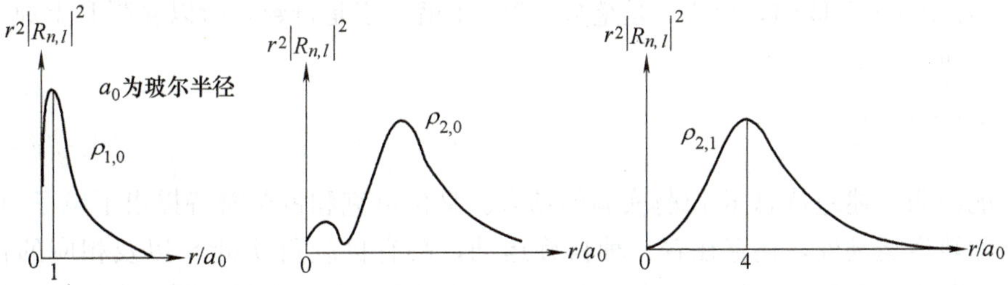

图　14-7-2

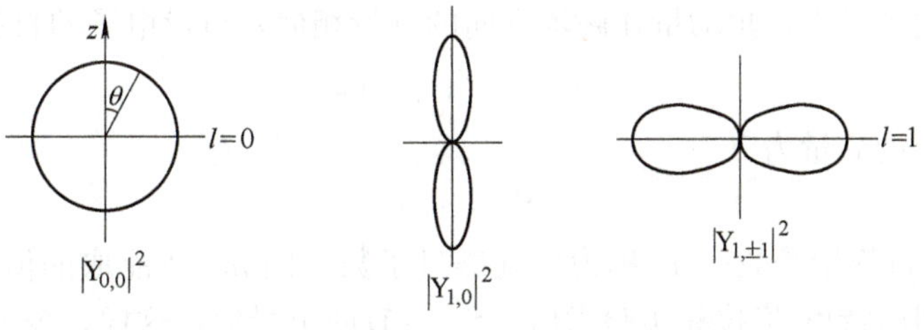

图　14-7-3

*第八节 电子的自旋 原子的电子壳层结构

一、施特恩-格拉赫实验

1921 年，施特恩和格拉赫为验证原子角动量的空间取向量子化进行了实验。实验装置如图 14-8-1 所示，K 为银原子射线源，加热使其发射原子，通过隔板 B 的狭缝后，形成一束很细的原子射线。经过很不均匀的磁场后，打在照相底版 P 上。整个装置放在真空当中。实验发现，在不加磁场时，底版 P 上沉积一条正对狭缝的痕迹；加上磁场后底版 P 上呈现上下对称的两条沉积线，如图 14-8-2 所示。此外还发现，氢、钠、钾、铜等原子也有相同结果。说明原子束经过不均匀磁场后分为两束，证实了原子具有磁矩且磁矩在外场中只有两种取向，即空间取向是量子化的。

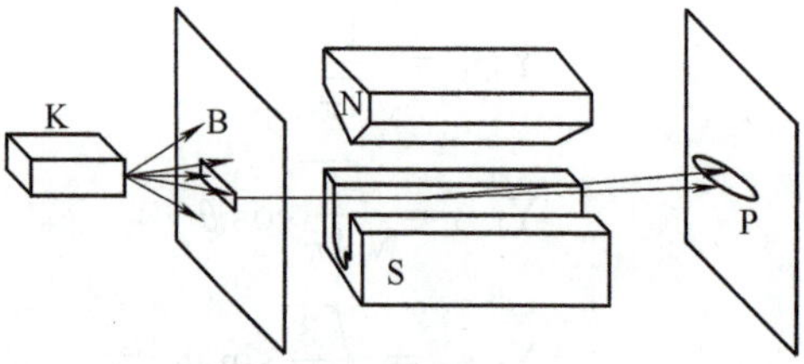

图 14-8-1

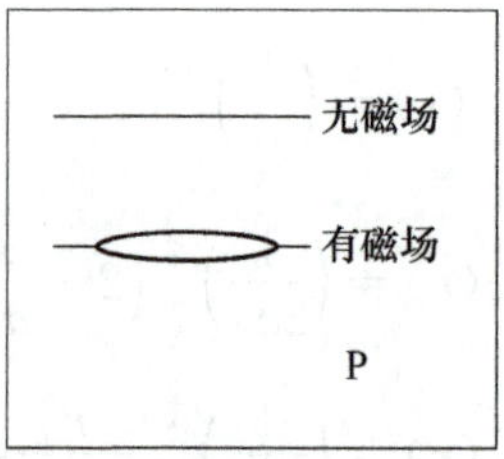

图 14-8-2

尽管施特恩-格拉赫实验证实了原子在磁场中的空间量子化，但实验给出的氢原子在磁场中只有两个取向的事实，却是空间量子化的理论不能解释的。按照空间量子化理论，l 一定时，m_l 有 $2l+1$ 个取向，由于 l 是整数，$2l+1$ 就一定是奇数，所以底版 P 上原子沉积应为奇数条，而不可能是两条。

二、电子的自旋

为了能说明上述施特恩-格拉赫实验的结果。乌伦贝克和古兹密特提出了**电子自旋假说**。认为电子除轨道运动外，还存在着一种自旋运动，具有自旋角动量 S 以及相应的自旋磁矩 μ_s，电子的自旋磁矩与自旋角动量成正比，而方向相反。上述实验表明：自旋磁矩在外磁场中也是空间量子化的，在磁场方向上的分量 μ_{sz} 只能有两个取值；同时表明自旋角动量也是空间取向量子化的，在磁场方向的分量 S_z 也只能有两个可能的值。

与电子轨道角动量以及角动量在磁场方向的分量相似，可设电子的自旋角动量为

$$S=\sqrt{s(s+1)}\hbar \tag{14-51}$$

而在外磁场方向上的分量为

$$S_z=m_s\hbar \tag{14-52}$$

上两式中，s 称为自旋量子数；m_s 称为自旋磁量子数。因 m_s 所能取的值和 m_l 相似，所以共有 $2s+1$ 个，但施特恩-格拉赫实验指出，S_z 只有两个量值，这样，令

$$2s+1=2$$

即得自旋量子数

$$s=\frac{1}{2}$$

从而自旋磁量子数为

$$m_s=\pm\frac{1}{2}$$

与此相应，我们有

$$S=\sqrt{\frac{3}{4}}\hbar \tag{14-53a}$$

$$S_z=\pm\frac{1}{2}\hbar \tag{14-53b}$$

上式表示自旋磁矩在外磁场方向上也只有两个分量。

引入电子自旋的概念，使碱金属原子光谱的双线等现象得到了解释。

三、原子的电子壳层结构

经前面讨论，原子中电子的状态应由下列四个量子数来确定：

1）主量子数 n，$n=1, 2, 3, \cdots$。主量子数 n 可以大体上决定原子中电子的能量。

2）角量子数 l，$l=0, 1, 2, \cdots, (n-1)$。角量子数可以决定电子轨道角动量。一般来说，处于同一主量子数 n 而不同角量子数 l 的状态中的电子，其能量稍有不同。

3）磁量子数 m_l，$m_l=0, \pm1, \pm2, \cdots, \pm l$。磁量子数可以决定轨道角动量在外磁场方向上的分量。

4）自旋磁量子数 m_s，$m_s=\pm\frac{1}{2}$。自旋磁量子数可以决定电子自旋角动量在外磁场方向上的分量。

下面将根据四个量子数对原子中电子运动状态的限制，来确定原子核外电子的分布情况。

电子在原子中的分布遵从以下两个原理：

1. 泡利不相容原理

原子内电子的状态由四个量子数 n、l、m_l、m_s 来确定，泡利指出：**在一个原子中不可能有两个或者两个以上的电子具有完全相同的状态**，亦即不可能有相同的四个量子数，这称为**泡利不相容原理**。当 n 给定时，l 的可能取值为 $0, 1, \cdots, n-1$ 共 n 个；当 l 给定时，m_l 的可能取值为 $-l, -l+1, \cdots, 0, \cdots, l-1, l$，共 $2l+1$ 个；当 n、l、m_l 都给定时，m_s 取 $\frac{1}{2}$ 和 $-\frac{1}{2}$ 两个可能值。所以，根据泡利不相容原理可以推算出，原子中具有相同主量子数 n 的电子数目最多为

$$Z_n=\sum_{l=0}^{n-1}2(2l+1)=\frac{2+2(2n-1)}{2}\cdot n=2n^2 \tag{14-54}$$

1916 年，柯塞尔认为绕核运动的电子组成许多壳层，主量子数相同的电子属于同一壳层。主量子数相同，角量子数不同，组成了分壳层，对应于 $n=1, 2, 3, \cdots$ 的壳层分别用 K，L，M，N，O，P，…来表示。可见，当 $n=1$ 而 $l=0$ 时，K 壳层上可能有 2 个电子（s 电子），以 $1s^2$ 表示；再当 $n=2$ 而 $l=1$ 时（L 壳层，p 分层），可能有 6 个电子（p 电子），以 $2p^6$ 表示；所以 L 壳层上最多可能有 8 个电子，依此类推。表 14-8-1 列出了原子内主量子

数的壳层上最多可能有的电子数 Z^n 和具有相同 l 的分层上最多可能有的电子数。

表 14-8-1 原子中壳层和分层的最多可能有的电子数

n	l							Z^n
	0 s	1 p	2 d	3 f	4 g	5 h	6 i	
1，K	2	—	—	—	—	—	—	2
2，L	2	6	—	—	—	—	—	8
3，M	2	6	10	—	—	—	—	18
4，N	2	6	10	14	—	—	—	32
5，O	2	6	10	14	18	—	—	50
6，P	2	6	10	14	18	22	—	72
7，Q	2	6	10	14	18	22	26	98

2. 能量最小原理

原子系统处于正常状态时，**每个电子趋向占有最低的能级**。能级基本上决定于主量子数，主量子数越小能级越低，所以离原子核最近的壳层首先被电子填满。但能级也和角量子数有关。因而在某些情况下，主量子数较小的壳层尚未填满，而主量子数较大的壳层上却开始有电子填入了。这一情况在元素周期表的第四个周期中就开始表现出来。关于主量子数和角量子数都不同的状态的能级高低问题，我国科学家徐光宪总结出这样的规律，**即对于原子的外层电子而言，能级高低以（$n+0.7l$）的值来确定，该值越大，能级就越高**。

拓展阅读　量子力学和相对论的建立

1900 年，英国物理学家开尔文在赞美 19 世纪物理学成就的同时，指出："在物理学晴朗天空的远处，还有两朵小小的、令人不安的乌云。"这两朵乌云，指的是当时物理学无法解释的两个实验，一个是黑体辐射实验，另一个是迈克耳孙—莫雷实验。正是这两朵乌云导致了量子力学与相对论的诞生。

1905 年，爱因斯坦在《论运动物体的电动力学》一文中系统地提出了后来被称为"狭义相对论"的理论。之所以叫"相对论"，是因为这个理论的出发点是两条基本假设，第一条是"相对性原理"，即在一切惯性系中物理规律都相同；第二条是真空中光速不变，不管在哪个惯性系中，测得的真空光速都相同。这两条假设是不矛盾的，在一切惯性系中，麦克斯韦方程组都相同，就必然在一切惯性系中有相同的真空中电磁波速即光速。狭义相对论摒弃了牛顿的绝对时空观，认为空间、时间与运动有关，得出了质量与能量的简单关系，以及关于高速运动物体的力学规律。这对随后发展粒子加速器技术是至关重要的。

1915 年，爱因斯坦创立了广义相对论，从而弥补了经典力学的另一漏洞，即无法解释物体在强引力场中的行为。由牛顿引力定律计算出来的水星近日点的进动，要比天文观测值小。广义相对论是一种引力理论，认为引力是时空弯曲的结果，它非常好地解释了水星近日点的进动问题。广义相对论预言引力会引起光的频率变化，即引力频移。它同时预言光线在引力场中会弯曲。这些都被天文观察所证实。

广义相对论尽管取得了很大成功，但对地球上的问题很少有影响，同时它用到的数学太复杂，故普通物理学往往不予讨论。广义相对论引入物体的惯性质量和引力质量两个概念。惯性质量和引力质量，它们的值是相同的，在牛顿力学中对此仅加以承认，而无法解释。爱因斯坦基于这两种质量相等，提出了等效原理。承认等效原理，惯性质量和引力质量相等也就是自然的事了。事实上，大量实验证实，在一定精确度（比如 10^{-9}）内，二者确实是一样的。相对论使经典物理学达到登峰造极的境地。

1900 年，德国科学家普朗克提出能量子概念，1925—1926 年海森伯和薛定谔最终建立了量子力学，解决了原子物理、光谱等基本问题，取得了巨大成功。

之后，量子力学有两个重要发展方向，一是将量子力学向更小（如原子以下的）尺度应用。原子的中心是原子核，原子核又是由中子、质子构成的，因此进一步就是把量子力学用到原子核。原子核有各式各样的衰变，还可以人工蜕变，原子核物理学就是在量子力学指引下发展的。再进一步，就是现代所谓的基本粒子物理学，“基本”这两个字，常常只是在一段时间内被当作基本的。现在认为物质的基本构成单元是最微小的轻子、夸克、胶子和其他中间玻色子。

量子力学的另一个发展方向，就是把量子力学用于处理更大尺度上的问题，比如分子的问题（即量子化学问题）和固体物理或凝聚态物理的问题。从研究对象的尺度看，从固体物理到地球物理、行星物理，再到天体物理和宇宙物理，其研究范围越来越大。奇怪的是，宇宙的研究又和基本粒子的研究联系起来了，两个不同的发展方向，回环曲折，最后又归拢在一起了。

本章内容小结

1. 黑体

如果一个物体在任何温度下，对任何波长的电磁波都完全吸收，而不反射与透射，则称这种物体为绝对黑体，描述黑体的两个物理量为

单色辐射强度：$M_\lambda(T)=\dfrac{\mathrm{d}E_\lambda}{\mathrm{d}\lambda}$

辐射强度：$M(T)=\int_0^\infty M_\lambda(T)\mathrm{d}\lambda$

2. 斯特藩-玻尔兹曼定律

黑体的单色辐射强度与黑体的热力学温度的四次方成正比，而与构成黑体的材料无关，该定律可表示为

$$M_\lambda(T)=\sigma T^4$$

3. 韦恩位移定律

当温度升高时，黑体辐射强度的最大值要向短波方向移动，结论称为韦恩位移定律。

4. 瑞利-金斯公式

该公式能够符合实验结果，并能对黑体辐射按波长分布的实验结果做出理论解释，但在高频部分不符，该公式表示为

$$M_\nu(T)\mathrm{d}\nu=\frac{2\pi\nu^2}{c^2}kT\mathrm{d}\nu$$

用波长表示为

$$M_\lambda(T)\mathrm{d}\lambda=\frac{2\pi c}{\lambda^4}kT\mathrm{d}\lambda$$

5. 普朗克假设

金属空腔壁中电子的振动可视为一维谐振子，它吸收或者发射电磁辐射能量时，不是过去经典物理所认为的那样可以连续地吸收或发射能量，而是以与振子的频率成正比的能量子 $\varepsilon=h\nu$ 为基本单元来吸收或发射能量的。

黑体辐射公式：

$$M_\lambda(T)\mathrm{d}\lambda=\frac{2\pi hc^2}{\lambda^5}\frac{1}{\mathrm{e}^{hc/k\lambda T}-1}\mathrm{d}\lambda$$

该公式与实验结果十分吻合。

6. 光电效应实验的规律

当光照射到金属表面时，金属中有电子逸出的现象叫光电效应，其规律有：饱和电流与照射光光强成正比；光电子的最大初动能随入射光频率的增大而增大，与入射光的强度无关；对某一种金属来说，只有当入射光的频率大于某一频率 ν_0 时，电子才能从金属表面逸出。

7. 爱因斯坦光电方程

$$h\nu=\frac{1}{2}mv^2+A$$

8. 光的波粒二象性

光既具有波动性，又具有粒子性。一般说来，光在传播过程中，波动性表现比较显著；当光和物质相互作用时，粒子性表现比较显著。

9. 康普顿效应

单色X射线被物质散射时，散射线中除了有波长与入射线相同的成分外，还有波长较长的成分。康普顿效应的发现，以及理论分析和实验结果的一致，不仅有力地证实了光子学说的正确性，同时也证实了在微观粒子相互作用中，动量守恒与能量守恒依然成立。

10. 氢原子光谱的规律性

氢原子光谱的规律可以写成：

$$\tilde{\nu}=R_{\mathrm{H}}\left(\frac{1}{m^2}-\frac{1}{n^2}\right)\quad(m=1,2,\cdots;n=m+1,m+2,\cdots)$$

11. 玻尔的氢原子理论

玻尔的氢原子理论包括三部分：定态假说、跃迁假设和量子化条件。

12. 德布罗意假设

根据德布罗意假设，以动量 p 运动的实物粒子的波的波长为

$$\lambda=\frac{h}{p}=\frac{h}{mv}$$

13. 不确定关系

不确定关系表明，对微观粒子的位置和动量不可能同时进行准确的测量，粒子在某方向的坐标测量越精确，则在该方向的动量的测量越不精确，因而不能用位置和动量来描述微观粒子的运动。可表示为

$$\Delta x\cdot\Delta p_x\geqslant\hbar/2$$

14. 波函数

自由粒子的波函数可以写成：

$$\Psi(x,t)=\Psi_0 e^{-i2\pi\left(\frac{E}{h}t-\frac{p}{h}x\right)}=\Psi_0 e^{-\frac{i}{\hbar}(Et-px)}$$

式中，$\Psi(x,t)$ 表示波函数；Ψ_0 表示波函数的振幅。

15. 薛定谔方程

氢原子中电子的定态薛定谔方程

$$\nabla^2\Psi+\frac{2m}{\hbar^2}\left(E+\frac{e^2}{4\pi\varepsilon_0 r}\right)\Psi=0$$

16. 量子化条件和量子数

电子能级

$$E_n=-\frac{1}{n^2}\frac{me^4}{32(\pi\varepsilon_0\hbar)^2}$$

式中，$n=1, 2, 3, \cdots$，称为主量子数。电子绕核运动的角动量必须满足量子化条件

$$L=\sqrt{l(l+1)}\hbar$$

式中，$l=0, 1, 2, \cdots, (n-1)$，称为角量子数或副量子数。角动量 L 在外磁场方向的投影必须满足量子化条件

$$L_z=m_l\hbar$$

式中，$m_l=0, \pm1, \pm2, \cdots, \pm l$，称为磁量子数。对一定的角量子数 l，m_l 可取 $(2l+1)$ 个值，这表明角动量在空间的取向只有 $(2l+1)$ 种可能。

17. 氢原子中电子的概率分布

电子出现在 $r+dr$ 球壳层之间的概率为

$$\rho_{n,l}(r)=\left\{\int_0^{4\pi}\left|Y_{l,m_l}(\theta,\varphi)\right|^2 d\Omega\right\}\left|R_{n,l}(r)\right|^2 r^2 dr$$
$$=\left|R_{n,l}(r)\right|^2 r^2 dr$$

电子的角分布概率为

$$\left|Y_{l,m_l}(\theta,\varphi)\right|^2$$

18. 电子的自旋

电子的自旋角动量为 $S=\sqrt{s(s+1)}\hbar$；在外磁场方向上的分量为 $S_z=m_s\hbar$；自旋量子数 $s=\frac{1}{2}$；自旋磁量子数为 $m_s=\pm\frac{1}{2}$。

19. 原子的电子壳层结构

泡利不相容原理：在一个原子中不可能有两个或者两个以上的电子具有完全相同的状态，亦即不可能具有相同的四个量子数。

能量最小原理：原子系统处于正常状态时，每个电子趋向占有最低的能级。对于原子的外层电子而言，能级高低以 $(n+0.7l)$ 的值来确定，该值越大，能级就越高。

习　题

14-1　光电效应有哪些实验规律？用光的波动理论解释光电效应遇到了哪些困难。

14-2 氢原子光谱有哪些实验规律？

14-3 某黑体在 $\lambda_m=600\text{nm}$ 处辐射为最强，假如将它加热使其 λ_m 移到 500nm，求前后两种情况下该黑体辐射能之比。

14-4 太阳可看作是半径为 $7.0\times10^8\text{m}$ 的球形黑体，试计算太阳的温度。设太阳射到地球表面上的辐射能量为 $1.4\times10^3\text{W/m}^2$，地球与太阳间的距离为 $1.5\times10^{11}\text{m}$。

14-5 从钼中移出一个电子需要 4.2eV 的能量。今用 $\lambda=200\text{nm}$ 的紫外线照射到钼的表面上，求：(1) 光电子的最大初动能；(2) 遏止电压；(3) 钼的红限波长。

14-6 已知X射线光子的能量为 0.60MeV，若在康普顿散射中散射光子的波长变化了 30%，试求反冲电子的动能。

14-7 氢原子光谱的巴耳末线系中，有一光谱线的波长为 434nm，试求：(1) 与这一谱线相应的光子能量为多少电子伏特？(2) 该谱线是氢原子由能级 E_n 跃迁到能级 E_k 产生的，n 和 k 各是多少？(3) 最高能级为 E_5 的大量氢原子，最多可以发射几个线系，共几条谱线？请在氢原子能级图中表示出来，并说明波长最短的是哪一条谱线。

14-8 已知 α 粒子的静质量为 $6.68\times10^{-27}\text{kg}$。求速率为 5000km/s 的 α 粒子的德布罗意波长。

14-9 质量为 m_e 的电子被电势差 $U_{12}=100\text{kV}$ 的电场加速，如果考虑相对论效应，试计算其德布罗意波长。若不考虑相对论效应，则德布罗意波长为多少？两者的相对误差为多少？

14-10 一光子的波长与一电子的德布罗意波长皆为 0.5nm，此光子的动量 p_0 与电子的动量 p_e 之比为多少？光子的动能 E_0 与电子的动能 E_k 之比为多少？

14-11 如果质子的德布罗意波长为 $1\times10^{-13}\text{m}$，试求：(1) 质子的速度是多少？(2) 应通过多大的电压使质子加速到以上数值？

14-12 一质量为 40g 的子弹以 $1.0\times10^3\text{m/s}$ 的速率飞行，(1) 求其德布罗意波的波长；(2) 若测量子弹位置的不确定量为 0.10mm，求其速率的不确定量。

14-13 当粒子速度较小时，如果粒子位置的不确定量等于其德布罗意波长，则它的速度不确定量不小于其速度，试证明之。(设不确定关系式为 $\Delta x\Delta p\geqslant h$)

14-14 试从坐标与动量的不确定关系 $\Delta x\Delta p\geqslant h$ 推导出时间与能量的不确定关系 $\Delta t\Delta E\geqslant h$。

14-15 设有一个光子，其波长为 300nm，如果测定波长的准确度为 10^{-6}，试求此光子位置的不确定量。

参考答案（含部分习题详解）

第一章

1-1 略

1-2 (1) 否；(2) 否；(3) 否

1-3 若质点速度矢量的方向不变，仅大小改变，则质点做直线运动；若速度矢量的大小不变而方向改变，则质点做匀速率曲线运动

1-4 略

1-5 (1) 50m，东偏南 37°；(2) 2m/s，3m/s；(3) 1.67m/s，2.33m/s

1-6 该质点做变加速直线运动，加速度方向为负方向

1-7 (1) -6m/s；(2) -16m/s；(3) -26m/s^2

1-8 (1) $y=\left(\frac{1}{18}x^2+\frac{4}{9}x-7\frac{11}{18}\right)$；(2) $(3t+5)\boldsymbol{i}+\left(\frac{1}{2}t^2+3t-4\right)\boldsymbol{j}$；(3) $(3\boldsymbol{i}+4.5\boldsymbol{j})\text{m}$；(4) $[3\boldsymbol{i}+(t+3)\boldsymbol{j}]\text{m/s}$；(5) $1\boldsymbol{j}\,\text{m/s}^2$

1-9 $v=4.47\text{m/s}$，$\alpha=-63.5°$；$a=4\text{m/s}^2$，方向沿 y 轴负方向

1-10 提示：$v=(a+b)\cos\theta\dot{\theta}$ $\dot{\theta}=\frac{v}{(a+b)}\cos\theta$；$m$ 的坐标 $(b\sin\theta, a\cos\theta)$，$v_{mx}=b\cos\theta\dot{\theta}$，$v_{my}=-a\sin\theta\dot{\theta}$

1-11 $v_x=150\text{m/s}$，$v_y=250\text{m/s}$；$x=250\text{m}$，$y=312.5\text{m}$

1-12 $\boldsymbol{r}=v_0\cos\alpha t\boldsymbol{i}+(v_0 t\sin\alpha-\frac{1}{2}gt^2)\boldsymbol{j}$，$\boldsymbol{v}=v_0\cos\alpha\boldsymbol{i}+(v_0\sin\alpha-gt)\boldsymbol{j}$

1-13 (1) $v=v_0\mathrm{e}^{-\frac{kt}{m}}$；(2) $x=\frac{mv_0}{k}$

1-14 $v=\pm\sqrt{v_0^2+k(y_0^2-y^2)}$

1-15 (1) $a=\frac{1}{R}\sqrt{R^2b^2+(v_0-bt)^4}$；(2) $t=\frac{v_0}{b}$；(3) $N=\frac{v_0^2}{4\pi Rb}$

1-16 $\omega=\frac{\mathrm{d}\theta}{\mathrm{d}t}=a+3bt^2-4ct^3$，$\alpha=\frac{\mathrm{d}\omega}{\mathrm{d}t}=6bt-12ct^2$

1-17 法向加速度为 19.6m/s^2，切向加速度为 4.8m/s^2

1-18 $v=4t^2=4\times1^2\text{m/s}=4\text{m/s}$；$a_t=8t=8\text{m/s}^2$，$a_n=16\text{m/s}^2$，$a=8\sqrt{5}\text{m/s}^2$

1-19 $10\sqrt{3}\text{km/h}$

1-20 A 相对于 B 的速度为 264.6km/h，北偏东 40.9°；B 相对于 A 的速度为 264.6km/h，南偏西 40.9°

1-21 $\theta=\arctan a/g$

(1-21) 解：以地为 K 系，车为 K′系，球为研究对象，则车的速度 $\boldsymbol{v}_0$ 为牵连速度，$\boldsymbol{v}_{球}$ 相对地的速度为绝对速度，$\boldsymbol{v}'$ 为球相对于车的速度，如题 1-21 解图所示。

抛出后车的位移 $\Delta x_1=v_0t+\frac{1}{2}at^2$

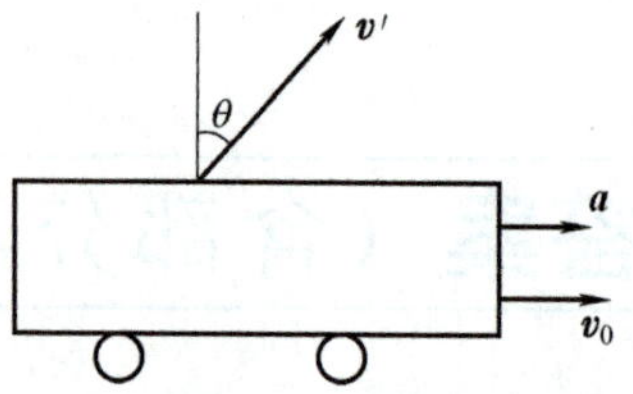

题 1-21 解图

球的位移

$$\Delta x_2 = v_x t = (v'\sin\theta + v_0)t$$

$$\Delta y_2 = v_y t = (v'\cos\theta)t - \frac{1}{2}gt^2$$

小孩接住球的条件为 $\Delta x_1 = \Delta x_2$，$\Delta y = 0$，有

$$\frac{1}{2}at^2 = v'(\sin\theta)t$$

$$\frac{1}{2}gt^2 = v'(\cos\theta)t$$

两式相比得

$$\frac{a}{g} = \tan\theta$$

$$\theta = \arctan\frac{a}{g}$$

第二章

2-1 略

2-2 (1) 否；(2) 否；(3) 否

2-3 不对，因为重力分解为沿斜面的分力和垂直斜面向下的分力

2-4 略

2-5 $t=\sqrt{\dfrac{2h\cos\alpha}{g\sin\beta\sin(\beta-\alpha)}}$

2-6 $0.25g$

2-7 2N，1N

2-8 4m/s，2.5m/s

2-9 $\mu \geqslant \dfrac{1}{\sqrt{3}}$

2-10 40N，20N

2-11 $v=\dfrac{\left(\dfrac{1}{2}Bt^2+At\right)}{m}$，$x=\dfrac{\left(\dfrac{1}{6}Bt^3+\dfrac{1}{2}At^2\right)}{m}$

2-12 $v=2\text{m/s}$，方向沿 x 轴正方向

2-13 $v=\sqrt{2gR\cos\theta}$，$F_N=3mg\cos\theta$

2-14 (1) $v=v_0 e^{-\frac{k}{m}t}$；(2) $s=\dfrac{m}{k}v_0$

2-15 $F=(24^2+12^2)^{1/2}\text{N}=12\sqrt{5}\text{N}$，力与 x 轴之间的夹角为：$\alpha=\arctan(F_y/F_x)=\arctan 0.5=26°34'$

2-16 略

2-17 $a=g[1-(v/v_0)^2]=3.53\text{m/s}$

2-18 不对

2-19 $\tan\theta=\dfrac{a\cos\alpha}{g-a\sin\alpha}$

2-20 （1）$\alpha=0\quad F=mg$；（2）$\tan\alpha=a/g$，$F_T=m\sqrt{a^2+g^2}$

2-21 $a_t=\dfrac{(m_1-m_2)}{m_1+m_2}(g+a_0)$，$F=\dfrac{2m_1m_2}{m_1+m_2}(g+a_0)$

第三章

3-1 当力为恒量时，二者方向相同

3-2 之所以要戴厚而软的手套，是为了增加作用时间减小球对手的冲力；接球缩手是为了增加作用时间，减小球对手的冲力

3-3 不对

3-4 外力为0；内力远远大于外力

3-5 起重机提升重物，当加速上升时，合力之功为正；匀速上升时，合力之功为0；减速上升时，合力之功为负；加速下降时，合力之功为正；匀速下降时，合力之功为0；减速下降时，合力之功为负

3-6 不一定，是的

3-7 力的功是由力和被作用物体位移的点积决定的，虽然力与参考系的选择无关，但是位移与参考系的选择有关，所以力的功也与参考系的选择有关。一对作用力和反作用力所做功的代数和决定于力和质点间相对距离的改变，而相对距离的改变与参考系的选择无关，所以一对作用力与反作用力所做功的代数和与参考系的选择无关

3-8 （1）$A_A>A_B$；　（2）$A_A<A_B$

3-9 不对

3-10 这一论断是错误的。如果取弹簧压缩或拉伸的末位置为零势能点，则在拉伸或压缩的过程中任意位置的弹性势能为负

3-11 错误

3-12 （1）该叙述是错误的。改为：一定质量的质点在运动中某时刻的加速度已经确定，则质点所受的合力就可以确定了，而作用于质点的力矩是不确定的，还与参考点的选择有关

（2）该叙述是错误的。质点做圆周运动不一定受到力矩的作用，例如，质点做匀速圆周运动时如果取圆心为参考点，则力矩总为零；质点做直线运动时也可能受到力矩的作用，如果质点做直线运动时受到的力不为零，则对直线外任意参考点的力矩不为零，但对直线上任意参考点的力矩为零

3-13 大小：$p=\sqrt{p_x^2+p_y^2}=m\omega\sqrt{a^2\sin^2\omega t+b^2\cos^2\omega t}$

方向：与 x 轴夹角为 θ，$\tan\theta=p_y/p_x=-\cot\omega t\cdot b/a$

3-14 $\overline{F}\Delta t=\Delta p$，$\overline{F}=\Delta p/\Delta t=mv/\Delta t=(7.9\times10^{-3}\times735/0.5)\mathrm{N}=11.6\mathrm{N}$

3-15 $x_3=1$，$y_3=-1$

3-16 $1.36\times10^{-22}\mathrm{kg\cdot m/s}$，$\alpha=\arctan\dfrac{p_e}{p_v}=61.9^\circ$

3-17 $v_B=v_C=\dfrac{3(v_0-gt)}{2\sin\alpha}$，$v_C$ 与水平方向夹角为 $\pi-\alpha$，v_B 与水平方向夹角为 α

3-18 证明：根据动能定理

$$A_F+A_f=0-mv_0^2/2 \qquad (*)$$

其中，$A_F=-k\int_0^l l\mathrm{d}l=-\dfrac{1}{2}kl^2$；$A_f=-\mu mgl$，代入式（*）中，并整理，有

$$kl^2+2\mu mgl-mv_0^2=0$$

这是一个关于 l 的一元二次方程，其根为

$$l=\frac{-2\mu mg\pm\sqrt{(2\mu mg)^2+4kmv_0^2}}{2k}$$

负根显然不合题意，舍去，所以

$$l=-\frac{\mu mg}{k}+\frac{1}{k}\sqrt{(\mu mg)^2+kmv_0^2}=\frac{\mu mg}{k}\left(\sqrt{1+\frac{kv_0^2}{\mu^2mg^2}}-1\right)$$

3-19 (1) $-\frac{3}{8}mv_0^2$；(2) $\frac{3v_0^2}{16\pi rg}$；(3) $\frac{4}{3}$圈

3-20 在物体 Q 的整个运动过程中，只有弹簧的弹力做功，所以机械能守恒。总能量

$$E=\frac{1}{2}mv_A^2+\frac{1}{2}k\left[\sqrt{R^2+(R+l_0)^2}-l_0\right]^2$$

代入数据，求得 $E=3.63\text{J}$。

(1) 在 B 点，弹簧的势能全部转化为动能，所以，在该点速度最大，即

$$mv_B^2/2=E,\ v_B=(2E/m)^{1/2}=1.2\text{m/s}$$

(2) 在 D 点的弹性势能为

$$E_p=k(2R)^2/2=2kR^2=2\times24\times0.24^2\text{J}=2.76\text{J}$$

因为 $E_p<E$，所以物体 Q 能到达 D 点：

$$mv_D^2/2=E-E_p,\ v_D=[2(E-E_p)/m]^{1/2}$$

代入数据，求得 $v_D=0.58\text{m/s}$。

3-21 0.033m

3-22 $l=m_0v_0\sqrt{\frac{1}{k}\left(\frac{1}{m_1+m_0}-\frac{1}{m_1+m_2+m_0}\right)}\approx0.25\text{m}$

3-23 $v_{近}/v_{远}=(d_{远}+R_{地})/(d_{近}+R_{地})=(2384+6370)\text{km}/(439+6370)\text{km}\approx1.29$

3-24 $\boldsymbol{M}=-40\boldsymbol{k}\ \text{N}\cdot\text{m}$

3-25 $v_0\approx1.3\text{m/s}$，$v\approx0.33\text{m/s}$

第四章

4-1 (1) 错；(2) 错；(3) 错；(4) 对

4-2 A 点，一样大，角速度一样，A 点线速度大，角加速度都为零，A 点线加速度大

4-3 密度小的转动惯量大

4-4 质点系任意两质点之间的相对距离可以发生变化，而刚体任意两质元间相对距离不变，因此一对内力做功之和为零，所有内力做功也等于零，不改变转动动能

4-5 变小

4-6 守恒　不守恒

4-7 (1) 15.7rad/s^2；(2) 420n

4-8 (1) -0.52rad/s^2，37.5 圈；(2) 12.56rad/s；(3) 25.12m/s
$a_t=-0.105\text{m/s}^2$，$a_n=31.55\text{m/s}^2$

4-9 $t=\frac{J}{k}\ln2$

4-10 $\Delta t=2.67\text{s}$

4-11 $a=\frac{MR-R^2mg(\mu\cos\theta+\sin\theta)}{J+mR^2}$

4-12 $t=\frac{-\omega}{\alpha}=\frac{3R\omega_0}{4\mu g}$

4-13 （1）2.45m；（2）39.2N

4-14 $\theta=30°34$

4-15 6.75×10^{-2} rad/s

4-16 $\omega=rmv_0/J$。在弹射过程中，物体系统动能不守恒，因弹力做正功使动能增加；总机械能守恒，因为只有保守内力（弹力）做功

4-17 上端点到达地面时的线速度：$v=\omega h=17.2$m/s

第五章

5-1 不是一回事。热胀冷缩与温度有关，涉及分子的微观热运动，与宏观速度无关。长度缩短是狭义相对论得出的重要结论，与温度及物质的具体组成和结构无关

5-2 （1）对；（2）对

5-3 B，A

5-4 相对论中的动量中质量是变化的，而牛顿力学中的动量中质量是恒量

5-5 不是

5-6 不对，都变慢了

5-7 不存在，双生子佯谬是一个有关狭义相对论的思想实验

5-8 符合质量守恒

5-9 （1）2.25×10^{-7}s；（2）3.75×10^{-7}s

5-10 （1）$\Delta E=2.45$MeV，$\Delta m=4.367\times10^{-30}$kg；（2）$v=0.875c$，$m_p=2.066m_{0p}$

5-11 3.52×10^{-13}J

第六章

6-1 6.5×10^{13}m^{-2}

6-2 3.89×10^{-21}J

6-3 1.34×10^{-5}kg

6-4 7.56×10^{4}Pa

6-5 （1）略；（2）$k=\dfrac{N}{v_0}$；（3）$\dfrac{v_0}{2}$，$\dfrac{1}{\sqrt{3}}v_0$

6-6 （1）$\overline{v}=3.65v_0$；（2）$\sqrt{\overline{v^2}}=3.99v_0$；（3）$v_p=3v_0$

6-7 1.06%

6-8 6.2×10^{-21}J

6-9 （1）$\overline{\varepsilon}_k=8.28\times10^{-21}$J；（2）$T=400$K

6-10 3.21×10^{17}m^{-3}，7.84m

6-11 （1）5.42×10^{8} 次/s；（2）0.71 次/s

6-12 （1）$n=2.45\times10^{26}$m^{-3}；（2）$\rho=11.4$kg/m^{-3}；（3）$m=4.65\times10^{-26}$kg；（4）$\overline{\varepsilon}_k=6.21\times10^{-21}$J；（5）$v_p=417.7$m/s，$\overline{v}=476$m/s，$\sqrt{\overline{v^2}}=515$m/s；（6）$\overline{\lambda}=1.0\times10^{-8}$m

第七章

7-1 （1）$Q=623.25$J，$A=0$，$\Delta E=623.25$J；（2）$\Delta E=623.25$J，$A=415.5$J，$Q=1038.75$J

7-2 0.19K

7-3 （1）$Q_V=683$J；（2）$Q_p=957$J。两过程内能变化相等，等压过程需对外作功，所以需要吸收更多的热量

7-4 $Q_T = 3.46 \times 10^3\text{J}$

7-5 $A = R(T_1 + T_3 - 2\sqrt{T_1 T_3})$

7-6 （1）内能 12℃；（2）做功 0.05m^3；0.89atm；（3）内能和做功 8.60℃；0.046m^3

7-7 （1）$\Delta E = 1246\text{J}$，$A = 2033\text{J}$，$Q = 3279\text{J}$

（2）$\Delta E = 1246\text{J}$，$A = 1687\text{J}$，$Q = 2933\text{J}$

7-8 1.26 1.15

7-9 $\dfrac{V_3}{V_2} \approx 1.4$

7-10 效率各增加 2.7%及 10%

7-11 （1）$\eta = 37\%$，可逆机的效率为 $\eta_{卡} = 50\%$，因此它不是可逆机；（2）$1.67 \times 10^4\text{J}$

7-12 9.9%

7-13 $\Delta S = 1760\text{J/K}$

7-14 2.4J/K

7-15 （1）$\Delta S_1 = 6.11 \times 10^2\text{J/K}$；（2）$\Delta S_2 = 569.97\text{J/K}$；（3）$\Delta S = 41.7\text{J/K}$

第八章

8-1 否，由库仑定律及静电场力的叠加原理可知

8-2 否，否

8-3 $-\dfrac{2}{3}\varepsilon_0 E_0$，$\dfrac{4}{3}\varepsilon_0 E_0$

8-4 不变

8-5 不正确

8-6 不能，因为电势是相对的

8-7 电势差增大，电场强度不变，电容减小

8-8 $F = 10^{-7}\text{N}$，$q = \pm 3.3 \times 10^{-10}\text{C}$

8-9 $Q = -2\sqrt{2}q$

8-10 略

8-11 解：建立如题 8-11 解图所示一维直角坐标系，在导线上取电荷元 $\lambda \mathrm{d}x$，它在 P 点所激发的电场强度方向沿 x 轴正方向，大小为

$$\mathrm{d}E_p = \frac{1}{4\pi\varepsilon_0}\frac{\lambda \mathrm{d}x}{(L + d - x)^2}$$

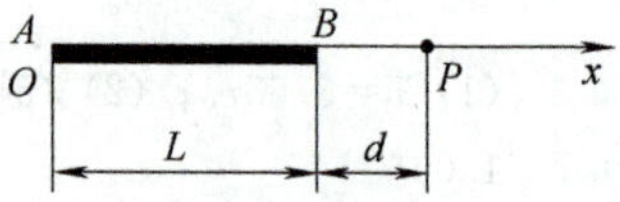

题 8-11 解图

导线上所有电荷在 P 点所激发的总电场强度方向沿 x 轴正方向，大小为

$$E_P = \int \mathrm{d}E_P = \int_0^L \frac{1}{4\pi\varepsilon_0}\frac{\lambda \mathrm{d}x}{(L + d - x)^2} \approx 675\text{V/m}$$

8-12 $E = \dfrac{\sigma}{2\varepsilon_0}\left(1 - \dfrac{a}{\sqrt{a^2 + R^2}}\right)$

8-13 内柱内 $E = 0$；内外柱之间 $E = \dfrac{\lambda_1}{2\pi\varepsilon_0 r}$；外柱外 $E = \dfrac{\lambda_1 + \lambda_2}{2\pi\varepsilon_0 r}$

8-14 $\dfrac{\sigma}{4\varepsilon_0}\boldsymbol{i}$

8-15　球内 $E=\dfrac{kr^2}{4\varepsilon_0}$；球外 $E=\dfrac{kR^4}{4\varepsilon_0 r^2}$

8-16　(1) $\dfrac{1+\sqrt{3}}{2}d$；(2) $\dfrac{1}{4}d$

8-17　解：由高斯定理知，当 $r>R$ 时，

$$\boldsymbol{E}_1=\frac{1}{4\pi\varepsilon_0}\frac{Q}{r^2}\boldsymbol{e}_r$$

当 $r<R$ 时，

$$\boldsymbol{E}_2=\frac{1}{4\pi\varepsilon_0}\frac{\dfrac{Q}{\frac{4}{3}\pi R^3}\dfrac{4}{3}\pi r^3}{r^2}\boldsymbol{e}_r=\frac{1}{4\pi\varepsilon_0}\frac{Qr}{R^3}\boldsymbol{e}_r$$

以无穷远处为零参考点，球内离球心 r 处的 P 点的电势为

$$\varphi_p=\int_r^\infty \boldsymbol{E}\cdot\mathrm{d}\boldsymbol{l}=\int_r^R E_2\mathrm{d}r+\int_R^\infty E_1\mathrm{d}r=\frac{1}{4\pi\varepsilon_0}\frac{Q(3R^2-r^2)}{2R^3}$$

8-18　解：(1) 由高斯定理得

$$\sigma_A+\sigma_B+\sigma_C=0 \qquad ①$$

由于 $U_{AB}=U_{AC}$，则 $E_1d_1=E_2d_2$，得

$$\sigma_B d_1=\sigma_C d_2 \qquad ②$$

由上述两个方程解得

$$\sigma_B=-\frac{d_2}{d_1+d_2}\sigma_A,\ Q_B=-\frac{d_2}{d_1+d_2}Q_A=-\frac{2}{2+4}\times 3\times 10^{-7}\,\mathrm{C}=-1\times 10^{-7}\,\mathrm{C}$$

$$Q_C=\frac{d_1}{d_2}Q_B=\frac{4}{2}\times(-1)\times 10^{-7}\,\mathrm{C}=-2\times 10^{-7}\,\mathrm{C}$$

(2) 因为 $E_1=\dfrac{\sigma_B}{\varepsilon_0}$，所以解得

$$U_A=U_{AB}=E_1d_1=2.23\times 10^3\,\mathrm{V}$$

8-19　解：由高斯定理、静电感应和电荷守恒定律，可求得

(1) $q=\dfrac{4\pi\varepsilon_0 r_1 r_2 U}{r_2-r_1}$；(2) $-q$；(3) $E=\dfrac{q}{4\pi\varepsilon_0}\dfrac{1}{r^2}$；(4) $C=\dfrac{q}{U}=\dfrac{4\pi\varepsilon_0 r_1 r_2}{r_2-r_1}$

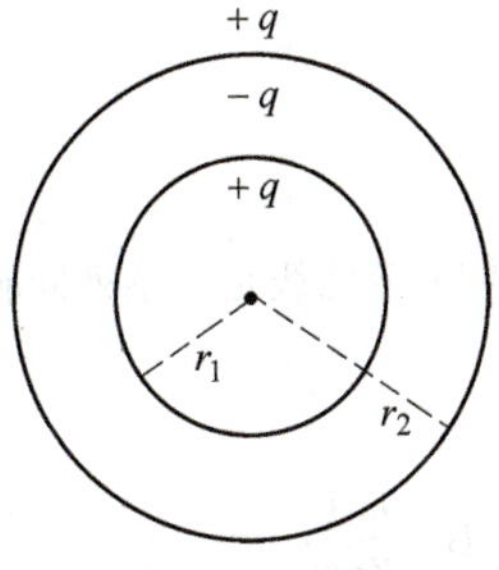

题 8-19 解图

8-20　(1) $E=\dfrac{\sigma}{\varepsilon_0}=\dfrac{q}{\varepsilon_0 S}$；(2) $\varphi_A-\varphi_B=\int_A^B E\mathrm{d}l=Ed=\dfrac{\sigma}{\varepsilon_0}d=\dfrac{qd}{\varepsilon_0 S}$；

(3) $C=\dfrac{q}{U_A-U_B}=\dfrac{\varepsilon_0 S}{d}$

第九章

9-1 A

9-2 洛伦兹力不能改变带电粒子的速率，但可改变其动量；洛伦兹力不能对带电粒子做功及增加带电粒子的动能

9-3 由长直螺线管内部磁感应强度的表达式可知，这两个螺线管内部的磁感应强度相同

9-4 $\boldsymbol{B}=3\boldsymbol{i}+5\boldsymbol{k}$ (T)

9-5 (1) $B=\frac{\mu_0 I}{4R}$；(2) $B=\frac{\mu_0 I}{8R}$

9-6 解：设两段铁环的电阻分别为 R_1 和 R_2，则通过这两段铁环的电流分别为（见题 9-6 解图）

$$I_1 = I\frac{R_2}{R_1+R_2},\ I_2 = I\frac{R_1}{R_1+R_2}$$

两段铁环的电流在 O 点处激发的磁感应强度大小分别为

$$B_1 = \frac{\mu_0 I_1}{2R}\frac{\theta_1}{2\pi} = \frac{\mu_0 I}{2R}\frac{R_2}{R_1+R_2}\frac{\theta_1}{2\pi}$$

$$B_2 = \frac{\mu_0 I_2}{2R}\frac{\theta_2}{2\pi} = \frac{\mu_0 I}{2R}\frac{R_1}{R_1+R_2}\frac{\theta_2}{2\pi}$$

根据电阻定律 $R=\rho\frac{l}{S}=\rho\frac{r\theta}{S}$ 可知 $\frac{R_1}{R_2}=\frac{\theta_1}{\theta_2}$，所以 $B_1=B_2$。

O 点处的磁感应强度大小为 $B=B_1-B_2=0$

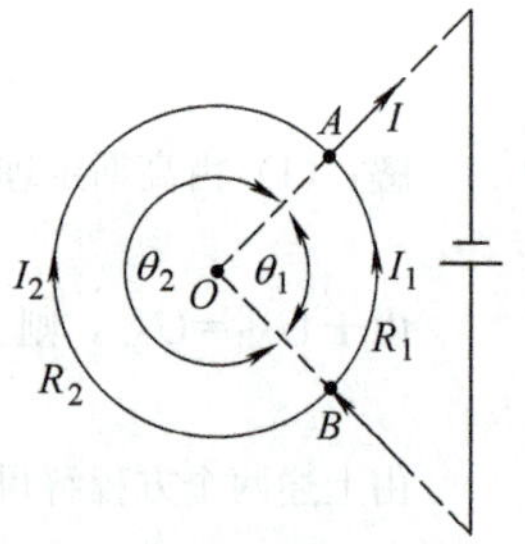

题 9-6 解图

9-7 $-I_1$，(I_2-I_1)，I_2

9-8 解：由安培环路定理，可得一无限长直导线在 P 点的磁感应强度大小为 $B=\frac{\mu_0 I}{2\pi r}$，分析可知，两直导线在 P 点的磁感应强度大小相等，方向相同都为 $B=\frac{\mu_0 I}{2\pi r}$，故 P 点的磁感应强度大小为 $B=2\times\frac{\mu_0 I}{2\pi r}=\frac{\mu_0 I}{\pi r}$，方向垂直纸面向里

9-9 (1) $B=0$；(2) $B=\frac{\mu_0(r^2-a^2)I}{2\pi r(b^2-a^2)}$；(3) $B=\frac{\mu_0 I}{2\pi r}$

9-10 $B=1.6\pi\times10^{-3}$ T

9-11 $B=\frac{\mu_0 I}{2\pi a}=5.6\times10^{-3}$ T

9-12 $B=\frac{\mu_0 NI}{2\pi R}=2\times10^{-3}$ T

9-13 解：由对称性分析，圆柱体内外空间的磁感线是一系列同轴圆周线。（见题 9-13 解图）

$r>R$ 时，应用安培环路定理

$\oint_L \boldsymbol{B}\cdot \mathrm{d}\boldsymbol{l} = 2\pi r\cdot B = \mu_0 I$，因此得 $B=\frac{\mu_0 I}{2\pi r}$；

$r<R$ 时，有

$\oint_L \boldsymbol{B}\cdot \mathrm{d}\boldsymbol{l} = 2\pi r\cdot B = \mu_0\frac{I}{\pi R^2}\pi r^2$，因此得 $B=\frac{\mu_0 rI}{2\pi R^2}$

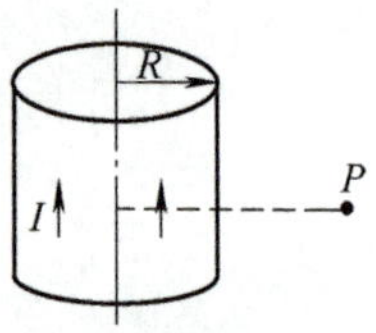

题 9-13 解图

9-14 解：计算运动电荷的磁场与用毕-萨定律计算电流的磁场方法类似，也是矢量积分。在圆环上任取一电荷元 $\mathrm{d}q$，速率 $v=2\pi Rn$，等效电流 $I=nq$，因此计算得圆环在任一点产生的磁感应强度

为$B=\frac{\mu_0}{2}\frac{nqR^2}{(R^2+x^2)^{3/2}}$

9-15 解：(1) 电子偏向东；(2) 电子的运动速度为$v=\sqrt{\frac{2E_k}{m}}$，电子受到的洛伦兹力大小为$F=evB$，电子做匀速圆周运动，其加速度大小为$a=\frac{F}{m}=\frac{e}{m}vB=\frac{e}{m}B\sqrt{\frac{2E_k}{m}}=6.28\times10^{14}\text{m/s}^2$；(3) 如题 9-15 解图所示，匀速圆周运动半径为

$$R=\frac{mv}{eB}=\frac{m}{eB}\sqrt{\frac{2E_k}{m}}$$
$$=\frac{9.1\times10^{-31}}{1.6\times10^{-19}\times5.5\times10^{-5}}\sqrt{\frac{2\times12\,000\times1.6\times10^{-19}}{9.1\times10^{-31}}}\text{m}$$
$$=6.72\text{m}$$

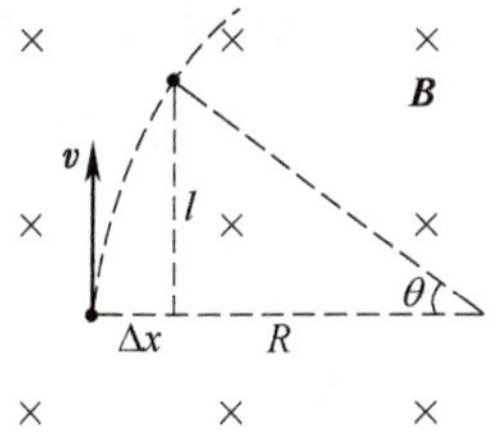

题 9-15 解图

$$\sin\theta=\frac{l}{R}=\frac{0.2}{6.72}=0.0298$$
$$\Delta x=R(1-\cos\theta)$$
$$=6.72\times(1-\sqrt{1-0.0298^2})\text{m}$$
$$\approx2.98\times10^{-3}\text{m}\approx3\text{mm}$$

9-16 $v=0.63\text{m/s}$

9-17 解：由电流和磁场的关系分析可知，磁感线是圆心在导线中心的一些同心圆，圆上各点 $\boldsymbol{B}$ 的大小相等。分别选取半径不同的 $\boldsymbol{B}$ 线为积分回路，用安培环路定理求解。

内导体中，$r<r_1$ 时，因为有$\oint_L\boldsymbol{B}\cdot\mathrm{d}\boldsymbol{l}=\mu_0I'$（$I'$为所作回路内的电流），所以有

$$B\cdot2\pi r=\mu_0\frac{I}{\pi r_1^2}\pi r^2$$
$$B=\frac{\mu_0Ir}{2\pi r_1^2}$$

两导体之间，$r_1<r<r_2$ 时，

$$B=\frac{\mu_0I}{2\pi r}$$

外导体中，$r_2<r<r_3$ 时，

$$B=\frac{\mu_0I}{2\pi r}\left(1-\frac{r_3^2-r^2}{r_3^2-r_2^2}\right)$$

外导体外，$r>r_3$ 时，回路内电流代数和为零，所以 $B=0$

9-18 解：此题实为求两圆线圈在轴线上任一点的合磁场，当电流方向相同时，两线圈产生的磁感应强度方向也相同，所以

$$B=\frac{\mu_0IR^2}{2}\left[\frac{1}{\left[R^2+\left(\frac{l}{2}+x\right)^2\right]^{3/2}}+\frac{1}{\left[R^2+\left(\frac{l}{2}-x\right)^2\right]^{3/2}}\right]$$

与位置 x 有关。要证明 O 点附近为匀强磁场，只能讨论 O 点附近磁感应强度随 x 的变化情况，即对 x 的各阶导数进行讨论

9-19 (1) $m=3.14\times10^{-4}\text{A}\cdot\text{m}^2$；(2) $M_{max}=4.71\times10^{-4}\text{N}\cdot\text{m}$

9-20 $F=F_{max}=qvB=3.2\times10^{-16}\text{N}$，远大于其重力

9-21 $F=2IB(L+R)$

第十章

10-1 不相同

10-2 是

10-3 有

10-4 (1) 正确；(2) 没有考虑互感

10-5 两个基本假说是涡旋电场和位移电流

10-6 解：穿过线圈的磁通量 $\Phi=B_0\sin\omega t\cdot ab\cos\omega t$，即 $\Phi=\frac{1}{2}B_0ab\sin2\omega t$

感生电动势为 $\varepsilon_i=-\frac{d\Phi}{dt}=-B_0\omega ab\cos2\omega t$，显然其变化频率为 2ω 或 $\frac{\omega}{\pi}$ (Hz)，是磁场变化频率的2倍

10-7 解：由安培环路定律知，筒间距轴 r 处的 H 大小为

$$H=\frac{I}{2\pi r}$$

可得

$$B=\frac{\mu I}{2\pi r}\quad (B=\mu H)$$

取长为 h 的一段电缆来考虑，穿过阴影面积的磁通量为（取 $d\boldsymbol{S}$ 向里）：

$$d\Phi=\boldsymbol{B}\cdot d\boldsymbol{S}=BdS=Bhdr$$

得

$$\Phi=\int d\Phi=\frac{\mu Ih}{2\pi}\ln\frac{b}{a}$$

$$L=\frac{\Phi}{I}=\frac{\mu h}{2\pi}\ln\frac{b}{a}$$

单位长度电缆自感为

$$L_0=\frac{L}{h}=\frac{\mu}{2\pi}\ln\frac{b}{a}$$

10-8 解：设长螺线管导线中电流为 I_1，它在中部产生的 B_1 的大小为

$$B_1=\mu\frac{N_1}{l}I_1$$

I_1 产生的磁场通过第二个线圈的磁通匝链数为

$$\begin{aligned}\Psi_{21}&=N_2\Phi_{21}\\&=N_2\boldsymbol{B}\cdot\boldsymbol{S}\\&=N_2B_1S\\&=N_2\mu\frac{N_1}{l}I_1S\end{aligned}$$

依互感定义 $M=\frac{\Psi_{21}}{I_1}$ 有

$$M=\mu\frac{N_1N_2}{l}S$$

10-9 解：设大线圈通有电流 I_1，在其中心处产生的磁场 $\boldsymbol{B}$ 的大小为

$$B_1=\frac{\mu_0I_1N_1}{2R_1}$$

因为 $R_1\gg R_2$，所以小线圈可视为处于匀强磁场中，B 在 O 处的值记为 B_1，通过小线圈的磁通匝链数为

$$\begin{aligned}\Psi_{21}&=N_2\Phi_{21}\\&=N_2B_1S_2\text{（取 }B_1\text{ 与 }S_2\text{ 同向）}\end{aligned}$$

$$= N_2 \frac{\mu_0 I_1 N_1}{2R_1} \pi R_2^2$$

由 $M=\dfrac{\Psi_{21}}{I_1}$ 有

$$M = \frac{\mu_0 N_1 N_2}{2R_1} \pi R_2^2 \quad (\text{用 } \Psi_{12} = MI_2 \text{ 计算较困难})$$

10-10 解：由安培环路定理知

$$B = \begin{cases} 0 & (\text{Ⅰ}) \\ \dfrac{\mu I}{2\pi r} & (\text{Ⅱ}) \\ 0 & (\text{Ⅲ}) \end{cases}$$

所以除两筒间外，其他处无磁场能量。在筒间距轴线为 r 处，w_m 为

$$w_m = \frac{1}{2\mu} B^2 = \frac{\mu I^2}{8\pi^2 r^2}$$

在半径为 r 处，宽为 dr、高为 h 的薄圆筒内的能量为

$$dW_m = w_m dV = \frac{\mu I^2}{8\pi^2 r^2} \cdot 2\pi r \cdot dr \cdot h = \frac{\mu h I^2}{4\pi r} dr$$

筒间能量为

$$W_m = \int dW_m = \int \frac{\mu h I^2}{4\pi r} dr = \frac{\mu h I^2}{4\pi} \ln \frac{b}{a}$$

因为 $$W_m = \frac{1}{2} L I^2$$

所以 $$L = \frac{\mu h}{2\pi} \ln \frac{b}{a}$$

单位长度同轴电缆的自感系数为

$$L_0 = \frac{L}{h} = \frac{\mu}{2\pi} \ln \frac{b}{a}$$

10-11 $U_{AB} = -\dfrac{1}{2}\omega L B(L-2r)$

第十一章

11-1 简谐振动的运动量按正弦函数或余弦函数的规律随时间变化，或者是遵从微分方程 $\dfrac{d^2x}{dt^2}+\omega^2 x=0$。其特征量为振幅（由初始状态决定）、频率（由简谐振动系统的固有属性决定）和初相位（由振动的初始状态决定）

11-2 在简谐振动方程 $y=f(t)$ 中只有一个独立的变量时间 t，它描述的是介质中一个质元偏离平衡位置的位移随时间变化的规律；平面简谐波波动方程 $y=f(x,t)$ 中有两个独立变量，即坐标位置 x 和时间 t，它描述的是介质中所有质元偏离平衡位置的位移随坐标和时间变化的规律。当简谐波波动方程 $y=A\cos\omega\left(t-\dfrac{x}{u}\right)$ 中的坐标位置给定后，即可得到该点的振动方程，而波源持续不断地振动又是产生波动的必要条件之一

11-3 (1) 错误，还需要弹性介质

(2) 错误，波动的速度由介质的性质决定，两者没有必然的联系

(3) 对

(4) 不一定

11-4 三种说法一致

11-5 波的相干条件是频率相同、振动方向相同和相位差恒定。两波源发出振动方向相同、频率相同的波，在空间相遇时不一定发生干涉现象。因为：(1) 两列波在相遇点引起的振动的相位差不能保持恒定时，相遇区域没有稳定的强弱分布，不发生干涉现象；(2) 若两列波振幅差别很大，相遇区域强弱分布不显著，也观察不到干涉现象。两相干波在空间某点相遇，该点的振幅还可以介于最大值与最小值之间

11-6 $T=1.26\text{s}$　$x=\sqrt{2}\times10^{-2}\cos\left(5t+\frac{5}{4}\pi\right)$ (m)

11-7 (1) $\varphi_1=\pi$，$x=A\cos\left(\frac{2\pi}{T}t+\pi\right)$；(2) $\varphi_2=\frac{3}{2}\pi$，$x=A\cos\left(\frac{2\pi}{T}t+\frac{3}{2}\pi\right)$；(3) $\varphi_3=\frac{\pi}{3}$，$x=A\cos\left(\frac{2\pi}{T}t+\frac{\pi}{3}\right)$；(4) $\varphi_4=\frac{5\pi}{4}$，$x=A\cos\left(\frac{2\pi}{T}t+\frac{5}{4}\pi\right)$

11-8 $x_a=0.1\cos\left(\pi t+\frac{3}{2}\pi\right)$ (m)，$x_b=0.1\cos\left(\frac{5}{6}\pi t+\frac{5\pi}{3}\right)$ (m)

11-9 $A_{合}=0.1\text{m}$，$\varphi=\frac{\pi}{6}$，$x=0.1\cos\left(2t+\frac{\pi}{6}\right)$ (m)

11-10 (1) 52m/s；(2) 60m/s

11-11 (1) 波振幅为 A，频率 $\nu=\frac{B}{2\pi}$，波长 $\lambda=\frac{2\pi}{C}$，波速 $u=\lambda\nu=\frac{B}{C}$，波动周期 $T=\frac{1}{\nu}=\frac{2\pi}{B}$；(2) $y=A\cos(Bt-Cl)$；(3) $\Delta\varphi=Cd$

11-12 (1) 频率 $\nu=5\text{Hz}$，波长 $\lambda=0.5\text{m}$，波速 $u=\lambda\nu=2.5\text{m/s}$；(2) $v_{max}=0.5\pi\text{m/s}$，$a_{max}=5\pi^2\text{m/s}^2$；(3) $t_0=0.92\text{s}$，$x=0.825\text{m}$

11-13 (1) $A=A_1-A_1=0$；(2) $A=A_1+A_1=2A_1$

11-14 (1) $\Delta\varphi=0$；(2) $A_P=A_1+A_2=4\times10^{-3}\text{m}$

第十二章

12-1 不产生干涉条纹

12-2 干涉条纹的间距不变，但原暗纹光强不再为零

12-3 变为暗条纹

12-4 向中心收缩

12-5 间距变宽

12-6 变窄，不移动

12-7 4

12-8 $nd\sin\theta=k\lambda$，变小

12-9 1 3

12-10 略

12-11 略

12-12 $\lambda=5.819\times10^{-5}\text{cm}=581.9\text{nm}$

12-13 (1) $8.0\times10^{-2}\text{cm}$；(2) $\frac{\pi}{4}$；(3) 0.8536

12-14 $6.0\times10^{-4}\text{cm}$

12-15 (1) $x\approx Dk\lambda/d=(1200\times5\times500\times10^{-6}/0.50)\text{mm}=6.0\text{mm}$；(2) 19.9mm

12-16 10^{-5}cm

12-17 142 条

12-18 590.3nm

12-19 $r=\sqrt{R(k\lambda-2e_0)}$ （k 为整数，且 $k>2e_0/\lambda$）

12-20 428.6nm

12-21 (1) 0.5461mm；(2) 0.819mm；(3) 1.638mm

12-22 2×10^{-3} rad

12-23 222条/cm

12-24 (1) 得到最大为第四级的光谱线；(2) 得到最大为第六级的光谱线

12-25 (1) $\Delta x=x_2-x_1=\frac{3}{2}f\Delta\lambda/a=0.27$cm；(2) $\Delta x=x_2-x_1=f\Delta\lambda/a=0.18$cm

第十三章

13-1 垂直于入射面振动的线偏振光

13-2 是线偏振光且光矢量的振动方向垂直于入射面

13-3 令待检测光垂直通过一偏振片，以入射光线为轴旋转偏振片，观察透射光强，有消光现象的是线偏振光。光强不变的是自然光

13-4 $\frac{1}{8}$

13-5 光强差最小，表明 C 处和 D 处光强几乎相等。这时两束透射光的强度差便仅由光在 C 与 D 处的反射情况不同而引起，而入射在 C 处和 D 处，其光强相等必然是入射光在介质薄膜上表面没有反射，全部进入介质内膜。当 θ 为布氏角时，无反射

$$\tan\theta=\frac{\sin\theta}{\cos\theta}=\frac{\sin\theta}{\sin\left(\frac{\pi}{2}-\theta\right)}=\frac{n}{n_s}$$

测出 θ，即可得 n

13-6 (1) 设入射线偏振光的振动面与 P_1 的偏振化方向的夹角为 α，P_1 和 P_2 的偏振化方向的夹角为 θ，则自然光经过 P_1 后的光强为 $\frac{I_1}{2}$；线偏振光经过 P_1 后的光强为 $I_2\cos^2\alpha$；经过 P_1 后的总光强为 $I'=\frac{I_1}{2}+I_2\cos^2\alpha$。经过 P_1 后光的振动方向与 P_2 的偏振化方向夹角为 θ，因此经过 P_2 后的透射光强为 $I=\left(\frac{I_1}{2}+I_2\cos^2\alpha\right)\cos^2\theta$。所以将 P_2 以光线为轴转动一周，θ 连续改变360°，透射光强按上式变化，当 $\theta=0°$，180°，360°时，光强最大，为 $\frac{I_1}{2}+I_2\cos^2\alpha$；当 $\theta=90°$，270°时，光强为零；

(2) 先固定 P_1，然后转动 P_2 使透射光强达到一最大值，此时 $\theta=0°$ 或者 $\theta=180°$；再让 P_1 和 P_2 同步转动，使透射光强再度达到最大值时，表明此时 $\alpha=0°$；因同时满足 $\alpha=0°$ 和 $\theta=0°$ 或者 $\theta=180°$，所以通过该系统的透射光强最大

13-7 $i=90°-53°4'=36°56'$

13-8 $\alpha=48°26'16''-36°56'20''=11°29'56''$

第十四章

14-1 实验规律：略

困难：主要体现在光电效应的发生是由入射光的强度决定还是由入射光的频率决定

14-2 氢原子的光谱是由许多线系组成的，各个线系谱线的波数满足一个普遍表达式：$\tilde{\nu}=R\left(\frac{1}{m^2}-\frac{1}{n^2}\right)$，

其中 m、n 均为正整数，且 $n>m$。m 一定时，不同的 n 构成一个谱线系；不同的 m 则相当于不同的谱线系

14-3 $\dfrac{M_\lambda(T_2)}{M_\lambda(T_1)}=\left(\dfrac{T_2}{T_1}\right)^4=\left(\dfrac{\lambda_{m1}}{\lambda_{m2}}\right)^4=\left(\dfrac{600}{500}\right)^4=2.0736$

14-4 $T=\left(\dfrac{M(T)}{\sigma}\right)^{\frac{1}{4}}=\left(\dfrac{6.43\times10^7}{5.67\times10^{-8}}\right)^{\frac{1}{4}}=5803\text{K}$

14-5 解：(1) 由光电效应方程有

$\dfrac{1}{2}mv_m^2=h\nu-A=h\dfrac{c}{\lambda}-A=\left(\dfrac{6.626\times10^{-34}\times3\times10^8}{200\times10^{-9}\times1.6\times10^{-19}}-4.2\right)\text{eV}\approx2\text{eV}$；(2) $U_0\approx2\text{V}$；

(3) $A=h\nu_0=h\dfrac{c}{\lambda_0}\Rightarrow\lambda_0=\dfrac{hc}{A}=\dfrac{6.626\times10^{-34}\times3\times10^8}{4.2\times1.6\times10^{-19}}\text{nm}=296\text{nm}$

14-6 解：设入射X射线光子能量为 E_0，波长为 $\lambda_0=\dfrac{hc}{E_0}$，散射光子的波长为

$$\lambda=(1+30\%)\lambda_0=1.3\lambda_0$$

能量为
$$E=\frac{hc}{\lambda}=\frac{1}{1.3}\cdot\frac{hc}{\lambda_0}=\frac{E_0}{1.3}$$

所以，反冲电子的动能为

$$E_k=E_0-E=\left(1-\frac{1}{1.3}\right)E_0=\frac{0.3}{1.3}\times0.60\text{MeV}=0.14\text{MeV}$$

14-7 解：(1) 有 $\Delta E=h\nu=h\dfrac{c}{\lambda}=\dfrac{6.626\times10^{-34}\times3\times10^8}{434\times10^{-9}\times1.6\times10^{-19}}\text{eV}=2.86\text{eV}$

(2) 由 $\tilde{\nu}=R\left(\dfrac{1}{2^2}-\dfrac{1}{n^2}\right)$ 可知 $k=2$，从而

$$\frac{1}{434\times10^{-9}}=1.096\ 775\ 8\times10^7\left(\frac{1}{2^2}-\frac{1}{n^2}\right)$$

可计算得 $n=5$；

(3) 4个线系、10条谱线，E_5 至 E_1 的跃迁谱线波长最短

14-8 由 $\lambda=\dfrac{h}{p}=\dfrac{h}{mv}\approx\dfrac{h}{m_0v}\quad(v\ll c)$

得 $\lambda=\dfrac{6.626\times10^{-34}}{6.68\times10^{-37}\times5\times10^6}\text{m}=1.98\times10^{-14}\text{m}$

14-9 解：用相对论计算，由

$$p=mv=\frac{m_0v}{\sqrt{1-\left(\frac{v}{c}\right)^2}} \quad ①$$

$$eU_{12}=\frac{m_0c^2}{\sqrt{1-\left(\frac{v}{c}\right)^2}}-m_0c^2 \quad ②$$

$$\lambda=\frac{h}{p} \quad ③$$

计算得
$$\lambda=\frac{hc}{\sqrt{eU_{12}(eU_{12}+2m_0c^2)}}=3.71\times10^{-12}\text{m}$$

若不考虑相对论效应，则

$$p=m_0v \quad ④$$

$$eU_{12}=\frac{1}{2}m_0v^2 \quad ⑤$$

由式③、式④、式⑤计算得

$$\lambda' = \frac{h}{\sqrt{2m_0 eU_{12}}} = 3.88\times 10^{-12}\ \text{m}$$

相对误差 $$\frac{|\lambda'-\lambda|}{\lambda} = 4.6\%$$

14-10 解：由物质波公式 $p=\dfrac{h}{\lambda}$ 得

光子的动量 p_0 与波长 λ_0 的关系为 $p_0=\dfrac{h}{\lambda_0}$

电子的 p_e 与波长 λ_e 的关系为 $p_e=\dfrac{h}{\lambda_e}$

因为 $\lambda_0=\lambda_e$，所以 $p_0=p_e$，$p_0:p_e=1:1$

由相对论能量、动量关系，$E^2=p^2c^2+m_0^2c^4$，因为光子的静质量为零，所以光子的动能即为总能量

$$E = p_0 c$$

电子动能的相对论公式为

$$E_k = \sqrt{p_e^2c^2+m_e^2c^4}-m_ec^2$$

比较 p_ec 与 m_ec^2，有

$$\frac{p_ec}{m_ec^2} = \frac{p_e}{m_ec} = \frac{h}{m_ec\lambda_e}$$

把数据代入得

$$\frac{p_ec}{m_ec^2} = \frac{6.63\times 10^{-34}}{9.1\times 10^{-31}\times 3\times 10^{8}\times 5\times 10^{-10}} = 4.85\times 10^{-3}$$

由此说明电子的动能 E_e 很小，可以不考虑相对论效应

$$E_e = \frac{1}{2}m_ev^2 = \frac{p_e^2}{2m_e}$$

所以

$$\begin{aligned}\frac{E_0}{E_e} &= \frac{2m_ep_0c}{p_e^2} = \frac{2m_ec}{p_e} = \frac{2m_ec\lambda_e}{h}\\ &= \frac{2\times 9.1\times 10^{-31}\times 3\times 10^{8}\times 5\times 10^{-10}}{6.63\times 10^{-34}}\\ &= 4.12\times 10^{2}\end{aligned}$$

14-11 解：(1) 由 $p=\dfrac{h}{\lambda}$，且 $p=m_pv$，所以

$$v=\frac{h}{m_p\lambda}=\frac{6.626\times 10^{-34}}{1.67\times 10^{-27}\times 1\times 10^{-13}}\text{m/s}=3.97\times 10^{6}\,\text{m/s}$$

(2) 由 $E_k=\dfrac{1}{2}m_pv^2=eU$，有

$$U=\frac{m_pv^2}{2e}=\frac{1.67\times 10^{-27}\times (3.97\times 10^{6})^2}{2\times 1.6\times 10^{-19}}\text{V}=8.23\times 10^{4}\,\text{V}$$

14-12 解：(1) $\lambda=\dfrac{h}{mv}=\dfrac{6.626\times 10^{-34}}{40\times 10^{-3}\times 1.0\times 10^{3}}\text{m}=1.66\times 10^{-35}\,\text{m}$

(2) $\Delta v \geqslant \dfrac{\hbar}{2m\Delta x} = \dfrac{6.626\times 10^{-34}}{2\pi\times 2\times 40\times 10^{-3}\times 0.1\times 10^{-3}}\text{m/s} = 1.3\times 10^{-29}\,\text{m/s}$

14-13 证明：由 $\Delta x\Delta p\geqslant h$，且 $\Delta p=m\Delta v$，$\Delta x=\lambda$

故　$\Delta v \geqslant \frac{h}{m\Delta x}=\frac{h}{m\lambda}$

又因为 $\lambda=\frac{h}{p}$，所以　$\Delta v \geqslant \frac{p}{m}=v$

14-14　解：由 $\Delta x\Delta p \geqslant h$ 且 $p^2c^2=E^2-m_0^2c^4$，即　$p=\frac{1}{c}\sqrt{E^2-m_0^2c^4}$

所以　$\Delta p=\Delta\left(\frac{1}{c}\sqrt{E^2-m_0^2c^4}\right)=\frac{E\Delta E}{c\sqrt{E^2-m_0^2c^4}}=\frac{E\Delta E}{c^2p}$

又因为　$\Delta x=v\Delta t=\frac{p}{m}\Delta t$

所以　$\Delta x\Delta p=\frac{E\Delta E\Delta t}{mc^2}$，又 $E=mc^2$

所以　$\Delta E\Delta t=\Delta x\Delta p \geqslant h$

14-15　解：$\Delta x \geqslant \frac{\hbar\lambda^2}{2h\Delta\lambda}=\frac{\lambda^2}{4\pi\Delta\lambda}=\frac{\lambda}{4\pi\frac{\Delta\lambda}{\lambda}}=\frac{300\times10^{-9}}{4\pi\times10^{-6}}\text{m}=0.024\text{m}$

数字资源清单

名称	图形	名称	图形
绪论		转动定律　角动量和角动量守恒定律	
质点运动学		刚体定轴转动中的功能关系	
牛顿运动定律		光	
动量守恒定律		光的几何光学传播规律	
角动量守恒定律		光的干涉	
功和能		光的衍射	
刚体定轴转动的基本概念		光的偏振	

（续）

名称	图形	名称	图形
电场强度		电磁感应定律	
静电场的高斯定理		动生电动势	
静电场的环路定理电势		热力学	
静电场中的导体		统计物理学	
磁场的高斯定理		量子物理	
磁场的安培环路定理		量子物理	

参 考 文 献

［1］程守洙，江之永. 普通物理学［M］. 8版. 北京：高等教育出版社，2022.
［2］东南大学等七所工科院校. 物理学［M］. 7版. 北京：高等教育出版社，2020.
［3］马文蔚，苏惠惠，解希顺. 物理学原理在工程技术中的应用［M］. 3版. 北京：高等教育出版社，2006.
［4］张三慧. 大学物理学［M］. 3版. 北京：清华大学出版社，2008.
［5］吴柳. 大学物理学［M］. 北京：高等教育出版社，2003.
［6］李逎伯. 物理学［M］. 北京：高等教育出版社，1999.
［7］汪昭义. 普通物理学［M］. 上海：华东师范大学出版社，2005.
［8］姜岩. 百年科学发现［M］. 长春：吉林科学技术出版社，2000.
［9］李椿，章立源，钱尚武. 热学［M］. 2版. 北京：高等教育出版社，2008.
［10］梁灿彬. 电磁学［M］. 2版. 北京：高等教育出版社，2004.
［11］姚启钧. 光学教程［M］. 4版. 北京：高等教育出版社，2008.
［12］赵凯华，罗蔚茵. 新概念物理教程：量子物理［M］. 2版. 北京：高等教育出版社，2008.
［13］漆安慎，杜婵英. 普通物理学教程：力学［M］. 4版. 北京：高等教育出版社，2021.
［14］赵峥. 物理学与人类文明十六讲［M］. 北京：高等教育出版社，2008.
［15］夏兆阳. 大学物理教程［M］. 北京：高等教育出版社，2004.
［16］何维杰，欧阳玉. 物理学思想史与方法论［M］. 长沙：湖南大学出版社，2001.
［17］赵凯华. 电磁学［M］. 北京：人民教育出版社，1978.
［18］邓飞帆，葛昆龄，王祖恺. 普通物理疑难问答［M］. 长沙：湖南科学技术出版社，1984.
［19］陆果. 基础物理学教程［M］. 北京：高等教育出版社，1998.
［20］陈信义. 大学物理学［M］. 北京：清华大学出版社，2005.
［21］张汉壮，王文全. 力学［M］. 3版. 北京：高等教育出版社，2015.
［22］施大宁. 文化物理［M］. 北京：高等教育出版社，2019.
［23］张晓燕. 大学物理［M］. 北京：高等教育出版社，2015.
［24］汪建，刘书华. 大学物理学［M］. 北京：高等教育出版社，2015.
［25］张宇，等. 大学物理：少学时［M］. 4版. 北京：机械工业出版社，2021.

参考文献

[1] [illegible] [M]. [illegible]版. 北京：高等教育出版社，[illegible]
[2] [illegible] [M]. [illegible]版. 北京：高等教育出版社，2020.
[3] [illegible] [M]. [illegible]. 北京：高等教育出版社，2009.
[4] [illegible] [M]. [illegible]. 北京：清华大学出版社，2018.
[5] [illegible] [M]. 北京：高等教育出版社，2003.
[6] [illegible] [M]. 北京：高等教育出版社，199[illegible]
[7] [illegible] [M]. [illegible]. 华中科技大学出版社，2003.
[8] [illegible] [M]. [illegible]，20[illegible]
[9] [illegible] [M]. [illegible]版. 北京：[illegible]出版社，20[illegible]
[10] [illegible] [M]. [illegible]. 北京：高等教育出版社，2004.
[11] [illegible] [M]. [illegible]. 北京：高等教育出版社，2008.
[12] [illegible] [M]. 2版. 北京：高等教育出版社，2008.
[13] [illegible] [M]. [illegible]. 北京：[illegible]出版社，20[illegible]
[14] [illegible] [M]. 北京：[illegible]出版社，20[illegible]
[15] [illegible] [M]. 北京：高等教育出版社，200[illegible]
[16] [illegible] [M]. [illegible]：[illegible]大学出版社，2001.
[17] [illegible] [M]. 北京：人民教育出版社，197[illegible]
[18] [illegible] [M]. [illegible]科学技术出版社，1984.
[19] [illegible] [M]. 北京：高等教育出版社，199[illegible]
[20] [illegible] [M]. 北京：清华大学出版社，2005.
[21] [illegible] [M]. [illegible]版. 北京：高等教育出版社，2010.
[22] [illegible] [M]. [illegible]，2010.
[23] [illegible] [M]. [illegible]出版社，2015.
[24] [illegible] [M]. 北京：高等教育出版社，201[illegible]
[25] [illegible] [M]. [illegible]版. 北京：机械工业出版社，2021.